U0172206

爱智学术文库

楚国技术思想研究

RESEARCH ON CHU'S TECHNOLOGICAL THOUGHT

刘克明 著

作者简介

刘克明 1950年生，湖北省武汉人。北京科技大学冶金系铸造工艺及设备专业本科，中国科技大学理学硕士，华中科技大学工学博士。1981年至1982年期间，在叶学贤总工程师的指导下，参与了金属化学成分、组织、热处理对曾侯乙编钟声学特性影响的研究。1987年赴华中科技大学任教至今。曾任中国机械史学会理事、中国科技史学会技术史专业委员会委员、中国工程图学学会理论图学专业委员会委员、第九届世界数学教育大会第20学组组委会委员，国际数学教育与数学文化史国际会议科学委员会顾问。主要研究方向为中国科学技术史、中国工程图学史、中国图学思想史、世界工程图学史，中国古代机械设计思想与设计方法，楚国技术思想，中国技术思想史等。曾参与中国科学院八五重大科研项目《中国科学技术史》，在其〝机械卷〞中担任编委，负责〝农业机械〞部分和〝机械制图〞部分的编写工作；中国科学院自然科学史研究所重点科研项目《中国近代技术史》，参加〝工程图学〞部分的编写工作。

在国内外的学术刊物及中国科技史的国际会议上，共发表论文100余篇，出版论著《中国工程图学史》《中国技术思想研究——古代机械设计与方法》《中国建筑图学文化源流》《中国图学思想史》4部，填补了中国图学史、中国技术思想史研究的空白。2018年获中国图学学会优秀科技工作者奖；2017年以前，所讲授的课程〝中国科技史〞〝中国文化系列专题〞等，在华中科技大学〝课程平台〞一直排名第一，入选2009中国评师网全国最受欢迎百佳教授排行榜和2009中国评师网湖北省最受欢迎十大教授榜。

内容简介

本书立足楚国技术思想展开研究，探索科学技术作为楚文化重要组成部分，并贯穿楚文化演进始终的技术思想脉络，围绕楚国技术思想形成及发展的历史，指陈得失，呈现楚人写下的世界科技史乃至技术思想史上最为辉煌的篇章，为中华文化史增添璀璨的一页，发掘楚国技术思想这一科学性与创新性相统一所呈现出的“人与自然的和谐”“天人合一”“道通为一”的境界，特别是楚国古代科学家所具有的人文素养，科学技术与艺术的结合、科学的理性精神与道德理想的融合等楚国技术思想的科学成就及其历史价值，对当今世界文明有着非凡的影响。

楚国的科技成就，不仅与同时期的西方文明相媲美，并在当时的世界上处于领先地位。更重要的是，楚人有关技术思想的论述，史籍有征，莫不详尽；数千年来，世所传诵，具有鉴裁。楚国技术思想的历史是最深层次的技术史；是对技术的认知、技术的创新、技术的反思的历史；是一部深刻关注人的自身、人类社会以及人与自然关系的历史。老子、庄子、墨子的技术思想，是一份宝贵的文化资源，这些思想对于揭示楚国科学技术取得的辉煌成就的原因颇具历史意义与现实意义。

总序

恩格斯曾说:“每一个时代的理论思维,从而我们时代的理论思维,都是一种历史的产物,它在不同的时代具有完全不同的形式,同时具有完全不同的内容。”哲学作为“时代精神的精华”,必须紧紧把握自己时代的脉动,随着时代的演变而不断创新自己的形式和内容。当今时代,从国际情势来看,世界正经历着百年未有之大变局,各种复杂交织的矛盾处于剧烈爆发的历史时期,不同文明之间的冲突、意识形态之间的对抗、民粹主义与精英主义的抵牾、单边主义与多边主义的博弈、霸权主义与反霸权主义的斗争……凡此种种,无不给原本就脆弱的世界秩序增添了诸多不稳定性、不确定性,加速着世界格局的震荡与重构。从国内情势来看,中国已经顺利完成了社会主义现代化建设的基础性积累,正在开启全面建设社会主义现代化国家的新征程。中国要想实现自身的和平崛起和中华民族伟大复兴的中国梦,一方面必须针对国内各领域的深层次矛盾进一步深化改革,抓住历史机遇推动自身的高质量发展;另一方面必须针对以美国为首的西方世界的遏制进行有理、有利、有节的斗争,最大限度地为自身的和平发展争取广泛的国际合作空间。国际国内局势不断演变的实践进程客观上要求理论进程与时俱进、守正创新,毕竟实践进程需要理论的反思和指导,脱离理论的实践进程是盲目的,理论进程也需要实践的检验和支撑,脱离实践的理论进程是空洞的。此外,当今时代新一轮科技革命和产业变革的深入发展正在不断推动着人类生产、生活和生存方式发生前所未有的巨大变化,中国必须抓住历史机遇,集中力量攀登科学高峰和发展高新科技产业,跻身世界科技强国行列。但是,一如恩格斯所说:“一个民族要想登上科学的高峰,究竟是不能离开理论思维的。”同样地,一个民族要想屹立于世界文明和社会发展的高峰,也终究是不能离开理论思维的。因此,我国全面建设社会主义现代化国家和勇攀科学高峰的实践进程,迫切需要加快构建中国特色哲学社会科学,创新创造能够体现中国特色、中国风格、中国气派的学科体系、学术体系、话语体系,推动中华民族的理论思维走向成熟,达到应有的高度和深度。

在这一因变促新的时代背景下,哲学的形式和内容的创新对于肩负“立德树人”根本任务的中国高等学校而言显得尤其重要。目前我国高等学校越来越充分认识到哲学教育对于人才培养的极端重要性,普遍把哲学导论、逻辑与批判性思维等哲学通识教育课程作为所有学生的必修课来开设。哲学作为一门基础性人文学科,致力于人所特有的自身生存根基、生命意义的反思和探索,不断提升人的自我意识和生存自觉,哲学教育对于整个人类文明的形塑和发展,乃至人与社会、人与自然的和谐共存具有根本意义。《易经》曰:“文明以止,人文也。观乎天文,以察时变;观乎人文,以化成天下。”在以“化成天下”为主要功能和根本目的的人文科学中,哲学相较于文学和历史学而言,无疑是一门具有更强人文性的学科。从根本上讲,哲学完全可称得上是人之为人赖以安身立命的“为己之学”“成人之学”,抑或是一门努力使人变得高贵或者高尚的人学。在比较学哲学与学其他科学的目的之不同时,冯友兰先生曾经说:“每个人都要学哲学,正像西方人都要进教堂。学哲学的目的,是使人作为人能够成为人,而不是成为某种人。其他的学习(不是学哲学)是使人能够成为某种人,即有一定职业的人。”冯友兰先生的这一说法不仅表明人文性是哲学最本质的属性,而且道出了哲学的根本使命在于它使人学以成人。哲学的根本使命和社会功能主要体现在它对人的教化或者教育上,即教人学会反思自己、涵养自己,学会觉悟人生意义、陶冶人生情趣、提升人生境界。从这个意义上讲,哲学与教化或者教育是相通的。康德在论述教育时曾经说过:“人惟有通过教育才能成为人。除了教育从他身上所造就的东西,他什么也不是。”教育既是完成哲学的根本使命所要达到的终极目的,又是实现哲学的社会功能的必要手段。归根结底,哲学的终极目的在于以教化或者教育的方式使人成为人,即把人的动物性改造成人性。众所周知,人之为人本乎人性,人文素养是人之为人的基本素质。没有人文底蕴的教育无法培养德智体美劳全面发展的人。我国高等学校的办学性质决定了它肩负着培养社会主义建设者和接班人的历史重任。培养德智体美劳全面发展的人是完成我国高等学校"立德树人"根本任务的必然要求,理应以哲学教育为天职和本分。《大学》云:"大学之道,在明明德,在亲民,在止于至善。"哲学教育本质上是一项培养人学会以概念的方式把握世界和人自身,最终达到按照真善美的价值理念塑造世界和人自身,提升人的内在精神生活品质、情操和境界的事业,它不仅要致力于培养人的理性认知能力、自我反思能力和批判性思维能力,而且更重要的是要致力于陶冶人的爱智情趣、求真态度、向善意志、致美境界等精神品格。人的世界观、人生观和价值观之形塑与哲学教育须臾不可离。若强以离之,则谓舍本逐末,蔽于道也,盖因"道之显者谓之文"。

在当今中国社会,虽然人们因受功利主义、效用主义等社会思潮影响而热衷于追求外在的物质生活和工具理性,倾向于重视科技教育而忽视人文教育,进而使人对自己的精神生活品质的关切暂时让位于对物质生活改善的欲求,但是归根结底人总是不可避免地要返回到认识自己、反思自己、涵养自己、改造自己的精神追求上来,以便达到使自己变得高贵或者高尚的目的。当前我国教育主管部门特别强调高等学校必须把"立德树人"作为办学治校的根本任务来抓,这无疑为改善我国一段时间以来人文教育式微的处境、回归高等教育的本位提供了一个重要契机。当然,落实"立德树人"根本任务有赖于采取各种切实可行的具体措施,其中强化科研育人也是重要抓手之一。创新和精进人文学术研究并使之转化为育人资源,不仅是彰显人文价值和人文情怀的一个重要方面,而且是敦化人文教育的一个重要举措。从这个意义上讲,充分发挥哲学研究的育人作用对于落实我国高校的"立德树人"根本任务显得尤其重要。

刚刚过去的2020年是极不寻常的一年,它注定会以一场突如其来的肆虐全球的新冠肺炎疫情及其影响被浓墨重彩地载入世界历史。这场可怕的疫情持续的时间之长、在全球蔓延的范围之广都是前所未有的,它给全球经济、政治、社会的发展所造成的严重冲击和阻碍不仅是全方位的,而且是难以估量的,对世界历史的发展进程产生的巨大影响将随着时间的推移而在后疫情时代逐渐凸显出来。中国共产党和中国政府在抗疫防疫上本着以人民为中心和生命至上的理念,及时果断地动员和组织全国力量,科学有效地打赢了一场抗疫的人民战争,并迅速引导全国生产和生活秩序回归正常，不断推动经济持续恢复和高质量发展，使我国成为全球唯一实现经济正增长的主要经济体，提交了一份人民满意、世界瞩目、可以载入史册的优秀答卷。中国抗疫防疫的伟大实践为世界各国抗击新冠肺炎疫情的斗争提供了非常宝贵的中国经验、中国方案，充分彰显了中国共产党和中国政府的强大领导力、凝聚力以及中国特色社会主义道路优势和制度优势。华中科技大学（以下简称华中大）在这场抗击新冠肺炎疫情的斗争中是全国抗疫战场投入力量最多的高校，为打赢武汉保卫战、湖北保卫战，乃至取得全国疫情防控的胜利做出了巨大贡献，用实际行动诠释了“天下兴亡，匹夫有责”的家国情怀和与祖国人民同舟共济的使命担当。值得一提的是，这所具有强大理、工、医科背景的高校在取得抗疫斗争胜利后迅速调整了学科布局，毅然决然地成立了哲学学院。这是华中大哲学学科发展史上一件具有里程碑意义的事件，它不仅为华中大哲学学科跻身国内一流学科方阵提供了一个具有独立建制的专业平台，而且彰显出华中大党政领导班子在功利主义、实用主义、技术理性、工具理性泛滥于世的大环境下仍然恪守“求真高于求用”的精神品格和追求“厚德爱智”的人文情怀。

为了通过科研育人来落实“立德树人”的根本任务，提升建设一流学科和培养一流人才的整体实力和水平，华中大哲学学院决定推出一套高质量的学术丛书。由于哲学就其本义而言是对智慧的热爱和追求，即“爱智之学”，因此我们将这套学术丛书命名为“爱智学术文库”。本文库收录的是华中大哲学学院部分教师的学术研究成果，其选题涉及哲学门类的不同二级学科。这部分教师不仅是长期耕耘在哲学教育第一线的传道、授业、解惑者，而且是能够以“板凳坐得十年冷”的毅力潜心问道的哲学研究者，他们既有造诣精深的哲学素养，又有弘毅致远的人文志向和大爱仁慈的人文情怀，更有学术创新的使命担当。虽然他们的哲学研究成果明显地折射出他们因各自的学术涵养和兴趣偏好之差异而具有不同的理论关切、思考和表达，但是一如梁启超先生所言“学术乃天下之公器也”，体现他们个性化的哲学思考和言说只有受到广大学界同仁的认真审视和严格批评，才能成为“化成天下”的学术公器。因此，一方面我们提倡学术研究自由，坚持“百花齐放、百家争鸣”的方针，热忱欢迎广大哲学学人不吝赐教，对本文库中的每一部作品都尽可能客观公允地提出宝贵的批评意见，毕竟学术真理只有在学术争鸣中才能不断去蔽；另一方面我们强调学术研究的使命担当，坚守学术规范，讲求学术诚信，注重文责自负，衷心希望每一位作者都能在独立自主地表达自己的理论观点时尽量虚怀若谷地悦纳学术同仁的批评指教，毕竟每一位作者的问题视角、理论视域、观点阐释、思想深度、研究方法、论证过程乃至语言表达等都难免会有这样或者那样的局限，其理论创新只有在不断修正错误中才能从不完善走向完善、从稚嫩走向成熟。

我们相信，本文库的出版对于弘扬人文精神、提升哲学素养、繁荣我国哲学事业，乃至推动中国特色哲学社会科学的创新发展都会做出应有的贡献。衷心祝愿本文库能够提供更多更好的、令广大哲学爱好者满意的学术精品！

华中科技大学哲学学院院长，教授、博士生导师

2021年1月1日

代序

创造楚国历史的唯一能源[①]

楚国哲学是以"自"为本。从鬻子的"自长""自短"(《列子·力命》),到老子的"自然""自化"(《老子》第二十五章、第五十七章),庄子的"自本自根"(《庄子·大宗师》),都是以"自"为本。人的存在,都是一个一个的个体,这一个体,就是他的"自"。人的个体,是自然的存在,而有超自然的愿望。人的自然存在,无论在空间上、时间上,都很有限。人有超自然的愿望,要求在空间上、时间上,进入无限。人的血肉之躯,不可能进入无限。人的精神状态,则可能进入无限,就是自觉个体与宇宙合一,也就是自觉天人合一。宇宙无限,若个体自觉与宇宙合一,也就自觉同其无限。个体的精神状态,只能与血肉之躯同存,仍是有限。但只要一息尚存,便能自觉天人合一,进入无限。一旦自觉这个合一,则这种天人合一之感,不仅比平常客观实在之感,更为实在,而且更为深刻,因为更为自觉。这种天人合一的精神状态,可以使人从一切局限(包括时空局限)解放出来,把个体全部能量释放出来。《庄子》中的"至人"、"神人"、"圣人"、"真人"(至人、神人、圣人见《逍遥游》,真人见《大宗师》《天下》。尚有他篇,兹不枚举。),都自觉天人合一,而进入无限。在这里,哲学的任务,就是指明个体本来与宇宙合一,指明个体如何自觉这个合一。这

① 涂又光:《楚国哲学的根本特色》,1995年长江文化暨楚文化国际讨论会论文,收入《长江文化论集》。又见涂又光:《涂又光文存》,华中科技大学出版社2009年12月第1版,第114-115页。

是哲学的思维、哲学的体验：哲学的生活。哲学的生活，作为个体生活，夫不能代妻，妻不能代夫；父不能代子，子不能代父；君不能代臣，臣不能代君：谁也代替不了谁，自己只有靠自己。虽可互相帮助，但不能互相代替。这就叫个体本位。我们说，楚人哲学世界观是个体本位的天人合一，就是这些意思。至少从鬻熊开始，楚国元首不再是巫觋首领，亦未见全社会性的宗教组织、宗教活动。虽仍有巫史，其在朝者不过备员顾问，占卜吉凶；其在野者不过龟策禳祷，消灾决疑。较之观射父所说的主管一切（天、地、神、民、物）的巫权，已是江河日下，面目全非。《汉书·地理志下》说楚地"信巫鬼，重淫祀"，是风俗，不是宗教。在这个意思上，从鬻熊开始，楚国已是一个以哲学代宗教的国家。楚人以哲学为世界观，经历了道治和法治。道治时期的鬻熊哲学，以"道"为最高观念。法治时期的哲学中，《老子》的最高观念，比"道"更进一步，主张"道法自然"（《老子》第二十五章），以为"自然"比"道"更高。何谓"自然"？就是自己如此。"自然"是个词组，是个主谓结构，"自"是主词，"然"是谓词，可见以"自"为本。《庄子》比道法自然又进一步，主张道即自然，以为道"自本自根"（《庄子·大宗师》），更是以"自"为本。老庄以自为本，即以个体为本位，正是以个体为法治的法律行为的主体。只有以自己为主体，才能够对自己的行为负责。只有能够对自己的行为负责，才能够在法律面前平等。只有能够在法律面前平等，才有真实的法治。在这个意义上，老庄哲学正是楚国法治实践的哲学总结。韩非很懂得这个意义，所以他一个劲地从《老子》摘取他需要的哲学。老庄哲学，尤其是庄子哲学，既肯定个体，又解放个体，把个体从一切局限中解放出来，把个体的全部能量释放出来，在法治调节下，成为强大无比、无穷无尽的创造力量。这是创造楚国历史的唯一能源。

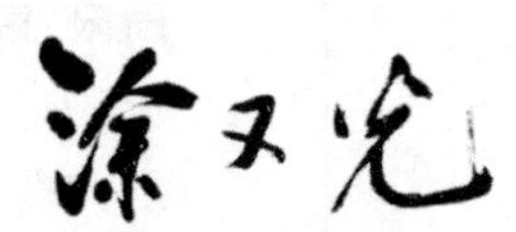

目录

第一章

绪论

技术活动，是人类最为普遍的实践活动之一，它几乎贯穿于人类生活的各个方面而无所不在，从而成为现代文明的基础。技术思想是主体对客体的觉悟与反思，是历史地存在着的。中国是一个有着诸多技术发明的国度，同时，也是一个记载了大量技术思想文献的凛凛大国。迄春秋战国之际，楚国的技术，日新月异，不断有所发现、有所发明、有所创造；有关技术思想的论述，秉要执本、莫不详尽；特别是老庄著述，"因习以崇之，赓续以终之"，数千年来，世所传诵，代不绝书。对楚国技术史及技术思想的研究有助于人们认识和把握技术及其与人、社会以及自然等方面的关系。因此，多年以来，楚国技术思想研究，始终是学者们关注的领域。而楚国技术思想的研究，对于揭示技术思维方式的本质与特点，对于技术的创新与发展，颇具现实意义。恰如《汉书·艺文志·诸子略》所云："若能修六艺之术，而观此九家之言，舍短取长，则可以通万方之略矣。"[1]

① 《汉书·艺文志·诸子略》，见（汉）班固撰，（唐）颜师古注：《汉书》，中华书局 1962 年 6 月第 1 版，第 1746 页。

第一节 引　言

“备物致用，立功成器，以为天下利，莫大乎圣人”。[①] 像科学的概念一样，技术这个概念，所涉范围极广、包罗广大，且其含义甚丰、语义多变。对于其定义与内涵，各类词典辞书各叙其义、莫衷一是。技术既可以是资源、设备、机器、工具、制品云云，又可以是工艺、流程、规则、方法等等；既可以是活动、行为、过程之意，也可以是知识、技能、创意、观念之说。故而，对于“技术”一词的解释，通常是“书不尽言，言不尽意”，[②]至于确定其定义，殊非易事。《荀子·正名》云：“名无固宜，约之以命，约定俗成谓之宜，异于约则谓之不宜。名无固实，约之以命实，约定俗成，谓之实名。名有固善，径易而不拂，谓之善名。”[③]因此，人们相沿成习，阐发其义，力图阐发技术之实。

首先，技术是物质、能量、信息的人工化转换，这是技术的功能特征，是技术的最基本的特征。但是，能说物质、能量和信息的转换就是技术吗？当然不能。因为，在自然界也有物质、能量和信息的转换，但还不是技术。技术是人工化的物质、能量和信息的转换，人工化是人类的一种能动性活动，是加工与制作的实践行为和过程，技术是行为，是实践，而不仅仅是思考，或是一门专业技术知识。

其次，技术是人们为了满足自己的需要而进行的加工制作活动。这是技术的社会目的特征，是技术作为过程的特征。技术必须满足人们的需求，仅有发明构思、科技论文和设计图纸，还不是技术，至少还不是现实技术，技术有其潜在形式和显在形式。[④]

所以，技术乃是利用、改造和控制自然的手段和方法的总和，是实体

---

① 《周易·系辞》，见（魏）王弼，韩康伯注，（唐）孔颖达等正义：《周易正义》。又见（清）阮元校刻：《十三经注疏》，中华书局 1980 年 10 月第 1 版，第 82 页。

② 《周易·系辞》，见（魏）王弼，韩康伯注，（唐）孔颖达等正义：《周易正义》。又见（清）阮元校刻：《十三经注疏》，中华书局 1980 年 10 月第 1 版，第 82 页。

③ 《荀子·富国》，见（清）王先谦撰：《荀子集解》，载《诸子集成（第二册）》，中华书局 1954 年 12 月第 1 版，第 279 页。

④ （英）J. D. 贝尔纳著，伍况甫，等译：《历史上的科学》，科学出版社 1959 年 5 月第 1 版，第 92-93 页。J. D. Bernal：*Science in History*（London Second Edition）. Watt & Co. Ltd. 1957.

性因素——工具、机器、设备等，智能性因素——知识、经验、技能等，与协调性因素——工艺、流程等，组成的体系。这是技术的结构性特征，或技术的内部特征。从技术系统看，不能把它仅仅归结为“实物”，或把它仅仅归结为“知识”。

技术是人类历史的重要组成部分，技术的发展是人类社会文明进程的重要标志。因此，认识世界和改造世界是人类与自然环境保持联系并相互作用的两个必要环节，人类通过这样的互动作用才使得自身适应自然，繁衍生息，发展壮大。在这一历史过程中，科学与技术也伴随着人类的发展进程，逐步获得完善，形成今天这样层次分明、结构完整的知识体系。①

技术思想是对技术自身的反思，技术思想的历史是深层次的技术历史，是对技术的认知、不断创新历史的总结，是深刻关注人的自身、人类社会及人与自然关系的历史。先秦往古有国家者，统称六职，工居其一；《周礼》可睹司市、卝人，列为专官；事官之意，以富邦国，以养万民，以生万物。广智者创物，巧者述之。良哉百工，应世以济时，力少而功倍，同治六工，饬化八材；工师之事，制器尚象，审曲面执，惠发于心，匠成于手，为天下器。一技入神，器或寓道；百工之作，日新与俱；备物致用，必谨其度；开物成务，以发厥志；创物兴制，必尽其变。创物有先，贯穿中国文化演进的始终，书写了世界科技史乃至技术思想史上最为辉煌的一页。“周虽旧邦，其命维新”②，一部中国技术思想，抑或楚国技术思想的历史，其要在“阐旧邦以辅新命”③，正“前事之不忘，后代之元龟”。④

宋应星《天工开物》“序”云：“天覆地载，物数号万，而事亦因之，曲成而不遗”。技术的历史与人类的历史一样久远，技术的进步与人类的发展从来相伴而行。当代中国，将英文词语中的 science 与 technology，翻译成中文的“科学”与“技术”，成为使用频率颇高的“科学技术”一词。然

---

① 姜振寰：《技术史学方法论刍议》，《自然辩证法通讯》1990 年第 5 期，第 48-54 页。

② 《诗经 · 大雅 · 文王》，见（唐）孔颖达疏：《毛诗正义》，又见（清）阮元校刻：《十三经注疏》，中华书局 1980 年 10 月第 1 版，第 503 页。

③ 冯友兰先生 92 岁时（1988 年）自题座右铭：“阐旧邦以辅新命，极高明而道中庸。”冯友兰先生书此联自勉。上联所说为先生学术活动的方向，下联所说为先生追求的精神境界。冯友兰先生在《康有为公车上书书后》一文中云：“‘旧邦’指源远流长的文化传统，‘新命’指现代化和建设社会主义。阐旧邦以辅新命，余平生志事盖在斯矣。”见涂又光编选：《冯友兰选集》，天津人民出版社 1994 年 12 月第 1 版，492 页。

④ 《晋书 · 帝纪第六》“元帝”，见（唐）房云龄等撰：《晋书》，中华书局 1974 年 11 月第 1 版，第 148 页。

而，对中国历史而言，“科学”与“技术”诸词，由来已久，古先哲人，层见叠出，且运用日广，并非外来词语。究而言之，是中国汉字是世界上唯一的、历经演变、从未间断过的文字系统，《诗经·大雅》云：“天生烝民，有物有则”。“科学”“技术”，古已有之，于今尤烈，先秦乃至明清，文献典籍，不绝于缕，论述周详。而技术思想的嬗变，积淀在随时代发展而发展的语言和文体之中，仔细考察中国语言中“科学”与“技术”词语的起源和演变，有助于人们加深今日社会的众多思想观念的理解。或许，在中国，没有哪个词比“科学”与“技术”一词对社会的影响更大的了，探讨“技术”一词的源流，对于楚国技术思想研究有着十分重要的意义。

一、汉字中的“技”“术”二字

汉人许慎（约 58—约 147 年）《说文解字》（简称《说文》），对“技”“术”两个单字，有准确的解释。《说文》云：技：“巧也。”[①]术：“邑中道也。”[②]如表 1.1 所示。

表 1.1 汉字中“技”“术”二字的字义字形说明

	篆书[③]	字义字形说明	备考
技		许慎《说文》：巧也。从手。支声。段玉裁《说文解字注》：工部曰。巧者、技也。二篆为转注。古多假伎为技能字。人部曰。伎，与也	（汉）许慎《说文》，（清）段玉裁《说文解字注》
术		许慎《说文》：邑中道也。从行。术声。段玉裁《说文解字注》：邑、国也。引申为技术。形声。从行，术声。行，甲骨文中指道路。本义：城邑中的道路	（汉）许慎《说文》，（清）段玉裁《说文解字注》

（一）技的字义

技，据《说文》：“巧也。”清代段玉裁（1735—1815 年）《说文解字注》云：“巧也。工部曰。巧者、技也。二篆为转注。古多假伎为技能字。人

① （汉）许慎记，（宋）徐铉等校定：《说文解字》，中华书局 1963 年 12 月第 1 版，第 256 页。

② （汉）许慎记，（宋）徐铉等校定：《说文解字》，中华书局 1963 年 12 月第 1 版，第 44 页。

③ 表中篆书字体，俱引自《金石大字典》，下同。见（清）汪仁寿纂著：《金石大字典》，天津市古籍书店影印，1982 年 10 月第 1 版。

部曰。伎，与也。"[①]《礼记·王制》"作淫声，异服，奇技，奇器，以疑众。"[②]《老子》："人多技巧，奇物滋起。"魏源《老子本义》云："技巧者，造作利器之工，所谓'奇技淫巧'者也"[③]《庄子·天地》："能有所艺者技也。"[④]

技，又指技巧，意涵工艺、文艺、体育等方面精巧的技能。《六韬·上贤》："为雕文刻镂，技巧华饰，而伤农事，王者必禁之。"[⑤]司马迁（前145—前90年）《史记·货殖列传》："于是太公劝其女功，极技巧，通鱼盐，则人物归之，襁至而辐辏。"[⑥]班固（32—92年）《汉书·艺文志》云："权谋者，以正守国，以奇用兵，先计而后战，兼形势，包阴阳，用技巧者也。"[⑦]宋王安石（1021—1086年）《吴长文新得颜公坏碑》诗："但疑技巧有天得，不必勉强方通神。"[⑧]明末清初周亮工（1612—1672年）《题许子韶画》："夫气矜如贲育，而技巧遂不及般输，世未之有。"[⑨]《汉书·艺文志》："技巧者，习手足，便器械，积机关，以立攻守之胜者也。"

技，又有机巧、机变之意。汉陆贾（约前240—前170年）《新语·道基》："民弃本趋末，技巧横出，用意各殊。"[⑩]汉荀悦（148—209年）《汉纪》"辞约事详，论辩多美"，其"孝哀皇帝纪上"载有："以姑息为忠，以苟容为智，以技巧为材，以佞谀为美。"[⑪]

---

① （汉）许慎撰，（清）段玉裁注：《说文解字注》，上海古籍出版社1981年10月版，第607页。

② 《礼记·王制》，见（清）阮元校刻：《十三经注疏》，（汉）郑玄注，（唐）孔颖达正义，（唐）陆德明音义：《礼记正义》，中华书局1980年10月第1版，第1344页。

③ 《老子·第四十九章》，见（魏）王弼：《老子注》"下篇"，载《诸子集成（第三册）》，中华书局1954年12月第1版，第35页。

④ 《庄子·天地》，见（清）王先谦：《庄子集释》，载《诸子集成（第三册）》，中华书局1954年12月第1版。

⑤ 陈曦译注：《六韬》（中华经典藏书），中华书局2016年3月第1版，第58页。

⑥ 《史记·货殖列传》，见（汉）司马迁撰，（宋）裴駰集解：《史记》，中华书局1959年9月第1版，第3255页。

⑦ 《汉书·艺文志》，见（汉）班固撰，（唐）颜师古注：《汉书》，中华书局1962年6月第1版，第1758页。

⑧ （宋）王安石著，秦克、巩军标点：《王安石全集》，上海古籍出版社1999年6月第1版，第412页。

⑨ 《题许子韶画》，见《清代别集丛刊》，（清）周亮工著，黄曙辉编：《赖古堂集》卷之二十三，华东师范大学出版社2014年6月版，第424页。

⑩ 《新语·道基》，见（汉）陆贾：《新语》"道基第一"，王利器撰：《新语校注》，载《新编诸子集成（第一集）》，中华书局1986年8月第1版，第21页。

⑪ 《孝哀皇帝纪上》，见（东汉）荀悦，（东晋）袁宏撰，张烈点校：《两汉纪（上）》，中华书局2017年8月第1版，第493页。

技，涵括百技，如各种手工业工匠。《荀子·富国》："欲、恶同物，欲多而物寡，寡则必争矣，故百技所成，所以养一人也。"杨倞（唐宪宗年间）注："技，工也；一人，君上也。"[1]

（二）伎的字义

与技的字义相近似的汉字，尚有"伎"字。东汉许慎《说文》，伎："与也。从人。支声。"清代段玉裁《说文解字注》，"与也"，舁部曰：与者、党与也。此伎之本义也。《广韵》曰：侣也。不违本义。俗用为技巧之技。[2]《诗经·小雅》"小弁"："鹿斯之奔。维足伎伎。"传云：伎伎、舒皃。按此伎伎，盖与徥徥音义皆同。"从人，支声"。诗曰：籥人伎忒。大雅瞻印文。今诗伎作忮。传曰：忮、害也。许所据作伎。盖毛诗假伎为忮。故传与雄雉同。毛说其假借。许说其本义也。今诗则学者所窜易也。[3]

伎之字义，为伎巧、技能；本领。（魏）王弼，《老子注·第五十七章》技写为伎："人多伎巧。"《史记·冯驩传》："无他伎能。"三国魏刘劭，生于汉灵帝建宁年间（168—172 年），卒于魏齐王正始年间（240—249 年），其《人物志·流业》有："盖人流之业，十有二焉……有伎俩。"注："错意工巧。"[4]十六国时期，河西著名学者刘昞注此："错意工巧。"唐贯休（832—912 年）《战城南》诗之一："邯郸少年辈，个个有伎俩。"[5]

伎字通技，亦指技艺、本领。《尚书·秦誓》："无他伎。"才智；才能。如：伎艺；技能；才艺。[6] 汉扬雄（前 53—18 年）《扬子法言·重黎》卷第十："或问：'淳于越？'曰：'伎、曲。''始皇方虎挒而枭磔，噬士犹腊肉也。越与亢眉，终无挠辞，可谓伎矣。仕无妄之国，食无妄之粟，分无妄之桡，

---

[1] 《荀子·富国》，见（清）王先谦撰：《荀子集解》，载《诸子集成（第二册）》，中华书局 1954 年 12 月第 1 版，第 113 页。

[2] （汉）许慎撰，（清）段玉裁注：《说文解字注》，上海古籍出版社 1981 年 10 月第 1 版，据经韵楼藏版影印，第 379 页。

[3] 《小雅·小弁》，见（唐）孔颖达疏：《毛诗正义》卷第十二，又见（清）阮元校刻：《十三经注疏》，中华书局 1957 年 12 月第 1 版，第 453 页。

[4] （魏）刘邵著，（西凉）刘昞注：《人物志》，中国书店 2019 年 9 月第 1 版，第 34-35 页。

[5] （唐）贯休著，胡大浚笺注：《贯休歌诗系年笺注》，中华书局 2011 年 6 月第 1 版，第 28-30 页。

[6] 《尚书·秦誓》，见（汉）孔安国传，（唐）孔颖达等正义：《尚书正义·秦誓第三十二》，（清）阮元校刻：《十三经注疏》，中华书局 1980 年 10 月第 1 版，第 256 页。

自令之间而不违,可谓曲矣。'”伎曲,谓以己之才智曲从无道之君。[①]《扬子法言》卷第十二“君子”载:“通天、地、人曰:儒,通天、地而不通人曰:伎。”“儒”注:道术深奥。“伎”注:伎艺偏能。[②]《扬子法言》卷第十“重黎”:“或问淳于越”。曰:“可谓伎矣。”注:伎,有才伎也。又,伎痒:极想施展本领;动心。伎力:技能与勇力。[③]

汉张衡(78—139 年)《思玄赋》:“杂伎,艺以为珩。”旧注:“手伎曰伎。”[④]《荀子·王制》:“案谨募选阅材伎之士。”[⑤]西汉淮南王刘安(前 179—前 122 年)《淮南子·道应训》:“圣人之处世,不逆有伎能之士。”[⑥]颜之推(531—591 年以后),其书《颜氏家训》“勉学”载:“积财千万,不如薄伎在身。”[⑦]唐人柳宗元(773—819 年)《非国语上·卜》:“卜者,世之余伎也,道之所无用也。”[⑧]伎,旧指医卜历算之类方术。如:伎道——方术;伎数——方伎数术;伎坊——教坊。

(三)术的字义

术是“術”的简化,为形声字。从行,术声。行,甲骨文中指道路。其本义:城邑中的道路。东汉许慎《说文》上仅有“技”“术”两个单字的解释:“技,巧也。”“术,邑中道也。”《广雅》:“术,道也。”《礼记·月令》:“审端径术。”[⑨]《汉书·刑法志》有:“城池邑居,园圃术路。”注:“大道也。”《汉书·武五子传》“燕剌王旦传”载:“归空城兮,狗不吠,鸡不鸣,横术何广

---

① (汉)扬雄著:《扬子法言》,载《诸子集成(第七册)》,中华书局 1954 年 12 月第 1 版,第 30 页。

② (汉)扬雄著:《扬子法言》,载《诸子集成(第七册)》,中华书局 1954 年 12 月第 1 版,第 39 页。

③ (汉)扬雄著:《扬子法言》,载《诸子集成(第七册)》,中华书局 1954 年 12 月第 1 版,第 30 页。

④ (汉)张衡著,张震泽校注:《张衡诗文集校注》,上海古籍出版社 1986 年 6 月第 1 版,第 199 页。

⑤ 《荀子·王制》,见(清)王先谦撰:《荀子集解》,载《诸子集成(第二册)》,中华书局 1954 年 12 月第 1 版,第 99 页。

⑥ 《淮南子·道应训》,见高诱著:《淮南子》,载《诸子集成(第七册)》,中华书局 1954 年 12 月第 1 版,第 200 页。

⑦ (北齐)颜之推撰,王利器集解:《颜氏家训》,上海古籍出版社 1980 年 7 月第 1 版,第 153 页。

⑧ 《非国语上·卜》,见(唐)柳宗元:《柳宗元集》第四十四卷,中华书局 1979 年 10 月第 1 版,第 1291 页。

⑨ 《礼记·月令:审端径术》,见(清)阮元校刻:《十三经注疏》,又见(汉)郑玄注,(唐)孔颖达疏:《礼记正义》,中华书局 1980 年 10 月第 1 版,第 1356 页。

广兮，固知国中之无人！”术，谓街道、道路。“广广”，旷旷：空虚无人之貌。《孙膑兵法·擒庞涓》：“齐城、高唐当术而大败。”意谓齐城、高唐二大夫的军队在行军路上大败。当术而败，盖言未圆阵而败也。[①] 又如：术阡——道路；术径——大道与小路；术路——大道；术衢——道路。

术，又指方法；策略。《战国策·宋卫》“魏太子自将过宋外黄”：“臣有百胜之术。”[②]清方苞（1668—1749年）《狱中杂记》：“叩其术，曰：‘是无难，别具本章，狱词无易，取案末独身无亲戚者二人易汝名。’”[③]唐李朝威（约766—820年）《柳毅传》：“惟恐道途显晦，不相通达，致负诚托，又乖恳愿，子有何术，可导我耶？”[④]术法，方法；术鹄，方法与目的。特指君主控制和使用臣下的策略、手段。陈寿（233—297年）《三国志·诸葛亮传》：“孤不度德量力，欲信大义于天下，而智术浅短，遂用猖獗，至于今日。”[⑤]术亦指权术、计谋。《韩非子·难言第三》：“人主之大物，非法则术也。”[⑥]又指：术数，方法和谋略；术计，权术计谋；术略，韬略，谋略；术谋，讲求权术谋略。涵括法，法律之意。《广雅》：“术，法也。”《礼记·文王世子》：“不以犯有司正术也。”《商君书·算地第六》：“故君子操权一正以立术。”注，“正”当读作“政”。[⑦]

术，又指技艺；业术。如：营造术，雕刻术。术道：才艺之道，航海术。宋苏轼（1037—1101年）《策别安万民五》“教战守”：“役民之司盗者，授以击刺之术。”[⑧]

术，又指学说，通“述”。《礼记·乡饮酒义》：“古之学术道者。”《汉书·

---

① 《孙膑兵法·擒庞涓》，见张震泽撰：《孙膑兵法校理》，中华书局1984年1月第1版，第1-14页。

② 《战国策·宋卫》，见（西汉）刘向著，范祥雍笺证，范邦瑾协校：《战国策笺证》，载“中华要籍集释丛书”，上海古籍出版社2006年12月第1版，第1826-1827页。

③ 《狱中杂记》，见（清）方苞著，刘季高校点：《方苞集（下）》，上海古籍出版社1983年5月第1版，第711页。

④ 《太平广记》四百一十九卷，题作《柳毅》，见（宋）李昉等编：《太平广记》，中华书局1961年9月第1版，第3410页。

⑤ 《三国志·诸葛亮传》，见（晋）陈寿著，（宋）裴松之注，陈乃乾校点：《三国志》，中华书局1959年12月第1版，第912页。

⑥ 《韩非子·难三》，见（清）王先慎撰，钟哲点校：《韩非子集释》，载《新编诸子集成》，中华书局2016年4月第1版，第415页。

⑦ 《商君书·算地第六》，见（战国）商鞅等著，高亨注译：《商君书注译》，中华书局1974年12月第1版，第177页。

⑧ 《策别安万民五》“教战守”，见（宋）苏轼：《苏轼文集（第一册）》，中华书局1986年3月第1版，第263页。

霍光传》:“不学亡术。”即不学无术。《史记》:“坑术士。”按:今人不识“术”字,实通“述”字,遂疑秦始皇“焚书坑儒”。刘向(约前77—前6年)作“坑儒士”,然也。唐韩愈(768—824年)《师说》:“闻道有先后,术业有专攻,如是而已。”[①]《史记·外戚世家》:“窦太后好黄帝、老子言,帝及太子诸窦不得不读《黄帝》、《老子》,尊其术。”

术,又指方术;指医、占卜、星相等术艺。《淮南子·人间训》中载:“近塞上之人,有善术者,马无故亡而入胡。”

术数,用星占、卜筮、命相、拆字等方术,推测国家和个人的气数及命运;术法,指法术、方术;术知,道术才智;术者,术人,以占卜、星相等为职业之人。

(四)李约瑟在《中国科学技术史》中的论述

英国学者李约瑟(Joseph Terence Montgomery Needham,1900—1995年),在《中国科学技术史·第二卷:科学思想史》一书中,用专门的章节“中国科学的基本观念”,讨论了汉字中“重要科学性文字的语源”。李约瑟认为:“在进一步讨论以前,先看一下中国人所由之获得他们的文字语系的过程可能是很有趣味的,因为没有这些文字,科学的流传就根本不能进行。这就涉及有关会意文字词源学的一些题外话。由于发现了安阳甲骨文,我们现在才对已知最早的汉字形式(公元前两千年)有了丰富的认识;这些甲骨文和从商、周青铜器金文上所得的其他文字一起,产生了丰富的图形字汇,其中只有一部分已被鉴定为与后来所承袭而今天仍然在使用的那些字体的成分相同。但因大量鉴定已被接受,所以我们能够从其中选用一些会意字来阐明中国科学术语原义的起源。”[②]语言是最重要的交际工具,是人们进行沟通交流的各种表达符号。人们借助语言保存和传递人类文明的成果。汉字的“技”“术”二字,完全可以表达人类为了满足社会需要而依靠自然规律和自然界的物质、能量和信息,来创造、控制、应用和改进人工自然系统的活动的手段和方法——技术。

---

① (唐)韩愈著,阎琦校注:《韩昌黎文集注释(上)》,三秦出版社2004年12月第1版,第64页。

② 《中国科学的基本观念》,见(英)李约瑟著,王铃协助:《中国科学技术史·第二卷:科学思想史》,科学出版社1990年8月第1版,第240-253页。原文见Joseph Needham:*Science & Civilization in China*,Volume 2,*History of Scientific Thought*,13 *The Fundamental Ideas of Science Chinese*,(b) Etymological origins of some of the most important Chinese scientific words,Cambridge University Press,1956,P218-231.

李约瑟明确地指出，讨论中国科学思想史，“我们可以从这些文字中选出一些，作为我们了解中国科学术语的来源之用。”李约瑟《中国科学技术史·第二卷：科学思想史》中，“科学思维中一些重要字词的会意词源”表，如表 1.2 所示。

表 1.2 李约瑟“科学思维中一些重要字词的会意词源”表

字义	本字	古代甲骨文、金文或小篆	注解
地区、旁边、方形、方位	方		一个犁或耜的图形。引申为“犁过的地方”
走、移动	行		一个十字路口的示图
技术、方法、秘诀、技巧、程序	術(术)		图形中间有一株粘粟类植物，但是，它只起字音的作用。偏旁是十字路口的象形字。汉代和更早的许多文献中指出，这个字的原义是“道路”或“街道”，这种用法一直延续到 5 世纪，如同我们在英语中说 ways and means(方式和方法)一样。所以，这个字渐渐地取“做某件事的正确方法”的特定含义，指的是“正确的技术”。“道”字也经历了类似的从具体到抽象的演变历程
数目、计数	数		这个字的甲骨文或金文字形未见。它的偏旁异常地放在右边来表示动作(参见变和故字)。左边表示发音的“娄”的下面有一个女人的形象，上面还有奇怪的头饰。但是，无论它的意义是什么，它与整个字的语义是无关的，因为它原来是指“屡次”，所以由此引申而用来作为数目，并且在数目频繁重现时，作为总数用。因此，它是一个抽象的概念符号

李约瑟在《中国科学技术史·第二卷:科学思想史》“科学思维中一些重要字词的会意词源”表中,一共列举了80个汉字(实际上有83个)。他认为:

在中国整个有记载的历史中,有很多这样的语源一直不为人所知,甚至连2世纪的中国辞典编纂学之父许慎(他的《说文解字》是十分庞大的一系列辞典和百科全书的先驱)也不知道。就我们所知,许慎从未见过商代的甲骨文。但是,他经常给出“小篆”,学者们只有把它们同甲骨文和金文中所见的字体加以对照,才能把后者辨认出来,许慎误解了许多字,但是对更多的字的理解则是正确的。他的一些以前被认为是荒谬的或古怪的想法,已由甲骨文的研究肯定下来。

因此,并不是因为用于科学思维的那些汉字的概念起源对于科学思维本身具有很大的影响,我们才在此借机来看一下它们是怎样形成的。我们这样做,倒是因为一些特殊的会意的科学词汇的起源,作为原始科学通史的一个方面不能不具有重要的意义。今天的学者们要比生活在商代以后几个世纪里的人更多地了解到商代中国缀字法的形成时期的书法及其思想背景;这倒正好是考古科学的悖论之一。

而在汉字情况下,虽然字音只能猜测,但图像——主要是象形文字或图画——却保存下来,于是它们的意义和相互关系就可以通过联想而探索出来。

李约瑟认为:“那些字决不会一概都以拟声的方法造成。我们或者可以敢说,象意字却保存了一些这类的造字思想过程,以便于我们考察和研读。”①“技”“术”二字的金文、大篆、小篆字形,如表1.3所示。

---

① (英)Joseph Needham: *Science & Civilization in China*, Volume 2, *History of Scientific Thought*, 13 *The Fundamental Ideas of Science Chinese*, (b) Etymological origins of some of the most important Chinese scientific words, Cambridge University Press, 1956. P216-231。又见(英)李约瑟著,王铃协助:《中国科学技术史·第二卷:科学思想史》,科学出版社1990年8月第1版,第239-253页。李约瑟肯定:“这一节大部分要归功于对汉字最古老的形式深有研究的吴世昌博士(以前在桃园“中央大学”,现在在牛津大学工作)的慷慨合作,在此谨向他致以最热诚的感谢。”

表 1.3 “技”“术”二字的金文、大篆、小篆字形

	金文	大篆	小篆	小篆
“技”字形				
“术”字形				

汉字是象形文字，其显著的特点是字形和字义的联系非常密切，具有明显的直观性和表意性。汉字不仅是中华民族文化根基，也是中国科学技术及其思想的根基；一代又一代的科技工作者，通过汉字学习汉文化，沟通交流，才创造了人类科技史上最伟大的篇章。

二、“技术”一词的释义

语言的起源及其演化，自是人类历史中形成的文化现象，语言从来都与历史及其文化息息相关；在构成语音、语法、语义的语言三要素中，语义的历史性与文化性又最为深厚。技术活动历史久远，技术思想的蕴生与技术的产生与发展并行，尽管现在还没有一个对“技术”一词语义的诠释、有一个人人都可接受的说法；但是，不同时期的不同的观点对促进人们对技术的本质的认识都是有意义的。技术本身是发展的，那么技术概念也是一个发展着的概念。人们对技术的理解与诠释，乃是随着技术形态、组成技术的各种要素、技术的社会功能的变化而变化发展，不断更新。

在汉语言词汇中，“技术”的出现远早于“科学”，但在概念上“科学”却比“技术”诠释更早。科学是“反映自然、社会、思维等的客观规律的分科的知识体系”；“运用范畴、定理、定律等思维形式反映现实世界各种现象的本质和规律的知识体系，可以简单地说科学是如实反映客观事物固有规律的系统知识。”关于技术，按《现代汉语词典》中的解释，义项有二，如兹所述：

其一，是“人类在认识自然和利用自然的过程中积累起来并在生产劳动中体现出来的经验和知识，也泛指其他操作方面的技巧”。

其二，是指“技术装备”。[①]

这个解释明显地模糊了认识自然与利用自然这两种不同性质的活动，并且将技术具体化为经验、知识、技巧、装备。科学和技术是两个不同的概念。科学(science)是对各种事实和现象进行观察、分类、归纳、演绎、分析、推理、计算和实验，从而发现规律，并予以验证和公式化的知识体系；技术(technology)则是人类为满足自身的需求和愿望对大自然进行的改造。

科学重于认识自然，力求有所新的发现；技术则重于利用和合理地改造自然，力求有所发明、创新。科学回答“是什么”“为什么”的问题，技术则更多地回答“怎么办”“怎样办”的问题。科学通过实验验证假设、形成结论；技术则通过试验，验证方案的可行性与合理性，并实现优化。“技术”的概念包容量大，含义丰富且多变。《现代汉语词典》的解释，反映了当代中国对“技术”一词的认识水平。

(一)史籍中对早期技术活动的记载

技术思想的本体是技术自身。在中国的文献中，最早论及并详细记录技术活动、技术发明、技术创造的典籍，为先秦时期史官修撰的《世本》一书。世是指世系，本则表示起源。《世本》记载从黄帝到春秋时期帝王、诸侯、卿大夫的世系和氏姓，同时，也记载帝王的都邑、制作、谥法等。全书可分《帝系》、《王侯世》、《卿大夫世》、《氏族》、《作篇》、《居篇》及《谥法》等十五篇。[②] 可谓“罔罗天下放失旧闻”，“厥协六经异传，整齐百家杂语”。[③]《作篇》，备记“知者创物，始开端造器物”，恰如今日探讨科学技术发明之起源。王充(27—约97年)《论衡·对作篇》言：“言苟有益，虽作何害。仓颉之书，世以纪事；奚仲之车，世以自载；伯余之衣，以辟寒暑；桀之瓦屋，以辟风雨。夫不论其利害，而徒讥其造作，则仓颉之徒有非，《世本》十五家皆受责也。”[④]

《世本·作篇》包罗万象，其记载的古代发明创造，计83项，将所载

---

① 中国社会科学院语言研究所词典编辑室：《现代汉语词典(第7版)》，商务印书馆2016年9月版，第252页。

② (汉)宋衷著，(清)秦嘉谟等辑：《世本八种》，中华书局2008年8月第1版。

③ (汉)司马迁撰，(宋)裴骃集解：《史记》卷一百三十 太史公自序第七十，中华书局1959年版。

④ 《论衡·对作篇》，见王充著：《论衡》，载《诸子集成(第七册)》，中华书局1954年12月第1版，第282页。

发明创造分为食用、衣着、居住、交通、制度、器物等,可分 12 类,如表 1.4 所示。

表 1.4 《世本·作篇》记载的发明创造分类

类别	食用	衣着	居住	交通	制度	祭祀	历算	农业	音乐	卫体	器物	字画
项数	10	7	3	7	7	3	7	2	19	6	10	2

《作篇》的主要技术内容,以茆泮林《校辑世本》的《作篇》为底本,参校他本,[①]可概括为以下几类[②],如表 1.5 所示。

表 1.5 《作篇》技术分类

技术门类	《作篇》内容	统计
机械技术	共鼓货狄作舟。奚仲作车。胲作服牛。相土作乘马。睻作驾。 卫公叔文子作輗轴。韩哀作御。逢蒙作射。挥作弓。雍父作舂杵臼。公输作石硙	11 项
建筑技术	鲧作城郭。禹作宫室。桀作瓦屋。黄帝见百物始穿井。化益作井	5 项
冶金技术	垂作钟。夷牟作矢。 蚩尤作兵。蚩尤以金作兵器。蚩尤作五兵,戈、矛、戟、酋矛、夷矛。尹寿作镜。杼作矛	6 项
图学技术	史皇作图。裸首作画。隶首作算数。隶首作数。 垂作规、矩、准、绳。仓颉作书。仓颉造文字。沮诵仓颉作书	8 项
农业技术	后稷耕稼。垂作耒耜,垂作铫耨。咎繇作耒耜	6 项

《作篇》各项发明创造的发明家,各有归属,主要为传说中的黄帝及夏商周三代的帝王,具体的发明家及传说人物[③],如表 1.6 所示。

① 王玉德:《先秦科技文献〈作篇〉》,《文献》1989 年 4 月第 2 期,第 281-284 页。

② (清)张澍:《后序》《世本》《二酉堂丛书》,见(汉)宋衷注,(清)秦嘉谟等辑:《世本八种》,中华书局 2008 年 8 月第 1 版。

③ 原昊:《〈世本·作篇〉七种辑校》,《古籍整理研究学刊》2008 年第 5 期,第 41-49 页。

表 1.6 《世本·作篇》所载传说中的发明家及发明数量

人物	燧人	伏羲	神农	黄帝及臣子	颛顼	尧	舜	夏代帝王	商代帝王	周代帝王
项数	1	5	4	29	2	7	10	11	3	12

《世本》对于中国历史及文化的影响之深是不言而喻的。涂又光先生(1927—2012 年)《楚国哲学史》一书,从颛顼讲起,到楚国亡国为止。也就是,从公元前 25 世纪讲到公元前 3 世纪。其记叙颛顼生平行事,评价颛顼的历史贡献,几乎全部引录《世本·作篇》;一部《楚国哲学史》为理解《世本》、研究《世本·作篇》,提供了看待古代文献的正确角度以及思维方式和方法。

其一,《周易·系辞下》云:"日中为市",陆德明《释文》云:"《世本》云:'祝融为市',宋衷云:'颛顼臣也。'"今《世本》辑本,如茆泮林本,在《作篇》中,即将"祝融作市"写在颛顼名下,盖归功于颛顼领导。涂又光先生认为:市场的出现,是重大的历史事件,其意义决不限于经济生活,它马上成为文化总体的基础部分。市场是社会群体的创造,但颛顼持肯定态度,其支持、推广、制度化之功,自不可没。

其二,《左传》昭公十七年记郯子之言,谓"昔者黄帝氏以云纪","炎帝氏以火纪","共工氏以水纪","大皞氏以龙纪","少皞氏以鸟纪","自颛顼以来,不能纪远,乃纪于近。为民师而命以民事,则不能故也"。颛顼以民事为官名,必是以文字纪。"以云纪"以至"以鸟纪",皆是以图画纪。《尚书序》孔颖达疏云:"《世本》云:'仓颉作书'。"许慎《说文解字叙》曰:"黄帝之史仓颉","初造书契"。仓颉初造文字;颛顼推广文字,用于官名,是其一例。

涂又光先生认为:由"祝融作市""仓颉作书",文字的推广,可以想见颛顼在领导上的贡献。至于颛顼在楚史的地位,则可以说,颛顼是楚人之源,楚文化之源,楚哲学之源。[①] 涂又光先生的这些论点是对《作篇》文献价值的认识和肯定,其思路和方法,为解读《世本·作篇》,"皆圣人之所作也""后圣有作",起到决定性的作用。

英国学者李约瑟在《中国科学技术史·第一卷:导论》第三章"参考文献简述"之"中国传说中的发明家"中,论及《世本》。他说:"中国文献

---

① 涂又光:《楚国哲学史》,湖北教育出版社 1995 年 7 月第 1 版,第 47-48 页。

中有一类很有意思的与科学史有关的书，它们也许可以称之为技术辞典，或者发明和发现的记录。这些书好像完全没有被西方学者注意到。这类书中最古的一本是《世本》，其中大部分是记载传说中的发明家姓名和发明事项，简单的如'伯益作井''胡曹作衣''隶首作数'。大多数被提到名字的人物都被看作是黄帝的臣子。因此这本书是有价值的，其价值不在于弄明白诸如此类的科学史事件，而在于它系统地将传说的技术故事搜集在一起。"①

其实，先秦两汉"有系统地将传说的技术故事搜集在一起"，何止《世本》；与《作篇》相类，记载古代与技术发明活动和制器有关的传说，尚有大量史籍文献，其所述资料，甚为翔实，各有宗旨，摘其要者，并非李约瑟所云"这些书至今仍可用作关于传说中的发明家的参考书"。②

春秋末期，左丘明（前556—前451年）撰《国语》，其《鲁语》中详论"祀，国之大节，而节，政之所成也。故慎制祀以为国典。"《鲁语》列举："昔烈山氏之有天下也，其子曰柱，能殖百谷百蔬；夏之兴也，周弃继之，故祀以为稷。共工氏之伯九有也，其子曰后土，能平九土，故祀以为社。黄帝能成命百物，以明民共财，颛顼能修之。帝喾能序三辰以固民，尧能单均刑法以仪民，舜勤民事而野死，鲧障洪水而殛死，禹能以德修鲧之功，契为司徒而民辑，冥勤其官而水死，汤以宽治民而除其邪，稷勤百谷而山死，文王以文昭，武王去民之秽。故有虞氏禘黄帝而祖颛顼，郊尧而

---

① 李约瑟：《中国科学技术史·第一卷：导论》第三章"参考文献简述"之"中国传说中的发明家"，见 Joseph Needham: *Science & Civilization in China*, Volume 1, *Introductory Orientations*, 3 Bibliographical notes , (d) Chinese traditions of inventors, Cambridge University Press, 1954, P51-52.

李约瑟指出：这一类书中的第二本是《事始》，系刘存所作（也许和刘孝孙是同一人，唐代书籍目录（《旧唐书·经籍志》和《新唐书·艺文志》）认为该书系刘孝孙所作）。刘孝孙是隋代的数学家，著称于公元805至616年间。《事始》一书记载了大约335个项目，其中包括各种物料和器具，以及渐被忘却的古代各诸侯国的名称和官衔。后来马鉴作《续事始》（960年左右，马鉴是五代蜀国人），该书篇幅较大，载有358项。

李约瑟认为：这些书至今仍可用作关于传说中的发明家的参考书。《事始》中经常引证《世本》为其根据并加以抄录（例如渔网、谷磨以及蒸发海水制盐等项），同时，它也利用其他各种古书，例如《易经》中有关社会进化的篇章，以及《山海经》、《博物志》和《西京杂记》等。《续事始》有所不同，它虽然也提到传说中的发明家，可是很少引用《世本》。

② 李约瑟：《中国科学技术史·第1卷：导论》第三章"参考文献简述"之"中国传说中的发明家"见 Joseph Needham: *Science & Civilization in China*, Volume 1, *Introductory Orientations*, 3 Bibliographical notes , (d) Chinese traditions of inventors, Cambridge University Press, 1954, P51-52。

宗舜；夏后氏禘黄帝而祖颛顼，郊鲧而宗禹；商人禘舜而祖契，郊冥而宗汤；周人禘喾而郊稷，祖文王而宗武王；幕，能帅颛顼者也，有虞氏报焉；杼，能帅禹者也，夏后氏报焉；上甲微，能帅契者也，商人报焉；高圉、大王，能帅稷者也，周人报焉。凡禘、郊、祖、宗、报，此五者国之典祀也。”

《鲁语》强调：“圣王之制祀也，法施于民则祀之，以死勤事则祀之，以劳定国则祀之，能御大灾则祀之，能扞大肆患则祀之。非是族也，不在祀典。”制祀先祖发明家以为国典，是中国文化“仁者讲功，而智者处物”的传统，是重视科学技术的具体体现。[①]

春秋战国之际，墨子（前476或480年—前390或420年），其《墨子》一书卷一《辞过》第六载：“古之民未知为宫室时，就陵阜而居，穴而处。下润湿伤民，故圣王作为宫室。”“古之民未知为衣服时，衣皮带茭，冬则不轻而温，夏则不轻而清。圣王以为不中人之情，故作诲妇人，治丝麻，捆布绢，以为民衣。”“古之民未知为饮食时，素食而分处，故圣人作诲，男耕稼树艺，以为民食。其为食也，足以增气充虚，强体适腹而已矣。”“古之民未为知舟车时，重任不移，远道不至，故圣王作为舟车，以便民之事。其为舟车也，全固轻利，可以任重致远，其为用财少，而为利多，是以民乐而利之。”[②]《墨子》卷九《非儒下》第三十九：“古者羿作弓，伃作甲，奚仲作车，巧垂作舟。”注，伃即“杼”[③]《墨子·辞过》的宗旨，专讲节用，“此与禹俭奚殊”？墨子以重大的技术发明为例，旨在强调：“当为宫室，不可不节”，“当为衣服，不可不节”，“当为食饮，不可不节”，“当为舟车，不可不节”，“当蓄私，不可不节”，说明“俭节则昌，淫佚则亡”的道理。[④]

战国中后期的荀况（约前313—前238年），其著《荀子》一书《解蔽》篇，论述认识论思想，即讲“蔽于一曲”的危害、产生 及“暗于大理”的后果，更讲“天下无二道，圣人无两心”“虚壹而静”，智者专一从事一种工作，才能“独传”。荀子举出传说中发明家的例子，说明“君子壹于道”、透彻了解事物的事理，则能明察秋毫，“以赞稽物”。《解蔽》载：“故好书者众矣，而仓颉独传者，一也；好稼者众矣，而后稷独传者，一也；好乐者众矣，而夔独传者，一也；好义者众矣，而舜独传者，一也。倕作弓，浮游作

① 《国语·卷四：鲁语上》，见（战国）左丘明撰，（三国吴）韦昭注：《国语》，上海古籍出版社2015年7月第1版，第106-107页。

② （清）毕沅注，吴旭民校：《墨子》，上海古籍出版社2014年6月第1版，第19页。

③ （清）毕沅注，吴旭民校：《墨子》，上海古籍出版社2014年6月第1版，第160页。

④ （清）毕沅注，吴旭民校：《墨子》，上海古籍出版社2014年6月第1版，第19-23页。

矢，而羿精于射；奚仲作车，乘杜作乘马，而造父精于御。自古及今，未尝有两而能精者也。”①

战国后期，秦吕不韦（？—前235年）主持编撰《吕氏春秋》，“书成，皆布之都市，悬置千金，以延示众士，而莫能有变易者，乃其事约艳，体具而言微”，②其“八览”中的《审分览》“君守”篇，载有：“奚仲作车，仓颉作书，后稷作稼，皋陶作刑，昆吾作陶，夏鲧作城。此六人者，所作当矣。”③“勿躬”篇载有：“大桡作甲子，黔如作虏首，容成作历，羲和作占日，尚仪作占月，后益作占岁，胡曹作衣，夷羿作弓，祝融作市，仪狄作酒，高元作室，虞姁作舟，伯益作井，赤冀作臼，乘雅作驾，寒哀作御，王冰作服牛，史皇作图，巫彭作医，巫咸作筮。此二十官者，圣人之所以治天下也。”④“勿躬”强调：“圣王不能二十官之事，然而使二十官尽其巧，毕其能，圣王在上故也。”⑤这是古之“圣王”对技术发明的贡献。

战国末期韩非（前280—前233年）主张“世异则事异”“事异则备变”，其书《韩非子》卷十九“五蠹”载：“上古之世，人民少而禽兽众，人民不胜禽兽虫蛇。有圣人作，构木为巢以避群害，而民悦之，使王天下，号之曰有巢氏。民食果蓏蚌蛤，腥臊恶臭而伤害腹胃，民多疾病。有圣人作，钻燧取火以化腥臊，而民悦之，使王天下，号之曰燧人氏。中古之世，天下大水，而鲧、禹决渎。”用以说明“是以圣人不期修古，不法常可，论世之事，因为之备”的道理，韩非认为：“今有构木钻燧于夏后氏之世者，必为鲧、禹笑矣；有决渎于殷、周之世者，必为汤、武笑矣。然则今有美尧、舜、鲧、禹、汤、武之道于当今之世者，必为新圣笑矣。”⑥

西汉刘安主持编撰的《淮南子》一书，论及技术起源有二。其一，“修务训”载：“昔者，仓颉作书，容成造历，胡曹为衣，后稷耕稼，仪狄作酒，奚仲为车。此六人者，皆有神明之道，圣智之迹，故人作一事而遗后世，非

---

① （清）王先谦撰：《荀子集解》，载《诸子集成（第二册）》，中华书局1954年12月第1版，第267页。

② 《新论·本造第一》，（汉）桓谭著：《新论》，上海人民出版社1977年6月第1版，第1页。

③ 许维遹撰，梁运华整理：《吕氏春秋集释·卷第十七》，载《新编诸子集成》，中华书局2017年6月第1版，第443页。

④ 许维遹撰，梁运华整理：《吕氏春秋集释·卷第十七》，载《新编诸子集成》，中华书局2017年6月第1版，第449-451页。

⑤ 许维遹撰，梁运华整理：《吕氏春秋集释·卷第十七》，载《新编诸子集成》，中华书局2017年6月第1版，第449-451页。

⑥ （清）王先慎撰，钟哲点校：《韩非子集释》，载《新编诸子集成》，中华书局2016年4月第1版，第483-484页。

能一人而独兼有之。”[1]其二，“氾论训”载：“古者民泽处复穴，冬日则不胜霜雪雾露，夏日则不胜暑热蚊虻。圣人乃作为之，筑土构木，以为宫室，上栋下宇，以蔽风雨，以避寒暑，而百姓安之。伯余之初作衣也，緂麻索缕，手经指挂，其成犹网罗。后世为之机杼胜复，以便其用，而民得以掩形御寒。古者剡耜而耕，摩蜃而耨，木钩而樵，抱甄而汲，民劳而利薄；后世为之耒耜耰鉏，斧柯而樵，桔皋而汲，民逸而利多焉。古者大川名谷，冲绝道路，不通往来也，乃为窬木方版，以为舟航，故地势有无，得相委输。乃为靻蹻而超千里，肩荷负儋之勤也，而作为之揉轮建舆，驾马服牛，民以致远而不劳。为鸷禽猛兽之害伤人而无以禁御也，而作为之铸金锻铁，以为兵刃，猛兽不能为害。”[2]

西汉戴圣，生卒年不详，其编著《礼记》“礼运”云：“昔者先王未有宫室，冬则居营窟，夏则居橧巢。未有火化，食草木之实、鸟兽之肉，饮其血，茹其毛。未有麻丝，衣其羽皮。后圣有作，然后修火之利，范金，合土，以为台榭，宫室，牖户，以炮以燔，以亨以炙，以为醴酪，治其麻丝，以为布帛，以养生送死，以事鬼神上帝，皆从其朔。”[3]“礼运”篇用孔子与其弟子答问的形式，论述礼的发展演变和运用，说明技术的发明与应用对古代礼制所起的作用。

东汉王充《论衡》一书，多次提及“仓颉作书，奚仲作车”。《对作》篇中载：“造端更为，前始未有，若仓颉作书，奚仲作车是也。”[4]“仓颉之书，世以纪事；奚仲之车，世以自载；伯余之衣，以辟寒暑；桀之瓦屋，以辟风雨。”[5]

古往今来，探讨技术的起源，是理解技术本质的一个必要环节。技术在不同时代有不同的根本特征，为了理解技术的本性，人们必须去追溯技术的历史。探索技术的历史，不可避免地要涉及技术的起源问题，因为任何历史都是在时间中产生和演化的，技术在产生阶段的特征是它

---

① 《淮南子·修务训》，见何宁著：《淮南子集释（中）》，载《新编诸子集成》，中华书局 1998 年 10 月第 1 版，第 1342 页。

② 《淮南子·氾论训》，见何宁著：《淮南子集释（中）》，载《新编诸子集成》，中华书局 1998 年 10 月第 1 版，第 913-916 页。

③ （清）孙希旦著，沈啸寰、王星贤校：《礼记集解（中）》，中华书局 1989 年 2 月第 1 版，第 587-588 页。

④ 黄晖撰：《论衡校释（中）》，载《新编诸子集成》，中华书局 1990 年 2 月第 1 版，第 1371 页。

⑤ 黄晖撰：《论衡校释（中）》，载《新编诸子集成》，中华书局 1990 年 2 月第 1 版，第 1374-1375 页。

最先具有的特征，包含了它的本性的成分，或者说技术的本性就显现在技术的所有特征中。《世本·作篇》所及，皆有资于民生日用，特别重视工具的发明，如生产工具舂、杵、臼、硙、铫、耜、耒、耜、网、罗等，如交通工具舟、车等，如绘图工具规、矩、准、绳等，如兵器甲、矛、弓、矢等。这些工具器物，并非人类一朝之能跂及者，故《周礼·考工记》强调："知者创物，巧者述之，守之世，谓之工。百工之事，皆圣人之作也。烁金以为刃，凝土以为器，作车以行陆，作舟以行水，此皆圣人之所作也。"[①]据《周礼注疏》："巧者述之，守之世，谓之工"。郑注："父子世以相教。"贾疏"释曰：此'世'。谓若《管子》书云'工之子，商之子，四民之业'，皆云世者习也。""百工之事，皆圣人之作也。"郑注云："事无非圣人所为也。"贾疏"释曰：据《世本》作篇，多非圣人亲为，要君统臣功，故皆圣人统摄之也。"[②]

工具是检验生产力水平的天然尺度，回顾技术发展的历史，人们就会发现，一件工具或几件工具的出现，还不能代表技术，只有工具体系的形成，才是技术产生的标志。只有发明工具的机制产生之后，工具体系才能形成。从第一件工具的制造到工具发明机制的形成，是漫长的时间过程，工具的变化、工具制造模式的变化，都是时间的产物，即生命进化历史的产物。[③] 恰如涂又光先生所云：任何创作与发明的出现，都是重大的历史事件，其意义决不限于某一个领域、某一个地域的生活，它马上成为文化总体的基础部分。任何创作与发明是社会群体的创造，而古之圣王持肯定态度，其支持、推广、制度化之功，不可忽视。这也是《周礼·考工记》再三强调"皆圣人之作也""此皆圣人之所作也"的原因。[④]

《周易·系辞》言作，卦凡十二，视《世本》之书，"其致一也"。《系辞》所云，"其义既广"，被李约瑟称之为论及"社会进化"，体现中国文化一以贯之重视科学技术的文化传统。[⑤] 其载："古者包牺氏之王天下也，仰则观象于天，俯则观法于地，观鸟兽之文与地之宜，近取诸身，远取诸物，于是始作八卦，以通神明之德，以类万物之情。作结绳而为网罟，以佃以

---

① (汉)郑玄注，(唐)贾公彦疏：《周礼注疏》，(清)阮元校刻：《十三经注疏》之《周礼注疏·四十二卷(内府藏本)》，中华书局 1980 年 10 第 1 版，第 906 页。

② (汉)郑玄注，(唐)贾公彦疏：《周礼注疏》，(清)阮元校刻：《十三经注疏》之《周礼注疏·四十二卷(内府藏本)》，中华书局 1980 年 10 第 1 版，第 906 页。

③ 包国光、钱丽丽：《论技术的起源》，《东北大学学报(社会科学版)》2005 年 5 月第 3 期，第 163-166 页。

④ 涂又光：《楚国哲学史》，湖北教育出版社 1995 年 7 月第 1 版，第 47-48 页。

⑤ 刘君灿：《谈科技思想史》，明文书店 1980 年，第 2-131 页。

渔，盖取诸离。包牺氏没，神农氏作，斫木为耜，揉木为耒，耒耨之利，以教天下，盖取诸《益》。日中为市，致天下之民，聚天下之货，交易而退，各得其所，盖取诸《噬嗑》。神农氏没，黄帝、尧、舜氏作，通其变，使民不倦，神而化之，使民宜之。《易》穷则变，变则通，通则久。是以'自天佑之，吉无不利'。"自此已下，凡有九事，皆黄帝、尧、舜取易卦以制象。"黄帝、尧、舜垂衣裳而天下治，盖取诸乾、坤。刳木为舟，剡木为楫，舟楫之利，以济不通，致远以利天下，盖取诸涣。服牛乘马，引重致远，以利天下，盖取诸随。重门击柝，以待暴客，盖取诸豫。断木为杵，掘地为臼，杵臼之利，万民以济，盖取诸小过。弦木为弧，剡木为矢，弧矢之利，以威天下，盖取诸睽。上古穴居而野处，后世圣人易之以宫室，上栋下宇，以待风雨，盖取诸大壮。古之葬者，厚衣之以薪，葬之中野，不封不树，丧期无数。后世圣人易之以棺椁，盖取诸大过。上古结绳而治，后世圣人易之以书契，百官以治，万民以察，盖取诸夬。"①

此段为《周易·系辞》中五帝制器的一章，"其言圣人制器尚象之事"，是一篇言简意赅的古代技术发明史，它对古代诸多技术的起源作了最为系统的论述。这里，《系辞》不仅提出了"以制器者，尚其象"的技术思想，更重要的是提出了"观象""取象""尚象"的思想方法和认识方法，这对中国古代科学技术的发展以及机械工程技术的进步，关系重大，具有文化和哲学总体的意义。②

古往今来，探讨技术的起源，是理解技术本质的必要环节，先秦两汉史籍记载的种种关于创制发明的传说，既不是关于事物、技术起源的凭空幻想，也不仅仅是附会到祖先身上的丰功伟绩，事实上，这些史籍记载的诸多发明创造，几乎都对人类的发展和文明的演进起到了重要作用，甚至可以这样说，这些记载，就是一部微缩的人类技术文明演进史。③

（二）在中国古代文献中最早出现的"技术"一词

汉字是世界上迄今为止连续使用时间最长的语言文字，"技术"一词也是使用时间最长的科技词语之一，若解释技术一词，即是作一部科学

---

① （魏）王弼，（东晋）韩康伯注，（唐）孔颖达等正义：《周易正义》，见（清）阮元校刻：《十三经注疏》，中华书局 1980 年 10 月第 1 版，第 86-87 页。

② 刘克明：《中国技术思想研究：古代机械设计与方法》，"儒道释博士论文丛书"，巴蜀书社 2004 年 11 月第 1 版，第 77-84 页，第 318-327 页。

③ 崔富章、周晶晶：《〈世本集览〉手稿本之文献价值》，《文献》2010 年第 4 期，第 52-58 页。

技术史。在中国古代的文献中,最早将“技”“术”二字连绵为“技术”一词,是西汉时期,距今已有两千多年的历史。

在汉语中,连绵词是“联绵词”和“连绵字”的别称,双音节语素的一种。“联绵词”是由两个大都具有声韵关系的音节组成的单语素表音词,它有两个字,却只有一个语素,不能拆解,但不少人将其混为合成词。联绵词有以下三种类型:其一为双声词,指两个音节的声母相同的联绵词;其二为叠韵词,指两个音节的韵母相同的联绵词;其三为非双声叠韵词,指既非双声又非叠韵的联绵词。故“技术”一词,属非双声叠韵词。

《荀子·正名》论此,其云:“单足以喻则单;单不足以喻则兼;单与兼无所相避则共,虽共,不为害矣。”[①]所谓“单不足以喻则兼”,是指联绵字(亦作“连绵字”)而言的。荀子的意思是单音节的名称足以使人明白的就用单音节的名称;单音节的名称不能使人明白的就用多音节的名称;单音节的名称和多音节的名称如果没有互相回避的必要就共同使用一个名称。“技术”一词是人们形容“技艺”“技巧”“技能”“方术”常用的一个词,是一个联绵字,今天对于这个词就无法用“技”或“术”的单独含义去进行解释。故其“上下同义,不可分割,说者望文生义,往往穿凿而失其本指”。

在司马迁的著作之中,最早出现“技术”一词。其《史记·货殖列传》云:“医方诸食技术之人,焦神极能,为重糈也。”[②]《汉书·艺文志·方技》中亦有“汉兴有仓公,今其技术晻昧”。[③]《汉书·王莽传》:“又博募有奇技术可以功匈奴者。”[④]《联绵字典》“技术”“定一按”:“《礼记》‘乡饮酒义’:‘古之学术道者’。注:术犹艺也。”[⑤]这些语句中的“技术”一词,均为“技艺”“方术”“法术”之义。

宋代陆游(1125—1210年)所著《老学庵笔记》,内容多是作者或亲历、或亲见、或亲闻之事,其书卷三载“会稽天宁观老何道士喜栽花酿酒

---

① 《荀子·正名》,见(清)王先谦撰:《荀子集解》,载《诸子集成(第二册)》,中华书局1954年12月第1版,第278页。

② (汉)司马迁撰,(宋)裴骃集解:《史记·货殖列传第六十九》,中华书局1959年9月第1版,第3271页。

③ 《汉书·艺文志·方技》,见(汉)班固撰,(唐)颜师古注《汉书·卷三十》,中华书局1962年6月第1版,第1780页。

④ 《汉书·王莽传》,见(汉)班固撰,(唐)颜师古注《汉书·九十九卷下》,中华书局1962年6月第1版,第4155页。

⑤ 符定一撰:《联绵字典(第二册)》,中华书局1983年1月版,第239页。

以延客……忽有一道人，亦美风表，多技术，观之西廊。”[①]清代侯方域(1618—1658年)所著《再与贾三兄书》：“盖足下之性好新异，喜技术，作之不必果成，成之不必果用，然凡可以，尝试为之者，莫不为之。”[②]这里“技术”一词，当指知识、技能和操作技巧。

任何民族的语言都是这个民族精神的体现。汉语作为世界上各民族语言文字当中历史最为悠久、使用人口最多的文字之一，它所构成的文化内涵及其科技词汇是整个中华文化，乃至民族精神的展现，其影响远远超出了中国文化的范围。究观往昔，汉语“技术”一词，其用甚古，历代更迭，屡经嬗变，以至今日；其词义由古及今的演绎，是一部中国技术史乃至技术思想史的真实写照。

(三)《中国大百科全书》对“技术”的定义

百科全书是记录人类过去积累的一切知识门类或某一知识门类的工具书。当代《中国大百科全书》，“十年乃成”，是现今中国第一部大型综合性百科全书。其对“技术”词义的解释，多本经典，其源流之述，具有鉴裁；其嬗变之史，持论公允，所述辞到理到，简明扼要。

2009年《中国大百科全书(第二版)》对“技术 technology”的定义，全文如下。

> 人类改变或控制其周围环境的手段或活动。泛指根据生产实践经验和科学原理而发展形成的各种工艺操作过程、方法、器具和技能。中国在发展技术方面有着悠久的历史。《荀子·富国》篇有“百技”之称。《史论·货殖列传》有“技术”一词，意为“技艺方术”。直到宋朝，中国的技术水平曾长期处于世界的前列。古代中国文献中常称“开物”为“技”。英文中“技术”一词(technology)源于希腊文techne(工艺、技能)和logos(词、讲话)。该词最早出现在英文中是17世纪，当时仅指各种应用工艺。到20世纪初，技术的含义逐渐扩大，涉及工具、机器及其使用方法和过程。20世纪后期，技术才取现在的定义。[③]

---

① (宋)陆游撰，李剑雄、刘德权点校：《老学庵笔记》，中华书局1979年11月第1版，第30页。

② 《再与贾三兄书》，见(清)侯方域著，王树林校笺：《侯方域全集校笺(上)卷三》，人民文学出版社，2013年1月第1版，第155页。

③ 《中国大百科全书》总编委会：《中国大百科全书(第二版)》第11册，中国大百科全书出版社，2009年3月第1版，第93页。又见：*The New Encyclopedia Britannica*，Volume 28，15th edition，1993，P440.

(四)西方文字语言中"技术"一词的语源、构词和词义

在西方的文字语言中,在"technology"出现之前,"技术"通常也是指技巧、方法、专业等。如:希腊文 techne、德文 technik、法文 technique 均是如此。此外,技术也被作为"应用科学",或者"科学应用"来看待。但对于工业化背景下的现代技术来说,以上这些说法都不足以体现其丰富的内涵。

1. 希腊语

据 Liddell & Scott《简明希腊语-英语词典》(*A Greek-English Lexicon*)①,technology 一词希腊文写法为"τεχνολογία",最早来自希腊文 techne,其写法为"τέχνη",指代"技艺""手工艺""技巧""巧妙的方法""技巧"等义。后该词与希腊文 logos 组合形成 technolog 一词。Logos 的希腊文写法为"λογότυπα",指代"说话""文字""逻辑"等义。"techne"与"logos"的组合,意指对工艺和技术等进行论述。

2. 英语

据 Merriam-Webster《新韦氏国际英语大辞典(第三版)》(*Webster's Third New International Dictionary*)对 technology 的词源释义,technology 为名词,复数形式为 technologies。technology 一词最早使用于 1829 年。②

据《柯林斯词典》(*Collins Dictionary of the English Language*)③对 technology 的中文释义:第一是实用科学或机械科学在工业或商业中的应用;第二为指导这些应用的方法、理论和实践,例如高度发展的技术;第三是人类社会对工业、艺术和科学等领域所能运用到的整体知识和技能。形容词为 technological,副词为 technologically,职业名词为 technologist。

据《朗文现代英语词典》(*Longman Modern English Dictionary*)④

---

① Henry George Liddell & Robert Scott: *A Greek-English Lexicon*, Oxford at the Clarendon Press, 1958.

② Merriam-Webster, *Webster's Third New International Dictionary*, G. & C. Merriam Company Publishers, 1961-01.

③ Patrick Hanks, *Collins Dictionary of the English Language*, Wiilam Collins Sons & Co. Ltd, 1979.

④ Owen Waytason, *Longman Modern English Dictionary*, Great Britain by Richard Clay, The Chaucer Press, Ltd, 1968.

对 technology 的中文释义:在一个广泛且相关的知识领域里的进程工艺科学,因此工业技术包括了化学、机械以及生物科学领域的工业进程。

《美国传统英汉双解学习词典》(*The American Heritage Dictionary of the English Language*)[1]对 technology 的中文释义:第一,是指科学应用,尤其是对工业或商业目标的应用,以及取得实现这些目标所要运用的全部方法或材料;第二,从人类学的角度上讲,是指每一个文明能够用于制作工具、练习手工艺术、技能以及提取或收集材料的知识体系。

复数形式为 technologies,缩略词为 tech.,名词为 technologist。

据《韦氏新大学词典》(*Webster's New Collegiate Dictionary*)[2]对 technology 的中文释义:由希腊文词根 techne(表技艺或技术)+ -o- + -logy 组成。其一指术语;其二指应用科学,也指取得实际目标的技术方法;其三指用来提供人类必要物资所运用的所有方式。复数形式为 technologies。

3. 法语

据 1964 年,法国新利特雷出版公司(Ste du Nouveau Littre)出版的《小罗贝尔》(*Dictionnaire alphabétique et analogique de la Langue Française*)词典介绍,在法语中,technique 一词同指名词和形容词,意为技艺、工艺、技术,如下所述。[3]

其一,1721 年出版的《特里物词典》(*Trév*)收录词条,其词意:一为涵盖人们在工艺方面所做的事情,二为记忆术。

其二,1750 年出版的《普雷沃斯特词典》(*Lexique Prévost*)收入此词,发明这个词主要是用于表达所有属于工艺技术方面的内容;由希腊文 tekhné(工艺)加 Logie(学科)后缀而成。

其三,1762 年,该词为法兰西学术院采纳,词源借用拉丁语 technicus 和希腊文的 tekhnikos(工艺)或 tekhnê(艺术);也可能借用英语 technic 及 technical,这些词在 17 世纪已出现。

在中国,1979 年,上海译文出版社出版的《法汉词典》(*Dictionaire*

---

① Houghton Mifflin Company: *The American Heritage Dictionary of the English Language*, Dell Pub Co, 1976.

② Inc. Merriam-Webster, *Webster's New Collegiate Dictionary*, Webster's Merriam, 1987.

③ Paul Robert, *Dictionnaire alphabétique et analogique de la Langue Françaie*, Société du Nouveau Littré, 1964.

Francais-Chinois)[①]中 technique [tɛknik]可为形容词和名词。当为形容词时意为技术性的、专门的，如 termes techniques 含义是专门名词，术语。au point de vue technique 意为从技术的角度来看。conseillers techniques 指技术顾问。escale technique 技术性中途着陆。technique 一词也指“技巧的”，如 habileté technique 技巧上的熟练。当 technique 为阴性名词时，意为技术或工艺方法，例如 technique isotopique 同位素技术，technique d'usinage 加工工艺；也指技巧，如 musicien qui manque de technique 缺乏技巧的音乐；在口语中指方法，如 ne pas avoir la bonne technique 不懂窍门儿。当 technique 为阳性名词时，其含义为技术教育。

4. 德语

1982 年上海译文出版社出版的《德汉词典》(*Deutsch-Chinesisches Wörterbuch*)[②]中 technik 为阴性名词，第二格形式为 technik，复数形式为 techniken。当 technik 指不可数名词时有技术和技术装备之意，例如 die technik der Neuzeit 现代技术，die neue(moderne)technik einfuhren 引进新(现代)技术。die veraltete technik eines Betriebes 一家企业的陈旧的技术装备。Die technik erleichtert dem Menschen die Arbeit 技术装备减轻了人们的劳动；Er ist (或 arbeitet) in der technik 意为“他在技术部门工作”。当 technik 为可数名词时，其含义一为技能、技巧、技术，二为音乐演奏技能、熟练的指法、(演奏的)技巧，三为高等工业学校。例如 neue techniken anwenden [beherrschen]运用[掌握]新的技能，die technik des Dramas 戏剧技巧。

于兹可知，technology 一词最早来自于希腊语 techne(希腊文写法 τέχνη)，经过时间的推移，根据韦氏大辞典记载，technology 这一词在英语中，最早使用于 1829 年。technology 一词，词根为 techne，词性为名词，其形容词形式为 technological，副词形式为 technologically，职业名词为 technologist。

对于 technology 的考察，可知 technology 一词最早使用于 1829 年，在中国，用“技术”一词翻译 technology，是 19 世纪 20 年代之后。

---

① 法汉词典编写组：《法汉词典》(*Dictionaire Francais-Chinois*)，上海译文出版社 1979 年 10 月第 1 版。

② 德汉词典编写组：《德汉词典》(*Deutsch-Chinesisches Wörterbuch*)，上海译文出版社 1983 年 11 月第 1 版。

(五)《简明不列颠百科全书》对"技术"的定义

百科全书是知识的总汇,是一切知识门类广泛的概述性著作。是否有一部优秀的综合性的百科全书,已成为衡量一个国家科学、文化发展水平的标志之一。18世纪至20世纪,英、德、法、意、苏、日、西等国相继编纂出版了一批权威性的百科全书,俱代表其学术之成果。本研究柬选其一,择《简明不列颠百科全书》为例,恰如《吕氏春秋·察今》所云"尝一脟肉,而知一镬之味,一鼎之调"。

1984年中美联合编审委员会编辑出版的《简明不列颠百科全书》,[①]对"技术"的定义是:

> 技术是人类活动的一个专门领域,尽管其起源要追溯到古希腊,但对它进行系统的研究却是近代不可少的事情。技术一词出自希腊文 techne"工艺、技能"与 logos"词、讲话"的组合,意思是对造型艺术和应用技术进行论述。当它17世纪在英国首次出现时,仅指各种应用技艺。到20世纪初,技术的含义逐渐扩大,它涉及工具、机器及其使用方法和过程。到20世纪后半期,技术被定义为"人类改变或控制客观环境的手段或活动"。人类在制造工具的过程中产生了技术,而现代技术的最大特点是它与科学相结合。过去,科学和技术一直是遵循各自的发展道路。在古代,科学知识专属于贵族哲学家,而技术则归制造工匠掌握。中世纪,商业飞跃发展,社会经济交换活跃,才使科学和技术互相接近,关系日益密切。到19世纪,技术才逐渐以科学作为基础。

《简明不列颠百科全书》中"技术"的定义,主要根据最新英文版《不列颠百科全书》(*Encyclopedia Britannica International*)编译而成。[②]2005年《不列颠简明百科全书》[③]对"技术"的定义是:

> 将知识应用于人类生活的实际目标,或应用于改变和控制人类的生存环境。技术包括材料、工具、工艺以及电力资源的利用以使

---

① 《简明不列颠百科全书》编辑部译编,中美联合编审委员会:《简明不列颠百科全书》(*Concise Encyclopedia Britannica*),中国大百科全书出版社1985年10月第1版,第233页。

② 美国不列颠百科全书公司编著,中国大百科全书出版社《不列颠百科全书》编辑部编译:《不列颠百科全书(国际中文版)》(*Encyclopedia Britannica*),中国大百科全书出版社1999年4月第1版,第485页。

③ 不列颠百科全书公司:《不列颠简明百科全书》(*Britannica Concise Encyclopedia*),中国大百科全书出版社2005年9月第1版,第743页。

生活更容易或更舒适,使工作更有效。科学考虑的是事情发生的过程和原因,而技术则侧重于使之成为现实。技术在人们刚开始使用工具时就影响人类的活动,并随着产业革命和机器取代人力和畜力而加速。但是技术的快速发展常以空气和水污染以及其他负面环境效应为代价。

百科全书是对人类过去积累的全部知识或某一类知识进行的书面摘要。作为西方文化的标志,“不列颠百科全书”是世界上著名和权威的信息来源,借此“全书”,西方自然科学、历史、经济、政治、文学艺术、地理以及其他人文学科的知识,靡不毕见,亦可观中国文化与西方文化的差异以及千丝万缕的关系。最新《不列颠简明百科全书》,面向21世纪,充分反映新世纪的各种知识和新事件,注重介绍具有普遍性、典型性和高检索率的知识,注重资料和数据的准确性和权威性。

三、中国古代文献中与技术相关的基本概念

在浩如烟海的中国古代文献中,与“技术”一词语义相关者,不乏其词,诸如“方技”、“方伎”、“数术”及“方术”等词。

“方技”一词,亦称“方伎”,古已用之,其意义随着时代的发展而有变化。与“方技”概念密不可分的有“数术”和“方术”两个。

秦汉之际,“数术”一般被认为是和“方技”并行的概念,而“方术”则常常被视作“方技”和“数术”的统称。在史籍之中,有“数术”之能的“术士”,亦载入《方技传》中。毋庸置疑,要用概念是无法简单解释“方技”、“方伎”、“数术”及“方术”等词的,也不可能用术语绝对精确地描述,只能使用“一般”和“常常”这些词语,因为,对于上述概念连相对精确的解释都存在一定的难度。

在语言三要素中,语义与历史进程联系最为密切,因而最富于变异性。实际上,“方技”、“数术”和“方术”这三个概念,与时偕变,从来都不是确定的和固定的;论此,需要先划定一个范围,在这个范围中,这三个概念未必意义指向明确清晰,这就必然与《方技传》中涵括的技术思想史研究对象相契合。一般来说“方技”和“数术”应该算是一对概念,而“方术”则被看作是“方技”和“数术”的总称,因此,我们这里首先把“方技”和“数术”放在一起,试分析它们之间的对应关系,然后来分析“方术”与“方技”和“数术”这两个概念的关系。

(一)"方"字的字义

"方"字,据《佩文韵府》卷二十二:方"正也,道也,比也,类也,法术也。"[①]方字的字形及其说明,如表 1.7 所示。

表 1.7 "方"字的字义字形说明

	篆书字形	字义字形说明	备考
方		"方,并船也。象两舟总头形"。"併船也":"併船者、并两船为一","故知併船为本义。编木为引申之义。又引申之为比方","又引申之为方圆、为方正、为方向","凡今文尚书作旁者、古文尚书作方。为大也。生民。实方实苞。毛曰。方、极亩也。极亩、大之意也"。"象两舟总头形":"两当作网。下象两舟併为一。上象两船头总于一处也"	汉代许慎《说文解字》 清代段玉裁《说文解字注》

方,指规律、道理。《庄子·秋水》:"吾长见笑于大方之家。"方:指学问。"今吾无所开吾喙,敢问其方?""是所以语大义之方,论万物之理也。"方通"仿",模拟。《荀子·劝学》:"方其人之习君子之说,则尊以遍矣,周于世矣。"《商君书·算地第六》:"今世巧而民淫,方效汤武之时,而行神农之事。"[②]方,通"仿",模拟。

方,又有品类,类别之义。《楚辞》:"室家遂宗,食多方些。"《礼记·缁衣》:"故君子之朋友有乡,其恶有方。"《淮南子·精神训》:"以死生为一化,以万物为一方,同精于太清之本。"方,亦可作动词,有辨别之义。如《国语·楚语下》:"民神杂糅,不可方物。"韦昭注:"方,别也。物,名也。""方物"指分辨事物的名实或名分。《博雅》:"方,大也,正也。"方正:人的行为、品性正直无邪;正直。《博雅》即《广雅》。[③] 南朝陈徐陵(507—

① 《佩文韵府·卷二十二》,见(清)张玉书等编:《佩文韵府(第 1 册)》,上海古籍出版社 1983 年 6 月第 1 版,第 1021 页。

② 《商君书·算地第六》,见(战国)商鞅等著,高享注译:《商君书注译》,中华书局 1974 年 12 月第 1 版,第 164 页。

③ (清)王念孙著,钟宇讯点校:《广雅疏证》,中华书局 1983 年 5 月第 1 版。

583年)编《玉台新咏》"古诗为焦仲卿妻作":"盘石方且厚,可以卒千年。"[①]

方,又寓术也,法也。《周易·系辞》:"方以类聚,物以群分,吉凶生矣。"疏:"方,谓法术性行。"《左传·昭二十九年》:"夫物,物有其官,官修其方,朝夕思之。"注:"方,法术。"亦指方法,策略。《周易·恒卦》:"君子以立不易方。"孔颖达疏:"君子立身得其恒久之道,故不改易其方。方,犹道也。"《礼记·乐记》:"乐行而民乡方。"郑玄注:"方,犹道也。"《周易·复卦》:"后不省方。"王弼注:"方,事也。"孔颖达疏:"不省视其方事也。"

方,又称医方。《史记·扁鹊仓公列传》载:"乃悉取其禁方书,尽与扁鹊。"《汉书·郊祀志》:"少君者,故深泽侯人,主方。"注:"侯家人主方药也。"亦专指道教采药炼丹及养身之术。晋代葛洪(284—364年),其书《抱朴子·金丹:卷四》载:"余少好方术,负步请问,不惮险远。"又《抱朴子·释滞:卷八》载:"以六经训俗士,以方术授知音。"[②]

方字的金文、大篆、小篆字形,如表1.8所示。

表1.8 "方"字的金文、大篆、小篆字形

	金文	大篆	小篆	小篆
字形的书写				

(二)方技

方技一词,首见于《墨子》一书,其《墨子·迎敌祠》载:"举巫医卜有所长,具药,宫之,善为舍。巫必近公社,必敬神之;巫卜以请守,守独智,巫卜望之气请而已。""望气舍近守官,牧贤大夫及有方技者若工,弟之;举屠酤者置厨给事,弟之。""有方技者"的技,亦作伎。古伎、技同源,如《尚书·泰誓》曰:"无他伎艺"。技,本亦作伎。《墨子·号令》的"巫祝史",与《迎敌祠》所记的"巫卜",是同一种人,《墨子·号令》似是后期墨家弟子对《迎敌祠》作的增补。为了守城,墨子说要推举有所专长的"巫

① (陈)徐陵编,(清)吴兆宜,程琰删补,穆克宏点校:《玉台新詠笺注·卷一》,中华书局1985年6月第1版,第52页。

② (东晋)葛洪:《抱朴子内篇·金丹:卷四》,见(东晋)葛洪撰述,张松辉译:《抱朴子内篇》,中华书局2011年10月第1版。

医卜”,要准备好医药和住房,要安排巫卜、牧贤大夫、有方技者、屠酤者等人,依次居住在守官附近,共同防御。①

“方技”的“方”,有药方的含义。《庄子·逍遥游》载:“宋人有善为不龟手之药者,世世以洴澼洸为事。客闻之,请买其方百金。聚族而谋曰:‘我世世为洴澼统,不过数金;今一朝而鬻技百金,请与之。’”宋人世代漂絮于水上,祖传有护手不龟裂之药方,有客人愿出百金购买这一药方。宋人“鬻技”,是售卖“不龟手之药”方。“方”有药方的含义,可能由“方”有“并”的意思引申而来。《庄子·山木》曰:“方舟而济于河。”成玄英疏:“两舟相并曰方舟。”联想到古代药方是由几种草药合并而成的,方有药方之义。

“方技”的“技”,也有药技的含义。晋代郭璞(276—324年)撰《山海经图赞》二卷,其《海外西经图赞》“巫咸”:“群有十巫,巫咸所统。经技是搜,术艺是综。采药灵山,随时登降。”郭璞将群巫采药的药技,称之为技术。② 先秦典籍记载“技”者,尚有《尚书·泰誓》曰:“人之有技,若己有之。”技作技术解。《老子·五十七章》曰:“民多技巧,奇物滋起。”技作技巧解。《管子·形势解》曰:“善治其民,度量其力,审其技能,故立功而民不困伤。”技作技能解。③《礼记·王制》曰:“凡执技以事上者,祝、史、射、御、医、卜及百工。”《礼记》将祝、史、射、御、医、卜及百工的技能,定义为“技”。所以,在“技”的使用上,“方技”与“术数”是有相同含义的。由是观之:“方技”的重点在“方”,“术数”的重点是“数”。

《墨子》中含有“技艺”意义的“方技”之类的概念,《墨子·迎敌祠》“举巫医卜有所长”,言其人物,指的是“灵巫”、“巫卜”及“有方技者”之类人物;言其技术,指的是“望气”“祭祀”“具药”之类技术。“有方技者”和“灵巫”、“巫卜”并列为“巫医卜”,“巫医卜”掌握着“望气”“具药”“祭祀”“祝祷”“卜筮”之类的术数、方技。因此,在探索术数、方技的含义后,需要对巫祝的祭祀内容、巫卜的卜筮方法、巫医和良医,作进一步的研究,以期对术数、方技的含义,有一些具体的了解。

---

① (清)毕沅注,吴旭民校:《墨子》,上海古籍出版社2014年6月第1版,第301、第318页。

② (晋)郭璞著,张宗祥校录:《足本山海经图赞》,古典文学出版社1958年5月第1版。又见(晋)郭璞著,王招明、王暄译注:《山海经图赞译注》,岳麓书社2016年4月第1版,第231-232页。

③ (唐)房玄龄注,(明)刘绩补注,刘晓艺校:《管子》,上海古籍出版社2015年8月第1版,第394页。

（三）方术

方术，指学术，特定的一种学说或技艺。与道家所谓无所不包的“道术”相对。《庄子・天下》：“天下之治方术者多矣，皆以其有为不可加矣。古之所谓道术者，果恶乎在？曰‘无乎不在’。”方术，学术也，乃庄子指曲士一察之道而言，如墨翟、宋钘、惠施、公孙龙等所治之道是也。《荀子・尧问》：“德若尧禹，世少知之，方术不用，为人所疑。”《吕氏春秋・赞能》：“说义以听，方术信行，能令人主上至于王，下至于霸，我不若子也。”

方术又泛指天文，主要指星占、风角、医学等，包括巫医、神仙术、房中术、占卜、相术、遁甲、堪舆、谶纬等。司马迁在《史记・秦始皇本纪》中载有：始皇“悉召文学方术士甚众，欲以兴太平，方士欲练以求奇药。”此中“方术”之“方”显然指“方技”，而“术”此段虽未引出，可据原文知其有“数术”之意，则“方术”为“方”与“术”的统称。在《史记・孝武本纪》中有：“上有所幸王夫人，夫人卒，少翁以方术，盖夜致王夫人及灶鬼之貌云，天子自帷中望见焉。”此中“方术”实为一词，偏向“数术”之意。《后汉书》有《方术传》，传主多精其一术或数术。《后汉书・方术传序》：“汉自武帝颇好方术，天下怀协道蓺之士，莫不负策抵掌，顺风而届焉。”《魏书・术艺传》载：刘灵助“师事刘弁，好阴阳占卜，而粗疏无赖，常去来燕恒之界，或时负贩，或复劫盗，卖术于市。”“灵助本寒微，一朝至此，自谓方术堪能动众。”宋代叶适（1150—1223年）《张令人墓志铭》：“不信方术，不崇释老，不畏巫鬼。”[①]

《史记・扁鹊仓公列传》中有：“太仓公者，齐太仓长，临苗人也，姓淳于氏，名意。少而喜医方术。”此处“方术”与“医”并列，为“数术”之意。可见，在司马迁的笔下，“方术”的意义并不确定。清代唐孙华（1634—1723年）《题张汉昭小像》诗：“闻君妙方术，六疾应手瘳。”[②]“方术”与“医”并列。

“方术”在《庄子・天下》中的意义与《韩非子・尧问》中不同，前者主要指“道术”，或者说“一隅之术”，后者则指“统治之术”。比如，“方技”除了有医经、经方之意，也有技巧之意，在《墨子・迎敌祠》中“有方技者若工”，便指“技巧”之意。工者，“百工”之意。

---

① （宋）叶适著，刘公钝、王孝鱼、李哲夫校：《叶适集（第一册）》，中华书局 1961 年 12 月第 1 版，第 263 页。

② （清）唐孙华：《东江诗钞》，上海古籍出版社 1979 年 12 月第 1 版。

"方技"、"数术"及"方术"等概念的意义，虽各有不同，但都与《方技传》中"方技"所具有的学说或技艺意义相关。因此，与《方技传》中"方技"的意义就成为衡量的一个标准。

在这一点上，司马迁的某些用法与陈寿的用法更接近。而《汉志》中所给出的概念则无疑也与陈寿的想法接近。较之以今日的学科分类，如自然科学与社会科学及其分支等，对"方技""数术"，乃至"方术"概念的讨论，限定在兼属科技史、技术思想史的范围；诸如《韩非子》中有御臣之术等意义的"术"，不被列入研究考察的范围；而《墨子・迎敌祠》中含有"技艺"意义的"方技"之类的概念，正是技术思想所要研究的内容。

(四)"数"字的字义

"数"字，据汉代许慎《说文》，"计也"。"数"字的字形说明，如表 1.9 所示。

表 1.9 "数"字的字义字形说明

	篆书	字义字形说明	备考
数	數	"数，计也。"	东汉许慎《说文》
		"计也"，《六艺》之六曰"九数"，今《九章算术》是也。今人谓在物者去声，在人者上声。昔人不尽然。又引申之义、分析之音甚多	清代段玉裁《说文解字注》

"数"字之义，指数目、数量、算数。《群经音辨》："计之有多少曰数。"[①]《类篇》："枚也。"[②]《周易・节卦》："君子以制数度，议德行。"疏：数度，谓尊卑礼命之多少。又《周易・系辞》："极数知来之谓占。"疏：蓍策之数。《尚书・大禹谟》："天之历数在汝躬。"孔疏：天历运之数。《周礼・天官・小宰》："掌官常以治数。"注：治数，每事多少异也。《后汉书・律历志》："隶首作数。"注：隶首，黄帝之臣。《战国策・赵策》："窃爱怜之，愿令得补黑衣之数。"[③]唐代白居易(772—846 年)《琵琶行(并序)》："五陵少年争缠头，一曲红绡不知数。"又如，报数：报告数目；数计：以数字来计算，自然数、整数、有理数、无理数、实数或复数，基数。亦指道数，

① (宋)贾昌朝撰，万献初点校：《群经音辨》，载《音义文献丛刊》，中华书局 2020 年 7 月版。

② (宋)司马光：《类篇》，上海古籍出版社 1988 年 2 月第 1 版，第 106 页。

③ 《战国策・赵策》，见(西汉)刘向著，范祥雍笺证，范邦瑾协校：《战国策笺证・卷二十一：赵四》，载"中华要籍集释丛书"，上海古籍出版社 2006 年 12 月第 1 版，第 1232 页。

方法。《商君书·算地第六》:“故为国之数,务在垦草。”[①]

数,又有技艺之义,如博弈的技艺。《孟子·告子上》:“今夫弈之为数,小数也。”算术:古代六艺之一。[②]《周礼·地官·大司徒》:“三曰六艺:礼、乐、射、御、书、数。”

数,又有策略之义,多指权术。汉代王充《论衡》:“以计求便,以数取利。”[③]又有规律之义,指必然性。《后汉书》:“汉世外戚,自东、西京十有余族”,“非徒豪横盈极,自取灾故,必于贻衅后主,以至颠败者,其数有可言焉。”[④]数亦指道理,《韩非子·孤愤第十一》:“夫以疏远与近爱信争,其数不胜也。”[⑤]

数,又特指方术,如占卜之类。《楚辞·卜居》:“数有所不逮,神有所不通。”[⑥]又如:数家——精于术数的人。数术——术数。

李约瑟在《中国科学技术史·第二卷:科学思想史》中,把“数”(數)字看成“中国科学的基本观念”中“重要科学性文字的语源”。他解释道:“甲骨文与金文之中尚未发现有此字。这个字部首‘攴’所处的位置在右边,这是反常的情形(参看“變”及“故”两字)。左边的‘婁’,是一个声符,样子像是一个女人头上戴着一套奇怪的头饰。无论其意义如何,与其整个字语意无关。整个字原来当是表示‘经常’、‘时常’、‘屡次’、‘频繁’的意思,从此加以引申进而表示数目,以及数目迭次出现的总和。所以,成为数目抽象概念的一个符号或表征。”[⑦]

数字的金文、大篆、小篆字形,如表1.10所示。

---

① 《商君书·算地第六》,见(战国)商鞅等著,高亨注译:《商君书注译》,中华书局1974年12月第1版,第152页。

② 《孟子·告子上》,见焦循著:《孟子正义》,载《诸子集成(第一册)》,中华书局1954年12第1版,第459页。

③ 黄晖撰:《论衡校释(中)》,载《新编诸子集成》,中华书局1990年2月第1版,第613页。

④ (南朝宋)范晔撰,(唐)李贤等注:《后汉书·邓寇列传第六》,中华书局1965年5月,第1版,第619页。

⑤ 《韩非子·孤愤第十一》,见(清)王先慎撰,钟哲点校:《韩非子集释》,载《新编诸子集成》,中华书局2016年4月第1版,第85页。

⑥ (战国)屈原著,汤炳正注:《楚辞今注》,上海古籍出版社1996年12月版,第195页。

⑦ 此段译文见(英)李约瑟著,陈立夫主译:《中国古代科学思想史》(季羡林、周一良、庞朴、汤一介主编的“东方文化丛书”之一),江西人民出版社2006年12月第3版,第289-290页。

表 1.10 “数”字的金文、大篆、小篆字形

项目	金文	大篆	小篆	小篆
字形的书写				

“数”作为哲学观念，是中国哲学的重要范畴。

《老子》认为：存在的事物有千千万万，但是只有一个“有”。因为，在时间中、在实际中，没有“有”，只有“万有”。虽然有“万有”，但是只有一个“有”。所以《老子·四十二章》说：“道生一，一生二，二生三，三生万物。”这里所说的“一”是指“有”。说“道生一”等于说“有”生于“无”。至于“二”“三”，有许多解释。但是，说“一生二，二生三，三生万物”，也可能只是等于说万物生于“有”。“有”是“一”，“二”和“三”是“多”的开始。

哲学上，《老子·四十二章》“道生一，一生二，二生三，三生万物”是“有生于无”的暗示。《老子·四十二章》这个序列是：道，一，二，三，……，万……。“道”相当于“□”，暗示“道”是无。

《老子·四十二章》所述序列与数学上的递增数列对应为：

$$A_0, A_1, A_2, A_3, \cdots, A_n$$

式中：$A_0=0, A_1=1, A_2=2, A_3=3, \cdots, A_n=n$。

中国哲学的第一范畴是“一”。《老子》以一喻道，以一言道，《老子·三十九章》云：“昔之得一者：天得一，以清。地得一，以宁。神得一，以灵。谷得一，以盈。万物得一，以生。侯王得一，以为天下正。”

《周易·系辞》中，除了阴阳的观念，还有一个重要的观念，就是数的观念。由于古人通常认为占卜是泄露天机的方法，又由于用蓍草占卜是根据不同的数的组合，故“易传”的无名作者倾向于相信天机在于“数”。按照《周易·系辞》的说法，阳数奇，阴数偶，“天一地二，天三地四，天五地六，天七地八，天九地十。天数五，地数五，五位相得而各有合。天数二十有五，地数三十，凡天地之数五十有五。此所以成变化而行鬼神也。”①

《周易·系辞》云：“是故《易》有太极，是生两仪。两仪生四象，四象

① 冯友兰：《中国哲学简史》第十二章“阴阳家和先秦的宇宙发生论”，见冯友兰著，涂又光译：《中国哲学简史》，北京大学出版社 2013 年 1 月第 1 版，第 135-138 页。又见冯友兰著，涂又光总纂：《三松堂全集(第二册)》，《中国哲学史(上册)》，河南人民出版社 1988 年 5 月第 1 版，第 586-602 页。

生八卦。八卦定吉凶,吉凶生大业。”,①《周易·系辞》书影,如图 1.1 所示。

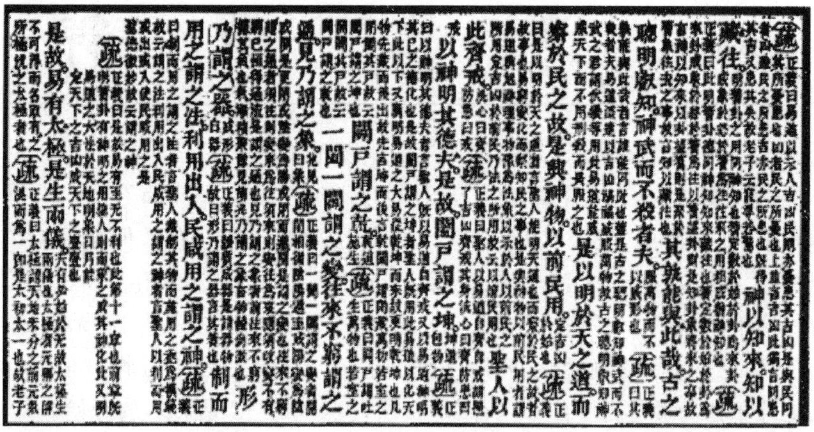

其一

其二

图 1.1 清嘉庆《周易》“系辞”书影

《周易·系辞》符号体系,可用图 1.2 表示。

《周易·系辞》所述序列与数学上的等比数列对应。通项公式(等比数列通项公式通过定义式叠乘而来):

$$a_n = a_1 \cdot q^{n-1}$$

---

① (魏)王弼、韩康伯注,(唐)孔颖达等正义:《周易正义》,见(清)阮元校刻:《十三经注疏》,载《周易正义》,中华书局 1980 年 10 月,第 82 页。

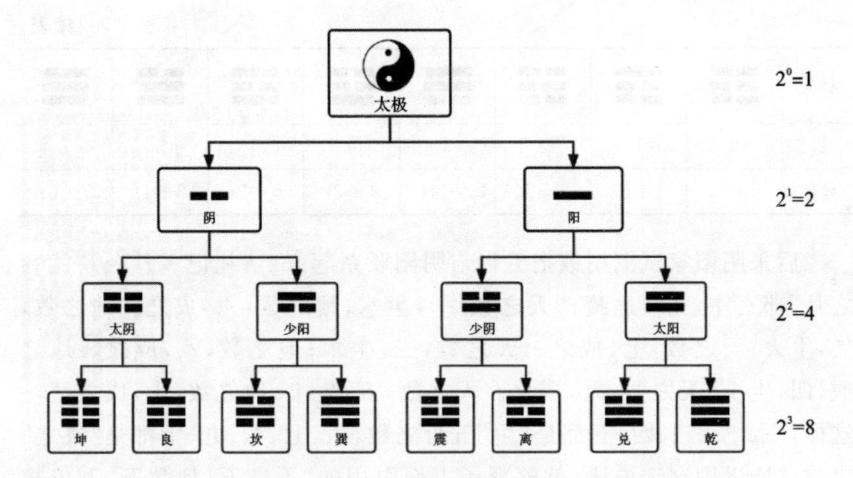

图 1.2 《周易·系辞》符号体系

式中：

a_n表示数列通项，q 为公比，其表达式为：

$$\frac{a_n}{a_{n-1}} = q(q \neq 0)$$

在这里 $q=2$，即

$$a_0 = 2^0, a_1 = 2^1, a_2 = 2^2, a_3 = 2^3, \cdots, a_n = N$$

解出：$2^0 = 1, 2^1 = 2, 2^2 = 4, 2^3 = 8, \cdots, 2^n = N$

图 1.2《周易·系辞》符号体系可用数学表达，如用二进制表示，则为：

000，001，010，011，100，101，110，111

如用十进制表示，则为：

0，1，2，3，4，5，6，7

如用复数表示，依实部顺序则为：

$$0+7i, 1+6i, 2+5i, 3+4i, 4+3i, 5+2i, 6+1i, 7+0i$$

用数学表示"《易》有太极，是生两仪。两仪生四象，四象生八卦"的卦象，如表 1.11 所示。

表 1.11 用数学表示"《易》有太极，是生两仪。两仪生四象，四象生八卦"的卦象

卦象	☷	☶	☵	☴	☳	☲	☱	☰
卦名	坤	艮	坎	巽	震	离	兑	乾
二进制	000	001	010	011	100	101	110	111

续表

卦象	☷	☶	☵	☴	☳	☲	☱	☰
十进制	0	1	2	3	4	5	6	7
复数	$0+7i$	$1+6i$	$2+5i$	$3+4i$	$4+3i$	$5+2i$	$6+1i$	$7+0i$

后来阴阳家试图用数把五行与阴阳联系起来。《礼记·月令》“孟春之月”郑玄注，孔颖达疏：“天之数，一，生水；地之数，六，成之。地之数，二，生火；天之数，七，成之。天之数，三，生木；地之数，八，成之。地之数，四，生金；天之数，九，成之。天之数，五，生土；地之数，十，成之。”[①]这样，一、二、三、四、五都是“生”五行之数，六、七、八、九、十都是“成之”之数。所以用这个说法，就解释了上面引用的“天数五，地数五，五位相得而各有合”这句话。[②]

(五)数术

今人所谓的“方技”“数术”即术数，其概念一般认为源于《汉书·艺文志》，但是事实上“方技”和“数术”的出现要更早些。先秦典籍提到术数一词的，除《墨子》之外，还见于《管子》、《鹖冠子》和《素问》之中。

“数术”一词，最早亦见于《墨子》一书。《墨子·节用》曰：“攻城野战，死者不可胜数，此不令为政者所以寡人之道，数术而起与。圣人为政特无此；不圣人为政，其所以众人之道，亦数术而起与。故子墨子曰：去无用之圣王之道，天下之大利也。”[③]数术即术数。《墨子》作数术，《管子》、《鹖冠子》、《黄帝内经·素问》均作术数。汉后刘向、刘歆(约前50—23年)父子《七略》作《术数略》，班固《汉志》改作“数术者”，《墨子》说术数是为政者因“攻城野战”而起的产物，又是因“众人之道”而起的产物，故要“去之”。

《管子》一书，“数术”一词凡三见，《管子·形势解》曰：“奚仲之为车器也，方圆曲直，皆中规矩钩绳，故机旋相得，用之牢利，成器坚固。明主，犹奚仲也，言词动作，皆中术数。”《管子·明法解》曰：“明主者，有术

① 《礼记·月令：孟春之月“其数八”》，见(汉)郑玄注，(唐)孔颖达正义，(唐)陆德明音义：《礼记正义》，载(清)阮元校刻：《十三经注疏(上)》，中华书局1980年10月第1版，第1352-1353页。

② 冯友兰著，涂又光译：《中国哲学简史》，北京大学出版社1985年2月第1版，第161页。

③ (清)毕沅注，吴旭民校：《墨子》，上海古籍出版社2014年6月第1版，第89页。

数而不可欺也。"《管子·形势解》又曰:"人主务学术数,务行正理,则化变日进,至于大功。"《管子》说人主务必学习术数,言词动作要符合术数,学之则变化日进,则"不可欺也"。[①]

《鹖冠子》一书,"数术"一词凡二见,《鹖冠子·天则》曰:"临利而后可以见信,临财而后可以见仁,临难而后可以见勇,临事而后可以见术数之士。"[②]《鹖冠子·天则》曰:"非君子、术数之士,莫得当前。"[③]《鹖冠子》书中的术数,指的是能解决事情的技能。文中的言辞,对"术数之士",充满赞美之情。

《黄帝内经·素问》创立医学理论,其卷一《上古天真论》提出了"法于阴阳,和于术数"的中医之道。[④]

术数的含义,《墨子》没有说,据先秦其他典籍予以解释。"术数"的"术",有"方术"的含义,《庄子·天下》曰:"天下之治方术者多矣。"方术也称之"道术",《庄子·天下》曰:"道术将为天下裂。"

道术也称之"术道",《礼记·乡饮酒义》:"古之学术道者,将以得身也。"郑玄注:"术,犹艺也。"孔颖达疏:"言古之人学此才艺之道也。"方术、道术、术道都有着技术、方法的含义。

《韩非子·外储说》有:"故人主之于国事也","是贵败折之类,而以知术之人为工匠也。"工匠"不得施其技巧,故屋坏弓折。知治之人不得行其方术,故国乱而主危。"[⑤]韩非子以"工匠"为"知术之人",以"人主之于国事"为"知治之人",说工匠"施其技巧",知治之人"行其方术",即"知治之人"的治国之术为"方术"。从韩非子与墨子在政治上主张不同看,《韩非子》说的"知治之人""行其方术",正是《管子·形势解》说的"明主犹奚仲也,言辞动作,皆中术数"。[⑥] 故"术数"的术,有善技巧、技术之义;"术数"的数,有数量、历数之义。《周礼·天官》曰:"掌官常以治数",数为数量。《尚书·大禹谟》曰:"天之历数在汝躬",孔疏:"历数"谓天历运

① 黎翔凤撰,梁运华整理:《管子校注(第三册)》,载《新编諸子集成》,中华书局 2004 年 6 月第 1 版,第 1289、第 1332、第 1307 页。

② 黄怀信:《鹖冠子汇校集注》,中华书局 2004 年 10 月第 1 版,第 42 页。

③ 黄怀信:《鹖冠子汇校集注》,中华书局 2004 年 10 月第 1 版,第 32 页。

④ 《上古天真论》,见(清)张隐庵:《黄帝内经素问集注·卷一》,上海科学技术出版社 1959 年 9 月第 1 版,第 1 页。

⑤ 《韩非子·外储说》,见(清)王先慎撰,钟哲点校:《韩非子集释》"外储说左上第三十二",载《新编诸子集成》,中华书局 2016 年 4 月第 1 版,第 294 页。

⑥ (唐)房玄龄注,(明)刘绩补注,刘晓艺校:《管子》,上海古籍出版社 2015 年 8 月第 1 版,第 395 页。

之数，帝王易姓而兴，故言“历数谓天道”。[1]

无疑，研究“方技”和“数术”概念的界定及其关系，需要追溯更久远的历史，涉及更多的文献。如《六韬》中就有与后世，乃至三国时代“方技”“数术”概念相关的一些词。《六韬·龙韬》“王翼”中，论“术士”“方士”：“术士二人，主为谲诈，依托鬼神，以惑众心。方士三人，主百药，以治金疮，以痊万病。”[2]“术”指数术，作者依托姜太公来说明数术在军事上的用途，认为术士的手段是“依托鬼神”，其方法是“谲诈”，目的是“惑众”。至于“方”，是指方技，作者认为“方士”以“百药”为凭借，可以治疮痊病。又《六韬·文韬》“上贤”中，论及“七害”之七曰：“伪方异技，巫蛊左道，不祥之言，幻惑良民，王者必止之”。[3]

虽然“巫蛊左道”与“伪方异技”是数术和方技中等而下之的东西，都是“害”，必须加以禁止，可是，在对待“方士”和“术士”的时候，作者的态度是有不同的。尤其当把“术士”的“惑众”与“伪方异技”“巫蛊左道”被禁止的缘由“不祥之言，幻惑良民”联系在一起的时候，就会发现作者对“方技”的态度在某种程度上是好于对“数术”的态度的。而《六韬》虽然没有直接给出二者的定义，却从论述之间作了分别。对这种不同区分，显得更为明朗，也直接奠定了“方技”和“数术”，乃至“方术”等概念意义的基础。

四、《汉书·艺文志》六略中的数术和方技

《汉书·艺文志》为《汉书》十志之一，是中国现存最早的目录学文献。班固（32—92 年）本刘向（约前 77—前 6 年）《别录》和刘歆（前 50 年—23 年）《七略》，依次编写而成，简称《汉志》，属于史志书目。分存《六艺略》《诸子略》《诗赋略》《兵书略》《术数略》《方技略》六略、三十八种的

---

① （汉）孔安国传，（唐）孔颖达等正义：《尚书正义》“大禹谟第三”，载（清）阮元校刻：《十三经注疏》之《尚书·正义卷四》，中华书局 1980 年 10 月第 1 版，第 136 页。

② 《六韬·龙韬》“王翼”，见陈曦译注：《六韬》，中华书局 2016 年 3 月第 1 版，第 145 页。

③ 《六韬·文韬》“上贤”，见陈曦译注：《六韬》，中华书局 2016 年 3 月第 1 版，第 58 页。

分类体系，另析“辑略”，形成总序，置于志首，叙述先秦学术思想之源流。[①]

（一）《汉书·艺文志》六略

刘向创始、刘歆完成的《七略》，综合了西周以来主要是战国的文化遗产，它不只是中国目录学的开端，更重要的还在于它是一部极可贵的文化史、科技史。《汉书·艺文志》在《七略》的基础上“今删其要，以备篇籍”，将两汉之际收藏的图书，五百九十六家，一万三千二百六十九卷，依次分为六略三十八种；其著录先秦至汉的文化典籍，如表1.12所示。

表1.12　《汉书·艺文志》六略三十八种

六略	内容	种类数量	家数与篇数
一、六艺	易、书、诗、礼、乐、春秋、论语、孝经、小学	计九种	103家，3123篇
二、诸子	儒、道、阴阳、法、名、墨、纵横、杂、农、小说	计十种	189家，4324篇
三、诗赋	屈原赋之属、陆贾赋之属、孙卿赋之属、杂赋、歌诗	计五种	106家1318篇
四、兵书	兵权谋、兵形势、（兵）阴阳、兵技巧	计四种	53家，790篇，图40卷
五、数术	天文、历谱、五行、蓍龟、杂占、形法	计六种	190家，2528卷
六、方技	医经、经方、房中、神仙	计四种	36家，868卷

清代王鸣盛（1722—1798年）有言，“不通《汉书·艺文志》，不可以读天下书，《艺文志》者，学问之眉目，著述之门户”。[②]《汉书·艺文志》不仅著录了各种图书的书题、篇卷，而且在每略、每类之后，总要家数、篇卷，

① 《汉书·艺文志》“总序”云：“昔仲尼没而微言绝，七十子丧而大义乖。故《春秋》分为五，《诗》分为四，《易》有数家之传。战国从衡，真伪纷争，诸子之言纷然殽乱。至秦患之，乃燔灭文章，以愚黔首。汉兴，改秦之败，大收篇籍，广开献书之路。迄孝武世，书缺简脱，礼坏乐崩，圣上喟然而称曰：‘朕甚闵焉！’于是建藏书之策，置写书之官，下及诸子传说，皆充秘府。至成帝时，以书颇散亡，使谒者陈农求遗书于天下。诏光禄大夫刘向校经传诸子诗赋，步兵校尉任宏校兵书，太史令尹咸校数术，侍医李柱国校方技。每一书已，向辄条其篇目，撮其指意，录而奏之。会向卒，哀帝复使向子侍中奉车都尉歆卒父业。歆于是总群书而奏其《七略》，故有《辑略》，有《六艺略》，有《诸子略》，有《诗赋略》，有《兵书略》，有《术数略》，有《方技略》。今删其要，以备篇辑。”这篇“总序”是浓缩的学术史，其讲述顺序是先孔子，再七十子，再战国诸子；然后讲秦之禁书，汉代开禁及搜书校书。总序之后，六略大序，各类小序，分门别类，各讲各自源流。

② 《十七史商榷·卷二十二：汉艺文志考证》，见（清）王鸣盛：《十七史商榷》，商务印书馆1959年3月重印第1版，第193页。

别为叙录。《汉书·艺文志》要义之一在依古书年代著录、种别群书，并借各类叙录，讨论古书之指意得失、条辨古学的渊源流别。其"条其篇目，撮其指意"，正体现了作者"辨章学术，考镜源流"的学术思想。

作为典籍目录，《汉书·艺文志》是记录先秦至汉代精神财富的数据库。清代章学诚(1738—1801年)在其《校雠通义》中曾有言，"《汉志》最重学术源流"，①其书"自序"云："刘向父子部次条别，将以辨章学术，考镜源流，非深明于道术精微、群言得失之故者，不足与此"，章学诚指出：《汉志》与后世的目录有着本质的区别，"由刘氏之旨，以博求古今之载籍，则著录部次，辨章流别，将以折中六艺，宣明大道，不徒为甲乙纪数之需，亦已明矣。"②

章学诚所云"折中六艺"，不仅是《汉书·艺文志》部次群书先后，考信群书指意、源流与得失，从而建构其古学发展历史的重要基础；也是两汉之交，自刘向以降乃至班固，诸子始终一贯的基本立场。"宣明大道"，其表现在《汉书·艺文志》"由道及器""道体艺用"的部次观点，以条别古今学术源流。

一读《汉志》，可知其著录典籍目录中体现学术分流的同时，在分类时表现出十分明显的道艺之分、道器之分。《汉志》前三略：《六艺》《诸子》《诗赋》，偏重人文，向人们展示思想观念和价值取向。《六艺略》，《乐》以和神，仁之表也；《诗》以正言，义之用也；《礼》以明体，明者著见，故无训也；《书》以广听，知之术也；《春秋》以断事，信之符也。五者，盖五常之道，相须而备，而《易》为之原。《诸子略》，诸子十家，其可观者九家而已。其言虽殊，辟犹水火，相灭亦相生也。仁之与义，敬之与和，相反而皆相成也。《易》曰："天下同归而殊途，一致而百虑。"若能修六艺之术，而观此九家之言，舍短取长，则可以通万方之略。《诗赋略》，盖以别贤不肖而观盛衰。人文精神是与人同在的。人文的深层内容，就是"五常"(仁、义、礼、智、信)，即社会伦理。后三略《兵书》《数术》《方技》，偏重科技，它们的内容关乎天地之道，关乎宇宙、生命，关乎养生治病，涉及自然领域和社会领域的各种实用知识和技术，这类学问在汉代是非常重要的学问。科技为艺，科技为用。故后三略所著录之书，占古书之半，而且

① (清)章学诚：《章学诚遗书·卷十三：校雠通义(卷十二)》，文物出版社1985年8月第1版，第99页。

② (清)章学诚：《章学诚遗书·卷十三：校雠通义(卷十二)》，文物出版社1985年8月第1版，第95页。

近年来的出土发现也层出不穷，足见它们在当时是非常重要的书籍。

《汉书·艺文志》的部次，不仅向人们展示当时人的知识范围和学术背景。同时也呈现了中国学术史上的道与艺、道与器的关系；道器的分别与先后。自19世纪末至今，西学大举东扩，国人满口西方名词，不讲“道”与“艺”，而讲“人文”与“科技”。对于中国人，“道”与“人文”，“艺”与“科技”，作为名词，不但是中西之异，而且是古今之异；作为事物，则各为同一事物之发展：今之“人文”是古之“道”的发展，今之“科技”是古之“艺”的发展。[①]

道艺之分，道器之分，《周易·系辞》已讲得很清楚，即“形而上者谓之道，形而下者谓之器”。[②] 道是体，是器的源头与基础；器是用，是道的实践与应用，两者之间既有发生的先后之别，又有本末相须、体用合一的关系。借此为喻，则“由道及器”，显然是《汉书·艺文志》在折中六艺之外，部帙古书次第、条别古学源流的重要原则。

同时，数术、方技之所以部次六略之末，其原因还在于，数术、方技以其多法术名数，而少理论、文辞，相对于前此诸略最近于实用。文辞易传而度数难习，当时，数术“虽有其书而无其人”，方技亦有“今其技术晻昧”的困境，[③]其授受端绪、家法源流相较于诸略，尤为不明。至于数术、方技之递为先后，则大体反映天道为人道之本之义；体现了“道”为形而上，“器”为形而下之意，构成“道体艺用”的部次。

班固《汉志》，志在述史，编次的价值取向，不仅体现在对图书总目的分类上，也体现在子目的分类上。数术、方技授受，及其图书与知识流传，私密性更强，较之六艺、诸子、诗赋，懂得的人就更少。故《方技略》位于六略之殿，其医经、经方、房中、神仙四种，凡三十六家，八百六十八卷，在六略中数量最少。其大序、小序，多本于六艺经传，方技是有关医药与养生之学问，它关系到人们生死的大问题。故《方技略》大序言：“方技者，皆生生之具，王官之守也。”“论病及国”“原诊知政”，即把医病与国政视为一体。

《汉书·艺文志》大体勾勒了一个由天及人，“道体艺用”的构想，从抽象的治道大端到具体的科学技术，体用相须、又互为表里的图书、学术

---

① 涂又光：《中国高等教育史论》，湖北教育出版社1997年12月第1版，第39页。

② 《周易·系辞》，见（魏）王弼，韩康伯注，（唐）孔颖达等正义：《周易正义》，又见（清）阮元校刻：《十三经注疏》，中华书局1980年10月，第83页。

③ （汉）班固撰，（唐）颜师古注：《汉书》，中华书局1962年6月第1版，第1701-1781页。

分类序列。同时,这个由道及器的图书部次,不仅反映了刘向等人对古学渊源流别与发展次第的历史认识,也表明了他们在追求王道、返本王官学术的前提下,对不同范畴知识优先顺序的整体评价。

西汉艺文,沾溉后人,其泽甚远。刘向、刘歆父子《七略》的分类包括了当时所有的学术,要了解先秦的学术,除此别无他途。《汉志》六略的分类和排列秩序,反映了汉人对知识等级的认识,凸显了汉人心目中知识的等级关系。只有像刘向、刘歆及班固这样的通博鸿儒,他们既有着宏观的把握,又有着对每一学科本质特点的深刻理解,才能做到准确的命名和分类。通过分类,可以看出汉代乃至中国学术的概况和发展流变,显示了中国古典目录学道体艺用的特点,更开古代图书分类之先河。

(二)《汉书·艺文志》之"数术略"

宇宙间事物,古人多认为与人事互相影响。故古人有所谓术数之法,以种种法术,观察宇宙间可令人注意之现象,以预测人之祸福。《汉书·艺文志》"六略"之一为"术数略","术数略"中称"数术略"。冯友兰《中国哲学史(上册)》称"术数"[①]。《艺文志》"总叙"称:"数术者,皆明堂羲和史卜之职也。史官之废久矣,其书既不能具,虽有其书而无其人。《易》曰:'苟非其人,道不虚行。'春秋时鲁有梓慎,郑有稗灶,晋有卜偃,宋有子韦。六国时楚有甘公,魏有石申夫。汉有唐都,庶得粗确。盖有因而成易,无因而成难,故因旧书以序数术为六种。"[②]"数术"是"史卜之职",《术数略》中保存了六类书,此六类为:天文、历谱、五行、蓍龟、杂占、形法;这就等于告诉我们"数术"一科,在汉代包含了自然科学、天文、历谱诸多方面的内容。如表1.13所示。

表1.13 《汉书·艺文志》"数术略"总书目及"小序"

内容	家数、卷数	小序
天文	二十一家,四百四十五卷	序二十八宿,步五星日月,以纪吉凶之象,圣王所以参政也

① 冯友兰:《中国哲学史(上册)》,见冯友兰著,涂又光纂:《三松堂全集(第二册)》,河南人民出版社1988年5月第1版,第39页。

② (汉)班固撰,(唐)颜师古注:《汉书·卷三十:艺文志第十》,中华书局1962年6月第1版,第1775页。

续表

内容	家数、卷数	小序
历谱	十八家,六百六卷	序四时之位,正分至之节,会日月五星之辰,以考寒暑杀生之实
五行	三十一家,六百五十二卷	五常之形气也
蓍龟	十五家,四百一卷	圣人之所用也
杂占	十八家,三百一十三卷	纪百事之象,候善恶之征
形法	六家,一百二十二卷	大举九州之势以立城郭室舍形,人及六畜骨法之度数、器物之形容以求其声气贵贱吉凶

《汉书·艺文志》"术数略""大序"言,数术之学在当时不显,并列举三个方面的原因:一是"史官之废久矣";二是"其书不具";三是"虽有其书而无其人"。

《汉书·艺文志》于该类图书,大都未能著明作者,有作者可考见者,只有《历谱》类的许商、杜忠等少数几家,其他大多为托名,或作者不详。考《史记》《汉书》,言《阴阳》《五行》的,多为好学之士,如董仲舒(《史记》)、刘向(《汉书》)等人。可见此类学问,已成绝学,只有当时的一些通博鸿儒,能兼通此术。此方面之专门人才已非常之少。道由人行;既无其人,其学理当不显。

(三)《汉书·艺文志》之"方技略"

《汉书》没有"方技传",但在《艺文志》中著录"方技三十六家,八百六十八卷",《艺文志》"方技略""大叙"指出:"方技者,皆生生之具,王官之一守也。太古有岐伯、俞拊,中世有扁鹊、秦和,盖论病以及国,原诊以知政。汉兴有仓公。今其技术晻昧,故论其书,以序方技为四种"。[①] 即方技之书,大要有四,医经、经方、房中、神仙而已。如表 1.14 所示。

---

① 《汉志·方技略》,见(汉)班固撰,(唐)颜师古注:《汉书·卷三十:艺文志第十》,中华书局 1962 年 6 月第 1 版,第 1780 页。

表 1.14 《汉书·艺文志》“方技略”总书目及“小序”

	家数、卷数	小序
医经	七家，二百一十六卷	原人血脉经络骨髓阴阳表里，以起百病之本，死生之分，而用度箴石汤火所施，调百药齐和之所宜。至齐之得，犹磁石取铁，以物相使。拙者失理，以愈为剧，以生为死
经方	十一家，二百七十四卷	本草石之寒温，量疾病之浅深，假药味之滋，因气感之宜，辨五苦六辛，致水火之齐，以通闭解结，反之于平。及失其宜者，以热益热，以寒增寒，精气内伤，不见于外，是所独失也
房中	八家，一百八十六卷	情性之极，至道之际，是以圣王制外乐以禁内情，而为之节文
神仙	十家，二百五卷	所以保性命之真，而游求于其外者也。聊以荡意平心，同死生之域，而无怵惕于胸中。然而或者专以为务，则诞欺怪迂之文弥以益多，非圣王之所以教也

这是中国目录学史的第一个方技总书目，也是汉代方技各专业基本文献典籍与方技教育的基本教材，这些方技书籍，多已失传。《方技略》中的书目、“大序”及医经、经方、房中、神仙“四种”和“小序”，为研究、理解、想象当时的方技教育提供了重要依据。论其作用，它是“生生之具”自然不可小看；“经闻其道，脉运其术，方致其功，药辨其性；四者备，而方技之事备矣”。[①] 论地位，它曾为“王官之一守”，不可谓不重要。然而其书作者，大都不可考见，或有亦是托名。

《汉书·艺文志》“方技略”所列医家只有岐伯、俞村、扁鹊、秦和、仓公，寥寥数人。况且方技的教育，私密性更强，较之数术，懂得的人就更少。汉代董仲舒、刘向等人，能通数术，却未能通方技。《方技略》“大序”明言“今其技术晻昧”，可见“方技略”置于诸《六略》之末，自有其理。

《方技略》“大序”所云“生生之具”，说的是古方技之书的大旨，“王官之一守”，自是方技学术渊源的社会基础。范晔将截至两汉之交古今方技发展，划分为“古”、“中世”、“汉兴”及“今”四个阶段，“盖论病以及国，

① (清)章学诚:《章学诚遗书·卷十三:校雠通义(卷十二)》，文物出版社 1985 年 8 月第 1 版，第 108 页。

原诊以知政”与“今其技术晻昧”则讨论了古方技的流变与得失。揽今视昔，“大序”不仅总结了两汉之交刘向等人对古今方技的历史认识，反映了他们的立场与观点、对当代世变的关切，以及对时下方技的针砭；同时，他们的论断也对日后中国传统方技、医药之术的历史发展，乃至后人对古方技史的理解，产生了深远的影响。

《汉书・楚元王传》载：刘向、刘歆“父子俱好古”；对他们来说，解决秦火以来“道术由是遂灭”的最好办法，大概便是回复“王官”学术的传统，寻找“帝王之道”“万方之略”。[①] 不得已，退而求其次，则孔子“礼失求之于野”的典范犹存，透过“古文旧书”庶几“舍短取长”“得其所折中”[②]。

方技的“今其技术晻昧”，无疑呼应了他们对当时“道术缺废，无所更索”的反省。作为“王官之一守”，“太古”“中世”方技人物“论病以及国，原诊以知政”的“事实”，提出了具体可行的实践范例。作为“生生之具”，方技则是弥纶天地、安辑群生，实现古圣之“道”的不二法“器”。他们的立场，是折中六艺、崇右孔子，方技的存在之所以有其意义，其端则在于它能为这套理念服务。扬雄《法言・君子》说：“通天、地、人曰儒，通天、地而不通人曰伎”，正可以说明《汉书・艺文志・方技略》“总叙”的这一基本观点。可以说，“论病以及国，原诊以知政”所陈述的，不仅是史实，更是代表彬彬文学之士的价值观。

从“方技”的内容看来，其所服务的亦为人事，而其对象亦不仅仅是人事。比如“医经”之“原人血脉、经络、骨髓、阴阳表里，以起百病之本，死生之分”；比如“经方”之“本草石之寒温……因气感之宜”；比如“房中”对于阴阳调和之诉求；又或者如“神、仙”，其“所以保性命之真，而游求于其外者”，正是向人以外之自然求人自身之健康。

由兹观之，首先，“数术”“方技”二略，都是向外诉诸天地自然，向内服务于人事，两者之间有着极大的相似性，这种相似不仅仅体现它们的目的、方式上，还体现在其渊源上。两者的目的都是对“生生”的追求。《汉志》称“方技”为“生生之具”，这说明“生生”本就是“方技”的内在目标。无独有偶，《周易・系辞》中有“生生之谓《易》”一说，其意在说明“生生”是《易》的性质所在。此两句之中，均有“生生”，意义虽不完全一致，

① 《汉书・楚元王传》，见(汉)班固撰，(唐)颜师古注：《汉书》，中华书局 1962 年 6 月第 1 版，第 1966-1967 页。

② 《汉书・艺文志・诸子略》叙论，见(汉)班固撰，(唐)颜师古注：《汉书・卷三十：艺文志第十》，中华书局 1962 年 6 月第 1 版，第 1746 页。

但都有生生不息的意思，只不过后者仅仅着眼于人类自身，而前者视野广阔，不仅仅面向人事，更是人类看待自然万物的眼光。需要说明的是体现了这种“生生”追求的绝不仅仅是《周易》，还有其他“数术”之学。因为“数术”研究的是不断变化的天道、自然，目标是服务于人事，以求人之“生生”。

其次，“方技”和“数术”的共通方式，皆是与数相关。对于《数术略》而言，极数尽几，“数术”二字本身就寓有数学，《方技略》诸类中，当属“医经”《黄帝内经·素问》，其“三部九候论”的理论，以数论医，《后汉书·方术列传》载华佗“精于方药，处齐不过数种，心识分铢，不假称量”，可知“方药”与数相关。

《汉书·艺文志》以“六略”总括群书，是汉代学科分类的具体体现，这种学科的分类与当下的学科分类亦有异曲同工之妙。

（四）《七略》的科学史价值

科技古籍，翔实记载了我们先人对科学技术的伟大贡献，其渊源深远，蕴含丰富，涉及广博。中国最早系统整理记录科技古籍文献的时代为西汉后期，班固在《汉书·艺文志:总叙》中说:汉成帝河平三年（前26年）“诏光禄大夫刘向校经传诸子诗赋，步兵校尉任宏校兵书，太史令尹咸校数术，侍医李柱国校方技。每一书已，向辄条其篇目，撮其指意，录而奏之。”毫无疑问，刘向、任宏、尹咸、李柱国的校书工作，对中国古代科技文献的整理具有十分重要的意义。

1.《七略》所载科学技术方面的著作

班固《汉书·艺文志》:“会向卒，哀帝复使向子侍中奉车都尉歆卒父业。歆于是总群书而奏其《七略》。故有《辑略》，有《六艺略》，有《诸子略》，有《诗赋略》，有《兵书略》，有《术数略》，有《方技略》。”《七略》中的《六艺略》，颜师古注曰:“六艺，六经也。”刘歆《七略》中，《诸子略》的阴阳家、墨家、农家三类，涵括科技文献;《兵书略》的阴阳、技巧两类，《数术略》的天文、历谱、杂占三类，《方技略》的医经、经方两类，皆为古代科技古籍。

诸子略，是学术思想方面的著作，共分十类，其中阴阳家、墨家、农家三类与科技相关;阴阳家学派，出于天文历法之官，阴阳家敬顺上天，观测推算日月星辰的运行，谨慎地告诉民众以农作的时间。墨家学说，起源于看守宗庙之官，具有学者和工匠两种知识传统的集合，“茅屋采椽，是以贵俭；养三老五更，是以兼爱；选士大射，是以上贤；宗祀严父，是以右鬼；顺四时而行，是以非命；以孝视天下，是以上同”。在科学技术方面，墨子在战国时期创立了以几何学、物理学、光学、图学为突出成就的一整套科学理论。农家学派，当起源于主管农业之官。农家播种百谷，致力耕作和蚕桑，以求丰富衣和食，孔子曰“所重民食”，此其所长也。

兵书略，是军事学，收录军事著作。兵家则属于诸子，兵书单独成略，并分兵权谋、兵形势、兵阴阳、兵技巧四种。兵阴阳家，主张顺应天时而用兵，推测刑罚与德化，观察星斗转移而知吉凶，说明当时军事理论发达。据《汉书》，汉初有兵家一百八十二家，加之统治者对军事理论的重视，使兵书独成一略；又与战国以来战争频发有关。

数术略，是自然科学方面的著作，数术略独为一略，又分为天文、历谱、五行、蓍龟、杂占、形法六个二级类目，凡著录一百九十家，二千五百二十八卷。数术略主要是天文历法、占卜星相方面的书，与现实政治密切相关，反映了当时的生产力及其科学技术水平，说明秦汉之际人们对世界的认识。

方技略，是应用科学方面的著作，方技略分医经、经方、房中、神仙四种，凡三十六家，八百六十八卷，方技在六略中最少。医经、经方是医书，按经、脉、方、药分类。

刘向、刘歆按六类布置图书，他们的工作对后世产生了巨大的影响，他们的校书成果——《七略》《别录》一千多年来一直为学者们所称道、仿效。《七略》所分的六大类、三十八小类，比较全面、准确地概括了先秦至西汉时期我国的学术状况，《七略》的分类包括了当时所有的学术，《七略》科技图书目录一览[①]，如表 1.15 所示。

表 1.15 《七略》科技图书目录一览

七略	分类次序	科技类目	家派数量	书籍数量
诸子略	一、儒家。二、道家。 三、阴阳家。四、法家。 五、名家。六、墨家。 七、纵横家。八、杂家。 九、农家。十、小说家。	三、阴阳家 六、墨家 九、农家	阴阳二十一家 墨六家 农九家	三百六十九篇 八十六篇 一百一十四篇

① （汉）班固撰，（唐）颜师古注：《汉书·卷三十：艺文志第十》，中华书局 1962 年 6 月第 1 版，第 1701-1781 页。

续表

七略	分类次序	科技类目	家派数量	书籍数量
兵书略	一、兵权谋。二、兵形势。三、阴阳。四、兵技巧	三、阴阳 四、兵技巧	阴阳十六家 兵技巧十三家	二百四十九篇,图十卷 一百九十九篇
数术略	一、天文。二、历谱。三、五行。四、著龟。五、杂占。六、形法	一、天文 二、历谱 三、五行	天文二十一家 历谱十八家 五行三十一家	四百四十五卷 六百六卷 六百五十二卷
方技略	一、医经。二、经方。三、房中。四、神仙。	一、医经 二、经方	医经七家 经方十一家	二百一十六卷 二百七十四卷

《汉书·叙传》"述《艺文志》"云:"虙羲画卦,书契后作,虞夏商周,孔纂其业,纂《书》删《诗》,缀《礼》正《乐》,彖系大《易》,因史立法。六学既登,遭世罔弘,群言纷乱,诸子相腾。秦人是灭,汉修其缺。刘向司籍,九流以别。爰着目录,略序洪烈。"[①]

2.《汉书·艺文志》书目中图的内容

图是人类描述思想、交流知识的基本工具,是人类共同的"语言",协助人类的思考与交流。任何时代应用图的情况,都可反映那一时代科学技术发展的水平及其成就。《汉书·艺文志》收录的古代典籍所含图籍之多,篇幅之盛,表现汉代收书收图的学术传统,同时,也是汉代图学科学成就的具体体现。

据《汉书·艺文志》,"歆于是总群书而奏其《七略》,故有《辑略》",《辑略》剖析条流,推寻事迹,于书名之下,犹有简短之解题。此解题乃刘歆删《别录》之叙录而成,意在条别源流,考证得失,名其书之指归讹谬。班固《汉书》录以为志,因卷峡浩繁,不适合史志之体,故"今删其要,以备篇辑"。班志虽删其《辑略》而存其六,但图卷俱存。《汉书·艺文志》收图书目内容,如表1.16所示。

① (汉)班固撰,(唐)颜师古注:《汉书·卷一百:叙传第七十》,中华书局1962年6月第1版,第4244页。

表 1.16 《汉书·艺文志》收图书目一览①

七略	分类	名称
六艺略	易	《古杂》八十篇，《杂灾异》三十五篇，《神输》五篇，图一卷
	论语	《孔子徒人图法》二卷
诸子略	儒	《新序》《说苑》《世说》《列女传颂图》
兵书略	兵权谋	《吴孙子兵法》八十二篇。图九卷
		《齐孙子》八十九篇。图四卷
	兵形势	《楚兵法》七篇。图四卷
		《孙轸》五篇。图二卷
		《王孙》十六篇。图五卷
		《魏公子》二十一篇。图十卷。名无忌，有《列传》
	阴阳	《黄帝》十六篇。图三卷
		《风后》十三篇。图二卷。黄帝臣，依托也
		《鵊冶子》一篇。图一卷
		《鬼容区》三篇。图一卷。黄帝臣，依托
		《别成子望军气》六篇。图三卷
	技巧	《鲍子兵法》十篇。图一卷
		《五子胥》十篇。图一卷
		《公胜子》五篇。《苗子》五篇。图一卷
术数略	天文	《图书秘记》十七篇
	历谱	《耿昌月行帛图》二百三十二卷

由兹观之，《汉书·艺文志》收录图卷，涉及《六艺略》《诸子略》《兵书略》《术数略》；既有以图为书名，又有具体图卷；既有自然科学方面的天文图，又有工程技术方面的实用图，还有人物图、用兵图等。《兵书略》载"凡兵书五十三家，七百九十篇，图四十三卷"，图卷约占 6%，可见篇幅之大，这在中国图学史乃至世界图学史上都是仅见的。

《术数略》"形法"有"《宫宅地形》二十卷"，此书已亡。"形法"小序云："形法者，大举九州之势以立城郭室舍形，人及六畜骨法之度数、器物之形容以求其声气贵贱吉凶。犹律有长短，而各征其声，非有鬼神，数自

① （汉）班固撰，（唐）颜师古注：《汉书·卷三十：艺文志第十》，中华书局 1962 年 6 月第 1 版，第 1701-1781 页。

然也。然形与气相首尾，亦有有其形而无其气，有其气而无其形，此精微之独异也。”就图而论，形是图之源，图是形的表象。《宫宅地形》所及，应与图形相关；“大举九州之势以立城郭室舍形”的形，地形之形，不管它是客观存在的，还是虚拟想象的，它的属性是表示；而图、图样，是对形的描述与展现，它的属性是表现，《宫宅地形》一书是秦汉之际图学成就之一。

图形与图样等，它们都持有形象性和直观性的特征，是人们用于描述世界、反映世界、展现与想象世界的工具。中国图学发展到汉代，其图学理论、图绘技术、图样表达能力俱有长足的进步，特别是《汉书·艺文志》所收书目图卷，是先秦汉代学者对图的理性认识阶段的思维活动的见证，表现了图学思维与图学实践方面的成果，它表明图学思维是科技思维的重要组成部分，对科学技术的发展具有重要意义。逮至魏晋六朝，图学理论如雨后春笋，乃是前代图学积累的必然结果。

3.《七略》论科学技术思想

《汉书·艺文志》载：刘歆“总群书而奏其《七略》”，其“爰着目录”，是我国的第一部图书馆藏书目录，“大凡书，六略三十八种，五百九十六家，万三千二百六十九卷。入三家，五十篇，省兵十家。”①

然而《七略》的贡献不只是在目录学方面，它涉及了中国古代文化的方方面面，可以说它是先秦至西汉的一部学术史，也是一部科学技术的发展史，在中国文化史和世界文化史上都占有重要的地位；《七略》对中国的学术产生了深远的影响。

刘歆嗣父之业，部次群书，分为六略，又叙各家之源流利弊，总为一篇，谓之《辑略》，以当发凡起例。小序之体，所以辨章学术之得失。《汉书·楚元王》传赞辞云：“《七略》剖判艺文，总百家之绪。”故《七略》之《辑略》，便是起总结群书之作用。班固《汉书·艺文志》，删除《七略》中的《辑略》，保留了其中的内容，把《辑略》中的总序，列于六略之前，大序列于六略之后，小序列于三十八种之后。在分类方面，保留了《七略》中六略三十八种的分类体系，其承传继续，源远有自，实乃数代文献学家集体智慧的结晶。

班固《汉书·艺文志》中的六篇大序、连同三十八类小序之文，皆是《辑略》的节文，不仅叙各家之源流利弊，辨章学术，考镜源流，更重要的

---

① (汉)班固撰，(唐)颜师古注：《汉书·卷三十：艺文志第十》，中华书局 1962 年 6 月第 1 版，第 1781 页。

是对先秦至汉科技思想的总结。

如《诸子略》“阴阳”小序：阴阳家者流，盖出于义和之官，敬顺昊天，历象日月星辰，敬授民时，此其所长也。及拘者为之，则牵于禁忌，泥于小数，舍人事而任鬼神。

“农家”小序：农家者流，盖出于农稷之官。播百谷，劝耕桑，以足衣食，故八政一曰食，二曰货。孔子曰“所重民食”，此其所长也。及鄙者为之，以为无所事圣王，欲使君臣并耕，誖上下之序。

如《兵书略》“兵技巧”小序：技巧者，习手足，便器械，积机关，以立攻守之胜者也。

如《数术略》“天文”小序：天文者，序二十八宿，步五星日月，以纪吉凶之象，圣王所以参政也。《易》曰：“观乎天文，以察时变。”然星事凶悍，非湛密者弗能由也。夫观景以谴形，非明王亦不能服听也。以不能由之臣，谏不能听之王，此所以两有患也。

“历谱”小序：历谱者，序四时之位，正分至之节，会日月五星之辰，以考寒暑杀生之实。故圣王必正历数，以定三统服色之制，又以探知五星日月之会。凶厄之患，吉隆之喜，其术皆出焉。此圣人知命之术也，非天下之至材，其孰与焉！道之乱也，患出于小人而强欲知天道者，坏大以为小，削远以为近，是以道术破碎而难知也。

如《方技略》的大序：方技者，皆生生之具，王官之一守也。太古有岐伯、俞拊，中世有扁鹊、秦和，盖论病以及国，原诊以知政。汉兴有仓公。今其技术晻昧，故论其书，以序方技为四种。

“医经”小序：医经者，原人血脉经络骨髓阴阳表里，以起百病之本，死生之分，而用度箴石汤火所施，调百药齐和之所宜。至齐之得，犹磁石取铁，以物相使。拙者失理，以愈为剧，以生为死。

“经方”小序：经方者，本草石之寒温，量疾病之浅深，假药味之滋，因气感之宜，六五苦六辛，致水火之齐，以通闭解结，反之于平。及失其宜者，以热益热，以寒增寒，精气内伤，不见于外，是所独失也。故谚曰：“有病不治，常得中医。”①

这些《汉志》的小序、大序，不仅描述科学技术各个学科的功能，更重要的是对自然科学思想、各门工程技术思想的总结，“刘向司籍，九流以

---

① （汉）班固撰，（唐）颜师古注：《汉书·卷三十：艺文志第十》，中华书局 1962 年 6 月第 1 版，第 1701-1781 页。

别，爰著目录，略序洪烈”；绝非虚言。这些序录“条其篇目，撮其指意”，是先秦至汉中国科学技术成就的标志，成为研究中国科学技术史的思想根据。

（五）范晔论方术

《后汉书》成书于《三国志》之后一百多年。《三国志》的作者为晋人陈寿（233—297年），“凡魏志三十卷，蜀志十五卷，吴志二十卷”，《方术传》在“魏书”中，是正史第一部“方术”类传，它的形成是当时各种原因综合作用的结果。陈寿上承史传的优良传统，对于传记文学的发展做出了应有的贡献。《三国志》中，以传类为标题者唯有“方技传”。《后汉书》的作者南朝宋人范晔（398—445年）理以汉史，则又有所创造，有所变更。其首置后纪，新附《党锢传》《宦者传》《文苑传》《独行传》《方术传》《逸民》《列女传》七类。此传既新创，又言汉实。东汉科学技术事起，方技人物众多，范晔观斯以史，树《方术传》为上下两卷，以至《后汉书》十纪、八十列传、八志。作为“正史”，与《史记》《汉书》《三国志》合称“四史”。

《后汉书·方术传》，源出《三国志·方技传》，其证据是《后汉书·方术传》的《华佗传》照抄《三国志·方技传》的《华佗传》，只略有增删改动。但《三国志·方技传》，传主仅五人，在《三国志·魏书》。而《后汉书·方术传》录有姓名者，凡三十四人。这当然是由于方技人物在后汉时期日多，在三国时期甚少的缘故。《三国志·方技传》无“序”而有“评”，但《后汉书·方术传》有“序”且有“赞”，史论更为完整。

《后汉书·方术传》“序”言如下：

> 仲尼称《易》有君子之道四焉，曰“卜筮者尚其占”。占也者，先王所以定祸福，决嫌疑，幽赞于神明，遂知来物者也。若夫阴阳推步之学，往往见于坟记矣。然神经怪牒、玉策金绳，关扃于明灵之府、封縢于瑶坛之上者，靡得而窥也。至乃《河》、《洛》之文，龟龙之图，箕子之术，师旷之书，纬候之部，钤决之符，皆所以探抽冥赜、参验人区，时有可闻者焉。其流又有风角、遁甲、七政、元气、六日七分、逢占、日者、挺专、须臾、孤虚之术，乃望云省气，推处祥妖，时亦有以效于事也。而斯道隐远，玄奥难原，故圣人不语怪神，罕言性命。或开末而抑其端，或曲辞以章其义，所谓“民可使由之，不可使知之”。
>
> 汉自武帝颇好方术，天下怀协道艺之士，莫不负策抵掌，顺风而届焉。后王莽矫用符命，及光武尤信谶言，士之赴趣时宜者，皆骋驰

穿凿，争谈之也。故王梁、孙咸，名应图箓，越登槐鼎之任；郑兴、贾逵，以附同称显；恒谭、尹敏，以乖忤沦败。自是习为内学，尚奇文，贵异数，不乏于时矣。是以通儒硕生，忿其奸妄不经，奏议慷慨，以为宜见藏摈。子长亦云："观阴阳之书，使人拘而多忌。"盖为此也。

夫物之所偏，未能无蔽。虽云大道，其硋或同。若乃《诗》之失愚，《书》之失诬。然则数术之失，至于诡俗乎？如令温柔敦厚而不愚，斯深于《诗》者也；疏通知远而不诬，斯深于《书》者也；极数知变而不诡俗，斯深于数术者也。故曰："苟非其人，道不虚行。"意者多迷其统，取遣颇偏，甚有虽流宕过诞亦失也。

中世张衡为阴阳之宗，郎顗咎征最密，余亦班班名家焉。其徒亦有雅才伟德，未必体极艺能。今盖纠其推变尤长，可以弥补时事，因合表之云。

《后汉书·方术传》"论"语如下：

论曰：汉世之所谓名士者，其风流可知矣。虽弛张趣舍，时有未纯，于刻情修容，依倚道艺，以就其声价，非所能通物方，弘时务也。及征樊英、杨厚，朝廷若待神明，至，竟无他异。英名最高，毁最甚。李固、朱穆等，以为处士纯盗虚名，无益于用，故其所以然也。然而后进希之以成名，世主礼之以得众，原其无用亦所以为用，则其有用或归于无用矣。何以言之？夫焕乎文章，时或乖用；本乎礼乐，适末或疏。及其陶搢绅，藻心性，使由之而不知者，岂非道邈用表，乖之数迹乎？而或者忽不践之地，赊无用之功，至乃诮噪远术，贱斥国华，以为力诈可以救沦敝，文律足以致宁平，智尽于猜察，道足于法令，虽济万世，其将与夷狄同也。孟轲有言曰："以夏变夷，不闻变夷于夏。"况有未济者乎！

《后汉书·方术传》"赞"语如下：

赞曰：幽贶罕征，明数难校。不探精远，曷感灵效？如或迁讹，实乖玄奥。①

《方术列传》的"序"文，范晔从《周易·系辞》的"卜筮者尚其占"讲起，《周易·系辞》的原文是："以言者尚其辞，以动者尚其变，以制器者尚其象，以卜筮者尚其占"，然后，讲到《史记·太史公自序》"论六家要旨"

① （南宋）范晔著，（唐）李贤等注：《后汉书·方术列传》，中华书局 1965 年 5 月第 1 版，第 2703 页、第 2724-2725 页、第 2751 页。

的“观阴阳之术，使人拘而多忌”，李贤注云：“司马迁字子长，其父太史公论六家之要曰：‘观阴阳之术，太详而众忌，使人拘而多畏。’”司马谈的“论六家要旨”把汉代以前几个世纪的哲学家划分为六个主要的学派，第一是阴阳家。阴阳家讲的是一种宇宙生成论。它由“阴”“阳”得名。在中国思想里，阴、阳是宇宙形成论的两个主要原则。中国人相信，阴阳的结合与互相作用产生一切宇宙现象。

阴阳家这个学派对于中国思想的贡献就是对自然物事只用自然力作出积极的、实事求是的解释。中国古代，试图解释宇宙的结构和起源的思想中有两条路线。一条见于阴阳家的著作，一条见于“易传”。这两条思想路线看来是彼此独立发展的。到司马谈的时代已经是如此，所以《史记》把他们合在一起称为阴阳家。[①]

范晔的“序”文不长，“阴阳”二字凡三见，他感叹：“若夫阴阳推步之学，往往见于坟记矣”。坟记，即古代文献典籍。任何事物都不能孤立地存在，都与周围的其他事物处于相互联系之中；阴阳家出于方士。《汉书·艺术志》根据刘歆《七略·术数略》，把方士的术数分为六种：天文、历谱、五行、蓍龟、杂占、形法。“序”所涵蕴的意思是方术就是阴阳之术。先秦两汉之际，方技、方术、数术等用法相通。方技、方术，的确是阴阳之术。

张衡、郎顗二人，在《后汉书》中，自有“本传”。而《方术列传》“序”文进一步指出：“中世张衡为阴阳之宗，郎顗咎征最密”，这是范晔关于方术传记人物极为正确的评价。

同时，范晔的《方术传》的“序”与“赞”表现了他对方术史的卓越认识。以《华佗传》为根据，可以断定《方术传》与《方技传》同类。以《方术传·序》为根据，可以认定方术即阴阳之术，即“中世张衡为阴阳之宗”的结论。

涂又光先生认为：作为范畴，“阴阳”是中国科学的第一范畴，是中国哲学的第二范畴。中国哲学的第一范畴是“一”，一分为二，才是“阴阳”。“阴阳”相当于现在常说的“矛盾”，矛盾是一对具体事物，毫无抽象性、概括性可言，哪能比得上阴阳的抽象水平和概括作用？所以二十世纪五十年代初有人建议用“阴阳”取代“矛盾”，是很有道理的。[②]

---

① 冯友兰：《中国哲学史（上册）》，见冯友兰著，涂又光总纂：《三松堂全集（第二册）》，河南人民出版社 1988 年 5 月第 1 版，第 39 页。

② 涂又光：《中国高等教育史论》，湖北教育出版社 1997 年 12 月第 1 版，第 127 页。

五、方技传

在中国的历史典籍中，人文方面的史料以及代表人物，多出于史书的“儒林传”，科技方面的史料及代表人物，多出于“方技传”。出于《方技传》的史料，涵及自然科学、工程技术诸多领域，包括天文、历谱、五行、蓍龟、杂占、刑法，医经、经方等。宋代孙奕《履斋示儿编·文说·史体因革》：“《后汉》为方术，《魏》为方伎，《晋》艺术焉。”①二十六史(含《新元史》和《清史稿》)为医、卜、星、相合传者，凡及二十六史书，且予以不同称谓。

《史记》“方技”，见《扁鹊仓公列传》《日者列传》《龟策列传》三传，《汉书》无方技传，《艺文志》著录“方技”三十六家。《后汉书》名：方术传。《三国志》《北齐书》《旧唐书》《明史》则曰：方伎传。《晋书》《周书》《北史》《隋书》《清史稿》谓：艺术传。《魏书》云：术艺传。《新唐书》《宋史》《辽史》《金史》《元史》为：方技传。方术、方伎、艺术、术艺、方技，名异而实同，悉属阴阳、卜祝一类。

任何历史事物都存在于特定的时空中，都在特定时空而有特定形态，不受特定时空形态或规定、或限制、或局限的事物是不存在的。方技传如《汉书·艺文志》所云，为医经、经方、房中、神仙四支，称为方技，属于医药及养生之类技术，即所谓“生生之具”——概医药。如《汉志》“侍医李柱国校方技”，颜师古注“方技”为“医药之书”。

同时，任何历史事件具有整体性和延续性。西汉之时，方技传指医、卜、星、相之术的人士传记，恰如《汉书·艺文志》所云：“盖论病以及国，原诊以知政”。《后汉书》传名“方术”，包括阴阳、方药、汉世异术。迨至唐代，《方技传》更有所扩展，“凡推步、卜、相、医、巧，皆技也”。《新唐书·方技传》所列传主计二十一人，仅有甄权、许胤宗、张文宗三人为医家，其余皆握持卜、相之艺。《辽史·方技传》所列传主共五人，除直鲁古、耶律敌鲁属医家外，其余三人，并事卜筮。“孔子称‘小道必有可观’，医、卜是已。”正史凡列此类传记者，“方技”概属日广。以至《清史稿》授受源流，“自司马迁传扁鹊、仓公及日者、龟策，史家因之，或曰方技，或曰艺术。大抵所收多医、卜、阴阳、术数之流，间及工巧。”②

---

① (南宋)孙奕著，侯体健、况正兵校：《履斋示儿编》，中华书局 2014 年 4 月第 1 版，第 107 页。

② 赵尔巽等：《清史稿》卷五百零五，列传二百九十二，“艺术传”，中华书局 1977 年版，第 13929-13932 页。

（一）廿六史《方技传》

综观二十六史，其《方技传》所列传主，乃是能够完成特定技术任务之人，也就是已经掌握了特定技术的专业基础理论和基本技能，可以从事该技术领域的基本工作的科技工作者。除医、卜、星、相等人士之外，各个行业的方技之士都要求有专业技工知识及实操经验；并在科学技术的某一个范畴持有专业性技能或相等的实践经验，方能入传。

历代《方技传》，内容精练、资料翔实，突出了历代科学技术方面的基本内容，具有典型性、科学性、实践性和先进性，并融入了古代所应用的科学技术和相关技术领域的研究成果。方技传中采用的技术方面的词语与当代科技标准和名词术语是一致的。表 1.17 使用的方技史料，为《方技传》中“间及工巧”的记载，按技术方面的内容，纯属举例性质。其科学技术方面的代表及其主要科技成果，如表 1.17 所示。

表 1.17　廿六史《方技传》中的科学技术史料

书名	作者	方技名称、人数	科技代表人物	主要科技成果
史记	西汉司马迁	日者列传、龟策列传、扁鹊仓公列传 4 位	扁鹊，仓公	分别天地之终始，日月星辰之纪
汉书	（东汉）班固	艺文志 三十六家	方技三十六家	《黄帝内经》等八百六十八卷，医经、经方、房中、神仙
后汉书	（南朝）范晔	方术传（上、下）34 位	张衡 华佗	作浑天仪，复造候风地动仪 方药，针灸，麻沸散
三国志	（西晋）陈寿	魏书方伎传 7 位（含附入传者 2 人）（裴松）注之所载	杜夔 马钧	备作乐器，绍复先代古乐，皆自夔始也。 指南车
晋书	（唐）房玄龄等	艺术传 24 位		今录其推步尤精、伎能可纪者，以为《艺术传》，式备前史云
宋书	（梁朝）沈约			

续表

书名	作者	方技名称、人数	科技代表人物	主要科技成果
南齐书	（梁朝）萧子显			
梁书	（唐）姚思廉			
陈书	（唐）姚思廉			
魏书	（北齐）魏收	术艺传26位（含附入传者13人）	蒋少游	工艺纷纶，理非抑止，今列于篇，亦所以广闻见也
北齐书	（唐）李百药	方伎传13位	綦母怀文	烧生铁精，以重鍒铤，数宿则成钢
周书	（唐）令狐德棻等	艺术传9位（含附入传者3人）	僧垣	《集验方》十二卷，《行记》三卷。
隋书	（唐）魏征等	艺术传14位（含附入传者2人）	耿询	创意造浑天仪，不假人力，以水转之。 作马上刻漏，世称其妙
南史	（唐）李延寿			
北史	（唐）李延寿	艺术传73位（含附入传者29人）	信都芳	浑天、地动、欹器、漏刻诸巧事，并画图，名曰：《器准》
旧唐书	（后晋）刘昫等	方伎传30位（含附入传者7人）	僧一行	创造黄道游仪，以考七曜行度，互相证明
新唐书	（宋）欧阳修、宋祁	方技传22位（含附入传者11人）	李淳风	制浑天仪，诋摭前世得失。 着《法象书》七篇
旧五代史	（宋）薛居正等			
新五代史	（宋）欧阳修			

续表

书名	作者	方技名称、人数	科技代表人物	主要科技成果
宋史	(元)脱脱等	方技传37位(含附入传者2人)	僧怀丙	修复真定十三级浮图。以术正洨河石桥
辽史	(元)脱脱等	方技传5位	直鲁古	专事针灸。撰《脉诀》《针灸书》。
金史	(元)脱脱等	与《宦者》合传10位(含附入传者1人)	李庆嗣	《伤寒纂类》《伤寒论》《针经》。
元史	(明)宋濂等	方技传附《工艺》传7位(含附入传者3人)	刘元	塑土、范金、搏换为佛像,神思妙合,天下称之
明史	(清)张廷玉等	方技传25位	李时珍	《本草纲目》
新元史	(民国)柯劭忞等	方技18位(含附入传者6人)	阿尼哥	画塑范金之艺
清史稿	(民国)赵尔巽等	艺术传 117位(含附入传者74人)	徐寿	西艺知新及续编,化学鉴原及续编、补编,化学考质,化学求数,物体遇热改易说,汽机发轫,营阵揭要,测地绘图。法律、医学,刊行者凡十三种

史籍之中,梁朝沈约之《宋书》,梁朝萧子显之《南齐书》,唐代姚思廉之《梁书》,唐代姚思廉之《陈书》,唐代李延寿《南史》,宋代薛居正等《旧五代史》,宋代欧阳修《新五代史》,限于史料无方技传。

(二)中世阴阳之宗——张衡

张衡的事迹见《后汉书》本传。在《后汉书·方术列传》的"序"中,范晔又一次强调"中世张衡为阴阳之宗",所谓"中世",是因范晔生在南朝宋时,故称汉为"中世"。"中世张衡为阴阳之宗"是对张衡的最高评价,翻译成现在的"白话",就是"张衡为汉代科学宗师"。其实,在汉代乃至在中国科技史上，张衡何止是科学宗师，他还是文学宗师、哲学宗师、图学宗师。

张衡的基本著作散见于《后汉书》和昭明《文选》。《后汉书·张衡列传》中有《应间》，“陈政事疏”，“禁图谶疏”，《思玄赋》；科学技术方面的著作有《灵宪》《浑仪》《算罔论》，《后汉书·天文志上》刘昭注中，亦有《灵宪》《浑仪》。昭明《文选》中有《西京赋》《东京赋》《南都赋》《思玄赋》《归田赋》《四愁诗》。[①]

涂又光先生认为：张衡哲学的主根是《老子》，文学的主根是“楚辞”，他的哲学、文学，都是楚文化的新创造、新发展，这与他的故乡南阳西鄂（河南南召县南）本是先秦楚地相应。他的科学，受哲学启示，借文学想象，在前人基础上，亲自观察、测量、绘图、试验，殚思竭虑，大胆假设，小心求证，成就辉煌，遂为旷代宗师。[②]

张衡在科学技术方面的成就，摘其要者有如下几个。

其一，“作浑天仪”。据《后汉书》本传载：“衡善机巧，尤致思于天文、阴阳、历算，常耽好《玄经》”，“遂乃研核阴阳，妙尽璇机之正，作浑天仪，著《灵宪》、《算罔论》，言甚详明”。李贤等注云：《汉名臣奏》曰，蔡邕曰：“言天体者有三家：一曰周髀，二曰宣夜，三曰浑天。宣夜之学绝，无师法。周髀术数具存，考验天状，多所违失，故史官不用。唯浑天者，近得其情，今史官所用候台铜仪，则其法也。”灵宪序曰：“昔在先王，将步天路，用定灵轨。寻绪本元，先准之于浑体，是为正仪，故灵宪作兴。”《衡集》无《算罔论》，盖网络天地而算之，因名焉。

据张衡《灵宪》载：“《浑天》者近得其情，今史官所用候台铜仪，则其法也。立八尺圆体之度，而具天地之象，以正黄道，以察发敛，以行日月，以步五纬。精微深妙，万世不易之道也。”

其二，“复造候风地动仪”。阳嘉元年，即公元 132 年，张衡复造候风地动仪。据《后汉书》本传载：

> 以精铜铸成，员径八尺，合盖隆起，形似酒尊，饰以篆文山龟鸟兽之形。中有都柱，傍行八道，施关发机。外有八龙，首衔铜丸，下有蟾蜍，张口承之。其牙机巧制，皆隐在尊中，覆盖周密无际。如有

① 《后汉书·张衡传》，见（南朝）范晔撰，（唐）李贤等注：《后汉书》，中华书局 1965 年 5 月第 1 版，第 1897-1941 页。

② “两个典型”，见涂又光：《中国高等教育史论》，湖北教育出版社 1997 年 12 月第 1 版，第 127-131 页。

地动,尊则振龙机发吐丸,而蟾蜍衔之。振声激扬,伺者因此觉知。虽一龙发机,而七首不动,寻其方面,乃知震之所在。验之以事,合契若神。自书典所记,未之有也。尝一龙机发而地不觉动,京师学者咸怪其无征,后数日驿至,果地震陇西,于是皆服其妙。自此以后,乃令史官记地动所从方起。

张衡候风地动仪是中国古代科技的光辉典范,其发明旨在检测地震。古籍文字是科学实践的经验总结,陇西地震及其观测是确切的。当代科技工作者为此进行复原研究,探讨其工作原理,明确了它的性能要求,殷正和提出的倒立摆方案,开展了模拟陇西地震试验。[①] 结果表明,新方案已能实现对东汉138年陇西地震的敏感,并产生触发吐丸等系列动作。[②] 理论分析和试验表明,历史上的张衡地动仪是真实存在的。[③]

范晔《后汉书·张衡列传》的传论云:

崔瑗之称平子曰:"数术穷天地,制作侔造化",斯致可得而言欤!推其围范两仪,天地无所蕴其灵;运情机物,有生不能参其智。故知思引渊微,人之上术。记曰:"德成而上,艺成而下。"量斯思也,岂夫艺而已哉?何德之损乎!

张衡,字平子。故传论中有"崔瑗之称平子"之句。张衡死后,崔瑗作的碑文称赞他"数术穷天地,制作侔造化",这种境界可以言传吗?他"作造浑天仪","具天地之象,以正黄道,以察发敛,以行日月,以步五纬。精微深妙,万世不易之道";他"复造地动仪","验之以事,合契若神。自书典所记,未之有也。"由此可知,一种思想,能够引人进入渊深奥妙之境,就是上术,或曰上艺。可是《礼记·乐记》中说"德成而上,艺成而下",认为德上而艺下。现在来估量像张衡这样的思想,难道仅仅是"艺"?哪一点够不上"德"?范晔这是说,张衡超越了德艺对立,达到了德艺合一。这是中国科技工作者的最高境界,也是"人文·科学"型的典范。

《后汉书·张衡列传》载:"衡少善属文,游于三辅,因入京师,观太学,遂通五经、贯六艺。""观太学"三字,道出张衡与太学的关系:他在太

---

① 殷正和:《张衡地动仪工作原理新探讨》,《自然辩证法通讯》2020年第3期,第70-76页。

② 冯锐:《地动仪研究中的五个地震学基本概念》,《中国地震》2016年第4期,第571-583页。

③ 冯锐:《地动仪的历史真实和科学价值》,《现代物理知识》2011年第1期,第59-63页。

学参观访问，或许当过旁听生，但不是正式太学生。可见张衡所受的高等教育，人文也好，科学也好，主要在太学之外。张衡有超人的天赋，但实现天赋，则是刻苦自学，不论太学内外，一概如此。

范晔重视史论，这也是《后汉书》的特点，他采用论赞的形式，明文评论史事，把史论作为重心。《后汉书·张衡列传》的"传论"之后有"赞"，其赞曰："三才理通，人灵多蔽。近推形算，远抽深滞。不有玄虑，孰能昭晰？"玄，犹深也。"玄虑"就是深思，就是刻苦自学的运动；所谓刻苦自学，就是时时刻刻都在深思。范晔《狱中与诸甥侄书》中，自述其编纂《后汉书》的目的是，"欲因事就卷内发论，以正一代得失"，并自己评价《后汉书》的"赞"说："'赞'自是吾文之杰思，殆无一字空设，奇变不穷，同含异体，乃自不知所以称之。"[①]《张衡列传·赞》就是明证。这二十四字"无一字空设"，"三才理通"是言其"通五经，贯六艺""才高于世"，三才，天、地、人。言人虽与天地通为三才。"近推形算"是言其"善机巧，尤致思于天文、阴阳、历算"，"网络天地而算之"。最后突出"不有玄虑，孰能昭晰"，"玄虑"二字，如画龙点睛，点出张衡刻苦自学经验的精髓，能够在科学技术方面取得巨大成就的根本原因。

（三）《方技传》的技术史价值及其文献学意义

使用《方技传》的传名，确立了以《方技传》为正史中此类人物传记名称的传统。廿六史中，为方技人士作传的传名不一，有《方技传》《方术传》《艺术传》《术艺传》等异名，但其内容无大异。五代后的《宋史》《辽史》《金史》《元史》《明史》等正史，均是以《方技传》为名。唐代以后，《方技传》的传名重新确立，并固定下来。

（1）廿六史书保存了"方技"这一类独特人物的事迹，具有极其重要的文献价值。《方技传》以类传的形式，记载了历代方技人士的事迹；把活跃于古代的方技群体重新展现在今人面前。由历代《方技传》所记载的事迹来看，上至君主帝王、文臣武将，下到知识分子、平民百姓无不受到方技群体的影响，可以说他们广泛而深刻地影响着中国古代社会生活的方方面面。特别是历代方技之士的事迹中既蕴藏着科学技术成分，又因为正史的记载，使方技之士的影响得以传播开来。

---

① 《宋书·范晔传》，见（梁）沈约：《宋书》，中华书局 1974 年 10 月第 1 版，第 1819-1832 页。

事实上,《方技传》如同所有引人入胜的传世古代中国历史著作,它们所描述、分析的对象虽然是既成的历史,它们的观点、形式与内容却无一不是历史的产物,而且往往因为种种时空际会,经过不同的解读,它们又可能转而成为其后历史发展的泉源,产生程度不等、性质不一或不期而然的作用。

(2)《方技传》的出现,以至这一特殊类传的成形,是《周礼》"国有六职,百工与居一焉"在史学上的反映,表现史传对于社会的功用。"周监二代,郁郁乎文,所以象天立官,而官益备。"《周礼》"'国有六职'者,谓国家之事有六种职掌,就六职之中,百工与居其一分",可见百工在古代社会的重要性。"百工,官也。"郑玄认为:"百工,司空事官之属。于天地四时之职,亦处其一也。"按《周礼·天官》"小宰职"云:"六曰冬官,其属六十,掌邦事。" 唐贾公彦疏:"此百工即其属六十,言百者,举大数耳。但为其篇亡,故六十之官不见,记人以此三十工代之也。言百即据全,则三十工亦一也。"国有六职,百工与居其一,《考工记》三十工,如表 1.18 所示。

表 1.18　国有六职与《考工记》三十工一览

国有六职 (百工与居其一)	天官——冢宰,地官——司徒,春官——宗伯 夏官——司马,秋官——司寇,冬官——司空
《考工记》三十工	攻木之工七——轮、舆、弓、庐、匠、车、梓; 攻金之工六——筑、冶、凫、㮚、段、桃; 攻皮之工五——函、鲍、韗、韦、裘; 设色之工五——画、缋、钟、筐、㡛; 刮摩之工五——玉、楖、雕、矢、磬; 抟埴之工二——陶、旊

唐贾公彦(生卒年不详,活动期为公元 7 世纪中叶)进一步说明:"百工为九经之一,其工为九官之一,先王原以制器为大事,存之尚稍见古制。"冬官司空"掌营城郭,建都邑,立社稷宗庙,造宫室车服器械,监百工者,唐虞已上曰共工。" 据《周礼·天官冢宰第一》载"'百工,饬化八材',谓百种巧作之工,所为事业,变化八材为器物饬之而已。饬,勤也,勤力以化八材。""'工事之式',谓百工巧作器物之法。" 唐贾公彦疏:《周礼》中的《冬官》一篇其亡已久,有人尊集旧典,录此三十工以为《考工记》,其载"审曲面执,以饬五材,以辨民器,谓之百工","知者创物,巧者述而守之,

世谓之工。百工之事，皆圣人之作也。”[①]

中国文化的历史传统十分重视科学技术和各类工匠技术的应用与发展，《周礼》“著六官，存治体”，冬官《考工记》专门为各个行业制定相应管理规定和要求。“凡天下群百工，轮、车、鞼、匏、陶、冶、梓、匠，使各从事其所能。”[②]对百工的工作情况，每天要记录省察一天的工作情况，每月要对“百工”的实绩进行考核查验，按照劳动付给应得的报酬，及时衡量“百工”是否称职，教化劝勉“百工”努力工作，鼓励“百工”对技术精益求精，为天下创造更多的财富价值。就今天来看，所谓“百工”的范畴已经涵盖了现代社会的各个方面，泛指从事各类技能、技艺、技术及科学研究的社会工作人员。

毫无疑问，这些是构成《方技传》这一特殊类传的历史背景与社会基础。

(3)以数术、方技为代表的文献资料作为文化线索，对中国科技史的研究具有重要意义。从《世本》作篇到《史记》三传，从《汉书》“数术略”、“方技略”到《三国志》“方技传”，中国古代科技发明与创造，班班可考。

其一，廿六史《方技传》所载古代方技群体，在天文、历法、数学、医学、化学、地理等方面，都有令人瞩目的成就。其“间及工巧”者，已涵括工程技术方面的内容，十分完整，几成体系，既有机械学，又有冶金学，既有图学，又及材料工艺等。

其二，《方技传》这一特殊的类传，详载古代科技教育的详细信息，有自来矣。如《后汉书·方术传》有传主三十四人，其基本情况分析，有专业、传授关系、文化素质及其通经习经情况、学术交流、为官取向等，其统计数据[③]，如表1.19所示。

表1.19 《后汉书·方术传》传主三十四人基本情况统计

专业	1.占卜：十三人；2.神术：十人；3.医药：三人；4.修炼：三人；5.天文：二人；6.兵法：二人；7.水利：一人

① (汉)郑玄注，(唐)贾公彦疏：《周礼注疏》，见(清)阮元校刻：《十三经注疏》之《周礼注疏·卷三十九》，中华书局1980年版，第905-906页。

② 孙诒让：《墨子闲诂》之《节用中第二十一》，载《诸子集成(第四册)》，中华书局1954年12月第1版，第343页。

③ (南宋)范晔著，(唐)李贤等注：《后汉书·方术列传第七十二》，中华书局1965年5月第1版，第2703-2754页。

续表

传授关系	1. 家内相传：四例（祖孙相传：一例，父子相传：二例，父女相传：一例）；2. 师徒相传：三例（不包括游太学的师生相传）
学术交流	游京师太学者五人
通经习经情况	通经者：三人（其中，通五经者一人，通数经者一人，通一经者一人）；习经者：六人（其中，习五经者一人，习三经者一人，习二经者二人，习一经者二人）
为官情况	做官：十四人；不做官：二十人 官至“博士”的二人；官至“太常”的一人

《后汉书·方术传》传主为官情况的记载中，官至“太常”的是李郃。“太常”为中国古代朝廷掌宗庙礼仪之官。秦为奉常，汉代位列九卿之首。掌管礼乐社稷、宗庙礼仪。兼管文化教育、陵县行政，也统辖博士和太学。其属官有太史、太祝、太宰、太药、太医（为百官治病）、太卜六令及博士祭酒。李郃的父亲为博士；他承父业，游太学，通五经，官至司空、司徒，皆“三公”之位；其子李固成就更大，自有“本传”。李郃为什么列入《方术传》，当是其“儒学”为其“方术”所掩所致。

据以上统计分析，可窥古代方技教育——科技教育基本状况之一斑。《后汉书·方术传》所载方技教育与太学之内五经教育的师生相传不同，是父子“世世相传”，而且有严格“家法”。更精确地说，是以父子相传为主，师徒相传为辅；“师徒如父子”这句话，反映了方技教育的方式方法的统一。太学之内，有分班教学、开会讲演讨论等方式，为方技教育所罕见。方技教育为中国古代科学技术薪火相传奠定了基础。①

—— 第二节 ——
楚国技术思想的研究

本书所要研究的主要内容是楚国的技术思想，考察“技术”一词的起

① 涂又光：《中国高等教育史论》，华中科技大学出版社 2014 年 7 月第 3 版，第 89-99 页。

源与演变,对楚国的技术思想的研究至关重要。

在中国历史的进程中,楚国曾经是一个“筚路蓝缕,以处草莽”的“蕞尔小邦”,历经几代楚人的努力,逐步发展成一个“地广千里”“奄征南海”的南方大国。史载楚庄王(?—前591年)“遂至洛,观兵于周郊”,“问鼎小大轻重”,与齐、晋诸雄分庭抗礼,对中国历史发展产生深远影响。“问鼎”固然与楚人政治上的谋略和军事上的征服有关,而其最根本的背景,则是科学技术的支撑与兴盛。问鼎周室,只能是楚文化造就的行为,并不是武力和霸道造就的行为,科技力量必不可少。其“楚国折钩之喙,足以为九鼎”,犹言“以吾之众旅,投鞭于江,足断其流”,足以显示楚国科学技术的实力、楚文化的气象与恢宏。[①]

一、楚国技术思想的基本概念

一部人类发展的历史实际上也就是一部技术发展的历史,技术史的本身是技术思想史的写照。楚国技术思想的研究,顾名思义,是以技术史为核心,以楚国工程技术为对象,研究楚人对于技术与自然、技术与人、技术与社会的理解,研究楚人对技术本质的认识,研究楚国科学技术的传统与经典以及经由与经典的对话而产生的思想、对社会的作用。楚国技术思想是楚国科学技术及其创造发明的前提。

楚国的历史,是从颛顼至楚国亡国,即公元前25世纪到公元前3世纪,如王应麟(1223—1296年)《三字经》所云“八百载,最长久”。楚国技术思想研究,约定在这个时间范围,但这里要区别以下两点。

第一,楚国虽已随着时间的流逝,消失在历史的长河之中。楚国虽亡,并不是楚技术思想消亡。楚国消亡,不过是芈姓政权的统治消亡,楚国的技术及其技术能力、技术思想并未随之消亡。至于本书以楚国亡国为下限,也完全是出于约定,楚国技术思想研究约定为中国技术思想史中的楚国技术思想的断代研究。但就楚国地区而言,直到楚国亡国为止,意味着本书研究范围又是楚国技术思想的通史研究。

第二,楚人在科学技术方面表现出的智慧与技术思想的光辉,“如有所誉者,其有所试矣”![②] 楚国技术思想(technological thoughts in Chu)

---

① 张正明:《楚文化的发现和研究》,《文物》1989年第12期,第57-62页。

② 《论语·卫灵公篇》,见刘宝楠:《论语正义》,载《诸子集成(第一册)》,中华书局1954年12月第1版,第343页。

不等于楚技术思想(technological thoughts of Chu)。讲楚国技术思想史,只能讲到楚国亡国为止。若讲楚技术思想史,则可以一直讲到当代。这个区别,只在这里提一下,下文并不需要作此区别,都笼统约定叫作楚国技术思想。技术思想的英文也是如此,据《韦氏大词典》(*Merriam-Webster*)对 technology 的词源释义,technology 为名词,technological 为形容词,复数形式为 technologies。韦氏大词典称:technology 一词最早运用于 1859 年,而汉字的"技术"一词,中国人使用了绵延两千多年,无有断绝,故本书只能约定:技术哲学的英文为 philosophy of technology,技术思想的英文为 technological thoughts。[①]

楚国技术思想的研究,其来有自。如果说技术史是各门学科发展的历史,那么技术思想史则是更深层次的技术历史。

技术思想,是主体在技术活动中所形成的关于技术活动本身的各种理性认识。技术思想的基础是科学性、创造性、社会性的有机统一,技术哲学应是技术思想的抽象和总结,离开技术思想去研究技术哲学,显然缺乏足够的理论支持;而技术的历史不仅是发明史、制造史,更应当是技术思想史,是在技术思想基础上的逻辑重建。因此,技术思想构成了技术史与技术哲学共同的理论基础。

迄今为止,人们已认识到技术在历史上的地位、作用以及技术进步对不同社会的影响。技术思想是包括对技术本质、技术特征的认识,关于技术在社会中的地位和作用的认识,是技术能力、技术发展与其他社会因素之间相互关系的认识,技术与技术能力之间的关系或者技术的体系与结构问题的认识,以及对各种新兴技术的评价等。因为,历史上特定阶段占主导地位的技术观,反映了思想史上的特定阶段人类对技术活动的反思与自觉,提供了对技术相关问题进行进一步反思的理论基础。

技术思想是一把打开楚国科学技术史上尘封记忆的钥匙。揭秘两千五百年前楚人在科学技术创新、技术能力的真实面貌,并揭示楚人在科学实验、工程技术、设计方法几经演变的脉络。尽管历史上的楚国已经随着时间的流逝,消失在历史的长河之中,但楚国的技术思想却会因为它的光彩和魅力,代代流传。

---

① 涂又光:《楚国哲学史》,华中科技大学出版社 2016 年 3 月版,第 2 页。

二、技术与技术思想之间的关系

科学技术对生产实践有着巨大的推动作用，人类的技术实践是技术思想产生、形成和发展的基础，任何专业技术的历史，都是技术思想的历史。有了技术的活动与社会生产实践就会产生技术观，在技术观指导下，人们在生产技术、各种专业方面的实践及其经验，经过理论思维及提炼，形成稳定而系统的条理化的观念，从而成为某一专业的技术思想。

对技术本质、特点以及由此对技术概念的界定，俱是在技术观的影响下，或在技术思想的指导下形成的。技术本身的社会存在决定技术观、技术思想。技术观、技术思想一旦形成，又反过来影响技术实践。其影响的方式与条件、人，特别是与人的社会地位、社会影响、在技术实践中的作用等直接相关。①

技术思想的本体，是技术的自身。所谓技术思想，是指人们在各种技术活动——诸如机械、冶金、建筑技术中所形成的关于技术活动本身的思想认识。人们在技术活动中，从不同的角度提出各自的看法。对于技术与社会、技术与人性、技术科学化、技术产业化也会有各种理性认识和系统的见解，它们的思想来源各不相同，不见得就是在技术活动中形成，也不完全是针对具体的技术活动；但它们是人们对技术观察与思考的产物，这类问题通常称之为技术社会学、技术论或技术哲学问题，也是对技术反思的结果。

技术思想是技术活动者与思考者统一的结果，也是操作者、制造者、发明者对其所从事的技术活动、技术能力进行的认识与反思；它既来自技术活动自身，又是新的技术活动的行动指南，它反映了技术系统内在的运行规律。没有技术史的基础，技术思想史的研究就是无本之木，无源之水；而研究技术史的同时，人们所关注的最为重要方面，仍是集中在技术思想的内容。

《周易·系辞》注重“书不尽言，言不尽意”之说，②对技术与技术思想之间关系的理解、阐释，亦是如此；技术思想是对技术理论、技术工程等方面所作的形上学的思考，是对技术的最高最终的觉悟。楚国乃至中国

---

① 姜振寰：《技术、技术思想与技术观概念浅析》，《哈尔滨工业大学学报（社会科学版）》2002年第4卷第4期，第4-7页。

② （魏）王弼，（东晋）韩康伯注，（唐）孔颖达等正义：《周易正义》，见（清）阮元校刻：《十三经注疏》，中华书局1980年10月第1版，第82页。

历史上科学技术的每一次重大跃进,科学技术每一项重大发明,都离不开思想的先导,都离不开思想的孕育。

三、研究楚国技术思想史的现代意义

技术的形成与发展和人类社会的其他事物一样,经历了漫长的历史岁月,由不完善到完善,由低级向高级发展,都表现出一定的历史继承性。技术思想是科技发展的产物,是科学技术及其各门学科最为重要的组成部分;人们很难看到有哪一部技术史不是思想与智慧的结晶。科学技术上的任何一项规划、计划、管理、改革,任何一类工程、产品、施工、作品;科学技术上的任何一种发明、发现、创造、构思,无不与思想息息相关。一切技术的历史都是技术思想的历史。古往今来,技术的创新与发展无不与技术活动者相关联,无不包含着人们的思维过程。从本质上看,任何技术活动无不是人们组织生产活动的一个先行环节,思想及其设计是人们组织生产的技术依据,技术思想就是利用人类文明积累起来的科学技术知识,以满足人类社会需求的一种有目的的、创造性的活动。[①]

技术思想是对技术能力、技术成就的最好铭记,技术思想史最能反映科学技术发展历程的脉络。人们需要把握过去的思想和现在的思想之间的联系,只有在这种联系之中,才能理解技术的含义。而且,任何关于技术的思想都不会脱离特定的社会背景,从没有间断过与现实的联系。现在的技术思想与以前的技术思想之间存在着一种继承与发展的关系,抛弃过去,人们也就很难理解和把握技术的现在和未来。[②]

技术思想的研究有助于科学技术的发展。就技术哲学而言,人与技术之间存在着一种交互联系,在本质上是不可分的,一部人类发展的历史实际上也就是一部技术发展史。在此过程中,不同历史阶段人们对技术的认识,实际上反映了人类对技术的认知过程,是人类精神的发展、演变过程;而能最好地反映该过程的,非技术思想史莫属。因此,深入系统探索人类文明各个时期的技术思想,对于科学技术的未来、深化对技术

---

① (英)J. D. 贝尔纳著,伍况甫等译:《历史上的科学》,科学出版社 1959 年 5 月第 1 版,第 92-93 页。J. D. Bernal: *Science in History* (*London Second Edition*). Watt & Co. Ltd., 1957.

② 盛国荣:《技术思想史:一个值得关注的技术哲学研究领域》,《自然辩证法研究》2010 年第 26 卷第 11 期,第 19-24 页。

的认识等都是不无裨益的。[①]

技术思想的研究有助于把握当前人类所面临的技术问题。如果说，楚人李聃在《老子》一书中提出“道法自然”“治人事天莫若啬”等思想对今天的科技发展、环境生态保护有着启示作用；庄周在《庄子》一书中主张道“进”于艺，或道“在”于艺、道艺合一、“技进乎道”等思想对今天提高科技人员的精神境界有着重要意义；那么，由于现代技术的渗透性影响，几乎迫使二十世纪所有重要的思想家与流派都不得不把技术当作自己的中心议题。这使得当今西方技术哲学在研究内容、涉及的领域、研究者的参与度等方面获得了极大的发展，技术在西方世界中也由认知的边缘逐渐走向了认知的中心，技术问题也成了一切问题的中心。因此，我们更需要进行楚国技术思想史的研究。

同时，技术思想的研究有助于人们认识和把握技术及其与人、社会以及自然等方面的关系。技术与人类有着难以分割的联系，人没有技术——没有作用与反作用于他置身于其中的环境——就不能算作是人。技术的历史也就是人类文明的历史。对技术的研究，能把人类对自然的能动的关系，把人类生产的直接过程，由此也把人类社会生活关系等，直接通过生产过程揭示出来。历史的过程不是单纯事件的过程而是行动的内在方面，它有一个由思想的过程所构成的内在方面，一切历史都是思想的历史。因此，认识技术，把握技术与人、技术与社会、技术与自然等多方面的关系，不得不回到技术思想史的层面，从思想史的角度来探寻其中的意蕴。“历史的过去并不像是自然的过去，它是一种活着的过去，是历史思维活动的本身使之活着的过去；从一种思想方式到另一种的历史变化并不是前一种的死亡，而是它的存活被结合到一种新的、包括它自己的观念的发展和批评在内的脉络之中”。[②] 不了解技术思想的历史脉络，也就很难理解技术的发展，尤其是机械技术、冶金技术、建筑技术、图学技术思想的根源。

四、楚国技术思想史研究的脉络

在楚文化的历史进程中，科学技术一直扮演着举足轻重的角色。楚

---

① 姜振寰：《技术、技术思想与技术观概念浅析》，《哈尔滨工业大学学报（社会科学版）》2002 年第 4 卷第 4 期，第 4-7 页。

② 这是（英）R. G. 柯林武德在《历史的观念》中的重要思想，见何兆武、张文杰译：《历史的观念》，商务印书馆 2003 年 5 月第 1 版。

国技术思想，为人们真切了解那个时代的科技文化及其科技成就打开了一扇窗户。楚国技术思想研究的脉络，是以楚国历史上各个学派的代表人物的著作，各种思潮、文献典籍，科学技术、各项工程之作的成败利钝为根本，识其大略，撮其精华，从中探讨技术思想及其演变的历史线索，阐述楚国技术思想之大要。

（一）楚人文化心理的最高表现即哲学表现，是道家

“道家者流，盖出于史官，历记成败、存亡、祸福、古今之道，然后知秉要执本，清虚以自守，卑弱以自持，此君人南面之术也。”《汉书·艺文志》载“道三十七家，九百九十三篇”。《老子》作为先秦时期道家著作的代表，对春秋战国之际的科学技术、工程制造观察了很多，思考了很多，一部五千言、八十一章的《老子》中，就有专门的章节论及古代机械制造及工程技术诸多方面的内容。《老子》一书就是一首哲学诗。老子把他的哲学思想用诗化的语言表述出来，其论技术字字凿凿，言简而意赅，绝无空乏之语；或论工程技术中的哲学思想，或以专业技术为喻由“天道”以阐“人道”，或由“自然”以推论“社会”。从某种意义上说老子是中国古代最早记载科学技术、最早论及工程技术思想和设计方法之人，其中不刊之书、不易之论，开楚国技术思想研究之先河。

《道教典籍选刊》中《道德真经广圣义》注“治人事天莫若啬”书影[①]，如图1.3所示。

（二）丰富的古代文献典籍是楚国技术思想研究的基础

大量的古代文化典籍，如《汉书·艺文志》“总序”所云：“有《辑略》，有《六艺略》，有《诸子略》，有《诗赋略》，有《兵书略》，有《术数略》，有《方技》略。”[②]先秦科技文献典籍，如《墨子》一书，亦是楚文化的载体。墨子，名翟，虽非楚人，但史载“墨子在楚”“墨子入郢”“在楚墨者”甚多，其科技成就、科技思想俱与楚国有关。《墨子》所载科技方面的内容，深刻展示了先秦时期“为器”“制器”“为天下器”所具有的崇尚科学的精神。先秦工师大匠，很早就进入了自觉的设计时期，特别是《墨子》中记载的各项

① 《道德真经广圣义》书影，见胡道静、陈莲生、陈耀庭选辑：《道藏要籍选刊（第二册）》，上海古籍出版社1989年6月第1版，第257页。

② 《汉书·艺文志》“总序”，见（汉）班固撰，（唐）颜师古注：《汉书·卷三十：艺文志第十》，中华书局1962年6月第1版，第1701页。

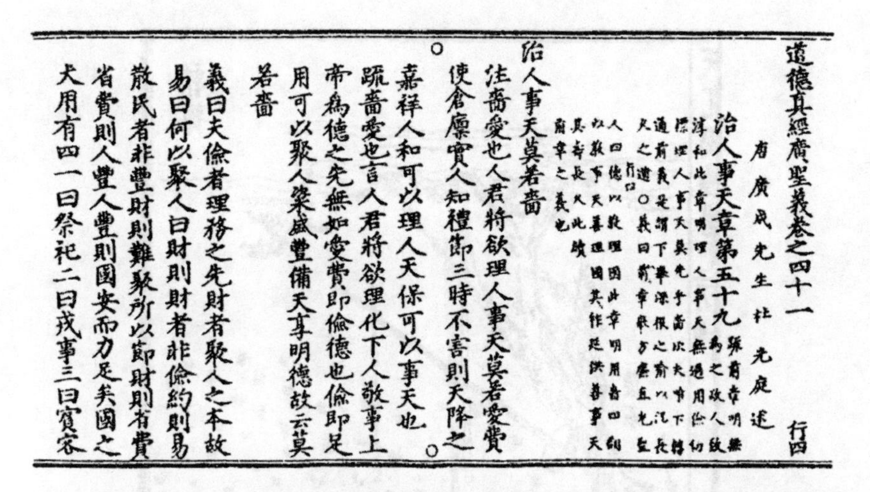
道德真經廣聖義卷之四十一　行四
唐廣成先生杜光庭述
治人事天章第五十九
治人事天莫若嗇
注嗇愛也人君將欲理人事天莫若愛費使倉廩實人知禮節三時不害則天降之嘉祥人和可以理人天保可以事天也○
○疏嗇愛也言人君將欲理化下人敬事上帝為德之先無如愛費即儉德也儉即足用可以聚人粢盛豐備天享明德故云莫若嗇
義曰夫儉者理務之先財者聚人之本故易曰何以聚人曰財則財者非儉約則易散民者非豐財則難聚所以節財則省費省費則人豐人豐則國安而力足矣國之大用有四一曰祭祀二曰戎事三曰賓客

图 1.3　《道教典籍选刊》中《道德真经广圣义》注"治人事天莫若啬"书影

生产技术的专业化、标准化措施说明；春秋战国之际，科学技术方面的产品设计，工程技术实践，都是在严格的、系统的理论指导下进行的。而且，设计方法和设计程序都以国家制定的法规的形式出现，人们借助这些经验和规定选择设计参数，按照经验数据进行各种设计。无疑，《墨子》所载工程设计方法，常常具有一种规范性质，这为推动中国古代工程技术的社会化进程起到重要的作用。同时，先秦机械工程技术的设计方法以经验和手工劳动为基础，并开始认识到以数学为方法、设计与数学相结合的重要性。

明代宋应星(1587—约 1666 年)《天工开物》卷上"乃粒"第一卷中的"桔槔图"[①]，如图 1.4 所示。

《庄子・天地》"子贡南游于楚"一篇，详记子贡与汉阴丈人关于桔槔的对话，引发了人们对机械(桔槔，现代机械科学称其为简单机械)的思考，是应用"桔皋而汲"，还是不用桔槔……云云。代有学者论及，及至当代，《天地》所载，几乎成为道家究竟是提倡应用科学技术，还是反对利用科学技术的证据。《庄子》一书，不仅对"机械"一词作出了定义，并论述了"机械"的特征及其内涵。孔子对子贡的讲话，恰恰代表了庄子对先秦机械及其应用的认识，是对科学技术反思的成果。

技术作为人类社会的存在方式，技术思想是对技术的反思，而其本

---

① (明)宋应星:《天工开物》卷上"乃粒"第一卷"桔槔图"，初刊于 1637 年(明崇祯十年丁丑)。

图 1.4 《庄子·天地》篇，子贡与汉阴丈人关于桔槔的对话图

体，是各门专业技术自身。所以，技术思想研究还需要一个脉络，即各门专业的技术思想、关于技术的思想史——技术思想史。

楚人是善于创造奇迹的。鼎盛时期的楚国，据文献所载，访问过楚国的苏秦（？—前 284 年）言楚之大小：方圆约达五千古里。至于草创时期的楚国，司马迁《史记》所述：大圆只有五十古里左右。楚国变小为大、由弱变强的历史，就是一个毋庸置疑的证据。而楚国的百工匠师，秉大匠之学，走大匠之路，为天下器，格物致知，欲造精微。在机械技术、建筑技术、冶金技术、图学技术等专业领域，巧妙地运用了力学、物理学、金属学、图学以及声学、光学原理，作出了不计其数的技术创造与发明，其设计之工巧，构思之奇特，技艺之精湛，早为世人所称道。[①]

（三）楚国出土文物是技术思想研究的最为可靠实物根据

任何文物的存在都反映了古代先民的智慧，代表着中华文化厚重的历史沉淀，楚地出土的文物对于楚国技术思想的研究有着不可替代的参考意义。譬如1978年夏，在湖北随州曾侯乙墓出土的文物，其数量、组件最多——共出土文物15000件，青铜器134件；重量最大——共出土青铜器10吨；铸作最精——主要采用泥范铸法铸制。不少器件，极具楚文化的特色。

铸造是制作编钟的主要方法之一，曾侯乙编钟的铸造工艺全面地反映了当时冶铸科学的水平，使用了浑铸、分范合铸、分铸浑铸相结合的方法，其铸接、铸焊、铸镶、铆焊四种工艺技术，娴熟地得到运用。如表1.20所示。

表1.20　曾侯乙墓出土青铜铸件的铸造工艺

铸造工艺名称	加工工艺方法
铸接	在器体上加铸附件或预先铸附件，再铸器体
铸焊	用铜或铅锡合金连接铸件
铸镶	将铸好的红铜纹饰片置范内，浇铸成型后再抛光
铆焊	将铸好的部件用铆和焊的方法连接起来

曾侯乙墓出土的铜升鼎，其造型不同于北方周文化的大鼎，最具楚文化的特色[②]，如图1.5所示。

特别是镂空青铜尊盘，为曾侯乙青铜之冠，其由尊和盘两件器物组成，尊的口沿是多层套合的镂空附饰，远看犹似云朵，实际是由无数条龙蛇所组成的镂空花纹，它们相互盘旋环绕，宛如在空中游动。尊的颈部攀附四只反首吐舌、向上爬行的豹，豹身也以镂空的龙蛇装饰，尊的腹部和圈足满是蟠螭纹和浮雕的龙，整个尊体共装饰有28条龙，32条蟠螭。盘的制作更为复杂，除口沿有和尊一样的镂空纹饰外，盘身的四个抠把手也是由无数条龙蛇组成的镂空花纹，抠把手下有八条镂空的夔龙。盘

① 张正明：《楚文化史》，载周谷城主编：《中国文化史丛书》，上海人民出版社1987年8月第1版，第135-216页。

② 湖北省博物馆、北京工艺美术研究所：《战国曾侯乙墓出土文物图案选》，长江文艺出版社1984年9月第1版，第46页。

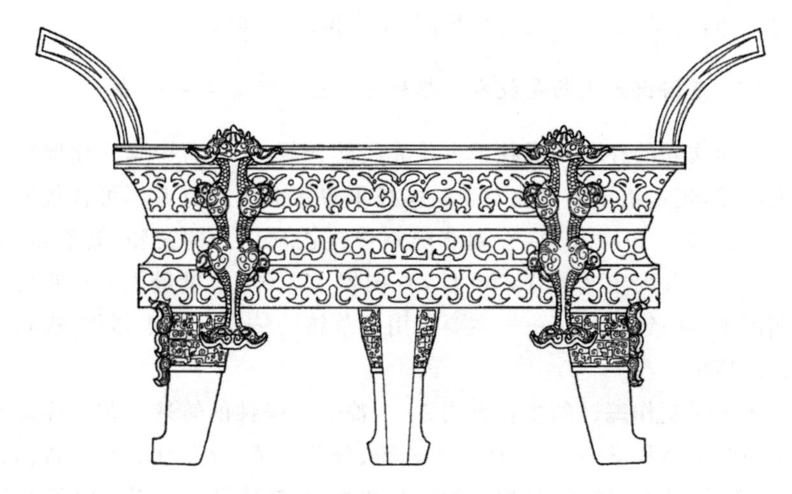

图 1.5 曾侯乙墓出土的铜升鼎

足为四条圆雕的双身龙，龙口咬住盘的口沿，整个盘体装饰龙 56 条，蟠螭 48 条。其造型生动、穷极富丽，其巧同造化，设计别致，天下称奇。

20 世纪 80 年代中国科技工作者对尊盘的科学鉴定表明，尊盘集浑铸、分铸、焊接和失蜡法等多种工艺为一体，器物主体为浑铸，附件为分铸，其中尊和盘口沿的镂空附饰为失蜡法铸造而成，再根据不同部位分别用铸接、焊接、铆接等多种接合方法，将附件与主体结合。尊有 34 个部件，通过 56 处铸、焊连成一体，盘有 38 个部件，通过 44 处铸、焊连成一体。部件之多，焊接之繁，十分罕见。从曾侯乙尊底部的白描视图，亦足见其细部零件之众，工艺之善，操作之难。

曾侯乙尊盘的失腊法铸件，其制造年代晚于淅川铜禁的年代，但其工艺更为高超，证明在两千多年前，中国已经开始使用失蜡法铸造青铜器，而且造型艺术和铸造技术都达到了炉火纯青的境界。曾侯乙青铜器物造型工艺既科学又先进，几乎荟萃了铸造工艺、加工技巧的精华，代表着该时代冶铸技术和音乐艺术的最高水平，具有卓越的技术能力。

曾侯乙墓出土的青铜器尊盘[①]，如图 1.6 所示。

曾侯乙墓出土青铜尊透视图[②]，如图 1.7 所示。

---

① 由湖北省博物馆杨理胜同志提供，参见湖北省博物馆：《曾侯乙墓（上）》，文物出版社 1989 年 7 月第 1 版。

② 湖北省博物馆、北京工艺美术研究所：《战国曾侯乙墓出土文物图案选》，长江文艺出版社 1984 年 9 月第 1 版，第 50 页。

图 1.6　代表中国古代冶铸最高水平的曾侯乙青铜器尊盘

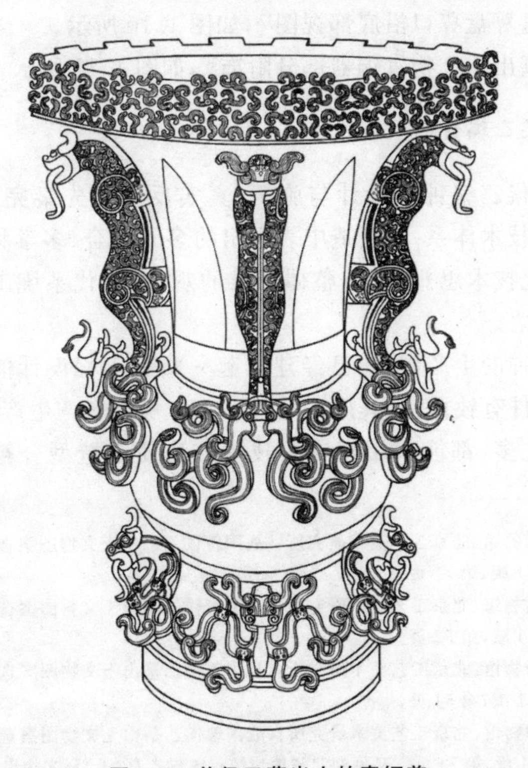

图 1.7　曾侯乙墓出土的青铜尊

曾侯乙墓尊体局部纹饰图样[①]，如图 1.8 所示。

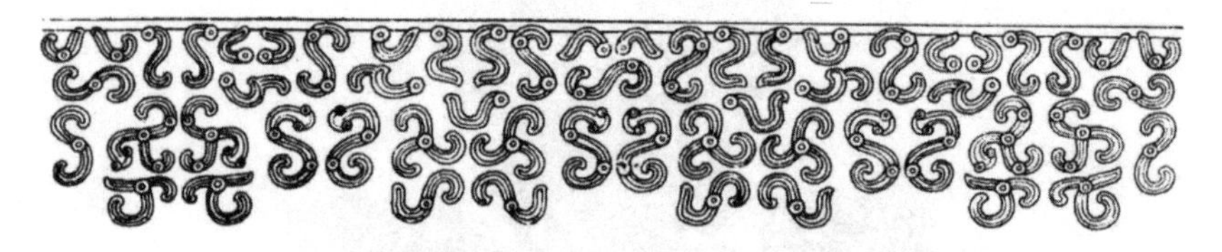

图 1.8 曾侯乙墓出土的尊盘局部纹饰图样

曾侯乙墓尊盘局部纹饰图样[②]，如图 1.9 所示

图 1.9 曾侯乙墓出土的尊盘局部纹饰图样

曾侯乙墓尊盘尊口沿底部视图[③]，如图 1.10 所示。

曾侯乙墓出土文物青铜器部分附饰[④]，如图 1.11 所示。

(四)曾侯乙编钟的技术成就

第一，曾侯乙编钟的设计与施工，真实反映了先秦完备的冶金、铸造、机械加工技术体系，其制造中表现出的多元综合、多学科联合的制造方法和系统化技术思想，具有整体思维的观念；现代系统工程的科学体系，其庶乎近之。

第二，编钟的生产制造，已经建立起一整套工程设计的系统计算公式，如铸造一件有枚甬钟，其用泥范就需 140 块之多。生产过程中，不管小范块如何之多，都能采用相应的技术方法使之造型合箱，成为整体。

---

① 湖北省博物馆、北京工艺美术研究所：《战国曾侯乙墓出土文物图案选》，长江文艺出版社 1984 年 9 月第 1 版，第 51 页。

② 湖北省博物馆、北京工艺美术研究所：《战国曾侯乙墓出土文物图案选》，长江文艺出版社 1984 年 9 月第 1 版，第 52 页。

③ 湖北省博物馆、北京工艺美术研究所：《战国曾侯乙墓出土文物图案选》，长江文艺出版社 1984 年 9 月第 1 版，第 54 页。

④ 湖北省博物馆、北京工艺美术研究所：《战国曾侯乙墓出土文物图案选》，长江文艺出版社 1984 年 9 月第 1 版，第 54 页。又见湖北省博物馆：《曾侯乙墓(上)》，文物出版社 1989 年 7 月第 1 版，第 210 页。

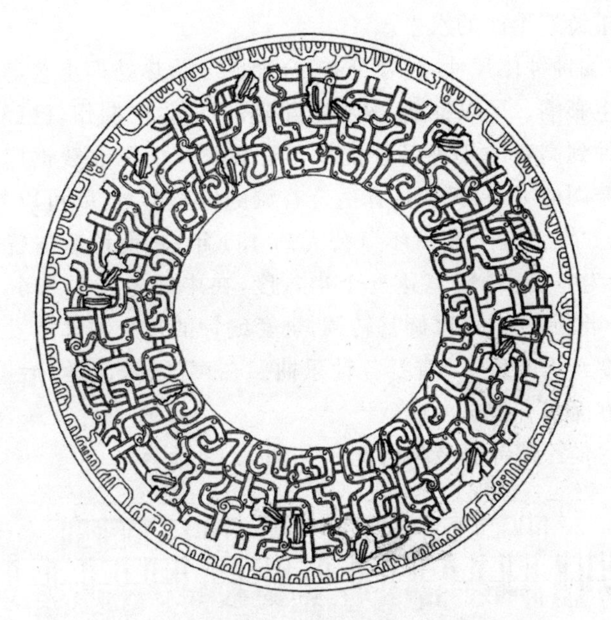

图 1.10 曾侯乙墓出土的青铜尊口沿底部纹样图

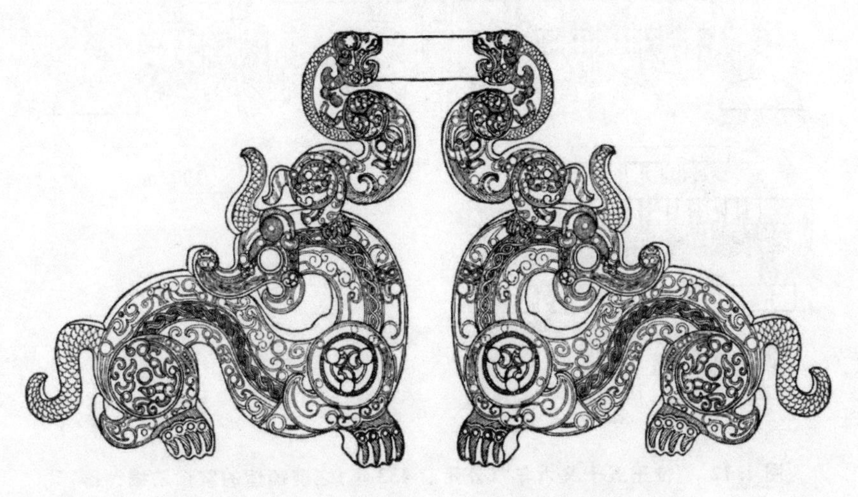

图 1.11 曾侯乙墓出土的青铜器部分附饰

编钟青铜合金的含锡量在 12.5%～14.6%，铅含量在 1%～3%，这与《周礼·考工记》所载金之“六齐”相符。[①] 就工艺、生产能力而言，已达到

① 曾侯乙编钟复制组：《曾侯乙编钟复制研究中的科学技术工作》，《江汉考古》1981 年第 1 期，第 5-10 页。

工业化批量铸造生产的水平。①

第三，编钟钟体尺寸，钟枚分布、合金成分及热处理工艺等都能对编钟音响产生影响。可以推断，东周之际，编钟的生产制作，已经建立起由低音的大钟到高音的小钟各种铣长与音律系列的标准数据库。设计与定制各种音调的编钟，只要选择适合音调的铣长参数，就可以制范铸造，直接使用。“惟王五十又六年”(公元前433年)之前铸造的曾侯乙编钟群，音律最为完备：音域宽达五个半八度，在中间通用的三个八度范围内，十二个半音齐备，可以旋宫转调，全套编钟的每个钟都能发出两个成大、小、三度音程的乐音，演奏各种乐曲。在声学、乐律学、冶铸技术、工艺美术等方面都有杰出的成就。

随州曾侯乙编钟群装架情况②，如图1.12所示。

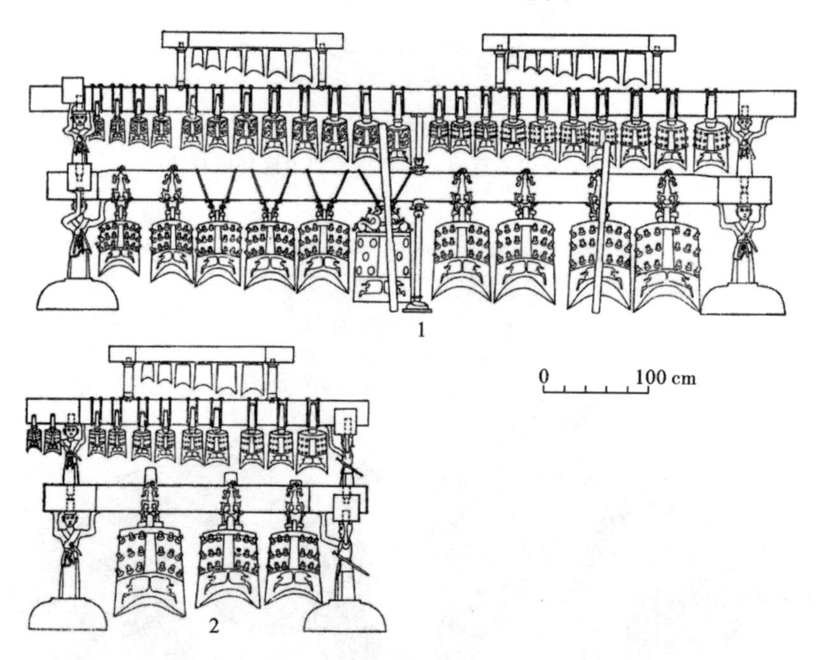

图1.12 “惟王五十又六年”(公元前433年)之前铸造的曾侯乙编钟群

1.西架，2.南架

① 李京华：《东周编钟造型工艺研究》，《中原文物》1999年第2期，第110页。

② 湖北省博物馆：《曾侯乙墓(上)》，文物出版社1989年7月第1版，第76页。

五、结语

摭拾技术的历史与人类的历史、信知技术的进步与人类的发展，从来都相伴而行。技术需要思想，而楚国科学技术史上确实产生过大量技术理论及其技术思想。技术及其思想是楚文化的一个组成部分，并贯穿楚国文化演进的始终。古之"百工""梓人""匠师"，筚路蓝缕、薪火相传，为天下器，写下了中国科技史乃至世界科技史上最为辉煌的一页。楚国技术思想，存兹典实，逆睹成败利钝，为后来者鉴，闪耀着人类智慧的光芒！

楚之文化，源远流长，楚学之道，后学式程，楚之哲学，生生不息。其所孕育的楚国技术思想，博大精深，论其梗概，其言甚约，其文甚丰，其旨甚深，其泽甚远。任何只要是关注楚国技术思想，抑或有志中国技术思想史研究之人，都会注意到一个简单的事实，即在古代楚国大地上，技术不仅仅是古希腊人所云的简单"技艺""技巧""方法""专业"云云，[①]而是作为"生生之具""及国""知政"之綦要，是弥纶天地、安辑群生，实现古圣之"道"的"不二法器"。技术思想也不仅仅是"执简驭繁、寓巧于拙"的工艺原则，[②]而且是"技进乎道"，道进于艺，道在于艺，道艺合一。技术是构筑楚国科学技术历史的砖石，技术思想不仅是自然规律的反映、技术创新之本，是对技术的反思，抑或设计的方案云云；更是一种精神，是楚人智慧的结晶，也是楚文化的精华。楚国技术思想影响于后之"百工"者，津逮来学，甚或在西学之上，惟楚国技术思想盖至于此。恰如《周易·大畜》所云："刚健笃实，辉光日新其德。"[③]

科学技术发展的趋势影响着人类历史的进程，趋势者智、察势者明。历史乃过去的现实，现实映照未来之历史。历史犹如长河，过去、现在和未来不可分割。科学技术的发展过程，是一个不断创新的过程，人们正在用科技与创新改变未来，但任何科技创新永远离不开特定的历史前提。"人们自己创造自己的历史，但是他们并不是随心所欲地创造，并不

---

① 美国不列颠百科全书公司编著，中国大百科全书出版社《不列颠百科全书》编辑部编译：《不列颠百科全书（国际中文版）》（*Encyclopedia Britannica* ），中国大百科全书出版社 1999 年 4 月第 1 版，第 485 页。

② 华觉明，贾云福：《先秦编钟设计制作的探讨》，《自然科学史研究》1983 年第 1 期，第 82 页。

③ （魏）王弼，（东晋）韩康伯注，（唐）孔颖达等正义：《周易正义》，见（清）阮元校刻：《十三经注疏》，中华书局 1980 年版，第 40 页。

是在他们自己选定的条件下创造，而是在直接碰到的、既定的、从过去承继下来的条件下创造”。[①] 历史构成了人们赖以生存和发展的基点，每一代人的社会文化生活，都建基于前一代留下的历史遗产之上。毫无疑问，一个曾在科学技术领域开风气之先的伟大文明，绝无理由与自己辉煌独特的历史一刀两断！鉴往知来，才能恰当地应对二十一世纪世界科技革命更为严峻的智力挑战；察古开今，才能将中国科学技术的伟大复兴变为现实。

在世界历史进程中的15世纪前后，西方社会孕育着社会的新生命，西方的先知先觉者们，从阿拉伯文字的文献中“重新发现”了“古希腊文化”，这是阿拉伯文明对人类文明的伟大贡献。西方人在研究“古希腊文化”的过程中，有了宗教改革，有了文艺复兴运动，并迅速地将西方推向了近现代。[②]

20世纪的中国，也孕育着社会的新生命，恰值1978年中国改革开放之际，我们发现了两千五百年前世界科技史上的奇迹——曾侯乙编钟，发现了琳琳琅琅具有八百年历史的“楚文化”及其引人入胜的楚国哲学、楚国技术思想。这是否预示着中国民族的伟大复兴的到来呢？今天，我们有现代科学技术及其文化可供采择，时势已与15世纪前后的西方社会迥异，在重新发现楚文化、探索楚国技术思想的过程中，能够增强后来居上的锐气和雄心、增强文化的自信心，这正是本研究所企踵而待的目标。[③]

主要参考文献

[1] 司马迁.史记[M].北京：中华书局，1959.

[2] 李约瑟.中国科学技术史·第二卷：科学思想史[M].北京：科学出版社，上海：上海古籍出版社，1990.

[3] Joseph Needham. Science & Civilization in China Volume 2[M]. London：Cambridge University Press，1956.

---

① (德)马克思：《路易·波拿巴的雾月十八日》，引自中共中央马克思、恩格斯、列宁、斯大林著作编译局编译：《马克思恩格斯全集(第八卷)》，人民出版社1961年年10月第1版，第121页。

② 张正明：《地中海与‘海中地’》，《江汉论坛》1988年第3期，第42-46页。

③ 张正明：《古希腊文化与楚文化比较研究论纲》，《江汉论坛》1990年第4期，第71-76页。

[4] 姜振寰. 技术史学方法论刍议[J]. 自然辩证法通讯，1990(5)：48-54.

[5] 姜振寰. 技术、技术思想与技术观概念浅析[J]. 哈尔滨工业大学学报(社会科学版)，2002，4(4)：4-7.

[6] 贝尔纳. 历史上的科学[M]. 伍况甫，等译：北京：科学出版社，1959.

[7] Bernal J D . Science in History (London Second Edition) [M]. London：Watt & Co. Ltd. ，1957.

[8] 盛国荣. 技术思想史：一个值得关注的技术哲学研究领域[J]. 自然辩证法研究，2010，26(11)，19-24.

[9] 王弼. 老子注[M]// 诸子集成：第三册. 北京：中华书局，1954.

[10] 墨子[M]. 毕沅，注. 吴旭民，校. 上海：上海古籍出版社，2014.

[11] 郭庆藩. 庄子集释 [M]// 诸子集成：第三册. 北京：中华书局，1954.

[12] 十三经注疏[M]. 阮元，校刻. 北京：中华书局，1980.

[13] 十三经注疏[M]. 郑玄，注. 孔颖达，正义. 陆德明，音义. 北京：中华书局聚珍仿宋铅印本，上海：上海古籍出版社，2008.

[14] 班固. 汉书[M]. 颜师古，注. 北京：中华书局，1962.

[15] 宋应星. 天工开物[M]. 初刊于 1637 年(明崇祯十年丁丑).

[16] 曾侯乙编钟复制组. 曾侯乙编钟复制研究中的科学技术工作[J]. 江汉考古，1981(1)：5-10.

[17] 湖北省博物馆. 曾侯乙墓(上)[M]. 北京：文物出版社，1989.

[18] 湖北省博物馆，北京工艺美术研究所. 战国曾侯乙墓出土文物图案选[M]. 武汉：长江文艺出版社，1984.

[19] 马克思，恩格斯. 马克思恩格斯全集(第八卷)[M]. 北京：人民出版社，1961.

[20] 张正明. 楚文化的发现和研究[J]. 文物，1989(12)：57-62.

[21] 张正明. 古希腊文化与楚文化比较研究论纲[J]. 江汉论坛，1990(4)：71-76.

[22] 张正明. 地中海与“海中地”——就早期文明中心答客问[J]. 江汉论坛，1988(3)：42-46.

[23] 刘克明. 中国技术思想研究：古代机械设计与方法[M]. 成都：巴蜀书社，2004.

第二章

老子技术思想

技术思想是《老子》思想的重要组成部分。尽管技术思想不属于《老子》道学思想体系的主干，历史上并没有留下老子从事工程技术及其生产实践的记载，也没有留下技术思想方面的专门著作，但老子着实对技术观察了许多，思考了许多。《老子》一书记载了先秦时期技术方面的事实，探讨了许多技术问题，留下了丰富的技术思想，这些技术思想的材料，足以使《老子》成为中国科技思想史上第一座丰碑而当之无愧。对《老子》技术思想的研究，是从《老子》技术思想的广义理解出发，梳理和研读《老子》的有关论述，力图给出一个较为系统、完整的《老子》技术思想轮廓，再现其技术思想的基本内容及发展脉络。这有助于推进楚国技术思想研究的深化，并促进《老子》道学思想研究的进一步深入。

—— 第一节 ——
老子其人其书

老子，即史书所载春秋时期的楚人李聃，有关生平事迹，“莫知其所终”；约生于公元前570年，与孔子同时而长于孔子。司马迁在《史记·老庄申韩列传》为老子作了仅四百多字的传，这个传记，除了记载史实的文字外，只记载了孔子问礼于老聃一事，所以司马迁说：“老子，隐君子也。”“李耳无为自化，清静自正。”

一、老子其人

《史记·老庄申韩列传》：“老子者，楚苦县厉乡曲仁里人也，姓李氏，名耳，字聃，周守藏室之史也。”[①]此段，司马迁不仅写明老子是楚人，而且详及县名、乡名，乃至里名，这在《史记》中，除此只有《孔子世家》所载“孔子生鲁昌平乡陬邑”，[②]详及国名、邑名、乡名；但《孔子世家》无“阙里”的里名。毫无疑问，司马迁的这种写法，若也意味着“待遇”。有里名与无里名，则可见司马迁心中，老子与孔子“同级”而略高，多了个里名。司马谈、司马迁父子都是道家，特尊老子；父子二人，世司典籍，工于制作，《史记》一书，“‘本纪’纪年，‘世家’传代，‘表’以正历，‘书’以类事，‘传’以著人”。[③] 汉孝武之际，司马迁顺应“罢黜百家，表章《六经》”的“卓然”之势，列孔子于世家，然老子出生地多了个里名，可见太史公之笔法。[④] 司马迁《史记》本传“周守藏室之史”的记载十分重要。周代的藏书机构叫“藏室”，就是藏书之所。据东汉许慎《说文》：“守，守官也。”“史”，是《周礼·天官冢宰·宰夫之职》所列的正、师、司、旅、府、史、胥、徒八职之中的第六职，在“掌官契以治藏”的“府”之下，其职务是“掌官书以赞治”，即负责

---

① 《史记·老庄申韩列传》传论，见(汉)司马迁撰，(南朝宋)裴骃集解，(唐)司马贞索隐，(唐)张守节正义：《史记·卷六十三》，中华书局1959年9月第1版，第2139页。

② 《孔子世家》，见(汉)司马迁撰，(南朝宋)裴骃集解，(唐)司马贞索隐，(唐)张守节正义：《史记·卷六十三》，中华书局1959年9月第1版，第1905页。

③ 《通志·总序》，见(宋)郑樵撰，王树民点校：《通志二十略》，上海古籍出版社1995年11月第1版，第1页。

④ (汉)班固撰，(唐)颜师古注：《汉书·武帝纪第六》，中华书局1962年6月第1版，第212页。

草拟文书或书面记录。“官书”,是给官府书写文件草稿;“官契”,是正式成为文件的书面材料。因此,“掌官契”的“府”的职责是“治藏”,“掌官书”的“史”的工作是“赞治”。[1]老子李耳于“守藏室之史”,为时甚久,故而,他既可以导教问礼于孔子,又能够博闻于经典文献之言,综听于“为器”“为室”之语,并对“车之用”“器之用”“室之用”予以深虑、反思。“守藏室之史”的工作条件,不仅使老子成为《道德经》的著者,更使他能够对科学技术的发明创造进行仔细的观察、思考,以及技术观、技术思想的总结,从而奠定了文献基础。

《史记·老庄申韩列传》在论述莱子之后,又云:“盖老子百有六十余岁,或言二百余岁,以其修道而养寿也。”“百有六十余岁,或言二百余岁”之人,称老称寿,名副其实。宋濂(1310—1381 年)《诸子辨》认为:老聃,孔子所尝问礼者,何其寿欤?岂《史记》所言“老子百有六十余岁”,及“或言二百余岁”者,果可信欤?聃书所言,大抵敛守退藏,不为物先,而壹返于自然。先秦典籍文献中“老子”“老聃”之称,始见于《庄子·养生主》。《庄子》一书中,“老子”出现 22 次,“老聃”出现 34 次。汉代有“老聃”之称,始见于《礼记·曾子问》一章,其中“老聃”出现 8 次。“老子”“老聃”都是对李耳的尊称。在中国社会,“老”指年高德劭之人,字前缀老,乃为“老聃”;依现时惯例,应称“聃老”。再虚化而为“老子”,不道姓名,犹后世“赞拜不名”(见《隋书·高祖纪上》周帝大象二年十二月甲子诏),尊之至也。“老子”者,“老夫子”“老先生”“老前辈”之谓也。人称孔丘为“子”,而李耳不称“李子”而称“老子”,多一“老”字,可见更为尊敬,中国的历史,就只有李耳这一个“老子”。

《史记》等记载老子的出生地——陈国,为西周至春秋公侯级大国之一,其统治区域主要在豫东周口一带,在建筑、制陶、冶金等手工业技术方面与楚国一样,俱有发展,工艺成熟。

其一,建筑技术成就。陈城故城,位于今周口市淮阳区城关。1980 年,河南省文物研究所对陈城进行试掘,证实陈城故城始建于春秋时期,最早城墙叠压在最下层,高度在 2 米以上,夯土筑成,夯层 0.1 米左右,出土陶片以板瓦、筒瓦居多,筒瓦外饰绳纹,间饰凹弦纹。同时出土的盆、罐时代也较早。城址平面略呈长方形,周长约 4500 米。周口市文物

---

[1] 《周礼·天官冢宰·宰夫之职》,见(清)孙诒让:《周礼注疏》,载(清)阮元校刻:《十三经注疏》,中华书局 1980 年 10 月第 1 版,第 655-657 页。

考古管理所在县城内进行文物勘探时，在中部、南部距现地表10米左右不时发现有春秋早期遗物，如板瓦、筒瓦，建筑遗迹如夯土、房基等。陈国故地内，除陈城外，考古发现西周、春秋、战国文化遗址60余处。

其二，陶器生产。陶器生产技术为陈国所擅长，其陶器工艺，制陶技术，历史悠久。陈国国君君妫满是舜帝后裔，其祖先虞阏父曾为周的“陶正”，即负责陶器的生产。20世纪50年代以前，曾在陈国所在的江淮流域出土过印纹硬陶，而在西周王畿所在的丰镐地区也同时有该工艺品的出土，这被推测为是由陈带过去的工艺技术。陈宣公在位期间，陈国的公子完因祸出奔至齐国，任“工正”，“工正”司职和虞阏父所任的“陶正”相似，这说明陈国世代相传陶器工艺这门技术，20世纪60年代以后出土的陶器有罐、尊、鬲、簋等。

其三，冶金技术方面。20世纪60年代陆续发现了陈国的青铜器物，如铜爵、觚、提梁卣、簋、戈、铜盘、铜铺、鼎、车马器等，其传世陈国青铜器物，见于著录的有《王仲妫簋》、《陈医鼎》等。1976年，陕西临潼县零口出土的西周《陈侯簋》1件，是陈嫁女于周王的媵器，浅腹，方座，双耳有珥，通高25厘米，口径22厘米，器身分别饰龙纹、变形兽面纹，器内有铭文3行13字：“陈侯作王妫媵簋，其万年永宝用。”①

陈国地处中原，存国时间近千年。至周朝之后，吸收并形成了具有地域特色的文化。陈国历史，几度兴亡，终亡于楚，属于楚文化氛围。②老子是在楚文化氛围中成长起来的“守藏室之史”，“古之博大真人”，③当时的陈国与楚国手工艺技术的发展与成就，也为老子对技术思想的思考提供了物质基础。

二、《老子》其书

老子其书，据《史记·老庄申韩列传》载：“居周久之，见周之衰，乃遂去。至关，关令尹喜曰：子将隐矣，强为我著书。于是老子乃著书上下

① 《中国通史·第三卷：上古时代（上册）》，第二章“手工业、商业和货币”，第五节“先秦时代的手工业技术”，见白寿彝主编：《中国通史·第三卷》，上海人民出版社2015年6月出版，第540-560页。

② 《中国通史·第三卷：上古时代（下册）》，第四章“陈、杞、宋”，见白寿彝主编：《中国通史·第三卷》，上海人民出版社2015年6月出版，第765-768页。

③ 《庄子·天下第三十三》，见（清）王先谦：《庄子集解》，载《诸子集成（第三册）》，中华书局1954年12月第1版，第221页。

篇，言道、德之意五千余言而去，莫知其所终”。“强为我著书”，“于是老子乃著书上下篇”，当然不能看作是此时一挥而就。即使是此时一挥而就，也是先有平生的积学与思虑。老子的智慧、楚人的智慧、中国的智慧，经过长期积累，才在这部书中表现出来。《老子》一书是老子写的。这句平淡的话中有两层意思，一是《老子》是老子自己写于春秋时代后期，在《论语》编集之前；二是《老子》是老子自己写于春秋时代后期，在战国时代有人增益，所以才有战国的成分。[①] 西汉河上公曾作《老子章句》，将《老子》分为八十一章，称前三十七章为《道经》，后四十四章为《德经》，名为《道德经》。

《老子》今本有三。

其一，相传从河上公传下来，以三国魏王弼《老子注》本最为流行：“王弼所注，言简意深，真得老氏清净之旨”，“完然成一家之学，后世虽有作者，未易加也。”[②]明代宋濂《诸子辨》称“《老子》二卷，《道经》、《德经》各一。凡八十一章，五千七百四十八言”。[③] 王弼注释的版本，是现代通行本之祖。

唐末杜光庭《道德真经广圣义》卷三十一注“昔得一者”书影[④]，如图2.1所示。

其二，帛书本：1973年在长沙马王堆出土，内容与传世的《道德经》貌似形同。它具有今本所没有的价值，例如《德》篇在前，《道》篇在后；今研究者根据《德》《道》两篇文章的成书年代先后，分别命名为《老子甲本》和《老子乙本》，统称为《帛书老子》，此本比目前所知最古老的《道德经》，即河上公版约早50年。

其三，简本《老子》甲、乙、丙：1993年在荆门郭店出土，《老子》竹简，为战国中期文物，是20世纪90年代所见年代最早的《老子》传抄本。它的绝大部分文句与今本《老子》相近或相同，但不分德经和道经，而且章次与今本也不相对应。简本《老子》分见于传本《老子》的三十一章，其内容有的相当于传本全章，有的只相当于该章的一部分或大部分。简本存

---

① 涂又光：《楚国哲学史》，湖北教育出版社1995年7月第1版，第176页。

② 《老子注》“晁说之跋”，“熊克重刊跋”，见（魏）王弼注：《老子注》，载《诸子集成（第三册）》，中华书局1954年12月第1版，第48-49页。

③ （明）宋濂著，黄灵庚编校：《宋濂全集》，人民文学出版社2014年6月第1版，第1897页。

④ （唐）杜光庭：《道德真经广圣义》，见胡道静、陈莲生、陈耀庭选辑：《道藏要籍选刊（第二册）》，上海古籍出版社1989年6月第1版，第63页。

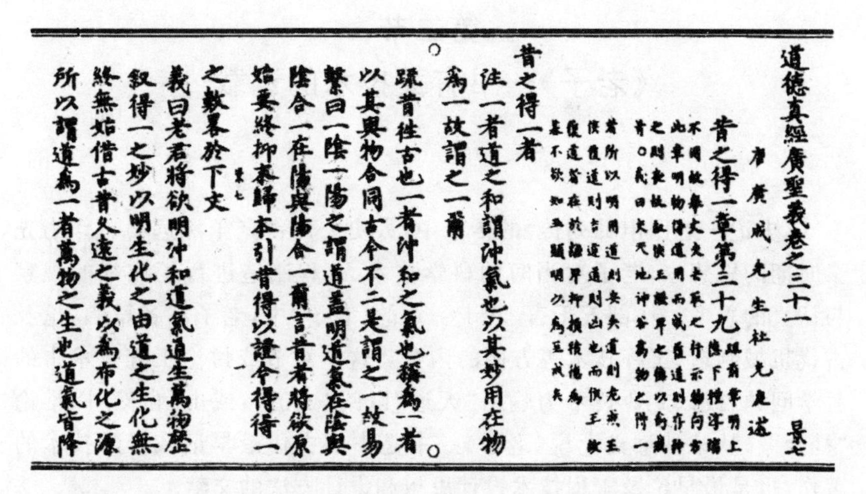

道德真經廣聖義卷之三十一 景七

唐廣成先生杜光庭述

昔之得一章第三十九

昔之得一者

注一者道之和謂沖氣也以其妙用在物為一故謂之一爾

疏昔往古也一者沖和之氣也稱為一者以其與物合同古今不二是謂之一故易繫曰一陰一陽之謂道蓋明道氣在陰與陰合一在陽與陽合一爾言昔者將欲原始要終抑末歸本引昔得以證今得得一之數畢於下文

義曰老君將欲明沖和道氣道生萬物歷叙得一之妙以明生化之由道之生化無終無始借古昔久遠之義以為布化之源所以謂道為一者萬物之生也道氣皆降

图 2.1 唐末杜光庭《道德真经广圣义》书影

2046 字，约为传本的五分之二。由于竹简有缺失，简本《老子》亦不例外，故无法精确估计简本原有的数量。

根据 1973 年在湖南长沙马王堆 3 号汉墓出土的帛书《老子》甲、乙两种抄本与 1979 年郭店出土的楚简本《老子》残篇得知，现传世之《道德经》并非老子书的原貌。帛书和竹简是现存的《老子》最古本。本书研究老子技术思想，不以其人为本位，而以其书为本位。讨论墨子、庄子技术思想也一样。其书俱在，关键是论其技术思想。至于其书的版本流变、每章作者到底是谁，能弄清楚固然好，弄不清楚也无关宏旨。

《老子》一书，又名《道德经》，各本字数虽有出入，通称五千言。称《老子》者，表示此书在诸子中的地位，称《道德经》者，表示此书在道教中的地位。魏晋南北朝以后，随着道教的发展，《老子》逐步升级，被尊称为“经”，为“真经”，为“玄经”。本书以老子之书为诸子之一而论之，故仍称之为“《老子》”。①

① 《楚国哲学史》第十章“老子(上)”，见涂又光：《楚国哲学史》，湖北教育出版社 1995 年 7 月第 1 版，第 178 页。

第二节
《老子》一书有关技术的记载

《史记·老庄申韩列传》的传论中，太史公曰："老子深远矣。"作为先秦时期的思想家，老子对当时的科学技术、工程制造进行了详细的观察与认真的思考。一部五千言、八十一章的《老子》中，老子不吝篇幅，论及古代机械制造、工程技术等方面的内容。这些章节或讨论工程技术中的哲学问题，或以专业技术为喻由"天道"以阐"人道"，或由"自然"以推论"社会"。从某种意义上说《老子》一书是中国古代最早记载科学技术的著作，也是最早论及工程技术设计思想和设计方法的文献。

"《老子》二卷，《道经》、《德经》各一。凡八十一章"，按王弼注本，计5289字，有关技术及技术思想方面的章节及其字数占全书的比例，如表2.1、表2.2所示。

唐末杜光庭撰《道德真经广圣义》注"三十辐共一毂，当其无，有车之用"书影，论及技术现象与技术哲学①，如图2.2所示。

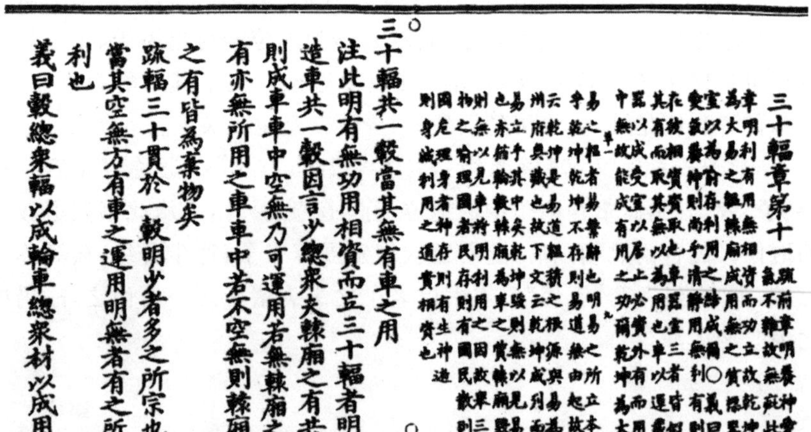

三十輻章第十一

○三十輻共一轂當其無有車之用

注此明有無功用相資而立三十輻者明造車共一轂因言少總衆夫輮㮰之有共則成車車中空無乃可運用若無輮㮰之有亦無所用之車車中若不空無則輮㮰之有皆為棄物矣

疏輻三十貫於一轂明少者多之所宗也當其空無方有車之運用明無者有之所利也

義曰轂總衆輻以成輪車總衆材以成用

图2.2　唐末杜光庭撰《道德真经广圣义》注"三十辐共一毂，当其无，有车之用"书影

① (唐)杜光庭:《道德真经广圣义》，见胡道静、陈莲生、陈耀庭选辑:《道藏要籍选刊(第二册)》，上海古籍出版社1989年6月第1版，第63页。

表 2.1 《老子》有关技术方面的章节及其字数统计

项目	章节	字数
涉及技术专业的章节	共 5 个章节	计 249 字
占全书比例	6%	约 5%

表 2.2 《老子》有关技术思想方面的章节及其字数统计

项目	章节	字数
涉及技术思想的章节	共 9 个章节	计 648 字
占全书比例	11%	约 12%

《老子》一书中，有关古代技术的记载，共计五个方面，涵括古代机械、制陶、冶金、建筑等工程技术内容。

一、《老子》有关冶金机械方面的记载

有关冶金机械方面的内容，见之于《老子·第五章》，其云："天地之间，其犹橐籥乎？虚而不屈，动而愈出，多言数穷，不如守中。"元代吴澄(1249—1333 年)注："橐籥，冶铸所以吹风炽火之器也。为函以周罩于外者，橐也；为辖以鼓扁于内者，籥也。"[①]"橐籥"，即风箱，是古代冶铸生产过程中吹风炽火的重要机械，如《淮南子·本经》所说的"鼓橐吹锤，以铺铜铁"的冶炼金属的工具。明末清初王夫之(1619—1692 年)《张子正蒙注·太和》："老氏以天地如橐籥，动而生风，是虚能于无生有，变幻无穷；而气不鼓动则无，是有限矣。然则孰鼓其橐籥令生气乎？"[②]风箱在使用的时候，便鼓动成风，助人成事。如不得其时，不需要的时候，便悠然止息，缄默无事。《老子》用"橐籥"为喻，以气喻道，说明这个物质世界及世间的一切活动，犹如气的合分变化，动而用之便有，静而藏之，就好像停留在止息的状态。

二、《老子》有关制车、制陶、建筑方面的记载

有关制车、制陶、建筑方面的内容，见之于《老子·第十一章》，其云："三十辐共一毂，当其无，有车之用。埏埴以为器，当其无，有器之用。凿

① (元)吴澄：《道德真经吴澄注》，华东师范大学出版社 2010 年 8 月第 1 版。

② (清)王夫之：《张子正蒙注·卷一：太和篇》，中华书局 2009 年 6 月第 1 版。

户牖以为室，当其无，有室之用。故有之以为利，无之以为用。”此章多用譬喻，涉及机械制造及其他工程技术等内容，如车辆制造中的车轮、轮辐、轮毂，陶器的生产，建筑学，用以说明“有”与“无”的依存关系和相互作用。

“三十辐共一毂，当其无，有车之用”讲的是古代车辆方面的内容。辐，是车轮中连接车轴与轮圈的木条。毂，为车轮中心有圆孔的圆木，圆孔贯以车轴，圆周承辐。在我国，运输用车来源甚早。商代晚期殷墟甲骨文中即有车的象形字。虽其字体有繁有简，但都具备车的雏形，即皆为一轴、两轮、一辕、一衡，甚至还画出车厢和双轭形象。

“埏埴以为器，当其无，有器之用”说的是古代制陶方面的内容。陶器的发明是人类最早利用化学变化改变天然物质性质的开端，它的发明是制作技术的一个重大突破。人类发明陶器之后，陶器就成为人们生活的必需品，其用途越来越广泛，需要量越来越多。制陶曾经是古代人类重要的经济活动之一。因而在古代，特别是新石器时代的陶器，是当时社会经济发展的主要标志。《世本》“作篇”：“舜始陶，夏臣昆吾更增加也。”[①]《逸周书》记载：“神农之时……作陶冶斤斧。”《太平御览》卷833引《逸周书》则说：“神农耕而作陶。”[②]自从发明了陶器，人类生活条件发生大变革，不仅获取的各种食物都可以用蒸煮而熟食，而且随时储积与保存必要的生活资料与用于再生产的种子等物。与此同时，在制陶的过程中，通过陶器的形制、施彩、绘画，使原始艺术随之发生与发展起来。《左传·定公四年》载：“殷民七族，陶氏，施氏，繁氏，锜氏，樊氏，饥氏，终葵氏，封畛土略。”有人称此陶氏，就是专门制陶的氏族部落，以此说明商周时期已有专门制陶的社会分工。陶器不但是人们生活的必需品，而且是建筑、水土防护等方面的重要材料。

“凿户牖以为室，当其无，有室之用”讲的是建筑技术。建筑是人们用泥土、砖、瓦、石材、木材等建筑材料构成的一种供人居住和使用的空间，如住宅、房屋、窑洞等。凿，《说文》云“穿木也。”清代段玉裁《说文解字注》云：“穿木之器曰鑿。因之既穿之孔亦曰鑿矣。”中国建筑的传统以木结构建筑为主，主要以茅草、木材、砖瓦为建筑材料，以木架构为结构

① (汉)宋衷注，(清)秦嘉谟等辑：《世本八种》之《茆泮林辑本》，北京图书馆出版社2008年1月第1版，第931页。

② (北宋)李昉、李穆、徐铉等：《太平御览》，中华书局1960年2月第1版，第3716页。

方式(柱、梁、枋、檩、椽等构件),“木埴壁所以成三者”[1],按照结构需要的实际大小、形状和间距组合在一起,故谓“凿户牖以为室”。

三、《老子》有关驾驶技术方面的记载

有关驾驶技术方面的记载文字,见之于《老子·第二十七章》,“善行无辙迹”。

《说文》:“辙,迹也。”盖辙为车迹,“迹”为马迹。车迹者,车轮辗地所留之迹;马迹者,马足奔驰所留之迹。而其所以为迹则异。《太平御览·叙车下》引《穆天子传》“王欲肆其心,周行天下,时莫不有车辙马迹焉。”“车轨马迹”,即《老子》所言“辙迹”。《庄子·胠箧》:“足迹接乎诸侯之境,车轨结乎千里之外。”“足迹”亦指马迹而言,“车轨”指车迹而言。

古之车马,是实力与身份的象征,御术是学校教育的重要内容,据《周礼·地官司徒·师氏媒氏》:“养国子以道,乃教之六艺,一曰五礼,二曰六乐,三曰五射,四曰五御,五曰六书,六曰九数。”驾驶技术,是学生必须掌握的“六艺”课程之一。同时,车马也历经由交通工具到战争工具的变化。春秋之际,各国之间的战争多以车战为主,作战主要靠战车的冲击力。在“国之大事,在祀与戎”的时代,车马的驾驶技术引起各国的高度重视。如《列子》所载,造父为御,“内得于中心,而外合于马志,是故能进退履绳,而旋曲中规矩,取道致远,而气力有余。”“得之于衔,应之于辔;得之于辔,应之于手;得之于手,应之于心。则不以目视,不以策驱,心闲体正,六辔不乱,而二十四蹄所投无差,回旋进退,莫不中节。然后舆轮之外可使无余辙,马蹄之外可使无余地;未尝觉山谷之崄,原阳之夷,视之一也。”可知,舆轮之外无余辙,是衡量驾驶技能的重要指标。

《老子·第二十七章》首句“善行无辙迹”,即以善于驾车的人,不会在路上留下丝毫的车轮(辙迹)为喻,王弼注此,言“顺自然而行,不造不施,故物得知,而无辙迹”的道理,记载了古代驾驶技术的真实情况,对“善行”有着严格要求之实事。

四、《老子》有关射箭技术方面的内容

有关射箭技术方面的内容,见之于《老子·第七十七章》,其云:“天

---

① 《老子注》“十一章”,见(魏)王弼注,楼宇烈校释:《老子道德经注校释》,载《新编诸子集成》,中华书局2008年12月第1版,第26-27页。

之道，其犹张弓欤？高者抑之，下者举之；有余者损之，不足者补之。”

老子用张弓射箭来比喻“天之道”和“人之道”。此章对射箭的原理描述得十分仔细，并对射箭的基本规律做了精辟的论述：高了就把它压低一点，低了就把它抬高一点，拉过了就把它放松一点，不足时，就把它拉满一点。

五、《老子》有关技术应用方面的内容

有关技术应用方面的内容，见之于《老子·第八十章》，其云：“小国寡民，使有什伯之器而不用。使民重死而不远徙。虽有舟舆，无所乘之。虽有甲兵，无所陈之。”

《老子注释》：器，器械，十百人之器，指具有十人或百人工作效能的器械。王力主编的《古代汉语》：“什，十倍，百，通佰，百倍。什佰之器，效用十倍百倍的工具。”

“器”，在《老子》的文本中一共出现12次，这个代表中国古代生产技术及其产品的汉字，在《老子》一书中使用频率之高，在先秦文献中，并不多见。由此，可窥老子对当时生产器具、器械、器物的关注。《老子》一书中，有关“器”的词语出现在如下几章。

《老子·第十一章》：“埏埴以为器，当其无，有器之用。”

《老子·第二十八章》：“朴散则为器。”

《老子·第二十九章》：“天下神器，不可为也，为者败之，执者失之。”

《老子·第三十一章》：“夫佳兵者不祥之器，物或恶之，故有道者不处。君子居则贵左，用兵则贵右。兵者不祥之器，非君子之器，不得已而用之，恬淡为上。”

《老子·第三十六章》：“国之利器，不可以示人。”

《老子·第四十一章》：“大方无隅。大器晚成。大音希声。大象无形。”

《老子·第五十七章》：“民多利器，国家滋昏。人多伎巧，奇物滋起。”

《老子·第六十七章》：“不敢为天下先故能成器长。”

《老子·第八十章》：“小国寡民，使有什伯之器而不用。使民重死而不远徙。虽有舟舆，无所乘之。虽有甲兵，无所陈之。使民复结绳而用之。甘其食，美其服，安其居，乐其俗。邻国相望，鸡犬之声相闻，民至老死不相往来。”

"器",《说文》:"皿也,象器之口。"段玉裁注:"有所盛曰器,无所盛曰械。"《老子》文本中的"为器""有器""神器""不祥之器""利器""大器""器长""什伯之器",这些与工程技术和技术生产相关的词汇的出现,是老子所处时代技术成就的真实写照。

—— 第三节 ——
老子技术思想

《老子》对科学技术问题倾注了大量的精力,贡献了关于这个问题的极富有创建性的思想。尽管《老子》所处的时代,是科技文明刚刚兴起的时代,但当时已是"人多伎巧""奇物滋起",科技进步方兴未艾、科技文明已经显露其本质。《老子》有关技术思想的论述,有助于人们全面理解科技文明的本质及其后果,对把握技术时代人的命脉,极富现实意义。

一、老子的技术观

技术实践是人类社会得以存续和发展的最基本的实践活动,是社会经济活动的基础。文化与传统、组织与协调、目的与利益、手段与方法、资源与环境构成了技术实践的基本条件。技术观是某一时期人们对技术的总体评价与认识。老子的技术观可见《老子·第二十八章》,此章云:

> 朴散则为器,圣人用之则为官长,故大制不割。

全章仅 18 字。器,即器械、器具、器物,泛指万物,故"朴散则为器",亦可言朴散而为万物。王弼注:朴,真也,真散则百行出,殊类生,若器也,圣人因其分散,故为之立官长,以善为师,不善为资,移风易俗,复使归于一也。"朴散以为器"的意思是将物质材料进行分解后,才能重新组合制造成各种器物工具。《吕氏春秋·论人》云:"故知知一,复归于朴。"高诱注:"朴,本也。"《淮南子·精神训》:"契大浑之朴。"有的学者认为:"朴,素材。"官长即百官之长,"圣人用之,则为官长。"之,指朴,此犹言圣人遵循朴的原则,从而为百官之长,以道治天下,使复归于朴。

关于"朴",《老子·第三十二章》补充说:"道常无名,朴虽小,天下莫能臣也。”《老子》强调的思想是：自然界的一切物类其本性或本质一旦丧失或被破坏之后，不论成器与否，它将不再与整个世界契合一致、融于一体，而只是纯粹的片面的工具。《老子》主张由朴为器，再由器“复归于朴”的返本复初，返朴归真的思想；是要“为器”之器回归到无人力强加妄为的自然而然的和谐状态，只有这样，才能起到作用，才能够维持其运动与发展。

老子“朴散则为器”这句话，如果反过来说，就是“器为则散朴”。器，在这里的意思就是这种器物、物质。这个朴，把它分散了，就成为器。“散”的相反就是“合”，各种各样的“器”，“合”起来就是“朴”。圣人——有道之人，“用之”的“之”是指这句“朴散则为器”。“则为官长”的“官长”，就是领导。“官长”做领导用的是什么办法？是用“朴散则为器”的这个办法。老子在这里还没有把这句话讲得十分透彻，下面补充一句“大制无割”。这个“大制无割”是什么意思？只有把“大制无割”理解了，那么上面这句话就能够进一步加深理解。

制，《说文》云：“裁也”；《增韻》云：“造也”。“大制”的反面，是“小制”。“大制无割”的反面，就是“小制必割”。《老子》所说“道生万物”的“割”是“大制”“大割”。《老子》的“道生万物”，和人们通常的认识不同，但是把“道生万物”，换一个说法，即“天地生万物”，这样就易于理解。天地生成的万事万物，就叫作“大制”。“制”，是制造、制作。天地生成万事万物，譬如人们所认识的动物、植物都是生物，还有其他的非生物等，都是天地把它们生成出来的。天地生成出的万事万物，就叫大制。天地生万物，天地做了什么？没有，它只是把它们生成出来，这个“大制”生成的过程中，并没有“割”掉什么东西，“裁”掉什么东西，只是把它完美地生成出来了，所以这称之“大制”。

用天地生万物的这个事例，就能理解“大制不割”“道生万物”。这个道把万物生成出来，它并不为了某种造物而将其他物质割掉、裁掉，只要是天地、是道，在它生万物的时候，就不会割掉什么东西。只有人在做某种东西、器物，比如桌子，椅子等，其制造过程必须把木材加以“割”之、“裁”之，乃至“割”而又“割”、锯而后砍、砍而后刨、刨尔后斫。桌椅生产制造的过程的的确确是一个“割”的过程，老子认为这个都是“小制”；而“大制”，像天地生万物，它就不“割”任何别的什么东西，生成什么就是什么。老子“大制不割”的思想是让人们好好体会天地造物的伟大，所以要“人法地，地法天，天法道，道法自然”，一层一层地学。人要领悟“道生万物”，才能达到“大制无割”的目标。

此章“圣人用之，则为官长，故大制无割”，是言圣人用这个道理来做领导、管理百姓。从老子“朴散则为器”这一句，先理解了“大制无割”，才能理解“朴散则为器”。散则为器，不是把朴“割”成器，把朴“裁”成器，而是把朴“散”成器，“割”的方法和“散”的方法不同，就在于一个是人为的，一个是自然的。“散”的方法是自然的，“朴”自然而然地散开成器，生成各种各样的物质。而圣人要做好领导，管理好国家也要用这个方法。即把百姓的万事万物，都让它们各得其所，不采取“割”的方法，而采取“散”的方法。“散”的方法就意味着自然，自然地生存，不是人为地去“割”它。把“朴”“割”成一块一块，是让“朴”自己“散”成万物，也就是生成万物，这也是“道生万物”之含义。“天地生万物”是自然的生存过程，不是人为地制造、制作过程，这是老子“大制无割”的深层含义，也是《老子》一书里其他的章节中再三强调的思想内容。

由朴散为器，到复归于朴，《老子》提出了“大制不割”的思想。制：依式剪裁、断切之意。“大制不割”犹言完美的创造和制作是不需要割制的。《周易·系辞》云：“制而用之谓之法。”孔颖达疏：“言圣人裁制其物而施用之。”制亦有造作、制作之意。《诗经·东山》：“制彼裳衣，勿士行枚。”《孟子·梁惠王上》：“可使制梃，以挞秦楚之坚甲利兵矣。”大制因物之自然，故不割，各抱其朴也已。不割者，不分彼此界限之意。大制，犹云大治；无割，犹云无治。盖无治可以使朴散复归于朴，以达大治。“大制无割”与《老子·第四十一章》中的“大方无隅，大象无形”意思相同，指的是一种精神状态，正言若反，犹“大割不割”。

《老子》提出的“大制”，是针对与其对立面的“小制”而言的。“大制”区别于“小制”，“大割”区别于“小割”。大制是指天地之万物，即所谓“天地位焉，万物育焉”，自然之制不需要割；而小制就必须要割要裁，日用之物，常用之器都是小制，小制必割。老子关于“大制”与“小制”的辩证思想，在《列子》一书中得到很好的阐述。

《列子》“说符第八”，记载如兹：[1]

> 宋人有为其君以玉为楮叶者，三年而成。锋杀茎柯，毫芒繁泽，乱之楮叶中而不可别也。此人遂以巧食宋国。子列子闻之曰：“使

---

① 《列子》“说符第八”，见（战国）列子撰，（晋）张湛注：《列子注》，载《诸子集成（第三册）》，中华书局 1954 年 12 月第 1 版，第 90 页。

天地之生物，三年而成一叶，则物之有叶者寡矣。故圣人恃道化而不恃智巧。”

唐玄宗于天宝元年（公元 742 年）诏封列子为冲虚真人，宋真宗于景德四年（公元 1007 年）加赠“至德”二字。故尊其书《冲虚至德真经》（即《列子》）。《冲虚至德真经四解》集晋代张湛注、唐代卢重玄解、宋代徽宗训、宋代范致虚解于一体。宋代高守元辑《冲虚至德真经四解》“说符”“宋人有为其君以玉为楮叶者”书影[①]，如图 2.3 所示。

褒於是知道則有違理而不以物害己者
此之謂智盡而不亂此治國之道所以在
於其身下人而惟驕矜之是去
范曰汝惟不伐乃能無以色驕人汝惟不
矜乃能無以力勝人以體道者不能進此
又況天下之理自用則小好問則裕善為
國者以賢下人未嘗以賢臨人故聰明者
竭其視聽智力者盡其謀能行賢而去自
賢之行豈容有不治者哉
宋人有為其君以玉為楮葉者三年而成鋒
殺莖柯毫芒繁澤亂之楮葉中而不可別也
此人遂以巧食宋國子列子聞之曰使天地
之生物三年而成一葉則物之有葉者寡矣
故聖人恃道化而不恃智巧
此明用功能不足以贍物因道而化則無
不周
盧曰夫斲雕為朴還淳之道也故曰善約
者不用膠漆善閉者不用關鑰是以大辯
若訥大巧若拙耳若三年成一葉與真葉
不殊豈理國全道之巧乎是以聖人恃其

图 2.3　《冲虚至德真经四解》“说符”之“宋人有为其君以玉为楮叶者”书影

“说符”所载“宋人有为其君以玉为楮叶者”，是关于“大制”与“小制”之辨的重要文献。尽管宋国巧匠历时三年，用玉石雕成树叶，放在树上，谁也分辨不出哪是真叶子、哪是假叶子。雕琢之技，使其以巧食宋国，但这样的制作，属于小制，而不是大制，用列子的话来说“使天地之生物，三年而成一叶，则物之有叶者寡矣。”可知，其玉叶之所以为小制，是因其人为，而非自然。列子是在赞美自然、谴责人为，发出“圣人恃道化而不恃智巧”的观点。所谓恃道，不恃智巧，就是要顺应自然，自然而化。强调用巧恃能，不足以雕物，因道而化，则无不周。这恰恰是大制的最好解释。

《老子》主张无上无下，无割无离的“大制”或“始制”。朴散以为器，

① （战国）列子撰，（晋）张湛注，（唐）卢重玄，（宋）范致虚解，（宋）赵佶训，（宋）高守元辑：《冲虚至德真经四解》书影，见胡道静、陈莲生、陈耀庭选辑：《道藏要籍选刊（第五册）》，上海古籍出版社 1989 年 6 月第 1 版，第 668 页。

指无名之制转入有名之制，大制即"始制有名"之始制。《老子·第三十二章》："始制有名，名亦既有，夫亦将知止，知止可以不殆。"王弼注：始制，谓朴散始为官长之时也，始制为官长，不可不言名分以定尊卑，故"始制有名"。过此以往将争锥刀之末，故曰："名亦既有、夫亦将知止也。遂任名以号物，则失治之母也，故知止所以不殆。"

按朴散则百行出，殊类生，诸器成，圣人因之而立名分职，以定尊卑，即老子所言"始制有名也。朴散真离，因器立名，锥针之利必争，则殉名忘朴，逐末忘本，圣人亟应知止而勿进，行无为之治，复无名之朴，故知止度限所以不殆也。"

始制有名，万物兴作，于是产生了各种名称。始，是指万物的开始，制作，始制有名，如《老子·二十八章》所说的"朴散则为器"。

《庄子》"齐物论"中也曾论述了"朴散以为器"的道理。"其分也，成也，其成也，毁也。凡物无成与毁，复通为一。"庄子具阐老子大义，即所谓为者，败之也，然无成固无毁，无毁亦无成。言"凡物"之意是以一物论，则有成有毁；总事物之全而观之，成亦在其中，毁亦在其中，则何成何毁。

《老子》大制不割的技术观有着十分重要的思想意义，从工程技术设计的观点来看，应有意义如下。

其一，《老子》由朴散为器，复归于朴的思想是教导人们任何器物的创造与制作，都应遵循自然，依循自然的法则。以善为师，以不善为资。这样才能达到大制不割、大割不割的目标。

其二，大制恃道化，小制恃智巧。"大制"的创造可以使既有的技术思想或既存在的物质产品，经过意义、功能、原理、构造、材料诸方面的组合变化，形成新的技术思想或新的物质产品，从而将工程技术或常见的产品再度产生出创造性、新颖性和实用性。而"大制不割""大割不割"的思维方法所涵括的组合思维、整体思维以及组合设计技巧，使人明白何为"大制"、何为"小制"，这正是科技工作者发明、革新必须遵循的指导思想。

《老子》大制与小制的特征，如表 2.3 所示。

表 2.3 《老子》大制与小制的特征

大制的特征	小制的特征
大制不割	小制必割
大割不割	小割必割

续表

大制的特征	小制的特征
大巧不割	小巧必割
大制的方法——用“散”的方法	小制的方法——用“割”的方法
大制恃道化	小制恃智巧

在科技史上,把技术思想作为一个相对独立的领域进行研究,虽然只是最近几十年的事。但以工程技术为研究对象的技术论的出现,古已有之。老子“大制不割”技术观,是老子对技术的总体评价与认识,它标志着先秦时期人们对技术的认识进入了一个新的阶段,这对促进中国古代科学技术的发展起到了十分重要的作用。

二、老子论技术发展与社会发展的关系

技术使社会发生了巨大变革,技术也成为每一时代性标志之一,在技术对人类生活产生巨大影响的同时,人们如何看待技术发展与社会发展的关系,这关乎人类的未来。老子对技术现象与技术本质,技术进步与社会发展产生过思考、追问与分析,提出了著名的“有什伯之器而不用”的思想。《老子·第八十章》中有关的论述,全文如下:

> 小国寡民,使有什伯之器而不用,使民重死而不远徙。虽有舟舆,无所乘之;虽有甲兵,无所陈之。使民复结绳而用之。甘其食,美其服,安其居,乐其俗。邻国相望,鸡犬之声相闻,民至老死不相往来。

《老子·第八十章》不仅集中地表达了老子的社会、国家的理想,更重要的是对科学技术的发展与趋势所持的态度。老子回答了人的意志能不能控制科学技术的问题。我们知道,发展科学技术并控制科技的应用一直是人类面临的严峻问题,也是人类最终的愿望。老子的观点是“小国寡民”,这点非常精辟。小邦、小国的“小”决定着、保证着国内的无为。“器”,就是机械、工具、生产工具;“什佰之器”就是机械工具,能抵十人百人做事之功。由于邦小、人少,使人不用这些。尽管这些能抵十人百人的工作效率,但也不用。因为小邦总共那么几个劳动力,还不够伺候这些机械的。由于邦小、人少,人很宝贵,故曰“重死”;“不远徙”是说根本不打算迁徙。由于邦小,有舟车也派不上用场,有甲兵也摆不下阵势,也就一概不用了。由于邦小,什么问题都可以当面解决,有语言就

行，用不着文字。要记事，用简单的办法（如“结绳”之法等）也就够了。老子的这些观点都是无为，都是为了追求“甘其食，美其服，乐其俗，安其居”的理想。

唐末杜光庭撰《道德真经广圣义》注“小国寡民，使有什伯之器而不用”，论及技术发展与社会发展的关系①，如图 2.4 所示。

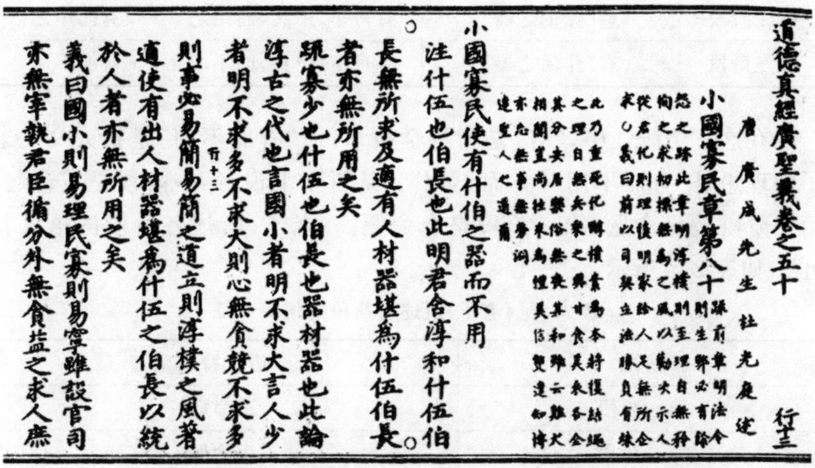

道德真經廣聖義卷之五十
唐　廣成先生杜光庭述
小國寡民章第八十
小國寡民使有什伯之器而不用
注什伍也伯長也此明君舍淳和什伍伯長無所求及適有人材器堪爲什伍伯長。者亦無所用之矣
疏寡少也什伍也伯長也器材器也此論淳古之代也言國小者明不求大言人少者明不求多不求大則心無貪競不求多則事必易簡易簡之道立則淳樸之風著適使有出人材器堪爲什伍之伯長以統於人者亦無所用之矣
義曰國小則易理民寡則易寧雖設官司亦無宰執君臣循分外無貪盜之求人庶

图 2.4　唐末杜光庭《道德真经广圣义》注“小国寡民，使有什伯之器而不用”书影

技术是推动社会进步的杠杆，老子对科学技术的发展，及人与科学的关系，充满乐观主义的态度，一部五千言的著作说到底要解决的就是人与自然协调发展、道德理想与科学技术如何结合的问题。老子深知，理想虽然如此，现实并非如此。为了在现实中实现理想，就要解决现实与理想的矛盾，使现实向理想发展。老子的理想是自然。在老子看来，现实与理想的矛盾，在于现实违反自然；解决这个矛盾，在于现实复归自然。这是《老子》的根本意向，很值得我们回味。根据这个根本意向，老子又针对现实，论述了如何促使现实复归自然。对待科学技术发展的走向，老子赞成有器，理想追求是“有什佰之器而不用”，而现实则不然。于是《老子》亦讲“器之用”，主张“无之以为用”。理想是不用舟车、不用甲兵，即有器而不用，而现实相反。于是《老子》亦讲“车之用”；更讲用兵，主张“不得已而用之”。

① （唐）杜光庭撰：《道德真经广圣义》，见胡道静、陈莲生、陈耀庭选辑：《道藏要籍选刊（第二册）》，上海古籍出版社 1989 年 6 月第 1 版，第 257 页。

《老子》中论述的“什佰之器”所代表的，犹如我们今日所称之的高科技，就是科学技术，其发展阶段有三，各阶段的特征，如表 2.4 所示。

表 2.4 《老子》所述技术发展的各阶段特征

阶段	实际情况		特征
第一阶段	无“什佰之器”	无舟车，甲兵	无
第二阶段	有“什佰之器”	有舟车、甲兵，而用之	有而用之
第三阶段	有“什佰之器”	有舟车、甲兵，而不用	有而不用

在这三个阶段中，“有”是指科学技术，而“有而不用”是指人文。老子的理想是“有而不用”“备而不用”。从哲学上说，第一阶段是正命题，第二阶段是反命题，第三阶段是合命题。《老子》所述各阶段的语义特征①，如表 2.5 所示。

表 2.5 《老子》所述各阶段的语义特征

阶段	语义特征
第一阶段	正命题
第二阶段	反命题
第三阶段	合命题

《老子》理想的目标是第三阶段的合命题，也是《老子》哲学思想的特色。它的历史意义可以从当代科学技术的研究与应用得到证明。

其一，科学技术是人类社会历史发展的产物。譬如高科技的产物，核武器、化学武器等，若以无核武器为第一阶段，则以有核武器而用之为第二阶段，以有核武器而不用为第三阶段。这三个阶段的前两个阶段中，从无到有，是人类社会认识自然规律、发展科学技术的巨大成果，有核武器，是人们了解原子能带来的不可避免的结果，是人类科学技术发展的空前成就。第三阶段是有而不用，即有核武器而不用，是人类文明的伟大胜利。这是因为核武器不是消灭所有武器的武器，而是消灭全人类的武器，有核武器的目的是最终消灭核武器，于是就有“全面禁止核试验条约”，就有“不扩散核武器条约”云云。《老子》“使有什佰之器而不用”的理想，相当于“有”核武器“而不用”的意义。

人类科技发展的历史，若以“无”为第一阶段，则以有而用之为第二

① 涂又光：《楚国哲学史》，湖北教育出版社 1995 年 7 月第 1 版，第 263-267 页。

阶段。那么要不要进入“有而不用”的第三阶段？这是《老子》启示人类的一个非常严肃的问题。“有而不用”或“备而不用”，正好回答科学家们感到的负有控制今后使用核武器的巨大责任问题。《老子》的理想是第三阶段的合命题，不是第一阶段的正命题，它体现了人的意志，控制科学技术是人类的愿望。一个是有而不用，一个是根本没有；不可混为一谈。以为《老子》的理想是第一阶段，不要科学技术、鄙视科学技术，那就大错特错了。

其二，《老子》“有而不用”的思想对今天科学的研究和应用具有指导意义。科学研究是没有止境的，但科学的应用是有禁区的。我们知道，科学研究是对客观事物规律性的探索和认识过程。科学研究从来不企求获得终极结果，它只承认和赞许永无止境的求索。科学用逻辑与概念等抽象形式的定理、定律、原理、公式反映世界；科学的任务是永不止息的探索，去揭示事物发展的客观规律，揭示客观真理；科学是关于自然、社会与思维的知识体系。

毋庸置疑，科学研究没有禁区，即不应该有研究的禁区。但是，科学成果的应用就大不相同了，科学成果的应用有禁区。譬如现代原子能技术，可以用于原子能发电、辐射育种、射线治癌，也可用来制造原子弹、氢弹。《老子》有而不用的思想是将科学造福人类，而不准把原子能用于制造核武器，要禁止使用并且销毁一切核武器。同样，在生物科学研究方面，人类研究发现了许多有益微生物发生、发展与变化的规律，并用于工农业生产造福人类，但这些科学成果也可用来制造杀人的生物武器、细菌武器等。有而不用的思想就是要划定这样一个禁区，不准任何人、任何国家，把病菌及有害生物用于制造生物武器。

科学技术研究无禁区，应用则有禁区。当科学技术的应用危及人民、危及社会、危及生态、危及人类社会的安全、文明与进步之时，这种应用就应该禁止了。这是《老子》提出的“有而不用”思想的现代解释，是科学家应该承担的学术责任和历史责任。

三、老子论技术现象与技术哲学

技术的本体，只能是技术的本身。技术思想则是对技术的系统化、条理化所产生的观念，是在一定的技术观指导下的理性认知过程的结晶，是可以用语言、文字明确表达的理论形态。《老子》一书通过精简概括的文字，表达出对技术现象与技术本质的看法。

在《老子》一书的八十一章中，全章论及机械制造、制陶与建筑工程相关的三大民用技术是第十一章，这一章多用比喻，涉及车辆、制器、建筑等工程技术。老子以“车”“器”“室”为例，说明“有无相生”“有无相资”的辩证法，即宇宙是一个整体，但不是一个单纯的整体，它是由无数个对立统一的矛盾所组成。老子的这些论述，代表了其技术思想的精华。

《老子・第十一章》的全文如下：

三十辐共一毂，当其无，有车之用。埏埴以为器，当其无，有器之用。凿户牖以为室，当其无，有室之用。故有之以为利，无之以为用。

《老子・第十一章》中，老子首先以“制车”技术为例，对车辆制造技术的现象与技术本质进行分析，提出：担当引重致远的车轮中，车毂是车辆运行不止的关键所在，而车毂却是中空无物，正因为车毂的中心是“空”的，车轴才得以从孔中穿过，起到受力的作用，保证车辆的运转。辐是车轮上连接车毂和轮圈的支柱。“三十辐共一毂”是指车毂外共有三十根支柱辐辏，而外包一个大圆圈，构成一个内外圆圈的车轮。由车轴连接双轮，就是古代车辆的主要结构。当车轮在运转的时候，每转一圈，三十根辐条都要有受力作用，循环受载，运行不止。这三十根辐条，都很重要，是一个整体，它们共同完成转动，但支持三十轮辐的中心即车毂与车轴的连接孔，却是空的，既不偏向支持任何一根车辐，也不偏向任何一根车辐的方向，正因为如此，车辆才能运行不止，才“有车之用”。这也是车毂无用之用的大用、无为而无不为的要妙。

其次，对制陶技术的现象与技术本质进行了分析，“埏埴以为器，当其无，有器之用。”埏，就是捏土；埴，是黏土。制作陶器，须将陶土加工成器皿的形状，使其中间空虚。有了器皿中空虚的地方，才有器皿之用。

《老子・第十一章》最后，对建筑技术的现象与技术本质进行了分析，“凿户牖以为室，当其无，有室之用”，户是室内的门，牖是窗窦，要建造房屋，必须开辟门窗，以便光线空气的流通，有了四壁门窗中空虚的地方，才有房屋的作用。

唐末杜光庭撰《道德真经广圣义》注“三十辐共一毂，当其无，有车之用”“埏埴以为器，当其无，有器之用”[①]，论及《老子》技术现象与技术哲

---

① （唐）杜光庭：《道德真经广圣义》书影，见胡道静、陈莲生、陈耀庭选辑：《道藏要籍选刊（第二册）》，上海古籍出版社 1989 年 6 月第 1 版，第 64 页。

学，如图 2.5 所示。

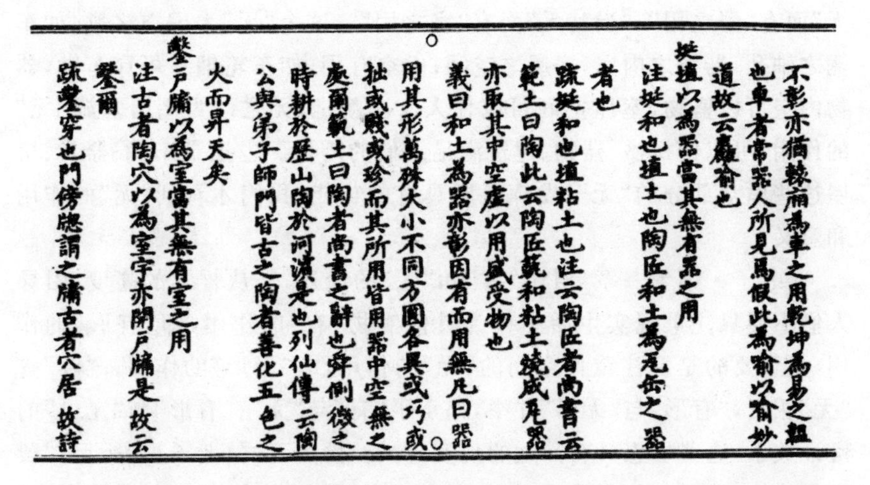
不彰亦猶轂輻爲車之用乾坤爲易之緼
也車者常器人所見焉假此爲喻以喻妙
道故云轂喻也
埏埴以爲器當其無有器之用
注埏和也埴土也陶匠和土爲瓦缶之器
者也
疏埏和也埴粘土也注云陶匠者尚書云
範土曰陶此云陶匠範和粘土燒成瓦器
亦取其中空虛以用盛受物也
義曰和土爲器亦彰因有而用無凡曰器
○用其形萬殊大小不同方圓各異或巧或○
拙或賤或珍而其所用皆用器中空無之
處爾範土曰陶者尚書之辭也舜側微之
時耕於歷山陶於河濱是也列仙傳云陶
公與弟子師門皆古之陶者善化五色之
火而昇天矣
鑿戶牖以爲室當其無有室之用
注古者陶穴以爲室宇亦開戶牖是故云
鑿爾
疏鑿穿也門傍牕謂之牖古者穴居 故詩

图 2.5　唐末杜光庭《道德真经广圣义》注“埏埴以为器，当其无，有器之用”书影

《老子》所论“三十辐共一毂”，是车辆制造技术；“埏埴以为器”，是陶器制造技术；“凿户牖以为室”，是建筑工程技术，这些工程技术是制造的关键。施工部分是“有”，中空的部分是“无”，工程技术人员从设计到施工，注重施工部分，也就是说，工程施工与制造过程中人们通常注意“有”的作用，这是“为学”的第一步。《老子》更进一步，否定了对施工制造的注重，进一步注重中空部分，指出只有在中空部分，才有“车之用”“器之用”“室之用”。因此，而不能忽略“无”的作用，“有”的作用，是通过“无”来实现的。这就是“为道”。《老子》认为施工部分有利，中空部分有用，两部分统一而不可分开，也就是《老子》第二章所说的“有无相生”，“有”和“无”“异名同谓”。

《老子》重“无”的思想，是对机械设计思想及方法的重大贡献。事实上，无论车辆、器物、房屋，人们所直接使用的都是它的空间部分，即所指称的“无”。车辆技术的关键在车轮，车轮的关键在于车毂，而车毂若无轴孔，则轮轴无法安装，车辆不能运行。器皿的作用在于盛物，而盛物装的多少取决于其内部空间及其大小。房屋的作用乃是如此，发挥房屋功能的关键，仍然是空间，就是“无”。只不过“无”的这种作用不容易为人们所觉察罢了。恰如魏源（1794—1857 年）所云：“‘有之以为利、无之以为用’，非不知‘有’、‘无’之不可离，然以‘有’之为利天下知之，而‘无’之为用天下不知。”

《老子》提出的“有”和“无”，以及相应的“利”和“用”是相互依存，互为前提的辩证关系。《老子·第十一章》“当其无”,而有“车之用”,“当其无”而有“器之用”,“当其无”而有“室之用”。这个“无”为虚空之意,如车辆之轴孔,器物之内空,房屋之空间;虚空有用,如车轮轴孔可穿车轴,器物内空可以盛物,室屋空间可以住人。这就是“无之以为用”,强调“无”的作用,可以使机械、器物、建筑满足人们的需要。也正是车辆、器具、房屋这些虚空部分的“无”,发挥了所具有的功能,我们才看到“无”的作用和意义。

《老子·第十一章》对于“有”和“无”的论述,是从哲学的高度,引导人们不要只注重现实生活中作为具体实物“有”的作用,即“有形”的作用,更重要的是要注重作空间的“无”的作用,即“无形”的作用。“有”与“无”相资,“有形”与“无形”并举,揭示了“有”与“无”、“有形”与“无形”的辩证关系,这些思想具有深远的现实意义。恰如王弼《老子注》所云:“毂所以能统三十辐者,无也。以其无,能受物之故,故能以(实)寡统众也。木埴壁所以成三者,而皆以无为用也,言无者,有之所以为利,皆赖无以为用也。”

《老子》一书论及古代科学技术、技术现象与技术哲学等,尽管没有具体的科学技术与工程设计的文字,但老子对科学理论与工程技术的思考与认识,俱为切要之论。《老子·第十一章》对古代科学技术现象与本质的论述,充满哲学与智慧,亘贯古今。其思想和方法对工程技术的设计,都是千古不移的至理。

四、《老子》论技术方法

人类的生存和发展,离不开认识自然和改造自然。方法问题正是人们获取认识和开展技术活动的重要手段。技术比科学有更古老而悠久的历史。技术方法,是指人们在从事科学技术研究活动中的途径、办法、手段、程序和行为方式,它是一切有目的的行为的产物。无论在什么时候、什么情况下,要想达到预定的目的,都不应只解决提出任务的问题,更重要的是要解决实现任务的方法问题。

在科学技术领域,人们为了探索未知的自然规律,实施任何技术工程,要运用一定的研究方法和技术方法。《老子》一书,不仅论及了古代工程技术方面的内容、技术思想,而且还提出了“图难”与“为大”的技术方法。“图难于其易,为大于其细”就是提醒人们处理任何事情,譬如进行工程技术设计及其他创作之时,须先从细易处着手,而面临细易的事情，却不可掉以轻心，须持“难之”的慎重态度，细心为之。

《老子·第六十三章》论及技术方法，全文如兹：

> 为无为，事无为，味无为。大小多少，报怨以德。图难于其易，为大于其细。天下难事，必作于易；天下大事，必作于细。是以圣人终不为大，故能成其大。夫轻诺必寡信，多易必多难。是以圣人犹难之，故终无难矣。

此章《老子》虽提出“图难”“为大”，但细读全文，益知此章重在论述“难之”和“贵小”的思想，值得反复品味。《老子》一书多处论及“大小”“难易”，而此章中：“图难于其易，为大于其细。天下难事，必作于易；天下大事，必作于细。是以圣人终不为大，故能成其大。”集中地刻画两者关联的哲理。《韩非子·喻老》：“有形之类，大必起于小。行久之物，族必起于少。故曰：天下难事作于易，天下大事必作于细。是以欲制物者，于其细也。故曰：图难于其易也，为大于其细也。”王先慎曰：族，众也。《老子·第六十四章》：“九层之台，起于累土”，“千里之行，起于足下”，亦即此意，谓大由于小，多出于少。高亨云：“大小者，大其小也。小以为大也。多少者，多其少也，少以为多也。视星星之火，谓将燎原，涓涓之泉，谓将漂邑。”

“图难于其易，为大于其细”中的“图”有谋划、思考之意，是一种思维过程。老子之言，是谓欲攻克其难者，必先成其易者。欲要完成大者，必先作好小者。《老子》认为大与小、难与易是一回事。大以小为基，难以易为基。从老子的认识论来看，大的存在是以小的存在为前提，难的存在以易的存在为前提。这个思想对于科技思维和工程设计颇具指导意义。

其一，要解决“大图”与“小图”的问题，对于“大图”而言，就要先易而后难，对于“小图”而言，就是先难而后易。如同我们经常说的“在战略上藐视敌人，在战术上重视敌人”。即在战略上，以一当十，这就是“大图”，而在战术上，以十当一，这就是“小图”。战略上的“大图”表现出一种豪情，一种气概，反映了人文精神；战术上的“小图”则表现严谨认真的科学精神，讲究实践。恰如魏源《老子本义》“论老子”之三所云：图难于易，故终无难。

其二，意味着见微知著。古今机械的发明与制造，莫不如此。细微的个别事件，必与一般事件相关，一般只能通过个别存在。

其三，“为大于其细”意味着察微预后，事物发展有其自身的历程，由小到大，从少到多。《老子·第六十四章》:“合抱之木，生于毫末，九层之台，起于累土。”人们可以从当前细微的现象来预测今后的大事。老子再三告诫人们“天下大事，必作于细”，即做任何大事，无论何等的工程设计与制造，都是以小事、细小事为基础。譬如机械制造，有赖于千万个参数和数据的检测和无数次试验。倘若某一细节出现问题，即使是机械密封圈或线路的焊点失误，都可能导致整个计划的失败。随着人们对自然界的认识，以及对微观世界研究的深入，越是大的工程，细微之处更显重要。《老子》关于“为大必作于细”的思想更具启迪作用。“为大于其细”正是一切工程技术与机械设计的出发点。

任何科学技术活动使用的方法，都是主客观一致的结晶。方法问题，不言而喻，成了验证主观与客观一致性的最有效的尺码。老子认为“是以圣人终不为大，故能成其大”，“圣人”始终不做大事，才能完成大事。这句话蕴涵深奥的哲理。《老子·第十七章》又说:“太上，下知有之。其次，亲而誉之；其次，畏之；其次，侮之。信不足，焉有不信焉！悠兮其贵言。功成事遂，百姓谓我自然。”这是对“图难”“为大”的补充。贵小并非贬大，并非不为大。大是目的，为小是手段、是做法。恰如工程技术、机械制造，目的“为大”，具体设计步骤“必作于细”。

任何科学技术的方法，无论形式如何，都产生于科学技术的认识和实践过程，每一次科学理论与实践上的重大突破，都伴随着科学方法和方法论上的重大实践与创新。老子所论技术方法，对中国古代科学技术的实践与创新，具有重要意义。

五、老子生态环境思想

《老子》生态环境思想是老子技术思想的重要组成部分，环境一词，指的是人类生存的空间及其能够直接或是间接影响人类生存、发展的各种影响因素，环境显然具有鲜明的属人性质。与环境不同的是，生态则是影响人与自然因素的综合性概念，更为重视自然的整体概念，在生态概念中，人类并不是自然的中心。生态环境(ecological environment)是“由生态关系组成的环境”的简称，是指与人类密切相关的，影响人类生活和生产活动的各种自然(包括人工干预下形成的第二自然)力量(物质和能量)或作用的总和。[①] 生态环境思想及哲学是研究和修养“天人合一”的精神境界的学问。没有生态环境思想及哲学,则环境科学是盲目的;没有生态环境科学,则生态环境思想及哲学是空洞的。《老子·第七十九章》说:“天道无亲,常与善人。”老子对生态环境、“天人关系”的思考甚多,提出了极为丰富的生态环境思想,关乎人与自然和谐发展,关乎老子技术思想及科学技术的进步,《老子》一书,彰往而察来,为后人留下了宝贵的精神遗产。

(一)道法自然

以老子为代表的道家哲学思想是中国古代生态环境思想的基础。宋濂《诸子辨》认为,“道家宗黄老,黄帝书已不传,而老聃亦仅有此五千言。”“聃书所言,大抵歛守退藏,不为物先,而一返于自然。由其所该者甚广,故后世多尊之行之。”[②]“老子所贵道,虚无,因应变化于无为”,[③]可见老子的思想在“不为物先”“一返于自然”“应变化于无为”。《老子·第二十五章》提出的“道法自然”思想,是《老子》的特色,也是《老子》生态环境思想的精华,而道家区别于儒家、法家,乃至于诸子百家的关键,皆系于此。

唐末杜光庭撰《道德真经广圣义》注“人法地,地法天,天法道,道法自然”[④],书影如图 2.6 所示。

《老子》的最高观念,比“道”更进一步,主张“道法自然”,以为“自然”比“道”更高。[⑤]《老子》论述“道法自然”的全文是:“有物混成,先天地生。寂兮寥兮,独立而不改,周行而不殆,可以为天地母。吾不知其名,强字之曰道,强为之名曰大。大曰逝,逝曰远,远曰反。故道大,天大,地大,人亦大。域中有四大,而人居其一焉。人法地,地法天,天法道,道法自然。”“道”在“道法自然”这句话中,指的是主观世界。《老子》“道法自然”

---

① 穆艳杰、韩哲:《环境正义与生态正义之辨》,《中国地质大学学报(社会科学版)》2021年第21卷第4期,第6-15页。

② 《诸子辩》“老子”,见(明)宋濂、顾颉刚标点:《诸子辨》,朴社出版社 1937 年第1版。又见(明)宋濂著,黄灵庚编校:《宋濂全集》,人民文学出版社 2014 年 6 月第1版,第 1897 页。

③ 《史记·老庄申韩列传》传论,见(汉)司马迁撰,(南朝宋)裴骃集解,(唐)司马贞索隐,(唐)张守节正义:《史记》,中华书局 1959 年 9 月第1版,第 2156 页。

④ (唐)杜光庭撰:《道德真经广圣义》卷二十一书影,见胡道静、陈莲生、陈耀庭选辑:《道藏要籍选刊(第二册)》,上海古籍出版社 1989 年 6 月第1版,第 110 页。

⑤ 《楚国哲学的根本特色》,见涂又光:《涂又光文存》,华中科技大学出版社 2009 年 12 月第1版,第 114 页。

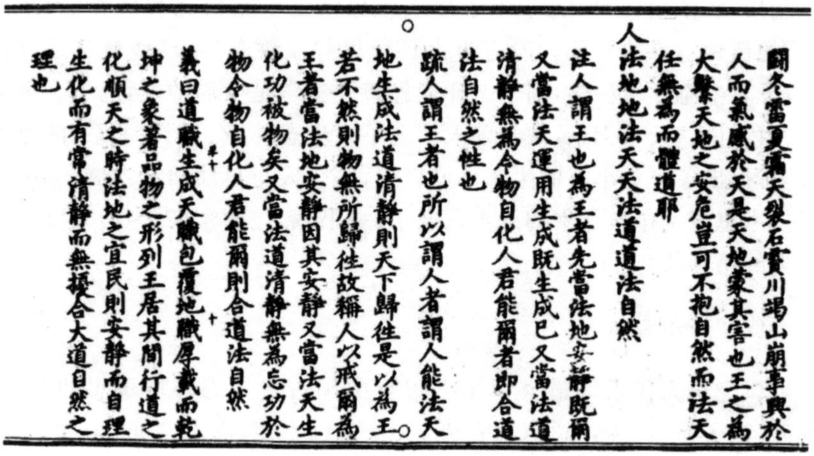

鬭冬雷夏霜天裂石霣川竭山崩事興於
人而氣感於天是天地蒙其害也王之為
大繫天地之安危豈可不抱自然而法天
任無為而體道耶
人法地地法天天法道道法自然
注人謂王也為王者先當法地安靜既爾
又當法天運用生成既生成已又當法道
清靜無為令物自化人君能爾者即合道
法自然之性也
疏人謂王者也所以謂人者謂人能法天
地生成法道清靜則天下歸往是以為王○
若不然則物無所歸往故稱人以戒爾為
王者當法地安靜因其安靜又當法天生
化功被物矣又當法道清靜無為忘功於
物令物自化人君能爾則合道法自然
義曰道職生成天職包覆地職厚載而乾
坤之象著品物之形列王居其間行道之
化順天之時法地之宜民則安靜而自理
生化而有常清靜而無撓合大道自然之
理也

图 2.6　唐末杜光庭《道德真经广圣义》对“道法自然”的注述

的“自然”，不是自然界之自然，更不是英文的“nature”或“natural world”，英语中找不到一个词与《老子》“道法自然”的“自然”相对译，如真要译成英语，只能是意译：用 self-so，或 self-being-so，或者更简单，就用汉语拼音：zi-ran。

《老子》之“自然”，虽仅二字，但为一个句式，“自然”是一主谓词组，其主词是“自”，其谓词是“然”。“自然”之意，就是自己如此。“自然”这个词组指客观世界，“法”字表示主观世界与客观世界的关系，即主观世界以客观世界为法。万物都是自己如此，所以用“自然”指万物组成的客观世界。“法”字作为动词，有模仿、遵照的意思。如王弼《老子注》所云：“法自然者，在方而法方，在圆而法圆，于自然无所违也。”

《老子》“道法自然”这一思想，不是一个孤立性的论题，它关系到老子形而上的根本问题——“道”与“万物”的关系，直接涉及老子哲学中最重要的一个概念“道”和另一个重要概念“自然”。涂又光先生在《楚国哲学史》一书中认为：“道法自然”这句话有两层意思：其一，道由模仿自然而来，回答了道的来源问题；其二，道遵照万物之自然，回答了道的规定问题。

王弼《老子·二十五章注》：“自然者，无称之言，穷极之辞也。”老子论说“自然”，秉要执本。首先，《老子》一书中，“自”字共使用 33 次。其哲学思想，以“自”为本。“自然”一词，在《老子》一书中共出现了 5 次：《老子·第十七章》“功成事遂，百姓皆谓：我自然”；《老子·第二十三章》“希言自然”；《老子·第二十五章》“人法地，地法天，天法道，道法自然”。

《老子·第五十一章》“道之尊，德之贵，夫莫之命而常自然”；即万物“莫之命而常自然”；《老子·第六十四章》“以辅万物之自然而不敢为”。同时，老子亦讲自化、自宾、自均。《老子·第三十七章》“万物将自化”，《老子·第三十二章》“万物将自宾”，《老子·第三十二章》“民莫之令而自均”。自化、自宾、自均，都是“自然”。

《老子·第五十七章》进一步论说，“故圣人云：我无为而民自化，我好静而民自正，我无事而民自富，我无欲而民自朴。”《老子·第三十七章》“天下将自定。”“天下”就是社会，“圣人”代表国家。社会、国家作为集体，其意义在于实现民自化、民自正、民自富、民自朴。好静，无事，无欲，都是无为；自化，自正，自富，自朴，也都是“自然”。总之是以“自”为本，是圣人无为而民“自然”，而圣人无为是圣人之“自然”。

生态环境是人类赖以生存和发展的基础，宇宙万物，包括人，无论黎民百姓或贤哲圣人，都是自己如此，因为万物的实际存在，都是一个一个的个体存在。种类亦然。如物种，其实际存在，都是此物种一个一个的个体存在。如人类，其实际存在，都是一个一个的个体存在。每个存在，都是一个“自”。每个存在的状态和变化，都是“自然”。“社会、国家，作为集体，其意义在于实现民自化、民自正、民自富、民自朴。”简而言之，集体的意义在于实现个体。这是《老子》的主张，是道家思想的精髓。

先秦典籍中“自然”一语，始见于《老子》，大见于道家著作之中。《庄子》凡 8 见，《列子》凡 6 见；亦见于《楚辞》的屈原《远游》之中，凡 1 见。儒家经典十三经中，《周易》《周礼》《论语》《孟子》等虽有“自”字，但无一提及“自然”。先秦儒家经典著作中唯《荀子》凡 2 见。涂又光先生认为：“自然”的文化意义，就是以“自”为本。

宇宙万物本是一个物质的世界，生命的诞生与人类的进化是宇宙万物物质运动的结果；人类的出现最终实现了宇宙的物质世界向精神世界的飞跃。人类(human)是人的总称，有了人，乃有宇宙之中主观和客观两个世界。而两个世界的关系，老子认为是主观世界“法”客观世界。既然主观世界“应当”法客观世界，则客观世界是第一性的，主观世界是第二性的。既然主观世界“能够”法客观世界，则主观世界体现人的主观能动性，使人不同于禽兽。既然宇宙万物(包括人)都是自己如此，都是以自为本，集体的意义是实现个体，则文化应以自为本，以个体为本，哲学形上学应以殊相为本。这些论断，是“道法自然”一语的意蕴，是《老子》哲学思想的特色和精华。

司马迁《史记·老庄申韩列传》载"老子修道德，其学以自隐无名为务"，"以其修道而养寿"，在传论中，太史公曰："老子所贵道，虚无，因应变化于无为，故著书辞称微妙难识"，并称"老子深远"之叹。确实，老子其书，详言"自然"，详论"顺自然而行""合自然之智""以自然为性"，[①]更言"不自生"(见《老子·第七章》)，"不自见""不自是""不自伐""不自矜"(见《老子·二十二章》)。老子主张"自然"，又强调"自胜"。如《老子·第二十二章》所述："不自见，故明；不自是，故彰；不自伐，故有功；不自矜，故长。"《老子·三十三章》更言"自胜者强""强行者有志"。孔子倡导"非礼勿视、非礼勿听、非礼勿言、非礼勿动"的"克己"，"己"是特殊，"克己"其真正含义就是正确对待自己，就是克制自我的私欲，恰如今天常说的"战胜自我"。"仲尼曰：古也有志，克己复礼，仁也"；《论语·里仁》提出"见贤思齐焉，见不贤而内自省"的"自省"；《论语·卫灵公》提出"自厚"，这些实乃《老子》"自胜""不自生"之余绪，"皆原于道德之意"。[②]"自胜"就是"克己"，是"复礼""为仁"的主体活动。没有"自胜"，就没有中国数千年的环境生态实践，就没有人与自然和谐发展的生态环境思想及其理论。

(二)天人关系是老子生态环境思想的核心

人类既然能够在宇宙中存在，在地球上生存，在天地之间生活，就应该思考宇宙的发展历程、宇宙结构，关注宇宙的由来和走向，关注人与自然和谐发展。毫无疑问，这种思考，不仅是亘古及今的哲学命题，而且对生态环境的认识及其哲学思想，恰恰要取决于人们认识宇宙的深度。固然，保护宇宙是人类力所不能及的事情，但是保护地球是人类应该做的，是人类能够做的，也是人类必须做的。涂又光先生认为：老子的生态环境哲学思想，其中心在于论天人关系。[③]

老子划时代的贡献就在于《老子·第二十五章》所描述的天人结构，即宇宙结构——"人法地，地法天，天法道，道法自然"，这是老子作出的理性创造：增加一个"道"，提出了道、天、地、人"域中"的"四大"之说。这

---

① 《史记·老子韩非列传》，见(汉)司马迁撰，(南宋)裴骃集解，(唐)司马贞索隐，(唐)张守节正义：《史记》，中华书局 1959 年 9 月第 1 版，第 2156 页。

② 涂又光：《楚国哲学史》，湖北教育出版社 1995 年 7 月第 1 版，第 18-19 页。

③ 《环境哲学》，见涂又光：《涂又光文存》，华中科技大学出版社 2009 年 12 月第 1 版，第 260-262 页。

与《周易》中“有天道焉，有人道焉，有地道焉”的天、地、人“三才”之道，董仲舒《春秋繁露》中的天、地、人合一的“三才”结构理论，《春秋纬》中“天皇、地皇、人皇”的“三皇”传说，形成鲜明的对比。

《老子》五千言，篇幅不长，论述精辟，意义丰富，思想深邃，古今为之注解者，不知凡几，其中以战国韩非最早，以魏晋王弼（226—249年）影响最大。王弼《老子注》“第二十五章”云：“法谓法则也。人不违地，乃得全安，法地也。地不违天，乃得全载，法天也。天不违道，乃得全覆，法道也。道不违自然，乃得其性‘法自然也’。法自然者，在方而法方，在圆而法圆，于自然无所违也。自然者，无称之言，穷极之辞也。用智不及无知，而形魄不及精象，精象不及无形，有仪不及无仪，故转相法也。道（顺）“法”自然，天故资焉。天法于道，地故则焉，地法于天，人故象焉。‘王’所以为主，其（一）‘主’之者（主）‘一’也。”

王弼《老子注》，14512字，对《老子·第二十五章》天人结构的注解，“言简意深”，“真得老子之学”。[①]

唐玄宗（685—762年）“旁求宏硕，讲道艺文”，[②]在《御制道德真经疏》对《老子·第二十五章》“道法自然”的疏中写道：“道法自然，言道之为法自然，非复仿自然也。若如惑者之难，以道法效法于自然，是则域中有五大，非四大也。”《御制道德真经疏》的全文是：“故道大、天大、地大、王亦大，域中有四大，而王居其一焉。人法地，地法天，天法道，道法自然。”唐玄宗疏：“云而王居其一者，王为人灵之首，有道则万物被其德，无道则天地蒙其害，故特标而王居一，欲令法道自然。”

在《御制道德真经疏》序言里，唐玄宗强调：“道者，德之体；德者，道之用也。”“然体、用之名，可散也；体、用之实，不可散也。故经曰‘同出而异名，同谓之玄’，语其出则分而为二，咨其同则混而为一，故曰可散而不可散也。”散就是分开。

唐玄宗认为，不可将“自然”理解为与“道”“天”“地”“王”的词类相同的名词，否则有“五大”，不是“四大”，与经文不合。他意识到，“自然”不是一个名词——《老子》称为“名”，而是一句话——《老子》称为“言”；即自己如此。涂又光先生在《中国高等教育史论》中认为：这是一个真正的

① （魏）王弼注：《老子注·下篇》，载《诸子集成（第三册）》，中华书局1954年10月第1版，第47-49页。

② 《旧唐书·卷九本纪第九：玄宗李隆基下》，见（后晋）刘昫：《旧唐书》，中华书局1975年5月第1版。

发现，是唐玄宗“实由精通《老子》之道士臣僚共同参议而成”“亦间采旧解或时议”的一个重要成果。元代吴澄在《道德真经注》中注此，亦云：“道之所以大，以其自然，故曰法自然，非道之外别有自然也。自然者，无有无名是也。”老子生态环境思想的核心是“道法自然”，《老子》文本对“道法自然”的注解，王弼注本《老子·第五十四章》是：“以身观身，以家观家，以乡观乡，以邦观邦，以天下观天下。吾何以知天下然哉？以此。”而帛书本《老子·五十四章》为：“以身观身，以家观家，以乡观乡，以邦观邦，以天下观天下。吾何以知天下之然哉？以此。”显然，帛书本比王弼注本，多出一个“之”字，使文本更符合认识论的原理。老子“以此”而“知天下之然”，“此”就是“以身观身”等五语。“以身观身，以家观家，以乡观乡，以邦观邦，以天下观天下”的意义，并不在于按世界本来面目认识世界，而在于指明何以能够按世界本来面目认识世界。[①]

《老子·第二十五章》以“道法自然”为特色的宇宙结构论，“人法地，地法天，天法道，道法自然”，其中各项，以“法”字循序，串联起来。此章的“法”字，为“仿效”“效法”之意。各项逐层仿效，使这个宇宙结构“混而为一”，于是达到天人合一。

《老子》生态环境思想是讨论天人合一的学问。宇宙万物进化的历史表明：人类是生态系统中的一员，脱离了宇宙的人类，脱离了宇宙的生命，都是一种空谈。人与宇宙的关系是永恒的，也就是说只要人类存在，不论过去、现在和将来都必然要依赖于宇宙，离开宇宙就没有人类社会的一切。

人类可以认识规律，但也必须尊重规律，这样人类的文明才会最终得以延续。在《老子》一书中，尽管老子并没有将“天人合一”四字表达成为一个词，但“天人合一”的思想，确实源于《老子》。特别是“天人合一”中的“一”字，《老子》一书之中，共计出现 17 次，其中“一”的妙用，如《老子》第三十九章所说：“天得一以清，地得一以宁，神得一以灵，谷得一以盈，万物得一以生，侯王得一以为天下贞。其致之。”“天无以清将恐裂，地无以宁将恐废，神无以灵将恐歇，谷无以盈将恐竭，万物无以生将恐灭，侯王无以正将恐蹶。”“恐裂”“恐废”“恐歇”“恐竭”“恐灭”“恐蹶”，《老子》所载这“六恐”表明，早在两千五百多年前的老子，就已强烈地意识到

---

① 《中国高等教育史论》，见涂又光：《中国高等教育史论》，华中科技大学出版社 2014 年 7 月版，第 128-132 页。

环境的污染、生态的恶化将对人与自然和谐发展构成严峻挑战。

《老子》认为：天地万物，各得于一。只要得"一"，则宇宙万物达到最佳状态，否则同归于尽，一切毁灭。人类面对的生态环境问题，形势正是如此。处理生态环境问题必须"得一"，这个"一"表现在人的精神状态上，就是天人合一的境界，所以《老子·第二十二章》说"圣人抱一为天下式"。生态环境思想及哲学并不为人们提供关于生态环境的实证知识，提供这种知识是生态环境科学的事情；环境哲学使人修养对待生态环境的精神境界，这种境界的内容就是天人合一。

今天的地球因为有了人类，就不仅是生态星球，同时还是一颗文明星球。《老子·第四十八章》提出的"为学日益，为道日损"，对于理解和掌握生态环境科学与生态环境思想及其区别和联系，具有认识论上的指导意义。毋庸置疑，天人合一的精神境界，是无差别的境界。这种境界的精神，若用科学知识的标准看，不是一种知识，而是一种经验、一种体悟。不是科学知识，当然不可能有科学的效用，但是确有另一种效用：使人得到安心立命之地，以天人合一为方向，促进环境科学技术正确解决环境问题。要达到并且常驻天人合一的精神境界，有种种方法，大致分为负的方法和正的方法。负的方法是"损"，损之又损，以至于无差别。《老子·第四十二章》"物或损之而益，或益之而损"，对于通过万物相生相克规律的运用以实现生态平衡，具有本体论上的指导意义。[①]

要而言之，生态环境思想及其哲学的核心是其形上学。环境的本体是天人合一体，环境思想及其哲学的本体论是天人合一论。专就事物而言，合一于天；专就认识而言，合一于人；再就事物与认识的统一而言，还是天人合一。

涂又光先生认为："天人合一"是老子生态环境思想及其哲学的总出发点。"天"与"人"这两个名词的定义，就是天包括人，人蕴涵天，所以说天人合一。从天人合一出发，老子生态环境思想及其哲学得出结论：宇宙万物，包括人，都是宇宙全体中的平等成员；只要存在，都作为"存在者"成为平等成员，成员资格只此一条，别无附加，例如有无生命之类。这条宇宙万物平等的原则，简称"大平等"原则，是生态环境思想及其哲学最高原则。从理智上理解万物平等，从感情上感受万物平等，从意志

---

① 《老子的环境哲学思想》，见涂又光：《涂又光文存》，华中科技大学出版社 2009 年 12 月第 1 版，第 260-262 页。

上坚持万物平等，以至在生活中体现大平等原则，这就是修养天人合一的精神境界。[①]

在《楚国哲学史》一书的“引论”中，涂又光先生论述楚人以“自”为本时再三强调，“楚国哲学的中心问题是天人关系，楚人的哲学世界观是个体本位的天人合一。”[②]他指出：人的存在，都是一个一个的个体，这个个体，就是他的“自”。人的个体，是自然的存在，而有超自然的愿望。人的自然存在，无论在空间上、时间上，都很有限。人有超自然的愿望，要求在空间上、时间上，进入无限。人的血肉之躯，不可能进入无限。人的精神状态，则可能进入无限，就是自觉个体与宇宙合一，也就是自觉天人合一。宇宙无限，若个体自觉与宇宙合一，也就自觉同其无限。个体的精神状态，只能与血肉之躯同存，仍是有限。但只要一息尚存，便能自觉天人合一，进入无限。一旦自觉这个合一，则这种天人合一之感，不仅比平常客观实在之感更为实在，而且更为深刻，因为更为自觉。这种天人合一的精神状态，可以使人从一切局限（包括时空局限）解放出来，把个体全部能量释放出来。关于《庄子》中的“至人”“神人”“圣人”“真人”，至人、神人、圣人见《庄子·逍遥游》，真人见《庄子·大宗师》《庄子·天下》。尚见他篇，兹不枚举，都自觉天人合一，而进入无限。在这里，哲学的任务，就是指明个体本来与宇宙合一，指明个体如何自觉这个合一。[③]

涂又光先生旗帜鲜明地指出，楚人“天人合一的哲学世界观”，“自觉天人合一”。在《楚国哲学史》一书中的凡3见，是理解《老子》哲学思想的关键。“自觉天人合一”的思想，是有限的血肉之躯与无限的精神愿望的统一，前者是殊相，后者是共相。因此，天人合一就是一种殊相和共相的统一。不过，这种统一毕竟体现在有限的血肉之躯上，是个体的一种自觉或哲学世界观，因而是一种新的个体。涂又光先生借用黑格尔（1770—1831年）的“正、反、合”术语解释说，神话世界观是个体本位的“正”，宗教世界观是个体本位的“反”，哲学世界观是个体本位的“合”。作为“正”的个体本位是原始的和自在自发的，因而是一种较低的精神境

① 《环境哲学》，见涂又光：《涂又光文存》，华中科技大学出版社2009年12月第1版，第257-259页。

② 涂又光先生在《楚国哲学史》一书中解释：个体本位，是我们现在的用词，若用楚人当时的用词，是以“自”为本。从粥子的“自长”“自短”（见《列子·力命》），到老子的“自然”“自化”（见《老子》第二十五章，第五十七章），庄子的“自本自根”（见《庄子·大宗师》），都是以自为本。见涂又光：《楚国哲学史》，湖北教育出版社1995年7月第1版。

③ 涂又光：《楚国哲学史》，湖北教育出版社1995年7月第1版，第18页。

界;作为“合”的个体本位是后得的和自觉自为的,因而是一种较高的精神境界。[①]

（三）老子关于利用资源、改善和保护环境的思想

从人类早期起,“技术”就已经是人类生活的四个环境因素之一(其余为宇宙、自然和社会环境),并且在很大程度上改变了几千年的社会面貌。几千年来,科学和技术形成了各自的传统。人类拥有智慧,拥有思维,但这也无法改变人类不过是庞大生物链中的一个环节这一事实,茫茫宇宙中,人类是渺小的,滥用宇宙赋予人类的智慧去破坏生态,最终将遭到人类所在宇宙无情的报复。

人类社会的发展,都是走在科学技术进步的大道上的,尤其是20世纪以来科学技术的快速发展和广泛应用,有效地改变了人类生活的面貌和水平,极大地推动了人类社会的发展,但也产生了一系列有害于人类生存与发展的负面效应,如环境污染、能源枯竭等。因此,如何合理消除技术的负面影响成为当代科技发展的重大战略问题。面对现时代的技术困境,老子的技术思想日益显现出巨大的理论和现实意义。

在如何合理地利用资源,改善和保护环境的问题上,老子对先秦古代科学技术发展的经验、教训进行了认真的反思,提出了“莫若啬”“唯啬”的思想,颇具现实意义。

老子关于利用资源、改善和保护环境的思想见之于《老子·第五十九章》,此章提出了“治人事天莫若啬”的至理名言。此章的全文如下:

> 治人事天莫若啬。夫唯啬,是谓早服。早服谓之重积德,重积德则无不克,无不克则莫知其极。莫知其极,可以有国。有国之母,可以长久。是谓深根固蒂,长生久视之道。

“治人事天莫若啬”是谓:治理人民,当用天道,顺四时;治国者当爱惜民财,不为奢泰;治身者当爱惜精气,不为放逸。“莫若”,犹莫过也。《老子》的思想在解决人类社会与自然关系的重大问题上,无论是具体处理人的问题(即社会关系问题)、还是天的问题(即自然界的问题),以及天人关系问题(即环境问题),没有比“啬”更好的了。

啬,《说文》本作嗇,爱濇也,从来从㐭。来者,㐭而藏之,故田夫谓之啬夫。《玉篇》爱也,悭贪也。清代段玉裁《说文解字注》:啬者,多入而少

---

① 陈晓平:《涂又光先生的道儒情怀》,《湛江师范学院学报》2013年第4期,第21-25页。

出，如田夫之务蓋藏，故以来亩会意。《康熙字典》："《老子·道德经》〈注〉：啬者，有余不尽用之意。"《韩非子·解老》："圣人之用神也静，静则少费，少费之谓啬。"《新唐书·崔衍传》："居十年，啬用度，府库充衍。"明代张居正《寿襄王殿下序》："夫神不可以骛用，啬之则凝；福不可以骤享，啬之则永。""我啬也夫，吾告子以啬而已。"《史记·货殖列传》："然其赢得过当，愈于纤啬，家致富数千金。"啬，节省、节俭之意；吝啬，就是俭过了头。

人们经常提到的勤俭，包括执行厉行节约、反对浪费这样一个勤俭建国的方针，即是生产要勤、消费要俭。老子之学，谦冲俭啬；《老子》一书，没有连着说勤俭，只突出俭，以俭为"持而保之"的"三宝"之一。这是老子利用资源、改善和保护环境思想的特色之一。

对于科技的发展及其应用，《老子》的思想不仅如其第八十章所言"民有什佰之器而不用"，即有而不用、备而不用，更重要的是提出了"啬"的思想与方法。中国历来提倡"俭"，《史记·萧相国世家》："后世贤，师吾俭；不贤毋为势家所夺。"反映勤俭持家、谨慎节约的态度，钦若师俭；俭过了头便是"啬"。而且，中国的文化通常是"勤俭"二字连着说，"居备勤俭""工巧勤俭""治家勤俭"，意谓生产要勤、消费要俭。勤劳节俭被视为中华民族的传家之宝。

但是，《老子》不然，不连着说"勤俭"，只单独说"俭"，意谓消费要俭、生产也要俭，"双料"的俭，就是"治人事天莫若啬"的"啬"了。

《老子》的意思是，不只是要俭，而且还要俭过头，要啬；消费、生产都要啬，乃至"啬者，无所不啬也"。"夫唯啬，是谓早服。早服谓之重积德。"唯有啬，则能先得天道，先得天道，是谓重积德于己。"夫唯啬"，才"可以长久，是谓深根、固蒂、长生、久视之道"，唯有如此，才足以保证可持续发展和生态的平衡。那种崇尚豪华、以奢为乐、以廉为悲、铺张浪费的作风，那种疯狂牟利而刺激消费和生产的行为，不过是当代人提前透支、超支资源，剥夺子孙后代的生存条件的野蛮行径，这早已受到《老子》的坚决反对。

《老子》主张"啬"，但并不反对人们的基本需求和满足需求的能力，极力赞扬"甘其食，美其服，安其居"（第八十章），不是把这些也"啬"掉。在满足现有一代的需求而不损害子孙后代满足自己需要的前提下，《老子》强调"知足"。《老子》认为"知足者富""知足不辱""祸莫大于不知足""故知足之足长足矣"。这样，就有助于把当代幸福与后代幸福统一起来，统一放在可持续发展的基础之上。

综观人类社会发展的历史进程，科学技术的进步，曾有力地推动了人类社会经济的发展，却不意让人类付出了环境和资源的沉重代价，使科学技术的持续发展难以为继。《老子》提出“啬”的思想与方法，对于解决这个发展过程中遇到的难题，找到了一种理想的、有效的办法。《老子》“治人事天莫若啬”的论述，其特指资源、环境与人类生存的关系，事关人类生存与可持续发展，它体现了中国人的智慧；体现了用理性和道德的眼光同等地看待人和社会、人和自然，从而实现人和自然的可持续发展。老子的这些论述，文约义精，是一份珍贵的文化资源。[①]

六、结语

在先秦文献中，系统论述技术思想者，自老子始，《老子》经文，如日月经天，江河行地；寥寥五千余字，希言自然，囊括乾坤；可谓字约而易思、论简而意深。继之《墨子》《庄子》等，承风汲流，穷理尽性，标新而立异，异曲而同工，乃至斯道至密至精，极大地丰富了中国的科学技术思想。《老子》对天地、道德、社会，特别是对科学技术的思考及其思想，折射出那个时代中国哲人对科学技术及其发展的认识，这些思想冠绝古今，使《老子》遂为千古科技思想之祖，闪烁着中国文化与科学技术的光华。

英国科学史家李约瑟对“道家思想中科学的（或原始科学的）成分”十分重视，在其所著 *Science & Civilization in China*，即《中国科学技术史・第二卷：科学思想史》的“道家与道教”一章中，他说：“由于道家哲学

---

① 刘克明：《中国技术思想研究：古代机械设计与方法》，“儒道释博士论文丛书”，巴蜀书社 2004 年 11 月第 1 版，第 99-119 页。

家强调自然，在适当的时候，他们一定会从纯粹的观察转向实验。”①

毋庸置疑，技术的本体是技术的自身，技术思想是对技术理论、技术体系等方面所作的形上学的思考，是对技术的最高、最终的觉悟。《老子·第七十章》云：“吾言甚而知，甚易行。天下莫能知、莫能行。言有宗，事有君，夫唯无知，是以不我知，知我者希，则我者贵，是以圣人被褐怀玉。”这些论述是有启发意义的。

固然，《老子》不能直接解决科学技术、工程制造中的具体问题和技术问题，即不能解决物质的问题。但《老子》的思想可以解决工程技术人员的思想问题，提高人们的精神境界。工程技术的创新能力和工作能力与一般的生产要素不同，它蕴藏在工程技术人员的头脑之中，只有提高设计者的精神境界才能产生强大的生产力，发挥出人的巨大的创新积极性和能力。《老子》以其卓绝千古之识，论辩技术之得失，明确地给人们指出了前进的方向，它不仅可以提升人的精神境界，而且可以指导人们的实践，指导生产和科学的发展，促进社会的进步，这也是《老子》技术思想给后人最为重要的精神财富，也是其对现当代的贡献。或许，这也是今天为什么还要讨论与研究其技术思想的原因。

主要参考文献

[1] 涂又光. 楚国哲学史[M]. 武汉：湖北教育出版社，1995.

[2] 王弼. 老子注[M]//诸子集成：第三册. 北京：中华书局，1954.

[3] 魏源. 老子本议[M]//诸子集成：第三册. 北京：中华书局，1954.

[4] 高明. 帛书老子校注[M]//新编诸子集成：第一辑. 北京：中华书

① （英）李约瑟在 *Science & Civilization in China*, Volume 2, *History of Scientific Thought*, 10. the Tao Chia (Taoists) and Taoism 中指出：“由于道家哲学家强调自然，在适当的时候，他们一定会从纯粹的观察转向实验。”他认为：道家的修炼服食，是“纯道家的原始科学”。他说：了解了道家的修炼服食，“我们就会了解这种转变的由来，也可以看出药物学和医学，皆滥觞于道教。”而且，李约瑟在注文中写道：“The Tao Te Ching has been translated into nearly all living languages; in the library of my friend the late Mr J, van Manen at Calcutta I counted more than thirty. The words of Duyvendak (5) about the ‘host of dilettantes who have preyed on its text in order to make it say what best suited them-selves’ are to be borne in mind; whether the gresent interpretation is another such subjective approach, or something more, must be left to further investigation and research.”意即：“《道德经》几乎译成了世界各种通用的语言；故友 J. Van Manen 在 Caleutta 的图书馆就有三十种以上的《老子》，请记住戴文达（Duyvendak）的话：‘有很多爱好老子而无甚研究的人，往往借老子之酒杯浇自己的块垒。’我们对老子的解释是否也是这种情形，有待读者进一步之研究。”

局,1996.
[5] 涂又光.楚国哲学史[M].武汉:湖北教育出版社,1995.
[6] 朱谦之.老子校释[M]//新编诸子集成:第一辑.北京:中华书局,1984.
[7] 涂又光.涂又光文存[M].武汉:华中科技大学出版社,2009.
[8] Joseph Needham. Science & Civilization in China Volume 2[M]. London:Cambridge University Press,1956.
[9] 刘克明.中国技术思想研究:古代机械设计与方法[M].成都:巴蜀书社,2004.

第三章

墨子技术思想

《墨子》是先秦时期诸子当中独具特色的著作，是当时墨子及其后学共同创作的结晶，也是集墨家学派思想大成之作。墨子不同于诸子，他不仅是一位思想家、教育家、军事家，而且是一位卓有成就的科学家，并亲自参加工程技术的设计与施工。他的突出成就是创立了几何学、物理学、光学、图学等学科系统的科学理论。《墨子》一书，蕴含着墨家深邃的技术思想。

第一节 墨子其人其书

先秦学派之学术，以儒墨二家为最盛，直至战国之末，儒墨并为世之显学。《韩非子·显学》云:"世之显学,儒、墨也。"[①]《吕氏春秋》卷二"仲春纪"之"当染"载墨子为"举天下之显荣者","从属弥众,弟子弥丰,充满天下",并称:"孔墨之后学,显荣于天下者众矣,不可胜数。"[②]《淮南子·泰族训》称:"墨子服役者百八十人,皆可使赴火蹈刃,死不还踵。"[③]其学派之盛,徒属之众,可略见一斑。明初宋濂《诸子辩》称:"墨者,强本节用之术也。"[④]

一、墨子在楚

关于墨子,前人或说是宋人,或说是鲁人。说是鲁人者,又或说是鲁国人,或说是鲁阳人。其实,墨子自称北方人,如《吕氏春秋·爱类》说,墨子"见荆王曰:臣北方之鄙人也";别人亦称墨子为北方人,《渚宫旧事》说,"书记楚中故事人物,取郢都南渚宫以为名",[⑤]其卷二载,"鲁阳文君言于王曰:墨子,北方贤圣人。"[⑥]墨子是北方人无疑,但墨子有关工程技术、有关机械设计内容与活动,却是在楚。墨子游楚,可考者有两次:一次入郢,止楚惠王攻宋;一次到鲁阳,止鲁阳文君攻郑。

《墨子·公输》详细记载了墨子同公输盘、楚惠王的辩论,止楚攻宋。此事流传甚广,其故事又见之于《战国策·宋卫策》《吕氏春秋·爱类》《淮南子·修务训》。《艺文类聚》卷八八、《太平御览》卷三三六均引《尸子》所记此事。[⑦]

《墨子·贵义》云:"子墨子南游于楚,见楚献惠王",但楚无"献惠王",故孙诒让(1848—1908年)《墨子闲诂》按:"疑故书本作'献书惠王',传写脱'书',存'献',校者又更易上下文以就之耳。"所疑甚是。《文选》

---

① 《韩非子·显学》,见(战国)韩非撰,(清)王先慎著:《韩非子集解》,载《诸子集成(第五册)》,中华书局1954年12月第1版,第351页。

② 《吕氏春秋·爱类》,见(秦)吕不韦等编纂,高诱注:《吕氏春秋》,载《诸子集成(第六册)》,中华书局1954年12月第1版,第20-21页。

③ 《淮南子·泰族训》,见(西汉)刘安等著,高诱注:《淮南子》,载《诸子集成(第七册)》,中华书局1954年12月第1版,第357页。

④ (明)宋濂、顾颉刚标点:《诸子辨》,朴社出版社1937年第1版。又见(明)宋濂著,黄灵庚编校:《宋濂全集》,人民文学出版社2014年6月第1版,第1904页。

⑤ 《渚宫旧事》"校补《渚宫旧事》序",见(唐)余知古:《渚宫旧事》,载《丛书集成初编》第3175册,中华书局1983年8月第1版,第1页。

⑥ 《渚宫旧事·卷二》,第3175册,见(唐)余知古:《渚宫旧事》,载《丛书集成初编》第3175册,中华书局1983年8月第1版,第24页。

⑦ 涂又光:《楚国哲学史》,湖北教育出版社1995年7月第1版,第314-315页。

卷三十谢玄晖《和伏武昌登孙权故城一首》“良书限闻见”，李善注：“《墨子》曰：墨子献书惠王，王受而读之，曰：良书也。”于是李善引本作“献书惠王”。唐文宗时余知古编写《渚宫旧事》，其卷二记“墨子至郢，献书于惠王”事甚详，他所根据的《墨子》可见亦作“献书于惠王”。《文选》李善注和《渚宫旧事》均证明唐时《墨子》作“献书惠王”。钱穆《先秦诸子系年》“墨子止楚攻宋考”云：“余谓墨子止楚攻宋，与其献书惠王，盖一时事。”[①]此外，《墨子·鲁问》篇末所记墨子与公输子在楚的三段对话，亦皆此时。[②]

《墨子·鲁问》载：“鲁阳文君将攻郑，子墨子闻而止之”，于是到楚国鲁阳。此篇有墨子与鲁阳文君的五段对话，《墨子·耕柱》篇中，亦有墨子论“大国之攻小国”的两段对话。

墨子在楚的有关技术及其思想的言论，就在上述对话之中。若没有这些对话及其“公输盘九攻、墨子九拒之事”，也就无法全面讨论墨子的技术思想。

二、《墨子》其书

墨子和墨子学派的总集是《墨子》。《四库全书总目》中《墨子》云：

> 旧本题宋墨翟撰。考《汉书·艺文志》，《墨子》七十一篇，注曰名翟，宋大夫。《隋书·经籍志》亦曰宋大夫墨翟撰。然其书中多称子墨子，则门人之言，非所自著。又诸书多称墨子名翟，因树屋书影则曰墨子姓翟，母梦乌而生，因名之曰乌，以墨为道。今以姓为名，以墨为姓，是老子当姓老耶？其说不著所出，未足为据也。宋《馆阁书目》称《墨子》十五卷六十一篇，此本篇数与《汉志》合，卷数与《馆阁书目》合。惟七十一篇之中仅佚节用下第二十二，节葬上第二十三，节葬中第二十四，明鬼上第二十九，明鬼下第三十，非乐中第三十三，非乐下第三十四，非儒上第三十八，凡八篇，尚存六十三篇，与《馆阁书目》不合。陈振孙《书录解题》又称有一本止存十三篇者，今不可见。或后人以两本相校，互有存亡，增入二篇欤？抑传写者讹以六十三为六十一也。墨家者流，史罕著录，盖以孟子所辟，无人肯

---

① 钱穆著：《先秦诸子系年(上)》，中华书局 1985 年 10 月第 1 版，第 139-140 页。

② (清)孙诒让：《墨子闲诂》，载《诸子集成(第四册)》，中华书局 1954 年第 12 月第 1 版，第 291-292 页。

居其名。然佛氏之教，其清净取诸老，其慈悲则取诸墨。韩愈《送浮屠文畅序》，称儒名墨行，墨名儒行。以佛为墨，盖得其真。而读《墨子》一篇，乃称墨必用孔，孔必用墨。开后人三教归一之说，未为笃论。特在彼法之中，能自啬其身，而时时利济于物，亦有足以自立者。故其教得列于九流，而其书亦至今不泯耳。第五十二篇以下，皆兵家言，其文古奥，或不可句读，与全书为不类。疑因五十一篇言公输盘九攻、墨子九拒之事，其徒因采摭其术，附记其末。观其称弟子禽滑厘等三百人已持守固之器在宋城上，是能传其术之征矣。①

今本《墨子》十五卷。《汉书·艺文志》录《墨子》七十一篇。《隋书·经籍志》有《墨子》十五卷、目一卷。《新唐书·经籍志》言十五卷，宋中《兴阁书目》，载十五卷六十三篇。毕沅（1730—1797 年）《墨子叙》说："宋亡九篇，为六十一篇，见《中兴阁书目》，实六十三篇。后又亡十篇，即今本也。本存道藏中，缺宋讳字，知即宋本。"②

《四库全书总目》子部"杂家类"认为："衰周之季，百氏争鸣。立说著书，各为流品。《汉志》所列备矣。或其学不传，后无所述；或其名不美，人不肯居；故绝续不同，不能一概著录。后人株守旧文，于是墨家仅《墨子》、《晏子》二书，名家仅《公孙龙子》、《尹文子》、《人物志》三书，纵横家仅《鬼谷子》一书，亦别立标题，自为支派，此拘泥门目之过也。""杂家类"并称："杂之义广，无所不包。班固所谓合儒、墨，兼名、法也。变而得宜，于例为善。今从其说，以立说者谓之杂学，辨证者谓之杂考，议论而兼叙述者谓之杂说，旁究物理、胪陈纤琐者，谓之杂品，类辑旧文，涂兼众轨者谓之杂纂，合刻诸书、不名一体者谓之杂编"，将《墨子》列入"杂家类"之首。《明活字本墨子》书影③，如图 3.1 所示。

《墨子》自《亲士》至《杂守》凡七十一篇，与《汉书》《隋书》相合，内阙有题者八篇，无题者十篇，仅余五十三篇。除《经上》《经下》《经说上》《经说下》《大取》《小取》等六篇为墨子后学所作，其他大抵是墨子弟子记录墨子言论和行事，墨子从事工程设计与制造工艺，以及他与弟子们讨论

---

① 《四库全书总目提要》卷一百一十七，子部二十七，杂家类一《墨子》，见（清）永瑢等：《四库全书总目》，中华书局 1965 年 6 月第 1 版，第 1006 页。

② 《墨子叙》，见（清）毕沅校注，吴旭民校点：《墨子》，上海古籍出版社 2014 年 6 月第 1 版，第 1 页。

③ （战国）墨翟著，（明）陆稳校，（清）黄丕烈校并跋：《明活字本墨子》，嘉靖三十一年，芝城铜活字蓝印本，载《国学基本典籍丛刊》，国家图书馆出版社 2018 年 5 月第 1 版，第一册第 14 页，第二册第 27 页。

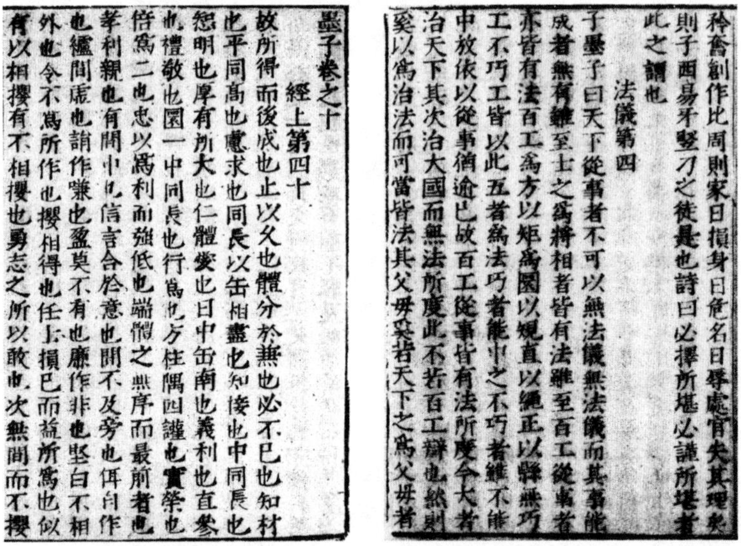

矜奮創作比周則家日損身日危名日辱處官失其理矣
則子西易牙豎刁之徒是也詩曰必擇所堪必謹所堪者
此之謂也
法儀第四
子墨子曰天下從事者不可以無法儀無法儀而其事能
成者無有雖至士之爲將相者皆有法雖至百工從事者
亦皆有法百工爲方以矩爲圓以規直以繩正以縣無巧
工不巧工皆以此五者爲法巧者能中之不巧者雖不能
中放依以從事猶逾已故百工從事皆有法所度今大者
治天下其次治大國而無法所度此不若百工辯也然則
奚以爲治法而可當皆法其父母奚若天下之爲父母者

墨子卷之十
經上第四十
故所得而後成也止以久也體分於兼也必不已也知材
也平同高也慮求也同長以缶相盡也知接也中同長也
恕明也厚有所大也仁體愛也日中缶南也義利也直參
也禮敬也圜一中同長也行爲也方柱隅四讙也實榮也
倍爲二也忠以爲利而強低也端體之無序而最前者也
孝利親也有閒中也信言合於意也閒不及旁也佴自作
也纑閒虛也諂作嗛也盈莫不有也廉作非也堅白不相
外也令不爲所作也攖相得也任士損己而益所爲也似
有以相攖有不相攖也勇志之所以敢也次無閒而不攖

图 3.1 《明活字本墨子(卷之十)》,明代嘉靖三十一年芝城铜活字蓝印本书影

技术,诸如机械、建筑、兵工方面原理的言论,大都载于《墨子》一书之中。

—— 第二节 ——
《墨子》中有关工程技术、机械制造方面的记载及其成果

《墨子》一书,翔实记载了先秦时期的工程技术、有关机械制造的实况,表现了古代中国在技术设计和制造工艺方面的水平,墨子及其学派创造出一系列的科学理论与工艺技术,诸如力学、机械原理、强度、刚度、加工精度、表面质量、材料性能、各种表面加工方法、刮磨技术等;并能设计制造结构复杂的重型军用机械,这在中国乃至世界技术史上可谓首屈一指。清人俞樾(1821—1907 年)在为孙诒让"覃思十年,略通其谊,凡所发正,咸具于注"的《墨子闲诂》所作"墨子序"中,曾对墨学作了精辟的论述,他认为,"墨子维兼爱,是以尚用。维尚用,是以非攻。维非攻,是以讲求备御之法。近世西学中,光学、重学,或言皆出于墨子,然则其备梯、

备突、备穴诸法，或即泰西机器之权舆乎。”[①]这是对墨家思想的总结，也是墨子及其门生弟子重视机械设计与制造工艺的原因。《墨子》中有关技术、制造方面的记载及其设计成果见“城守诸篇”。

一、《墨子》城守诸篇中的技术内容

《墨子》一书是周秦诸子中唯一涉及自然科学之力学、光学、几何学、图学，工程技术之机械、冶铸、建筑、军事技术的科技专著。清代自乾嘉时期起，对《墨子》的校注取得了重大进展，毕沅《墨子注》，遍览唐宋类书古今传注所引，正其伪谬、匡正脱失，于其古字古言，通以声韵训故之原，使许多疑问豁然得解。唯《墨子·备城门》诸篇，载及军事技术，因其“在今日实为已陈刍狗”，[②]且“其文古奥，或不可句读，与全书为不类”，[③]研究之人不多，自孙诒让《墨子闲诂》以来，仅有岑仲勉（1886—1961年）《墨子城守各篇简注》，论其先秦守拒之方、御敌之备。郑杰文《二十世纪墨学研究》言：“墨家军事学研究是二十世纪墨学研究较薄弱的环节。”[④]

《汉书·艺文志》录“兵权谋”十三部著作，存有《吴孙子兵法》八十二篇、图九卷。《艺文志》言：“权谋者，以正守国，以奇用兵，先谋而后战。兼形势，包阴阳，用技巧也。”内容涉及治国用兵、决策与实战之关系，以及用兵的战略战术诸方面问题，甚至包括阴阳五行之运用等，实际上包含了兵家诸家的内容，具有综合性的特点。考之《墨子》城守诸篇，诸多方面亦多有与上述内容相关。

《汉书·艺文志》言“兵技巧”之特点为：“习手足，便器械，积机关，以立攻守之胜也。”[⑤]“习手足”是军事技能的训练，“便器械”为兵器的练习

---

① （清）孙诒让：《墨子闲诂》，载《诸子集成（第四册）》，中华书局1954年第12月第1版，第2页。

② 岑仲勉：《墨子城守各篇简注》，见《新编诸子集成（第一辑）》，中华书局1958年6月第1版，第5页。

③ 《四库全书总目提要》卷一百十七，子部二十七，杂家类一《墨子》，见（清）永瑢等：《四库全书总目提要》，中华书局1965年6月第1版，第1006页。

④ 郑杰文：《20世纪墨学研究史》，清华大学出版社2002年11月第1版。作者论述道：随着相关文物的发现，学者们据此做出了重要的考证与研究。如罗振玉（1866—1940年）、王国维（1877—1927年）的《流沙坠简》，当代有陈直（1901—1980年）《墨子·备城门》等篇与《居延汉简》、李学勤（1933—2019年）《云梦秦简与〈墨子·备城门〉诸篇》，初师宾《汉边塞守御器备考略》等。

⑤ 《汉书·艺文志：兵技巧》，见（汉）班固撰，（唐）颜师古注：《汉书》，中华书局1962年6月第1版，第1762页。

与运用,“积机关”则为攻守器具的准备(包括运用),全是与军事作战实际有关的技能训练与器具的运用。《墨子》城守各篇,其中虽有大部分内容是谈“技巧”,但也不乏古代军事学尤其是军事工程学、防御军事学等内容。这与墨家作为战国时期“显学”这一学术派别特征有关。将它与《孙子兵法》等其他兵家著作相参照,可以明显看出二者的关联性。

《备城门》诸篇,载有春秋战国之际城上、地面、地下的防守兵器。这些兵器、器械是墨翟在前人实践基础上以及立体型的城守之战中,通过自己研究和实验,“深谋备御”创制而出。这不仅在当时,就是在以后整个冷兵器时代,都是守城作战效益最显著的先进兵器。其中转射机、藉车、连弩车、渠答是其中最突出的几种。

二、《墨子》中机械技术方面的内容

简单机械是人类最初发明的机械,如尖劈、杠杆、轮轴、斜面与螺旋等。过去一般多叫它们为生产工具,不称机械。其实若就近年以来给机械下的定义来看,它们都应当归入机械之内。有人认为它们的构造过于简单,且不做工时,似乎只有一件,和前边所说的定义不合。但是细加分析,任何简单机械,当用它做工时,总是有另一件配合它。不但杠杆必须有一个支点或转轴,就是尖劈,当工作时,都可以想象使被劈物体的一边离开是人们要达到的目的,被劈物体的另一边,刚好起着配合尖劈完成它的功用的作用,同时又有一定力量和运动的关系。所以在构造上虽说是很简单,但原理上分析则都是机械。它们的特点是被人类最早发明,构造上特别简单。后来的多数复杂机械,多包含着它们的一种或几种作为构成部分。

(一)《墨子》中有关简单机械——杠杆的应用

杠杆也是发明最早应用很普遍的一种简单机械。有的是直接加以利用,有的是同其他简单机械组织在一起共同完成一项工作。当人类已知道用粗笨的石刀石斧的时候,可能早已知道利用木棒或木杆了——因为这类东西是更容易得到、更容易加工。但是木制的工具不容易保存很长的时间,所以古老的木制工具没有遗留下来。甚至新石器时代石刀石斧等的木柄也没有遗留下来,凡有孔的石刀石斧等,当时绝大多数都是有木柄的。这些木柄在工作时都起着杠杆的作用。当时有两种杠杆最为重要:一种是桔槔,一种是衡器。

1. 颉皋

颉皋，即桔槔，《墨子》一书中凡 5 见，载《备城门》《备穴》诸篇。

《墨子・备城门》称“城上之备”，有“渠谵、藉车、行栈、行楼、到、颉皋、连梃、长斧、长椎、长兹、距、飞冲、县梁（孙诒让《墨子闲诂》“县”下疑阙“梁”字，今补）、批屈。”等。颉皋为守城之器。

《墨子・备穴》有“以颉皋冲之，疾鼓橐熏之”，并载：“为颉皋，必以坚材为夫，以利斧施之，命有力者三人用颉皋冲之，灌以不洁十余石。”

《墨子・备穴》还记述了其制作结构，“颉皋为两夫，而旁貍亓植，而数钩亓两端。”（孙诒让《墨子闲诂》“数钩”义难通，亓，即其字）

又，《墨子・备城门》：“为薪皋，二围，长四尺半，必有潔。”孙诒让《墨子闲诂》认为：“薪皋”疑即前“颉皋”之“颉”；“必有潔”，疑即前“颉皋”之“皋”，颉皋的结构是杠杆。《墨子》简述了制作杠杆的方法，“两夫”是指一杆的两端，“植”是柱的意思，用以把杆支承起来，于其两端着钩。《墨子・备穴》：“为颉皋，必以坚材为夫，以利斧施之”，抛石机在技术上的直接起源就是桔槔。

2. 转射机

转射机，一种安装在城上的远距离的发射武器，《墨子・备城门》载：

> 转射机，机长六尺，貍一尺。两材合而为之辒，辒长二尺，中凿夫之为道臂，臂长至桓。二十步一，令善射者佐，一人皆勿离。

由兹可知，转射机为重型武器，由于发射时要承受较大的反作用力，所以要将机身埋入土中，并用两根大木材做成车辊，以保持机身的稳定。“中凿夫为道臂”，岑仲勉校作“通臂”，这是说在车辐正中凿两个孔，用以插入通臂，并使之伸直至墙垣。二十步安置一台转射机，由一名熟练的射手控制，并配备一名助手。

《墨子・备城门》里记载的是转射机大致的结构和使用方法。“貍”通埋。发射箭矢时，机有反力，故须埋入土中一尺深。“辒”为限定，使之稳固的意思，令其不致摇摆，故合两材为之，摇摆则发射时很难瞄准。“夫”是露出的部分，“中凿夫之”即是说在露出部分的中点凿孔，插入通臂，臂长伸至城垣，以减小其反力。“善射之者”意为善射者主之。

3. 藉车

藉车，一种远距离的抛石机，桔槔与抛石机在技术上是有共性的。关于抛车、抛石机，在火药发明之前，这类机械的功用是将石块抛掷到敌方；火药发明后，它又用于将火球、燃烧弹一类物体抛掷至敌方。被抛的石块在空中飞行时会发声，故又称为“霹雳车”。

《墨子·备城门》篇中多次记载这种武器，如“城上之备”，“藉车”为首。其部署“城上三十步一藉车”，“城上二十步一藉车”，“寇闉池来，为作水甬，深四尺，坚慕狸之。十尺一，覆以瓦而待令。以木大围长二尺四分而早凿之，置炭火其中合慕之，而以藉车投之。”等等。

《墨子》中有关藉车制作及其结构，记载最为详细，文字如下：

> 诸藉车皆铁什，藉车之柱长七尺，亓貍者四尺。夫长三丈以上至三丈五尺。马颊（投掷石块等器物的套环）长二尺八寸。试藉车之力而为之困（支柱），失（孙诒让《墨子闲诂》“失”当为“夫”）四之三在上。藉车夫长三丈，四之三在上。马颊在三分中。马颊长二尺八寸，夫长二十四尺以下不用。治困以大车轮。藉车桓长丈二尺半。诸藉车皆铁什，复（孙诒让《墨子闲诂》“复”疑为“后”之误）车者（车后的助手）在之。

由此可知，藉车的主要部件是柱、夫、马颊。柱埋入地下四尺。夫有四分之三在上，则埋入地下约八尺，夫露出土面二丈多，马颊装在夫上。困，是限定的意思。藉车采用“夫”之弹力向城下投掷损害敌人的物品。Robin D. S. Yates 在“Siege Engines and Late Zhou Military Technology”一文中，探讨了藉车具体结构[①]，如图 3.2 所示。

（二）《墨子》中有关滑车与辘轳的应用

滑车这一种简单机械，在原理上可以说是由杠杆变化而来。由滑车发展出辘轳、双辘轳、轮轴、绞车、滑车和复式滑车等，其发明的时间也很早，应用也相当普遍。

明人罗颀辑著《物原》一书，载有“史佚始作辘轳”。史佚是周代初年的史官，“始作”，指在公元前 1100 年左右就发明了辘轳。[②] 其次是春秋时期，滑车与辘轳的应用见云梯，《墨子·备梯》中记载：“子墨子曰：问云梯之守耶？云梯者，重器也，亓动移甚难。”孙诒让《墨子闲诂》引唐代杜佑（735—812 年）《通典》卷第一百六十、兵十三之“攻城战具”载：“以大木为床，下置六轮，上立双牙，牙有检梯，节长丈二尺；有四桄，桄相去三尺，

---

① Robin D. S. Yates：*Siege Engines and Late Zhou Military Technology*，见李国豪：《中国科技史探索》，上海古籍出版社 1982 年版，第 417 页。

② （明）罗颀辑著：《物原》一卷，见王云五主编：《丛书集成初编》，商务印书馆 1937 年第 1 版。

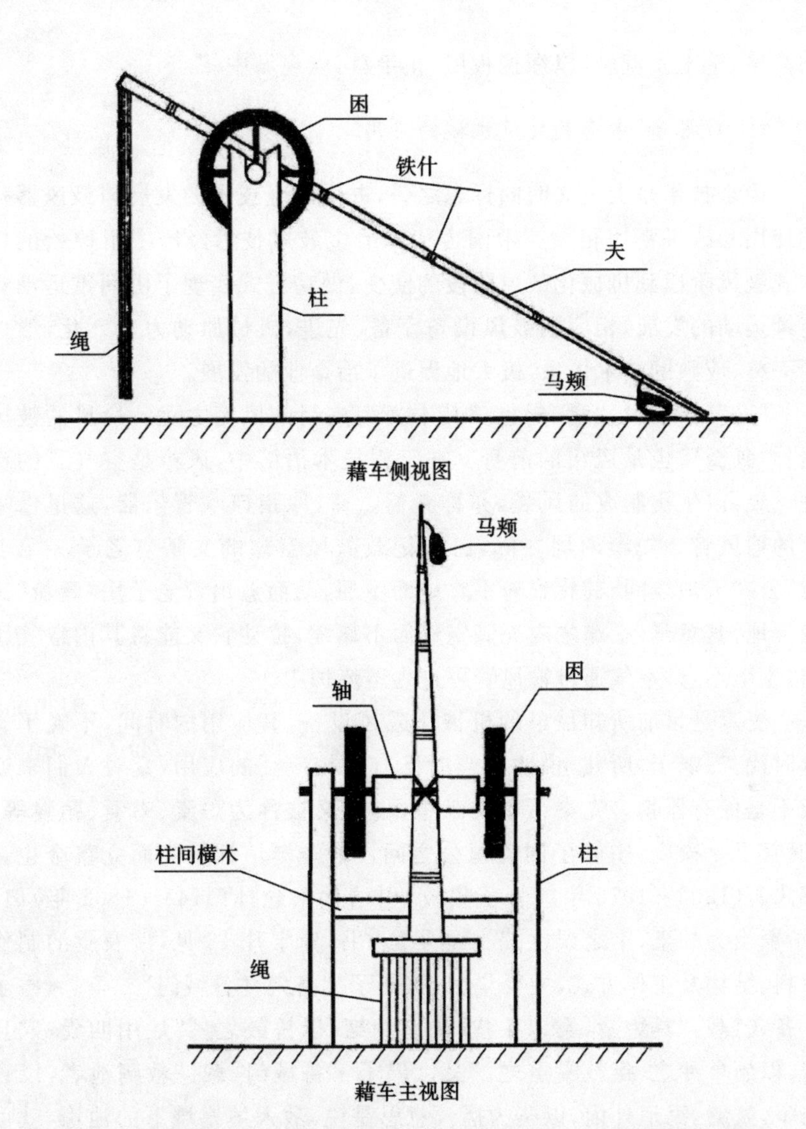

图 3.2 李国豪《中国科技史探索》中 Robin D. S. Yates 所绘藉车结构图

势微曲，递互相检，飞于云间，以窥城中。有上城梯，首冠双辘轳，枕城而上。谓之‘飞云梯’。”①辘轳就是滑车，是云梯中的重要部分。桄为梯子上的横木；栝为机栝，把梯子接长。云梯为何人首创，未能考证，但墨子对云梯的结构、性能、尺寸记载，甚为翔实。

此外，攻城尚有轩车，辘轳为其部件。“攻城战具”有：“以八轮车，上

① （唐）杜佑：《通典》，浙江古籍出版社 2000 年 1 月第 1 版，第 845-846 页。

树高竿，竿上安辘轳，以绳挽板屋，止竿首，以窥城中。”

(三)《墨子》中有关鼓风机械的应用

冶金技术是人类文明的标志之一，古代冶金技术的发展与鼓风器械的使用和改进密切相关。中国古代的冶金鼓风技术经历了由原始的口吹式鼓风阶段到机械化鼓风阶段的演变，做功方式实现了由间歇运动到连续运动的发展，相应的鼓风设备完备、先进，机械原动力多元化，形成了完整、成熟的技术体系，极大地促进了冶金业的发展。

“橐”，《说文》：“橐，囊也。”其本义为皮制的风箱之意。最早的鼓风器称“橐籥”，也是风箱的前身。在工程技术语汇中，风箱是空气泵的一种。橐，以牛皮制成的风袋，亦称橐籥。籥，原指口吹管乐器，这里借喻橐的输风管。先秦两周之际，已有记载鼓风橐龠的文献，《老子·第五章》云：“天地之间，其犹橐籥乎？虚而不屈，动而愈出。”老子用“橐籥”比喻天地，其意是：橐龠之内充满空气而不塌缩，拉动它又能将其内空气压出，生生不息，空气通过输风管可进入熔炼炉中。

皮橐是目前所知最早的机械化鼓风设备，其应用的时间，不晚于春秋时代。《老子》所载，说明在当时已有比较广泛的应用，橐对人们来说应不是稀有器物。先秦诸子文献中，皮橐又被称为炉橐、韦囊、鞘囊等。如《管子·揆度》中管子回答桓公之问：“吾非埏埴摇炉橐而立黄金也。”郭沫若(1892—1978 年)《管子集校》引清代王念孙(1744—1832 年)曰：“炉橐当为炉橐，字之误也。”[①]《墨子》一书，橐字凡 13 见，涉及橐的制作材料、结构及工作方式，主要集中于《墨子》“备穴”“备城门”二章。《墨子·备穴》载：“具炉橐，橐以牛皮，炉有两甀，以桥鼓之。”“灶用四橐，穴且遇，以颉皋冲之，疾鼓橐熏之。”又，《墨子·备城门》载：“救闉池者，以火与争，鼓橐，冯垣外内，以柴为播。”意思是说，敌人填塞城下的池壕，就可接近城根。这时，可用火攻敌，鼓动风箱吹火，橐就是风箱。《韩非子·八说》：“干城距衡冲，不若堙穴伏橐。”这些是当时皮橐用于战争的记载。这些记载表明：皮橐在先秦时期已是一种多用途的鼓风机械，比较广泛地应用于冶金、战争等领域。

鼓风设备是冶金技术中的关键，及至两汉，文献中有更明确的皮橐

---

① 郭沫若：《郭沫若全集》“历史编”第八卷，《管子集校(四)》，人民出版社 1985 年 6 月第 1 版，第 198-228 页。

用于冶金鼓风的记载。汉代刘安《淮南子·本经训》："鼓橐吹埵，以销铜铁。"《齐俗训》："炉橐埵坊设，非巧冶不能以治金。"高诱注："炉橐埵皆冶具，坊土刑也。"[①]东汉王充《论衡》卷十二"量知篇"载："铜锡未采，在众石之间，工师凿掘，炉橐铸砾，乃成器。"[②]

1930年，山东滕县出土的汉画像石刻中，有一幅冶铁图，其中部分为皮橐用于鼓风作业的场景[③]，皮橐鼓风是古代冶铸的重要环节之一，如图3.3所示。

图3.3 山东滕县宏道院出土冶铁画像石

在山东滕县宏道院出土冶铁画像石图中，靠左一边由两人操作的椭圆形物是鼓风机械——皮橐。20世纪50年代，王振铎（1911—1992年）对汉代冶铁鼓风机进行了复原研究，成功地复原了这种皮橐鼓风器，并制成了五分之一的解析模型。这项复原工作，对传世仅存的山东滕县宏道院汉墓画像石中的鼓风图给予了科学的解释。[④]

（四）《墨子》中有关车辆技术的应用

车轮的起源，可能受到早期人类生活或木头或木柱滚动的启发，车轮诞生之初，以整段木头作轮，与此不无关系。就中国轮的起源而言，从公元前5000年起的新石器时代，已有纺轮、陶轮，甚至经过雕琢加工的玉质珠、轮、环和璧，由此发展顺序看，中国的车和车轮是独自发展的。[⑤]

早期车轮，称为"辁"，即无辐条的圆木板。相传夏代奚仲造车，可能是利用马力和辐条车轮的创始。安阳殷墟出土的马车多为两轮车。此

① 《本经训》《齐俗训》，见（西汉）刘安等著，高诱注：《淮南子》，载《诸子集成（第七册）》，中华书局1954年12月第1版，第122页，第179页。

② 黄晖：《论衡校释·卷第十二：量知篇》，中华书局1990年2月第1版，第644页。

③ 山东石刻艺术博物馆：《山东汉画像石精萃·滕州卷》，齐鲁书社1994年5月第1版。又见《文物》1959年第1期，封二。

④ 王振铎：《汉代冶铁鼓风机的复原》，《文物》1959年第5期，第43-44页。

⑤ 陆敬严：《中国古代机械文明史》，同济大学出版社2012年5月第1版，第60-61页。

后直到战国时期，马车的形制基本相同。值得关注的是，秦始皇陵出土的铜车马是按照实用车的一定比例缩小制造的，它制造于公元前3世纪。其中不仅对不同构件采用不同铜锡比例的青铜合金，而且构件的焊接形式多样化，有铸接、铸焊接、嵌接、销接、插接和活铰链接等多种形式。另一个发现是，在车毂中装置金属制的釭与锏，并在其间涂抹油脂，既保证车毂坚固耐用，又能减少摩擦阻力和加快车速。润滑油脂的应用，应是古代中国车辆技术发达的一个标志。秦始皇陵一号铜车马侧视立面图①，如图3.4所示。

图3.4　秦始皇陵1号铜车马侧立面图

制造车辆是先秦工程技术中一个重要的生产部门。《考工记》中“轮人”、“舆人”和“辀人”，是迄今尚存较完整叙述制车技艺的三篇文字，系统记载了从西周到春秋战国之际一系列造车的技术规范与检测标准，充满工程工艺学、材料力学和应用物理学的内容。这些车辆包括人力车和畜力车，是最古老的交通、运输和军事作战机械之一。

《墨子》一书，车字凡87见，详细记载了春秋战国之际的各种车辆及其应用。其《备城门》中，不仅载有“轒辒车”“轺车”等车辆，而且有其具体的技术内容。

① 秦始皇兵马俑博物馆、陕西省考古研究所：《秦始皇陵铜车马发掘报告》，文物出版社1998年7月第1版，第15页。

1. 轒辒车

《墨子》共列攻城法十二种，其中第十一种为“轒辒车”。《通典》“攻城战具”解说：“作四轮车，上以绳为脊，生牛皮蒙之。下可藏十人，填隍推之，直抵城下，可以攻掘；金、火、木、石所不能败，谓之轒辒车。”隍就是绕城的池壕。填塞了池壕，就可直抵城下。可见轒辒车具有极大的破坏力量，可以说是古代的坦克车。

2. 軺车

《墨子·杂守》中关于軺车的制作方法是这样记载的：“为解车（孙诒让《墨子闲诂》中‘解车’二字疑即‘軺车’）以枱。城矣（孙诒让《墨子闲诂》中‘城矣’二字或‘载矢’之误）。以軺车，轮轱，广十尺，辕长丈，为三辐，广六尺。为板箱，长与辕等，高四尺，善盖上，治中，令可载矢。”[①]枱为木材，轱即毂，辕即直辕，板箱之长等于辕之长。“盖上，治中”是说，箱面加盖、箱面整齐，便于载矢。

（五）《墨子》中有关弹力的利用

《墨子·备高临》所载连弩车与转射机的原理相同，只不过它的威力更大，是利用弹力的典型例子。

弓与弩作为武器，在古代曾发挥重要作用。但从机械角度看，它们不过是箭的动力推进器，箭的飞行依靠它们的弹力。在山西朔县峙峪旧石器晚期遗址中，曾发现2.8万年以前的石镞，表明人类制造弓箭的历史极为久远。[②] 成书于春秋战国之际的《考工记》，记述了利用复合材料造弓的方法。这些材料包括竹或木（弓的主干材料）、牛角、牛筋、胶、丝绳和漆等。1986年荆沙铁路（荆门至沙市）考古工地江陵县秦家嘴墓地47号楚墓中，出土一件双矢并射连发弩，这一重要发现为我国古代远射武器的研究提供了新资料。江陵楚墓双矢并射连发弩[③]，如图3.5所示。

将弓干安装在一特制的木柄端。这木柄看来就像弓的臂，并称为弩臂。弩臂中央挖槽以置箭，弩臂后端装弩机，以控制弓弦的张弛与射击。弩机上设置有钩弦弩牙、瞄准用的望山，以及拨动弩牙的扳机（或称悬

---

① 岑仲勉：《墨子城守各篇简注》，见《新编诸子集成（第一辑）》，中华书局1958年6月第1版，第155页。

② 贾兰坡、盖培、尤玉桂：《山西峙峪旧石器时代遗址发掘报告》，《考古学报》1972年第1期，第39-58页。

③ 陈跃钧：《江陵楚墓出土双矢并射连发弩研究》，《文物》，1990年第5期，第91页。

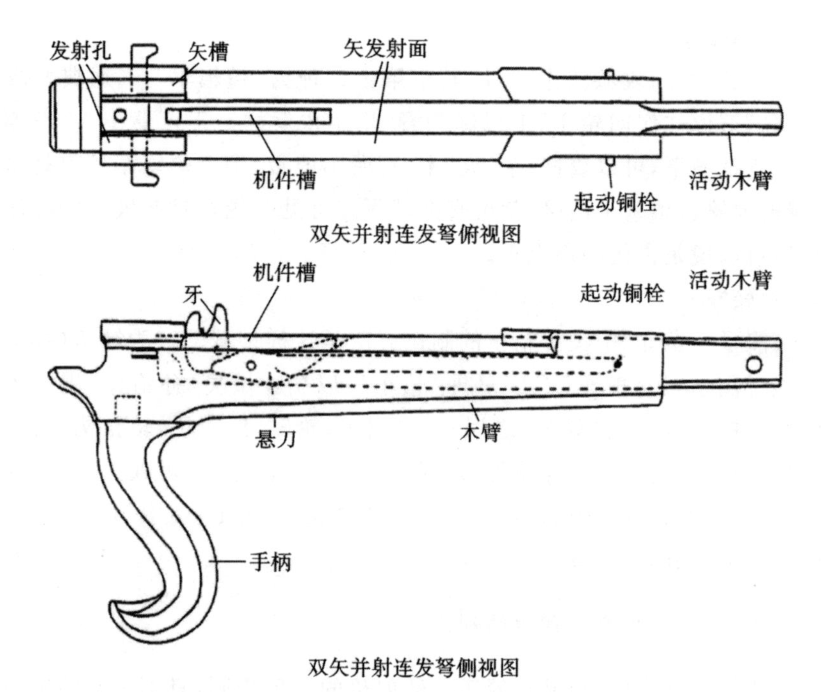

图 3.5　江陵楚墓双矢并射连发弩图

刀)。发射时手指往后拨悬刀,弩牙即下坠,弓与弦都因恢复松弛状态而产生巨大弹力,弦便将搭于其上的箭射出。

在中国,木弩产生于上古时代。战国时期已有铜制弩机。汉代,弩的使用极为普遍,有多种形式的弩,如擘张弩(以手臂开弩)、蹶张弩(以足开弩)、腰引弩(以身体的力量开弩)等。从机械角度看,最为精巧的是东汉时期发明的床弩,唐代时期称作绞车弩,因为该弩要用绞车来拉紧其弦。

据《墨子·备高临》所载连弩车,其长与城墙之厚度相等,车有两轴三轮。底架离地八尺,车架与弩臂齐平。车架由柱和 4 寸内径圆桦连接的横杆组成。弩用绳或弦系在柱上,中心勾弦叫“牙”,固定在主弦上。发射时大概是射手双脚踏上弩干两边的弩背,再将弦向上沿着弩干提到牙上,将弦扣住,然后拉动扳机发射。这种大型的发射武器需要十人操纵,连弩车上的机栝,用铜重达“一百三十斤”。它所发射的箭长达十尺,而且一次可以发射六十支箭,可见其威力巨大。而且箭尾还可以用绳子系住,射出之后再收回来连续使用。可以想象,没有高超的技术是难以制造出这种大型武器的。《备高临》原文如兹:

备临以连弩之车，材大方一方一尺，长称城之薄厚。两轴三轮，轮居筐中，重下上筐。左右旁二植，左右有衡植，衡植左右皆圆内，内径四寸，左右缚弩皆于植，以弦钩弦，至于大弦。弩臂前后与筐齐，筐高八尺，弩轴去下筐三尺五寸。连弩机郭用铜，一石三十钧。引弦鹿长奴。

孙诒让《墨子闲诂》按："鹿长奴"此疑当作"鹿庐收"。连弩车用"矢长十尺"，"矢高弩臂三尺，用弩无数，出人六十枚，用小矢无留，十人主此车。"孙按："出"，疑当作"矢"。此谓大矢也。

此段文字，文简意繁，是连弩车的技术说明，其结构极为复杂。一发数十矢，反力甚大，故制造连弩车的木材，两端须一尺见方，植即柱，"引弦鹿长奴"，即用辘轳收引弓弦。辘轳即滑车。一部连弩车须十人操作，可见"连弩之车"乃是古代战争中应用弹力原理制作的一种重型兵器。

（六）冶金技术与机械制造技术的综合应用

藉车、转射机等是《备城门》篇中多次记载应用铁及铁器的守城器械，其技术原理不仅是桔槔——简单机械的应用，而且是冶金技术与机械制造技术的综合。《墨子·备城门》中有："藉车必为铁纂"，藉车"皆铁什"等，见证了铁与铁器在守城器械上的广泛运用。

铁器的使用在古代人类社会发展史上具有重大意义。先秦文献中所载"铁"的内容及其有关铁器的术语，足以说明先秦时期铁具、铁器的使用，已经相当普遍。先秦文献中所载"铁"字统计一览，如表 3.1 所示。

表 3.1　先秦文献中"铁"字统计一览

《鬻子》	《管子》	《老子》	《论语》	《左传》	《墨子》	《列子》	《鹖冠子》	《孟子》
无	14	无	无	4	23	无	无	1

《庄子》	《楚辞》	《韩非子》	《吕氏春秋》	《荀子》	《周易》	《周礼》	《礼记》
无	无	1	7	14	无	无	4

由表 3.1 可知，《墨子》一书，"铁"字凡 23 见，有关铁器的名称、术语，为先秦文献之最，其载具在《备城门》《备蛾傅》《旗帜》《备穴》《杂守》诸篇之中。《明活字本墨子》书影[①]，如图 3.6 所示。

---

① （战国）墨翟著，（明）陆稳校，（清）黄丕烈校并跋：《明活字本墨子》，嘉靖三十一年，芝城铜活字蓝印本，《国学基本典籍丛刊（第二册）》，国家图书馆出版社 2018 年 5 月第 1 版，第 111，第 123 页。

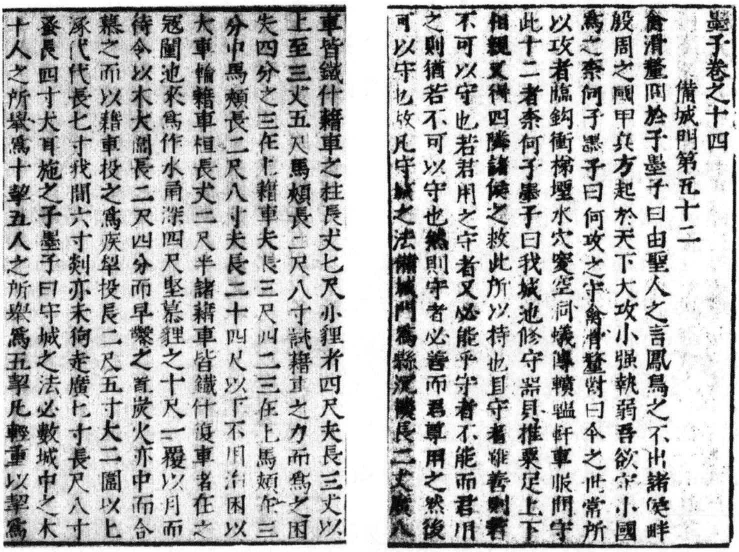

墨子卷之十四
備城門第五十二
禽滑釐問於子墨子曰由聖人之言鳳鳥之不出諸侯畔
殷周之國甲兵方起於天下大攻小强執弱吾欲守小國
為之奈何子墨子曰何攻之守禽滑釐對曰今之世常所
以攻者臨鉤衝梯堙水穴突空洞蟻傅轒轀軒車敢問守
此十二者奈何子墨子曰我城池修守器具推粟足上下
相親又得四鄰諸侯之救此所以持也且守者雖善則猶若
不可以守也若君用之守者又必能乎守者不能而君用
之則猶若不可以守也然則守者必善而君尊用之然後
可以守也故凡守城之法備城門為縣沈機長二丈廣八

車皆鐵什藉車之柱長丈七尺其貍者四尺夫長三丈以
上至三丈五尺馬頰長二尺八寸試藉車之力而為之困
失四分之三在上藉車夫長三尺四二三在上馬頰在三
分中馬頰長二尺八寸夫長二十四尺以下不用治困以
大車輪藉車桓長丈二尺半諸藉車皆鐵什復車者在之
冠闔池來為作水甬深四尺堅慕貍之十尺一覆以月而
待令以木大圍長二尺四分而早鑿之置炭火亦中而合
慕之而以藉車投之為疾犁投長二尺五寸大二圍以上
涿代代長七寸代間六寸剡亦未狗走廣七寸長尺八寸
蚤長四寸犬耳施之子墨子曰守城之法必數城中之木
十人之所舉為十挈五人之所舉為五挈凡輕重以挈為

图 3.6 《明活字本墨子(卷之十四)》,明代嘉靖三十一年芝城铜活字蓝印本书影

孙诒让《墨子闲诂》一书,十分重视与铁和铁器相关的内容。在城守各篇中,对铁器的名称以及守城器械中铁器加工制作方法、使用技巧等,解释尤详。[①] 如表 3.2《墨子》城守各篇中铁器的名称,表 3.3《墨子》城守各篇中铁器的加工技术与方法所示。

表 3.2 《墨子》城守各篇中铁器的名称

名称	《墨子》篇目及孙诒让《墨子闲诂》的注释
铁鐕	《备城门》:"二十五步一灶,灶有铁鐕,容石以上者一,戒以为汤。"毕云:"鐕,鬵字假音。《说文》:'鬵,大釜也。一曰鼎,大上小下,若甑曰鬵。'《方言》云:'甑,自关而东,或谓之鬵。'《太平御览》引作'鑊'。"
铁夫	《备城门》:"二步一木弩,必射五十步以上。及多为矢,即毋竹箭,以楛、桃、柘、榆,可。盖求齐铁夫,播以射冲及栊枞。"铁夫,"夫"亦当为"矢",或云夫即鈇。《备穴》篇有"铁鈇"

① (清)孙诒让撰,孙启治点校:《墨子闲诂》,载《新编诸子集成》,中华书局 2017 年 6 月第 1 版,第 489-635 页。

续表

名称	《墨子》篇目及孙诒让《墨子闲诂》的注释
铁锁	《备穴》:“以车轮为辒。一束樵,染麻索涂中以束之。铁锁,县正当寇穴口。铁锁长三丈,端环,一端钩。”《六韬·军用》篇:“铁械锁参连,百二十具”,又有“环利铁锁,长二丈以上,千二百枚”。此铁锁端亦有环,与彼制合。《汉书》《王莽传》云“以铁锁琅当其颈”。毕云:“当为‘琐’”,《说文》无“锁”字,据《备蛾傅》作“琐”
铁钩	《备穴》:“为铁钩钜长四尺者,财自足,穴彻,以钩客穴者。”铁钩之用,“以钩客穴者”
铁校	《备穴》:“为铁校,卫穴四。”《说文·木部》云:“校,木囚也。”《周易集解》引虞翻云:“校者,以木绞校者也。”铁校,盖铸铁为栏校以御敌,《备蛾傅》有“校机”,疑即此
铁瓅	《备蛾傅》:“以铁瓅敷县,二脾上衡,为之机”,吴钞本作“琐”。毕云:“《说文》无‘锁’字,此‘瓅’与‘琐’皆无锁钥之义,古字少,故借用之。”敷、傅通。谓无铁瓅傅著县,系县脾之上衡也。“二”,疑当为“县”之重文。又《备蛾傅》“染其索涂中,为铁鑠,钩其两端之县”。毕云:“据上文当为‘瓅’,《玉篇》云:‘鑠俗’。”
铁瓮	《旗帜》:“道广三十步,于城下夹阶者,各二,其井置铁瓮。”
铁鈇	《备穴》:“难近穴,为铁鈇。”《说文·金部》:“鈇,莝斫刀也。”铁錍:斧也
铁錍	《杂守》:“为铁錍,厚简为衡柱。”《方言》云:“凡箭,其广长而薄镰谓之錍。”郭璞注云:“江东呼鎞箭。”苏云:“錍,《说文》曰:‘錍,斧也。’”

表 3.3 《墨子》城守各篇中铁器的加工技术与方法

加工技术	《墨子》篇目及孙诒让《墨子闲诂》的注释
砾铁	《备城门》:“置器备,杀沙砾铁,皆为坏斗。”
铁鍱	《备城门》:“门植关必环锢,“以锢金若铁鍱之。门关再重,鍱之以铁,必坚。”《说文》,“鍱,鏶也。”此与鍩音同,《说文》云:“以金有所冒也。”冒,《说文》:“蒙而前也。从冃目,以物自蒙而前也。”
铁篡	《备城门》:“藉车必为铁篡”。孙诒让按:篡,假借字,“治车轴也。”毕注:篡,假音字
铁什	《备城门》:“诸藉车皆铁什。”毕云:“什与鍩音近。《说文》云:‘鍩,以金有所冒也’。”孙诒让按:上文云“藉车必为铁篡”,即此

春秋战国时代，从铁的被发现到冶铁业的兴起，大大地促进了生产力与社会各个方面的发展。铁器制造技术之所以能迅速提高与进步，是由于有长期积累下来的青铜冶炼技术作为基础。墨子"惟非攻，是以讲求备御之法"，铁与铁器的广泛应用，是与守城防御武器发展的切实需要相适应的，它是古代战争的必然结果，也是冶金技术与机械技术综合利用的代表。

（七）建筑技术的综合应用

《墨子》中关于建筑技术的综合应用是"县门"。据《墨子·备城门》载"县门之法"：

> 故凡守城之法，备城门为县门，沈机，长二丈，广八尺。为之两相如；门扇数，令相接三寸，施土扇上，无过二寸。堑中深丈五，广比扇，堑长以力为度，堑之末为之县，可容一人所。①

"县门"即悬门，即用木板按上述尺寸做成门。"两相如"就是左右两扇同度。"数"是促的意思。"相接三寸"就是使之无间隙。"施土扇上"是在门上涂上泥土，以防敌人火毁；土太厚就容易脱落，所以说"无过二寸"。而"沈机"，其原理就是利用某种机构将门放下，然究竟机构如何，尚待进一步研究探讨。

墨家者流，"旁究物理"，其突出特征就是他们对科学技术的重视，"时时利济于物"。正是由于墨者在科学技术方面的杰出成就，使他们在城防战争中制造、运用了当时大量的先进武器，这更使墨家"善守御"如虎添翼，固有"公输盘九攻、墨子九拒之事"。《墨子》所载备梯、备突、备穴诸法，以及有关机械制造方面的记载及其设计成果表明，墨子及当时的机械设计师们"采摭其术"，已掌握了丰富的机械工程方面的理论知识和工艺技术，设计制造出各种机械。这些实用机械，如果不是在力学和机械原理等方面有很深的造诣，是不可能完成的，"观其称弟子禽滑厘等三百人已持守固之器在宋城上，是能传其术之徵矣。"墨子亲自参与其中，不愧为战国时期机械工程技术设计与制作的代表，"故其教得列于九流，而其书亦至今不泯耳"。

---

① 岑仲勉：《墨子城守各篇简注》，见《新编诸子集成（第一辑）》，中华书局 1958 年 6 月第 1 版，第 6 页。

—— 第三节 ——
《墨子》论述机械技术原理

历代治墨经之学,"引'说'就'经',各附其章"。① 近人谭戒甫(1887—1974 年)、钱临照(1906—1999 年)、方孝博(1908—1984 年)、徐克明(1927—1997 年)的校勘诠释,别开生面。其最具特色者,乃用图解说、理明辞约、图文并举,使《墨子》对机械、建筑技术的原理论述,豁然冰释、一目了然。

一、《墨子》中《经下》《经说下》对杠杆原理的论述

在科学技术史特别是古代机械史中,杠杆原理的发现是一个重要的事件。先秦时期利用广泛的衡器与桔槔等简单机械,正是杠杆的应用实例。《墨子》"经下"与"经说下"对桔槔——杠杆原理的论述,言简意赅,系统地阐述了力学中的杠杆平衡原理和功用。

(一)负而不挠,右校交绳

《经下》:"负而不挠,说在胜"。

《经说下》:"负,衡木加重焉而不挠,极胜重也。右校交绳,无加焉而挠,极不胜重也"。

负而不挠,说在胜。"胜"指能胜任担当之意,所以"负而不挠,说在胜"。意为:杠杆负重而不倾斜弯曲,是因为其能胜任。

"极胜重也"之"极",《说文》:"栋也"。有极致的意思。"经"言"负而不挠,说在胜",而"经说"申明其意,曰:"衡木加重焉而不挠,极胜重也。""'极胜重'者,言加重于一偏而不挠者,因衡木前重能胜之也。""极"亦可引申为"极端"之意。"或谓'极,指固定在标端的重物,亦可通'",如果支点的位置摆得不好,即衡木和直木相交结之处过分接近衡木的中部(偏向右移),那就叫作"右校交绳"

杠杆原理在机械的妙用,关键在"本短标长",在于支点位置适宜,保

① (清)孙诒让撰,孙启治点校:《墨子闲诂》,载"新编诸子集成丛书",中华书局 2017 年 6 月第 1 版,第 679 页。

证标端重力力矩能胜过本端与重物的重力合力矩，这叫作“极胜重”。《墨子》“本短标长”杠杆原理示意图[①]，如图 3.7 所示。

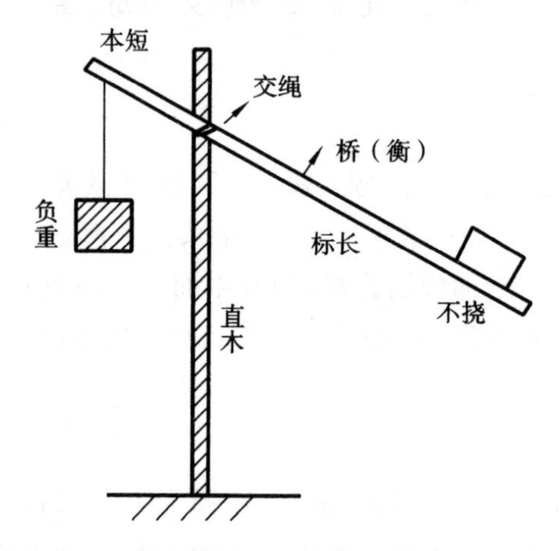

图 3.7 《墨子》“本短标长”杠杆原理示意图

《经说下》：“右校交绳，无加焉而挠，极不胜重也。”“交绳”为捆绑杠杆与立柱绳，为杠杆的支点，故“衡木加重焉而不挠，极胜重也。右校交绳，无加焉而挠，极不胜重也。”其大意为：杠杆的一端加了重量却不偏翘，是因为杠杆另一端的重物，极端——能胜任重量。向右平移捆系杠杆的交绳，不加重量杠杆却偏翘起来，因为另一端的重物不能胜任杠杆本身的重量。墨经所论，具有材料力学的思想意义。《墨子》“右校交绳，无加焉而挠”的杠杆原理[②]，如图 3.8 所示。

（二）权重相若，本短标长

古人对于杠杆原理的应用，除桔槔外，尚有称衡。《墨子》阐述了称衡的原理和功用。

《经下》：“衡而必正，说在得。”

《经说下》：“衡，加重于其一旁，必捶。权重相若也。相衡，则本短标长，两加焉，重相若，则标必下，标得权也。”

《墨子》一书，论说有序，先讲杠杆，后讲称衡，因为杠杆粗糙，称衡精细。从理论而言，杠杆——桔槔，是应用动力学原理的机械；称衡，则是

---

① 徐克明：《先秦杠杆定律钩沉》，《中国科技史料》1984 年第 5 卷第 1 期，第 51-57 页。

② 方孝博：《墨经中的数学和物理学》，中国社会科学出版社 1983 年 7 月第 1 版，第 53-55 页。

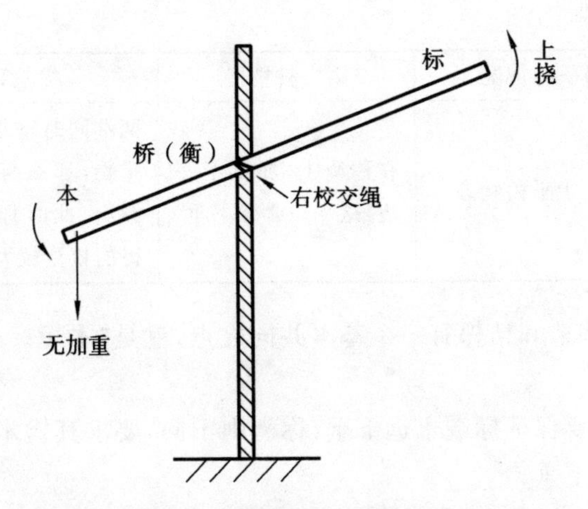

图 3.8　《墨子》“右校交绳，无加焉而挠”示意图

应用静力学原理的机械。在实际应用方面，杠杆是省力的工具，而称衡是测量的工具，其性质与目的不同，不可混淆。杠杆上一般没有秤锤——“权”，不过杠杆与称衡的原理相同。

称衡：加重于一边，这边必然下垂。称杆平衡，两端——称锤与重物的权重相当，此时重物端的力臂（本）较短，而称锤端的力臂（标）较长。两端同时增加重物，其重量相等，那么标端必然向下倾斜，此时标端（称杆）所得的权重较大。

“权重相若也，相衡，则本短标长”之本意为“相衡，权重相若也，则本短标长”。此处用了倒装句，这也符合《墨子》经文“故，所得而后成也”这一类的定义方式，同时“权重相若也”不能解释“加重于其一旁，必捶。”这样理解《经说》的三种情况，[①]就一目了然，如表 3.4 所示。

表 3.4　称衡原理的演示结果

	第一种情况	第二种情况	第三种情况
墨经论述	权重相若也，相衡，则本短标长	衡，加重于其一旁，必捶	两加焉，重相若，则标必下，标得权也
图示	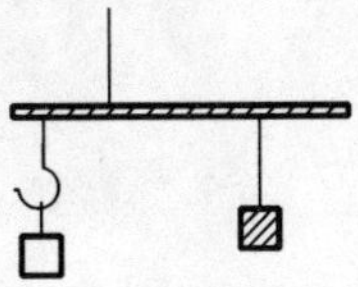	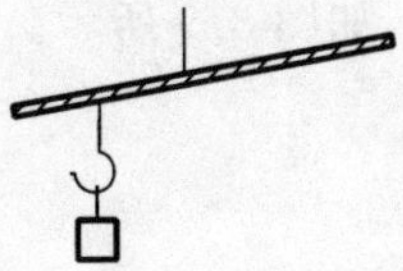	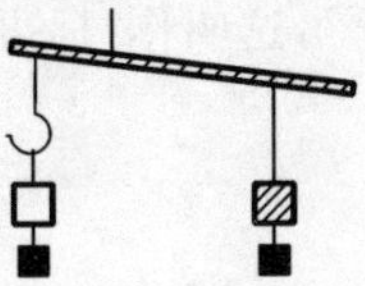

① 徐希燕：《墨学研究》，商务印书馆 2001 年 2 月第 1 版，第 187-189 页。

续表

	第一种情况	第二种情况	第三种情况
演示结果	称衡处于平衡状态	在称衡上，加重于一边，这一边必然下垂	两端同时增加重量相等的重物，那么标端必然向下倾斜，此时标端（称杆）所得的权重较大

称衡的构造和桔槔有一个基本共同之点，就是“本短标长”。不同之点是：

（1）桔槔要保证标端永远下垂，称衡则不同，要求其横木处于水平状态，标端不得下垂；

（2）桔槔上不使用“权”，称衡上则使用了一个可以沿横木任意滑动位置的“权”，以达到支点左方和右方重力矩大小相等、方向相反的目的。

杠杆原理的应用，如表 3.5 所示。

表 3.5　杠杆原理的应用

杠杆原理的应用	
桔槔的功用	极胜重
称衡的功用	标得权

使用称衡测定物重的方法，是借“权”在横木上位置的调准，使横木水平，也就是系统达到平衡状态，叫作“正”。此时“权”在横木上的位置指示出所称物体的重量。所以《经说》言“衡而必正”。称衡既已达到平衡状态，亦“正”之后，无论在本端或标端，再加一微小的重物，则失去平衡，所加重物的一端立即下垂，所以，《经说》言：“衡，加重于其一旁，必捶。”所称物的重量可以有任意大小，但“权”的重量则是固定不变的，为什么能用固定重量的“权”来测定各种不同重量物体之重呢？即使所称物重与“权”的重量恰相等，而“权”在横木上的位置调节得不适当，则标端仍将下垂，平衡状态“正”仍然达不到，问题在于标方获得了过多的重力矩了，这叫作“标得权”[①]，如图 3.9 所示。

① 方孝博：《墨经中的数学和物理学》，中国社会科学出版社 1983 年 7 月第 1 版，第 50-75 页。

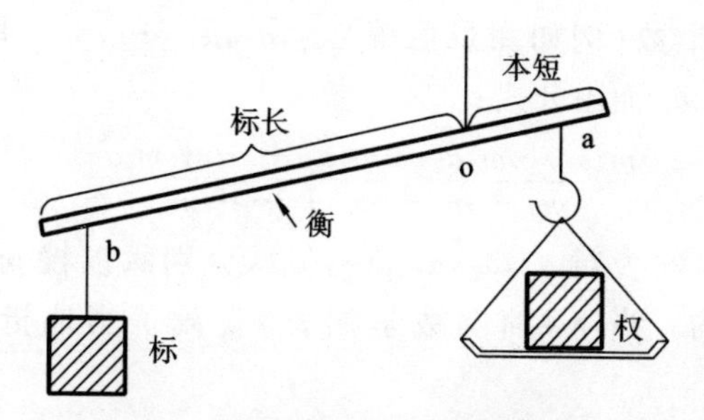

图 3.9 墨经“标得权”原理图[①]

由此可知，要使称衡能对于任何大小不同的重物都能达到平衡，即《经下》所说的“衡而必正”的状态，关键在于“权”的位置调节得适宜，而不在于一定使“权”与物的“重相若”。

所以《经说下》言“权重相若也，相衡，则本短标长，两加焉，重相若，则标必下，标得权也”。《经下》从正面指出用称衡时必须使其“正”，“说在得”这一句则提示了称衡不“正”时的原因。“经说”根据“经”的提示，专从反面反复讲明衡不正的道理，举出两种不同的情况来分析：一种是，衡既“正”之后在任何一方再加重物，则立即破坏平衡；另一种是，使用两个等重量的权加在支点的两边仍然得不到平衡。这两种情况共同的基本原因都是“标得权”。《经下》与《经说下》这样紧密配合，把称衡的功用和原理讲得全面而透彻。《墨经》是对不等臂称的演示实验和理论总结。

(三)事为之中，而权轻重

《墨子》论“权”。在统计学中，平均数反映了一组数据的一般水平，利用平均数，可以从横向和纵向两个方面对事物进行分析比较，从而得出结论。加权平均法：利用过去若干个按照时间顺序排列起来的同一变量的观测值并以时间顺序数为权数，计算出观测值的加权算术平均数，以这一数值作为预测未来某一区间该变量预测值的一种趋势预测法。

要理解“加权”是什么意思，首先需要理解什么叫“权”。在汉字中“权”的含义有二：作为名词，意指秤砣，就是秤上可以滑动以观察质量的铁质锤砣；作为动词，意为称量、衡量，比较、平衡。

(1)在日常生活中，常用平均数表示一组数据的“平均水平”。

(2)在一组数据里，一个数据出现的次数称为权。

---

① 方孝博：《墨经中的数学和物理学》，中国社会科学出版社 1983 年 7 月第 1 版，第 57 页。

对应于 n 个数(例如测量值等) $a_1, a_2, a_3, \cdots, a_n$，取另外 n 个数 $m_1, m_2, m_3, \cdots, m_n$ 而由公式

$$\frac{m_1a_1 + m_2a_2 + m_3a_3 + \cdots + m_na_n}{m_1 + m_2 + m_3 + \cdots + m_n}$$

计算所得的值,称为对 $a_1, a_2, a_3, \cdots, a_n$，分别赋以权 $m_1, m_2, m_3, \cdots, m_n$ 的加权平均。当下《简明数学词典》直截了当地指出:“权,加权平均。”①

“权”在《墨子》中的凡 11 见,②既有名词之名,也有动词之义。

(1)《墨子》第十六章《兼爱(下)》:“死生之权,未可识也。”“权衡,谓生死无定。”

(2)《墨子》第四十章《经(上)》:“欲正,权利;且恶正,权害。”

(3)《墨子》第四十章《经(上)》:“欲正,权利;且恶正,权害。”此处“权利”“权害”之“权”,是权衡之意。

(4)《墨子》第四十三章《经说(下)》:“衡,加重于其一旁,必捶,权重相若也。相衡,则本短标长。两加焉,重相若,则标必下,标得权也。”

(5)《墨子》第四十三章《经说(下)》:“衡,加重于其一旁,必捶。权重相若也,相衡,则本短标长。两加焉,重相若,则标必下,标得权也。”此处“权”,指称锤。

(6)《墨子》第四十三章《经说(下)》:“绳直权重相若,则正矣。收,上者愈丧,下者愈得;上者权重尽,则遂。”

(7)《墨子》第四十三章《经说(下)》:“绳直权重相若,则正矣。收,上者愈丧,下者愈得;上者权重尽,则遂。”此处“权”,指称锤。

(8)《墨子》第四十四章《大取》:“于所体之中,而权轻重之谓权。”

(9)《墨子》第四十四章《大取》:权,非为是也,非非为非也。权,正也。”

(10)《墨子》第四十四章《大取》:“于所体之中,而权轻重之谓权。权,非为是也,非非为非也。权,正也。”权:于所体之中,前一个“权”为动词,衡量、称量;后一个“权”为名词。“权,正也”。权,是讲公正准确之意。

(11)《墨子》第四十四章《大取》:“ 于事为之中,而权轻重之谓求。求为之,非也。”在处理事情的时候,权衡轻重称为求。求,辨明是非。

---

① 陈森林:《简明数学词典》,湖北人民出版社 1984 年 1 月第 1 版。

② (清)孙诒让:《墨子闲诂》,载《诸子集成(第四册)》,中华书局 1954 年第 12 月第 1 版。

因为“权”字有平均、平衡、权衡、衡量、比较之意，而《墨子》也再三强调“权轻重之谓权”“权，正也”，故“权重”指两端的重物，即及力臂的总体平均效果与其总体分量比重。《墨子》没有明白地讲“权重”就是“重物×标长”，或“锤重×标长”，但是它已经隐含了这层意思。用称称物之重量时，显然称锤比物轻，同时“本”比“标”短。在中文科技术语言中，“权重”这一术语应该是在《墨子》中最早出现的。其意为分量、比重云云。当今之数学中 “加权平均”这一概念，与《墨子》其意，极为相似。

由是观之，墨子在“重”上加“权”，就是加了杆称的“本”或“标”（长或力臂）这个“权”，所以“权重”就是加了“权”的重，也就是“本长×物重”或“标长×锤重”。《墨子》原文“两加焉，重相若，则标必下，标得权也”，意为两端物、锤之重相等时，“标”长则“权重”较大。如果单纯地将“权重相若也”理解为“‘权’与‘重’相等”，则显然是错误的。可见，“权重相若也”之本义是“两端权重相等”，或两端加了相等权之重，故“权重相若也，相衡，则本短标长”。可以解读为称衡平衡，也就是：

$$物重\times本长=锤重\times标长$$

此时，本长小于标长。结合上条经说，关于“桔槔”的原理与本条经说关于称衡的原理，《墨子》是用简炼的文字来阐述“杠杆平衡原理”。

（四）墨经中杠杆原理的科学价值

杠杆作为简单机械之一，是人类最早使用的减轻劳动强度的工具，人类对杠杆的利用，或许可以追溯到原始人的时代。考古发现证明，新石器时代的人们已经在实践中懂得了杠杆的经验法则。在科学技术史上，人们常把世界上最早发现杠杆原理的科学家，看成是古希腊学者阿基米德（Archimedes，前 287—前 212 年）。随着对相关史料研究的深入与考古发现，人们逐渐认识到，古代中国人很早就发现并应用了杠杆原理，而且该原理发现的时间早于阿基米德。墨经杠杆原理的科学价值在于以下几个方面。

其一，杠杆之原理，即为两力矩相等。所谓力矩，即力（或物重或权重）与力点至支点距离之乘积。天秤之两臂等长，则物与权必等重而可得平。有本短标长之秤，用以称物之轻重，知此理而后可。惟于“力矩”的原理仅及其轮廓，未详其内奥。

力矩之原理，在西洋之科学史上，希腊哲人亚里士多德（Aristotle，前 384—前 332 年）曾索解而未得，阿基米德始以力矩之理释其疑。亚里士多德为纪元前第四世纪之人,晚墨翟百年。阿基米德为纪元前第三世纪之人,后墨翟凡二百余年。

其二,春秋战国时代,在我国,杠杆的应用已经非常广泛。通过《墨子》条文相互参校,可以表明,中国最迟在战国时期已经掌握了杠杆原理。而这一判断,亦为先秦时期出土文物的研究所证实。

安徽寿县出土的公元前四世纪楚国"王"铜衡两件,为不等臂称衡。甲衡长战国一尺,有每寸刻度。乙衡也长战国一尺,有每寸和每半寸刻度。[①] 如图 3.10 所示。

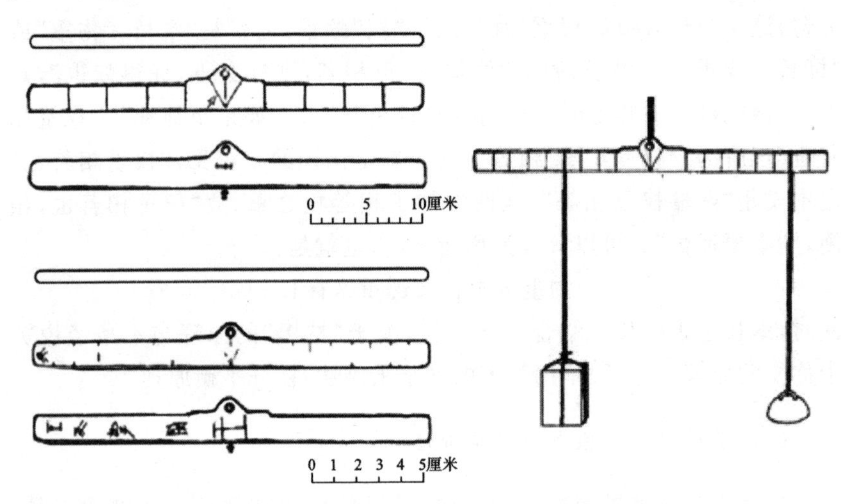

图 3.10 安徽寿县出土的楚国"王"铜衡,左上为甲衡,左下为乙衡,右为称重图

在西方科学史上,从杠杆原理研究的历史可知,古希腊哲人亚里士多德曾研究过杠杆现象,而未有成果。物理学家斯特拉托(Strato,前340—前 279 年)对杠杆原理有所了解,他曾经使用过这一力学原理,这与我国先民的情况类似。

古希腊的阿基米德把这一问题大大向前推进了一步,他巧妙地证明并详尽表述了杠杆原理,在《论平面图形的平衡》一文中最早提出了杠杆原理。阿基米德非常重视数学在物理学中的应用,他对杠杆定理的论证是用几何学的方法,把数学研究与物理学研究结合起来,对杠杆机械所遵循的基本原理用公理化方法进行了严格的论证。就是在这篇文章里,阿基米德首先给出 7 条公设:

---

① 刘东瑞:《谈战国时期的不等臂秤"王"铜衡》,《文物》1979 年第 4 期,第 73-76 页。

(1)相等距离上的相等重物是平衡的,而不相等距离上的相等重物是不平衡的,且向距离较远的一方倾斜;

(2)如果相隔一定距离的重物是平衡的,当在某一方增加重量时,其平衡将被打破,而且向增加重量的一方倾斜;

(3)如果从某一方去掉一些重量,其平衡也被打破,而且向未去掉重量的一方倾斜;

(4)如果将全等的平面图形互相重叠,则它们的重心重合;

(5)大小不等而相似的图形,其重心在相似的位置上,相似图形中的相应的点亦处于相似的位置,即如果从这些点分别到相等的角做直线,则它们与对应边所成的角也相等;

(6)若在一定距离上的重物是平衡的,则另外两个与其分别相等的重物在相同的距离上也是平衡的;

(7)周边四向同侧的任何图形,其重心必在图形之内。

随之,阿基米德从这些公设出发,证明了以下命题:

(1)在相等距离上平衡的物体其重量相等;

(2)距离相等但重量不等的物体是不平衡的,而且向较重的一方倾斜;

(3)若重量不相等的物体在不相等的距离处于平衡状态,则较重者距支点较近。[①]

其三,中国人对杠杆原理的掌握,在时间上并不落后。墨子为公元前五世纪人,早于阿基米德两个世纪。《墨子》,可以断定它是公元前五世纪后半叶与公元前三世纪中叶之间中国学者的著作。它早于阿基米德,亦不晚于斯特拉托。

毋庸置疑,中国人应用杠杆原理的时间,应比《墨子》问世的时代更早,这是不言而喻的。虽然吾土吾民对杠杆原理尚乏论证和表述,不及阿基米德,但他们毕竟是在长期实践的基础上,独立摸索出了这一理论体系,在时间上也不晚于西方。《墨子》一书“旁究物理”“类辑旧文”,在理论建树、研究方法和技术实践上,记录了那个时代的思想和科技成就,

---

① (英)T. L. 希思(T. L. Heath)编,朱恩宽、李文铭,等译:《阿基米德全集》,陕西科学技术出版社 2010 年版,第 189-194 页。译本依据的底本是 1912 年英国出版的 *The works of Archimedes with the method of Archimedes*,这部英文版著作是由英国古希腊数学史研究权威希思(T. L. Heath,1861—1940 年)根据丹麦语言学家、数学史家海伯格(J. L. Heiberg,1854—1928 年)的《阿基米德全集及注释》以及有关史料编辑而成。

并为中国科学技术体系的建立奠定了基础。

二、《墨子》论述滑轮装置的力学原理

滑轮用来提升重物并能省力的简单机械，在原理上可以说是由杠杆变化而来；并由它发展出辘轳、绞车、滑车等。先秦时期，滑轮装置的应用相当广泛。《墨子》在“经下”“经说下”论述了桔槔、称衡的杠杆原理之后，详细阐述其升降重物的原理。

（一）长重者下，短轻者上

《经下》：“挈与收仮，说在薄。”

《经说下》：“挈：有力也；引，无力也。不正所挈之止于施也。绳制挈之也，若以锥刺之。挈，长重者下，短轻者上；上者愈得，下者愈亡。绳直，权重相若，则止矣。收，上者愈丧，下者愈得；上者权重尽，则遂挈。”

挈：据许慎《说文解字》，“县，持也。”清代段玉裁《说文解字注》有，“县者，系也。”“提，挈也。则提与挈皆谓县而持之也。今俗语云挈带。”“挈”是提挈，指用力把重物向上提升；“收”是收取，指利用重力作用使被悬系的物体自动地下降。“引”则是重物被绳索垂直地悬系着，既不用力去提升它，也不让它下降。“挈”与“收”都是运动状态，“引”则是平衡状态。“挈”和“收”这两种动作恰相反，所以《经下》言“挈与收仮”。“挈”和“引”的区别是，一为用力提升它，一为不用力也不提升它，所以《经说下》一开始就说“挈，有力也；引，无力也。”这就把“挈”和“引”这两个概念分清楚了。①

滑轮实际上是能转动的杠杆。要把重物提升到很高的地方，无论是从上面用力提，或从下面用力举，都不方便，人们创造出两种简单机械，一是利用斜面，一是利用滑轮，所以说“不必所挈之止于施也。绳制挈之也，若以锥刺之。”“施”即“杝”字，训为“斜”，代表斜面。亦可断句为：“不正，所挈之止于杝也。”“所挈”，指所要提升的重物。此句是言在斜面上向上牵动重物，并指出根据斜面角度的变化可以使所需要的力量减小。“绳制挈之”谓利用绳跨过一滑轮之法以提挈重物，这就是滑轮的作用。“若以锥刺之”的“锥”是尖劈的一种，尖劈的作用原理与斜面相同。“经

① 方孝博：《墨经中的数学和物理学》，中国社会科学出版社 1983 年 7 月第 1 版，第 58-59 页。

说下”意谓:要把重物送到高处,不一定要把重物放在斜面上来输送,也可以利用绳子穿过滑轮的方法来提升它,其便利与使用锥刺物相似。

方孝博研治墨经,有“甚矣,墨经之难读也”之叹,其著开门见山,以“墨经中的数学和物理学”为名,他将《墨子》“经下”“经说下”中有关论述滑轮装置原理的内容,纳入其“力学和简单机械”一章之中,多所寔正。他认为:“挈,长重者下,短轻者上;上者愈得,下者愈亡”是专门就利用滑轮以提升重物之事而言,是利用滑轮提物和收物的妙用。“下”谓向下的运动,“上”谓向上的运动。方氏的工作,博而能精,全书用图 48 幅,其立象尽意、图表其理,可谓图文并茂、图胜千言,遂使是书所论尽通墨经之说。

《墨经中的数学和物理学》“力学和简单机械”一章,设重物为 W、W_1、W_2,权为 A、B、C,论述滑轮装置的三种情况如下。

第一种情况——向上运动。

重物 W_1 与权 A 分别系在绳的两端,绳跨过定滑轮,并使权 A 的重量稍大于重物 W_1 的重量,则权 A 必向下运动,同时重物 W_1 则向上运动。权 A 愈落愈下,则其悬绳愈过愈长;重物 W_1 愈升愈上,则其悬绳愈过愈短。重物 W_1 就这样被提挈而上,逐渐接近高处,达到提升的目的,所以说“上者愈得”;相反地,权 A 愈降则与高处相距愈远,那就是“愈亡”了。“得”和“亡”正相反,“得”是获得的意思,“亡”是丧失的意思。

第二种情况——处于平衡状态。

“绳直,权重相若,则止矣”,是指绳一端所悬的权与另一端所悬重物重量相等时的现象,此时系统所受合力为零,达到平衡,如果对系统不加以力,则将垂直悬挂而静止,物与权都在“引”的状态,既未被挈,亦未被收,故曰:“则止矣。”

第三种情况——向下运动。

“收,上者愈丧,下者愈得。”就利用滑轮以下降重物之事而言,和上文论“挈”的文义正相对,此时重物 W_2 比权 C 略重一些,于是重物 W_2 缓慢下降,权 C 则缓慢上升,重物 W_2 愈降愈下,逐渐接近地面,达到目的,所以说“下者愈得”;权 C 愈升愈高,离地愈远,则是“上者愈丧”了。当重物 W_2 已经达到地面,运动停止,而权 C 可能还没有达到顶端,但由于惯性的作用,它还会继续上升,一直到达滑轮边缘不能再升为止。滑轮的作用到此结束,故谓“上者权重尽”。

要使这个机械再度发挥作用,就必须用人力把一端悬着的重物提起，以便权 C 能自动下落，所以说“上者权重尽，则遂挈”。“经下”言“挈与收仮”，正因滑轮装置可用以“挈”物，也可以“收”物；“挈”与“收”目的相反，运动状态亦相反。滑轮升降重物的妙用全在绳的另一端挂了一个“权”，权比物稍重，则物被“挈”而上升；权比物稍轻，则物被“收”而下降；权与物重相等，则物停止，既不上升亦不下降。[①]《墨子》论述滑轮装置的力学原理，如表 3.6 所示。

表 3.6 滑轮装置的力学原理

项目	第一种情况	第二种情况	第三种情况
墨经论述	“长重者下，短轻者上。上者愈得，下者愈亡。”	“挈与收仮，说在薄”“权重相若，则止矣”	“收，上者愈丧，下者愈得。上者权重尽，则遂。”
实验条件	令 W_1 = 重物，A = 权	“绳直”“重者”“轻者”	令 W_2 = 重物，C = 权
运动状态	$W_1 < A$	$W = B$	$W_2 > C$
图示原理	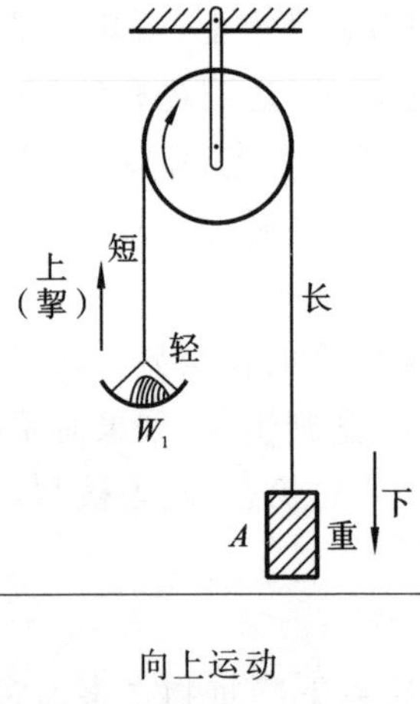 上（挈） 短 轻 W_1 长 下 A 重	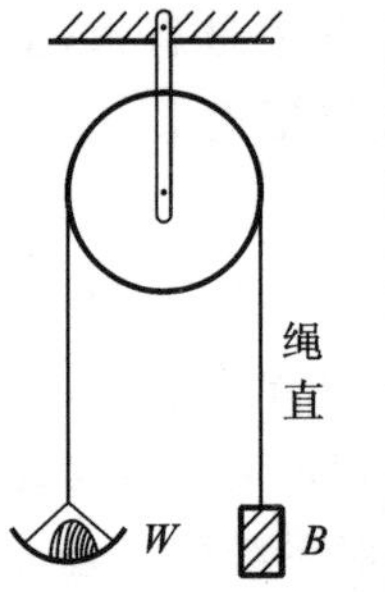 W 绳直 B	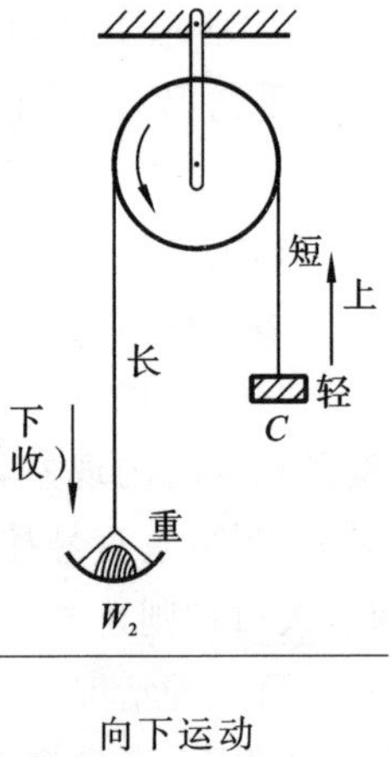 短 上 轻 C 长 下（收） 重 W_2
实验结果	向上运动	处于平衡状态	向下运动

由兹可见，《经说下》中所叙述的滑轮这种机械装置，可以模拟权比物重、权与物等重、权比物轻等情况下的运动状态，演示提升重物或下落重物的实际情况。

① 方孝博：《墨经中的数学和物理学》，中国社会科学出版社 1983 年 7 月第 1 版，第 59-62 页。

(二)从阿特伍德机(Atwood machine)看《墨子》在理论上的成就

力学实验可以分为两类:静力学和动力学。因为摩擦力的存在,静力学演示平衡的实验一般都是成功的,摩擦力能消去外加的力对平衡造成的影响;而在演示物体运动的实验中则恰好相反,摩擦力的影响要减到最小的程度以使得作用力与被加速的物体的质量二者之间的关系能清楚地看出。《经说下》中所描写的这种机械在权比物重、权与物等重和权比物轻这三种情况下的运动状态,虽然是从如何提升重物或重物下落这个实验目的出发,较为粗略,但在演示实验的思想方法上,与现代力学实验的描述相似。十八世纪末英国阿特伍德(George Atwood,1746－1807 年)发明的研究落体运动规律的著名机械——阿特伍德机(Atwood machine),[①]是用于测量加速度及验证运动定律的机械,它与《墨子》利用滑轮这种简单机械装置模拟力学实验的思想,同出一辙。

将《墨子》的论述与阿特伍德机模型对比,不难看出《墨子》在实验方法与技术思想上的成就,[②]如表 3.7 所示。

表 3.7 《墨子》的论述与阿特伍德机模型对比

项目	墨子	阿特伍德
时间	墨子(约前 468—前 376)	乔治·阿特伍德(George Atwood,1746—1807 年)
实验时间	《墨子》"经"与"经说",出现于公元前 4 世纪前后	《论物体的直线运动和转动及与此相关的一些原始实验》,发表于 1784 年

① John Cox. *Mechanics*. Cambridge University Press,1904,P140.

② 漆安慎、杜婵英:《力学》,高等教育出版社 1997 年 5 月第 1 版,第 72-73 页。阿特伍德机(Atwood machine,又译作阿特午德机或阿特午机),是由英国牧师、数学家兼物理学家的乔治·阿特伍德)在发表的《关于物体的直线运动和转动》一文中提出的,一种用于测量加速度及验证运动定律的机械。此机械现在经常出现于学校教学中,用来解释物理学的原理,尤其是力学。

续表

项目	墨子	阿特伍德
原理简图	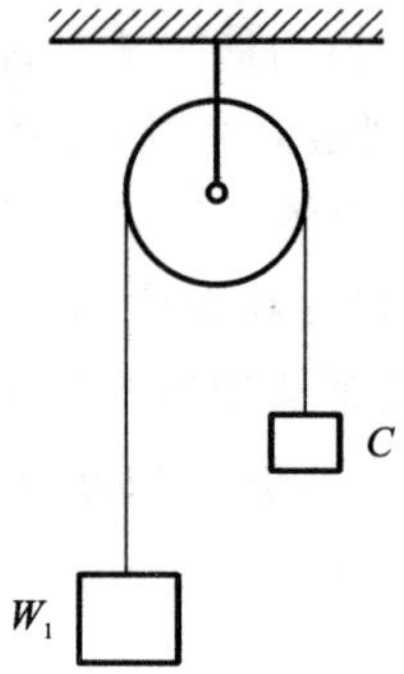 C W_1	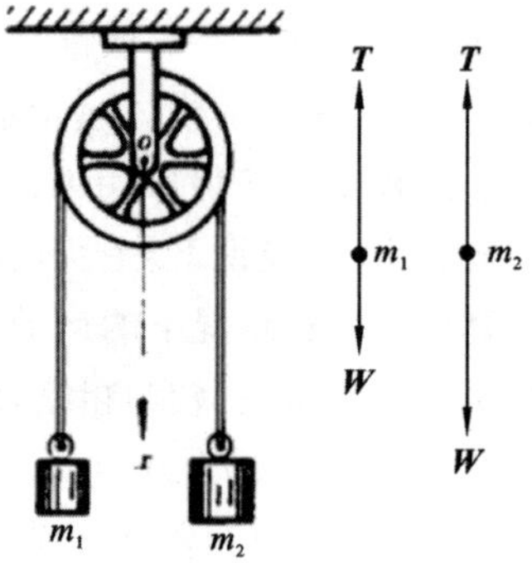 T T m_1 m_2 W W m_1 m_2
演示条件	不计定滑轮的质量,不计绳的质量,且绳不可伸长,以地面为参考系;或一根质量近似为零、几乎没有形变伸长的细绳跨在一个光滑的、无转动的滑轮上,绳子的两端分别挂着两个重量略为不等的重物	一个理想的阿特伍德机包含两个物体质量 m_1 和 m_2,以及由无重量、无弹性的绳子连接并包覆理想且无重量的滑轮。当 $m_1=m_2$ 时,机器处于力平衡的状态;当 $m_2>m_1$ 时,两物体皆受到相同的等加速度
实验目的	测试重物运动状态,即物体上升、下降的状况。“挈,长重者下,短轻者上;上者愈得,下者愈亡。绳直,权重相若,则止矣。收,上者愈丧,下者愈得;上者权重尽。”	测试 m_1 和 m_2 的加速度 $\boldsymbol{a}$。测试滑轮的角速度 $\boldsymbol{\alpha}$ 用于测量加速度及验证运动定律
实验结果	当 $W_1>C$ 时,系统处于上升的状态; 当 $W_1<$ 时,系统处于下降的状态; 当 $W_1=C$ 时,系统处于力平衡的状态	当 $m_1=m_2$ 时,系统处于力平衡的状态。当 $m_1<m_2$,或 $m_1>m_2$ 时两物体皆受到相同的等加速度。 可以测试计算重力加速度,等加速度方程式为: $\boldsymbol{a}=g\dfrac{m_2-m_1}{m_1+m_2}$ 张力方程式为: $\boldsymbol{T}=g\dfrac{2m_1m_2}{m_1+m_2}$

续表

项目	墨子	阿特伍德
作用	应用滑轮装置以升降重物的原理	理想的阿特伍德机实验可以用来解释物理学的原理，尤其是力学，证明牛顿第二定律
数学方法	利用初等数学可解	应用微积分计算求解

力学的基本概念与规律，是力学的核心。墨子时代比阿特伍德早二千多年，其《经下》与《经说下》，含义之深，从未被人揭示，历史上墨经之校、注、笺、释甚众，可知《墨子》释解之难；而通过《墨子》的论述与阿特伍德机模型对比，《墨子》在科学史上的价值一目了然。

三、《墨子》论述斜面与轮轴原理

同水平面成一倾角的平面，其倾角通称为升角，沿斜面提升物体比垂直提升要省力。基于这一力学原理，材料的上运，斜面提升是一个很好的方法。利用斜面，可达事半而功倍之效。这种斜面省力的经验，早为古人在日常生活中所利用。《墨子》"经下""经说下"论述了斜面的具体使用及其力学原理。

(一)倚者不可正，载弦其轱

《经下》："倚者不可正，说在梯。"

《经说下》："两轮高，两轮为輲，车梯也。重其前，弦其前，载弦其前，载弦其轱，而县重于其前。是梯，挈且挈则行。凡重，上弗挈，下弗收，旁弗劾，则下直；杝，或害之也。流梯者不得下，直也。今也废石于平地，重，不下，无旁也。若夫绳之引轱也，是犹自舟中引横也。"

斜面是一种简单机械，方孝博《墨经中的数学和物理学》一书中，详细论述了《墨子》分析和比较物体在斜面上运动的性质，并及自由落体运动以及水平运动。

"梯"代表斜面，人可以沿着斜面向上行，所以墨经把斜面叫作"梯"。"倚"是倾斜的意思，"正"是水平或垂直的意思。"倚者不可正"，意谓"梯"的面必须使其倾斜，不能使其水平或垂直；如果水平或垂直，那就丧失斜面的功用了。"说在梯"，犹言"例如梯"。《经说下》以"车梯"这个机械为例来申明《经》旨。根据《经说》内容推测，"车梯"大概是当时建筑工人或搬运工人由平地升登高处或将重物运送到高处时所使用的工具，战争时则可改造成为攻城的云梯，如《墨子·公输》所载："公输盘为楚造云梯之械。"

"重其前，弦其前，载弦其前，载弦其轱，而县重于其前"者，輲在前，轮在后，长木板的大半部分在轮之前面，因而重心必偏在前，故曰："重其前。"但仅赖木板本身之重还不够，必须设法加重于车之前，所以接着就叙述如何增加车前重量的方法。"弦"指绳索，此处是动词，"弦其前"意谓用一根绳索系在车之前端。"载弦其轱"，则指此绳下垂拄地而言，语义各有所指，并非重复。"是梯，挈且挈则行"，说明这个"车梯"如何在地上运行的方法。意谓这种车梯如果要把它从一个地方运行到另一个地方去，人应把车前悬着重物的那个绳子提起来，将绳端解开，取去重物，然后将绳挽在肩臂上，用力向前拉车。由于人的肩臂一般相对于后轮的半径为高，拉车的绳子的方向是斜着向上的；人施于绳上的力可以分解为水平方向和垂直方向两个分力，水平方向分力引车水平前进，垂直方向分力则克服车前端重力，使两个輲脱离地面而升起。[①]

"挈且挈则行"，介绍车梯的形制和用法。前一个"挈"字指提挈绳端重物而去之，后一"挈"字指挈车的前端离地而起，文字简洁，尽其周密。

在《墨经中的数学和物理学》一书中，方孝博认为：《墨子》"经下""经说下"，详细论述了物体在斜面上运动的规律。凡重物如仅受重力的作用，必将垂直下落；如果它下降的方向是斜的，必由于它的运动被限制在一个斜面上，或者它在运动中同时又受了某一非垂直方向的力的作用。所以说："凡重，上弗挈，下弗收，旁弗劾，则下直；杝，或害之也。"

墨经指出了物体受重力与绳中拉力的同时作用而缓慢上升或缓慢下降，拉力与重力的方向是平行而相反；"劫"则是非垂直方向的力从旁发生作用，"下直"即垂直自由下落的意思，"杝"就是"斜"字，"害之"，指某种限制、胁迫或牵引。方孝博认为，"流梯者不得下直也"，意谓沿着斜面滑动就不可能是垂直地自由落下了。以上是把斜面上的运动和自由落下的运动相比较来讨论，墨经进一步把斜面上运动和水平面上的静止和运动作比较。"废"就是放置的意思。"今也废石于平地，重，不下，无旁也。"意谓一重石放置在平地上，它有重量，为什么不做下落的运动呢？

---

① 方孝博：《墨经中的数学和物理学》，中国社会科学出版社 1983 年 7 月第 1 版，第 64-65 页。

因为除重力和地面反作用力相互平衡之外并无从旁作用之力，从而与物体在斜面上受一与斜面平行之力的情况不同。

“若夫绳之引轱也，是犹自舟中引横也”，指的是水平面上物体的运动。“绳之引轱”就是上面所说的人拉着车前端之绳引车前进之事，即以本条所论车梯之运行作为一般的平面运动的代表，这正是文章的巧妙。物体作平面运动，依赖水平方向的拉力，例如车梯在绳的牵挽作用下才能前进，与用绳牵引着水面上的舟前横木时舟的水平前进一样。此时物体的重力和地面垂直，对于物体的运动是不发生直接作用的，和斜面上物体是在重力的一个分力作用下而运动的情况又不相同。《墨子》把斜面运动既不同于自由落体运动又不同于水平面上运动的原理，分析得清晰易懂。[①]

（二）倚，倍、拒、掔，倚焉则不正

《经说下》：“倚：倍、拒、掔，倚焉则不正。”（依《墨子闲诂》）

《经下》言“倚者不可正”，《经说》列举当时最常见的四种倚斜的事物以说明其如何的“不可正”。“倍”即“背”字；人负重物于背时，其背必须倾斜，以使人与重物的合重心能适在人足履之正上方，才不至后倒或前扑。有大物将倾，今欲使其不倾，必以木撑拒之、支持之，此支撑之木必与地面倾斜，然后得力。用绳牵曳地上重物前行时，绳和水平面亦恒成倾斜之角，此角愈小，则牵引前进之力愈大。将一物投射至远方，一般要倾斜投出，使物体在空间沿抛物线前进，乃可以及远。在这四种现象中，“倚”，即倾斜，都起着主要的作用，决不能以水平或垂直代替之，所以说“倚焉则不正”。

《经说下》“倚：倍、拒、掔，倚焉则不正。”其义有三：

其一，描述“斜面与轮轴原理”的形制、用法和运动的方法；

其二，论自由落体运动、斜面运动和水平面上的静止和运动；

其三，举“倚，倍、拒、掔”四事，以说明《经下》文“倚者不可正”之旨。“梯”是一种主要的斜面器械，故《经说下》论之；但倾斜现象，在日常生活中利用，甚为普遍。[②]

---

① 方孝博：《墨经中的数学和物理学》，中国社会科学出版社 1983 年 7 月第 1 版，第 62-69 页。

② 方孝博：《墨经中的数学和物理学》，中国社会科学出版社 1983 年 7 月第 1 版，第 68-69 页。

（三）不止，所挈之止于抛

《墨子·经下》论及利用斜面做实验时指出："不止，所挈之止于抛。"就是说，可用斜面提升物体，当改变升角时，所需的牵引力也随之改变，这是墨家在实验中得出的科学结论。

设小车重力为 G_1，斜面角度为 θ，忽略摩擦力，拉动小车的绳索拉力为：

$$T=G_1\cdot\sin\theta$$

在机械技术中，轮轴是固定在同一根轴上的两个半径不同的轮子构成的杠杆类简单机械，实质可看作是一个可以连续转动的杠杆。半径较大者是轮，其半径为 R；半径较小的是轴，其半径为 r。重物重力 G_2 和小车绳索拉力 T 的关系为：

$$T\cdot r=G_2\cdot R$$

综合上述两个公式可得出：

$$G_2= G_1\cdot\sin\theta\cdot r/R$$

R 大于 r，设 $R=4r$，$\sin\theta$ 小于 1，所以 G_2 必定小于 G_1。设 θ 为 $30°$，且轮的直径 R 是轴的直径 r 的 4 倍的典型情况下，$G_2=G_1/8$。可见，斜面和轮轴的应用使得用较小的力就可以驱动重物上升。

功的公式：

对小车从斜面底部滑到斜面顶部，$G_1\cdot H = G_2\cdot L - f\cdot l$。

机械效率

$$\eta=\frac{W_{有用}}{W_{总}}\times 100\% = \frac{G_1\cdot H}{G_2\cdot L}\times 100\%$$

（由几何关系：$\frac{l}{L}=\frac{r}{R}$。）

斜面实验物理原理[①]，如图 3.11 所示。

图 3.11 中，N 表示斜面对小车的支持力，垂直于斜面向上。

$$N = G_1\cdot\cos\theta$$

轮轴和斜面的应用可以省力，但是摩擦会损耗一部分功，整个系统的摩擦均为滚动摩擦，功的损耗不会很大。在主要靠人力和蓄力的古代，轮轴和斜面的应用必不可少。

---

① 徐克明：《春秋战国时代的物理研究》，《自然科学史研究》1983 年第 2 卷第 1 期，第 1-15 页。

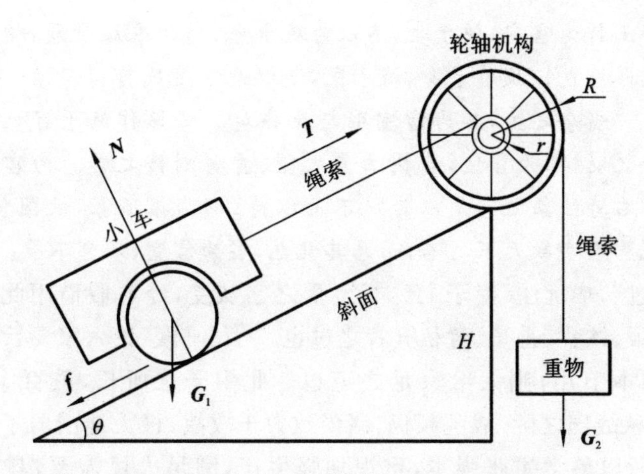

图 3.11 《墨子》关于斜面与轮轴原理图解

在科技史上，科学实验就是在人们探索自然界奥秘的过程中逐步酝酿产生的。《墨子》的论述表明，通过对对象的观察和探索研究对象有关规律，是进行科学研究的重要方法，没有对客观现象细致的观察和有极深刻的思考，就不可能做出这样科学的解释。

第四节
《墨子》论述建筑技术原理

建筑活动是人类一种最基本的社会实践活动。《墨子》关于建筑及其建筑技术的认识与论述，见之于《辞过》诸篇，其言简意赅，颇有深意。

一、宫室便于生，不以为观乐

关于建筑技术的基本原则，《墨子》一书，论述犹详，《辞过》云：

古之民，未知为宫室时，就陵阜而居，穴而处，下润湿伤民，故圣王作为宫室。为宫室之法，曰："室高足以辟润湿，边足以圉风寒，上足以待雪霜雨露，宫墙之高足以别男女之礼。"谨此则止，凡费财劳力，不加利者，不为也。役，修其城郭，则民劳而不伤；以其常正，收其租税，则民费而不病。民所苦者非此也，苦于厚作敛于百姓。是故圣王作为宫室，便于生，不以为观乐也；作为衣服带履，便于身，不以为辟怪也。故节于身，诲于民，是以天下之民可得而治，财用可得而足。当今之主，其为宫室则与此异矣。必厚作敛于百姓，暴夺民衣食之财，以为宫室，台榭曲直之望、青黄刻镂之饰。为宫室若此，故左右皆法象之。是以其财不足以待凶饥，振孤寡，故国贫而民难治也。君实欲天下之治，而恶其乱也，当为宫室，不可不节。

"辞过"，毕沅注《墨子》云："辞：受之字从受，经典假借用此。过，谓宫室、衣服、饮食、舟车、蓄私五者之过也。"[①]司马谈《论六家要旨》称赞墨家说："强本节用，则人给家足之道也。此墨子之所长，虽百家弗能废也。"[②]春秋战国之际，战乱频仍，诸侯致力于攻战，极大地削弱了国之本、民之本，所以墨学主张强本，重视加强生产，满足人民需要，其"强本节用"思想，着重强调了"赖力而生"、"以时生财"以及"尚俭节用"思想。

《墨子》以建筑为例，重点论述了节俭的重要意义。就建筑的功能而言，《墨子》在"辞过"中清楚地表明，"宫室"是不同于"巢穴"的建筑，其之所以区别于"巢穴"，不仅仅是因为"宫室"是对满足遮蔽需求的"巢穴"的超越，重要在于其"足以别男女之礼"。

《墨子》的这些论述，对比罗马时期《建筑十书》中的建筑技术思想，其不仅强调了建筑自身的功能，而且论述了建筑所具有的社会功能与治制功能，凸现了"强本节用"的文化意义以及人文精神和科学精神。[③]

《墨子》与《建筑十书》之比较，如表 3.8 所示。

表 3.8 《墨子》与《建筑十书》之比较

项目	墨子	维特鲁威(Marcus Vitruvius Pollio)
在世时间	约前 468 年—前 376 年	约前 80 年或前 70 年—约前 25 年
代表作	《墨子》	《建筑十书》*De architectura libri decem*

① (清)毕沅注，吴旭民校：《墨子》，上海古籍出版社 2014 年 6 月第 1 版，第 19 页。

② (汉)司马谈：《论六家要旨》，见(汉)司马迁撰：(宋)裴骃集解，(唐)司马贞索隐，(唐)张守节正义：《史记》，中华书局 1974 年 3 月第 1 版，第 3291 页。

③ (古罗马)维特鲁威著，高履泰译：《建筑十书》，中国建筑工业出版社 1986 年 6 月第 1 版。此书主要根据日文版本译出，又以英文版本对照补充，并将哈佛大学 M. H. 摩尔根教授的有关插图收入其中。

续表

项目	墨子	维特鲁威(Marcus Vitruvius Pollio)
建筑功能	宫室之法,室高足以辟润湿,边足以圉风寒,上足以待雪霜雨露,宫墙之高足以别男女之礼。 谨此则止,凡费财劳力,不加利者,不为也	建筑必须满足三个基本要求:坚固、实用、美观。 把人体的自然比例应用到建筑的丈量上,并总结出了人体结构的比例规律
设计理念	圣王作为宫室,便于生,不以为观乐也;作为衣服带履,便于身,不以为辟怪也。故节于身,诲于民,是以天下之民可得而治,财用可得而足。 当为宫室,不可不节	建筑构图原理主要是柱式及其组合法则(见古典柱式),建筑物"匀称"的关键在于它的局部、整体都以一个必要的构件作为度量单位

建筑是人造之物,其技术思想是人们对自己造物的理解、思考。《墨子》有关建筑技术及其理论方面的论述,见之于《经下》《经说下》诸篇。

二、堆之必柱,说在废材

墨子探讨了在建筑工程进行中,砌放砖石材料时建筑物中砖石受力情况。

《经下》云:"堆之必柱,说在废材。"

《经说下》云:"堆(依《墨辩发微》):并(依毕沅),絫石,耳夹帚者(依《墨辩发微》),法也。方石去地尺,关石于其下,县丝于其上,使适至方石,不下,柱也。胶丝去石,挈也。丝绝,引也。未变而名易,收也。"

此《经下》《经说下》,谭戒甫《墨辩发微》认为:"本条似论建筑(building)之术。"他指出:"《集韵》:'堆,聚土也。'按此'堆',犹今言砌。""此'柱'似谓墙壁下之石基;盖石亦屋之主也。屋必石基立,而后墙壁得以支柱,故曰'堆之必柱'。""'废',置也。《周礼·太宰职》以石为八材之一。《尚书·大传》:'大夫有石材。'郑注:'石材,柱下质也。'按质即破……石取其坚,柱破用之;屋基亦用之,故曰:'说在废材'。""毕沅云:"研,并字异文。""按研,并之繁文。'絫',厽之繁文。《说文》:'厽,絫坺土为墙壁。'则此'絫石'犹云絫石为墙壁耳。'耳',佴之省文,""《尔雅·

释言》:‘佴,貳也。’郭璞注:‘佴次为副貳。’”

“《尔雅·释宫》:‘室有东西厢曰庙。’郭璞注:‘夹室,前堂。’又云:‘无东西厢,有室曰寝。’郭注:‘但有大室。’邢昺疏:‘凡大室有东西厢、夹室、及前堂有序墙者曰庙,但有大室者曰寝。’按《释名》《释宫室》:‘夹室在堂两头,故曰夹也。’叶德炯曰:‘庙制:中为太室,东西序外为夹室,夹室之前小堂为东西厢。’然则佴夹寝者:寝为太室,夹即夹室,佴为东西厢,盖即《觐礼注》所谓‘相翔待事之处’,故有副貳之义耳。《说》首言堆,‘研’石者,并合诸石也。‘絫石’者,累石至高成墙壁也。‘耳夹帚者’,谓相次建成东西厢夹室及寝庙也。”①

谭戒甫所注“并,絫石,耳夹帚者法也。”意谓并与絫石是建筑东西厢、夹室与寝庙之法。张惠言云:“谓匠人作室垒石之法也。”是也。建筑是建筑物与构筑物的总称,是人们为了满足社会生活需要,利用所掌握的物质技术手段,并运用一定的科学规律、生态理念和美学法则创造的人工环境,期于坚固美观。古之住宅简朴者,或絫土为墙,或茅茨为盖;宫殿高敞者,如宗庙、太室、夹室、东西厢等,乃用研、絫石之法,此即本条《经说下》前面三句之义。②

由是观之,《墨子》论及建筑技术,首先以建筑材料为题,详言石材,说明石材在建筑中的重要地位,显示出先秦建筑宜石则石、宜木则木的事实,乃至有“宫室台榭曲直之望、青黄刻镂之饰”的描写,彻底否认了“中国建筑以木结构建筑为主,西方的传统建筑以砖石结构为主”的时论而有余。

对这条《经下》《经说下》的内容,亦另有解释。徐克明认为:《经下》文中“推之必往”的“往”应作“拄”。《经说下》中“堆:坍石,絫石,耳夹帚者,法也”的“坍”即“并”,“絫”即“垒”,“耳”即“佴”,“帚”即“寝”。“去地尺”应作“去地石”,“柱”应作“拄”,“未”应作“末”,“变”应作“孿”,“收”应作“扳”。废是放置;佴是按规矩做;寝是卧,引申为平放;关是入;胶是固定;末指丝线末端。孿是攀,名是概念,易是变化。徐克明认为:“墨家还探讨了建筑物中砖石受力情况,指出在工程进行中,砌放砖石材料时,把一块材料堆垒上去,它必定要受到下面材料的支撑(“堆之必拄,说在废材”)。他进一步指出,每层并砌和层层垒砌石料要按一定的规矩互相夹

① 《墨辩发微》中《经下》的第二十九条,见谭戒甫:《墨辩发微》,载《新编诸子集成》,中华书局1964年6月第1版,第270-272页。

② 方孝博:《墨经中的数学和物理学》,中国社会科学出版社1983年7月第1版,第70页。

持着砌放，是一种法式（“并石，象石佴夹帚者，法也。”）。”[①]砖墙、石墙砌筑法式，如表 3.9 所示。

表 3.9　砖墙、石墙砌筑法式

项目	顺切法之砖石墙	一顺一丁交砌法之砖石墙
砖墙砌筑法式	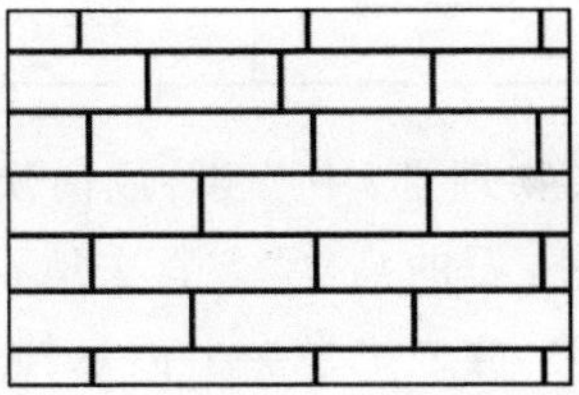	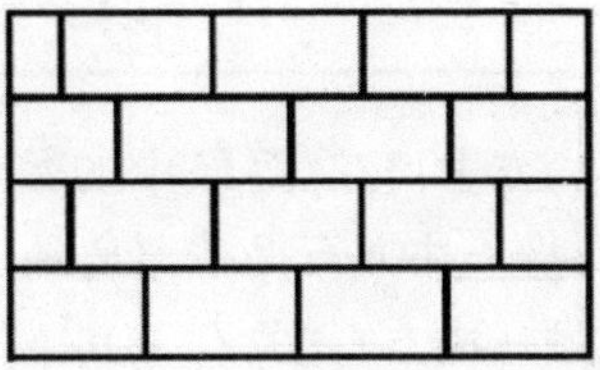
石墙砌筑法式		

《墨子》所载建筑法式的力学根据是通过一个模拟实验，回答这个问题。这个模拟实验能够具体演示在建筑物中石料受到的各种力[②]，如表 3.10 所示。

表 3.10　堆石和悬石中力的分析

“并石累石”	第一种力	第二种力	第三种力	第四种力
力的名称	柱（支持力）	挈（力）	地心引力	收（力）
墨经的定义	“方石去地尺，关石于其下，县丝于其上，使适至方石，不下，柱也。”“柱”即支持力，是下石施加于上石的	“胶丝去石，挈也。”	“丝绝，引也。”	绳子对方石之力为“挈”，方石对绳子之力为“收”。“未变而名易，收也。”

① 徐克明：《春秋战国时代的物理研究》，《自然科学史研究》1983 年第 2 卷第 1 期，第 5 页。

② 徐希燕：《墨学研究》，商务印书馆 2001 年 2 月第 1 版，第 171-176 页。

续表

“并石累石”	第一种力	第二种力	第三种力	第四种力
姘石累石	柱(支持力)	挈(力)	地心引力	收(力)

方孝博在《墨经中的数学和物理学》中分析：取两块同样大小的方石，将一块方石提举到离地一块方石的高度“方石去地石”，在它下面放进另一块方石“关石于其下”。关，放入之意。上面悬挂一条丝线，使下端刚好够着上面一块方石即“县丝于其上，使适至方石”。然后，演示上面一块方石所受到的四种力的作用：堆石(左)和悬石(右)中力的分析，①如图 3.12 所示。

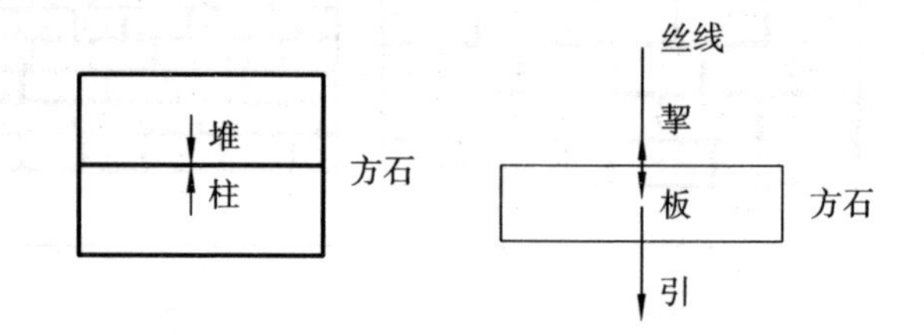

图 3.12　堆石(左)和悬石(右)受力分析图

(1)支撑：上面一块方石不落下来，是由于受到下面一块石料的支撑，即“不下，柱也”，如图 3.11 左。

(2)提举：把丝线固定在上面一块方石上，再把下面一块方石取走，这样前者就受到丝线的提举，即“胶丝，去石，挈也”，如图 3.11 右所示。

(3)牵引：丝线断了，是由于上面一块方石受其本身重量所牵引，即“丝绝，引也”。

(4)拉扯：上面一块方石由于自重而往下扳着丝线的末尾，概念就变了，成为拉扯，即“未变而名易，收也”。墨家对于建筑物中每块石料以及砖、土坯，可能受到的上下方向的诸力的作用，已经讲得相当完整、清楚。

观察、实验、思考是科学探究的重要方法。《墨子》是通过实验的方法，探讨建筑物中砖石受力情况，这些实验表明，《墨子》所处的时代建筑技艺的创新，不仅表现于建筑中砖石应用的进步等诸方面，更重要的是

① 方孝博：《墨经中的数学和物理学》，中国社会科学出版社 1983 年 7 月第 1 版，第 71 页。

《墨子》“经下”，“经说下”论述了建筑物中砖石受力情况，论及建筑技术的理论，这是其技术思想的重要成果。

三、建筑横梁的承重实验

在建筑的力学研究中，往往要做横梁承重实验。《墨子》介绍了这样的实验，并做出初步的力学解释，仍见“经下”“经说下”。

《经下》：“负而不挠，说在胜。”

《经说下》：“负，衡木(如)加重焉而不挠，极胜重也。右校交绳，无加焉而挠，极不胜重也。”

(一)负而不挠，说在胜

“负而不挠，说在胜”，是言若横梁承受某负荷而不挠曲，则说明此横梁是胜任此负荷的。《经说下》中的“负，衡木(如)加重焉而不挠，极胜重也”，则言横梁承重实验。“衡木加重焉而不挠”，《汉书·律历志》云：“衡，平也。所以任权而均物乎轻重也。”故“衡”指衡量、称量。关于“加”，毕云：“旧作‘如’，以意改。”所言是也。衡木只有加重，才有弯曲的可能性。① 如图3.13所示。

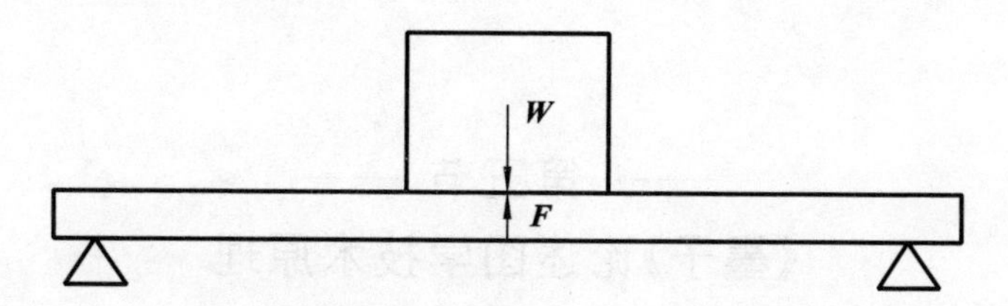

图3.13 横梁承重实验图：横梁抗弯力胜任外加荷重 w，不产生显著挠曲

《墨子》所述，在横梁承重实验中，是横放一根木材，即“横木”，两端支起，来模拟建筑物中的横梁；又在上面加上负荷，即“加重”，来模拟横梁在建筑物中所受到的负荷，如图3.12所示。若此时横木不挠曲，即“不挠”，则说明此横木是胜任此载重的，即“胜重”。从力学上说，是什么胜任荷重呢？是强度，《墨子》称为“极”。据《广雅》，“极”字的一个含意是倦。倦是力尽，因此，可将“极”字解释为强度。

当然，“极”字一词只能单纯从其字面理解为强度，而并非当时墨家

① 徐克明：《春秋战国时代的物理研究》，《自然科学史研究》1983年第2卷第1期，第4页。

已具有现代材料力学强度的严格概念。任何科学技术理论，都是对某种经验现象或事实的科学解说和系统解释，它是由一系列特定的概念、原理（命题）以及对这些概念、原理（命题）的严密论证组成的知识体系。《墨子》中提出的“加重”“胜重”“不挠”“极”等古代力学概念，这在当时的技术条件下，已是难能可贵的科技成果。

（二）无加焉而挠，极不胜重也

作为不能胜任负荷的横梁的极端的例子，他们又取两根木材用绳索捆绑成为连木，“右校绞绳”，校是连木，支放如上。显然，这样的连木就是不加荷重也会由于自重而挠曲，即“无加焉而挠”，说明其强度是不胜任任何荷重的，即“极不胜重也”。如图 3.14 所示。

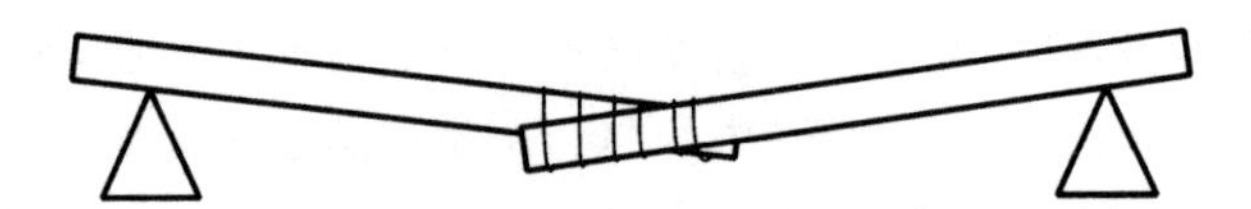

图 3.14　连木不加荷重，由于自重而挠曲示意图

横梁在承重的情况下，总是要产生一定的挠曲的。《墨子》所谓“不挠”，只是挠度很小，不易察觉而已。[1]

第五节
《墨子》论述图学技术原理

《墨子》是我国古代第一部系统论述几何学、图学理论、图学思想的科技史著作。《墨子》的记载表明：图、图样与文字、数字一样，在人类的社会进步和科技发展过程中起着不可替代的作用。《墨子》一书中有关图学的内容与论述，是对图学技术实践与图学知识理论的总结，反映中国文化的图学传统和科学探索精神。

① 徐克明：《春秋战国时代的物理研究》，《自然科学史研究》1983 年第 2 卷第 1 期，第 4 页。

一、《墨子》中有关图的记载

古往今来，图和图样，一直是人们表达和交流技术思想的重要工具，在科学研究与工程技术中，由于“形”的信息的重要性，工程技术人员都把反映“形”的图和图样看作最为重要的技术语言，图和图样是工程技术部门的一项最为重要技术文件。因此，图与图样的绘制水平及其理论，是科学技术发展的重要标志，也是工程技术人员必须具备的基本素质及基本技能之一。

《墨子》一书中，“图”字仅两见，然“图”在书中的意思，并无图学的意义。《墨子》中的“图”字，一是作为动词之用；二是作为名词之用，如“绿图”之“图”。

其一，《墨子》“修身第二”：“务言而缓行，虽辩必不听；多力而伐功，虽劳必不图。”孙诒让《墨子闲诂》中的疏云：“图，谋也。《春秋传》曰：‘劳之不图，报于何有’。”“图”，作为动词之用。

其二，《墨子》“非攻第十九”：“‘天命周文王，伐殷有国。’泰颠来宾，河出绿图，地出乘黄。”此“图”字，虽为名词，但非工程技术意义上的“图形”“图样”。孙诒让《墨子闲诂》，河出绿图。《北堂书钞·地部》引随巢子云：“姬氏之兴，河出绿图。”《吕氏春秋·观表篇》云：“绿图幡薄从此生矣。”《淮南子·淑真训》云：“至德之世，洛出丹书，河出绿图。”《易纬干凿度》云：“昌以西伯受命，改正朔，布王号于天下，受箓应河图。”绿，箓通。绿图，即箓图，即图箓、图谶。预言吉凶得失的文字。三国时期魏李康《运命论》：“名载于箓图，事应乎天人。”

《墨子》中的“图”字，尽管没有工程技术上“图”的意义，但《墨子》中对图学知识的记载以及几何学的内容，较之先秦文献，着实最为丰富。梁启超(1873—1929年)认为，墨子“形”的理论基础，严密可靠；在其《墨经校释》中，梁启超不称“图学”，而名“形学”，实有其宗旨。《墨子》“形学”所论，包括图学的基本概念：点、线、面、体的定义及相互逻辑关系，图形空间的比较方法，有穷与无穷的问题，方、圆、直线等几何性质等。墨家徒属，多为技术工作者，所以《墨子》中的图学知识多侧重于工程技术所亟须的几何学知识，这些极大地丰富了人们对中国古代对图形的实践与认识以及图学知识与理论的看法。

二、《墨子》对几何基本概念的论述

有关墨子及其学派论及几何学、图学方面的内容，主要见之于《墨子》一书中的《经上》《经下》《经说上》《经说下》《公输》《备城门》诸篇，除几何学等方面问题论述之外，它还包括对光学、力学、逻辑学从理论上所进行的探讨。特别是《墨子》一书所讨论的图学、几何学基本概念及其定义、对投影的认识，是中国先秦数学理论及其图学理论研究最为系统的论述。

（一）《墨子》对几何学基本概念的论述

从图学发展的历史来看，图形与图样的本身，是一个不断变化的基本概念，它随着人类文明的进步而不断完善。今天，科学技术上所说的图形与图样，大多是指能用数学方法描述的图形，它构成了科学与工程发展的基础。图学的核心是几何，图学是与几何学同步发展的科学，图学的历史也是几何学的历史，早期的画法几何也是几何学的一部分。因此，对图学基本概念，譬如点、线、面、体的定义，往往反映了人们对图学的基本认识及其水平。

在工程制图中，按照已知条件，做出所需要的几何图形是图学中必不可少的组成部分，也是表现制图者几何观点和作图技能的重要手段，同时，也反映了绘制者逻辑思维能力。《墨子》中关于图学，特别是几何学概念及定义，在《经上》《经下》《经说上》《经说下》四篇、凡十九条。《经上》《经下》所载为定义，《经说上》《经说下》则为对其中各条的解释和说明。四篇之中，脱误既多，疑文错简，莫可校正，尤不易读。清代孙诒让参综考究、校疑释滞，成《墨子闲诂》十五卷，实集墨学之大成。近几十年来，学者于《墨子》研究中阐发科学理论者甚多，其互相阐绎、大有端绪，这就为探讨《墨子》中的图学，以及几何学提供了研究的基础。尽管《墨子》中几何学概念和图学理论并没有用数学方程式和几何图来表达，但确含有丰富的数学概念，严密的逻辑推理和深邃的图学思想，构成相当完整的理论体系和细密深入的分析与论证。

《墨子》中有关几何学概念的命题与定义多与今异，其文字虽简约，但可以达理、可以达情、可以及物。如称点为端、称线为尺、称面为区、界内部分为间、形体的界为有间等，墨子用端、尺、区、界的概念，即从点、线、面、体的角度来理解空间物体存在的形状。蕴涵了图形问题几何化，复杂问题简单化的思想！这与今天的工程图学、计算机图形学、计算机图像学等学科在理解"图形学与可视化""视觉与图像""几何设计与计算"所作的表述方法，是完全一致的。《墨子》从"形"的几何学的角度揭示图的本质，给出了"形"与"图"的科学表述。

（二）《墨子》中图学、几何学基本概念的科学价值

《墨子》中图学、几何学基本概念的定义，在图学史上有十分重要的意义。中国科学史家、英国学者李约瑟，在研究了《墨子》中图学、几何学基本概念的定义后，他认为："我们发现，希腊的数学并非没有代数学（这以250—275年著名的丢番都为其顶峰），中国的数学也不是没有理论几何学的某种萌芽。这些幼芽没有得到发展是中国文化的特征之一。包含着这些幼芽的命题见于墨经，但由于这样或那样的原因，这些命题似乎至今尚未为数学史家们所知。这部古代著作以不同程度涉及物理学的几乎所有分支，现在人们相信它是在公元前330年前后问世的。"①

特别是，《墨子》一书史载凿凿，确可信据。在成书时间上要比欧几里得（Euclid，前330？—276？年）几何学著作《几何原本》提前一个多世纪；今天通过东西方对比分析，就可以看出《墨子》几何学、图学概念所具有的科学价值。

古希腊欧几里得传到今天的著作并不多，最著名的《几何原本》，大约成书于公元前300年，后于《墨子》一百余年，此书集前人思想和欧几里得个人创造于一体。人们可以从这部书详细的写作笔调中，看出欧几里得真实的思想底蕴。

《几何原本》原书早已失传，现存的文本，全书分卷十三。书中包含了五个"假设（postulates）"、五条"公设（common notions）"、二十三条定义（definitions）和四十八个命题（propositions）。在每一卷内容当中，欧几里得都采用了与前人完全不同的叙述方式，即先提出公理、公设和定义，然后再由简到繁地证明它们；并论述了一些关于透视、圆锥曲线、球面几何学及数论的基本理论。在整部书的内容安排上，也同样体现了欧几里得独具匠心的安排，它由浅到深、紧凑明快，先后论述了直边形、圆、比例论、相似形、数、立体几何以及穷竭法等内容。其中有关穷竭法的讨论，成为近代微积分思想的来源。这使得全书的论述，被广泛地认为是

---

① （英）李约瑟：《中国科学技术史·第三卷：数学》，科学出版社1978年版，第201-214页。

历史上最成功的教科书，成为欧洲数学的基础。[①]

就数学发展的历史而论，古希腊欧几里得《几何原本》这部书，基本囊括了几何学从公元前7世纪的古埃及，一直到公元前4世纪——欧几里得生活时期——前后总共400多年的数学发展历史。它不仅保存了许多古希腊早期的几何学理论，而且通过欧几里得开创性的系统整理和完整阐述，使这些远古的数学思想发扬光大。

欧几里得开创了古典数论的研究，在一系列公理、定义、公设的基础上，创立了欧氏几何学体系，成为用公理化方法建立起来的数学演绎体系的最早典范。欧几里得使用了公理化的方法，这一方法后来成了建立任何知识体系的典范，在差不多二千年间，被奉为必须遵守的严密思维的范例。

《墨子》中的几何内容和图学思想，几与古希腊欧几里得《几何原本》相对垒，代表了中国古代在数学理论研究方面的成果，极大地推动了人们对按几何法则将空间物体表示在平面上的方法的研究，也为中国工程制图及图学的发展奠定了几何学的基础。魏晋时期的刘徽（约225—295年），在数学的研究上直接受到墨子图学思想的影响，他在公元263年撰写的著作《九章算术注》"序"中强调"析理以辞，解体用图"，[②]并用几何图形显示空间形体，实乃墨子图学思想之余绪。

《墨子》与《几何原本》有关图学、几何学基本概念定义的比较[③]，见表3.11

表3.11 《墨子》与《几何原本》有关图学、几何学基本概念的定义

项目	墨子	欧几里得(Euclid)
在世时间	墨子（约前468—前376年）	欧几里得（Euclid 前330？—276？年）
代表作品	《墨子》的"经"与"经说"，出现于公元前4世纪前后	《几何原本》，发表于前300年左右

① 梁宗巨：《几何原本》"导言"，见（古希腊）欧几里得著，兰纪正、朱恩宽译，梁宗巨、张毓新、徐伯谦校：《几何原本》，译林出版社2014年10月第1版，第10页。

② 《九章算术注》"序"，见（魏晋）刘徽：《九章算术注》。又见（清）戴震校：《武英殿聚珍版丛书》，载郭书春主编：《中国科学技术典籍通汇·数学卷（第一册）》，河南教育出版社1993年1月第1版，

③ （古希腊）欧几里得著，兰纪正、朱恩宽译，梁宗巨、张毓新、徐伯谦校：《几何原本》，译林出版社2014年10月第1版，第1-3页。

续表

项目	墨子	欧几里得(Euclid)
点的定义	《经上》第61条："端，体之无序而最前者也。" 《经说》："体也若有端，端是无同也。"	第1卷定义1.点是没有部分的； 第1卷定义3.一线的两端是点
线的定义	《经上》第57条："直，参也。" 《经下》第38条："参，直之也。"	第1卷定义2.线只有长度而没有宽度
面的定义	《经上》第62条："有间，中也。" 《经说》："有间，谓夹之者也。" 《经上》第63条："间，不及旁也。" 《经说》："间，谓夹者也。尺，前于区穴，而后于端，不夹于端与区内。"	第1卷定义5.面只有长度和宽度； 第1卷定义6.面的边缘是线； 第1卷定义7.平面是它上面的线一样地平放着的面
体的定义	《经上》第55条："厚，有所大也。" 《经说》："厚，惟无所大。" 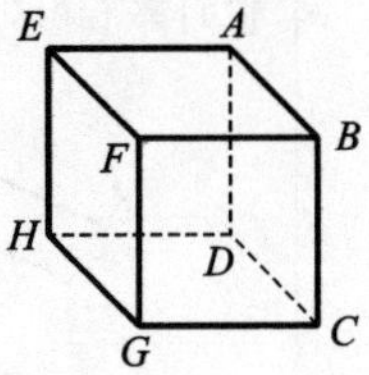 E A F B H D G C	第11卷定义1.体有长、宽和高； 第11卷定义2.体的边界是面 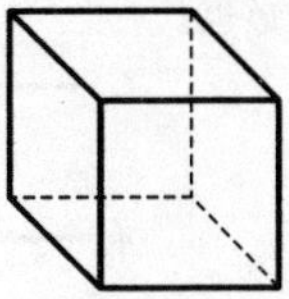
正方形的定义	《经上》第59条："方，柱隅四讙也。" 《经说》："方□矩见支也。" 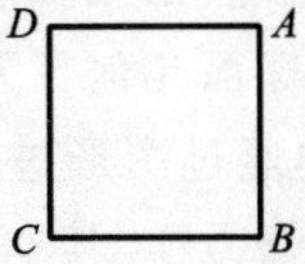  D A C B D A C B	第1卷定义22.在四边形中，四边相等且四个角是直角的，叫作正方形。角是直角，但四边不相等的，叫作长方形。四边相等，但角不是直角的，叫作菱形。对角相等且对边也相等，但边不全相等且角不是直角的，叫作长菱形。其余的四边形叫作不规则四边形。 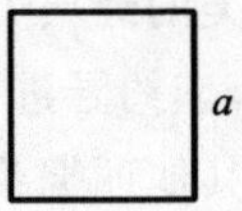 a

续表

项目	墨子	欧几里得(Euclid)
圆的定义	《经上》第58条:"圆,一中同长也。" 《经说》:"圆,规写支也。" 《经上》第54条:"中,同长也。" 《经说》:"中心,自是往相若也。" C B O D A　D A O B C	第1卷定义15.圆是由一条线包围成的平面图形,其内有一点与这条线上的点连接成的所有线段都相等。 第1卷定义16.而且把这个点叫作圆心。 d r
平行线的定义	《经上》第52条:"平,同高也。" 《经说》:"□谓台执者也:若弟兄。一然者,一不然者,必不必也。是非必也。" C D h_1 h_2 A B	第1卷定义23.平行直线是在同一平面内的一些直线,向两个方向无限延长,在不论哪个方向它们都不相交。 B A D C

同样,几何学的成功,揭开了西方人认识自然的序幕,柏拉图(Plato,约前427—前347年)有"不懂几何学者勿入此门"的名句。在欧几里得所处的时代,人们寻找能用尺、规作出图形的方法,即用直尺和圆规作几何图形、三等分任意角等传统几何三大难题,都来源于《几何原本》。后来又出现了非欧几何(即黎曼几何)——球面几何。无论如何,《几何原本》所体现的图示法与图解法,都是人类通过图形进行思维、表达的典范。在世界文明史上占有重要地位的牛顿力学,其本质也是几何力学,正是借助几何表达和分解的方法,牛顿(Isaac Newton 1643—1727年)才创立了完美的经典力学,为近代科学的发展奠定了坚实的基础。

所以,李约瑟进一步强调:"墨经这些残存的资料和中国古代和中古代的许多其他证据都完全排除了任何一种认为中国古代缺乏几何思想的猜测——尽管中国几何学是一种对于事实的认识,而不是逻辑推理,并且代数的思潮以及它自己的逻辑推理形式在中国一直占有支配地位。

然而,墨家曾经明显地企图从实践知识过渡到哲学的范畴,他们的做法也许多少加深了人们从时间上的紧密相符所得到的下述印象:中国人曾经完全不受西方的影响而独立地工作过。”[1]

三、《墨子》对投影理论的论述

确实,《墨子》所论几何学的概念,并不是打算用演绎推理的办法去证明任何几何定理,而是探讨投影几何与测量有关的事实,这在墨子的图学思想与理论中表现得十分明显。这是因为在人类文明历史的进程中,图学一直是人们认识自然,表达、交流思想的主要形式之一。从象形文字的产生到现代科学技术的发展,人类的活动始终与图学有着密切的联系。图学的重要性可以说是其他任何表达方式所不能替代的。图学要解决的问题包括图示法和图解法两部分内容。图示法主要研究用投影法将空间几何元素——点、线、面的相对位置及几何形体的形状表示在图纸平面上,同时必须可以根据平面上的图形完整无误地推断出空间表达对象的原形,即要在二维平面图形与空间三维形体之间建立起一一对应的关系。

投影法的基本概念:一是要有光线,二是要有被投影的物体,三是要有投影所在的平面。此三者构成投影的基本条件。当人们将物体放在光源和预设的平面之间时,在该平面上便呈现出物体的影像。如果将这种自然现象加以几何抽象,就可得到投影方法。

现代图学理论的投影原理示意图[2],如图 3.15 所示。

设定平面 P 为投影面,不属于投影面的定点。S(如光源)为投射中心,投射线均由投射中心发出。通过空间点 A 的投射线与投影面 P 相交于点 a,则 a 称为空间点 A 在投影面 P 上的投影。

这种按几何法则将空间物体表示在平面上的方法称为投影法。投影法是图学的基本理论。《墨子》论投影的理论,见之于“经”、“经说”所论光学部分。钱临照《释墨经中光学力学诸条》一文指出:“《墨子》中之光学,虽仅八条,为文才得三百四十三字,而其条理之有序,秩然而成章,遇非本书其他诸条所能及。《墨子》之涉名学者,前后四十余条,涉形学

---

① Joseph Needham: *Science and Civilization in China*, Volume Ⅲ *Mathematics*, Cambridge University Press,1959,P1-168. 中文译本《中国科学技术史・第三卷:数学》,科学出版社 1978 年 7 月第 1 版,第 201-214 页。

② 张世钧等编译:《投影几何学》,东北教育出版社 1951 年 10 月第 1 版,第 6-36 页。

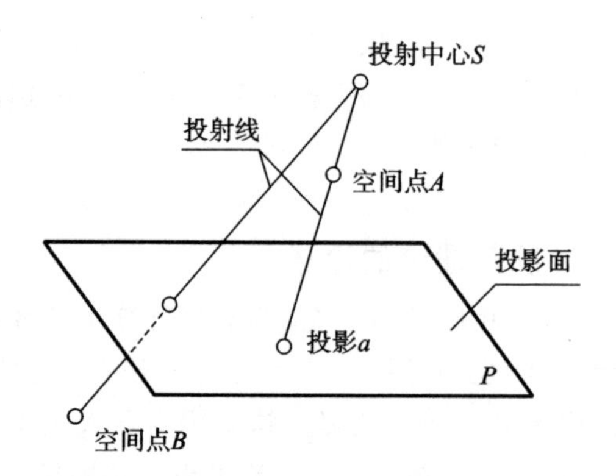

图 3.15　现代图学理论中的投影原理示意图

者亦得二十余条，虽珠玑屡见，英华互发，然首尾不应。前后难成体系，谓为名学之撷英。形学之鳞爪可，谓为形学名学之典章则不可。而今光学八条者。首条述阴影之定义与生成。次条释光与影之关系而隐然述光有直线进行之性质焉。第三条则畅言光具直线进行之性质。"①

钱临照所云"涉形学者亦得二十余条"，亦如梁启超《墨经校释》意，②即指今天称之为的"图学"，举其要者，有如下数则。

（一）景不徙，说在改为

投影几何是现代图学最为重要的基础，投影几何的方法就是把三维空间的几何图形画在二维的平面上、解决空间几何问题，是制图技术的出发点。《墨子》中对投影几何的论述，见《经下》第十六条及《经说》。

《经下》第十六条："景不徙，说在改为。"

《经说》："景，光至，景亡。若在，尽古息。"

《墨子》在此论述了运动中的物体与其投影的物理性质。景，《说文》："日光也。"段玉裁注："光者，明也。《左传》曰：光者，远而自他，有耀者也。日月皆外光，而光所在处物，皆有阴，光如镜，故谓之景。车辖笺云：景，明也。后人名阳曰光，光中之阴曰影。别制一字，异义异音，斯为过矣。"《颜氏家训》"书证"篇云："凡阴景者，因光而生，故即谓为景。至晋世葛洪《字苑》，傍始加彡，音于景反。"《集韵》："影，物之阴影也。"《释名》"释天"："景，境也，所照处有境限也。"

---

① 钱临照：《释墨经中光学力学诸条》，见《李石曾先生 60 岁纪念文集》，国立北平研究院 1942 年出版，第 135-161 页。

② 梁启超：《墨经校释》，商务印书馆 1922 年 4 月初版。

“景”字在《墨子》中凡36见，[①]除“景公”出现4次外，其他都与论及的图学、光学诸条相关，屡屡出现于《经下》《经说》之中。《墨子》中“景”义有三：

其一，解释为光。如《说文》，如同投影几何中的投影中心。

其二，即物体蔽住光线所成之阴影。如《释文》：“景，境也。明所照处有境限也。物之阴影也。”《诗·邶风》：“泛泛其景。”《疏》：泛泛然见其影之去往而不辨。《周礼·地官·大司徒》：“以土圭之法测土深，正日景，以求地中。”《释文》：“景，本或作影。”《佩觿》：“形景为影，本乎稚川。”

其三，为光由反射面所反射而成之图形、图像。

此三者已阐明投影理论的三大要素：

(1)光，即投影中心；

(2)被投影的物体；

(3)投影，物体的投影。

墨子所论与现代投影几何理论的思想方法是一致的。

由是可知，《经下》第十六条及《经说》的“景”俱作第二义，即物体遮蔽光线所成的投影。

“说在改为”的“为”，《说文》段玉裁注：“凡有所变化，曰为。”《尔雅》“释言”：“作造为也。”“改为”者，光源运动或物体运动之意。因此，《经下》此文可释为：影不徙；若改徙，其故在光源或被投影的物体之间有移动。《经说》：“景，光至，景亡。”此语，宜作“被投影物体遮蔽光线所成之阴影”之义。投影是因物体遮蔽了投射到地面或屏上的光线而形成的。当物体运动时，若前一瞬间的光被遮住出现投影的地方，后一瞬间就被光所照射，投影便消失了。若新出现的影子是在后一瞬间光被遮住的地方出现的，已经不是前一瞬间的投影。因此，墨子说：“景不徙。”如果物体运动后原先的投影不消失，就会永远存在于那个地方，即“尽古息”，那是难以想象的。那么，为什么投影又似乎随着物体的运动而运动呢？这是因为物体的运动在时间和空间中表现是连续的，前后瞬间的投影也是随之连续不断地更新的，即“改为”，因此，看起来就仿佛影子随着物体在运动似的。墨子关于“景不徙”的论述，反映了墨子观察的敏锐、见解的精深。

《墨子》在论述了光源与投影物体之间的物理性质之后，接着论述了

---

① （清）孙诒让：《墨子闲诂》，载《诸子集成（第四册）》，中华书局1954年第12月第1版。

光源、投影物体与物体的投影三者之间的关系。见《经下》第十七条及其《经说》。

《经下》第十七条："景二。说在重。"

《经说下》："景二，光夹。一，光一。光者，景也。"

此条所及，进一步论述了光线与成影之间的关系，较上条更进了一步。"一"，谓光线唯一，《经说》末句："光者，景也"，此景字如第十六条，解释为"光"义。此条亦在论述光源、物体以及投影三者地位与关系，略见一斑，而对于认识光为直线的观念，亦可其端绪。[①]

（二）景之小大，说在地缶远近

毋庸置疑，《墨子》所论投影几何的基本概念与现代投影理论的思想方法是一致的。今天，人们在研究物体的形状、大小及相对位置等几何性质时，是用光线照射物体，在某个平面，如地面、墙壁等上得到的影子叫作物体的投影(projection)，照射光线叫作投影线，投影所在的平面叫作投影面。有时光线是一组互相平行的射线，例如太阳光或探照灯光的一束光中的光线。由平行光线形成的投影是平行投影（parallel projection)，由同一点（点光源发出的光线）形成的投影叫作中心投影(center projection)。投影线垂直于投影面产生的投影叫作正投影。投影线不垂直于投影面产生的投影叫作斜投影。物体投影的形状、大小与它相对于投影面的位置和角度有关。阴影理论是假定在光线的照射下，平面上有一部分因被物体阻挡，光线照射不到，则把这部分的图形，称为物体落在平面上的影。影的轮廓线为影线，影是由于光线被物体向光的一面挡住而产生的，因此，面向光的一面与背向光的一面的分界线的影，就是影的轮廓线。无论是阴影或是投影，都必须具备光源、被投影的物体以及投影所在的平面。《墨子》论述被投影物体与投影光源，即投影中心的关系，以及投影空间位置、大小及其实验的结果，见"经下"及"经说下"。

《经下》云："景之小大，说在地缶远近。"

《经说下》云："景：木柂，景短大；木正，景长小。大小于木，则景大于木。非独小也。远近。"

---

① 钱临照：《释墨经中光学力学诸条》，见《李石曾先生60岁纪念文集》，国立北平研究院1942年出版，第135-161页。

“木”即木表或标木，用以做实验以成像的物体。《墨子》论述了投影几何的性质，本条阐述了光源与物体的位置关系而决定投影之大小的原理及其规律，即视点与物体的位置变化确定物体在投影面上的形状。

《经下》云：“景之小大”。“景之小大”言影之短长。与“经说下”中的“景短大”“影长小”之“短”“长”两字相应。“光小于木”者，光之形体小于木也。景大于木者，即投影之形状大于木也。最后的“小”字与“光小于木”之“小”字同义。《经说下》之“非独小木”，景亦大于木。“远近”为“木远，景短大；木近，景长小”。木远，木近者，木远于或近于光之谓也。木正者，在与地垂直平面中，木与光线成正交之谓也。木柂者，不同于木正之方向。[1]

《墨子》中本条原理可用数学予以证明：设光源自定点 S 方向投射于地平面 EF 上，与地平线成夹角 θ。木竿 AP 以 A 为中心，在 SAE 平面中转动，画成一半圆形如 B_1PB_2，木竿之投影，即在 EF 上长短变化。设木竿 AP 与地平面所成之角为 α，则其在 EF 上的投影为 AB。[2] 如图3.16所示。

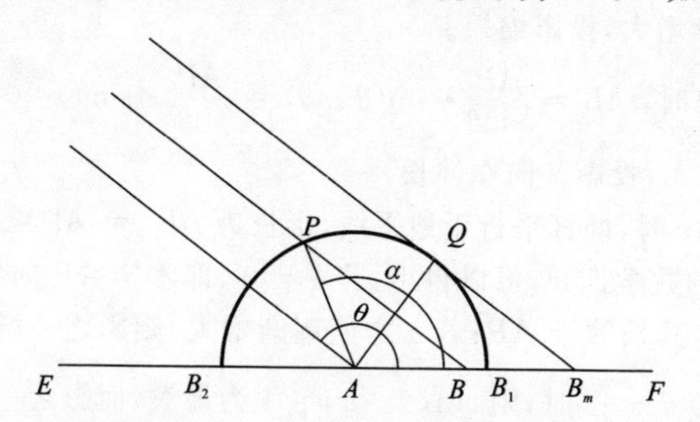

图 3.16　《墨子》论述投影原理

由正弦定理：

$$\frac{AB}{\sin\angle APB}=\frac{AP}{\sin\angle PBA} \quad ①$$

由上述说明知 $\angle BAP=\alpha, \angle SAB=\theta$

$\because \angle SAP=\angle SAB-\angle PAB=\theta-\alpha$

$\angle APB=\angle SAP=\theta-\alpha$ 即平行线间的内错角相等。

① (清)孙诒让:《墨子闲诂》，载《诸子集成(第四辑)》，中华书局 1954 年，第 219 页。又见钱临照:《释墨经中光学力学诸条》，见《科学史论集》，中国科学技术大学出版社 1987 年 10 月第 1 版，第 12 页。

② 钱临照:《释墨经中光学力学诸条》，见《科学史论集》，中国科学技术大学出版社 1987 年 10 月第 1 版，第 12-13 页。

由三角形内角和为 π

得 $\angle PBA = \pi - \angle APB - \angle PAB = \pi - (\theta - \alpha) - \alpha = \pi - \theta$

∴代入上式①

$$\frac{AB}{\sin(\theta - \alpha)} = \frac{AP}{\sin(\pi - \theta)}$$

$$\therefore AB = \frac{AP}{\sin(\pi - \theta)}\sin(\theta - \alpha) = \frac{AP}{\sin\theta} \cdot \sin(\theta - \alpha)$$

$$\because AB = \frac{AP}{\sin\theta}\sin(\theta - \alpha)$$

当 $\alpha = 0$ 时，$AB = \frac{AP}{\sin\theta}\sin\theta = AP$（为半径）

故当 $\alpha = 0$ 时，其影长为 AB_1

当 $\alpha = \theta - \frac{\pi}{2}$ 时

$$AB = \frac{AP}{\sin\theta}\sin(\theta - \theta + \frac{\pi}{2}) = \frac{AP}{\sin\theta} = AB_m$$

若 α 继续增大，投影缩短。

当 $\alpha = \theta$ 时，$AB = \frac{AP}{\sin\theta} \cdot \sin(\theta - \theta) = \frac{AP}{\sin\theta} \cdot \sin 0 = 0$；没有投影。

α 继续增大，投影又向左伸长。

当 $\alpha = 2\pi$ 时，即杆平行于地平线，影长为 $AB_2 = AP < AB_m$

由上述的数学推导，可以得出：若 $\alpha = 0$，即木竿 AP 向右眠于地上，其影为 AB_1，其长等于 AP；若 α 之值逐渐增大，则影之一端渐自 B_1，向右增长至 $\alpha = \theta - \frac{\pi}{2}$ 时，则 $\sin(\theta - \alpha) = 1$ 为最大，而影之一端亦至最远之一点 B_m，$AB_m = AP/\sin\theta$，此时木竿在 AQ 之地位适与光线 AS 成正交，"木正"是也。过此之后，α 增大，影反减短，至 $\alpha = 0$，缩成一点 A，即影至最小，α 若再继续增大，影又自 A 向左伸长，至 $\alpha = 2\pi$ 时，即木竿向左眠于地上时，影长为 $AB_2 = AP$，亦较 AB_m 为短。上文所述之实验与墨经中"柂，短；正长"之语适相吻合。

有光源如 AB，其形体小于木竿 CD，如图 3.17 所示。置屏于其后，则得影为 $E'EFF'$ 恒较实物 CD 为大，故曰"光小于木，景大于木"。反之，若光源 AB 大于木竿 CD，如图 3.18 所示。则屏上所得之影 $E'EFF'$ 亦大于木竿 CD，虽其本影 EF 小于 CD。若屏愈向后移，则本影亦可大

于 CD。故曰“光大于木，景亦大于木”。①

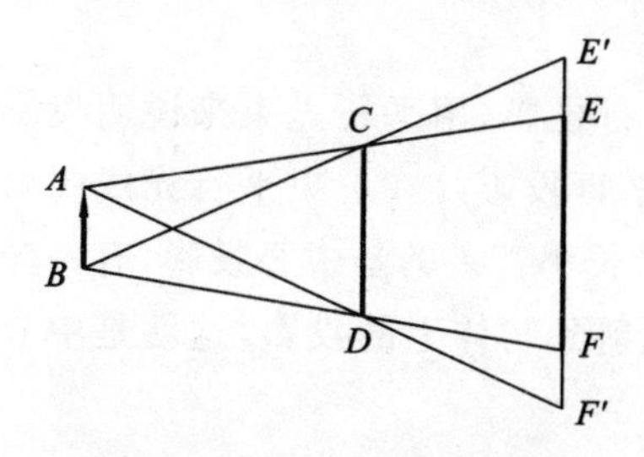

图 3.17　“光小于木，景大于木”

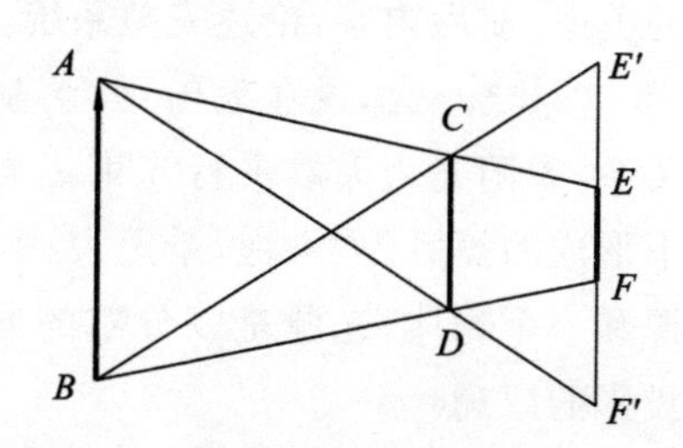

图 3.18　“光大于木，景亦大于木”

在上述的论述中，不论 AB 小于 CD 或 AB 大于 CD，屏与光源间之距离若一定，则 CD 愈远于 AB，影 $E'EFF'$ 愈短；故半影 $E'EFF'$ 部分愈小，即影色愈深。反之，CD 愈近于 AB，则影 $E'EFF'$ 愈长，而半影 $E'EFF'$ 部分愈大，即影色愈浅。故曰：“木柂，影短大；木近，景长小。”

《经说下》中“大小于木，则景大于木。非独小也。远近。”的“远近”二字亦为省略句，该句意为：“远近亦同。”若将该句补充完整，当为：“光木远，则景小；光木近，则景大。”意即：“光源与标木距离远，则所成之像小；光源与标木距离近，则所成之像大。”可知，墨子的阐述是建立在视点与被投影物体、投影相应的比例关系之上，《墨子》论中心投影及其性质，如表 3.12 所示。

表 3.12　《墨子》论中心投影及其性质

“经说下”	“大小于木，则景大于木。非独小也。远近。”	
“经说下”释义	“光木远，则景小。”	“光木近，则景大。”
“经说下”释义图示	S A A' B B'	S A A' B B'

由是观之，墨子对投影几何的论述，已涉及视点与物体的位置变化确定物体在投影面上的形状——这一原理及其规律。“经下”与“经说下”，前面部分讲标木斜正与成像大小的关系，中间部分讲光源大小与成

① 钱临照：《释墨经中光学力学诸条》，载《科学史论集》，中国科学技术大学出版社 1987 年 10 月第 1 版，第 14 页。

像大小的关系，最后部分讲光源和物体——标木距离的远近与成像大小的关系，前后内容，论述完整系统。

“景之小大，说在地缶远近”基于平行投影，用平行光束来说明投影关系，太阳光为天然平行光束之光源，平行投影是在一束平行光线照射下形成的投影。“木柂，景短大；木正，景长小。”讲的是中心投影，有一光源和一个物体，光源是以分散的方式照射到物体上的投影，这就是中心投影的原理。

故本条《经说》之意为：标木倾斜，则所成之投影短而浓宽；标木正立，则所成之投影长而淡窄。光源小于标木，那么所成的投影就大于标木本身；但是，光源不会独独小于标木，如果光源大于标木，那么所成的投影就小于标木本身。光源与标木距离远，则所成之投影小；光源与标木距离近，则所成之投影大。

《墨子》中论及投影的生成，为光学诸条之首，且开宗明义，投影之定义、光源与投影的关系，浅显明白，与现代投影理论中投影形成的三个条件正相吻合，尽管《墨子》中未及图解法来解决空间几何图形的作图问题，但它囊括了投影几何以及画法最基本的概念，反映了《墨子》对投影认识的成果。[①]

四、《墨子》图学思想的历史价值及其现代意义

在科学技术发展的历程中，图学从来就是一门以图与形为研究对象，用图形来表达科技思维的学科。图学技术的实践及其理论，是衡量任何一个文明、任何一个时期科学技术发展水平的重要标尺。从图学学科本身而言，其学科基础就是几何学、画法几何、射影几何以及计算需要的代数等。对《墨子》一书中图学内容的考察，可以看到中国文化一以贯之的图学传统，《墨子》对图学的实践与图学理论的总结，以及所反映的科学探索精神。

第一，战国之时，墨称显学。秦汉之际，儒墨对举。尔后虽“无帝王提倡，鲜士夫诵习”，墨家流派作为一个社会团体和墨家学说都遇到极大的困难，但《墨子》一书毕竟流传下来了，特别是墨子图学理论与图学思想。墨子研究几何学的概念，并不是打算用演绎推理的办法去证明任何

---

① 钱临照：《释墨经中光学力学诸条》，载《科学史论集》，中国科学技术大学出版社 1987 年 10 月第 1 版，第 13-15 页。

几何定理，而是探讨投影几何与测量有关的事实，这种思想方法一直影响着中国的文化与科技的发展。周秦以来，逮至明清，图学著作如雨后春笋大量涌现，绝非偶然。没有墨子所代表的古代图学家对几何学、投影几何学的认识成就，要取得这些图学成果是不可能的。

时至近代，人们也认为几何在数学中的分工是研究“形”的，代数是研究“数”的，因此，今人对《墨子》的理论谓之“形学”，可谓深得墨经要旨。即令当下，尽管现代工程图学，随着计算机技术的发展，极大地改变了人们对图、图样、图形的认识，但现代图学仍然是建立在将三维空间的几何形体表达在二维平面上并由此解决空间几何问题的投影几何学之上的，这说明投影几何学的理论与方法并没有过时。这也是今天为什么还要研究《墨子》图学思想及其科学价值的出发点。

第二，《汉书·艺文志》有书有图、《墨子》一书凡两见、班固收书收图，是中国学术传统与中国图学传统的具体体现。

将《墨子》纳入儒家、道家、法家、名家之后，班固称：“《墨子》七十一篇。名翟，为宋大夫，在孔子后。”其所列书目，称“墨六家，八十六篇”，并言：“墨家者流，盖出于清庙之守。茅屋采椽，是以贵俭；养三老五更，是以兼爱；选士大射，是以上贤；宗祀严父，是以右鬼；顺四时而行，是以非命；以孝视天下，是以上同；此其所长也。及蔽者为之，见俭之利，因以非礼，推兼爱之意，而不知别亲疏。”

《汉书·艺文志》在“兵技巧十三家，百九十九篇”言“省《墨子》重，入《蹴鞠》也”。班固强调：“技巧者，习手足，便器械，积机关，以立攻守之胜者也。”《汉书·艺文志》统计：“凡兵书五十三家，七百九十篇，图四十三卷。省十家二百七十一篇重，入《蹴鞠》一家二十五篇，出《司马法》百五十五篇入礼也。”[①]《汉书·艺文志》在“兵书”中，记载有“图四十三卷”，且不论图的材质，亦可见秦汉之际所用图样的规模之大、数量之多；而1986年西汉天水放马滩地图的出土，有纸质、木质，正是当时图学绘制技术的真实写照，也是古代中国图绘技术的代表。班固《汉书·艺文志》收书收图，有文有图，反映了中国文化一以贯之的图学传统，昭示了图学的基础性和重要性，这并非如李约瑟认为的《墨子》“只有非常零乱而残缺的版本”。

---

① 《汉书·艺文志》，见（汉）班固撰，（唐）颜师古注：《汉书·卷三十：艺文志第十》，中华书局1962年6月第1版，第1762页。

第三，对《墨子》图学的考察，可以重新认识与定位图学的历史地位及其作用。《墨子》作为先秦时期墨家学派的一部著作汇集，不仅有相当一部分论述自然科学和生产技术的内容，而且对力学、几何学、数学、光学、测量学等方面，都有具体的论述和科学的总结。《墨子》中关于图学及其基本理论的内容，虽其文字简赅，其词语古奥，但《墨子》中记载的这些文字，是对中国图学技术实践的理论总结，实是先秦文献中所没有的，这也使《墨子》成为中国文化典籍中第一部科学史、第一部技术思想史乃至第一部图学史著作而当之无愧。

梁启超的《墨经校释》，时称为"以无坚不摧之思想家，攻精玄邃密之旧学术"。其在"序"中言："在吾国古籍中欲求与今世所谓科学精神相悬契者，《墨经》而已矣，《墨经》而已矣。墨子之所以教者，曰爱与智，'天志'、'尚同'、'兼爱'诸篇，墨子言之，而弟子述之者，什九皆教爱之言也。经上下两篇，半出墨子自著，南北墨者俱诵之，或述所闻，或参己意以为《经说》者，教智之言也，经文不逾六千言，为条百七十有九。其于智识之本质，智识之渊源，智之所以溶发运用，若何而得真，若何而堕缪，皆析之极精，而出之极显。于是持之以辨名实，御事理。故每标一义训，其观念皆颖异而刻入；与二千年来俗儒之理解回殊别，而与今世西方学者所发明往往相印。旁及数学、形学、光学、力学，亦问启其扃秘焉。"梁氏的"在吾国古籍中欲求与今世所谓科学精神相悬契者，《墨经》而已矣，《墨经》而已矣"之言不仅是对墨子的高度评价，也是对中国文化所具有的科学精神的赞美。梁氏"幼而好墨"，其自号"任公"，便是取墨者任侠之意；其"《墨经》而已矣，《墨经》而已矣"的感叹，正中国科学技术史之谓也。其《墨经校释》被称之"墨学津逮，此为杰作"，岂偶然哉！[①]

第四，《墨子》中有关图学的知识及其认识成果，是中国科学技术的光荣，也是中国图学的光荣。西方学者对《墨子》中的图学认识与知识，评价亦高。无论如何，李约瑟在《中国科学技术史》的"数学卷"中是以世界科学发展史的视野加以研究的。他对比中西、贯幽入微，充分肯定了《墨子》对中国数学、图学的贡献。他认为：《墨子》包含了几何学理论的萌芽，其中论述的几何学资料，有力地排除了任何一种认为中国古代缺乏几何思想的猜测与说法。成书比欧几里得《几何原本》大约还早一百多年的《墨子》，有力地说明了古代中国研究几何学、图学、形体空间性

---

① 梁启超：《墨经校释》，北京：商务印书馆，1922 年 4 月，第 1-2 页。

质,“曾经完全不受西方的影响而独立地工作过”。正是由于图学的成就,墨子不仅在中国科技史上空前绝后,无人能及,在世界科技史上也同样未有伦比者。①

—— 第六节 ——
墨子技术思想

人类在长期的生产实践中,为了减轻劳动强度、改善劳动条件、提高劳动生产率,创造和发明了各种机械。这些机械的制造和应用,不仅为生产的发展提供了坚实的基础,也为机械的发展提供了丰富的设计思想和设计方法。墨子及其门生弟子,大都是各行各类的能工巧匠,在机械设计和制造过程中,墨家人士深深认识到机械的重要性,一部《墨子》,记载了当时各种兵器、机械和工程建筑的制造技术。《备城门》《备水》《备穴》《备蛾》《迎敌祠》《杂守》诸篇,详细地介绍和阐述了城门的悬门结构,城门和城内外各种防御设施的构造,弩、桔槔和各种攻守器械的制造工艺,以及水道和地道的构筑技术。《墨子》所论及的这些器械和设施,对后世的军事活动有着很大的影响。

技术思想是人类对技术自身的觉悟与反思,是主体对客体的觉悟与反思。对技术自身的觉悟与反思,其结果是智慧、是哲学。对技术的认识与所思,其结果是知识、是科学。一个完全的技术思想系统,它不是反对理性的,而是超越理性的,从而达到哲学的最后顶点。《墨子·亲士》云:“良弓难张,然可以及高入深;良马难乘,然可以任重致远;良才难令,然可以致君见尊。是故江河不恶小谷之满已也,故能大。圣人者,事无辞也,物也违也,故能为天下器。”这里“及高入深”“任重致远”是说明机械的功能,墨子认为对从事机械设计与制造的人来说,应有“事无辞”“物无违”的品格,才能“为天下器”。只有“为天下器”的素质,才能发挥机械在人类社会生活中的地位和作用。

---

① (英)Joseph Needham:*Science and Civilization in China*, Volume Ⅲ, *Mathematics*, Cambridge University Press,1959,P1-168.中文译本《中国科学技术史·第三卷:数学》,科学出版社 1978 年 7 月第 1 版,第 201-214 页。

一、注重兴利，强调节用

墨子及其门生弟子在从事机械设计和机械制造的过程中，认识到"兴利"是机械的目标，在保证实现预定的机械功能，满足运动和动力性能的要求下，应该注重"兴利"。《墨子》提出了在机械设计中应坚持"加轻以利"的原则，《节用》认为："圣王为政，其发令、兴事、使民、用财也，无不加用而为者。是故用财不费，民德不劳，其兴利多矣。""凡为甲盾五兵，加轻以利，坚而难折者，芋诸；不加者，去之。""其为舟车何以为？车以行陵陆，舟以行川谷，以通四方之利。凡为舟车之道，加轻以利者，芋诸；不加者，去之。""去无用之费，圣王之道，天下之大利也。"

墨子以圣王施政作为例子，说明"兴利"的目的，如制造铠甲、盾牌、戈矛，就是要增加其轻便锋利，坚硬难折的功能；如果达不到这个目的，就得修改设计，重新制造。车辆和船舟的制造也是这样，车以行陆，舟以行川，要达到"通四方之利"，设计和制造车辆舟船就是要增加其轻快便利，如果达不到这个目标，也得改进设计，重新制作。

墨子认为，强调实用，讲求功能是机械设计的重要前提，"兴利"的思想在《墨子》一书中表达得最为完整。《非乐》提出："利人乎，即为，不利人乎，即止。"墨家所谓的"利"，乃指"天下之利""万民之利"，非自私自利之谓，而其鹄的"兴天下之利"。其理论的尺度为"上中天之利""而下中人之利"，其持论则必上本之于古者圣人之事，下原察百姓耳目之实，观其中国家百姓之利，而所有机械的制作与设计，产品好坏的衡量，都以此为原则，合乎此者为是，背乎此者为非，是"利"者，乃墨子机械设计与制造的中心思想。言"利"的思想，对于今天的设计来说仍有现实意义，就如同我们今天所说的产品设计过程中应注重机械的工作效率，在规定使用的条件下，满足可靠性和安全性要求，达到减轻劳动强度，提高生产效率的目标。

《墨子·节用》论及"车之利"与"舟之利"，墨家机械设计出发点是："车为服重致远，乘之则安，引之则利，安以不伤人，利以速至，此车之利也。古者圣王为大川广谷之不可济，于是利为舟楫，足以将之，则止。虽上者三公、诸侯至，舟楫不易，津人不饰，此舟之利也。"这些内容，在今天的工程技术看来，仍是机械设计应遵循的最基本要求。

墨家对于一切设计与制造，不惟重实用，以"兴利"为目标，而且还强调"节用"。《墨子》一书，详细论述了在实现机械的功能和作用的情况

下,应考虑“财少”“利多”,而且达到“节用”的设计思想,《辞过》论述如下:

古之民,未知为舟车时,重任不移,远道不至,故圣王作为舟车,以便民之事。其为舟车也,全固轻利,可以任重致远,其为用财少,而为利多,是以民乐而利之。法令不急而行,民不劳而上足用,故民归之。

当今之主,其为舟车,与此异矣,全固轻利皆已具,必厚作敛于百姓,以饰舟车,饰车以文采,饰舟以刻镂。女子废其纺织而修文采,故民寒;男子离其耕稼而修刻缕,故民饥。人君为舟车,若此,故左右象之,是以其民饥寒并至。故为奸邪,奸邪多则刑罚深。刑罚深则国乱。君实欲天下之治而恶其乱,当为舟车,不可不节。

这是一篇讨论车辆舟船设计与制造应坚持节用原则的文章,如同今天所说的在机械设计中应坚持降低制造成本、注重经济效益之意。墨家认为,制造车应讲究“用财少”“得利多”,达到“全固轻利”“服重致远”的目的,若“饰车以文采,饰舟以刻镂”,必然造成制造成本的提高,引起“民寒”“民饥”。因此,墨子认为:“当为舟车,不可不节。”

《节用》《尚俭》中,墨子讨论了机械设计的重要思想原则。他认为,在机械建筑等设计过程中,应坚持“节用”的原则,应将一切设计成本减至最低限度,而以超乎此者皆为“无用之费”。去此“无用之费”则一国之财富可倍,民不劳而兴利多。因此,《墨子》为各种设计与制造制定了诸多的设计要求,如《节用》所述:

是故古者圣王制为节用之法,曰:凡天下群百工、轻车鞼鞄,陶冶梓匠,使各从事其所能,曰:凡足以奉给民用,则止。诸加费不加于民利者,圣王弗为。

古者圣王制为衣服之法,曰:冬服绀緅之衣,轻且暖;夏服絺绤之衣,轻且清,则止。诸加费不加于民利者,圣王弗为。

古者人之始生,未有宫室之时,因陵丘堀穴而处焉。圣王虑之,以为堀穴,曰:冬可以避风寒,逮夏,下润湿,上熏蒸,恐伤民之气,于是作为宫室而利。然则为宫室之法,将奈何哉?子墨子言曰:“其旁可以圉风寒,上可以圉雪霜雨露,其中蠲洁,可以祭祀,宫墙足以为男女之别,则止。”诸加费不加民利者,圣王弗为。

《墨子》认为:只有去“无用之费”,才能实现“圣王之道”,才能达到“天下之大利也”。墨家“节用”的思想,不仅是机械设计应循的原则,也是对俗尚豪奢的猛烈抨击，当子墨子之时，“无用之费”莫过于儒家提倡的厚葬久丧之制，文章之服，黻黼、豢甸稻粱之养，钟鼓琴瑟之音。这些自墨者视之，皆是“厚敛于万民”“巧夺民衣食之财”的结果。因此，《辞过》说：“圣人之所俭节也，小人之所淫佚也。俭节则昌，淫佚则亡。”

不仅如此，墨子在《非乐》中指出：“且夫仁者之为天下度也，非为其目之所美，耳之所乐，口之所甘，身之所安，以此巧夺民衣食之财，仁者弗为也。”

墨子之言，可谓上纲上线、一针见血。《墨子》中有关机械设计注重“节用”的理论，皆对上者而发，若“饥者不得食，寒者不得衣，劳者不得息”，设计中“诸加费不加民利”，必然导致“国乱”。墨者主张“粗粝之食，裘褐之衣”的节俭生活，上下共之，而对工作则共甘苦、均劳逸。《墨子》认为工作乃人类之天职，人当“各从事其所能”，以增加生产，不仅坐而论道，更重要的是“日夜不休，以自苦为极”的实践。这是他们能够在机械设计和科学理论方面取得成就的原因，也是和当时儒家“倍本弃事而安怠傲，贪于饮食惰于作务”是完全不同的。

二、公输之失，墨子之得

墨子止楚攻宋是一重要的历史事件，史籍多有记载。如《吕氏春秋·审为》云：“公输盘为高云梯，欲以攻宋，墨子闻之，自而鲁往。”《淮南子·修务训》云：“昔者楚欲攻宋，墨子闻而悼之，自鲁趋。”唐代余知古（唐文宗时人）所撰《渚宫旧事》卷二载：“公输盘为云梯之械，将攻宋，墨翟行自齐。”

《墨子·公输》，详述了止楚攻宋的过程，内容写得有声有色，全文如下：

> 公输盘为楚造云梯之械，成，将以攻宋。子墨子闻之，起于鲁，行十日十夜而至于郢，见公输盘。公输盘曰：“夫子何命焉为？”子墨子曰：“北方有侮臣者，愿借子杀之。”公输盘不说。子墨子曰：“请献十金”。公输盘曰：“吾义固不杀人。”子墨子起，再拜曰：“请说之。吾从北方闻子为梯，将以攻宋。宋何罪之有？荆国有余于地，而不足于民，杀所不足，而争所有余，不可谓智。宋无罪而攻之，不可谓仁。知而不争，不可谓忠。争而不得，不可谓强。义不杀少而杀众，不可谓知类。”公输盘服。子墨子曰：“然，胡不已乎？”公输盘曰：“不可，吾既已言之王矣。”子墨子曰：“胡不见我于王？”公输盘曰：“诺。”

子墨子见王，曰："今有人于此，舍其文轩，邻有敝舆，而欲窃之；舍其锦绣，邻有短褐，而欲窃之；舍其梁肉，邻有糠糟，而欲窃之，此为何若人？"王曰："必有窃疾矣。"子墨子曰："荆之地，方五千里，宋之地，方五百里，此犹文轩之与敝舆也；荆有云梦，犀兕麋鹿满之，江汉之鱼鳖鼋鼍为天下富，宋所为无雉兔狐狸鲋鱼者也，此犹梁肉之与糠糟也。荆有长松、文梓、楩楠、豫章，宋无长木，此犹锦绣之与短褐也。但以三事言之，王之攻宋也，为与此同类，臣见大王之必伤义而不得"。王曰："善载！虽然，公输盘为我为云梯，必取宋。"

于是见公输盘。子墨子解带为城，以牒为械，公输盘九设攻城之机变，子墨子九距之。公输盘之攻械尽，子墨子之守圉有余。公输盘诎，而曰："吾知子所以距子矣，吾不言。"子墨子亦曰："吾知子之所以距我，吾不言"，楚王问其故，子墨子曰："公输子之意，不过欲杀臣。杀臣，宋莫能守，乃可攻也。然臣之弟子禽滑厘等三百人，已持臣守圉之器，在宋城上而待楚寇矣。虽杀臣，不能绝也。"楚王曰："善哉！吾请无攻宋矣。"

《公输》开门见山，记载了楚国制造大批云梯，准备攻打宋国。墨子本宋人，闻之便急忙赶往楚国。公输盘即公输班，是鲁国的巧匠，亦称鲁班，曾应聘到楚国，此人进行过多种机械、兵器等方面的设计工作，得到楚王的重用。据《墨子・鲁问》载，楚、越两国的舟师、水兵曾多次在长江中交战，楚国的战船较大，武器较好，但总在上游。越国的舟师则适得其反，"楚人顺流而进，迎流而退，见利而进，见不利则退难。越人迎流而进，顺流而退，见利而进，见不利而退速，越人因此若势，亟败楚人。"

为此，鲁班设计了一种"钩强之备"的机械。"钩"就是把掉头逃走的敌船钩住，"强"就是把迎面冲来的敌船拦住。至于"钩强之备"的结构和设计形式，至今莫知其详。但这种装备在战时，能把敌船钩住或顶住，而楚人的优势装备，尤其是这时已用于实战的弩就可以使楚国军队建立主体进攻体系，从而稳操胜算。"钩强之备"使楚人在对越国的战争中，屡屡取胜。

公输盘为楚国设计的"云梯"是一结构巨大的武器装备。《墨子・经说下》载"两轮高，两轮为輲，车梯也。"《淮南子・兵略训》中有："攻不待冲隆，云梯而城拔。"高诱注云：云梯可依云而立，所以瞰敌之城中。又该书《修务训》中有："公输，天下之巧士，作云梯之械"。高诱注："云梯攻城具，高长，上与云齐，故曰：云梯、机器设施也。"《史记索隐》云："梯者，构木瞰高也，云者，言其升高入云，故曰云梯。械者，器也，谓攻城之楼橹。”①河南仪县山彪镇出土的战国晚期水陆攻战图鉴②，图中有带轮的云梯，如图 3.19 所示。公输盘设计的“云梯”可能是受了楚国原有的“楼车”的启发。

图 3.19 河南仪县山彪镇出土战国晚期水陆攻战图鉴(图中有带轮云梯)

《公输》中是墨子与公输盘和楚惠王的对话。其哲学意义，在于墨子提出了类概念，并运用墨家“以类取，以类予”的逻辑思想，完成了止楚攻宋在理论上的准备。③

就墨子对公输盘、楚惠王来说，是先“以类予”后“以类取”。就墨子自己而言，则是先“以类取”，后“以类予”。墨子自己先将那些同类的事，即与公输盘对话中的“杀少”与“杀众”、与楚惠王对话中的“文轩”“敝舆”与“荆之地”“宋之地”、“锦绣”“短褐”与“荆有长松”“宋无长木”、“梁肉”“糖糟”与“犀兕麋满之”“无雉兔狐狸”都“以类取”了，作好了这个准备，然后有步骤地“以类予”，即有先有后地抛出去，取得了这场辩论的胜利。

当然，仅仅取得辩论的胜利是不足以制止楚王攻宋的计划的。即使恳求楚惠王不要进攻宋国，并说宋人有墨子本人设计的守城器械，可以破公输盘设计的“高云梯”和其他守城器械，也是不足以止楚攻宋，止楚

① (清)孙诒让撰，孙启治点校:《墨子闲诂》，载《新编诸子集成》，中华书局 1998 年 7 月第 1 版，第 482 页。

② 郭宝钧:《山彪镇与琉璃阁》，科学出版社 1959 年 9 月第 1 版，第 21 页。

③ 涂又光:《楚国哲学史》，湖北教育出版社 1995 年 7 月第 1 版，第 315-323 页。

攻宋的关键当在于墨子与公输盘当着楚王的面进行的攻防演练。这次攻防演练相当于今天所说的实战演习，其结果是以墨子的胜利而结束。

在攻防演练中，公输设攻城之械，墨子设守城之备，“解带为城，以牒为械”，公输盘九设攻城之机变，墨子九拒之。公输盘之攻械尽，墨子防守之具有余，“公输盘诎”。无疑论武器的能力、论科技水平，墨子当时是天下第一。诎，《广雅释诂》云：屈也。《太平御览》引作屈。公输盘诎，意味着公输盘其技已尽、墨守有余。公输盘九攻，都被墨子击退，终不能入，这场惊心动魄的实战演习，以墨子的胜利而告终。迫使楚王偃兵，辍不攻宋。

《墨子·公输》不仅有哲学形上学层次的意义，即语言学的知类，解决说话中的指称问题，直到逻辑学的知类解决、思维中的推论问题，诸如使公输盘的知类，从“杀少”是杀人推论到“杀众也是杀人”，由语言学层次达到逻辑学层次；更重要的是《墨子·公输》具有科技史上的意义，公输盘和墨子实施的攻防演习是最早进行模拟试验的典范。这个攻与防的对抗，成为检验公输盘所造高云梯性能的重要试验。“公输盘设攻宋之械，墨子设守宋之备”，可见双方的这次攻防演练确实规定了试验的目的、任务、规模和使用的兵器，对抗中一个讲可以用什么来攻，一个讲可以用什么来防，真正拿出各自的攻守器械和方案，甚至“解带为城，以牒为械”，模拟战时条件下真实战斗的行动次序，“公输盘九攻之”，“子墨子九拒之”，墨子每次都击退了公输盘的进攻。这个模拟试验说明公输盘的高云梯无法战胜墨子等制造的“守国之器”，迫使楚惠王“无攻宋矣”。

公输盘和墨子进行这次模拟试验，彻底打破了楚“将以攻宋”的企图，公输盘之失，就在于他在此之前，对自己制造的攻城器械未做模拟试验，亦未做实战演习，尽管他是“天下之巧工”。而子墨子之得，就得在他掌握了模拟方法，因而能胸有成竹地“请”与公输盘进行一次攻与守的演习，公输盘试攻之，子墨子试守之。它表明用模拟的方法进行试验是检验机械工程与设计制造的重要手段，也是提高机械设计水平的重要程序，这对科学技术的发展具有重要意义。

三、巧拙之辩，墨子大巧

老子最早提出了“巧”与“拙”这对矛盾，《老子》和《庄子》都讲：“大巧若拙。”王弼在《老子注》中认为：“大巧，因自然以成器，不造为异端，故若拙也。”而“因自然以成器”，体现《老子》“道法自然”的思想，即“大巧”就在于“不违自然，乃得其性，法自然者，在方而法方，在圆而法圆，于自然无所违也。”不仅如此，《老子》把“巧”与“拙”的关系讲到哲学的层次。其所以发此，恰如《老子》一书的“第六十五章”和“第七十八章”所言，“与物反矣”“正言若反”。这就是就现象说，就本质说，是因为“反者道之动”(《老子·第四十章》)。

若反的正言，是否定知识而得到智慧的结晶，充满辩证思考，这在《老子》中多有及，如“第四十一章”：

> 明道若昧，进道若退，夷道若类，上德若谷，大白若辱，广德若不足，建德若偷，质真若渝，大方无隅，大器晚成，大音希声，大象无形。[①]

又《老子·第四十五章》：“大成若缺，其用不弊；大盈若冲，其用不穷。大直若屈，大巧若拙，大辩若讷。躁胜寒，静胜热，清静为天下正。”诸如此类，[②]其表述的公式是“甲若非甲”或“大甲非甲”，其肯定之而又否定之的方法和步骤是相同的。它不同于《黄帝内经·素问》《六元正纪大论篇》中的：“火郁之发，太虚肿翳，大明不彰。”[③]

譬如“大巧若拙”，第一步是肯定“巧”则不“拙”、“拙”则不“巧”，这是知识，为人所知；第二步是否定知识，建构“大巧若拙”，用“若”字表示“大巧”似“拙”而实“不拙”，它否定知识层次的“巧”，达到智慧层次的“巧”，比知识层次的“巧”更“巧”，经过“拙”否定“巧”，才是真巧，“大巧”就是“拙”，“拙”也是“巧”，这才是智慧。《老子》站在还真归朴的立场主张彻底地弃绝舞巧弄诈，这就是第十九章的“绝圣弃智，民利百倍；绝仁弃义，民复孝慈；绝巧弃利，盗贼无有。”(《老子·第五十三章》)，强烈抨击“盗夸”(即强盗头子)滥用“利器”“技巧”给人民造成的灾难，而对“大巧”“因自然而成器”则倍加歌颂。

《庄子》也说“大巧若拙”。《庄子·胠箧》一针见血地指出：“毁绝钩绳而弃规矩，攦工垂之指，而天下始人有其巧矣。故曰：大巧若拙。”郭象注此，强调以自为本，“用其自能，则规矩可弃，而妙匠之指可攦也。”成玄

---

① 《老子·第四十一章》，见(魏)王弼注，楼宇烈校释：《老子道德经注校释》，载《新编诸子集成》，中华书局2008年12月第1版。

② 《老子·第四十五章》，见(魏)王弼注，楼宇烈校释：《老子道德经注校释》，载《新编诸子集成》，中华书局2008年12月第1版。

③ 《六元正纪大论篇》，见(清)张隐庵：《黄帝内经素问集注》，上海科学技术出版社1959年9月第1版。

英疏:“譬犹蜘网蜣丸,岂关工匠人事,若天机巧也。”庄子的思想是贱人工而贵天工,但它的思想有两层意思:第一,人工永远拙于天工;第二,人工应当巧夺天工。因此,《庄子·徐无鬼》中有“百工有器械之巧则壮”,但他在《天道》篇里坚持:“刻雕众形而不为巧。”[①]

《老子》《庄子》把“巧”与“拙”之辨提高到哲学的层次,故有“大巧在所不为,大智在所不虑”。且告诫人们顺应自然法则,如天地之成万物,若偏有所为,则其巧小矣。大智在所不虑,如圣人无为而治,若偏有所虑,则其虑窄矣。老庄的哲学使人的精神境界为之提高,而《墨子》则从科学技术的层次,讨论“巧”与“拙”之间的关系,并提出了“巧”和“拙”的标准,《墨子》关于“巧”“拙”的思想在中国技术哲学中有着重要的意义。

《墨子》中最重要的两个例子,就是《鲁问》中墨子与公输盘在楚国的两次谈话。

其一:

> 公输子自鲁南游,为舟战之器,作为钩强之备。退者钩之、进者强之,量其钩强之长。而制为之兵。楚之兵节,越之兵不节。楚人因此若势,亟败越人。公输子善其巧。以语子墨子曰:“我舟战有钩强,不知子之义亦有钩强乎?”子墨子曰:“我义之钩强,贤于子舟战之钩强。我钩强,我钩之以爱,揣之以恭。弗钩以爱则不亲,弗揣以恭则速狎,狎而不亲则速离。故交相爱、交相恭,犹若相利也。今子钩而止人,人亦钩而止子,子强而距人,人亦强而距子,交相钩,交相强,犹若相害也。故我义之钩强,贤子舟战之钩强。

公输子之巧,即“钩强之备”使楚人在对越人的水战中,占有优势,亟败越人,“公输子善其巧”,可见公输子喜形于色,不料子墨子以“故我义之钩强,贤子舟战之钩强”否定了公输子之“巧”,这无疑是在思想层面上。

其二:

> 公输子削竹木以为鹊,成而飞之,三日不下。公输子自以为至巧。子墨子谓公输子曰:“子之为鹊也,不如匠之为车辖,须臾刘三寸之木,而任五十石之重,故所为巧。利于人,谓之巧,不利于人,谓之拙。”

墨子与公输盘之间以及墨子与弟子之间关于“拙”“巧”之辨,其内容

---

① (清)郭庆藩:《庄子集释》,载《诸子集成(第三册)》,中华书局1954年12月第1版。

发人深省，并进入了科技层次。公输盘用竹木为材料，设计制成了象鹊一样的飞行器，在天空中飞翔，“三日不下”。公输盘认为自己的设计已达到了最高水平，即所谓“至巧”。而墨子不以为然，认为公输盘设计制作的飞行器，对于“利人”方面，远不及一般工匠在制造车辆的车辖表现出的技巧。好的工匠能用三寸之木做成载重五十石重物的车轮，这才是设计者应追求的目标和机械设计，即要满足的社会需求，取得最佳效果的“功”。墨子以“故所为功，利于人谓之巧，不利于人谓之拙”这一句话，就将公输盘自负的“巧”变成“拙”。按墨子的标准，“匠之为车辖”方可称之为“工巧”。

《韩非子》卷第十，《外储说左上》也记载与《鲁问》相似的内容，全文是：

> 墨子为木鸢，三年而成，蜚一日而败。弟子曰：“先生之巧至，能使木鸢飞。”墨子曰：“吾不如为车輗者巧也。用咫尺之木，不费一朝之事，而引三十石之任，致远力多，久于岁数。今我为鸢，三年成，蜚一日而败。”惠子闻之曰：“墨子大巧，巧其輗，拙为鸢。”[①]

《鲁问》中公输盘和子墨子的辩论，不仅论及“巧”与“拙”，而且论述二者的转化，把墨子机械设计思想的本质表达出来，就是要以“利于人”和“不利于人”作为设计的唯一标准。《韩非子·外储说左上》称：“墨子大巧，巧其輗，拙为鸢。”可谓鞭辟入里，切中其要。

四、言有三表，言有仪法

《墨子》一书阐述了墨家比较系统的认识论和方法论，墨子以机械及其制造为例，说明了“仪”“法”“表”的重要性。《墨子·非命》系统地论述了墨子的主张。《墨子·非命》说：

> 子墨子言曰：言必立仪。言而毋仪，譬犹运钧之上，而立朝夕者也，是非利害之辨，不可得而明知也。故言必有三表。何谓三表？子墨子言曰：有本之者，有原之者，有用之者。于何本之？上本之于古者圣王之事。于何原之？下原察百姓耳目之实。于何用之？废以为刑政，观其中国家百姓人民之利，此所谓言有三表也。

《墨子·非命》说：

> 子墨子言曰：凡出言谈，由文学之道也，则不可而不先立仪法。

① (清)王先慎撰：《韩非子集释》，载《新编诸子集成》，中华书局 1998 年 7 月第 1 版。

若言而无仪，譬犹立朝夕于员钧之上也，则虽有巧工，必不能得正焉。然今天下之诚情伪，未可得而识也。故使言有三法。三法者何也？有本之者，有原之者，有用之者。于其本之也？考之天鬼之志，圣王之事。于其原之也？征以先王之书。用之奈何？发而为刑。此言之三法也。

《墨子·非命》又说：

子墨子言曰：凡出言谈，则必可而不先立仪而言。若不先立仪而言，譬之犹运钧之上而立朝夕焉也。我以为虽有朝夕之辩，必将终未可得而从定也。是故言有三法。何谓三法？曰：有考之者，有原之者，有用之者。恶乎考之？考先圣大王之事。恶乎原之？察众之耳目之请。恶乎用之？发而为政乎国，察万民而观之。此谓三法也。

《墨子·非命》三篇，提出了认识论和方法论的原则问题。墨子以陶人运钧测定方位之事为例，说明立仪之必要。三篇文字上略有出入，提法大致相埒。“运钧”是一种旋转机械。孙诒让《墨子闲诂》：运，运转也。《淮南子》云：“陶人作瓦器法，下转钧者。”南朝史学家裴骃《史记集解》有骃按，《汉书音义》曰：“陶家名模下，圆转者为钧。”《史记索隐》中有，韦昭曰：钧木长七尺，有弦，所以调为器具也。《墨子》言运钧转动不定，必不可言表以测景。孙诒让案《管子·七法》篇云：“不明于则而出号令，犹立朝夕于运钧之上。”尹注云：钧，陶者之轮也，立朝夕，所以正东西也。今钧既运，则东西不可准也。运员音近，古通。《国语·越语》：“广运百里。”《山海经·西山经》作“广员百里”。《庄子·天运》篇释文引司马彪本作：“天员立朝夕，谓度东西也。”《周礼·地官》“大司徒”云：“日东则景夕，日西则景朝。”“司仪”云：“凡行人之仪，不朝不夕。”《周礼·考工记》“匠人”云：“昼参诸日中之景，夜考之极星，以正朝夕。”《晏子春秋·杂下》云：“古之立国者，南望南斗，北戴枢星，彼安有朝夕哉。”《春秋繁露·深察名号》篇云：“正朝夕者视北辰。”①

《墨子》认为把“表”立于旋转不已的“钧”之上，是不可能测影定向的。“言而毋仪”就如同“运钧之上而立朝夕”一样，断不能确定是非利害的。《墨子》提出的“仪”，有判断是非、检验认识是否正确的标准之意。

① （清）孙诒让撰，孙启治点校：《墨子闲诂》，载《新编诸子集成》，中华书局 1998 年 7 月第 1 版，第 264-265 页。

《国语・周语》有“无射所以宣布哲人之令德，示民轨仪”，“轨仪”是轨范，可知“仪”有轨范之意。《墨子・非命》三篇，把“仪”叫作“仪法”，“仪”的“三表”也叫作“三法”，可见“仪”也就是“法”。《经上》篇说：“法，所若而然也。”毕沅疏证说：“若，顺，言有成法可从也。”由兹观之，《墨子》提出的“言必有仪”的“仪”或“法仪”或“法”，就是言论、制作的轨范、法则、原则。《墨子》的“仪”有三，或云“三表”，或云“三法”，即“有本之者，有原之者，有用之者”。概而言之，如下。

其一表：“上本之于古者圣王之事”，即根据历史上的经验事实。

其二表：“下原察百姓耳目之实”，即考察人们的反映。

其三表：“观其中国家百姓人民之利”，即付诸实践之后考察实际效果是否有利于“国家百姓人民”。

《墨子》一书中，“三表”经常应用，诸如《兼爱》《非攻》等都是以“兴天下之利，除天下之害”为根据，从“国家之富”“人民之众，刑政之治”立论，而《非命》诸及《明鬼》中，更明确地提出了“三表”，全面应用“三表”。墨家“仪”的三条，即“三表”或“三法”不仅是其立论的准则，更是墨子及其门生弟子从事机械设计和机械制造的准则和方法。

技术思想是对技术的反思，相当于由感性认识飞跃为理性认识，通过经验而超越经验。《墨子》提出的“仪、法、表”是以人们经验中的事实为根据。其一表“上本之于古者圣王之事”和其二表“下原察百姓耳目之实”，着重的是观念、言论或任何可行性设计应该来源于历史上的实践经验，来源于人们的实践经验。其三表“观其中国家百姓人民之利”着重说明任何观念、言论或机械设计成果，要用实践的效果来判定是非、衡量巧拙。它否定了观念来自观念本身，观念的是非要从观念本身找根据的思想，而主张诉诸经验，这是《墨子》对哲学和古代科学技术的贡献。

《墨子》强调感觉经验的可靠性、真实性。《明鬼》篇说：“天下之所以察知有与无之道者，必以众人耳目之实，知有与无为仪者也。请惑闻之见之，则必以为有；莫闻莫见，则必以为无。”这也是《墨子》其二表“下原察百姓耳目之实”的思想写照，在《尚同》篇中，还有“一目之视也，不若二目之视也；一耳之聪也，不若二耳之聪也；一手之操也，不若二手之操也。”云云，反映墨子重视视觉、听觉等实际操作，认为多数人的实践优于少数人的实践思想。今天科学技术的发展使我们认识到自然的规律往往是看不见、听不到的，只有通过由感性上升到理性的理论思维才能把握它，但是不能由此否定《墨子》的思想，先秦时期相信人们的感官从外界获得的经验的思想，已是难能可贵了，这无疑是《墨子》技术思想的特色，它在历史上的功绩是不可磨灭的。

在《墨子·天志》三篇中，墨子还以制造机械，绘制图样的规和矩为例，说明仪法的重要性，《墨子·天志》说："子墨子言曰：我有天志，譬若轮人之有规，匠人之有矩。轮、匠执其规、矩，以度天下之方圆，曰：'中者是也，不中者非也。'"《墨子·天志》进一步说："是故子墨子之有天之，辟人无以异乎轮人之有规，匠人之有矩也。今夫轮人操其规，将以量度天下之圆与不圆也，曰：'中吾规者，谓之圆；不中吾规者，谓之不圆。'是以圆与不圆，皆可得而知也。此其故何？则圆法明也。匠人亦操其矩，将以量度天之方与不方也，曰：'中吾矩者，谓之方，不中吾矩者，谓之不方。'是以方与不方，皆可得而知之。以其故何？则方法明也。"《墨子·天志》中亦说："故子墨子立天之以为仪法，若轮人之有规，匠人之有矩也。今轮人以规，匠人以矩，以此知方圆之别矣。"

《墨子·天志》三篇，以机械为喻，文字上略有出入，其意在于说明仪法的重要性，犹工匠、轮人手中的工具规和矩，是须臾不可缺少的。从这些文字论述中可以窥见先秦机械制造与机械设计注重规范、制度，严格遵循设计程序的事实。作为古代著名机械设计与机械制造的参与者，墨子本人着实十分重视遵循设计程序和制造过程的相应准则，在《墨子·法仪》中，墨子总结："天下从事者，不可以无法仪。无法仪而其事能成者，无有也。虽至士之为将相者，皆有法。虽至百工从事者，亦皆有法。百工为方以矩，为圆以规，直以绳，衡以水，正以县，无巧工不巧工，皆以此五者为法。巧者能中之，不巧者虽不能中，放依以从事，犹愈已。故百工从事，皆有法所度。"[①]

五、结语

清代《四库全书总目提要》"子部总叙"云："夫学者研理于经，可以正天下之是非；征事于史，可以明古今之成败，余皆杂学也。"[②]《钦定四库全书》以《墨子》"旁究物理"，将其纳入子部、杂家类。其"杂家""序言"云："杂之义广，无所不包。"[③]《墨子》一书，列于"杂家类"之首。司马谈（约前

---

① 刘克明：《中国技术思想研究：古代机械设计与方法》，"儒道释博士论文丛书"，巴蜀书社 2004 年 11 月第 1 版，第 169-186 页。

② （清）永瑢等：《四库全书总目》，中华书局 1965 年 6 月第 1 版，第 769 页。

③ （清）永瑢等：《四库全书总目》，中华书局 1965 年 6 月第 1 版，第 1006 页。

169—前110年)在《论六家要旨》中说:“强本节用,则人给家足之道也。此墨子之所长,虽百家弗能废也。”探讨《墨子》中的技术成就及其设计思想与方法、《墨子》中有关工程技术方面的记载与设计成果及对古之设计原理的论述,可知墨子及其弟子,立志“为天下器”所表现出的科学态度与科学精神。墨家在技术生产与制造之中,注重兴利、强调节用,无论公输与墨子的得失之辩,“巧”“拙”之论,抑或“言有三表”“言有仪法”云云,都是墨子的技术思想和设计方法的成果。

明初学者宋濂《诸子辨》中称:“墨者,强本节用之术也。予尝爱其‘圣王作为宫室,便于主,不以为观乐’之言,又尝爱其‘圣人为衣服,适身体,和肌肤,非荣耳目而观愚民’之言,又尝爱其‘饮食增气充虚,强体适腹’之言。墨子其甚俭者哉!‘卑宫室,菲饮食,恶衣服’,大禹之薄于自奉者。孔子亦曰:‘奢则不逊,俭则固。’然则俭固孔子之所不弃哉!”①

墨子“独绍宗风”“性之所好”,研究数学、物理、几何等自然科学原理,胪陈机械、建筑、军事诸技术。所著《墨子》一书之中《经》上下篇,字简意骇;《经说》上下篇,义丰辞富。其记载之详,论理之丰,蔚成巨观,不仅反映了周秦科学技术发展的水平,也描述了墨家“自啬其身”“时时利济于物”“足以自立”云云。更重要的是:《墨子》一书记述了中国古代科技工作者“事无辞也,物无违也,故能为天下器”的博大气象及其从事工程技术和生产制造的设计方法和技术思想。从“仪”“表”“法”的论述到生产工具的应用,从设计制造、产品制造到成品的检测,都反映出当时“有法可度”的科学态度和科学精神,而检测工具与制造工具的应用不仅是技术进步的标志,也恰如墨子所言,它能使“巧者,能中之,不巧者,虽不能中,放依以从事,犹愈已”。这些技术思想闪烁着科学理性的光辉,这在中国,乃至世界工程技术史上都是了不起的贡献。②

主要参考文献

[1] 孙诒让. 墨子闲诂[M]//诸子集成:第四册. 北京:中华书局,1954.
[2] 谭戒甫. 墨辩发微[M]//新编诸子集成:第一辑. 北京:中华书局,1964.

---

① 《诸子辨》,见(明)宋濂著,黄灵庚编校:《宋濂全集》,人民文学出版社2014年6月第1版,第1904页。

② 《墨辩发微》“序”,见谭戒甫:《墨辩发微》,载《新编诸子集成(第一辑)》,中华书局1964年9月第1版,第3-7页。

[3] 毕沅.墨子注[M].苏州:扫叶山房,1925.
[4] 毕沅校注,吴旭民标点.墨子[M].上海:上海古籍出版社,2014.
[5] 李国豪.中国科技史探索[M].上海:上海古籍出版社,1982.
[6] 方孝博.墨经中的数学和物理学[M].北京:中国社会科学出版社,1983:50-75.
[7] 岑仲勉.墨子城守各篇简注[M]//新编诸子集成:第一辑.北京:中华书局,1958.
[8] 永瑢,等.四库全书总目提要[M].北京:中华书局,1965.
[9] 徐克明.墨家物理学成就述评[J].物理,1976,5(1):53-55.
[10] Joseph Needham. Science and Civilization in China Volume Ⅲ [M]. London:Cambridge University Press,1959.
[11] 李约瑟.中国科学技术史·第三卷:数学[M].《中国科学技术史》翻译小组,译.北京:科学出版社,1978.
[12] 投影几何学[M].张世钧,等编译,沈阳:东北教育出版社,1951.
[13] 钱临照.释墨经中光学力学诸条[M]//科学史论集.合肥:中国科学技术大学出版社,1987.
[14] 徐克明.墨家物理学成就述评(续)[J].物理,1976,5(4),231-239.
[15] 徐希燕.墨学研究[M].北京:商务印书馆,2001.
[16] 梁启超.墨经校释[M].北京:商务印书馆,1922.
[17] 宋濂.诸子辨[M].顾颉刚,标点.上海:朴社出版社,1937.
[18] 宋濂.宋濂全集[M].黄灵庚,编校.北京:人民文学出版社,2014.
[18] 永瑢.四库全书总目:墨子[M].北京:中华书局,1965.
[19] 刘克明.中国技术思想研究:古代机械设计与方法[M].成都:巴蜀书社,2004.

第四章

《列子》中对投影的认识及其图学价值

《列子》一书，包含了丰富的古代科技内容与图学思想，反映了春秋至战国初期学术研究的成果。具有史料价值的是，该书《天瑞》《说符》对投影原理作了精彩的论述，这些论述对于人们探索图学的历史，不无启迪。研究《列子》中的有关记载，对探讨中国图学思想史、图学理论诸多问题以及《列子》非伪书等，有着重要的意义。

第一节 列子其人其书

列子战国时期道家代表人物，姓列，名御寇，郑国圃田（今河南省郑州市）人，东周威烈王时期人，享年不详，或与郑穆公同时，晚于孔子（前

551—前479年)而早于庄子(约前369—约前286年)。列子曾师从关尹子、壶丘子、老商氏、支伯高子等,终生致力于道德学问,隐居郑国四十年无识者,不求名利、清静修道。他聚徒讲学,弟子甚众,从《庄子·内篇·逍遥游》中“列子御风而行”,[①]可以看出列子及其学派在战国中后期的影响。

一、《列子》其书

列子著书二十篇,今仅存八篇,内容多为民间故事、寓言和神话传说,《汉书·艺文志》载《列子》八篇,其余篇章均已失传。《隋书·经籍志》载,《列子》郑之隐人列御寇撰,东晋光禄勋张湛注。

东晋张湛,其“先君”曾将之当作“奇书”收藏,永嘉之乱时散落。据其《列子注序》所载:战乱后收集到残卷,“参校有无,始得完备”,再次辑全,并依照《汉书·艺文志》所记八篇,编撰成今本《列子》一书,计《天瑞》《仲尼》《汤问》《杨朱》《说符》《黄帝》《周穆王》《力命》等八篇,才使这部著作得以保存至今。

张湛为《列子》作注,编撰之中,为疏通文字、连缀篇章,加上了自己的一些评论文字。所以,今本《列子》语言文字,羼入一些魏晋人的思想内容,在所难免。其“词旨简远,可亚于王弼注老,郭象注庄”。张湛之《列子注》是东晋玄学的代表之作,是何晏(?—249年)、王弼以来玄学的进一步发展。

《列子》一书,思想以道为本,后来被道教奉为经典。西汉初颇行于世。汉武帝罢黜百家之后,散落民间,西晋又有所发展,唐宋时期达到顶峰。唐代诸帝,崇奉道教。唐高宗乾封二年(667年)李治(628—683年)尊奉老子为太上玄元皇帝。玄宗开元二十五年(737年)李隆基(685—762年)立玄学博士,指定《老子》《列子》《庄子》《文子》为必读之书,时号四玄。天宝四年(745年)追封列御寇为冲虚真人,《列子》一书为《冲虚真经》。到了宋代,宋真宗赵恒(968—1022年)在“冲虚”二字后面又加“至德”二字,书名又成了《冲虚至德真经》。宋徽宗赵佶(1082—1135年)于政和六年(1116年)诏立《内经》《道德经》《列子》《庄子》博士。列子再封为“致虚观妙真君”。

---

① 《庄子·内篇·逍遥游》,见(清)王先谦:《庄子集解》,载《诸子集成(第三册)》,中华书局1954年12月第1版,第3页。

《列子》一书作为先秦经典著作，历代研究者，除张湛之外，不乏其人。据严灵峰(1903—1999 年)所编(《无求备斋列子集成》、《列子书目》不完全统计)、《子藏·道家部列子卷》(不完全统计)历代列子注疏已经多达百十余部注本，有《统略》《指归》《释文》《音义》《章句》《笺释》《注》《解》等。惜这些列子学著作大多没有流传下来，留存至今的版本多流散世界各地图书馆或被个人收藏。《列子》全书，共载哲理散文、寓言故事、神话故事、历史故事等，记 134 章，基本上以寓言形式来表达精微抽象的哲理。如《黄帝篇》有十九章，《周穆王篇》有十一章，《说符篇》有三十章。其中寓言故事百余篇，如《黄帝神游》《愚公移山》《夸父追日》《杞人忧天》《承蜩犹掇》等，都选自此书，篇篇珠玉，读来妙趣横生，隽永味长，发人深思，有些篇章至今仍有借鉴参考作用。《列子》一书中的智慧，嘉惠后学，给人们开辟了新的思维空间和领域。

胡道静、陈莲生、陈耀庭选辑：《道藏要籍选刊》第五册，(战国)列子撰，(晋)张湛注，(唐)卢重玄、(宋)范致虚解，(宋)宋徽宗训，(宋)高守元辑《冲虚至德真经四解》"说符"中有关投影部分记载的书影[①]，如图 4.1 所示。

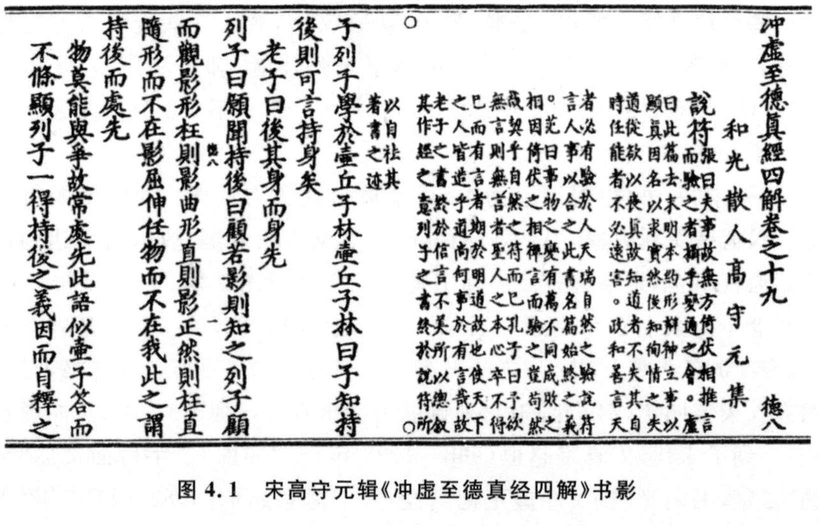

冲虛至德眞經四解卷之十九　德八
和光散人高守元集
說符　張曰夫事故無方倚伏相推言而驗之者摽乎變通之會。虛日此篇去末明本約形辯神立事以顯眞因名以求實然後知徇情之失道從欲以喪眞故知道者不失其自時任能者不必遠害。政和善言天者必有驗於人天端自然之驗說符言人事以合之此書名篇始終之義。范曰事物之變有萬不同成敗之相因倚伏之相禪言而驗之豈苟然哉契乎自然之符而巳孔子曰予欲無言則無言者至人之本心卒不得巳而有言者期於明道故也使天下之人皆造乎道尚何事於有言哉故老子之書終於信言不美所以總叙其作經之意列子之書終於說符所以自祛其著書之迹
○子列子學於壺丘子林壺丘子林曰子知持後則可言持身矣
老子曰後其身而身先
列子曰願聞持後曰顧若影則知之列子顧而觀影形枉則影曲形直則影正然則枉直隨形而不在影屈伸任物而不在我此之謂持後而處先
物莫能與爭故常處先此語似壺子答而不條顯列子一得持後之義因而自釋之

图 4.1　宋高守元辑《冲虚至德真经四解》书影

然而，《列子》一书，历经笔削，名家评说不一，其关键在于书之一节

① (战国)列子撰，(晋)张湛注，(唐)卢重玄，(宋)范致虚解，(宋)赵佶训，(宋)高守元辑：《冲虚至德真经四解》，见胡道静、陈莲生、陈耀庭选辑：《道藏要籍选刊(第五册)》，上海古籍出版社 1989 年 6 月第 1 版，第 668 页。

有疑而质疑全书。清代永瑢《四库全书总目》与金毓黻(1887—1962 年)手定本《文溯阁四库全书提要》,论述最详,今录之如兹。

《钦定四库全书》“子部”载:“《列子》八卷”,据《四库全书总目》“江苏巡抚采进本”云:

> 旧本题周列御寇撰。前有刘向校上奏,以御寇为郑穆公时人。唐《柳宗元集》有《辨列子》一篇,曰穆公在孔子前几百岁。《列子》书言郑国,皆言子产、邓析,不知向何以言之如此。《史记》郑繻公二十四年,楚悼王四年围郑,杀其相驷子阳。子阳正与列子同时,是岁鲁穆公十年。不知向言鲁穆公时遂误为郑耶?其后张湛徒知怪《列子》书言穆公后事,每不能推知其时,然其书亦多增窜非其实,其言魏牟、孔穿皆出列子后,不可信云云。其后高似孙《纬略》遂疑列子为鸿蒙云将之流,并无其人。今考第五卷汤问篇中,并有邹衍吹律事,不止魏牟、孔穿。其不出御寇之手,更无疑义。然考《尔雅疏》引《尸子·广泽篇》曰:墨子贵兼,孔子贵公,皇子贵衷,田子贵均,列子贵虚,料子贵别囿,其学之相非也数世矣,而已皆弇于私也。天帝皇后辟公宏廓宏博介纯夏幠无冢晊昄皆大也,十有余名而实一也。若使兼公虚均衷平易别囿一实也,则无相非也云云。是当时实有列子,非庄周之寓名。又《穆天子传》出于晋太康中,为汉、魏人之所未睹。而此书第三卷周穆王篇所叙驾八骏,造父为御,至巨搜,登昆仑,见西王母于瑶池事,一一与传相合。此非刘向之时所能伪造,可信确为秦以前书。考《公羊传》隐公十一年,子沈子曰,何休注曰,子沈子后师沈子,称子冠氏上,著其为师也。然则凡称子某子者,乃弟子之称师,非所自称。此书皆称子列子,则决为传其学者所追记,非御寇自著。其杂记列子后事,正如《庄子》记庄子死,《管子》称吴王、西施,商子称秦孝公耳,不足为怪。晋光禄勋张湛作是书注,于天瑞篇首所称子列子字知为追记师言,而他篇复以载及后事为疑,未免不充其类矣。书凡八篇,与《汉志》所载相合。赵希弁《读书附志》载,政和中宜春彭瑜为积石军倅,闻高丽国《列子》十卷,得其第九篇曰元瑞于青唐卜者云云。今所行本皆无此卷,殆宋人知其妄而不传欤?其注自张湛以外,又有唐当涂丞殷敬顺释文二卷,此本亦散附各句下。然音注颇为淆乱,有灼然知为殷说者,亦有不辨孰张孰殷者。明人刊本往往如是,不足讶也。据湛自序,其母为王弼从姊妹,湛往来外家,故亦善谈名理,其注亦弼注《老子》之亚。叶梦得《避暑

录话》乃议其虽知《列子》近佛经，而逐事为解，反多迷失。是以唐后五宗之禅绳晋人，失其旨矣。[①]

《文溯阁四库全书提要》“道家类”《列子》云：

臣等谨按列子八卷周列御寇撰。刘向校定为八篇，以列御寇为郑穆公时人。柳宗元曰辩为郑繻公时人考据极确。唐天宝元年册为“冲虚真人”尊其书为《冲虚真经》。宋景德间加“至德”二字。宗元谓：是书亦多增窜，非其实。高似孙《子略》，以《庄子·天下篇》，历叙墨翟以下诸子不及御寇。司马迁亦不传列子，遂谓后人荟萃而成之，皆于理或近似。孙文又谓：出于庄子之寓言，并无其人，则太臆断矣。晋张湛尝为之注，词旨简远，可亚于王弼注老，郭象注庄。其注“炼石补天”之类，皆妙得寓言之旨。叶梦得乃詆其逐事为解，反多迷失。盖梦得僻于佞佛，欲取列子书一一比附于禅学。故与湛之注合已说者，则以为微知，其意不合已说者，则恶其害已而排之，非笃论也。其《杨朱》、《立命》二篇，宗元以所称：魏牟、孔穿皆在列子以后，疑为杨朱之书。然刘向以来，并无是说，今亦不取焉。[②]

《四库全书总目》与《文溯阁四库全书提要》，“文达笔削，以归一贯”之言，“是当时实有列子，非庄周之寓名”，“可信确为秦以前书”，“书凡八篇，与《汉志》所载相合”；“晋张湛尝为之注，词旨简远，可亚于王弼注老，郭象注庄。其注‘炼石补天’，皆妙得寓言之旨”辨章学术，推行类例，与诸如儒专精之所在，皆跃然纸上。

事实上，如《四库全书总目》与《文溯阁四库全书提要》所述，《列子》之流传，一直不甚广泛。《列子》真伪，聚讼已久。魏晋伪书之说，已拘束其研究。逮至唐宋，以柳宗元《辩列子》为发端，指出刘向《列子叙录》有误，对《列子》的疑问，柳文此说反复为历代伪说者沿用，引来不少极端化的呼应。[③] 宋代叶梦得（1077—1148 年）《避暑录话》卷下言：“《列子》书称子列子，此是弟子记其师之言，非列子自云也。刘禹锡自作传称子刘子，不可解，意是误读《列子》。”[④]叶大庆（1180—1230 年）《考古质疑》认

---

① （清）永瑢：《四库全书总目》，中华书局 1965 年第 1 版，第 1245 页。

② 《文溯阁四库全书提要》，见金毓黻等编：《文溯阁四库全书提要》，中华书局 2014 年 7 月第 1 版，第 2562 页。

③ 《辩列子》，见（唐）柳宗元：《柳宗元集：卷四·议辩》，商务印书馆 1958 年版。又见杨伯峻：《列子集释》，载《新编诸子集成》，中华书局 1979 年 10 月第 1 版，第 287 页。

④ （宋）叶梦得：《避暑录话》丛书集成本，中华书局 1985 年 5 月版。

为:“《列子》书中杂以后人所增益。”[①]林希逸(1193—1271 年)认为,《列子》一书在历经长期的战乱之后,其中多有伪书杂陈其间,甚至摭入儒家的思想,《列子》书“好处尽好,杂处尽杂”。[②] 高似孙(1158—1231 年)认为,太史公不为列子传,是此作为伪书的证据,其《子略》言:“至于‘西方之人有圣者焉,不言而自信,不化而自行’,此故有及于佛,而世犹疑之。”[③]同时代附和高氏的,尚有朱熹(1130—1200 年),其《观列子偶书》云:“又观其言精神入其门,骨骸反其根,我尚何存者,即佛书四大各离,今者妄,身当在何处之所由出也,他若此类甚众,聊记其一二于此,可见剽掠之端云。”《朱子语类·释氏》所论:“列子言语多与佛经相类。”[④]黄震(1213—1280 年)《黄氏日钞》中说:“今考辞旨所及,疑于佛氏者凡二章。其一谓周穆王时西域有化人来,殆于指佛。”[⑤]“西方圣人”,是指佛氏,佛氏亦晚出,由此则《列子》晚出。

至明代有宋濂《诸子辨》,言:“书本黄老言,绝非御寇所自著,必后人会萃而成者。中载孔穿、魏公子牟及‘西方圣人’之事皆出御寇后。”并将《列子》书认定为后人荟萃而成。[⑥]

及至清代,姚际恒(1647—约 1715 年)的《古今伪书考》认为:“则向之序亦安知不为其人所托而传乎?夫向博及群书,不应有郑缪公之谬,此亦可证其为非向作也。”“至其言西方圣人,则直指佛氏,殆属明帝后人所附益无疑,佛氏无论战国未有,即刘向时又宁有耶!”[⑦]钱大昕(1728—

---

① (宋)叶大庆著,李伟国校点:《考古质疑》,上海古籍出版社 1985 年 8 月第 1 版。见杨伯峻:《列子集释》,载《新编诸子集成》,中华书局 1979 年 10 月第 1 版,第 289-290 页。

② (宋)林希逸著,张京华点校:《列子鬳斋口义》,华东师范大学出版社 2016 年版,第 21 页。

③ (宋)高似孙:《子略》,载《丛书集成》,中华书局 1985 年 5 月版。见杨伯峻:《列子集释》,载《新编诸子集成》,中华书局 1979 年 10 月第 1 版,第 288 页。

④ (宋)朱熹《观列子偶书》,载《晦庵先生朱文公文集》卷六七,《四部丛刊》。见杨伯峻:《列子集释》,载《新编诸子集成》,中华书局 1979 年 10 月第 1 版,第 288 页。

⑤ (南宋)黄震:《黄氏日钞》,载《慈溪黄氏日抄分类》九十七卷,清乾隆间新安汪氏覆元刻本。见杨伯峻:《列子集释》,载《新编诸子集成》,中华书局 1979 年 10 月第 1 版,第 290-291 页。

⑥ (明)宋濂、顾颉刚标点:《诸子辨》,朴社出版社 1937 年第 1 版。又见〔明〕宋濂著,黄灵庚编校:《宋濂全集》第四册卷七十九之《辨二·诸子辨》,人民文学出版社 2014 年版,第 1901 页。又见杨伯峻:《列子集释》,载《新编诸子集成》,中华书局 1979 年 10 月第 1 版,第 291-292 页。

⑦ (清)姚际恒著,顾颉刚注:《古今伪书考》,朴社出版社 1940 年版。见杨伯峻:《列子集释》,载《新编诸子集成》,中华书局 1979 年 10 月第 1 版,第 292-294 页。

1804 年)《十驾斋养心录》言:“《列子》书,晋时始行,恐即晋人依托。”[①]姚鼐(1731—1815 年)“跋《列子》”言:“今世《列子》书,盖有汉魏后人所加,其文句固有异于古者”,“《列子》出于张湛,安知非湛有矫入者乎?吾谓刘向所校《列子》八篇,非尽如今之八篇也”。[②]

近代以后,持《列子》“伪书说”者,不输前人。马叙伦(1885—1970 年)《〈列子〉伪书考》中,指陈列子伪书的“二十事”,其中第五事便是针对《周穆王》篇,“五事,《周穆王》篇有驾八骏见西王母事,与《穆天子传》合。《穆传》出晋太康中,列子又何缘得知?或云《史论》略有所载,然未若此之诡诞也。盖汲冢书初出,虽杜预信而记之,作伪者艳异矜新,欲以此欺蒙后世,不痞其败事也”。[③] 梁启超《古书真伪及其年代》认定,《列子》抄袭的关键是《列子》的“九渊”之说。[④] 陈三立(1853—1937 年)《读列子》言:“《仲尼篇》‘西方之人,有圣者焉,不治而不乱,不言而自信,不化而自行’,轮回之说,释迦之证,粲著明白”,“吾终疑季汉魏晋之士,窥见浮屠之书,就杨朱之徒所依托,益增窜其间,且又非刘向之所尝见者,张湛盖颇知之而未知深辩也”。[⑤] 古史辨派质疑:“若其论辩,谓《列子》云‘西方圣人’直指佛氏,属明帝后人所附益。”“据张湛序文,则此书原出湛手,其即为湛托无疑。”[⑥]杨伯峻(1909—1992 年)《列子集释》附《辨伪文字辑略》,计有 24 篇,[⑦]真伪论争几乎成了《列子》研究的唯一工作,这些辨伪文字,严重影响了《列子》思想及其价值的探讨,遂为《列子》研究的障碍。

综合分析诸“伪书之说”,其证据大体上可以分为两大类:一是从《列

---

① (清)钱大昕:《十驾斋养新录》,商务印书馆 1935 年 12 月初版。见杨伯峻:《列子集释》,载《新编诸子集成》,中华书局 1979 年 10 月第 1 版,第 294 页。

② 《跋列子》,见(清)姚鼐:《惜抱轩诗文集》,上海古籍出版社 1992 年 11 月第 1 版。见杨伯峻:《列子集释》,载《新编诸子集成》,中华书局 1979 年 10 月第 1 版,第 294-295 页。

③ 马叙伦:《〈列子〉伪书考》,见顾颉刚:《古史辨》第四册,下编,上海古籍出版社 1982 年 8 月第 1 版,第 529 页。又见杨伯峻:《列子集释》,载《新编诸子集成》,中华书局 1979 年 10 月第 1 版,第 301-308 页。

④ 梁启超:《古书真伪及其年代》,中华书局 1955 年版,第 2 页。又见杨伯峻:《列子集释》,载《新编诸子集成》,中华书局 1979 年 10 月第 1 版,第 299-301 页。

⑤ 《读列子》,见陈三立著,李开军校点:《散原精舍诗文集》,上海古籍出版社 2014 年 11 月第 1 版。又见杨伯峻:《列子集释》,载《新编诸子集成》,中华书局 1979 年 10 月第 1 版,第 298-299 页。

⑥ 顾颉刚:《古今伪书考跋》,顾实:《重考古今伪书考》,见杨伯峻:《列子集释》,载《新编诸子集成》,中华书局 1979 年 10 月第 1 版,第 294 页。

⑦ 《辨伪文字辑略》,见杨伯峻:《列子集释》,载《新编诸子集成》,中华书局 1979 年 10 月第 1 版,第 287-349 页。

子》作品的外围入手考察《列子》书，如"太史公不为列子立传"，"列子反映的是魏晋时的思想"等；二是从《列子》文本入手，考察其文句、用语、具体名物制度等，得出不属先秦的结论。

《四库全书总目》与《文溯阁四库全书提要》所述，《列子》真伪之辨，历代因袭旧说，陈陈相因。就现今研究现状看，已经有许多学者认识到伪书说存在的问题，但未能益昭美备，还其本真。真伪问题仍然是《列子》研究的桎梏，这样就需要人们在以下两个方面做出努力。

其一，认真分析甄别，津资治理，以科学的态度、严谨的作风力争还其本真。

其二，面对《列子》书存在的历史问题，不应该简单地将《列子》全盘否定，甚或完全肯定；弃瑕录瑜，从而启发人们对《列子》的辨析。《四库全书总目》称道家著作，"要其本始，则主于清净自持，而济以坚韧之力，以柔制刚，以退为进"，"世所传述，大抵多后附之文，非其本旨。彼教自不能别，今亦无事于区分。然观其遗书源流迁变之故，尚一一可稽也"，这是很有道理的。①

二、《列子》一书中有关机械的内容及其思想

当代学者涂又光于《列子》研究，表现出一代哲人的睿智与风范，其撰《楚国哲学史》一书，别开生面，振聋发聩，妙绝于言诠之表。《楚国哲学史》虽未撰写列子一章，但全书论述列子甚多，"列子"一词凡 42 见。②涂又光认为，"《列子》是伪造"，但他思虑恂达，将《列子》比作机器，用机器之喻，是说其"组装"是伪造，不是说其"零件"皆伪造，零件倒有真品。

(一)偃师造倡

如《列子·汤问》篇 "偃师造倡"记载，早在西周时期，有巧匠偃师造出"能倡者"献给周穆王。《汤问》篇云：

> 周穆王西巡狩，越昆仑，不至弇山。反还，未及中国，道有献工人名偃师。穆王荐之，问曰：若有何能？偃师曰：臣唯命所试。然臣已有所造，愿王先观之。穆王曰：日以俱来，吾与若俱观之。越日偃师谒见王。王荐之，曰：若与偕来者何人？对曰：臣之所造能倡者。

---

① 管宗昌：《〈列子〉伪书说述评》，《古籍整理研究学刊》2006 年第 5 期，第 11-16 页。

② 涂又光：《楚国哲学史》，湖北教育出版社 1995 年 7 月第 1 版。

穆王惊视之，趣步俯仰，信人也，巧夫颔其颐，则歌合律；捧其手，则舞应节。千变万化。唯意所适。王以为实人也，与盛姬内御并观之。技将终，倡者瞬其目而招王之左右侍妾。王大怒，立欲诛偃师。偃师大慑，立剖散倡者以示王，皆傅会革、木、胶、漆、白、黑、丹、青之所为。王谛料之，内则肝胆、心肺、脾肾、肠胃，外则筋骨、支节、皮毛、齿发、皆假物也，而无不毕具者。合会复如初见。王试废其心，则口不能言；废其肝，则目不能视；废其肾，则足不能步。

宋代林希逸注《列子鬳斋口义》,《元刻本列子》《汤问》篇“周穆王西巡狩”书影[①]，如图 4.2 所示。

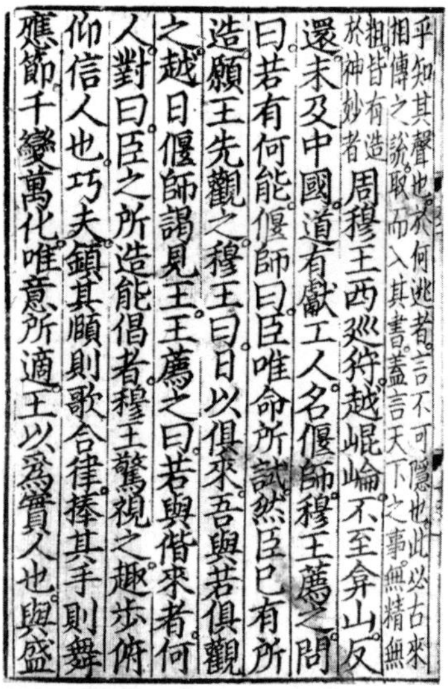

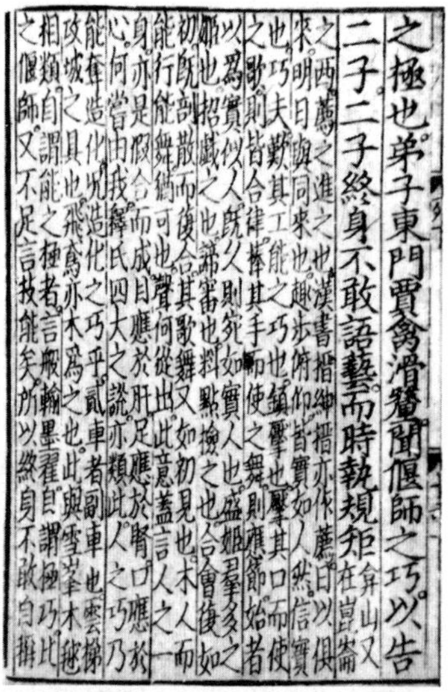

图 4.2　宋代林希逸《列子鬳斋口义》,《元刻本列子》“周穆王西巡狩”书影

偃师所献倡者，如现今所称机器人(robot)相似。[②]《汤问》篇详细记载了倡者的组成，其与今天的机器人两相比较，如表 4.1 所示。

---

① (战国)列子撰，(宋)林希逸注：《列子鬳斋口义》，见《元刻本列子》(国学基本典籍丛刊)，国家图书馆出版社 2017 年 5 月第 1 版，第 188-189 页。

② 机器人是一种自动化的机器，所不同的是这种机器具备一些与人或生物相似的智能能力，如感知能力、规划能力、动作能力和协同能力，是一种具有高度灵活性的自动化机器。见郭彤颖、安东：《机器人系统设计及应用》，化学工业出版社 2016 年 1 月第 1 版。

表 4.1 《汤问》篇倡者与机器人组成比较

项目	《列子·汤问》倡者	现代机器人(robot)
机械系统	倡者“趣步俯仰,信人也”,乃至“越日偃师谒见王。王荐之,曰:若与偕来者何人?对曰:臣之所造能倡者。”倡者,倡,倡优,古代以乐舞戏谑为业之人,能倡者,能唱歌跳舞之人,倡者之身,“皆傅会革、木、胶、漆、白、黑、丹、青之所为”,假合而成,倡者即如机器人之机械系统	机械系统是赖以完成作业任务的执行机构,可以在确定的环境中执行控制系统指定的操作。一般包括机身、臂部、手腕、末端操作器和行走机构等部分,每个部分都有若干的自由度,是一个多自由度的机械系统
控制系统	“巧夫颔其颐,则歌合律;捧其手,则舞应节。千变万化。唯意所适。”“巧夫”,即巧工偃师,相当于机器人之控制系统。宋代林希逸《列子鬳斋口义》云:“颔,摩也。摩其口而使之歌,则皆合律。捧其手,即使之舞则应节。”①偃师“颔”之,“捧”之,即发出指令	控制系统的作用是根据机器人的作业指令程序以及传感器反馈回来的信号控制机器人的执行机构,使其能完成规定的运动和功能。控制系统是机器人的指挥中枢,相当人类的大脑,可以由一台或多台微型计算机完成
驱动系统	“倡者”“信人也”,其口腔、眼睛、手足为驱动系统,“口能言”,“目能视”,“足能步”,故“王以为实人也,与盛姬内御并观之”	驱动系统是驱使机械系统运动的机构,能够按照控制系统的指令信号,借助动力元件使机器人进行动作。它输入的是电信号,输出的是线、角位移量。机器人驱动系统主要有液压、气动和电气三种

① (战国)列子撰,(宋)林希逸《列子鬳斋口义》,见《元刻本列子》(国学基本典籍丛刊),国家图书馆出版社 2017 年 5 月第 1 版,第 190 页。

续表

项目	《列子·汤问》倡者	现代机器人(robot)
感知系统	“能倡者”,“内则肝胆、心肺、脾肾、肠胃,外则筋骨、支节、皮毛、齿发、皆假物也,而无不毕具者”。这是其感知系统,故“王试废其心,则口不能言;废其肝,则目不能视;废其肾,则足不能步。”	感知系统是用于获取机器人的内部和外部环境信息,并把这些信息反馈给控制系统,由内部传感器和外部传感器组成。内部传感器用于感知机器人的内部情况,如速度、电压等信息,外部传感器则用于获取机器人所处环境信息,如声音、视觉等信息

机器人是一种能够半自主或全自主工作的人工智能机器,一般由机械本体、控制系统、驱动系统和感知系统等四大部分组成,《汤问》篇所载“倡者”的设计思想与现代化机器人的设计,何其相似奈尔。

《汤问》篇所载“倡者”“信人也”,“皆傅会革、木、胶、漆、白、黑、丹、青之所为”,是一个典型的自动控制化系统,其基本工作原理如图 4.3 所示。

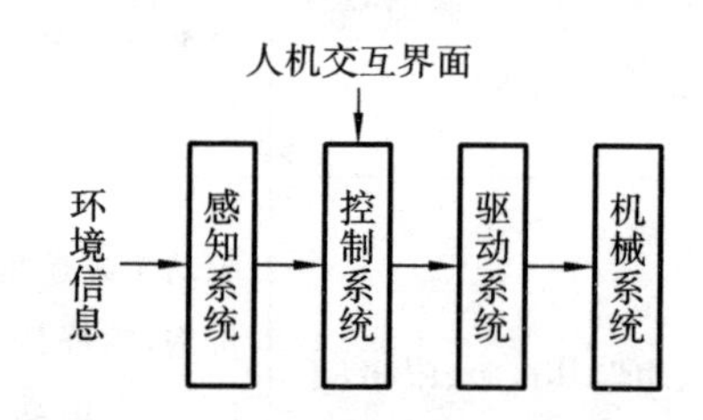

图 4.3 偃师所造能倡者基本工作原理

“倡者”的控制系统——偃师发出动作指令,控制驱动系统——肝胆、心肺、脾肾、肠胃动作,驱动系统带动机械系统——口、目、手、足运动以完成一定的作业任务。在运行过程中,感知系统不断地收集内外部环境信息并反馈给控制系统,控制系统根据这些信息进行运算后,发出下一个动作指令,乃至倡者“瞬其目而招王之左右侍妾”。人机交互界面则为人们提供了一个观察机器人运行状态和人工干预机器人运行的接口,属于控制系统的一部分。

周穆王,姬姓、名满,周昭王之子,西周第五位君主,在位的年代为前 976 年至前 922 年,又称“穆天子”,是西周在位时间最长的周王。“周穆王西巡狩，越昆仑，不至弇山”，即在穆王十三年。[1] 偃师造倡，是人类科学技术史上虚拟人（virtually human）的最早记载，距今已有 3000 多年之久。

（二）人之巧乃可与造化者同功

《列子·汤问》篇通过偃师所造能倡者的故事，总结出周穆王对技术之巧的认识：

> 穆王始悦而叹曰：人之巧乃可与造化者同功乎？诏贰车载之以归。夫班输之云梯，墨翟之飞鸢，自谓能之极也。弟子东门贾，禽滑厘闻偃师之巧以告二子，二子终身不敢语艺，而时执规矩。

《汤问》篇这段话，不仅记载了周穆王“诏贰车载之以归”，表现出周天子对“偃师之巧”的高度褒奖，更重要的是“穆王始悦而叹”，提出了“人之巧乃可与造化者同功”的技术思想。

晋人张湛注：“近世人有言人灵因机关而生者，何者？造化之功至妙，故万品咸育，运动无方。人艺粗拙，但写载成形，块然而已。至于巧极，则几乎造化，似或依此言而生此说，而此书既自不尔，所以明此义者，直以巧极，思之无方，不可以常理限，故每举物极以祛近惑，岂谓物无神主耶？斯失之远矣。”

《汤问》篇最后云：“夫班输之云梯，墨翟之飞鸢，自谓能之极也。弟子东门贾，禽滑厘闻偃师之巧以告二子，二子终身不敢语艺，而时执规矩。”

班输作云梯，可以凌虚仰攻。墨作木鸢，飞三日不集。“时执规矩”，言其不敢数之也。这里《汤问》篇并非仅仅告诉人们，强中更有强中手，不可自以为是；而是通过偃师之造，再一次强调“人之巧乃可与造化者同功”的根本所在。

如唐卢重玄（生卒年不详）解此云：“夫偃师之精微，神合造物，班输之辈，但巧尽机关，以明至妙之功，不可独循规矩也。”

宋徽宗赵佶（1082—1135 年）《政和解序》言：“子列子之书不可以无述”。其训曰：“假于异物，托于同体，寓百骸，象耳目，视听言貌，趣步俯仰，若性之自为而不知为之者，则其巧妙，其功深，独成其天，有人之形，

---

① 张习孔、田珏主编，朱学西、张绍勋、张习孔编著：《中国历史大事编年》第一卷“远古至东汉”，北京出版社 1987 年 3 月第 1 版，第 70-72 页。

岂特几乎以其真哉？偃师之造，信乎与造化同功者矣。虽然，生者，假借也，道与之貌，天与之形，亦奚以异于此？”

宋范致虚解云：“昆仑者，安静之丘：弇山者，日入之所。越昆仑而不至弇山，则虽欲戾动而之静，未能去明而即幽，故反遣而已。偃师之倡，功同造化，领其颐则歌合律，若天籁之自鸣，捧其手则舞应节，若天机之自动。千变万化，惟意所适。穆王惊而视之，信以为实人也，曾不知其傅会革、木、胶、漆、白、黑、丹、青之所为而已。彼进乎技者然耳，又况体道之人通乎物之所造者，宜如何哉？”[①]

（三）“偃师造倡”中的自动化控制思想及计算机模拟演示

《列子·汤问》所载周穆王（前 1001—前 947 年）时期“偃师造倡”的故事，是科学史上最早嵌入式系统的实例。[②] 现代嵌入式系统，或称为嵌入式计算机系统，即能够独立进行运作的器件，其定义是以应用为中心，以现代计算机技术为基础，能够根据用户需求，诸如功能、可靠性、成本、体积、功耗、环境等，灵活裁剪软硬件模块的专用计算机系统。从外部特征上看，一个嵌入式系统，通常是一个功能完备、几乎不依赖其他外部装置即可独立运行的软硬件集成的系统；这种专为一种特定功能研发的设备就是嵌入式系统。[③]

显然，《列子·汤问》所载偃师以“歌舞信人”为目的而制造出的“倡者”，是一个具有典型意义的嵌入式系统。今天，随着技术的发展，嵌入式系统无处不在，并应用于人们的工作、生活各个方面。

1. 状态控制

对于嵌入式系统来说，其最重要的控制思想就是“状态控制”。绝大多数的嵌入式系统都有一个状态机，状态机决定了这个系统什么时候应该做什么事情，让系统能够正常完成工作。《列子·汤问》篇中所述“领其颐，则歌合律；捧其手，则舞应节”，其“歌”其“舞”，就是两种不同的状

---

① （周）列子撰，（晋）张湛注，（唐）卢重玄，（宋）范致虚解，（宋）赵佶训，（宋）高守元集，孔德凌点校：《冲虚至德真经四解》，凤凰出版社 2016 年 6 月第 1 版，第 212-214 页。

② 此是作者在清华大学的教学中，安排给学生的课程作业，即通过阅读《列子·汤问》所载“偃师造倡”，论述“偃师造倡”中的自动化控制思想，自动化控制专业的学生孙博文、王安琪、谷承瓯以及电机专业的学生叶译蔓诸，写出了很好的读书报告，特别是孙博文撰写的部分内容，并附有“模拟倡者控制”的演示视频。

③ 张大波主编，吴迪、郝军、沙毅、冯建新编著：《嵌入式系统原理、设计与应用》，机械工业出版社 2005 年 1 月第 1 版，第 1—3 页。

态，而“颔其颐”和“捧其手”则是触发其改变状态的控制操作。

偃师设计制造的“倡者”，并没有智能思考的能力，所以“瞬其目而招王之左右侍妾”，正是偃师提前设置好的状态之一。只是偃师在给周穆王展示倡者之前，没有意识到这不合礼仪，没有去掉倡者的这一状态，导致偃师险遭受杀身之祸。《列子·汤问》的记载，惊心动魄，时周穆王“以为实人也，与盛姬内御并观之”。“技将终，倡者瞬其目而招王之左右侍妾”。“王大怒，立欲诛偃师”。“偃师大慑，立剖散倡者以示王”。“倡者”“皆傅会革、木、胶、漆、白、黑、丹、青之所为”。故事读来句句扣人心弦，引人入胜，无不体现“状态控制”之妙。

2. 反馈控制

反馈控制是指在某一行动和任务完成之后，将实际结果进行比较，从而对下一步行动的进行产生影响，起到控制的作用。其特点是：对计划决策在实施过程中的每一步骤所引起的客观效果，能够及时做出反应，并据此调整、修改下一步的实施方案，使计划决策的实施与原计划本身在动态中达到协调。当然，反馈控制主要是对后果的反馈，而已铸成的事实是难以改变，且用新计划代替旧计划、用新决策代替原有决策有一个过程需要一定的时间，由于系统不能适应情况的变化，将会给工作带来不必要的损失。这就是反馈控制不及预先控制之处。

偃师给倡者的“颔其颐”“捧其手”等控制，只能改变倡者“歌”和“舞”的状态。至于“合律”和“应节”，则要交由反馈控制来完成。反馈控制的定义是：系统的输出作为参考量影响系统的输入，进而控制系统的稳定性。即将系统的输出信息返送到输入端，与输入信息进行比较，并利用二者的偏差进行控制的过程。反馈控制其实是用过去的情况来指导现在和将来。在控制系统中，如果返回的信息的作用是抵消输入信息，称为负反馈，负反馈可以使系统趋于稳定；若其作用是增强输入信息，则称为正反馈，正反馈可以使信号得到加强。

《列子·汤问》篇中的“王试废其心，则口不能言”，说明倡者的心是倡者音频输出的重要反馈核心元件。根据自动控制理论，可以合理推测，倡者通过口中振动发出声音，心则用来检测倡者发出的声音频率是否“合律”。若检测到的频率低，则告诉口要快些振动；若检测到的频率高，则告诉口要慢些振动。这种反馈叫做负反馈，是保持系统稳定的最重要的控制手段之一。

3. 计算机模拟演示“倡者”

周朝的偃师，是禀造化，通过“革、木、胶、漆、白、黑、丹、青”等材料，制作出了“趋步俯仰，信人”、“千变万化，惟意所适，王以为实人也”的倡者，虽已成为历史的陈迹，但“偃师造倡”合乎自动化控制原理的设计思想，着实神留千古，范围奕世，成为中国古代科学技术史上的美谈。如何复现“倡者”，今天，我们可以借助计算机和状态控制的思想，用 python 计算机编程语言，实现电子模拟倡者其“歌”其“舞”。

1)倡者状态的定义

状态控制是倡者这样的嵌入式系统最重要、最基础的控制手段。因此，首先写一个状态机，定义 state 变量为倡者的状态：0 为表演结束；1 为歌合律；2 为舞应节；3 为瞬其目而招之。在此基础上，设置 4 为其他指令，倡者并不能领会。

```
if state==0:
        print("倡者站定，结束")
        break
    if state==1:
        print("倡者歌合律")
        GeHeLv()
    if state==2:
        print("倡者舞应节")
        WuYingJie()
    if state==3:
        print("倡者瞬其目而招之")
        ShunQiMu()
    if state==4:
        print("倡者没有听懂偃师的指令……")
```

2)对倡者发出指令

偃师通过改变倡者的动作对倡者发出指令，但我们做的是虚拟倡者，所以只能用打字输入的方式对倡者发出指令。输入“演毕”“颔其颐”等文字，可以改变 state 的值，进而控制倡者的状态。

```
command=input("偃师希望倡者:")
    if command=="演毕":
        state=0
    elif command=="颔其颐":
        state=1
```

```
        elif command==“捧其手”：
            state=2
        elif command==“技将终”：
            state=3
        elif command！=“演毕”or“颔其颐”or“捧其手”or
                     “技将终”：
            state=4
```

3)倡者动作的实现

由于我们并没有真正做出能歌善舞的倡者，只是模拟了倡者的控制逻辑，所以在动作实现方面直接采用了播放音频和GIF动图的方式。

(1)歌合律

```
def GeHeLv()：
        winsound.PlaySound(“Song.wav”，winsound.SND_
        ASYNC)
```

(2)舞应节

```
def WuYingJie()：
        pic_name=“Dance.gif”
        im=Image.open(pic_name)
        for frame in ImageSequence.Iterator(im)：
            frame=frame.convert('RGB')
            cv2_frame=np.array(frame)
            show_frame=cv2.cvtColor(cv2_frame，cv2.
                        COLOR_RGB2BGR)
            cv2.imshow(pic_name，show_frame)
            cv2.waitKey(8)
            cv2.destroyAllWindows()
```

(3)瞬其目

```
def ShunQiMu()：
        pic_name=“Wink.gif”
        im=Image.open(pic_name)
        for frame in ImageSequence.Iterator(im)：
            frame=frame.convert('RGB')
            cv2_frame=np.array(frame)
```

```
show_frame=cv2.cvtColor(cv2_frame, cv2.
        COLOR_RGB2BGR)
cv2.imshow(pic_name, show_frame)
cv2.waitKey(9)
cv2.destroyAllWindows()
```

4）运行效果

运用 python 计算机编程语言，实现一个简单的计算机电子倡者模拟，一个可以进行状态控制的电子倡者，就复制完毕。计算机有 Python 环境者，则可测试运行，即能演示“模拟倡者”的其“歌”其“舞”。

（四）对《列子》神话的认识

涂又光对历史上《列子》的研究只有神话而无哲学，提出尖锐的批评。他认为：在一部楚国哲学史里，仅仅讨论《列子》与《庄子》相合的神话，“就完完全全是废话！”对《列子》神话的认识而言，此言虽简，但一言中的，入木三分。《列子》神话的意义在于，其一：在技术上，如《汤问》篇中有关“偃师造倡”的记载，展示了先秦机械技术的成就，其重要的技术思想是人类智慧的结晶。“偃师之精微，神和造物”，“班轮之辈，但巧尽机关”，而“明至妙之功，不可独循规矩也”。其二：在哲学上，恰如涂又光指出：楚国哲学是以“自”为本。从《鬻子》的“自长”、《列子·力命》的“自短”，到《老子》第二十五章的“自然”、《老子》第五十七章的“自化”，《庄子·大宗师》的“自本自根”，都是以自为本。[①] 涂又光充分肯定列子思想对道家哲学、中国哲学的贡献。

涂又光在《楚国哲学史》的论断，使本书的论述有所理论的依据，将《列子》图学思想的研究纳入楚国技术思想研究的范围。毫无疑问，《列子》真伪的不确定，不能成为认识与研究《列子》技术思想、图学思想的绊脚石，为学者应在《列子》真伪梳理的基础上，甚至可以尝试在《列子》作为道家著述的基础上，对列子其人、《列子》其书、列子学派思想及其学术地位形成一个基础共识和基本定位，以便推动《列子》研究的深化。

① 《楚国哲学的根本特色》，见涂又光：《涂又光文存》，华中科技大学出版社 2009 年 12 月第 1 版，第 114 页。

—— 第二节 ——
《列子》中对投影的认识

《列子》是战国早期列子、列子弟子以及列子后学著作的汇编，是中国古代先秦思想史上的重要著作之一，它包含了古代科技的内容与科技思想，其寓言神话体现了古代技术观念，反映了春秋至战国初期学术研究的成果。更有史料价值的是，该书对投影原理做过精彩的论述。研究《列子》中的有关图学记载，不仅对探讨中国图学史及其图学理论、图学思想诸多问题有着重要的意义，而且对推论《列子》的真伪，颇具重要的价值。

古往今来，图学主要研究"图"与"形"的关系，即以图为核心，将"形"演绎到"图"，由"图"构造"形"的过程之中。图的表达、产生、处理与传播，无论图形的图示和图形的图解，都离不开投影。《列子》一书，具有图学史料价值的内容，是对投影及其"形"与"影"的关系所做的论述。"颇有可观者""冀有达其玄理"，[①]如《列子》全书"形"字凡 76 见，"影"字凡 17 见。其频率之高，为先秦诸子之最。涉及图学理论者，有《天瑞》《说符》两篇。

考镜源流，索微烛幽。《列子》中的有关记载，不仅对探讨中国图学史及其图学理论、图学思想诸多问题有着重要的意义，而且对推论《列子》的真伪，匡辨伪讹，颇具重要的价值。

现代工程图学通过投影的方法，在平面上表达空间形体，解决平面对空间的表达以及从平面到空间的构造规则。投影学是工程图学的理论基础。投影几何学原理，是由光线照射到空间物体上在平面上得到物体的影子这一物理现象而得来的。把照射物体的光线称作投影线，接受影子的平面称作投影面，一系列投影线与投影面相交所得的图形称作物体的投影，而这种在投影面上获得物体投影的方法叫作投影法(projection)。当所有投影线都从某点 S 出发时，这种投影法叫作中心投影法(center projection)，点 S 叫作投影中心，得到的投影叫中心投影或

① (唐)卢重玄:《列子》"叙论"，见杨伯峻:《辨伪文字辑略》，载《新编诸子集成》，中华书局 1979 年 10 月第 1 版，第 280-281 页。

透视投影。[①] 如图 4.4 所示。

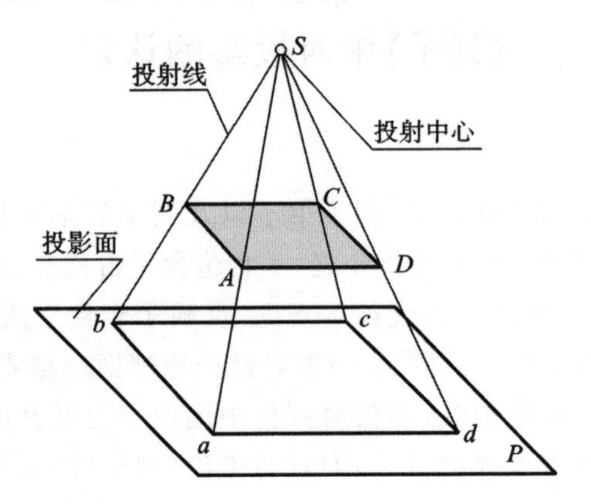

图 4.4　投影几何学的中心投影原理

当投影中心 S 移到无穷远时，可把所有投影线视为相互平行，这种投影方法叫作平行投影法，用平行投影法得到的投影叫平行投影 (parallel projection)。平行投影按投影线与投影面的交角分为斜投影法和正投影即直角投影法[②]。如图 4.5 所示。

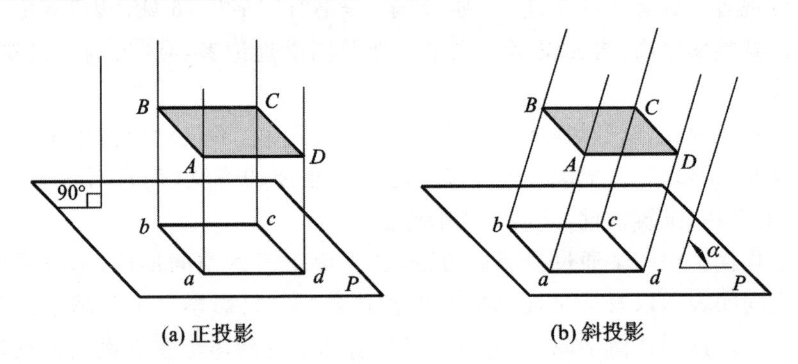

图 4.5　平行投影原理

图学的数学基础是投影法与画法几何。由空间的三维形体转换为二维平面上的图形，是通过投影的方法，即中心投影和平行投影来实现的。

古往今来，对投影的认识是反映图学技术水平的重要标志。从《列

① 朱凤艳主编，孙杰副主编，姜昊宇、沈蕾参编，许宝森主审：《机械制图》，北京理工大学出版社 2016 年 8 月第 1 版，第 25 页。

② 朱凤艳主编，孙杰副主编，姜昊宇、沈蕾参编，许宝森主审：《机械制图》，北京理工大学出版社 2016 年 8 月第 1 版，第 26 页。

子》中对投影的记载，可以发现《列子》当时对图学理论的认识水平，也从一个侧面展示了先秦图学技术不断发展的历程。

一、形动不生形而生影

“图”源于“形”，而展现“形”，“图”与“形”的基础是几何。“形”是输入，有个构造问题；“图”是输出，有个绘制的问题。图学的理论基础是通过投影，在平面上表达空间形体，达到完整、精确的地步。图学的核心是“形”与“影”，投影的核心是将三维空间的形体降维到二维平面的过程，也就是“形”与“影”的关系。

《列子・天瑞》篇论述了“形”与“影”的关系，十分精彩。此章引《黄帝书》曰：“形动不生形而生影”，张湛注云：“夫有形必有影，有声必有音，此自然而并生，俱出而俱没，岂有相资前后之差哉？郭象注《庄子》论之详矣。而世之谈者，以形动而影随，声出而音应。圣人则之以为喻，明动物则失本，静则归根，不复曲通影响之义也。”①

“影”，据《康熙字典》：“《广韵》：形影。《集韵》：物之阴影也。《书・大禹谟》：惠迪吉，从逆凶，惟影响。《传》：若影之随形，响之应声。《列子・天瑞》篇：形动不生形而生影。《颜氏家训》《书・大禹谟》曰：惟影响。《周礼・地官・大司徒》：土圭测影。《孟子》曰：图影失形。《庄子・齐物论》云：罔两问影，如此等尤当为光景之景。凡阴景者，因光而生，故即谓为景。《淮南子・天文训》：呼为景柱。《广雅》：晷柱，挂景。是也。至晋世《葛洪・字苑》：始加彡为影，音于景反。而世闲辄治《尚书》、《周礼》《庄》、《孟》从葛洪字，甚为失矣。《六书正讹》：影者，光景之类合。通用景，非。毛发藻饰之事不当从彡，今槩从影。”②

《康熙字典》“影”的本义：影子，因挡住光线而投射的暗影。同本义，即投影的应用。列子在世的时代，“土圭测影”“景柱测影”之法得到广泛的应用。“影”字本作“景”，《周礼・大司徒》：“正日景以求地中。”释文：“景，本或作影。”《大司徒》中所载，也是应用投影的方法，测方定向。《周礼・考工记》中所载，更为详细：“匠人建国，水地以县，置以县，眡以景。为规，识日出之景，与日入之景。昼参诸日中之景，夜考之极星，以正朝

① 杨伯峻：《列子集释》，载《新编诸子集成》，中华书局1979年10月第1版，第18页。

② （清）张玉书、陈廷敬等编撰：《康熙字典》寅集下，中华书局1958年1月第1版，第26页。

夕。”都是记载了投影方法的应用。

《淮南子·缪称训》亦记有：“列子学壶子，观景柱而知持后矣。”列子向壶子学习，从形影相生，形亡影不伤的现象悟出“持守为后”的道理。“景柱”，即古代测度日影的天文仪器。《缪称训》所载与《列子·说符》篇“子知持后，则可言持身矣”同义。“寓言明意”，可知列子本人在投影方面的实践活动。

《列子·天瑞》篇，论述了“形”“影”，说明形体的运动不产生形体而产生投影的道理。

二、形枉则影曲，形直则影正

令投射线通过点或其他物体，向选定的投影面投射，并在该面上得到图形的方法称为投影法。《列子》中对投影的认识，见之于《说符第八》的第一章，其论及投影法及其理论的全文如兹：

> 子列子学于壶丘子林。壶丘子林曰：“子知持后，则可言持身矣。”列子曰：“愿闻持后。”曰：“顾若影，则知之。”列子顾而观影，形枉则影曲，形直则影正。然则枉直随形而不在影，屈伸任物而不在我，此之谓持后而处先。[①]

此段文字，又称“列子观影”，记载列子在壶丘子林门下学习的情况。壶丘子林强调：人必须首先明白保持居后状态、谦虚谨慎的重要性，才能进一步保持内心纯正、不为外物困扰，达到持身的端正状态。《列子·说符第八》用投影的理论及其方法，比喻“持后”与“持身”的关系，耐人寻味。

《说符第八》云：

> 列子顾而观影，形枉则影曲，形直则影正。然则枉直随形而不在影，屈伸任物而不在我。

此段是为正投影理论的生动描述，其行文简洁，观察细致，与现代图学理论相较，几出一杼。[②]

从《说符第八》中“列子顾而观影”之后的论述，用现代汉语来表达的意思就是：当物体形状为弯曲的时候，影子跟着弯曲，物体形状为直线的

---

① 《列子·说符第八》，见（晋）张湛：《列子注》，中华书局1954年第1版，第1-89页。

② （苏）B.高尔顿等著，张世钧等译：《投影几何学》，东北教育出版社1951年第1版，第10-36页。

时候，影子也跟着伸直。然而，影子无论是弯曲（曲线）或是伸直（直线），都是由于物体形状的曲直造成的，并不在影子的自身。进一步说，弯曲的曲线和伸直的直线是由于被投影的物体的形状所决定的，并不是个人想怎样就怎样。

如果用现代图学投影理论做进一步分析，《列子》中对于投影“枉直随形”“屈伸任物”的论断，可以说是图学投影理论的总结。对于空间的曲线或直线，可以看作为点 A、B、C、D……的集合，其投影就是各点投影的集合。在中心投影中，所有投影线都经过一点 S，它们形成锥面，所以中心投影法又叫作锥面投影法，如图 4.4 所示。如果投影中心沿某指定方向 S 无限远离投影面 P；或者说投影线不是经过一点，而是平行于某指定方向 S；则所有投影线形成柱面。这种投影法叫作平行投影法或柱面投影法，如图 4.5 所示，平行投影法是中心投影法的特例或极限的情况。

中心投影的投影条件是投影面 P 和不属于 P 的一点，即投影中心 S；平行投影的投影条件是 P 和不平行 P 的投影方向 S。显然，物体在日光或其他人造平行光束下的影子，正是平行投影的实例。

平行投影要求投影方向 S 不平行投影面 P，否则就没有投影了。按 S 和 P 的不同关系，平行投影可分作两类：当 S 与 P 一般相交时，叫作斜投影，如图 4.5-B(a) 所示；S 垂直于 P 时，叫作正投影，如图 4.5-B(b) 所示。

《列子》中对于投影“形枉则影曲，形直则影正”的认识，其原理如图 4.6 所示。

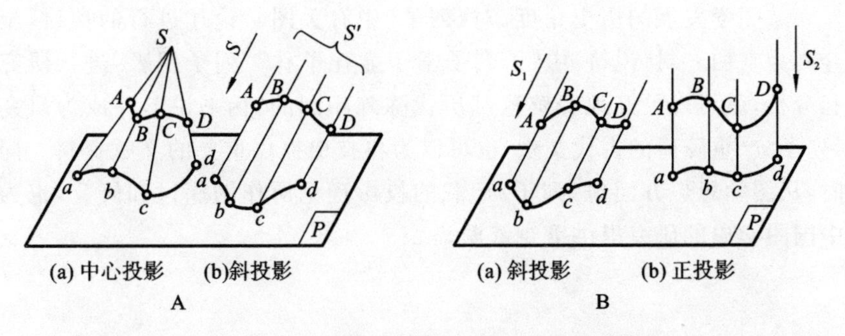

图 4.6 《列子》中对于投影“枉直随形”“屈伸任物”的认识示意图

三、身长则影长，身短则影短

《说符》第二章还论述道："身长则影长，身短则影短。"意即身材高，投影的影子则长；身材短小，则投影的影子也就短小。此段论述的是投影的一般规律，这和现代正投影理论中直线投影的原理是完全一致的。直线 AB 在三面投影体系中的投影原理如图 4.7 所示。

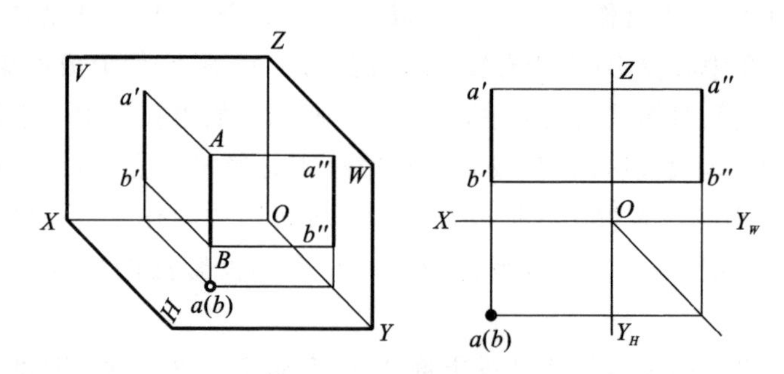

图 4.7 《列子》中对于投影"身长则影长，身短则影短"认识的示意图

在《说符第八》中，列子从"验证"的角度，谈论事物发展规律和事物的逻辑结果，带有归纳总结的性质。尽管《列子》不是一部介绍古代图学理论的专著，但是列子对投影理论的论述是非常准确而生动的。《列子》一书，以自然之理推演人生、社会，寓意深远。"说符"之"说"，即论说，"说符"之"符"，即符合，验证。所谓"说符"，就是对事物加以事实上的或逻辑上的验证，而《列子》中关于投影理论的论述，在一定程度上反映了那个时代对图学理论的认识所能达到的科学水平。

从图学发展的历史角度，对《列子》中有关图学论述进行的探讨，至今尚为空白。对《说符》中"子列子学于壶丘子林""列子观影"进行研究和分析，就可以更好地释解这部历代陈陈相因的"伪书说"，并成为研究《列子》严重障碍的古代文献，也可以为科技史提供重要的文献资料。同时，从图学思想方面对《列子》记载的投影理论所作的探讨和研究，也为中国图学史的研究提供重要依据。

—— 第三节 ——
《列子》图学记载的文献价值

梁启超《古书真伪及其年代》认定：世传《列子》书八篇，非汉志著录之旧，较然可知。[①] 但《列子》一书，着实对中国学术思想影响甚大。陈三立《读列子》云："恣睢诞肆过庄周，然其词隽，其于义也狭，非庄子伦比。"[②]列子才颖逸而性冲澹，曲弥高而思寂寞，浩浩乎如冯虚御风，飘飘乎如遗世独立。《列子》八篇，道艺糅驳，泾渭合流，既非成于一时，亦非出于一手，确是一部富有争议性的道家思想著作。张湛所注："逐事为解，反多迷失"，但它历来是进行科技史研究的重要文献资料。《列子》中有关投影方面的记载，与先秦所取得的图学科学成就相互辉映，说明其文献价值的真实性是不容忽视的。今天致力于《列子》及其图学思想和价值的探索，其意义如兹。

一、《列子》一书承载着古代典籍的历史价值

首先，对《列子》伪书的争议，应该有全新的认识。明初宋濂《诸子辩序》称：《列子》一书，"本黄老言，绝非御寇所自著，必后人会萃而成者"。[③]在学术研究日益深入的今天，不可视此书为全伪，若认为伪书一无可取，采取全盘否定的方式，固不可取。伪书只是人们对古籍的一种界定，即便是伪书，也是古代文献，它亦承载着古代典籍的历史价值。伪书中的资料并非全伪，更不是全不能引用。况且有一件事实是特别应该引起我们注意的，那就是不能排除中国早期的文献史料，恰恰是依赖于伪书而得以保存下来。譬如今本《孔子家语》乃公认伪书，但其"遗文逸事，往往多见于其中，所以自唐以来，知其伪而不能废"。在这一层面上，我们对《列子》完全可以进行专心致志的研究和利用。

---

① 梁启超：《古书真伪及其年代》，中华书局 1955 年版，第 2 页。见杨伯峻：《列子集释》，载《新编诸子集成》，中华书局 1979 年 10 月第 1 版，第 299-301 页。

② 《读列子》，见陈三立著，李开军校点：《散原精舍诗文集》，上海古籍出版社 2014 年 11 月第 1 版。又见杨伯峻：《列子集释》，载《新编诸子集成》，中华书局 1979 年 10 月第 1 版，第 298-299 页。

③ （明）宋濂：《诸子辨》，见杨伯峻：《列子集释》，载《新编诸子集成》，中华书局 1979 年 10 月第 1 版，第 291 页。

二、从科学技术史——图学史的角度研究《列子》

历史上《列子》的伪书之说，严重影响对《列子》一书的研究。对《列子》思想和价值的发掘，撮举大旨，能够打开思路；暂且不论其真伪，可以在研究的过程中，充分发掘其史料的价值。其研讨愈精，则对《列子》有更加深刻的认识，对其投影理论与图学思想的考察，不致让人们的目光为考辨所囿，从而发挥古籍的作用。另一方面，这也是打开思路进行考辨的有效方式。通过对文本的深入研究，也使人们更能把握《列子》的时代、思想承继、与其他史料的参照等基本问题，这无疑是进行考辨最具说服力的证据。从科学技术史的角度打开思路，灵活地、最大限度地挖掘《列子》的价值，应该是研究《列子》的方向。所以，由《列子》记载下来的对投影原理的精彩论述，的确是战国及其以前事实的真实记录。

三、《列子》与《墨子》投影理论的比较研究

先秦所取得的图学理论成就，以《墨子》中的有关记载为代表，将其与《列子》的相比较，可提供《列子》非伪书的证据之一端。

《墨子》论述投影物体与投影光源——投影中心的关系，以及投影空间位置、大小及其实验的结果，见之于《经下》及《经说下》。《经下》云："景之小大，说在地缶远近。"《经说下》云："景：木柂，景短大；木正，景长小。大小于木，则景大于木。非独小也。远近。"[①]《墨子》所述投影理论，采用的是中心投影法。中心投影法的原理：光源是一个点，光的投射线是不平行的。

《墨子》在此阐述了光源与被投影的物体——"木"的距离关系，从而决定投影之大小的原理及其规律，即视点与物体的距离变化，确定被投影的物体在投影面上的形状大小。

《经下》云："景之小大"，即言投影之短长。与《经说下》中的"景短大""影长小"之"短""长"两字相应。"光小于木"者，光之形体小于木也。景大于木者，即投影之形状大于木也。最后的"小"字与"光小于木"之"小"字同义。《经说下》之"非独小木"，景亦大于木。"远近"为"木远，景短大；木近，景长小"。木远，木近者，木远于或近于光的位置。远则小，

---

① 谭戒甫：《墨辩发微》，载《新编诸子集成（第一辑）》，中华书局 1964 年 9 月第 1 版，第 136-144 页。

近则大。[①]

研读《列子》，人们就会发现：《说符》中对投影理论的论述是基于平行投影法。平行投影法，顾名思义就是光的投射线都是平行的，也就是说光源距离物体和投影面无穷远。比如太阳的光线，在与投影面垂直时，得到物体的投影就趋于真实。

《列子》中“顾而观影”“形枉则影曲，形直则影正”“身长则影长，身短则影短”的论述，强调了平行投影法特点，即投影大小与物体和投影面之间的距离无关。根据正投影原理，设“身”平行于投影面，其投影反映“身”的真实性。“身”为线段反映实长，“身”为平面反映实形。

从投影理论分析，《墨子》与《列子》的论述，都已具备了投射线、形体、投影面——投影理论的三大要素，其思想水平与认识水平难分伯仲，符合人类认知规律，是工程图学的认知基础。

四、战国中山国王墓《兆域图》的图学技术成就

列子对图学的认识成果，是先秦图学技术及其工程实践的总结。这可以从出土的春秋战国时期的图学文物得到证实。

(一)先秦工程图学之赡，极于《兆域图》

《兆域图》为战国时期中山国王墓园的总平面规划图铜版，1977年出土于河北省平山中山王墓中。因图面有“兆法”字样，又称“兆法图”。此铜版图样的出土，证明了周代已有专职工师为帝王、诸侯设计陵墓，这对中国建筑史、图学史的研究，有着十分重要的价值。中山桓公在此建都，于公元前388年，时间正值列子所处的时代，《兆域图》是列子所描述的古代投影理论在工程技术制图上应用的实例。

图样——特别是工程图样的基本技术要素，包括图形的投影方法、符号、比例尺、方位和经纬度等内容。《兆域图》青铜材质，实长94厘米，宽48厘米，厚1厘米，重32.1千克。该图的线条与文字，用金银镶嵌，铜版背面中部有一对铺首，正面为中山王、后陵园的平面设计图。设计图上标注了三座大墓、两座中墓的名称、大小以及四座宫室、内宫垣、中官垣的尺寸、距离。铜版上还记述了中山王颁布修建陵园的诏令。诏令

---

① 《经下》《经说下》，见(清)孙诒让:《墨子闲诂》，载《诸子集成(第四册)》，中华书局1954年第12月第1版，第219页。

意思是，中山王命令进行王、后陵园规划设计，并由有关官员测绘成图，营建时要依图样标注的长宽、大小施工，有违背者处死不赦，凡不执行命令者，治罪要诛及子孙。设计图版一式两份，一份随陵入葬，另一份府库存档。根据《周礼·春官》中所说“掌公墓之地、辨其兆域而为之图”，郑注：“图，谓画其地形，及丘垄所处而藏之。”“兆域”一词，典籍中意指“陵墓区”，贾公彦疏云：“既为之图，明藏掌”，“依图置之”，故把这块铜板称为《兆域图》。[①]

《兆域图》所涵括的中国古代科学技术，特别是工程图学与冶金技术的信息，不仅揭示了先秦工程技术发展的水平，同时也展示了周秦科技档案管理的制度和方法。就工程制图的技术水平而论，此图采用了平行投影法，按近似 1∶500 的比例尺绘制，图样有一定方位，图上并注有尺寸，图中的线型分粗实线和细实线，其绘图技术与标准达到了十分完备的地步。毫无疑问，《兆域图》和我们今称之为的工程施工图相去不远。而且陵墓设计的规划图十分成熟，诸如采用了严格的中轴线对称布局，宫堂的体量和位置，恰好体现了意识形态上的要求，都反映了先秦时期工程技术的水平。[②]

除此之外，《兆域图》最珍贵的科学价值还在于图上的中山国铭文，其字数共四百余字，这是前所未有的长篇战国金文。这四百多字的铭文是《兆域图》的技术文字说明，与现代工程图样的文字说明相一致；特别是其中突出的部分，为中山王的诏书，就是这份诏书向人们提供了古代科学技术档案科学管理的真实情况。

毋庸置疑，《兆域图》的出现，是中国古代应用正投影画法在工程制图上的成功范例，是目前见到的最早的一张具有工程意义的图样，是迄今为止世界现存最早的建筑平面设计蓝图。中山国与列子所处的时代相近，无论《墨子》对“景之小大”之言，还是《列子》“顾若影，则知之”之喻，这些关于投影理论的论述文字虽简，但道理至深，它是对春秋战国之际，图学技术及其画法理论的系统表述。[③]

---

① 《周礼·春官》，见（汉）郑玄注，（唐）贾公彦疏：《周礼注疏》卷第二十二，（清）阮元校刻：《十三经注疏》（内府藏本），中华书局 1980 年 10 第 1 版，第 786 页。

② 吴继明：《中国图学史》第五章“建筑制图”“春秋时期中山国的《兆域图》”，华中理工大学出版社 1988 年 5 月第 1 版，第 66-67 页

③ 《战国中山王墓出土的〈兆域画〉及其所反映出的陵园规划》，见傅熹年：《傅熹年建筑史论文集》，中国古建史论丛书，北京：文物出版社，1998 年 9 月第 1 版，第 66-80 页。

《兆域图》图学信息，除经纬度外，已经具备了其图样及工程制图的基本技术内容。中山王墓兆域图所绘制的平面图，[①]如图 4.8 所示。

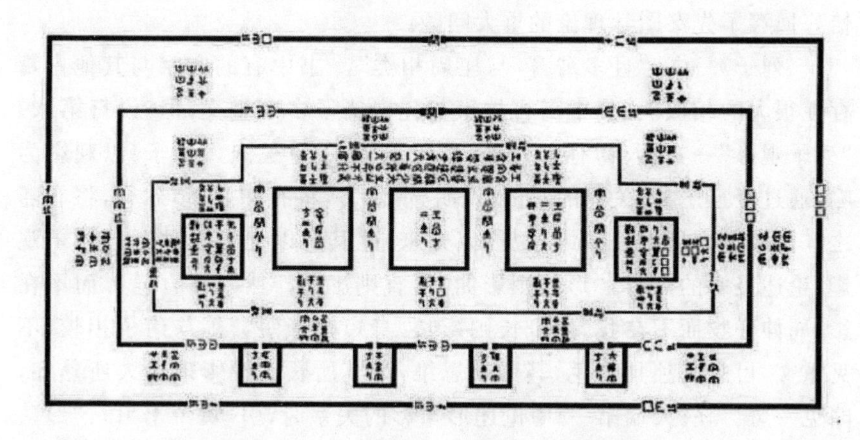

图 4.8 战国时期中山王墓《兆域图》摹本

杨鸿勋在其《战国中山王陵及兆域图研究》一文中，根据《兆域图》所注尺寸按比例、按现代制图技术，绘制中山王墓中王堂、哀后堂、王后堂部分设计图样及其文字说明，[②]如图 4.9 所示。

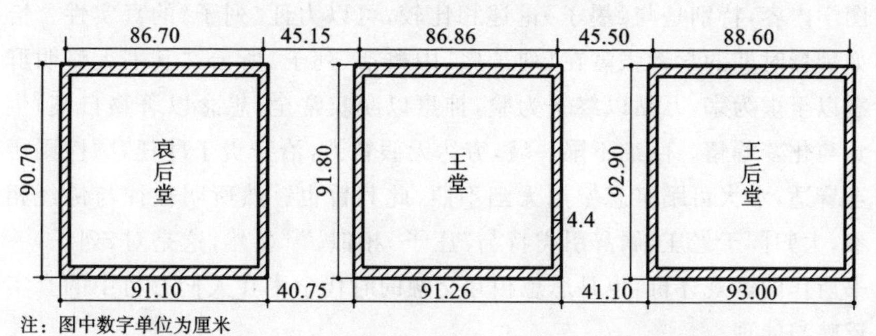

注：图中数字单位为厘米

图 4.9 战国时期中山王《兆域图》中的王堂、哀后堂、王后堂细部

(二)先秦图学投影论述之赡，极于《列子》

毋庸置疑，战国时期中山王《兆域图》的绘制与生产制作，是需要系

① 张守中、郑名桢、刘来成：《河北省平山县战国时期中山国暮葬发掘简报》，《文物》1979 年第 1 期，第 1-31 页，第 97-105 页。

② 《战国中山王陵及兆域图研究》，见杨鸿勋：《建筑考古学论文集》，文物出版社 1987 年 4 月第 1 版，第 120-142 页。

统化的图学理论、图绘技术及精湛的冶金技术作为支撑的，但在周秦历史文献中，人们几乎找不到相关的论述与记载，《列子》有关投影的对话，恰好回答了先秦图学理论的重大问题。

《列子》一书，“且多寓言，与庄周相类”，[①]书中有的文字与其他古籍存在很大的相似性，其中寓言故事与先秦诸子多有重文；但《说符第八》“列子观影”一文，人物有子列子、壶丘子林、关尹三人，《列子》以观影为喻，通过壶丘子林、关尹的对话，说明“慎尔言，将有和之；慎尔行，将有随之。是故圣人见出以知入，观往以知来，此其所以先知之理”。“列子观影”论述投影的内容：“形枉则影曲，形直则影正。然则枉直随形而不在影，屈伸任物而不在我”，“身长则影长，身短则影短。”等与诸子相较，不见重文，可见其独具特色，其图学思维，为其所长。投影理论人所熟知，略见一斑。在《天瑞第一》中论述形与影的关系时，引《黄帝书》曰：“形动不生形而生影”，说明形体的运动不产生形体而产生投影的道理。如此精彩之论，亦不见诸子的论说。先秦图学投影论述之赡，极于《列子》，并非虚言。

用客观正确的态度来对待《列子》“魏晋伪书”之说，梳理《列子》中的图学内容，特别是与《墨子》论述相比较，可以力证《列子》的真实性。恰如魏晋时期的学者张湛在《列子序》中概括《列子》所云：“其书大略明群有以至虚为宗，万品以终灭为验，神惠以凝寂常全，想念以著物自丧，生觉与化梦等情。巨细不限一域，穷达无假智力，治身贵于肆任，顺性则所至皆适，水火可蹈。忘壞则无幽不照，此其旨也。然所明往往与佛经相参，大归同于老庄，属辞引类特与《庄子》相似。”[②]显然，这是对《列子》一书所作的客观评价，也是思想相互交融的时代学术在人们心目中的真实反映与体现。

五、结语

中国图学，其来有自、其来甚古，可谓渊源而流长。而图学之理论，无论古今，抑或中外，撮其要者，乃是研究“图”与“形”之间关系的学问，千古不变。饶有兴味的是，《列子・周穆王》一章，论述有生有形者，尽为

① (唐)卢重玄：“《列子》叙论”，见杨伯峻：《辨伪文字辑略》，载杨伯峻著：《列子集释》，载《新编诸子集成》，1979年中华书局1979年10月第1版，第280-281页。

② (晋)张湛：《列子注》，中华书局1954年第1版，第89页。

虚无的幻象，终将随着生死阴阳之变归于消亡；唯有造化万物的大道，因“其巧妙，其功深”，才能够常信常存，无极无穷。这实际上是列子论述了对“形”的认识。《列子·周穆王》对“形”与“巧”关系，做了这样的论述：“穷数达变，因形移易者，谓之化，谓之幻。造物者其巧妙，其功深，固虽穷难终。因形者其巧显，其功浅，故随起随灭。”《周穆王》所论，“因形移易”，其“形”即指“万物之形”，而“因形者其巧显”，则既具有三维空间的“万物之形”，又有二维平面“图形”之谓；“形”与“巧”的关系也是对图学所具有的认识功能的阐释。《兆域图》的绘制与制造，是战国之际中国图学理论及其实践的成果，中山国的图学实践与列子的图学投影理论，俱为先秦图学双璧，都是中国图学的光荣。

主要参考文献

[1] 永瑢. 四库全书总目[M]. 北京：中华书局，1965.
[2] 金毓黻，等. 文溯阁四库全书提要[M]. 北京：中华书局，2014.
[3] 胡道静，陈莲生，陈耀庭. 道藏要籍选刊（五）[M]. 上海：上海古籍出版社，1989.
[4] 杨伯峻. 列子集释[M]. 铅印本. 上海：龙门联合书局，1958.
[5] 涂又光. 楚国哲学史[M]. 武汉：湖北教育出版社，1995.
[6] 朱凤艳，孙杰. 机械制图[M]. 北京：北京理工大学出版社，2016.
[7] 张湛. 列子注[M]. 北京：中华书局，1954.
[8] 孙诒让. 墨子闲诂[M]//诸子集成：第四册. 北京：中华书局，1954.
[9] 谭戒甫. 墨辩发微[M]//新编诸子集成：第一辑. 北京：中华书局，1964.
[10] 张守中，郑名桢，刘来成. 河北省平山县战国时期中山国墓葬发掘简报[J]. 文物，1979(1)：1-31，97-105.
[11] 傅熹年. 战国中山王墓出土的《兆域画》及其所反映出的陵园规划[M]//傅熹年. 建筑史论文集. 北京：文物出版社，2001.
[12] 杨鸿勋. 建筑考古学论文集[M]. 北京：文物出版社，1987.
[13] 宋濂. 诸子辨·辨二[M]. 黄灵庚编校. //宋濂全集第四册（卷七十九）. 北京：人民文学出版社，2014.

第五章

庄子技术思想

庄子是东周战国中期著名的思想家、哲学家，是继老子之后道家学派的主要代表人物之一。《庄子》一书，以极为丰富的想象力、运用自如的语言、灵活多变的笔法，把一些微妙难言的哲理说得引人入胜，其“辞趣华深，正言若反”，成为中国文化典籍中的瑰宝。特别在技术思想方面，辞理俱到，无论技进于道、道艺为一、道通为一的思想，还是人工拙天工、人工可巧夺天工的论述，俱能畅其弘致，给予历代的科技工作者以深刻的、巨大的影响，在中国技术思想史上都占有极为重要的地位。乃至有不读《庄子》，见识终不宏阔之说；治科技史、技术思想史亦是如此。

—— 第一节 ——
庄子其书及其有关技术的记载

一、庄子其人

庄子名周、字子休，战国早期宋国蒙城人。自司马迁作《史记》，以庄子附“老子申韩列传”之中，载庄子“与梁惠王，齐宣王同时”，[①]据此，前人考定其生卒年代是周烈王七年至周赧王二十九年，即公元前 366 年至前 286 年。班固《汉书·艺文志》用刘歆《七略》入庄子于道家，后世遂以老庄并称。

南宋黎靖德(生卒年不详)于咸淳六年(1270 年)出版《朱子语类》，汇编朱熹与其弟子的问答语录，其第一百二十五卷“庄子”记载，问：“孟子与庄子同时否?”曰：“庄子后得几年，然亦不争多。”或云：“庄子都不说著孟子一句。”曰：“孟子平生足迹只齐、鲁、滕、宋、大梁之间，不曾过大梁之南。庄子自是楚人，想见声闻不相接。大抵楚地便多有此样差异底人物学问，所以孟子说陈良云云。”[②]

王国维在《静庵文集》一书之“国朝汉学派戴阮二家之哲学说”一文中称：“老庄之徒生于南方”，并自注论此，“庄子，楚人，虽生于宋，而钓于濮水。陆德明《经典释文》曰：‘陈地水也’，此时陈已为楚灭，则亦楚地也，故楚王欲以为相。”[③]

《朱子语类》和《静庵文集》俱言庄子为“楚人”，而王国维之说，更为全面。实际上《庄子》一书中，多有庄子事迹片段，亦可资想见其为人。如《庄子·秋水》云：

> 庄子钓于濮水。楚王使大夫二人往先焉，曰：“愿以境内累矣。”庄子持竿不顾，曰：“吾闻楚有神龟，死已三千岁矣。王巾笥而藏之庙堂之上。此龟者，宁其死为留骨而贵乎？宁其生而曳尾于涂中

---

① 《史记·老子韩非列传》，见(汉)司马迁撰，(南朝宋)裴骃集解，(唐)司马贞索隐，(唐)张守节正义：《史记》，中华书局 1959 年 9 月第 1 版，第 2143 页。

② (宋)黎靖德编，王兴贤点校：《朱子语类·卷第一百二十五》，中华书局 1986 年 3 月第 1 版，第 2988-2989 页。

③ 王国维：《静庵文集》，辽宁教育出版社 1997 年 3 月版，第 100 页。

乎?”二大夫曰:“宁生而曳尾涂中。”庄子曰:“往矣!吾将曳尾于涂中。”

又《庄子·列御寇》云:

或聘于庄子,庄子应其使曰:“子见夫牺牛乎?衣以文绣,食以刍菽,及其牵而入于太庙,虽欲为孤犊,其可得乎!”

又《庄子·外物》云:

庄周家贫,故往贷粟于监河侯。监河侯曰:“诺。我将得邑金,将贷子三百金,可乎?”庄周忿然作色曰:“周昨来,有中道而呼者,周顾视车辙,中有鲋鱼焉。周问之曰:‘鲋鱼来!子何为者邪?’对曰:‘我东海之波臣也,君岂有斗升之水而活我哉?’周曰:‘诺,我且南游吴越之王,激西江之水而迎子,可乎?’鲋鱼忿然作色曰:‘吾失我常与,我无所处。吾得斗升之水然活耳。君乃言此,曾不如早索我于枯鱼之肆!’”

又《庄子·山木》云:

庄子衣大布而补之,正緳系履而过魏王。魏王曰:“何先生之惫邪?”庄子曰:“贫也,非惫也。士有道德不能行,惫也;衣弊履穿,贫也,非惫也。此所谓非遭时也。王独不见夫腾猿乎?其得柟梓豫章也,揽蔓其枝而王长其间,虽羿蓬蒙不能眄睨也。及其得柘棘枳枸之间也,危行侧视,振动悼栗,此筋骨非有加急而不柔也,处势不便,未足以逞其能也。今处昏上乱相之间,而欲无惫,奚可得邪?此比干之见剖心,征也夫!”

又《庄子·说剑》云:

昔赵文王喜剑,剑士夹门而客三千余人,日夜相击于前,死伤者岁百余人。好之不厌。如是三年,国衰。诸侯谋之。太子悝患之,募左右曰:“孰能说王之意止剑士者,赐之千金。”左右曰:“庄子当能。”……庄子入殿门不趋,见王不拜。王曰:“子欲何以教寡人,使太子先。”曰:“臣闻大王喜剑,故以剑见王。”王曰:“子之剑何能禁制?”曰:“臣之剑十步一人,千里不留行。”王大悦之,曰:“天下无敌矣。”庄子曰:“夫为剑者,示之以虚,开之以利,后之以发,先之以至。愿得试之。”王曰:“夫子休,就舍待命,令设戏请夫子。”王乃校剑士七日,死伤者六十余人,得五六人,使奉剑于殿下,乃召庄子。王曰:“今日试使士敦剑。”庄子曰:“望之久矣!”王曰:“夫子所御杖,长短何如?”曰:“臣之所奉皆可。然臣有三剑,唯王所用。请先言而后试。"王曰："愿闻三剑。"曰："有天子剑，有诸侯剑，有庶人剑。"王曰："天子之剑何如？"曰："天子之剑，以燕谿石城为锋，齐岱为锷，晋卫为脊，周宋为镡，韩魏为铗，包以四夷，裹以四时，绕以渤海，带以常山，制以五行，论以刑德，开以阴阳，持以春夏，行以秋冬。此剑直之无前，举之无上，案之无下，运之无旁。上决浮云，下绝地纪。此剑一用，匡诸侯，天下服矣。此天子之剑也。"文王芒然自失，曰："诸侯之剑何如？"曰："诸侯之剑，以知勇士为锋，以清廉士为锷，以贤良士为脊，以忠圣士为镡，以豪桀士为铗。此剑直之亦无前，举之亦无上，案之亦无下，运之亦无旁。上法圆天，以顺三光；下法方地，以顺四时；中和民意，以安四乡。此剑一用，如雷霆之震也，四封之内，无不宾服而听从君命者矣。此诸侯之剑也。"王曰："庶人之剑何如？"曰："庶人之剑，蓬头突鬓，垂冠，曼胡之缨，短后之衣，瞋目而语难，相击于前，上斩颈领，下决肝肺。此庶人之剑，无异于斗鸡，一旦命已绝矣，无所用于国事。今大王有天子之位而好庶人之剑，臣窃为大王薄之。"

《庄子·秋水》又云：

惠子相梁，庄子往见之。或谓惠子曰："庄子来，欲代子相。"于是惠子恐，搜于国中三日三夜。庄子往见之，曰："南方有鸟，其名为鹓鶵，子知之乎？夫鹓鶵发于南海而飞于北海，非梧桐不止，非练实不食，非醴泉不饮。于是鸱得腐鼠，鹓鶵过之，仰而视之曰：'赫！'今子欲以子之梁国而吓我邪？"①

清末王先谦"治庄有年"，在《庄子集解》的"序"中，他"领其要"，将上述事迹，精练地串在一起，"序"言："余观庄生甘曳尾之辱，却为牺之聘，可谓尘埃富贵者也。然而贷粟有请，内交于监河；系履而行，通谒于梁魏；说剑赵王之殿，意犹存乎救世；遭惠施三日大索，其心迹不能见谅于同声之友，况余子乎！吾以是知庄生非果能回避以全其道者也。"

王先谦以"吾以是知庄生非果能回避以全其道者也"，评价庄生。其实以《庄子·天下》论庄子语，"吾以是知庄生果能独与天地精神往来而又与世俗处者也"，宜更恰当。②

---

① 《庄子》引文，见(清)郭庆藩:《庄子集释》，载《诸子集成(第三册)》，中华书局 1954 年 12 月第 1 版。

② (清)王先谦:《庄子集解·序》，见(清)郭庆藩:《庄子集解》，载《诸子集成(第三册)》，中华书局 1954 年 12 月第 1 版，第 1 页，第 222 页。

汉人司马迁,在《史记·老子韩非列传》中插入庄子传,全文如兹:

庄子者,蒙人也,名周。周尝为蒙漆园吏,与梁惠王、齐宣王同时。其学无所不窥,然其要本归于老子之言。故其著书十余万言,大抵率寓言也。作《渔父》、《盗跖》、《胠箧》,以诋訾孔子之徒,以明老子之术。《畏累虚》、《亢桑子》之属,皆空语无事实。然善属书离辞,指事类情,用剽剥儒、墨,虽当世宿学不能自解免也。其言洸洋自恣以适己,故自王公大人不能器之。

楚威王闻庄周贤,使使厚币迎之,许以为相。庄周笑谓楚使者曰:"千金,重利;卿相,尊位也。子独不见郊祭之牺牛乎?养食之数岁,衣以文绣,以入大庙。当是之时,虽欲为孤豚,岂可得乎?子亟去,无污我。我宁游戏污渎之中自快,无为有国者所羁,终身不仕,以快吾志焉。"①

由《史记·老子韩非列传》知,司马迁未详庄子生卒之年。今人约定,庄子生卒大约为公元前366年至公元前286年,可供参考。

二、《庄子》其书

庄子和庄子学派著作的汇集是《庄子》,其书成于战国中晚期。《史记》中已能见现存于《庄子》中的部分篇名,如《渔父》《盗跖》《胠箧》,"以诋訾孔子之徒,以明老子之术"。但《史记》未载《庄子》有多少篇。《汉书·艺文志》载《庄子》有五十二篇,而今天能见到的《庄子》为三十三篇,即根据西晋郭象的注本流传至今。三十三篇划分为三个部分,即内篇(七篇)、外篇(十五篇)、杂篇(十一篇)。《庄子》一书是道家学派的代表作。

一读《庄子》,揽其余芳、味其溢流,深感其书风格独特、文辞奇妙。三十三篇,大小寓言二百多个。这些寓言常把深奥的哲理与生动具体的形象熔于一体,让读者从形象的体悟中明白道理,使抽象的逻辑思维与具体的形象思维结合起来。"其言大而博,其旨深而远",堪称当世之绝。司马迁称庄子"其学无所不窥……其言洸洋自恣以适已,故自王公大人不能器之。"其赞扬之辞可谓甚矣。

宋刊本(晋)郭象注:《南华真经十卷》书影②,如图5.1所示。

① 《史记·老子韩非列传》,见(汉)司马迁撰,(南朝宋)裴骃集解,(唐)司马贞索隐,(唐)张守节正义:《史记》,中华书局1959年9月第1版,第2143-2144页。

② (晋)郭象注:《南华真经十卷》,见华东师范大学《子藏》编纂中心编:《子藏·道家部·庄子卷(第4册)》,国家图书馆出版社2011年12月第1版,第411页。

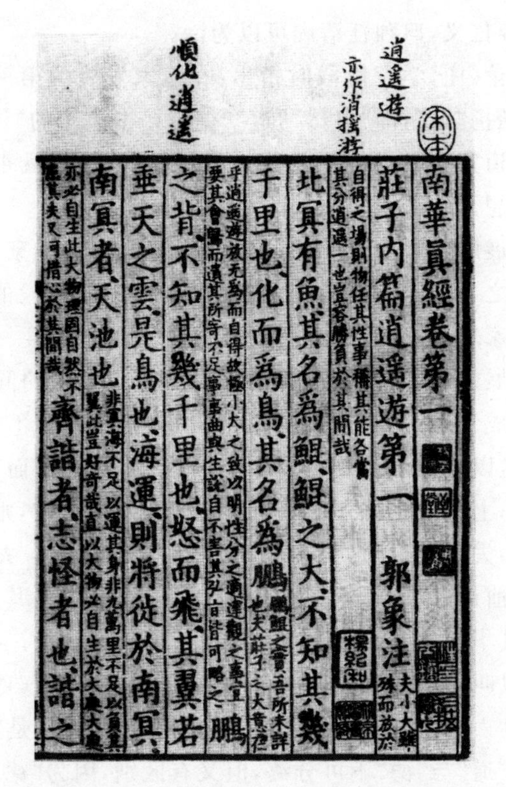

逍遙遊
亦作消摇游
慎化逍遙

南華眞經卷第一
莊子內篇逍遙遊第一　郭象注　夫小大雖殊而放於
自得之場則物任其性事稱其能各當其分逍遙一也豈容勝負於其間哉
北冥有魚其名爲鯤鯤之大不知其幾
千里也化而爲鳥其名爲鵬　鵬鯤之實吾所未詳也夫莊子之大意在
乎逍遙遊放無爲而自得故極小大之致以明性分之適達觀之士宜要其會歸而遺其所寄不足事事曲與生說自不害其弘旨皆可略之　鵬
之背不知其幾千里也怒而飛其翼若
垂天之雲是鳥也海運則將徙於南冥
南冥者天池也　非冥海不足以運其身非九萬里不足以負其翼此豈好奇哉直以大物必自生於大處大處
亦必自生此大物理固自然不患其失又何措心於其間哉　齊諧者志怪者也諧之

图 5.1　宋刊本(晋)郭象注:《南华真经十卷》书影

三、从道家发展的三个阶段看中国文化的总体结构

庄子为宋人,是宋庄公的后裔。庄子及其学派论述的总集是《庄子》,是庄子师生的集体创作,其荟庄子学问之大全。汉人司马迁称:“其学无所不窥,然其要本归于老子之言。故其著书十余万言,大抵率寓言也。”“然善属书离辞,指事类情,用剽剥儒、墨,虽当世宿学不能自解免也。”涂又光论庄子之学,提出道家发展的演进及其分期,[①]可窥中国文化的总体结构。

《汉书·艺文志》云:“道家者流,盖出于史官,历记成败存亡祸福古今之道,然后知秉要执本,清虚以自守,卑弱以自持,此君人南面之术也。合于尧之克攘,易之嗛嗛,一谦而四益,此其所长也。及放者为之,则欲

① 《论〈庄〉学三阶段》,见涂又光:《涂又光文存》,华中科技大学出版社 2009 年 12 月第 1 版,第 75-76 页。

绝去礼学,兼弃仁义,曰独任清虚可以为治。”

涂又光在论《庄》学三阶段时指出:在道家发展的第一阶段,道家以“道”为核心,弘扬“天”,即“自然”“道”“德”,掊击儒家的“仁”“义”“礼”与法家的“法”。道家在发展演进的这一时期的特点,是既否定儒家思想,又掊击法家思想。

在道家发展的第二阶段,道家坚持天、道、德,对儒家的仁、义、礼吸纳之而又否定之,同时,继续掊击法家的“法”。第二阶段的特点,是既否定而又吸收儒家思想,又继续掊击法家思想。

在道家发展的第二阶段,以《道德经》(即《老子》)的问世为标志,道家思想已经自成系统。《老子·第三十八章》云:“上德不德,是以有德;下德不失德,是以无德。上德无为而无以为;下德为之而有以为。上仁为之而无以为;上义为之而有以为。上礼为之而莫之应,则攘臂而扔之。故失道而后德,失德而后仁,失仁而后义,失义而后礼。夫礼者,忠信之薄而乱之首。前识者,道之华而愚之始。是以大丈夫处其厚,不居其薄;处其实,不居其华。故去彼取此。”此章是《德经》的开头。《老子》上篇以“道”开始,所以叫作《道经》;下篇以“德”字开始,所以叫《德经》。老子认为,“道”的属性表现为“德”,凡是符合于“道”的行为就是“有德”;反之,则是“失德”。“道”与“德”不可分离,但又有区别,因为“德”有上下之分,“上德”完全合乎“道”的精神。“德”是“道”在人世间的体现,“道”是客观规律,而“德”是指人类认识并按客观规律办事。人们把“道”运用于人类社会产生的功能,就是“德”。

在道家发展的第三阶段,道家坚持天、道、德,对儒家的仁、义、礼与法家的“法”吸纳之而又否定之。既否定而又吸收儒家思想和法家思想。《韩非子》就法言法,《庄子》就道言法。法家言法,道家言法,根本区别在此。

道家发展的第三阶段,以《庄子》的出现为代表,其具体表现为《庄子·天道》篇中论述的“大道”,即中国文化的“九变”结构。《天道》篇云:

> 古之明大道者,先明天而道德次之,道德已明而仁义次之,仁义已明而分守次之,分守已明而形名次之,形名已明而因任次之,因任已明而原省次之,原省已明而是非次之,是非已明而赏罚次之。赏罚已明,而愚知处宜,贵贱履位,仁贤不肖袭情。必分其能,必由其名;以此事上,以此畜下;以此治物,以此修身;知谋不用,必归其天。此之谓太平,治之至也。

"仁、义"至"分、守",是儒家的思想;"仁""义"是儒家观念的核心,"分""守"是"礼"。自"形、名"至"赏、罚"是"法",是法家的思想。《天道》论中国文化之"九变"结构,如表5.1所示。

表5.1 《天道》"九变"结构

项目	内容	数量
道家	天地→道德	九变结构占其二
儒家	仁义→分守	九变结构占其二
法家	形名→因任→原省→是非→赏罚	九变结构占其五

道家发展的第三阶段,是庄子对道家创造性的发展、极大胆的改革。法家就法言法,而道家就道言法。这是关系到道家姓"道"还是姓"法"的生死存亡的大问题。[①] 庄子"弘大道于人寰",并改革成功,法中有道,道中有法;道家得以进步,道家发展成为"黄老",成为指导西汉前期帝业的理论基础,黄老人士成为领导西汉前期帝业的核心力量。《汉书·景帝纪》载:"汉兴,扫除繁苛,与民休息。至于孝文,加之以恭俭,孝景遵业,五六十载之间,至于移风易俗,黎民醇厚,周云成康,汉言文景,美矣!"[②]

老庄为老学、庄学的合称,其学以自为本,但老子、庄子围绕着对其根本哲学观念"道"的表述,即使在第一、二阶段,《庄子》与《老子》的论述,亦有区别。

(一)老子以水喻道,庄子以风喻道、以气喻道

老子善喻,《老子》一书以水喻道。《老子·第八章》:"上善若水,水善利万物而不争",水"几于道"。《老子·第七十八章》:"天下莫柔弱于水,而攻坚强者莫之能胜,以其无以易之也",没有东西能替换水。老子以水喻道,利用水的个别性以加强《老子》形上学的殊相本位。自然界中,水虽无定形,并非无形,而是有形,水仍是人们可以看得见之物;庄子尚水,但庄子认为能看得见之物,不可喻道,若以喻道,则风、气更佳于水。故《庄子》一书,以风喻道,以气喻道。《逍遥游》《齐物论》篇中的论述就体现这些意思。《庄子》围绕着对其哲学观念"道即自然"的表述,进

---

① 《〈庄子〉哲学的第二阶段》,见涂又光:《楚国哲学史》,湖北教育出版社1995年7月第1版,第407-412页。

② 《汉书·景帝纪》,见(汉)班固撰,(唐)颜师古注:《汉书》,中华书局1962年6月第1版,第153页。

一步创造出以风喻道、以气喻道的独持思维方式和表现方法，赋予“风”“气”这些自然界的自然状态以非同寻常的文化蕴涵。以风喻道、以气喻道的更深沉、更本质的内涵乃是人与自然、人与自己的心灵和灵魂的对话，体现了作者对于“道即自然”的深情企慕和热烈追求。

（二）老子主张“道法自然”，庄子主张“道兼于天”“道即自然”

道家哲学，以“自”为本。从“《黄帝书》曰：自生自化，自形自色，自智自力，自消自息”，到“鬻熊语文王曰：自长非所增，自短非所损”（见《列子·力命》）；从《列子·力命》的“自短”，《列子·周穆王》“自在”，《列子·杨朱》“自得”，[①]到《老子·第二十五章》的“自然”，《老子·第五十七章》的“自化”，《庄子·大宗师》的“自本自根”，都是以自为本。

《老子》主张“道法自然”，就包括以天地为法。庄子没有照着《老子》讲，而是接着《老子》讲，主张“道即自然”。“道即自然”，《庄子》一书中并无此言，而确有此意。此意在《庄子·天地》中表述为：“道兼于天”。“道即自然”，道即万物之自然，万物，包括人在内。自然，即自己如此；是自己如此，不是他物使之如此，也不是照着他物如此。“道即自然”的意思是自己如此。

其一，“道法自然”与“道即自然”的区别，相当于《老子》“道”与“恒道”（“常道”）的区别。《庄子》的“道”，相当于《老子》的“恒道”，所以《庄子》不再提“恒道”。这是《庄子》对《老子》的修正。

其二，老子“道法自然”与庄子“道即自然”的不同在于：前者“道”与自然为二，存在“法”与“被法”的关系；后者道与自然为一，更是以“自”为本。道家哲学以自为本，即以个体为本位，只有以自己为主体，才能够对自己的行为负责。道即自然，是《庄子》对《老子》的发展，也是《庄子》哲学思想的特色。

在“道即自然”的原则指导下，《庄子》真正是天才地、全面地、创造性地发展了《老子》，成为道家的最高阶段，达到楚国哲学的顶峰。

道家“历记成败存亡祸福古今之道”，《庄子》所云“古之大道”，其总体结构，就像一座原子核反应堆。道家使反应堆中每个原子，即每个个人的能量释放出来；儒家主张德治，是反应堆的软壳；法家主张法治，是

---

① 《列子》引文，见（晋）张湛注：《列子注》，载《诸子集成（第三册）》，中华书局1954年12月第1版。

反应堆的硬壳。既然以庄子为代表道家，否定而又吸收儒家、法家的思想，道家足以代表中国的智慧与哲学思想的精髓。①

四、《庄子》一书中有关机械技术的记载

在中国的古典文献中，《庄子》一书，不是介绍古代技术及机械制造的专著，也不是专门论述古代技术思想和设计方法的著作，但一部《庄子》，把深奥玄妙的哲理与生动具体的技术及其制作熔于一炉，其想象丰富、内涵深刻，不仅使抽象的逻辑思维与具体的形象思维结合起来，而且可一窥先秦时期科学技术发展的水平。

（一）从《庄子》看先秦时期机械、冶金技术发展的水平

在《庄子》一书中的《天地》《天道》篇里，庄子以"引之则俯，舍之则仰"的农业机械"桔槔"为喻，表明当时桔槔这样的提水机械在农业水利（灌溉）上的应用。在《胠箧》《天运》《列御寇》《秋水》等篇中记载了交通工具，如车辆和舟船的情形，"足迹接乎诸侯之境，车轨结乎千里之外。""若乘己之车，而游于襄城之野。"并论述了舟船与车辆的功用和差异："夫水行莫如用舟，而陆行莫如用车，以舟之可行于水也而求推之于陆，则没世不得寻常。"《天下》篇中以"轮不碾地"，说明车轮在运动时，不与地相切，若切于地，则车辆为地滞而不能行。《列御寇》一篇嘲讽了势利的曹商。车辆作为当时社会财富的象征，已成为赏赐的物品，曹商"一悟万乘之主而从车百乘"，反映了当时车辆制作的情况。《山水》篇中，市南宜僚见鲁侯，其中有段对话，正好说明当时车辆和舟船在交通运输上的重要性。"彼其道远而险，又有江山，我无舟车，奈何？"在《达生》篇中，更是歌颂了"津人操舟若神"，绘声绘色，足以乱人耳目。

《大宗师》中涉及了冶金技术方面的内容，庄子以"今之大冶铸金"为喻，说明大冶洪炉、陶铸群品，应"以造化为大冶，以天地为大炉"的创作思想。

《山木》记载了"北宫奢为卫灵公赋敛以为钟，为坛乎郭门之外，三月而成，上下之县"的事实。"北宫奢"，陆德明释文引李云：卫大夫，居北宫，因以为号。奢，其名也。成玄英疏：钟，乐器名也。言为钟先须设祭，

① 《论〈庄〉学三阶段》，见涂又光：《涂又光文存》，华中科技大学出版社 2009 年 12 月第 1 版，第 75-76 页。

所以为坛也。上下调，八音备，故曰县。[①]

“赋敛以为钟”、“三月而成”，说明了铸造生产过程所需工期，制作需赋敛的支撑，乃至北宫奢见钟，发出“既雕既琢，复归于朴”的感叹。从曾侯乙镈钟鼓部与钲部纹样的制作，可知其设计、造型、铸造费工之多、费时之长，生产技术之精湛。曾侯乙墓出土青铜镈钟钲部、鼓部纹样[②]，如图 5.2 和图 5.3 所示。

图 5.2　曾侯乙墓出土青铜镈钟钲部纹样

图 5.3　曾侯乙墓出土青铜镈钟鼓部纹样

---

① (清)郭庆藩:《庄子集释》“外篇”“山木第二十”，载《诸子集成(第三册)》，中华书局 1954 年 12 月第 1 版，第 296 页。

② 湖北省博物馆、北京工艺美术研究所:《战国曾侯乙墓出土文物图案选》，长江文艺出版社 1984 年版，第 28-29 页。

在《天下》篇中，应用镞矢的飞行说明变化的运动过程，即“镞矢之疾，而有不行不止之时”。对弩上发矢的机件亦有记载，《齐物论》：“其发若机括，其司是非之谓也。”成玄英疏：“机，弩牙也，箭括也。”

(二)《庄子》中有关机械制造生产中专业分工的内容

机械技术是任何社会物质生产和社会生活的基础之一，因此机械制造和机械工程的发展是衡量和评价社会发展的重要标尺，也是经济发展的重要方向。《庄子》中记述了或涉及了战国时期最主要的机械生产、机械技术，诸如农业机械、交通机械、冶金铸造等方面。这些记载向我们展示了当时机械生产专业化、社会化的生动情景。

《天道》篇记载了“斫轮徐则甘而不固，疾则苦而不入”的“轮人”，轮人就是专门制造车轮的工匠。《马蹄》篇中记载了“我善治木，曲者中钩，直者应绳”的“匠人”，即木工。记载了“我善治埴，圆者中规，方者中矩”的陶者，即制造陶器的陶匠。《大宗师》中记载了“铸金”的“大冶”，即专门从事冶金铸造的冶工。各门生产专业都有固定的名称，这是机械制造专业分工的重要标志。

庄子通过观察得出“百工有器械之巧，则壮”的结论。百工，即指各种制造工匠的总称。《墨子·节用》中有“凡天下群百工，轮车鞼匏，陶冶梓匠”。郑玄《考工记》“总叙”注：百工，造宫室车服器械。《庄子》所说的百工，即制造各种器械、车辆的工匠和工师。“器械之巧”，谓为器械而能尽其工巧。壮，《说文》：彊也，盛也。指工效快、生产高效。

《庄子·天道》全句的意思是，各种工匠有各自的加工器械，这些器械工效快、效率高，使加工制作的规模越来越大。《庄子》中关于机械生产专业化方面的论述，显示了那个时代的社会分工的扩大和生产工具的进步，也表明战国时期社会生产力已具有相当的规模，并处在蓬蓬勃勃的发展之中。庄子不仅看到了“巧者劳而知者忧”的社会分工，而且对技术的专业分工观察仔细。技术发展的历史表明，技术的专业分工正是技术进步的源泉。

(三)《庄子》中有关古代测量与加工工具的内容

《庄子》一书较为详细地记载了古代机械制造过程中所使用的加工工具、测量工具及其用途，如“骈拇”以规、矩、钩、绳为喻，“曲者不以钩，直者不以绳，圆者不以规，方者不以矩”。《天道》载：“平中准，大匠取法焉。”诸如规、矩、钩、绳等字，其出现的次数，超过诸子中的任何一子，《庄子》一书中测量工具出现的次数，如表 5.2 所示。

表 5.2 《庄子》一书中测量工具出现的次数

测量工具	规	矩	钩	绳
出现次数	25 次	11 次	17 次	14 次

表 5.2 说明当时机械产品加工的规范化和精确性大大提高。规、矩、钩、绳是古代用来绘制曲线和直线，特别是像圆形、正方形、长方形等图形的工具；同时，也是检测器物形状的重要工具。《庄子》以规、矩、钩、绳为譬，展示了当时大量使用这些工具的事实。

《庄子·马蹄》篇中有“陶、匠善治埴、木”。陶工、木工在生产过程中须“圆者中规，方者中矩，”“曲者中钩，直者应绳。”《徐无鬼》篇中亦有“直者中绳，曲者中钩，方者中矩，圆者中规。”《骈拇》篇中以钩绳规矩为喻，有“且夫待钩绳规矩而正者”“待绳约胶漆而固者”之述，说明曲尺、墨线、圆规、角尺等是当时普遍应用的工具。《天下》篇还记载有“以绳墨自矫而备世之急，古之道术有在于是者。”说明了这些工具的重要性。《达生》篇热情地称颂了工倕高超的绘图技巧，仍是以规矩为其标准，“工倕旋而盖规矩，指与物化而不以心稽。”“旋而盖规矩”，即以指旋转自能中规。盖者，犹言合也。言规又言矩者，特连类而及，无他深义。郭象注：“虽工倕之巧，犹任规矩，此言因物之易也。”“指与物化”，物即指规矩而言。“而不以心稽，”稽者，度也。谓虽指可为规，而终用规矩，不恃心为之计度，故下一“而”字为转折语，郭象注此，以因物为说，实得庄旨。因物者，即《齐物论》的“因是”，《天道》的“因任”。唯因物而不任心，“故其灵而不桎”。同篇亦以绳、规为准，称赞东野稷御车“进退中绳，左右旋中规。”

除以上生产工具之外，与水平度量标准相关的平字，计有 4 次。《德充符》中载有：“平者，水停之盛也。其可以为法也。”《天道》中载有：“平中准，大匠取法焉。”《庚桑楚》中载有：“若然者，其平也绳。”《说剑》中载有：“以不平平，其平也不平。”

规、矩、钩、绳等生产工具的应用是机械技术进步的重要因素。《庄子》书中文字翔实，生动地反映了当时社会生活与技术发展的状况。

（四）“方术”与“道术”

在楚国由弱变强的历史进程中，科学技术一直扮演着至关重要的角色。当科技的发展推动着楚国社会的不断进步的同时，也引发了人们对技术的反思。技术思想是楚文化之荦荦大者，研究庄子技术思想，不得不讨论庄子对古代学术流派的总结。

庄子评述先秦诸子学术流派的文字在《庄子·天下》一篇。该篇围绕古今(庄子所处时代)学术的不同展开评论，表述庄子自己的思想：其一，总论古今学术之大要，提出了“道术”与“方术”的概念，以“今之方术”与“古之道术”之辩，论述其不同及内涵；其二，对“道术”与“方术”的区别，通过人格七品加以阐明；其三，从古今学术流变的历史出发，揭示“古之道术”的变化现实。

1. “今之方术”与“古之道术”

“方术”“道术”是《庄子·天下》文本中第一次提出的一个重要术语，也是庄子技术哲学的一个重要概念。围绕“方术”“道术”庄子发扬了老子的思想，更为广泛深入地展开了他对个体生命、个体生存诸问题的思考，“道术”与“方术”之辨，构成了《天下》篇的焦点。篇首开门见山，言：“天下之治方术者多矣，皆以其有为不可加矣”，提出了学术问题有道术和方术之分。

先秦典籍中，“方术”二字连用仅见于《庄子·天下》，只此一语，可见“方术”一词为《天下》篇所特有。方，谓四面、周围、四旁、边界。如《墨子·公输》：“荆之地方五千里，宋之地方五百里”；《墨子·备城门》：“五十步一方”。有边界则有内外，空间外面定有空间。故有边界，则就是小。《天下》已有“至大无外”之论。“方”有偏颇不全之意，所谓“一方，犹一隅也。‘术’而状之以‘方’，见其味‘一隅之解’，不足以‘拟万端之变’。”《天下》篇云：“天下多得一察焉以自好”，“不该不遍，一曲之士也”。

方术，即各自为方之术，类于今日之科学学科。有学科界限，其学不能系统完整，天下通达。自春秋战国至今日，天下皆以治方术为显。“皆以其有为不可加矣”，都认为自己的学科对人类贡献大，此乃“皆以其有为”；且只要信他就可以了，所以“不可加”，就是没有比这更为有用之学。

宋代林希逸《庄子鬳斋口义十卷》则云：“方术，学术也。人人皆以其学为不可加，言人人皆自是也。古之所谓道术者，此‘术’字与仁术、心术一同。恶乎在，无乎不在，便有时中之意，言百家之学虽各不同，而道亦无不在其中。”[1]

可知，方术作为一种非系统性的学术，它和庄子无限推崇的“无乎不在”的古之道术形成鲜明对比，而非推崇的对象。“方术”理解为不得道术之全。然“一曲之士”，总比那些一曲不曲的要好得多。

“方术”一词，在《庄子·天下》中，只此1次；而“道术”一词，在《庄子·天下》中使用8次，在《庄子》其他篇中，仅有《大宗师》篇“鱼相忘乎江湖，人相忘乎道术”1处。道术是普遍的学问，是一种把握宇宙、人生的学问，或者是研究怎样实现人的精神超越境界的方法，只有天人、圣人、神人、至人才能掌握它。方术则是具体的各家各派的学问，即是各执一偏的片面的学问。“全者，谓之‘道术’，分者，谓之‘方术’，故‘道术’无乎不在。”方术，“既有方所，即不免拘执”，“执偏以为全，是以自满，以为无所复加也。此一语已道尽各家之病。若学虽一偏，而知止于其分，不自满溢，即方术亦何尝与道术相背哉！”

“方术亦在道中，特局于一方，不可以道名耳”(《庄子·正义》)。[2] 方术对下文道术言，道术者全体，方术者一部分也。所谓方术为道术之一部分者，下文曰：“天下多得一察焉以自好。”曰：“不该不遍，一曲之士也。”曰：“判天地之美，析万物之理，察古人之全，寡能备于天地之美，称神明之容。”曰：“后世之学者，不幸不见天地之纯，古人之大体，道术将为天下裂。”“古之道术有在于是者”，皆足以证明此义。

《天下》篇“方术”“道术”并举，道在术中。任何人无论其为何种人格形态，都会因他生存环境的不同而处于一方之所中。无论是天人、神人、至人，还是圣人、君子、百官与民，他们因其处境的不同，所依循的“方术”也不同。如果他们能各安其所，不执着于已有之分限，则“方术”也是“道术”的表现。但如果持有“方术”的人像《天下》篇一开始所说的，不自知其为“方术”，甚至认为自己的“方术”无所不该，并紧紧执着于它，乃至升起一种“自好”，则“方术”就是有别于“道术”之术。

同时，《天下》篇中，庄子坚持单纯“器”的维度还不能进入学术史的

---

① (南宋)林希逸：《庄子鬳斋口义十卷》卷之三十二，《杂篇》“天下”，据南宋刊本，见严灵峰编辑：《无求备斋庄子集成初编(第8册)》，艺文印书馆据明刊正统藏本影印，1972年5月版，第1175页。

② (清)陈寿昌：《南华真经正义》“天下”，据清光绪十九年怡颜斋刊本。见严灵峰编辑：《无求备斋庄子集成续编(第37册)》，艺文印书馆据明刊正统藏本影印，1974年12月版，第501页。

范畴，被他称为“百家”的大抵是那些“持之有故，言之成理”的学说与流派，其关注的问题有某种共通性。

其一，寻求天下大治，以备“济世之所急”。

其二，获得有限个体的立身、立命之基。

《庄子》这些系统性的论说，以及强烈的时代责任感与践履精神，使他们的学说具有很大的社会影响力。如果这些学说本身有问题，那么它们所产生的危害也就更大，这是它们成为《天下》篇激切言辞主要指向的深层原因。

“天下之治方术者，多矣”，“多”指“百家众技”为数之多，“多”前缀先包含了庄子对时贤拳拳于“天下大乱”达到“天下大治”之“济世之急”的肯定。庄子论此，治方术者虽多，但他们有一个共同的倾向，即都认为自己的学说是“无上之真理”，“治方术者，皆以其所有为尽善尽美，不可复益”。

庄子承认，一方面，在人类社会发展的历程中，众技百家，各有其用；另一方面，百家之学，莫不溺于一己之囿，自是非人，更不见道体之全。“内圣外王之道，暗而不明，郁而不发”，“后世之学者，不幸不见天地之纯，古人之大体，道术将为天下裂”。庄子把目光投向古圣昔贤的视域以及文明的源头，百家众学虽殊，然其源皆一，那就是“古之道术”。

在庄子看来，古人识得道体之全，并“以道之原则运之事物”，“无所不包，无乎不在”。而“后世之学者”，“不幸不见天地之纯，古人之大体”，乃至“判天地之美，析万物之理，察古人之全”。“古人之大体”即“古之道术”“内圣外王之道”，它既是“天地之纯”“天地之美”，也是“万物之理”“神明之容”。《知北游》曰：“天地有大美而不言……圣人者，原天地之美而达万物之理”，它以自然无为的方式，任万物自由自在地生长。圣人致虚守静，观照大本，证得“道术”以理天下。故而“道术”有两种表现形式：一是自在地表现为天地万物之道；二是圣人默识天道、运诸人事，成就从“天下大乱”到“天下大治”之道。

庄子开卷明义，“古之所谓道术者，果恶乎在”，因而，“古之道术”亦在方术之中，通过方术而呈现自身；但正因其无所不在，并不能为某种特定的方术所穷尽。因此，即便从方术的层面去理解道术，道术也必然开放在作为复数的诸种方术而不是作为单数的一种方术之中。因而，道术虽可通过方术而呈现，但并不仅仅呈现在某种特定的方术之中。即便是古之治道术者通过治方术而治道术，其必“不以其有为不可加”，相反，却时时刻刻注意此方术自身的有限性,“知有所止”。因此,任何方术都同时包含着通达道术与远离道术的可能性,问题不在于方术的自身,而在于从方术中开出通达道术的可能性。

2. 人格七品

《庄子·天下》篇提出“道术”与“方术”之分,其特征甚为明确;但没有对“道术”和“方术”的内涵做直接的界定,而是通过品次“天下之治方术者”,论述二者的差别。自庄子观之,人格的形态主要有:天人、神人、至人、圣人、君子、百官、民七种。而无论是天人、神人、至人、圣人,还是君子、百官与民,庄子认为因其处境的不同,所依循的“方术”也不同,如果能各安其所,不执着于已有的分限,则“方术”也是“道术”的表现。但如果持有“方术”的人如《天下》篇一开始所说的,不自知其为“方术”,甚至认为自己的“方术”无所不该,并紧紧执着于它,乃至升起一种“自好”之感,则“方术”就是有别于“道术”之术。

1)天人、神人、至人、圣人

天人,“不离于宗”。《庄子集解》:“不离,若孔子言颜氏不违宗主也,谓自然。”《老子》的最高观念,比“道”更进一步,主张“道法自然”,认为“自然”比“道”更高,“道法自然”是《老子》哲学思想的特色和精华。“自然”文化意义是,主张以“自”为本。其哲学形上学的意义是主张以殊相为本。《庄子》比“道法自然”又进了一步,主张道即自然,更是以“自”为本。人物所归往,亦曰:宗。《书·禹贡》:“江汉朝宗于海。”《注》:言百川以海为宗也。《史记·孔子世家》:“孔子以布衣传十余世,学者宗之。”故言道者,必以“自然”为宗,是为天人。

神人,“不离于精”。成云:“淳粹不杂,谓之神妙。”故“精”相对于“粗”而言,《庄子·秋水》云:“可以言论者,物之粗也;可以意致者,物之精也。”《周易·系辞》:“精气为物。”疏:阴阳精灵之气,氤氲积聚而为万物也;不可言论,只可意会。“不离于精”是强调“神人”不离于道的幽微灵妙,淳而不漓、与道“不杂”,并实现客观之道在人心中的内化。“神人”“乘云气,御飞龙,而游乎四海之外”,不失其本,有宗有神,是为神人。

至人,“不离于真”。成云:“凝然不假,谓之至极。”“至”就是达,“至人”,即人之至者。有人形者未必是人,故“自天子以至于庶人,一是皆以修身为本”,修身,方可能为至人。一个真正的人,既是神人,也是天人。真人,人神不两分。如何达到人之极致的境地?《庄子·山木》云:“至人之自行”,“忘其肝胆,遗其耳目,芒然!彷徨乎尘垢之外,逍遥乎无事之业，是谓为而不恃，长而不宰”。《庄子·大宗师》云：“知天之所为，知人之所为”，是为至人。

圣人，“以天为宗，以德为本，以道为门，兆于变化。”兆：征兆，预兆。《荀子》：“相阴阳，占祲兆。”《庄子集解》：“变化不测，随物见端，谓之圣人。”成云：“以上四人（即天人、神人、至人、圣人），止是一耳，随其功用，故有四名。”这种内外同一，《庄子·天下》称之为“内圣外王”。

从哲学世界观而言，庄子哲学世界观是天人合一，但庄子所论天人合一与神话世界观的天人合一，大不相同。这是因为神话世界观，是“原始的”天人合一；而哲学世界观的天人合一，是指经过宗教世界观的否定，而后得到的天人合一。哲学世界观的天人合一，是以个体为本位，但与神话世界观的个体本位相比，哲学世界观是后得的个体本位，神话世界观是原始的个体本位。所谓后得的个体本位，是指经过宗教世界观的否定，尔后得到的个体本位。就个体本位说，原始的是自在的、自发的；后得的是自为的、自觉的。就天人合一说，也是如此，但还要加上一点，原始的是形象的、感性的，后得的是概念的而又超越概念的。

《庄子·天下》中所言“天人”“神人”“至人”“圣人”（《庄子·大宗师》，尚见他篇），都是后得的，因为“天人”“神人”“至人”“圣人”是通过建立“常”“无”“有”“太一”等概念，而又超越这些概念。庄子哲学的中心问题是天人关系，庄子的哲学世界观是个体本位的天人合一。

《庄子·天下》中的“天人”“神人”“至人”“圣人”都是道家的代表，都自觉天人合一，从而使个体的有限存在进入无限之中。在这里，哲学的任务，就是指明个体本来与宇宙合一，指明个体如何自觉这个合一。

天人、神人、至人、圣人，不异于众，就是《庄子·天下》所说的“独与天地精神往来，而不傲倪于万物；不谴是非，以与世俗处”。“与天地精神往来”是一“行”，可简称精神之行；“与世俗处”是一“行”，可简称世俗之行，这两行并行不悖。而儒家人物的代表——君子之行，则大不相同，异于常人，出类拔萃。

2)君子、百官、民

君子，“以仁为恩，以义为理，以礼为行，以乐为和，熏然慈仁”。《庄子集解》宣云：“君子是道之绪余。”圣人和君子因何有别？圣人是“以天为宗”，君子是“以仁为恩”，恩是在感情的层面。以守仁德为有恩，“以义为理”即以有道义、行事合宜为明理。“以礼为行，以乐为和，熏然慈仁”，行不失礼，接人应物乐和无伤，心性仁慈，化物化人，即是君子。

百官,“以法为分,以名为表”。《庄子集解》宣云:“以法度为分别,以名号为表率。”“以参为验”,《释文》:“参,本又作操。”宣云:“以所操文书为征验。”“以稽为决”,宣云:“以稽考所操而决事。”“其数一二三四是也”。宣云:“分明不爽如是。”百官以此相齿,宣云:“此又一等人。相齿,谓以此为序也。官职是名法之迹。”

民:“以事为常”。事,谓日用。“事”是每个庶民生活的常态。“以衣食为主,蕃息畜藏,老弱孤寡为意,皆有以养”,蕃息,谓物产;畜藏,谓货财。兼养及无告之人。《谷梁传·成公元年》:“古者四民:有士民,有商民,有农民,有工民。”《注》:“德能居位曰士,辟土植谷曰农,巧心劳手成器物曰工,通财货曰商”。

《庄子·天下》一篇,论列各家,所论人格七品,主要着眼的不是去区别七种人格形态的价值高低,而是他们各自对道术领会的不同。七种人格在各自的生存境遇中,充分体现了道术的某种独特性,并且也从整体上彰显了古之道术的“无乎不在”。因此,《天下》所言天人、神人、至人、圣人、君子、百官、民七种,只是该篇选取的七种典型的体察“道术”的视角。如果更准确地说,《庄子》一书,论及不只有七种,而是有无数种,如《庄子·大宗师》有“真人”等,而每一种都因其对道术的独特领会而有其特定的价值。

庄子人格七品之说,前四品涉及天、道、德,为道家。仁、义、礼为儒家,法、名、参稽涉及法家。

在七品结构中,道家思想代表有四,好比在七个席位中有四个席位。儒家思想代表有一;法家思想代表有一。《庄子·天下》七品之说的人格形态及其代表人物,如表5.3所示。

表5.3 《庄子·天下》七品之说的人格形态及其代表人物

	人格形态	代表人物
道家	不离于宗,不离于精,不离于真,以天为宗,以德为本,以道为门,兆于变化	天人、神人、至人、圣人
儒家	以仁为恩,以义为理,以礼为行,以乐为和,熏然慈仁	君子
法家	以法为分,以名为表,以参为验,以稽为决,其数一二三四是也	百官

续表

	人格形态	代表人物
民	以事为常，以衣食为主，蕃息畜藏，老弱孤寡为意，皆有以养(《庄子集解》，宣云："又一等人")	四民(工、民居其一)

庄子对待儒家、法家的哲学思想，是否定之而又吸纳之。《韩非子》以法言法，而《庄子》就道言法。道家言法与法家言法，其根本区别就在于此。在"为"与"无为"的对立统一中，道家以"无为"为主，也讲"为"；儒家以"为"为主，也讲"无为"。"为"与"无为"不仅并存，而且都只有与对方对立，才能获得自身的真实性和真理性；若与对方分离，则自身亦必陷于虚伪与荒谬之中。道家一再强调"无为""为无为，则无不治""辅万物之自然而不敢为"，并主张道治的无为、德治的无为、法制的无为，唯有如此，才能天下大治。

《庄子・天下》篇，从天人、神人、至人、圣人、君子一直讲到百官、四民，类似于《大学》所说"自天子以至于庶人"，天子、庶人，社会地位不同，但本性无别，都是天人。基于此，才可言"一是皆以修身为本"，本立而道生。社会分工上的不平等，无碍生命返本取大的平等，这才叫"不离于宗"。任何创新的时刻，皆非"随其成心而师之"，庄子否定一切条条框框，彻底解放心灵，开发创新创造的精神资源。人格七品的规定与意义：道、儒、法、民，各得其所，足可以囊括宇宙、囊括天地、囊括社会、囊括人生、囊括历史。

楚国的哲学思想，以老子为正宗。涂又光《楚国哲学史》认为：老庄哲学，尤其是庄子的哲学思想，既肯定个体，又解放个体，把个体从一切局限中解放出来，把个体的全部能量释放出来，"自天子以至于庶人"，在法治调节下，使之成为强大无比、无穷无尽的创造力量，这是创造楚国历史的唯一能源，也是楚国技术取得辉煌成就的思想基础。[①]

《庄子・天下》篇高屋建瓴，总论古今学术之大要，别开楚学之生面。其阐述"今之方术"与"古之道术"的不同，以人格七品为例，综述古今学术的历史，揭示"古之道术"的现实处境，实"附老聃之后，而踞百家之颠，欲挽狂澜于既倒"。在庄子看来，"古之人"备有道术之全，而不限于"一曲""一察"，即古人对道术的领会是全面的。古人之所以能够如此，是因

① 《楚人世界观的三代：神话・宗教・哲学》，见涂又光：《楚国哲学史》，湖北教育出版社1995年7月第1版，第345-412页。

为他们“配神明，醇天地，育万物，和天下，泽及百姓”，即“因循品物，合神明之妙理，同天地之精醇，育宇内之黎儿，和域中之群有”。从“神明”“天地”到“万物”“天下”“百姓”，古之人不仅能明其本，入乎其内，也能知其末，出乎其外，故云：“明于本数，系于末度，六通四辟，小大精粗，其运无乎不在。”

—— 第二节 ——
庄子技术思想

《庄子》一书，留下了先秦时期极为丰富的技术思想。在对待“道”和“艺”的关系上，庄子主张“道”“艺”合一，他认为：“道进于艺”，或“道在于艺”。“技进乎道”是庄子思想的灵魂。同时，庄子提出“道通为一”的思想，而为达其目标，必经分解合同之途。其一，“以道观分”，庄子的意思是，“分”与“成”是同一过程，不是“分”之外另有“成”，也不是“成”之外另有“分”，而只不过从一方面看是“分”，从另一方面看是“成”；“成”与“毁”亦然。庄子有关“分”“成”“毁”的论述是对中国古代工程技术设计思想的总结。其二，“不同同之”，庄子的意思是以道观人察物，万物虽种类不同，形态万殊，但其根本之道是同一的。“合异以为同，散同以为异”，就是要打破时间和空间的差异，将不同的时间和空间的东西结合在一起，以达到创新的目的。“道通为一”是将个体的“分”与整体的“合”有机地结合起来，达到有分有合的境界，这是庄子技术思想的基础。

一、从“道艺合一”到“道通为一”

说到技术，楚人是古代一流的好手。楚国的建筑、冶金、织帛、髹漆，莫不如此。是重道轻艺，还是道艺并重，历来是各家对待“道”和“艺”这对矛盾态度的分水岭。《庄子》主张道“进”于艺，或道“在”于艺。“技进乎道”，道艺合一，是庄子技术思想的灵魂。

（一）道艺合一

《庄子·天地》篇提出：“故通于天下者，德也；行于万物者，道也；上治人者，事也；能有所艺者，技也。技兼于事，事兼于义，义兼于道，德兼于道，道兼于天。”事，即百宫之事，“能有所艺者，技也。”艺，即技艺，犹今天所说的生产技术，易能而曰技，为其有所专。“技兼于事”的兼，统也，技各有所专，此为其所长，而专则不能相通。郭象注：“夫本末之相兼，犹手臂之相包，故一身和则百节皆适，天道顺则本末俱畅。”这段的中心思想就是道艺合一。《庄子》“技进乎道”的思想使“道”“艺”进入合一的境界。

《庄子·天下》篇提出“道术”一词，该篇云：“天下之治方术者多矣，皆以其有为不可加矣！古之所谓道术者，果恶乎在？曰：无乎不在。”也即言“道”与“艺”而为一。

《庄子·在宥》篇云：“说礼邪？是相于技也。”“说圣耶？是相于艺也。”礼言“相于技”者，五射五御，皆有其礼，不独周旋，揖让而已，故礼近于技。相者，助也，即助长之谓。“说”音义同悦，圣言“相于艺”者，《尚书·金腾》篇中有周公“多才多艺”，《论语·子罕》篇中有孔子“多能鄙事”，艺固圣者之事也。“礼”“圣”都是“道”，“技”“艺”都是“艺”，前者有助于“相于”后者，就成了道艺合一。这个道理与《老子》相同。

《庄子》的新贡献在于用形象构成故事，形象给人总是一个整体的东西，形象就是一个整体，读者从中体悟这个道理，体悟的道理才是完整的。言说的道理总是挂一漏万，因为从概念出发总是片面的。《庄子》以庖丁解牛、梓庆削鐻、大马捶钩、轮扁斲论诸事，具阐道艺合一的思想。

1. 庖丁解牛

“庖丁解牛”见《庄子·养生主》。庖丁，谓掌厨丁役之人，亦言丁名。《庄子·在宥》曰：“夫有土者，有大物也。有大物者，不可以物物，而不物，故能物物，明乎物物者之非物也，岂独治天下百姓而已哉！”此言解牛者，盖以牛为大物。许慎《说文》“物”云：“万物也，牛为大物，故从牛。”故以宰国寓之于宰牛，而终归养生，所谓养生为主。

庖丁为文惠君解牛，像一场神妙的音乐舞蹈，奏刀若奏乐，所以有“合于桑林之舞”“中经首之会”之文。“桑林”乃汤之舞，“经首”乃尧之乐，庖丁解牛与“桑林”的步伐和“经首”的节拍相吻合，声有粗细，而参错中节，故曰“莫不中音”。文惠君曰：“嘻，善哉！技盖至此乎？”庖丁解刀对曰：“臣之所以好者，道也，进乎技矣。”庖丁的答话十分重要，其意谓道于是乎在，不得以技视之。道进乎技，则道艺合一。《天地》篇云：“能有所艺者，技也。技兼于事。”兼犹包也，自上言之则曰兼，自下言之则曰进。进犹过也，过乎技者，技通乎道，则非技之所得而限。庖丁所言"所见无非牛"，盖诚用以于一艺，即凡天下之事，目所接触，无不若为吾艺而设。必如是能会万物之一己，而后其技艺乃能擅天下之奇，而莫之能及。技之所为进乎道者，在此。而其"三年之后，未尝见全牛"，由有此工夫而致。《庄子》强调"未尝见全牛"，分肌擘理，表里洞然，如指诸掌，所谓"及其久也，相说以解"，故无全牛。"神遇而不以目视"，说明目之用局而迟，神之用周而速。"官知止而神欲行"，说明非止不能稳且准，非行不能敏且活也。"依乎天理"，即"照之于天""依自然之涯分"，因其固然，即顺物自然。"技经肯綮之未尝"，郭象注："技之妙也，常游刃于空，未尝经概于微碍。""依乎天理"是庖丁解牛的经验。这里的"天理"就是牛的自然结构。成玄英疏："依天然之腠理，终不横截以伤牛。亦犹养生之妙道，依自然之涯分，不必贪生以夭折也。"贾谊也列举过类似庖丁解牛的例子，其《新书·制不定》载："屠牛坦一朝解十二牛，而芒刀不钝者，所排击，所割剥，皆众理解也。"理是指事物的文理结构。《韩非子·解老》说："凡理者，方圆，短长，粗靡，坚脆之分也。"又说："理者，成物之父也"，指的是物的外部结构。贾谊在《等齐》篇中讲的"天理则同"，说的也是人的面貌等生理结构是类似的。这表明，理是表示事物结构的概念。

庖丁解牛经过的三个阶段，如表5.4所示。

表5.4　庖丁解牛经过的三个阶段

阶段	时间	特点	特征	规律
第一阶段	始臣之解牛之时	所见无非全牛也	目有全牛	不懂规律
第二阶段	三年之后	未尝见全牛也	目无全牛	认识规律
第三阶段	方今之时	以神遇而不以目视	游刃有余	运用规律

庖丁回答文惠君的"臣之所好者，道也，进乎技矣"，是对"道"与"艺"关系的总结，道进乎技，则道艺合一。

2. 梓庆削鐻

"梓庆削鐻"见《庄子·达生》篇。梓庆，"梓"是木工，"庆"是名，俞樾《诸子平议》谓《左传·襄公四年》中的匠庆即此人。梓匠虽异官，而同为木工。"鐻"同"簴"簨簴，用于悬钟鼓之器，以木为之，故曰："削木为之鐻"，后为青铜铸造，非梓人所得为之。"鐻成，见者敬犹鬼神"是簴有种种花纹，人惊其刻镂之巧。梓庆的经验是"心静则气充，故不以耗气，则必齐心静。""齐"读如斋，斋以静心。亦言齐以静心尔已。达到"以天合天,器之所以疑神者,其是与"。"以天合天"即《庄子·养生主》所谓"依乎天理,因其自然"。郭象注:"不离其自然。"成玄英疏:"机变虽加人工,本性常因自然,故以合天。""而器之所以疑神者,其是与。"郭象注:"尽因物之妙,故乃疑是鬼神所作也。"成玄英疏:"所以鐻之微妙,疑似鬼神者,只是因于天性,顺其自然,故得如此。"

梓庆的经验,也是道艺合一。

3. 大马捶钩

"大马捶钩"见《庄子·知北游》。大马,官号,即楚之司马。捶,打锻也;钩,腰带。大司马手下有工人,少而善锻钩,行年八十而捶钩弥巧,专性凝虑,故无豪芒之差失,拈捶钩权,知斤两之轻重,无豪芒之错。

清人王念孙《读书杂志·余编上》"臣有守也"条云,《知北游》篇:"大马之捶钩者,年八十矣,而不失豪芒。'大马曰:子巧与?曰:臣有守也。'念孙案:'守'即'道'字也。《达生》篇:'仲尼曰:子巧乎?有道邪?曰:我有道也'是其明证矣。道字古读若守,故与守通。王氏自注:凡九经中用韵之文,道字皆读若守,楚辞及老庄诸子并同。"[①]秦会稽刻石文"追道高明"。《史记·秦始皇本纪》中道作首,首与守同立。《说文》道:所行道也,从辵首。段注:首者,行所达也,首亦声。"用之者"承"非钩无察"而言;"假不用者也以长得其用"承"于物无视"而言。"用之者",技也;"不用者",道也。此与庖丁言"臣之所好者道也,进乎技矣"辞异而义同。"而况乎无用者乎,物孰不资焉","无不用",不用而无不用,犹言无为而无不为。

捶钩老人的经验,也是道艺合一。

4. 轮扁斲轮

"轮扁斲轮"见《庄子·天道》,此段文字,实从"世人所贵道者,书也"一句开始。以其泥于书以求道,不重视实践活动,故有古人糟粕之语,并不是说书果可不读。轮扁所言:"斲轮,徐,则甘而不固,疾,则苦而不入。不徐不疾,得之于手,而应于心,口不能言,有数存焉于其间。"强调的是实践的重要性,即如《养生主》篇庖丁所言"官知止而神欲行",只有亲自参加实践,才能达到"依于天理""因其固然"的境地。轮扁可谓深得斲轮之道,实现了道艺合一。而轮扁这段话的意义,又远远超过了道艺合一。

---

① 《读书杂志·余编上》,见(清)王念孙撰,徐炜君、樊波成、虞思徵、张靖伟等点校:《读书杂志(五)》,上海古籍出版社2015年6月版,第2601页。

他体悟到，道“不可信”“口不能言”，臣不能以喻臣之子，臣之子亦不能受之于臣，只能个人“得之于心，而应于手”，通过实践，才能获得真知。

语言文字，虽道之所寓，但语言文字非道也。轮扁告诫齐桓公，读书要区别文字和精神。若得精神，就如《老子・第十四章》所云：“执古之道，以御今之有。”若不得精神，文字便是糟粕。郭象注此，亦云：“当古之事，已灭于古矣，虽或传之，岂能使古在今哉！古不在今，今事已变，故绝学任信，与时变化，而后至焉。”也是强调实践的重要性，只有亲身实践、体悟，“得心应手”才能“与时变化”。成玄英疏此，亦云：“夫圣人制法利物随时，时即不停，法亦随变。”亦寓此意。

轮扁的体悟与经验，说明实践出真知的道理，这对于科学实验与工程技术的实践，具有指导意义。

（二）道通为一

庄子提出了“道通为一”的思想，这就是《庄子・齐物论》中的“物固有所然，物固有所可。无物不然，无物不可。故为是举莛与楹，厉与西施，恢恑憰怪，道通为一。”这里庄子仍然强调万物自己如此，道即自然。“物固有所然，物固有所可”一句，如郭象所注的那样，是“各然其所然，各可其所可”。成玄英疏：“物性执滞，触境皆迷，必固为有然也，固谓有可，岂知可则不可，然则不然也。”

对“举莛与楹，厉与西施，恢恑憰怪，道通为一”注，郭象强调：“夫莛横而楹纵，厉丑而西施好，所谓齐者，岂必形状同规矩哉。故举纵横好丑，恢恑憰怪，各然其所然，则理虽万殊，而性同得，故道通为一也。”为了解释“道通为一”，成玄英疏：《庄子》略举莛与楹，厉与西施，恢恑憰怪八事相比较，他认为以道观之，本来无二，是以妍之状万殊，自得之情惟一，故曰：道通为一。

“道通为一”，要说明的是“通”，庄子所言“通”是什么，是大千世界，是纷纭万象。《齐物论》所提出的“道通为一”，其要在通晓宇宙之全体，即通天、通地、通人。总之，天、地、人无所不通。如此如此，才如《天地》篇所云：“通于一而万事毕，无心得而鬼神服。”而要达到“道通为一”的目标，庄子认为必经分解、同合之途。

1. 以道观分

《庄子》提出了“分”的思想方法，《齐物论》云：“其分也，成也，其成也，毁也。凡物无成与毁，复通为一。”“其分也，成也”如《老子》所云：“朴散以为器”。郭象注此云:“夫物或此以为散,而彼以为成。”“其成也,毁也。”所谓“为”者,败之之谓,正如郭象云:“我之所谓成,而彼或谓之毁。”成玄英疏:“或于此为成,于彼为毁,物之涉用,有此不同,则散毛成毡,伐木为舍等也。”然无成因无毁,无毁亦无成,故又云:“凡物无成与毁,复通为一。唯达者知通为一。”言“凡物”者,以一物论,则有成毁,总物之全而观之,成亦在其中,毁亦在其中,则何成何毁。所以,郭象认为:“夫成毁者,生于自见而不见彼也。”故“无成与毁”犹无是与非。成玄英疏此也认为:夫成毁是非,生于偏滞。即成毁不定,是非无主,故无成毁,通而一之。

《庄子》有关“分”“成”“毁”的论述可以说是对中国古代工艺制造技术及设计思想的总结。今天我们见到的楚国工艺器物与机械设计作品,就是庄子思想的写照,是具象化的代表之作。

楚式工艺器物,其设计惯以分解、变形、抽象的手法来处理物象,以分解、变形、抽象之风最为多见。以纺织品中的凤纹为例,分解的极点,或仅具一目一喙,或止得一羽一爪;变形的极点,或类如花叶草茎,或类如行云流星,或类如水波火光;抽象的极点,是化为纯粹的曲线。如此如此,于形固有失,于神则有得,而且给观赏者留有广阔的想象余地。

《庄子》说:“道通为一”。物则有分有成,有成有毁。“其分也,成也;其成也,毁也。凡物无成无毁,复通为一。唯达者知通为一”(《齐物论》)。又说:“道通其分也,其成也,毁也”(《庚桑楚》)。分与成是同一个过程,不是分之外另有成,也不是成之外另有分,不过是从一方面看是分,从另一方面看是成;成与毁亦然。例如用布做衣服,从布方面看是分了毁了,从衣服方面看是成了,其中分与成、成与毁都是同一个过程,这是从物的观点看物。若从道的观点看物,则“凡物无成无毁,复通为一”,因为“道通其分也,其成也,毁也”。凡物的分、成、毁,都是道通而为一,这就是“复通为一”。既复通为一,再看分、成、毁已无意义。从物的观点看,分、成、毁依然存在;从道的观点看,分、成、毁已无意义。这个道理,庄子认为唯有“达者”知之。

由于“道通为一”,“故其好之也一,其弗好之也一。其一也一,其不一也一。其一与天为徒,其不一与人为徒。天与人不相胜也”(《庄子·大宗师》)。

这个“道通为一”的“一”,人爱它,它是一;人不爱它,它也是一;人知通为一,它是一;人不知通为一,它也是一。人知通为一,属于“天”的水平;人不知通为一,属于"人"的水平。而"天"与"人"的关系,不是谁战胜谁的关系,而是终归合一的关系。

江陵马山一号楚墓出土的楚国纺织品凤鸟花卉纹绣纹样、龙凤虎纹绣纹样①,如图 5.4、图 5.5 所示。

图 5.4　江陵马山一号楚墓出土纺织品的凤鸟花卉纹绣纹样

凤鸟纹的造型,随着每个历史朝代的更替而转变,总是与当时当地的材料工艺、艺术技巧、社会风尚相适应,具有鲜明的时代特色和地域特色。

形象思维是表现与再现、抽象与具象、感情和理性、人和自然的统一与和谐。如 1982 年,在江凌马山一号楚墓出土的大量丝织品上,许多形态各异的凤鸟图案,尤为令人注目的三头凤图案,形象之奇特,不仅为此墓中所独有,在先秦文物中也是仅见。三头凤的纹样,凤首正向,瞪目如枭,鸟身圆鼓;两腿侧曲,双翼平举,翼端各有一个侧向的凤首,将凤体的正视图与侧视图,同时表现在同一画面上,②如图 5.6 所示。

---

① 湖北省荆州地区博物馆:《江陵马山一号楚墓》,文物出版社 1985 年 2 月第 1 版,第 65 页。

② 湖北省荆州地区博物馆:《江陵马山一号楚墓》,文物出版社 1985 年 2 月第 1 版,第 68 页。

图 5.5 江陵马山一号楚墓出土纺织品的龙凤虎纹绣纹样

图 5.6 江陵马山一号楚墓出土丝织品的三头凤纹样

楚人的设计思想与方法表明：从分解到变形再到抽象是一种创作手法，尽管显得支离破碎，似乎非此非彼，其目的却是再现。从而分中有合，分中有继。从分解到改组和拼合也是一种创作手法，尽管显得繁杂堆砌，似乎亦此亦彼，但较之前者其目的则是创造。分是对个体的彻底分离，犹如细胞分裂一样，只有分才有发展，但作为创作的整体而言，却分不开，这就是分中有继，分中寓合。楚国工艺产品的设计及其思想，显然不是写实模仿，再现某些物象，而是为创造而创造，为艺术而艺术的。因此，楚国工艺产品，无论青铜冶炼、铸造焊接之作，还是纺织刺绣的纹样、漆器的朱画彩绘、陶器的釉色和装饰等，其造型设计、其样式形制，常常不分南北东西，物不分古今中外，超越时间和空间的局限。面对这样造型艺术及工艺作品，无论何人驻足于此，都会乍见而心动、谛视而神迷。

“以道观分”“复通为一”的思想，使春秋战国时期的技术设计乃至工艺设计达到了其他任何古代文明不曾达到的水平与境界，这一思想也是现代艺术仍在致力追求的目标。

《庄子》的“道通为一”“知通为一”的思想，并非囿于工艺设计，而且涵盖了人文、社会，也包括了科学、工程、技术。

《老子》第二十五章：“人法地，地法天，天法道，道法自然。”这里说“法天”，只是求其简炼。对人来说，当然只有经过“法地”才能达到“法天”。至于“天法道，道法自然”，那就非人力之所能及了。要“法地”兼“法天”，就得像《庄子・大宗师》所讲的：“以天地为大炉，以造化为大冶。”庄子认为，这样就“恶乎往而不可哉！”在艺术创作中，这是一种宇宙意识，其大无匹，其妙无比。

2. 不同同之，不齐齐之

《庄子》一书不仅讲分解，即“以道观分”；更讲同合，即“不同同之”“不齐齐之”。“不同同之”见《天地》篇，原文是“不同同之之谓大”。谓能同彼不同，如《周易・同人卦》所云：“能通天下之志者，是之谓大。”非曰，以不同同之。如所谓不齐之齐，郭象认为：《庄子》“不同同之之谓大”的意思是“万物万形，各止其分，不引彼以同我，乃成大耳。”成玄英疏：“夫刻雕众形，而性情各异，率其素分佥合，自然任而不割，故谓之大。”《庄子》以道观人察物，万物虽然种类不同，形状万殊，但审视其根本之道，都是同一的，这是“道通为一”思想的出发点。而“自其同者视之，万物皆一也”是强调万物的对立与差别的联系，不仅是一个共同的基础，而且它们之中还包含有某种共同点，即异中之同。

又如《田子方》所云："夫天下者，万物之所一也，得其所一而同焉。"用今天的话来说就是世界上的科学原理是唯一的，任何设计与制造所遵循的客观规律也是唯一的。

技术与设计活动，是人类运用各种知识进行创造的一个综合过程。没有完全一样的设计和技术产品，从严格意义上说，有多少设计工作者，就有多少种设计方案和技术操作方法，就有多少种技巧、技能、经验，也就有多少千奇百怪的技术路线和解决技术问题的方法，其形体则可以变化，而其设计所遵循的规律都有一个共同的基础。《庄子》一书所论"通于一而万事毕""异物同理"，正寓此意。

《齐物论》的要旨"是亦彼也，彼亦是也"；"彼出于是，是亦因彼"。《天地》甚至认为："万物一府，死生同状。"万物之间无论对立、差异，都有着内在的、有机的、不可分割的联系。如《德充符》所言，"自其异者视之，肝胆楚越也；自其同者视之，万物皆一也。"《庄子》的这些思想，是我们今天创新的思想源泉。

《庄子》在《则阳》中还提出了"合异以为同，散同以为异"的思想。《则阳》的全文是："合异以为同，散同以为异，今指马之百体而不得马，而马系于前者，立其百体而谓之马也。是故丘山积卑而为高，江河合水而为大。"从整体上来看，世间万物不可枚举，众必有异，然和而合之，则同者出焉，故曰：合异以为同，散同以为异。

《庄子》"不同同之""不齐齐之"的技术思想。犹如今天所说的"组合创造"，何其相似乃尔！十分恰当而巧妙地组合已有技术，正是科学技术创新之所在。近来时兴创造，创造有若干类型。在科学技术发展史上，继承与创造（creation）、创造技法（creative technique）与组合创造法（combinatorial creation）、集成（integration）与创新（invention），同等重要。而且，很有意义的是英文中微积分之"积分"，心理学之"整合"，皆可用 integration 表示之。就今日科学技术自身，倘若离继承而言创造，离继承而言创新，都是空谈。①

3. 不同同之、不齐齐之创新思想的杰作

创造(creation)与创新(invention)，将楚人的精神面貌赋以整体的形象。出土的大量楚系器物，观者可于同中观异，异中观同。其在设计上正是成功地打破了植物、动物的界限，其构形或从植物分割而来，或由动物分形而成，或其整体则是由动物和植物的组合；或跨越时间、跨越空间而构成和谐的整体。如此的分解与组合，如此的创新与变异，是"离形去知，同于大通"的杰作，楚人卓越的工艺产品设计是科学性和创造性的

---

① 张亚飞在《不同任务状态下组合创造法对创造性产出影响的实验研究》一文中，将组合创造法分为主体附加、同物组合、异物组合和重组组合，共计四类，论述如兹：

其一，主体附加，又称内插式组合，是指在原有的技术思想中补充新的内容，在原有的物质上增加新的附件以实现创造的方法。主体附加的指导思想是现存的任何事物都不可能是完美无瑕的，对事物的改进和完善便是创造。故主体附加法不要求对事物完全打破重造，亦不要求创造一个全新的事物，而只要求以目标物为主体，添加物为辅助，主次分明地进行功能和结构等方面地组合创造。最终的创造成果判断原则是：仍以原来事物为主体，但又在功能、性能等方面超过了原先水平。主体附加法的主体可以是某种现实的物质产品，也可以是某种技术思想。附加物的种类没有限制，可以是实物、思想，也可以针对性地创造，但其只能对主体做补充完善，或者进行新的发现(此为思维领域的附加)。主体附加是目前为数最多、涉及最广的创造，其创造性比较弱，但却是人人都能掌握的一把创造钥匙。

其二，同物组合，又称同物自组，是指将两个或两个以上的同一事物或相似事物进行组合以实现创造的方法。同物组合的指导思想是通过量的增加来弥补单件事物原来的功能或性能上的不足。同物组合的原本事物的原理和结构没有发生根本性的改变，是针对事物功能、性能和用途进行的创造，同时同物组合的组合成果往往有对称性或一致性趋向。同物组合应用的难点在于初学技法时的心理定式对掌握技法的阻碍，其实此法在生活中有很多成功的应用，同物组合堪称组合创造法中最难又最简单的子技法。

其三，异物组合，又叫异类组合，是指将两个或两个以上的不同事物进行组合以实现创造的方法。异物组合与同物组合在实施策略上恰恰相反，但是本质却是类似的。首先，异物组合和同物组合、主体附加一样可以是实物的结合，也可以是技术思想的组合，但异物组合和同物组合没有主次之分。其次，异物组合不是胡乱的组合，是利用规律，分析不同事物的某一方面、某一部分或某种要素并进行有目的的尝试结合。异物组合的关键是要大胆组合，细心分析，在自然界有一种海蛞蝓，它一半身体是动物，一半身体是植物，正是适应大自然生存发展的异物组合的绝佳代表。在当代社会信息实现全球化、物质产品极大丰富的背景下，异物求同的组合方法具有非常大的创造潜能。

其四，重组组合，与组合创造法的前三类有很大的区别，它是指将事物整体从某种层次上有目的地分解，改变内部结构要素，打破原先的组合办法重新组合成整体以产生新的事物或使原先事物产生新的功能性质的组合方法。

张亚飞的论文，对庄子之论，不着一字；但其研究结果表明：组合创造法对个体的创造性产出有显著影响。张亚飞认为："这种结果来源于两个方面，一是组合创造法本身的思维技巧，二是学习组合创造法给被试带来的自我效能感的提升。"可谓"天下何思何虑？天下同归而殊途，一致而百虑"，实大幸也。

统一,分中有合,合中见分,究其设计思想之源,乃如《庄子》所及“不同同之”“不齐齐之”。《庄子·齐物论》具阐分解与同合的创作思想,无疑是对楚国工艺产品设计思想、技术思想最为系统的总结。

楚国青铜文物,从无同铸一型之器,不见同冶一模之物。造型独具匠心,极尽千变万化之能事,曾侯乙墓出土青铜器群,当为周秦青铜之冠。曾侯乙编钟是战国早期曾国国君的一套大型礼乐重器,涵括了一些工程化的信息,代表了中国先秦礼乐文明与青铜器铸造技术的最高成就。至今,每件钟仍均能奏出呈三度音阶的双音,全套钟十二个半音齐备,可以旋宫转调。毋庸置疑,曾侯乙编钟是科学技术与音乐艺术相融合的典范,是融冶金、铸造、机械、加工、工艺美术等技术于一炉,合乐律、物理、声学、力学等理论于一体的最为复杂的系统工程,是庄子所述“不同同之”“不齐齐之”最为具象的体现。曾侯乙编钟群[①],如图 5.7 所示。

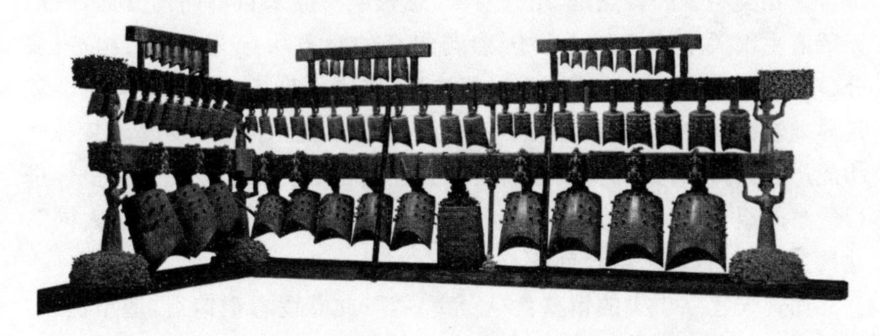

图 5.7 科技与艺术相融合的典范——曾侯乙编钟群

“不同同之”“不齐齐之”的设计思想,在曾侯乙墓出土的文物中,俱有体现,如鸳鸯形盒漆画“撞钟图”,是以两鸟(兽)为柱,横梁作两层,上梁为两鸟(兽)对立用口衔托,悬挂两件甬钟,下梁搁于鸟腿上,上悬二磬,旁边有一似人似鸟的乐师,拿着撞钟棒正在撞钟。更值得一提的是,鸳鸯盒本身并不大,但画师在其腹部两侧分别绘制了“击鼓舞蹈图”和“撞钟击罄图”,画面上舞师婀娜多姿,乐师神态自若,图中的人物与乐器,经过适当的变形处理,特征更为明显,装饰性更强。漆画其中之一的“撞钟图”[②],如图 5.8 所示。

在现代设计思想与设计方法的理论中,两种或两种以上不同领域的

---

① 湖北省博物馆:《曾侯乙墓(上)》,文物出版社 1989 年 7 月第 1 版,第 87-121 页。

② 湖北省博物馆、北京工艺美术研究所:《战国曾侯乙墓出土文物图案选》,长江文艺出版社 1984 年版,封一。

图 5.8 曾侯乙墓出土的鸳鸯形盒漆画“撞钟图”

思想的组合，两种或两种以上不同功能的物质产品的组合，称之为异类组合。异类组合的特点是，组合对象、思想或物品来自不同的方面，一般无所谓主次关系。组合过程中，参与组合的对象从意义、原理、构造、成分、功能等任一方式，或多方面互相渗透，整体化趋势显著。异类组合就是异类求同，因此创造性很强。为了解决某个技术问题，或设计某种多功能产品，将两种或两种以上的技术思想或物质产品的一部分或整体进行适当的组合，形成新的技术，或者设计出新的产品，使之“合乎大同”，这种技术创新，称之组合创新。

如曾侯乙墓出土的镇墓兽“鹿角立鹤”，此器锡青铜铸造，造型别致，是一件独具艺术风格的精品。[①] 鹤在古代被视为神鸟，鹤和鹿在古代又是长寿吉祥之象征，把鹿角插于鹤头，将两者集于一身，称为瑞鹤。鹤是卵生动物，鹿是哺乳动物，而“鹿角立鹤”鹤颈部分的造型，又是植物树干的造型，“鹿角立鹤”的设计者将这三者结合起来，构成器物的整体造型。曾侯乙墓出土的青铜“鹿角立鹤”，如图 5.9 所示。

即便是曾侯乙编钟下层甬钟斡部的设计与制作，古代工师，未尝苟且。甬钟斡部以兽为形，熊头蛇身，将哺乳动物的熊与爬行动物蛇、热血动物的熊与冷血动物的蛇结合起来，熊取其头，蛇取其身，惟妙惟肖，构成编钟悬挂机构的造型。曾侯乙墓出土的青铜甬钟斡部熊头蛇身的悬挂部件，如图 5.10 所示。

以曾侯乙墓出土文物为代表的楚系器物，集壮、美、奇于一身，令观

---

① 湖北省博物馆、北京工艺美术研究所:《战国曾侯乙墓出土文物图案选》，长江文艺出版社 1984 年版，第 72 页。

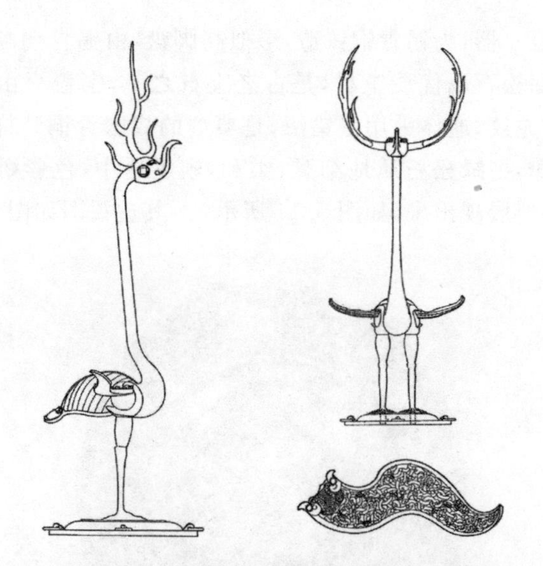

图 5.9 曾侯乙墓出土的青铜镇墓兽鹿角立鹤及鹤翼

图 5.10 曾侯乙墓出土的青铜甬钟斡部熊头蛇身的悬挂部件

者神往。“不同同之”“不齐齐之”的设计思想，还表现在不同材料的“同之”与“齐之”。如编钟的铭文与编磬的笱（横梁），采用错金；建鼓座的龙身与盖豆上镶嵌绿松石，盥缶上镶嵌红铜；还有一些器物，采用石灰质的填料。为了突出艺术形象，有的龙凰的眼珠，突出嵌一点填料，起到画龙点睛的作用，这大大增加了真实与生动感。

如铜盖豆一器，为锡青铜铸造，形似高脚盘，由锡青铜与绿松石两种材质构成。绿松石属优质玉材，是古老宝石之一，铜盖豆由绿松石镶嵌联凤纹、鸟首龙纹，通体采用嵌错法，是典型的战国青铜装饰工艺。铜盖豆的设计制作，把绿松石质地细腻、柔和，硬度适中，色彩娇艳柔媚的特点，淋漓尽致地展现出来，如图 5.11 所示[①]。其透视图如图 5.12 所示。[②]

图 5.11 曾侯乙墓出土的嵌有绿松石的铜盖豆

楚国器物中“不同同之”“不齐齐之”的作品，不胜枚举。如虎座凤架鼓造型丰富多彩，且出土数量甚多，为战国时代楚国的一种木鼓。楚式虎座飞鸟漆木器，以 2002 年出土于湖北省枣阳九连墩楚墓的虎座鸟架鼓，最具特色，其虎座鸟架鼓通高约 136 厘米，宽 134 厘米，两只背向踞坐的卧虎四肢屈伏于六蛇缠绕的长方形底座上，虎背上各立一只长腿昂首、引吭高歌的凤鸟。在背向而立的鸣凤中间，一面大鼓悬于凤冠之下，两只小虎后足蹬踏凤鸟背脊，前足上托鼓框。该器物通体髹黑漆，饰有红、黄、银白多色彩绘，稳重的虎座与飞扬的凤架彰显了楚文化的浪漫与神奇。

而出土于江陵望山 1 号楚墓的虎座凤架鼓，器形造型之奇，观之一股跃动之感扑面而来。而精致的鼓身，显然是楚人含蓄的创作；体悟着

① 湖北省博物馆、北京工艺美术研究所：《战国曾侯乙墓出土文物图案选》，长江文艺出版社 1984 年版，第 15-59 页、第 87-89 页。

② 湖北省博物馆：《曾侯乙墓(上)》，文物出版社 1989 年 7 月第 1 版，第 212 页。

图 5.12 曾侯乙墓出土的嵌有绿松石的铜盖豆透视图

蒙皮的木鼓声，其中自有生机勃勃之感。在几千年以后，人们仍能感受到当年楚地的神秘和诡奇而肃然起敬。出土于江陵望山 1 号楚墓的双虎座双凤架悬鼓，如图 5.13 所示。

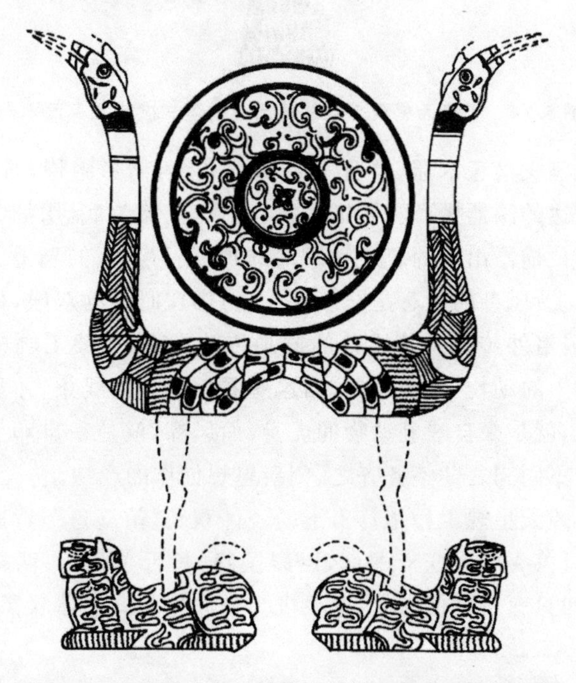

图 5.13 江陵望山 1 号楚墓出土的双虎座双凤架悬鼓

虎座凤架鼓，虽然是模拟虎纹形态的独创变形，但不能不说它就是来自虎身；而褐色的凤鸟嘴巴，依靠绘画，表现了足够的坚硬质感。楚人尚凤，凤颈项上的圈圈装饰、翅膀上照直描绘的象征羽毛的隐隐花纹，都极具精妙之味。颇具动态的卧虎、有着修长美妙双腿的凤鸟，虽形神各异，但俏丽优雅，形态都极为生动。江陵天星观 1 号楚墓出土的楚式虎座飞鸟漆木器[①]，如图 5.14 所示。

图 5.14 江陵天星观 1 号楚墓出土的楚式虎座飞鸟漆木器

楚式虎座飞鸟漆木器，器身上生动的彩绘，精彩绝艳，难有相匹，证明了楚地发达的漆器生产和髹饰工艺。它以黑漆为底，用红、黄、蓝等色在不同的部位描绘出虎的斑纹和凤鸟的喙、眼与身上的羽毛。卧虎的气质是昂然向上；凤鸟的状态是跃然欲飞，仿佛在眨动的双眼，似乎随时摇动的脖颈，俱格外传神。其线条的描画传神有力，靠漆工画师的妙手流传后世。器中的动物（卧虎飞鸟）因这些看似平淡的线条，才显得如此生动。其虎座，就是来自哺乳动物的虎身，而凤嘴，就是来自卵生动物的凤鸟，是应用“不同同之”“不齐齐之”创新思想创作的产物。

又如江陵天星观 1 号楚墓出土的一件双头“镇墓兽”，背向的双头曲颈相连，两只兽头雕成变形龙面，巨眼圆睁，长舌至颈部；两头各插一对巨型鹿角，四只鹿角枝桠横生，意象极为奇异生动。通体髹黑漆后，又以

① 湖北省荆州地区博物馆：《江陵天星观 1 号楚墓》，《考古学报》1982 年第 1 期，第 103 页。

红、黄、金色绘兽面纹、勾连云纹。方座浮雕出一些几何形方块并饰菱形纹、云纹、兽面纹。虬曲盘错的巨大鹿角、对称兽体和稳重的方形底座构成了一个神秘的氛围，其创作思想与设计方法，与虎座凤架鼓等器，如出一辙。双头“镇墓兽”[①]，如图 5.15 所示。

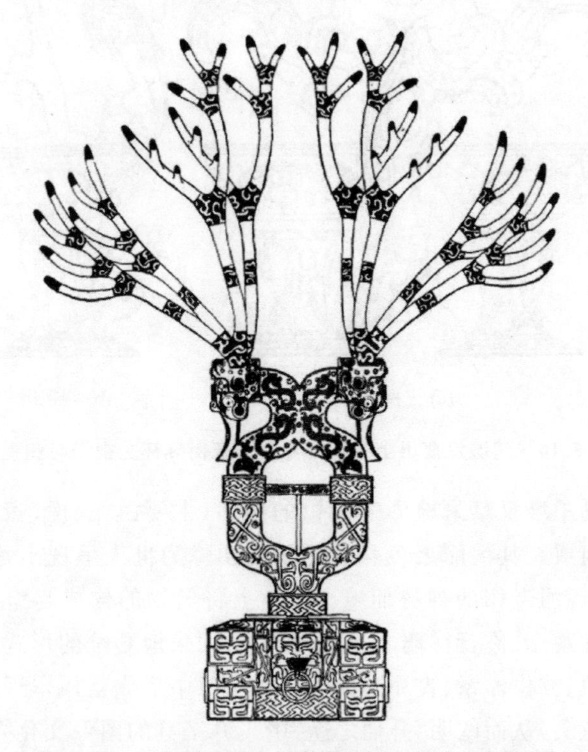

图 5.15　江陵天星观 1 号楚墓出土的双头“镇墓兽”

毫无疑问，庄子“道通为一”“不同同之”“不齐齐之”的思想，对于进行组合创造来说是取之不尽、用之不竭的文化源泉。如 1968 年满城汉墓出土的青铜鎏金朱雀衔环杯，其设计思想盖源于斯。汉青铜鎏金朱雀衔环杯，高 11.2 厘米、宽 9.5 厘米，造型优美别致，通体错金，并镶嵌绿松石，其器形为朱雀衔环站在两高足杯之间的兽脊上，朱雀嘴里含着的玉环可以转动，其设计乃庄子“不同同之”“不齐齐之”思想之余绪。满城青铜鎏金朱雀衔环杯，[②]如图 5.16 所示。

---

① 湖北省荆州地区博物馆：《江陵天星观 1 号楚墓》，《考古学报》1982 年第 1 期，第 104 页。

② 郑绍宗：《满城汉墓》，文物出版社 2003 年 4 月第 1 版，第 267 页。

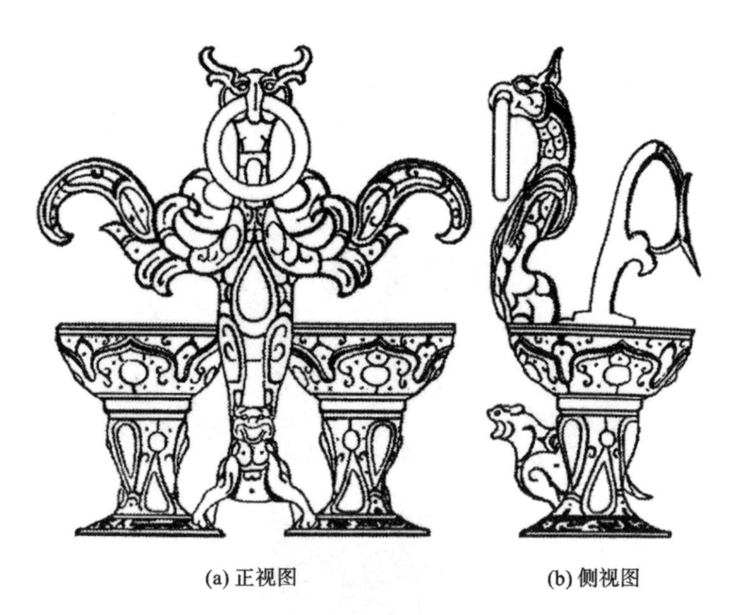

图 5.16 满城汉墓出土的青铜鎏金朱雀衔环杯主视图与侧视图

长沙马王堆汉墓朱地彩绘漆棺的各面，主要由龙、虎、雀、鹿、仙人、山和云气组成。其绚丽之色彩和迷幻之图像为世人呈现出楚文化中独具特色的、瑰丽奇伟的神秘仙境。漆棺上将灵物的构成与组配，把灵物选取与四神观念、流行祥瑞之间的关系，采用朱地彩绘的形式表现出来；四神的天象、方位体系、丧葬升仙体系在图像中形成整体，显示了灵物图像的文化意义，从而阐明"升仙之途"中飞升工具的图像文化力量。朱地彩绘漆棺的设计思想将庄子"不同同之""不齐齐之"的思想发挥到淋漓尽致。马王堆汉墓出土漆棺的灵物组合图像[①]，如图 5.17 所示。

图 5.17 长沙马王堆汉墓出土漆棺的灵物组合图像

① 张启彬：《马王堆汉墓漆棺为例考察灵物图像的来源与文化》，湖北省社会科学院组编：《楚学论丛》第五辑，2016 年 6 月，第 331-342 页。

任何产品设计的演化与进步都是基于两种或两种以上的思想或物质的组合。要实现思想上或物质上的组合，任何一种技术思想和物质产品，最初都需要在设计思想上开拓进取，改变对现有事物的看法，标新立异产生新的概念，打破时间和空间的局限，通过自身了解和调整后，达到新的统一，才能构筑产品的实体结构。“道通为一”“不同同之”“不齐齐之”，是把个体的“分”与整体的“合”有机地结合起来，达到有分有合的境界，这是庄子技术思想的基础。科学是逻辑的，是人人必须恪守的，艺术是创造的，需要想象，则兼而有之。“道通为一”是科学性与创造性有机结合的产物，从“以道观分”到“不同同之”“不齐齐之”，是发明与革新，即技术发展的动力，更是启发人们透过有限渗入无限，使有限与无限相融合，从而把人们的创造性释放出来。

一读《庄子》，人们可以强烈地感受到，其字字句句，都强调人的主观意志对创造性思维活动的重要性，这就是《山木》篇里所指出的“与时俱化”“物物而不物于物”，唯有与时俱进，不为外物所物，人们才能在有限的时空之中，追求无限的“天工人其代之”的目标，才能更好地发挥人的创造能力。“乘天地之正，而御六气之辩，以游无穷。”科学技术的创新工作，特别是与国计民生息息相关的科学技术和工程设计工作是一项社会性、技术性、思维性、方法性极强的创造性工作，缺乏思想的指导而仅有微观的方法是绝对不能进行创新与设计的。本书对《庄子》所做的研究表明：《庄子》一书概括了先秦时期科学技术发展的水平，无论是从“道艺合一”到“道通为一”，还是对机械制造生产专业分工以及有关古代测量与加工工具的记载，都代表了《庄子》对科学技术的态度。

《庄子》的自然之道，尽管其本身不能直接解决科技方面的具体问题，但它的思想却向人们展现了一条探索人工巧夺天工的道路。学习和领会《庄子》的思想，人们便有了一把开启心灵之门的金钥匙，这对于今天的科学技术工作者和工程设计人员树立创新意识，仍具有指导意义。

4. 红铜纹饰从“镶嵌法”到“铸镶法”的技术创新

中国古代铜器表面装饰技艺，从新石器时代的齐家文化起至明清，跨越逾四千年，创造出丰富多彩的装饰技艺、繁花似锦的铜艺术品。展现了从发明到传承，再走向创新之路的历程，[①]也是“不同同之”“不齐齐

---

① 谭德睿：《中国古代铜器表面装饰技艺概览》，《文物鉴定与鉴赏》2010年第3期，第72-77页。

之”的技术思想的重要成果。

任何创新，都是以现有的知识和物质、在特定的环境中改进或创造新的事物，并能获得一定有益效果的行为。技术创新也是如此。技术创新是指把一种从来没有过的关于生产技术要素的“新组合”引入生产技术体系。就青铜器嵌镶红铜纹饰来说，早自商代便已出现。至春秋战国时期，镶嵌红铜工艺使青铜器的纹饰更加华丽生动、创意奇妙，表现了“百家争鸣”时代，人的智慧得到了空前的解放，开启了青铜艺术在工艺、种类、纹饰等方面的技术创新。

运用考古类型学的方法分析其器物类型，发现镶嵌红铜的青铜器以壶、豆、缶、鼎、盥缶等为主，纹饰以动物纹及表现社会场景的纹样为主。镶嵌红铜纹饰的工艺美术特征是活泼、灵动、夸张、充满想象力，因而具有重要的工艺造型与艺术价值，历来为国内外学者所重视。

1978 年，湖北随县擂鼓墩曾侯乙墓出土大批文物，总重达十吨的青铜器件，为学术界研究先秦时期科学技术史提供了极为珍贵的实物资料。数量之多、体形之大，有力地证明了战国早期青铜冶铸业所达到的巨大生产能力，而且复杂的器形、繁美的纹饰，不仅充分反映了中国古代匠师的高超技术水平，也为多学科协作攻关、复制曾侯乙编钟的研究，解开青铜铸造史上这一重大生产技术工艺之谜提供了机会。

曾侯乙墓镶嵌红铜的盥缶、盘、鼎、大型甬钟等，是战国早期这类器物红铜纹饰从“镶嵌法”到“铸镶法”技术创新的代表作，如青铜提樑鼎肩、腹部和足部，在黄橙色的青铜基底上镶有红铜纹饰，极尽华美珍贵之姿。曾侯乙墓出土的红铜镶嵌工艺青铜提樑鼎[①]，如图 5.18 所示。

红铜花纹的这一形成方法和镶嵌绿松石、玉石有本质的不同，铸造生产这种纹饰的工艺，被学者们称之为青铜器红铜镶嵌工艺，它是将锡青铜（CuSn 以锡为主要合金元素的青铜。含锡量一般 3%～14%，此外还常常加入磷、锌、铅等元素）与红铜（红铜即纯铜，又名紫铜，就是铜单质，因其颜色为紫红色而得名。Cu 含量≥99.95%）这两种金属材质“不同同之”“不齐齐之”。由于其优美的纹饰、强烈的色彩对比，正符合“国之大事，在祀与戎”的目标，故在春秋战国时期占有重要地位，盛行一时。

中国青铜纹饰嵌镶技术已有三千多年的历史，但镶嵌红铜的青铜器

---

① 湖北省博物馆、北京工艺美术研究所：《战国曾侯乙墓出土文物图案选》，长江文艺出版社 1984 年版，第 42 页。

图 5.18 曾侯乙墓出土的红铜镶嵌工艺青铜提梁鼎

作为东周镶嵌工艺的杰出代表，其工艺方法在史籍中却没有找到具体的记载；对其兴起的社会文化因素，更缺乏深入的研究，其制作技术尚存在一些未解决的问题。过去学者们一般认为这类纹饰是用红铜锤成薄片或长条，然后镶入预铸的纹槽之中，煅压锤打成形，[①]可是，这种论点从未经过科学的鉴别与论证，长期以来成为悬案。显然，必须首先确定红铜纹饰究竟是锻打成形的还是铸态的，然后才能进一步研究其工艺方法，这正是人们所要讨论的主要问题。

曾侯乙墓出土的青铜盥缶的剖面图及其红铜纹饰[②]，如图 5.19 所示。

曾侯乙墓出土的青铜盥缶的红铜纹饰纹样[③]，如图 5.20 所示。

贾云福、胡才彬等人有关对古代青铜器红铜嵌镶工艺的研究，选择了曾侯乙墓出土的中室 188 号青铜盥缶，并在腹部花纹残损处取下少许试样，同时取样于曾侯乙编钟大型甬钟的甬部花纹。

其一，红铜纹饰的铸态证据。

确定红铜纹饰究竟是锻打成形的还是铸态的，纹饰的表面状态十分

① 谭德睿、廉海萍：《中国传统铸造技术掇英》，《铸造》2010 年第 59 卷第 12 期，第 1256-1266 页。

② 湖北省博物馆：《曾侯乙墓（上）》，文物出版社 1989 年 7 月第 1 版，第 239 页。

③ 湖北省博物馆、北京工艺美术研究所：《战国曾侯乙墓出土文物图案选》，长江文艺出版社 1984 年版，第 60 页。

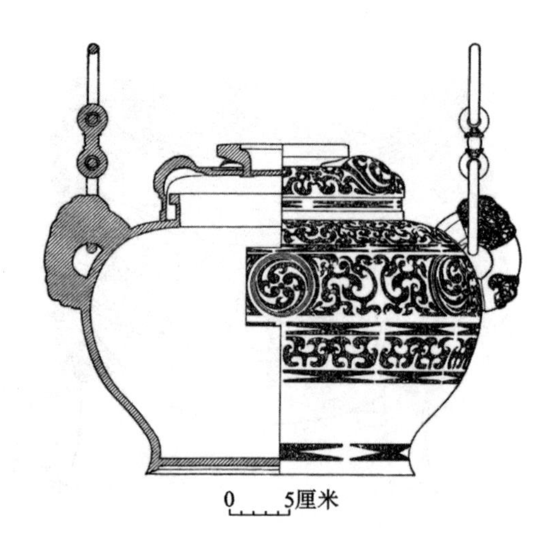

图 5.19 曾侯乙墓出土的青铜盥缶的剖面图及其红铜纹饰

图 5.20 曾侯乙墓出土的青铜盥缶的红铜纹饰纹样

重要。

贾云福、胡才彬等人在考察曾侯乙盥缶腹部残损的红铜花纹底时，首先，他们发现有铜豆（小铜粒）存在，这是铸件铸态的重要标志。因为，产生铜豆，一般情况是铜液过热，浇注温度偏低，加之铸模较潮湿以及浇注不当等原因所致。姑且不深入探讨成豆之原因，单就铜豆（小铜粒）现象的出现，亦可作为铸造浇注一次成形的旁证。其次，在许多红铜嵌镶的纹饰中，如曾侯乙大甬钟的甬部花纹，都有明显的铸造痕迹，表面粗糙并有氧化夹杂。红铜的氧化和吸气倾向较大，在熔炼和浇入铸模的过程中容易被氧化而造成氧化夹杂，在打磨不彻底时，便留下类似渣层的夹杂物。除此而外，角部花纹的表面还分布有许多气孔，其形状有圆形、椭圆形及不规则形状，但并没有发现这些孔洞循一定方向被拉长的痕迹。因此这两件青铜器纹饰的表面状态，可以视为铸态的旁证。

其二，显微组织为铸态的证据。

判断红铜纹饰是铸态或是受外力作用而形成的，其更为科学可靠的方法是研究其显微组织的形态。从曾侯乙墓出土的青铜盥缶和大型甬钟的甬部花纹金相图中，可以明显看出，两者均有较多的铸造缩松缺陷，另外这些缩松又多分布在晶间。即使用肉眼也可以在取样的截面上看到许多孔洞。因为纯洞的体收缩率较大，在凝固阶段一般为4.5%，纹饰截面较小加之铸模预热温度较高，凝固期之温度梯度不大，基本上是同时凝固，难以补缩，故而易造成较多孔洞，这些孔洞又多以晶间缩松的特征出现。这些缩松的几何形状类似“孤岛”，分布无方向性。如果此纹饰是受外力形成和压入，那么，这些“孤岛”状的孔洞必然要循受力方向而拉长，小者趋于焊合，大者拉成条褥会有明显的排列方向。显然这些现象都不存在。因此，所有特征均显示其显微组织为铸态。

其三，曾侯乙墓出土的青铜器物红铜的相结构。

贾云福、胡才彬等人研究的古代红铜，取自曾侯乙墓青铜器物，对所取曾侯乙墓青铜器物红铜进一步做金相组织的分析，很有必要。青铜盥缶和甬钟红铜纹饰未经浸蚀的显微组织，如图5.21、图5.22所示。

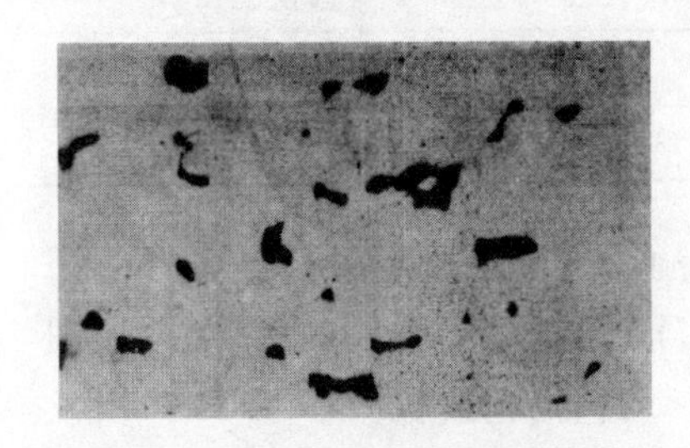

图5.21　曾侯乙盥缶红铜纹饰组织
（×100，未浸蚀）

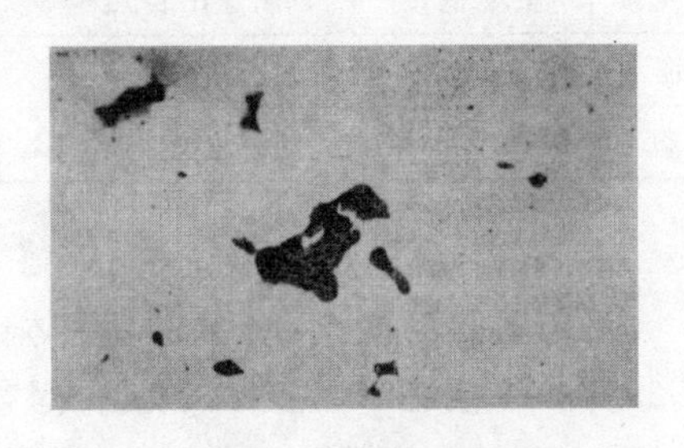

图5.22　曾侯乙甬钟甬部红铜纹饰组织
（×100，未浸蚀）

图5.21及图5.22中小的灰点（圆形颗粒），在显微镜的明场下观察均呈淡天蓝色，于偏光下观察呈鲜红色，可知这些小圆粒为氧化铜夹杂（Cu_2O）。铸态下的纯铜组织（×100，过硫酸氨浸蚀），如图5.23所示。

盥缶红铜纹饰组织(×200,双氧水氨水溶液浸蚀)[①],如图 5.24 所示。

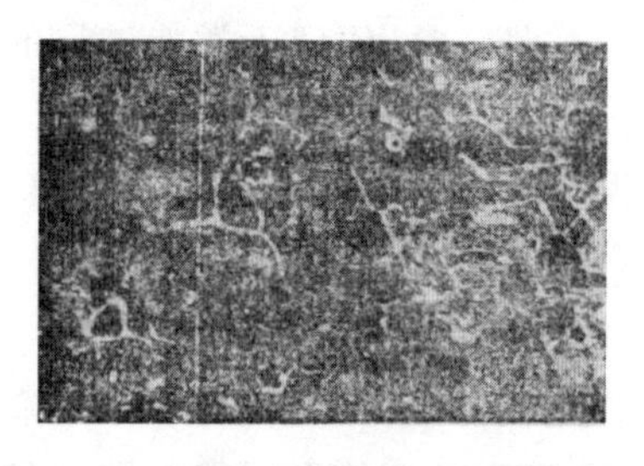

图 5.23 曾侯乙文物铸态下的纯铜组织
(×100,过硫酸氨浸蚀)

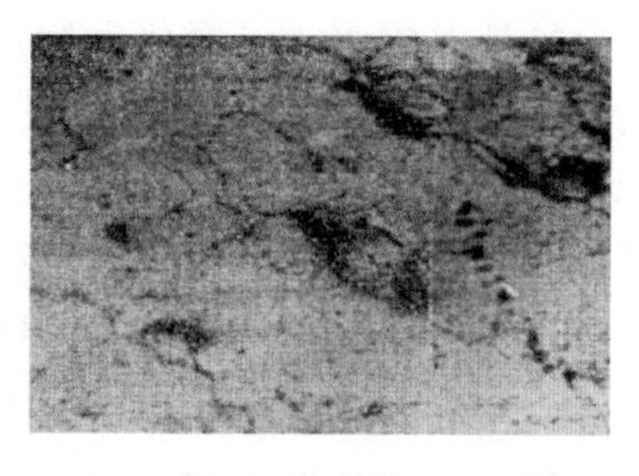

图 5.24 曾侯乙盥缶红铜纹饰组织
(×200,双氧水氨水溶液浸蚀)

图 5.23 为铸态下的纯铜组织,基体是等轴晶的 α 固溶体,其中一些黑色的小圆颗粒为氧化铜(Cu_2O)夹杂物。经双氧水氨水溶液浸蚀后,图 5.24 中大的黑色块状是铸造缩松,较大一点的黑色圆颗粒是氧化铜;此外尚有呈网状分布的一些小灰点,这些小灰点初步确定为铜铋(Cu-Bi)。共晶体中含铋(Bi)的根据如下。

第一,含铋(Bi)的根据之一:矿源带进的杂质。

微量元素的含量分析结果表明铋是矿源带进的杂质。曾侯乙墓位于湖北,毗邻安徽,对湖北铜绿山铜矿、安徽贵池出土的春秋时期的铜锭及曾侯乙墓青铜器物的光谱分析,均发现有铋(Bi)元素,如表 5.5 所示。因此红铜纹饰中含有铋(Bi)是完全可能的。

表 5.5 铋元素含量

元素	贵池铜锭	铜绿山自然铜	曾侯乙冰鉴	曾侯乙甬钟
铋 Bi	0.01%	0.001%	0.01%	0.015%
硫 S	无	无	无	无

第二,含铋(Bi)的根据之二:铜铋平衡图分析的结果。

铋在固态下能与铜形成共晶体。根据铜铋(Cu-Bi)平衡图,如图 5.25所示,[②]液态时两者可以互溶,固态下则各自分离。在 270.3°C 时发生铜铋(Cu-Bi)共晶转变,形成共晶体,铋(Bi)呈薄膜状分布在晶界上。由图 5.22 可以看出,小灰点的铋(Bi)是呈网状分布在晶界上,基体为 α

① 贾云福、胡才彬等:《曾侯乙红铜纹铸镶法的研究》,《江汉考古》1981 年第 1 期,第 57-66 页。

② 第一机械工业部机械科学研究院材料研究所:《金相图谱(下册)》,机械工业出版社 1964 年版。

固溶体,铋(Bi)与铜(Cu)只有形成共晶体时一般在显微镜的明场下才呈灰色。

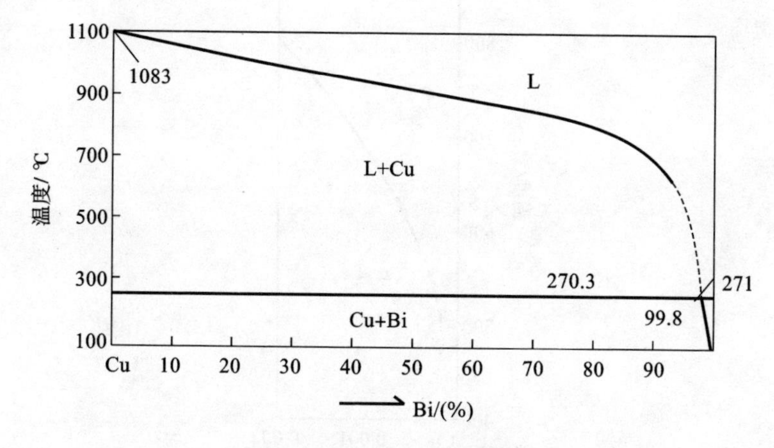

图 5.25 Cu-Bi 二元平衡图

除铋(Bi)外只有硫能与纯铜形成共晶体①。如图 5.26 所示,液态时两相互溶,固态时硫在铜中的溶解度将随着温度的下降而变小。多余的硫形成 Cu_2S,此化合物与 α 固溶体形成($\alpha+Cu_2S$)共晶体。若是发生 S-Cu共晶转变,则是另一种与图 5.25 及图 5.26 显示的完全不同的组织②。再者对各项做光谱分析时均未见硫的痕迹(见表 5.5)。故目前认为此红铜在结晶时发生了铜铋(Cu-Bi)共晶转变,在其中形成了铜铋(Cu-Bi)共晶体。

通过显微组织及其模拟实验,所取之古代红铜的金相结构进行的显微组织分析结果表明:从微量元素的含量、共晶体结构的特征,初步认为此红铜的组成是基体为 α 固溶体,呈网状分布,灰点为铜铋(Cu-Bi)共晶体中之铋(Bi)。此外尚有氧化铜 Cu_2O 夹杂及"孤岛"状缩松。

从纹饰的表面状态、宏观及微观孔洞的形状和排列、晶形的特征及模拟实验的数据,可以断定:曾侯乙墓出土的青铜盥缶红铜纹饰,为铸态,即以铸造的方法一次浇注成型。

贾云福、胡才彬等人这一研究工作否定了镶嵌法煅打锤压成形的制作工艺,是对古代青铜器红铜嵌镶研究的重要发现。

---

① 北京钢铁学院金相教研室:《金属学》,中国工业出版社 1962 年版。

② 第一机械工业部机械科学研究院材料研究所:《金相图谱(下册)》,机械工业出版社 1964 年版。

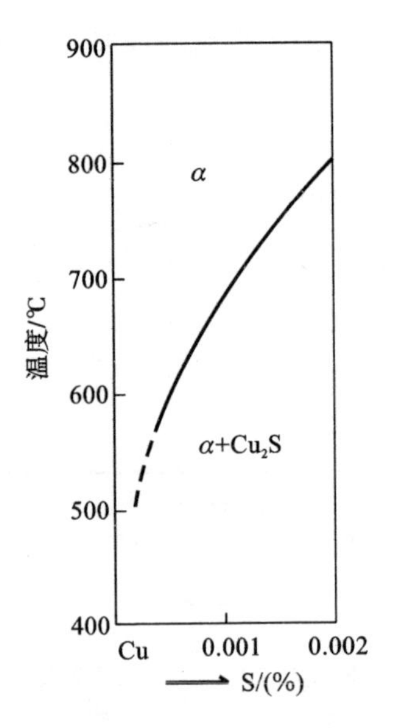

图 5.26 S-Cu 二元平衡图

第三，青铜器纹饰“铸镶法”的成形工艺。

技术在某种程度上是来自此前已有技术的新组合。贾云福、胡才彬等人将青铜器红铜嵌镶工艺称为“铸镶法”；同时，他们还对如何实现铸造纹饰的工艺，提出了初步的程序步骤。青铜器纹饰“铸镶法”的形成工艺是：先铸出成型的红铜纹饰，经整磨之后，嵌入型内，然后合模浇注，即可一次铸成，[①]如图 5.27 所示。

图 5.27 青铜器纹饰“铸镶法”的形成工艺程序图

技术创新是一个从创新思想的形成到创新成果被广泛应用的全过程。青铜器纹饰“铸镶法”，就是古代匠师按照一定的技术原理或功能目的，将镶嵌工艺中红铜的制作技术与铸造生产技术这两种独立的技术因素巧妙地结合、重组，从而获得具有统一整体功能的“铸镶法”这一新的技术。通过组合发明的“铸镶法”新技术，产生了原技术没有的新功能，或导致了产品质量的提高，汉人有“宝鼎见兮色纷组”“焕其炳兮被龙文”

① 贾云福、胡才彬：《对古代青铜器红铜嵌镶的研究》，《武汉工学院学报》1980 年第 1 期，第 27-34 页。

之句，绝非虚言。

任何技术没有创新就没有发展，中国青铜纹饰制造技术已有三千多年的历史，从青铜嵌镶工艺到红铜“铸镶法”，是中国青铜纹饰工艺的一次重大创新，更是“不同同之”“不齐齐之”技术思想激发的成果。任何技术的发展，都是从技术的发明到工艺的继承，再走向创新。其继承与创新，相辅相成，没有继承，创新无从谈起；没有创新，技术就不能发展。青铜器表面纹饰制作工艺的继承和创新，见证了古代技术创新之路。

二、庄子论天工与人工

任何工程技术、机械器物等，都是人工制作的结果。人工是指把自然之物变成物质财富所需要的创造性思维和人工技巧；而天工是指与人工相对的自然力，意指自然界形成万物的工巧和法规。道家标举自然之美，《庄子》做了详尽的发挥，在《庚桑楚》中，庄子特别强调了“圣人工乎天而拙乎人”，郭象释此：“任其自然，天也。有心为之，人也。”深明庄旨大意。拙人工而贵天工，顺应自然而拙于人为，正是庄子技术思想的出发点。

（一）人工拙于天工

人工拙于天工，即如《庄子·知北游》所云：“天地有大美而不言。”大美者，显美也，其美自显，何事于言，这是庄子对天工的赞美。只有天工，才能达到《庄子·天道》所说的“覆载天地，刻雕众形而不为巧”的境地。所以《庄子·达生》中坚持要“不开人之天，而开天之天”。郭象认为：开人之天与开天之天有根本的不同，他认为：“不虑而知，开天者也，知而后虑，开人者也。然则开天者，性之动，天人者，智之用也。”用“性之动”和“智之用”来解释“开人之天”与“开天之天”，抓住了问题的实质。同时，郭象的注解也是对“天工”与“人工”的最好解释。

（二）人工应当巧夺天工

《庄子》对“天工”与“人工”十分重视，“伟哉造化”的感叹就是他对“天工”与“人工”的赞美。诚然，庄子认为人工拙于天工，把天工提到应有的高度，但他同时认为，人工应当巧夺天工，这才是庄子所追求的目标。怎样达到人工巧夺天工这种境界呢？《庄子》思想的出发点是天人相合，任其自化，如《山木》所云：“既雕既琢，复归于朴。”

在《庄子·大宗师》中，庄子对人工和天工作了生动的论述。他用形象的语言论述："今之大冶铸金，金踊跃曰'我且必为镆邪！'大冶必以为不祥之金，今一犯人之形而曰'人耳人耳！'夫造化者必以为不祥之人。今一以天地为大炉，以造化为大冶，恶乎往而不可哉。"

大冶，冶工之长；铸金，即铸铜为器；镆邪，即莫邪，吴王阖闾之剑名，"我且必为镆邪"者，言必当为宝剑，不甘于凡器。"以为不祥之金"，祥：通详，细密，周全之意。《史记·太史公自序》有"尝观阴阳之术，大祥而众忌讳"。"一犯人之形"而尝一为人也。"人耳，人耳"者，言惟为人则已，不甘于他类。庄子认为，人之为物，本同一体，贵人贱物，恰成偏见。所以造化以为不祥之人。郭象注："人耳人耳，惟愿为人也，亦犹金之踊跃。世皆知金不祥，而不能任其自化，大变化之道，靡所不遇，今一遇人形，岂故为哉！生非故为，时自生耳，务而有之，不亦忘乎。"成玄英疏："祥，善也；犯，遇也；镆邪，古之良剑名也。昔吴人干将为吴王造剑，夫妻名镆邪，因名雄剑，曰干将，雌剑，曰镆铘。夫洪炉大冶，熔铸金铁，随器大小，悉皆为之，而炉中之金，忽然跳跃，殷勤致请，愿为良剑，匠者惊嗟，用为不善良，亦犹自然。大冶雕刻众形，鸟、兽、鱼、虫种种，皆作偶尔。为人遂即欣爱郑重，启请愿更为人，而造化之中，用为妖孽也。"

《庄子》强调"自然"的重要性，任其自然，任其自化，是人工巧夺天工的基础，无论是铸"金"为剑的"金"，还是范"形"为人的形，若其自以为"必为镆邪""人耳人耳"，异于众物，离于自然，则造化亦必以为"不祥之金""不祥之人"。唯有"安时""处顺"，才能达到巧夺天工的目标。而要达到这种境界也只有"以天地为大炉，以造化为大冶"才能恶乎往而不可哉。

以天地为炉、以造化为师，才能达到巧夺天工的思想，在《庄子》一书之中，多处论此，如《则阳》所云：

> 圣人达绸缪，周尽一体矣，而不知其然，性也。复命摇作而以天为师，人则从而命之也。忧乎知而所得恒无几时，其有止也，若之何！

达者，通也，惟通乎此，通达事理，所以能"周尽一体"。"周尽一体"者视万物为一体，而无有不到之意也。《天下》有"以天为宗"，即《则阳》"以天为师"，曰师曰宗，其意相同，命之则即"大宗师"。《庄子》中的论述，指明了创造性的智力活动，特别是工程技术设计应遵循的方向。

1978 年夏，曾侯乙墓出土青铜器——镂空青铜尊盘，是春秋战国之际青铜器中的精品，是人工巧夺天工的代表之作，出土时尊置盘内，浑然成一体。尊的口沿饰玲藻剔透的蟠螭透空花纹，这种花纹又分上下高低两层，形似一朵朵云彩。尊的颈部附饰四只兽，皆由透空的蟠螭纹构成兽身，作攀附上爬状，返顾吐长舌。在四兽之间的器身上，即尊的颈部，饰四瓣蕉叶，蕉叶向上舒展，与器颈往上微张的弧线相适应，显得柔和而协调。尊腹及圈足部位，在浅浮雕及镂空的蟠螭纹上，各加饰四条高浮雕的虬龙，从而突破了春秋时期饰满蟠螭纹的铜器所常有的僵滞、繁缛的格调，取得了层次丰富、主次分明的装饰效果。与铜尊同时出土的铜盘，具有相同的艺术风格。事实上，这种镂空装饰，在春秋以前很少见，这是较前期作品的一个长足进步。其玲珑剔透，宛若丝瓜瓤子，举世无匹，乃至“见者惊犹鬼神”，其整体设计、造型工艺臻于青铜铸造技术之极限。

曾侯乙墓出土青铜尊盘主视图与俯视图以及青铜盘的透视线描图①②，如图 5.28、图 5.29 所示。

(三)“灭天”和“助天”

要达到人工巧夺天工的目标，庄子认为有两条根本的原则必须遵循，这就是《庄子·秋水》篇所提出的“无以人灭天”以及《大宗师》篇里提出的“不以人助天”。

1. 无以人灭天

《秋水》篇云：“何谓天，何谓人？”《庄子》借北海若之口，具阐“天人之行”，庄子的回答是：“牛马四足，是谓天。落马首，穿牛鼻，是谓人。”王先谦注：落同络。郭象注：“人之生也，可不服牛乘马乎，服牛乘马可不穿落之乎。牛马不辞穿落者，天命之固当也。苟当乎天命，则虽寄之人事而本在乎天也。”成玄英疏此：“夫牛马禀于天，自然有四脚，非关人事，故谓之天。羁勒马头，贯穿牛鼻，出自人意，故谓之人。然牛鼻可穿，马首可络，不知其尔，莫辨所由，事虽寄乎人，情理终归乎造物，欲显天人之一道，故迁牛马之二兽也。”

牛马可用而不可灭，庄子的观点是：“无以人灭天，无以故灭命，无以得殉名，谨守而勿失，是谓反其真。”“无以人灭天”，就是不要人为地去毁

---

① 湖北省博物馆：《曾侯乙墓(上)》，文物出版社 1989 年 7 月第 1 版，第 228 页。

② 湖北省博物馆、北京工艺美术研究所：《战国曾侯乙墓出土文物图案选》，长江文艺出版社 1984 年 9 月第 1 版，第 53 页。

主视图

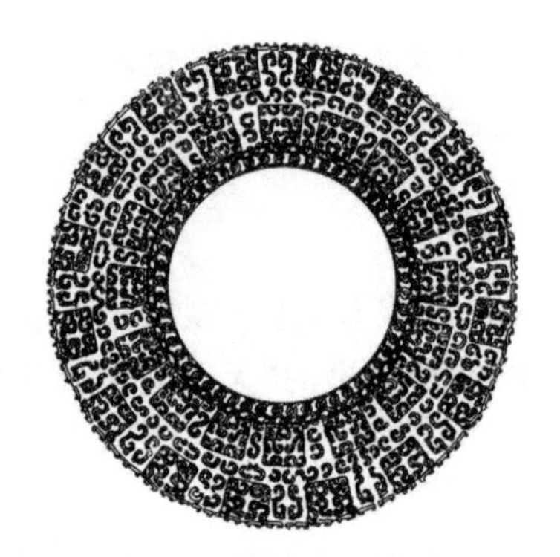

俯视图

图 5.28 人工巧夺天工的代表之作——曾侯乙墓出土尊盘的主视图与俯视图

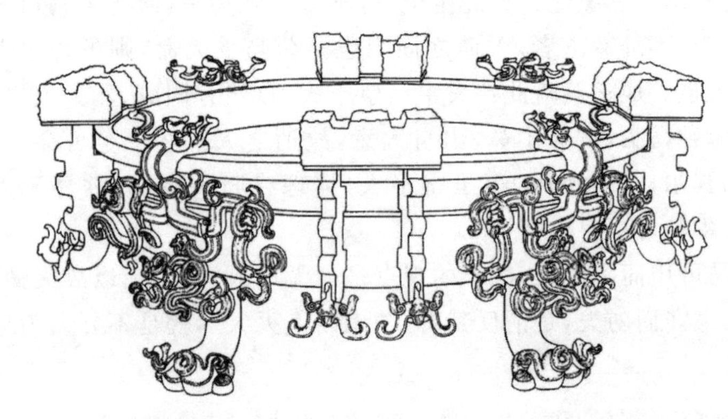

图 5.29 人工巧夺天工的代表之作——曾侯乙墓出土青铜尊盘的透视线描图

灭自然，不要用有意的作为去毁灭自然的禀性。

对穿牛络马而言，郭象注此云："穿落之可也，若乃走作过分驱步失节，则天理灭矣。"成玄英疏此："夫因自然而加人事，则羁络之可也。若乃穿马络牛，乖于造化，可谓逐人情之矫伪，灭天理之自然。"更明庄意成玄英疏以服牛乘马为例，说明穿牛络马，顺乎自然，而穿马络牛，就违背自然，就是以人灭天。

庄子的思想除"无以人灭天"之外，还有"不因其自为而故为之"，若"以人情世故，毁灭天理，危亡旦夕"。若"以有限之得，殉无涯之名，则天理灭而性命丧矣"。"真性分之内"，"察之自然，各有其分，唯当谨固守持，不逐于物，得于分内，而不丧于道者，谓返本还源，复于真性"等意。总之，"勿以人事毁天然，勿以造作伤性命，勿以有限之得殉无穷之名"。

2. 不以人助天

《大宗师》篇提出："不以心捐道，不以人助天。"捐：弃也，弃而忘矣。郭象注，捐疑背之误。捐道，即背道。"不以心捐道"就是不以心智去损害大道，不背离大道。《秋水》篇云："知道者必达于理，达于理者必明于权，明于权者不以物害己。"用现在的话来说，就是要立足于自然发展的规律，通达事理，乘变应权，变通趋时，役物而不役于物。助，《说文》："左也。"段玉裁注："左，今之佐字。"左，《说文》："手相左也。"《孟子・公孙丑上》以"宋人有闵，其苗之不长而揠"，说明"助之长者"，"非徒无益，而又害之"的道理。以人助天，就是揠苗助长。郭象注："物之感人无穷，人之逐欲无节，则天理灭矣。""用心则背道助天，则伤生，故不为也。"成玄英疏亦阐庄子之意，在"捐弃虚通之道，亦不用人情分别，添助自然之分"。《骈拇》亦有所言："凫颈虽短，续之则忧；鹤颈虽长，断之则悲。"万物自己如此，各适其性，便是最佳。

（四）"相天"和"合天"

"不以人助天"的肯定式说法是："反以相天""以天合天"。

1. 反以相天

"反以相天"，见《庄子・达生》："夫形全精复，与天为一。天地者，万物之父母也，合则成体，散则成始，形精不亏，是谓能移。精而又精，反以相天。"相，《说文》："省视也。"段注："省视，谓察视也。""反以相天"，如郭象注，即"还辅其自然"。成玄英疏："反本还元，辅于自然之道。""相天"，犹《老子・第六十四章》所云"以辅万物之自然，而不敢为"，是人力按自然如此的发展和规律以至最终归于"天为"。恰如《山木》篇所云"人与天一也",郭象注:"皆自然也。"

2. 以天合天

"以天合天"是达到人工巧夺天工的设计与制作目标的重要途径。《达生》举例论说:

> 梓庆削木为鐻,鐻成,见者惊犹鬼神。鲁侯见而问焉,曰:"子何术以为焉?"对曰:"臣,工人,何术之有!虽然,有一焉。臣将为鐻,未尝敢以耗气也。必齐以静心。齐三日,而不敢怀庆赏爵禄;齐五日,不敢怀非誉巧拙;齐七日,辄然忘吾有四枝形体也。当是时也,无公朝,其巧专而外滑消,然后入山林,观天性,形躯至矣,然后成见鐻。然后加手焉,不然则已。则以天合天,器之所以疑神者,其是与!"

梓庆,姓梓名庆,鲁之大匠。亦去梓者,官号鐻;前文已及。鐻,用以悬钟鼓之物,鐻似虎形,刻木为之。《考工记》曰:"梓人为笱簴。"旧注以谈为乐器。《史记·秦始皇本纪》云:"收天下兵,聚之咸阳,聚以为钟鐻。"鐻与钟一类,故曰钟鐻。《史记》所载,销兵以为之,当非木制。此段开头,"鐻成,见者惊犹鬼神",即不似人所作也,可谓制成之鐻,是人工巧夺天工的代表之作。

鐻,古代的一种乐器,夹置钟旁,为猛兽形,本为木制,后改用铜铸,同"虡"。亦为古代悬挂钟鼓的架子两侧的柱子。《集韵》中"虡"亦作鐻。《说文》云:"钟鼓之柎也。"《玉篇》:"钟磬之柎,以猛兽为饰也。"《诗经·大雅》"虡业维枞。"《传》:"植者曰虡,横者曰栒。"《汉书·司马相如传》:"立万石之虡。"《师古注》:"立一百二十万斤之虡,以悬钟也。或作簴。"《尔雅·释器》:"木谓之簴,所以挂钟磬。"曾侯乙墓出土编钟钟笱中层端部钟鐻部件结构铜套透雕局部纹样[①],如图5.30所示。曾侯乙墓出土铜方壶局部纹样[②],如图5.31所示。

1979年,纪南城古井发掘铜器饰件,立体长方形、中空、一端封闭,形如长方盒,五面饰蟠螭纹,每面四组。一面有0.7厘米的小圆孔一个,为固定钉钉用。此物与随县擂鼓墩一号墓出土的编钟架第三层横木的头

---

① 湖北省博物馆、北京工艺美术研究所:《战国曾侯乙墓出土文物图案选》,长江文艺出版社1984年9月第1版,第37页。

② 湖北省博物馆、北京工艺美术研究所:《战国曾侯乙墓出土文物图案选》,长江文艺出版社1984年9月第1版,第58页。

图 5.30 曾侯乙墓出土悬挂编钟的钟鐻部件结构铜套透雕局部纹样

图 5.31 曾侯乙墓出土悬挂编钟的铜方壶局部纹样

部钟鐻装饰形状相近。纪南城古井出土的五面饰蟠螭纹铜套饰件,[①]如图 5.32 所示。

无论钟鐻造型,抑或蟠螭纹饰,都是人工巧夺天工的产物,都是追求"以天合天"时代的产品。从"鲁侯见而问焉"到梓庆回答的前面一大段,是梓庆在制作鐻时所需的经历和过程,梓庆削木为鐻的经验及其过程,如图 5.33 所示。

这是对梓人本人而言,齐,通作斋。在达到了"无公朝,其巧专而外滑消"的时候,"然后人山林,观天性形躯,至矣,然后成见鐻,然后加手焉,不然则已。"整个过程,能否制作,梓庆的出发点是"不然则已",即若其不然,则止,而不为。所以梓庆的结论是:"以天合天,器之所以疑神者,其是与。""以天合天"是"鐻成,见者惊犹鬼神"的根本原因。梓庆提出的"以天合天"的思想代表了庄子的技术思想。恰如《养生主》篇所云:

① 陈祖全:《一九七九年纪南城古井发掘简报》,《文物》1980 年第 10 期,第 47 页。

图 5.32　纪南城古井出土的五面饰蟠螭纹铜套饰件

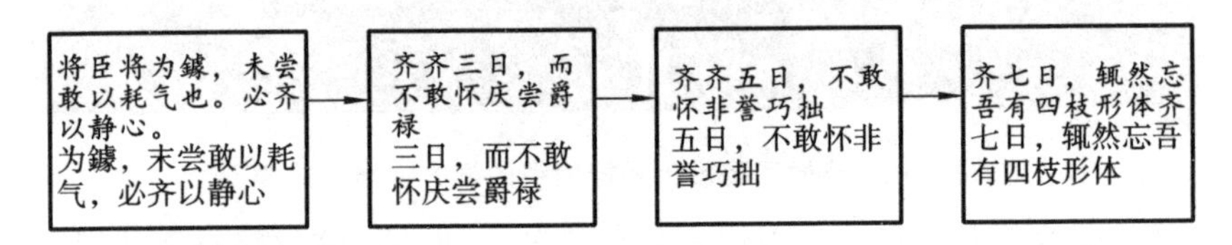

图 5.33　梓庆削木为鐻的经验及其过程

“依乎天理”“因其自然”“以天合天”。郭象的理解是：“不离其自然也。”成玄英疏此云：“机变虽加人工，木性常因自然，故以合天也。”唯有“以天合天”才能达到“器之所以疑神者”。郭象认为，这是因为“尽因物之妙，故乃疑是鬼神所作也”。成玄英亦云：“鐻之微妙，‘疑似鬼神者所为也’，只是因于天性，顺其自然，故得如此。”成玄英还认为：“顺理则巧，若神鬼性乖，则心劳而自拙也。”

创新思想，古已有之，于今尤烈。综观历史，古往今来任何科技作品的制造与工程项目的建构，无不是无数设计者和制造者经历若干年代，不断创新、不断发明的结果；无不是“人工”巧夺“天工”的产物。科学的发明与技术的创制，无论过去、现在和将来，都为人类带来无尽的宝藏，都为社会的发展起到了十分重要的作用。唯有“知天人之行，本乎天，位乎得”，以天为体，以人为用，“反以相天”“以天合天”，才能达到“人工”巧夺“天工”的目标。尽管庄子的思想不能解决科学技术中的具体问题，但它可以提高科技工作者的精神境界，增强人们的创新意识。更重要的是庄子的“无以人灭天”“不以人助天”的思想以及“不开人之天，而开天之天”的论述，为今天科学技术的可持续发展提供了历史的借鉴。

前文所引晋人郭象“《庄子》序”，极尽赞扬庄子之能事，其深意则在于弘扬庄子之“至言”，子玄在此，没有选用庄子之语，而是对庄子进行了概括。“《庄子》序”集中到一点，就是“上知造物无物，下知有物之自造也”，也就是“放而不敖”。子玄如此提法，对于理解庄学、理解“天工”与“人工”的关系极有帮助。“造物无物，则物必自造”，这个提法更精练的提法是物以自为本。承认物自为本，当然“放”。尊重物自为本，故“不敖”，只有“知天之所为，知人之所为者”才能达到“放而不敖”的境地，实现科技创新的目标。《庄子》一书，运思恢宏，其论科学技术穷幽极渺，状若汪洋。其创新思想值得进一步的学习与探讨。

第三节 论《庄子·天地》篇“子贡南游于楚”

对于庄子“子贡南游于楚”一章不同观点的争论，历代言论甚多，然言各有宜，理无相悖。从《庄子·天地》“子贡南游于楚”的文本、历代学者对“彼假修浑沌氏之术者也”的注解、郭象《庄子注》的意义，撮其精要，识其大略，才能真正认识庄子的技术思想。

一、《庄子·天地》“子贡南游于楚”的文本

《庄子》一书，计 63631 言，所论古代科技的方方面面及其应用为先秦之最。庄子本人，做过蒙地的漆园吏，后隐居于“穷闾阨巷”，他虽不是科技工作者，也没有留下有关科技方面的作品，但他对先秦科技及其发展悉心探究，观察了许多，思考了许多，一部《庄子》，实载斯道，成为其后学者研讨古代科学技术及其中国科技哲学的重要著作。特别是《庄子·天地》“子贡南游于楚”一段，意义渊深，是古往今来治庄学的重要篇章，也是今日研究庄子技术哲学与技术思想之士不可不读的文字内容。无

论是晋代的郭象(252—312年),唐代的成玄英(608—669年),还是宋代的吕惠卿,明代的方以智,都非常重视这一段,为了便于讨论,今将《庄子·天地》"子贡南游于楚"全文,录之如下:

子贡南游于楚,反于晋,过汉阴,见一丈人方将为圃畦,凿隧而入井,抱瓮而出灌,搰搰然用力甚多而见功寡。子贡曰:"有械于此,一日浸百畦,用力甚寡而见功多,夫子不欲乎?"为圃者仰印而视之,曰:"奈何?"曰:"凿木为机,后重前轻,挈水若抽,数如泆汤,其名为槔。"为圃者忿然作色,而笑曰:"吾闻之吾师,有机械者,必有机事,有机事者,必有机心。机心存于胸中,则纯白不备。纯白不备,则神生不定。神生不定者,道之所不载也。吾非不知,羞而不为也。"子贡瞒然惭,俯而不对。有间,为圃者曰:"子奚为者邪?"曰:"孔丘之徒也。"为圃者曰:"子非夫博学以拟圣,於于以盖众,独弦哀歌以卖名声於天下者乎?汝方将忘汝神气,附汝形骸,而庶几乎!而身之不能治,而何暇治天下乎!子往矣,无乏吾事!"

子贡卑陬失色,顼顼然不自得,行三十里而后愈。其弟子曰:"向之人何为者邪?夫子何故见之变容失色,终日不自反邪?"曰:"始吾以为天下一人耳,不知复有夫人也。吾闻之夫子,事求可,功求成,用力少,见功多者,圣人之道也。今徒不然。执道者德全,德全者形全,形全者神全,神全者,圣人之道也。托生与民并行,而不知其所之,汒乎淳备哉!功利机巧必忘夫人之心。若夫人者,非其志不之,非其心不为。虽以天下誉之,得其所谓,謷然不顾;以天下非之,失其所谓,傥然不受。天下之非誉无益损焉,是谓全德之人哉!我之谓风波之民。"

反于鲁,以告孔子。孔子曰:"彼假修浑沌氏之术者也。识其一,不知其二;治其内,而不治其外。夫明白入素,无为复朴,体性抱神,以游世俗之间者,汝将固惊邪?且浑沌氏之术,予与汝何足以识之哉!"[1]

《道教典籍选刊》中《南华真经义海纂微》卷之三十八载《天地第五》"子贡南游于楚"书影[2],如图5.34所示。

---

① 《庄子·天地》篇,见(清)王先谦:《庄子集解》,载《诸子集成(第三册)》,中华书局1954年12月第1版,第74-76页。

② 胡道静、陈莲生、陈耀庭选辑:《道藏要籍选刊》,《南华真经义海纂微》卷之三十七,见《道藏要籍选刊(第二册)》,上海古籍出版社1989年6月第1版,第465页。

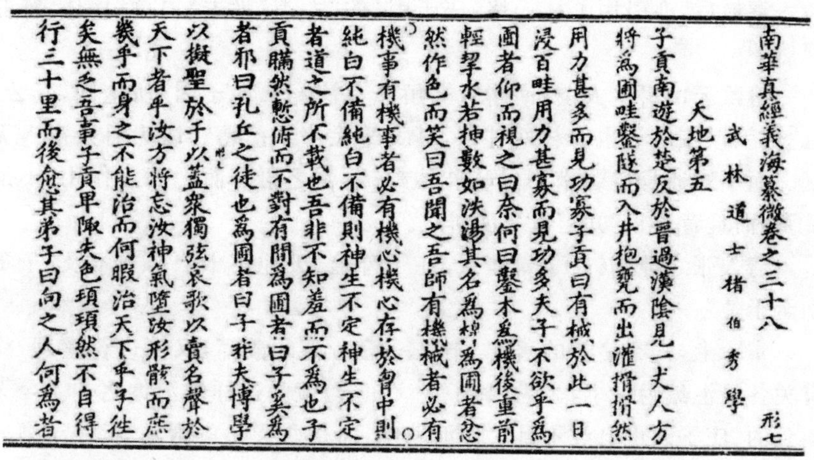

南華真經義海纂微卷之三十八　形七
武林道士褚伯秀學
天地第五
子貢南遊於楚反於晋過漢陰見一丈人方
将爲圃畦鑿隧而入井抱甕而出灌搰搰然
用力甚多而見功寡子貢曰有械於此一日
浸百畦用力甚寡而見功多夫子不欲乎爲
圃者仰而視之曰奈何曰鑿木爲機後重前
輕挈水若抽數如泆湯其名爲槔爲圃者忿
然作色而笑曰吾聞之吾師有機械者必有
機事有機事者必有機心機心存於胸中則
純白不備純白不備則神生不定神生不定
者道之所不載也吾非不知羞而不爲也子
貢瞞然慙俯而不對有間爲圃者曰子奚爲
者邪曰孔丘之徒也爲圃者曰子非夫博學
以擬聖於于以蓋衆獨弦哀歌以賣名聲於
天下者乎汝方将忘汝神氣墮汝形骸而庶
幾乎而身之不能治而何暇治天下乎子往
矣無乏吾事子貢卑陬失色頊頊然不自得
行三十里而後愈其弟子曰向之人何爲者

图 5.34　《南华真经义海纂微》卷之三十八载《天地第五》“子贡南游于楚”书影

“子贡南游于楚”一章，全文 674 字。

毋庸置疑，《庄子》一书是战国庄子学派著作的汇编，用《庄子・寓言》所云：其“寓言十九”，即都是寓言，《庄子》的寓言是《庄子》哲学的材料。庄之为文，其字面有平易淳雅者，即有生剥奇创者；其句读有径捷隽爽者，即有艰涩纠缠者；其段落有斩截疏明者，即有蔓延错综者。读庄者对《庄子》内外各篇，未尝有疑，惟《庄子・天地》子贡南游于楚一章的真伪，历代治庄学者，确多异议。读子贡南游一文，一波三折，宋代学者王元泽：“临川人王安石子也，未冠登进士累官龙图阁直学士，事迹附见宋史安石传”，其于“庄子之书”，“尝发明奥义，深解妙旨，计其为书”。但《南华真经新传》，不及“子贡南游于楚”等篇。[①]

清代学者林云铭（1628—1697 年）撰《庄子因》一书，自称不蹈“如前此注《庄》诸家，解其可解而置其不可解，甚至穿凿附会，颠倒支离，与作者大旨风马无涉。”也对此章提出了质疑。他认为：“此段言去其机心，方能入道。借为圃畦发出多少议论。大类《渔夫》篇意，其文绝无停蓄蕴藉，中间又有纰缪之语。此为后人窜入无疑也。惟善读庄文者知之。”[②]钱穆（1895—1990 年）《庄子纂笺》中，思接千载，逐一解说，在子贡南游于

① （宋）王元泽：《南华真经新传》“序”，据王雱撰据明正统《道藏》本，见严灵峰编辑：《无求备斋庄子集成初编（第 6 册）》，艺文印书馆影印 1972 年 5 月版，第 1 页。

② （清）林云铭：《庄子因六卷》，据清光绪六年常州培本堂善书局刊本，见严灵峰编辑：《无求备斋庄子集成初编（第 18 册）》，艺文印书馆影印 1972 年 5 月版，第 248 页。

楚一章最后，亦引用了林云铭《庄子因》的“大类《渔夫》篇意”评述，绝非偶然。[①]

清藏云山房主人撰《南华大义解悬参注》与《庄子因》所论同，其云：“此俗手拟庄之笔也。林西仲谓：其文绝无停蓄蕴藉。以为后人竄入无疑。而不知通身盗袭南华经坠肢体黜、聪明之语。而无真寔作用，不惟乱真，而且背道也，知道者自能辨之。”[②]

清人张之纯撰《庄子菁华录》庄子外篇《天地第十二》，亦不及“子贡南游于楚”一章。[③]

实际上，先秦诸子的著作，本是一篇一篇的散篇，汉人进行整理，将有关各篇汇编为一书，名为“某子”。《庄子》就是这样的汇编之一。今天谈到的《庄子》，也已经不是汉代汇编本，而是西晋郭象删注本。《汉书·艺文志》著录的“《庄子》五十二篇”，经过郭象的删汰，只剩三十三篇了。

郭象的删汰大体符合他所定的原则。而郭象的原则，就哲学而言是一个大成功，就神话而言是一个大破坏。就哲学而言，庄子善喻，没有神话传说为建构寓言的材料，就没有庄子哲学这样的哲学。而晋代向秀、郭象注此，对庄文不疑，洞其寓言之义而神明之、而宏阔之，唐人成玄英疏此，亦字比句栉，自郭注以下，殆无有善于此者。直至民国奚侗撰《庄子补注》四卷，其补注“子贡南游于楚”四处，可见此章是不容置疑的。[④]

二、历代学者对“彼假修浑沌氏之术者也”的注解

考察历代学者有关《庄子·天地》“子贡南游于楚”中“彼假修浑沌氏之术者也”的注解，对于理解庄子之意，颇有裨益。

（一）晋代郭象与初唐成玄英的注与疏

魏晋时期，玄风大振，为学之士，虚慕玄远。何晏、王弼依傍老聃，嵇康、阮籍寄情庄周，向秀、郭象雅尚《庄子》，自有会心；司马、崔譔训诂

---

① 钱穆：《庄子纂笺》，见《钱穆先生全集》，九州出版社2011年1月第1版，第99-101页。

② （清）藏云山房主人：《南华大义解悬参注》，据（清）藏云山房主人撰手稿本，严灵峰编辑：《无求备斋庄子集成初编（第15册）》，艺文印书馆据明刊正统藏本影印，1972年5月版，第427页。

③ （清）张之纯：《庄子菁华录》一卷，据民国七年排印评注诸子青华录本，见严灵峰编辑：《无求备斋庄子集成续编（第41册）》，艺文印书馆影印，1974年12月版，第54-58页。

④ （民国）奚侗：《庄子补注》四卷，据民国六年当涂奚氏排印本，见严灵峰编辑：《无求备斋庄子集成续编（第40册）》，艺文印书馆影印1974年12月版，第79页-第80-81页。

《庄》(即《庄子》)书,类多可述。凡此皆道家之余响,俗世之殊韵。郭象之前,注《庄子》者计有几十家,为世所重者甚多;而郭象注《南华真经》十卷,由向秀注“述而广之”,别成一书,“儒墨之迹见鄙,道家之言遂盛焉”。郭象注《庄》,以其“特会庄生之旨”而“为世所贵”。[①]郭象注庄后,向秀注本佚失,仅存郭注,流传至今。清代宣颖撰《南华经解·庄解小言》云:“注庄者,无虑数十家,全未得其结构之意。郭子玄窃据向注,古今同推。”

李唐尊佛老、崇释道,收士人之心,广开科第,《老》、《庄》、《列》、《文》,并驾六经,治子之风日盛。[②]唐陆德明撰《经典释文·序录》云:“庄生弘才命世,辞趣华深,正言若反,故莫能畅其弘致;后人增足,渐失其真。故郭子玄云:‘一曲之才,妄窜奇说,若《阏弈》、《意修》之首,《危言》、《游凫》、《子胥》之篇,凡诸巧杂,十分有三。’《汉书·艺文志》‘《庄子》五十二篇’,即司马彪、孟氏所注是也。言多诡诞,或似《山海经》,或类占梦书,故注者以意去取。其内篇众家并同,自余或有外而无杂。惟子玄所注,特会庄生之旨,故为世所贵。徐仙民、李弘范作音,皆依郭本。今以郭为主。”[③]

由陆德明的《序录》可知,郭象三十三篇本,就是对司马彪五十二篇本进行“以意去取”的结果。清人郭庆藩重视陆德明的《序录》,其撰《庄子集释》时,将其编入该书序言之列。

晋人郭象的注与唐人成玄英的疏,不是他们个人的发挥,也不是郭象、成玄英他们的一人之见,而是那个时代的共识。郭象与成玄英的注与疏代表了晋唐学者注疏《庄子》的最高成就。

晋人郭象注《南华真经》十卷,宋刊本“《南华真经》序”书影[④],如图5.35所示。

《庄子·天地》“子贡南游于楚”中“彼假修浑沌氏之术者也”的注疏

---

① 方勇:《〈子藏〉总序》,华东师范大学《子藏》编纂中心编(方勇总编纂,吴平副总编纂):《子藏·道家部·庄子卷(第1册)》,国家图书馆出版社2011年12月第1版,第2页。又见《台北大学中文学报》特稿,2011年9月,第2页。

② 方勇:《〈子藏〉总序》,华东师范大学《子藏》编纂中心编(方勇总编纂,吴平副总编纂):《子藏·道家部·庄子卷(第1册)》,国家图书馆出版社2011年12月第1版,第2页。又见《台北大学中文学报》特稿,2011年9月,第2页。

③ (唐)陆德明:《经典释文·序录》,见(清)郭庆藩:《庄子集释》,载《诸子集成(第三册)》,中华书局1954年12月第1版,第4页。

④ (晋)郭象注:《南华真经十卷》,见华东师范大学《子藏》编纂中心编:《子藏·道家部·庄子卷(第4册)》,国家图书馆出版社2011年12月第1版,第407页。

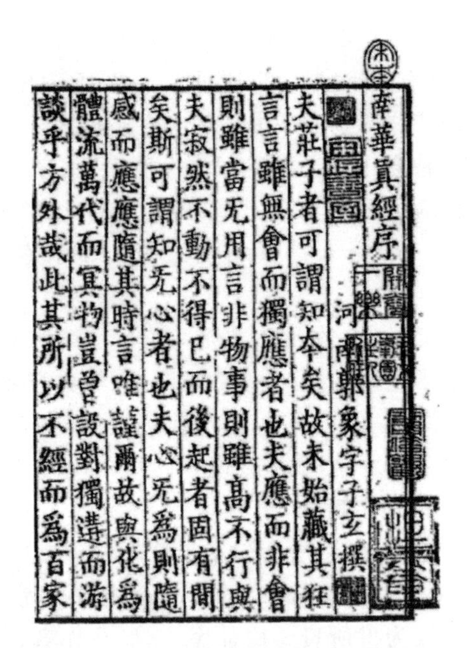
南華眞經序

河南郭象字子玄撰

夫莊子者可謂知本矣故未始藏其狂言言雖無會而獨應者也夫應而非會則雖當无用言非物事則雖高不行與夫寂然不動不得已而後起者固有間矣斯可謂知无心者也夫心无爲則隨感而應應隨其時言唯謹爾故與化爲體流萬代而冥物豈曾設對獨遣而游談乎方外哉此其所以不經而爲百家

图 5.35 宋刊本晋人郭象注《南华真经》十卷，“《南华真经》序”书影

如兹：①

反于鲁，以告孔子。孔子曰：“彼假修浑沌氏之术者也。识其一，不知其二；治其内，而不治其外。夫明白入素，无为复朴，体性抱神，以游世俗之间者，汝将固惊邪？且浑沌氏之术，予与汝何足以识之哉！

“彼假修浑沌氏之术者也”

郭象注：

以其背今向古，羞为世事，故知其非真浑沌也。

成玄英疏：

子贡自鲁适楚，反归于鲁，以其情事咨告孔子。夫浑沌者，无分别之谓也。既背今向古，所以知其(不)〔非〕真浑沌氏之术也。

“识其一，不知其二”

郭象注：

徒识修古抱灌之朴，而不知因时任物之易也。

成玄英疏：

---

① (清)郭庆藩：《庄子集释》，载《诸子集成(第三册)》，中华书局 1954 年 12 月第 1 版，第 196 页。

识其一,谓〔向〕古而不移也。不知其二,谓不能顺今而适变。

“治其内,而不治其外”

郭象注:

夫真浑沌,都不治也,岂以其外内为异而偏有所治哉!

成玄英疏:

抱道守素,治内也;不能随时应变,不治外也。

“夫明白入素,无为复朴,体性抱神,以游世俗之间者,汝将固惊邪?”

郭象注:

此真浑沌也,故与世同波而不自失,则虽游于世俗而泯然无迹,岂必使汝惊哉!

成玄英疏:

夫心智明白,会于质素之本;无为虚淡,复于淳朴之原。悟真性而抱精淳,混嚣尘而游世俗者,固当江海苍生,林薮万物,鸟兽不骇,人岂惊哉!而言汝将固惊者,明其(必)不〔必〕惊也。

“且浑沌氏之术,予与汝何足以识之哉”

郭象注:

在彼为彼,在此为此,浑沌玄同,孰识之哉?所识者常识其迹耳。

成玄英疏:

夫浑沌无心,妙绝智虑,假令圣贤特达,亦何足识哉!明恍惚深玄,故推之于情意之表者也。

宋刊本晋人郭象注《南华真经》十卷“孔子曰:‘彼假修浑沌氏之术者也’”部分的注[①],如图 5.36 所示。

郭象注“孔子曰:‘彼假修浑沌氏之术者也’”的关键,是将“假”释为真假之假,这才引出这段有很高哲学意义的注疏。郭象斩钉截铁地否定了汉阴丈人的做法与议论,汉阴丈人不是真修之人,而是假修浑沌之人。

郭象所注,批驳汉阴丈人“以其背今向古,羞为世事,故知其非真浑沌也。”“徒识修古抱灌之朴,而不知因时任物之易也。”古往今来,对此的阐述,未有善于此者,未有切于此者。“古今同推郭注者,谓其能透宗

① (晋)郭象注:《南华真经十卷》,见华东师范大学《子藏》编纂中心编:《子藏·道家部·庄子卷(第4册)》,国家图书馆出版社 2011 年 12 月第 1 版,第 612 页。

以天下非之失其所謂儻然不受天下
之非譽无益損焉是謂全德之人哉我
之謂風波之民 此宋榮子之徒未足以爲全德子貢之迷没於此人即若列子之心醉於季咸也 反
於魯以告孔子孔子曰彼假脩渾沌氏
之術者也 以其背今向古羞爲世事故知其非真渾沌也 識其一不知其
二 徒識脩古抱灌之朴而不知因時任物之易也 治其內而不治其外 夫真渾沌
都不治也豈以外內爲異而偏有所治哉 夫明白入素无爲復朴體性
抱神以遊世俗之間者汝將固驚邪 此真渾沌
也故與世同波而不自失則雖遊於世俗而泯然无迹豈必使汝驚哉 且渾沌氏之術予與
汝何足以識之哉 在彼爲彼在此爲此渾沌玄同孰識之哉所識者常識其迹耳 詳芒

图 5.36 (晋)郭象注《南华真经》“孔子曰:‘彼假修浑沌氏之术者也’”部分文字

趣”,[①]这也是本段具有很高哲学价值以其引起历代学者重视的原因。[②]

西晋郭象之后,唐天宝元年二月二十二日,唐玄宗“敕文追赠庄子‘南华真人’,所著书为《南华真经》”。[③]《旧唐书·玄宗本纪》“天宝元年”亦载尤详。[④]“南华”着眼地域,其实就是 South China,意谓《庄子》是中国南方经典,盖楚学也。[⑤]

唐代注庄解庄,“多重字义,音释,少重义理,不尚纵放”。马总,生年不详,卒于唐穆宗长庆三年(公元 823 年),其“增损庾书,详择前体”,撰写《意林》,摘录“庄子十卷”,其中摘引“天地篇”的“子贡南游于楚”一章中“子贡教汉阴为圃者作桔槔”与“事求可,功求成。用力少,见功多者,

---

① (清)宣颖:《南华经解》,见华东师范大学《子藏》编纂中心编:《子藏·道家部·庄子卷(第 100 册)》,国家图书馆出版社 2011 年 12 月第 1 版,第 13 页。

② (清)郭庆藩:《庄子集释》,载《诸子集成(第三册)》,中华书局 1954 年 12 月第 1 版,第 1 页。

③ 《唐会要》卷五十“杂记”,见(宋)王溥:《唐会要》,上海古籍出版社 2006 年 12 月第 1 版,第 880 页。

④ 《旧唐书·玄宗本纪》“天宝元年”,见(后晋)刘昫:《旧唐书》,中华书局 1975 年 5 月第 1 版,第 215 页。

⑤ 《〈庄子〉其书》,见涂又光:《楚国哲学史》,第十五章《庄子(上)》,湖北教育出版社 1995 年 7 月第 1 版,第 360 页。

圣人之道也”两段，其注释仍引郭象的注以及成玄英的疏，可窥唐人对此章的重视。①

（二）宋代学者的阐述

隋唐之后，持有郭象注、与郭象思想相同的学者，代不乏人，如宋代“材识明敏，文艺优通，好古饬躬”的吕惠卿。② 吕惠卿注《庄子》，“不为肤浅一偏之见，多窥见其治世精义，为其他诸家所不及”。

吕惠卿在《庄子义》中对《庄子·天地》“子贡南游于楚”一章，做了这样的注解：

> 能执古之道，以御今之有，则凡日用者无非浑沌氏之术也，岂必天地之初哉！而彼以有机械者必有机事，有机事者必有机心，而不知机心之所自生者，未始有物也，则是识其一而不知其二也。知忘神气，黜形骸，以薪道德之全，不知其行于万物者，无非道也，顾以之为累，则是治其内而不治其外也。夫明白入素，无为复朴，体性抱神，以游世俗之间者，汝将固惊邪？则所谓废心而用形者是也。彼闻子贡之言，初则忿然作色，而后乃笑，则宜其以机械为累而弗敢为也。且浑沌氏之术，予与汝何足以识之哉！不识不知，是乃所以为浑沌也。如其可识，则恶足以为浑沌氏之术哉！此篇乃论天德之无为，恐不知者以为无为如汉阴丈人，然者则不可与经世矣。故论真浑沌氏之术，乃游乎世俗之间而不为累也。③

吕惠卿明确地指出：汉阴丈人“以有机械者必有机事，有机事者必有机心，而不知机心之所自生者，未始有物也，则是识其一而不知其二也”。他强调：“恐不知者以为无为如汉阴丈人，然者则不可与经世矣。”即以为所谓的“无为”就是无所作为的话，不用机械、反对技术，这样的“无为”对社会的进步是毫无帮助的。

褚伯秀《南华真经义海纂微》，即《庄子义海纂微》，“是书成于咸淳庚

---

① 《意林·卷二：庄子十卷》，见（唐）马总：《意林》，载《丛书集成初编》，中华书局 1991 年第 1 版，第 33 页。

② （宋）欧阳修：《欧阳文忠公文集》卷一一三·奏议卷十七，政府进札子四首，“举刘攽、吕惠卿充馆职札子”。见（宋）欧阳修撰，李逸安点校：《欧阳修全集（第四册）》，中华书局 2001 年 3 月第 1 版，第 1715 页。

③ （宋）吕惠卿：《庄子义》，（宋）吕观文进庄子义十卷，吕惠卿撰，（民国）陈任中校辑，据民国二十三年北京大北印书局排印本，见严灵峰编辑：《无求备斋庄子集成初编（第 5 册）》，艺文印书馆影印，1972 年 5 月版，第 129 页。

午，前有刘震孙、文及翁、汤汉三序。下距宋亡仅六年”。书中保留的宋人陈景元《庄子注》，与吕惠卿《庄子义》同。“盖宋以前解《庄子》者，梗概略具于是。”

宋代罗勉道的《南华真经循本》：“浑沌，即太极。”“‘识其一，不知其二’；专一而无二。”“‘治其内，不治其外’；事内而不务外。”“‘夫明白入素’，凡质之明白者入得素净。”①

而宋代注庄、解庄，以‘假’不为真假之假者，也多有人物。

如南宋林希逸《庄子鬳斋口义》解庄，“句句而订之，字字而释之”，其注此云：

> 假，大也。假修，大修也。浑沌氏，即天地之初也。术，道也。识其一者，所守纯一也。不知其二者，言心不分也。内，本心也。外，外物也。明白则可入于素。素者，素朴也。无为则复归于自然之朴。体性，全其性也。抱神，一也。汝将固惊邪？固，宜也。汝未知此道，宜乎惊异也！②

宋代刘辰翁，生年不详，约生于宋理宗绍定年间(1231—1233 年)，卒于元成宗大德元年(1297 年)，其评点庄子的《南华真经点校》，刘层翁云：“‘假’，托也。讬于修浑沌氏之术。”③

(三)明代学者的阐述

明代学者在讨论“子贡南游于楚”一章，如向秀、郭象注庄一路。焦竑(1540—1620 年)撰《庄子翼》的阐述，亦与宋人吕惠卿《庄子义》同。

明代陈深，生平不详，其《庄子品节》云：“假修，谓假人事以修浑沌氏之术，浑沌氏，上古之君，纯乎道德者也。识其一不知其二者，守其纯一而不杂也。”④陈深认为，汉阴丈人是以机械一事，“借此以剽剥圣门”。

明代与郭象《庄子注》思想一致的学者甚多，明末方以智(1611—

---

① (宋)罗勉道：《南华真经循本》三十卷，据明正统间刊道藏本，见严灵峰编辑：《无求备斋庄子集成续编(第 2 册)》，艺文印书馆影印 1974 年 12 月版，第 348 页。

② (南宋)林希逸：《南华真经口义》，见严灵峰编辑：《无求备斋庄子集成初编(第 7 册)》，艺文印书馆据明刊正统藏本影印 1972 年 5 月版，第 488 页。林希逸：《南华真经口义》所注与明万历五年刊本《庄子鬳斋口义》义同。

③ (宋)刘辰翁：《庄子南华真经点校》，明刊刘湏溪点校三卷本，见严灵峰编辑：《无求备斋庄子集成续编(第 1 册)》，艺文印书馆影印，1974 年 12 月版，第 248 页。

④ (明)陈深：《庄子品节》(明万历十九年刊本)，见严灵峰编辑：《无求备斋庄子集成初编(第 12 册)》，艺文印书馆影印，1972 年 5 月版，第 184 页。

1671年)在其《药地砲庄》中,一针见血地指出:

郭曰:夫用时之所用,乃淳备也。斯人欲修淳备,而抱一守古,失其旨矣。子贡迷于此人,若列子心醉季咸也。孔子以其背今向古,修为世事,故知其未真。徒知修古抱灌之朴,而不知因时任物之易也。潜云:六十四卦,既是太极,何足以识之,天何言哉?不识即真浑沌。而欲识浑沌以为奇特,皆假修浑沌,遁天竊高者也。愚固劝人受用天地,切忌另求浑沌。

方以智的思想与态度十分明显,他批评汉阴丈人"背今向古,修为世事,故知其未真。徒知修古抱灌之朴,而不知因时任物之易也"。其文中的"郭曰",即郭象所言。《药地砲庄》并言,"子贡南游于楚"汉阴丈人拒机抱瓮:"三段波澜,要人自得之言外。使庄子为老圃,亦必桔槔,不如此矫"之句评语,可谓直中箭的,入木三分。①

明代叶秉敬(1562—1627年)《庄子膏肓》对"子贡南游于楚"一章,亦有其独到的见解。叶秉敬评价圃者拒机一事:"术人用之则为机械,以伤纯白。圣人用之,则得寰中,以应无穷。丈人盖知离世俗之外,乃为忘机也,不知游世俗之中,自有真忘机也。"他认为:"'夫明白入素,无为复朴,体性抱神,以游世俗之间者',此乃真浑沌。""'且浑沌氏之术,予与汝何足以识之哉!'可谓'识乃不识也,不识乃识也。'"②

明代朱得之(1485—1572年)《庄子通义》注此,亦有发挥,他认为:"假,非真也。'识其一,不知其二',滞于一,不通于万也。'治其内,而不治其外',守其心,不屑于物也。即其见一二分内外俦蔽矣。不通于二,不屑于物,不明白矣。是以知其非真修也。"③

明人吴伯与(1557—1636年)撰《南华经因然》六卷,其注此,多所阐明,他认为:

无为者,非离乎世也。如佛氏所谓空,非真空也。真空不空,真纯白者,经世而不累于世。汉阴丈人知修古抱灌为真,不知因时任物不离乎真,是'识其一,不知其二'也。知忘形黜骸,为治浑沌,不

① (明)方以智:《药地炮庄》九卷、附录三卷,据清康熙三年庐陵曾玉祥此藏轩刊本,见严灵峰编辑:《无求备斋庄子集成初编(第17册)》,艺文印书馆影印,1972年5月版,第355页。

② (明)叶秉敬:《庄子膏肓》,据明万历四十二年刊本,见严灵峰编辑:《无求备斋庄子集成初编(第16册)》,艺文印书馆影印,1972年5月版,第199页。

③ (明)朱得之:《庄子通义》,据明嘉靖四十三年浩然斋刊本,见严灵峰编辑:《无求备斋庄子集成续编(第3册)》,艺文印书馆影印,1974年12月版,第368页。

知浑沌都不治，岂以内外为异，是‘治其内，而不治其外’也。明白而归之素，无为而返于朴，体性抱神，与世同波，而自泯然无迹，岂必使汝惊乎。明其不必惊也。且浑沌之术，在彼为彼，在此无此。妙绝知虑，孰识之哉。不识不知，乃真浑沌。识而惊之，假于迹耳。治浑沌者，其游诸世俗之间乎。道者天所命，人所得也。故执道则德全，德内而形外也。故形全形神所乘也。神形所主也。故曰神全。①

明代董懋策撰《庄子翼评点》八卷，有四处“朱笔评”此。

其一，“机事机心，妙若形影；机心不灭，抱瓮已降于杯饮，苟无机心，桔槔不异于凿隧；以此笑彼，政是识一昧二。子贡意折于偏惊，夫子示真于不识，欲求无上舍吾门其何之。”

其二，“假修有二义。一者，迷真习假，生今反古之徒。一者，借假修真，与古为徒之士。夫子二字品题，正兼赏夺矣。”

其三，“丈人政坐，不识时耳。”

其四，郭注：夫用时之所用者，乃淳备也。郭氏之旨，所谓知者除心，愚夫除事。②

明代陶望龄撰《解庄》，用郭注，其阐释为：“郭云：圣人之道，用百姓之心耳。孔子以其背今向古，羞为世事，故知其非真浑沌。”③

明代徐晓撰《南华日抄》：“删集群注，搜考韵音，发厥旨要。”他认为：“此一段文字，是列传之祖。”“术人用之，则为机械，以伤纯白。至人用之，则得环中，以应无穷。文人知离世俗外之为忘机，不知离世俗之中自有真忘机也。”④

明人陈治安撰《南华真经本义》：

汉阴丈人宁为入隧出灌之劳，不为桔槔泆汤之易，恶其为机事，而有伤纯白，且为子贡从夫子之所为，将忘散汝神气，堕坏汝形骸，已几于身之不保，何暇治天下，是丈人之完纯白而保神气者，意诚专

---

① （明）吴伯与：《南华经因然》，据明刊本，见严灵峰编辑：《无求备斋庄子集成续编（第21册）》，艺文印书馆影印，1974年12月版，第291-292页。

② （明）董懋策《庄子翼评点》八卷，据清光绪三十二年会稽董氏取斯家塾刊《董氏丛书》本，见华东师范大学《子藏》编纂中心编（方勇总编纂）：《子藏·道家部·庄子卷（第72册）》，国家图书馆出版社2011年12月第1版，第493-495页。又见严灵峰编辑：《无求备斋庄子集成续编（第22册）》，艺文印书馆影印，1974年12月版。

③ （明）陶望龄：《解庄》，（明）郭正域评，据明天启元年吴兴茅兆河刊朱墨套印本，见严灵峰编辑：《无求备斋庄子集成续编（第24册）》，艺文印书馆影印，1974年12月版，第196页。

④ （明）徐晓：《南华日抄》，丈荷斋《南华日抄》四卷，据明崇祯十年刊本，见严灵峰编辑：《无求备斋庄子集成续编（第23册）》，艺文印书馆影印，1974年12月版，第299页。

矣。如乖玄应之道，何使世无桔槔，我独造为，亦为便民，非专利已。何厌于机，况已成之迹，我但循行于事，有济神气，得适乃于本无机之事，而妄疑之为机，于可以自适之神而过劳之，使不得适其较于世之见利而动者。诚贤视古之随感，顺应者，觉远子贡，未免见而心折，徒以功利毁誉，有所不动于中，足称全德之人，不知体神抱性，不与世俗为异，乃为玄修之至也。故夫子告之曰："彼其假浑沌之术以自修，而犹未得其真者也。"浑沌之术，有所为而又有无所不为。既凝神以治内，亦顺事以治外。今丈人识其一，不知其二；治其内，不治其外，于浑沌之道已忘。其半灌畦自守，可谓入素矣，未明白也。畏闻机事，可谓复朴矣。未能无为也。夫修浑沌者，明白入素，无为复朴，体性抱神，以游世俗之间，汝见之且将与世俗人一视，而不见其异，固将惊邪？今致汝惊，彼其于浑沌犹未也。且修浑沌者，身不自觉为浑沌，而吾与汝何足以识之，识之且不得，而何至于惊，此则真浑沌者也。夫不同同之之谓大，行不崖异之谓宽，则韬乎其事心之大也。沛乎其为万物游也，丈人槩未有闻矣。[①]

不过，明代注庄、解庄者，不同此意，以"假"不释为真假之假，亦有名家，今姑且略举一二。

其一，如明代潘基庆《南华经集注》，其云："假：讬也，即事即道。"[②]此与宋代刘辰翁的《庄子南华真经点校》注解同。

其二，如明末郭良翰的《南华经荟解》，其书"盖自林希逸《口义》而后，斯为殚备者矣"，故郭良翰的注与林希逸《庄子鬳斋口义》同，其解为："'假'：大。假修：大修也。浑沌氏：即天地之初也。术：道也。"[③]

与此作相同之注解，尚有明代陈荣选撰《南华全经分章句解》，他认为此段"文字深远特甚"，"假：大也"。并注："浑沌氏，上古之君，纯乎道德者也。""赐汝之学不及，此将固惊之耶。"[④]

其三，如明代陆西星（字长庚）（1573—1620 年）《南华真经副墨》，对

---

① （明）陈治安撰：《南华真经本义》十六卷、附录八卷，据明崇祯五年刊本，见严灵峰编辑：《无求备斋庄子集成续编（第 26 册）》，艺文印书馆影印，1974 年 12 月版，第 337-340 页。

② （明）潘基庆：《南华经集注》七卷，据明刊本，见严灵峰编辑：《无求备斋庄子集成初编（第 12 册）》，艺文印书馆影印，1972 年 5 月版，第 270 页。

③ （明）郭良翰：《南华经荟解》，据日本尊经阁文库藏明天启六年刊本，见严灵峰编辑：《无求备斋庄子集成初编（第 13 册）》，艺文印书馆影印，1972 年 5 月版，第 557 页。

④ （明）郭良翰：《南华经荟解》，据明刊本，见严灵峰编辑：《无求备斋庄子集成续编（第 25 册）》，艺文印书馆影印，1974 年 12 月版，第 155-156 页。

此段的解释全文如兹：

> 假修，谓假人事以修之浑沌氏之术。浑沌氏，上古之君，纯乎道德者也。盖丈人抱瓮灌畦而不知其劳，语之以械槔而羞为其事，其心即上古淳质之心也，即事即道也，故曰假修。“识其一，不知其二”者，守其纯一而不杂也。“治其内，而不治其外”者，得乎己心而自忘乎物也，是丈人也。“明白入素，无为复朴，体性抱神，以游世俗之间者”也，赐之学宜不及此，是汝将固惊之矣。且夫浑沌氏之术，予与子皆不足以识之也，其惊之也，不亦宜乎。[①]

（四）清代学者的阐述

“清起东陲”，“稽古右文，润色鸿业，海内彬彬向风焉。”[②]清代学者，耽于朴学，乾嘉之后，又大量引入训诂、考据等方法，子学骎骎，同并经史。对庄子的研究结合了义理阐释与考证诸多方面，蔚成大观。据《清史稿》志一百二十二，“艺文三”“道家类”录有：“王夫之《庄子解》三十三卷，《庄子通》一卷。钱澄之《庄诂》不分卷。吴世尚《庄子解》三卷。林云铭《庄子因》六卷，《读庄子法》一卷。胡文英《庄子独见》三十三卷。梅冲《庄子本义》二卷。吴俊《庄子解》一卷。韩泰青《说庄》三卷。王先谦《庄子集解》八卷。刘鸣典《庄子约解》四卷。孙家淦《南华通》七卷。金人瑞《南华释名》一卷。林仲懿《南华本义》二卷。周金然《南华经传释》一卷。徐廷槐《南华简钞》四卷。张世荦《南华摸象记》八卷。周拱辰《南华真经影史》九卷。屈复《南华通》七卷。陈寿昌《南华经正义》不分卷。杨文会《南华经发隐》一卷。”[③]除此之外，尚有宣颖《南华经解》、卢文召《庄子义考证》、王念孙《庄子杂志》、俞樾《庄于平议》、孙诒让《庄子郭象注札迻》等，实集清代关于《庄子》注疏、训诂之大成者，尤以郭庆藩《庄子集释》为代表。清人注庄、解庄，亦重视“子贡南游于楚”一章。其阐义明道，与郭注相左者，如明末清初傅山（1607—1684年）撰《庄子解》一卷，认为：“‘抱

---

① （明）陆长庚：《南华真经副墨》八卷，据明万历六年李齐芳刊本，见严灵峰编辑：《无求备斋庄子集成续编（第7册）》，艺文印书馆影印，1974年12月版，第454页。

② 赵尔巽等：《清史稿》卷一百四十五，志一百二十“艺文一”，“总叙”，中华书局1977年12月第1版，第4219页。

③ 赵尔巽等：《清史稿》卷一百四十七，志一百二十二“艺文三”，“道家类”，中华书局1977年12月第1版，第4369-4371页。

瓮'，'假修浑沌'，郭注与本文似左"，仅13字，无更多笔墨。[①]

清人马鲁撰《庄子沥》，收录此章，然仅录"子贡南游于楚"至"吾非不知，羞而不为也"止。并注："观击壤之歌，尧舜时，只一凿而饮，民忘帝力，无为而治矣。后来机事增于古人，而机心万变，从此出焉。丈人之言，所见甚大。"[②]

清人张道绪撰《庄子选》，录"子贡南游于楚"一段至"子贡瞒然惭，俯而不对"。[③]

清人陆树芝撰《庄子雪》云：

> 假：犹藉也。孔子以为老圃特假安朴拙，以修浑沌之术，非天然之浑沌也。故彼但知修古，抱灌之朴，而不知付之无心。即因时任物，亦正葆其真也。彼但能治其内，不使心逐时趋，而不能治其外，使身逐时趋而一如不逐时趋也。若夫明白坦易，不必自苦，而自然入于太素，无庸为凿隧抱瓮之事，而未尝不复于淳朴，常体其性，抱其神，以游于世俗之间，泯然与俗同波而不自失，又何至使人惊异之耶？旦不特不令汝惊，即予与汝均不足以识之矣。盖修浑沌而未免有意，即未为真浑沌。可知见以为异者，仍非其至者也。庄子特设为孔子之言，以提醒小知自是之徒，亦即已示之大理矣。《循本》以孔子之语为盛赞丈人，亦可通。但意味较短，其余诸说，则全误矣。[④]

清同治年间宣颖撰《南华经解》，计三十三卷，其书以为《庄子》"非内非外，非醇非杂。亦有言亦无言，亦可以有知，知亦可以无知。知注庄子者，苟知无言之言，无知之知，斯得之濠上矣"。"孔子曰：'彼假修浑沌氏之术者也'"，宣颖注："假修；言假人事以修之。"他认为："丈人口中撇去'机心'二字，夫子口中点出'浑沌'二字。庄生此篇之旨如揭矣。"[⑤]

---

① （清）傅山：《庄子解》，据清宣统三年山阳丁宝铨刊《霜红龛集》本，见严灵峰编辑：《无求备斋庄子集成续编（第30册）》，艺文印书馆影印，1974年12月版，第3页。

② （清）马鲁：《庄子沥》，即《南华沥摘萃》一卷，据清同治九年敦伦堂刊本，见严灵峰编辑：《无求备斋庄子集成续编（第34册）》，艺文印书馆影印，1974年12月版，第29页。

③ （清）张道绪：《庄子选》四卷，据清嘉庆十六年人境轩刊《文选十三种》本，见严灵峰编辑：《无求备斋庄子集成续编（第35册）》，艺文印书馆影印，1974年12月版，第97-98页。

④ （清）陆树芝：《庄子雪》三卷，据清嘉庆四年文选楼刊本，见严灵峰编辑：《无求备斋庄子集成续编（第34册）》，艺文印书馆影印，1974年12月版，第234-235页。

⑤ 《南华经解》序，见（清）宣颖撰：《南华经解》三十三卷，据清同治五年皖城藩署刊本，华东师范大学《子藏》编纂中心编：《子藏·道家部·庄子卷（第100册）》，国家图书馆出版社2011年12月第1版，第6-7页。又见严灵峰编辑：《无求备斋庄子集成续编（第32册）》，艺文印书馆影印，1974年12月版，第8-9页，第246页。

清人俞樾(1821—1907年)在《庄子平议》中议及“汝将固惊邪”,樾谨按:

> 固读为胡。胡固并从古声,故得通用。“汝将胡惊邪”,言汝与真浑沌遇则不惊也。郭注曰,故与世同波而不自失,则虽游于世俗而泯然无迹,岂必使汝惊哉!正得其意。古书胡字或以故字为之。《管子》“侈靡”篇:“公将有行,故不送公。”《墨子》“尚贤”中篇:“故不察,尚贤为政之本也。”皆以故为胡之证。《礼记》“哀公问”篇,郑注曰:“固,犹故也。”是以固为胡,犹以故为胡矣。①

“正得其意”是俞樾对郭象注“子贡南游于楚”一章的评价。清人郭庆藩(1844—1896年)其继承性的工作《庄子集释》一书,收录郭象注、成玄英疏和陆德明音义的全文,亦摘引俞樾此议。

(五)近现代学者的阐述

民国期间,注庄、解庄者,俱集前人之大成,如阮毓崧撰《庄子集注》及《重订庄子集注》,其“彼假修浑沌氏之术者也”注相同,引“郭云:‘以其背今向古,羞为世事,故知其非真浑沌也。’”并引“宣云:‘假修:言假人事以修之。’”亦云:“于丈人口中撇去‘机心’二字,于孔子口中点出‘浑沌’二字。此篇之旨如揭矣。”②

民国奚侗(1878—1939年)撰《庄子补注》四卷,其“析理之微,折衷之当,解庄自郭氏以下,殆无有善于此者。不但为诵蒙庄者正其准绳,亦为治诸子者示以途径,庶几可因是以求古先哲人之意,而知非泰西苏格拉底、达尔文辈所能及也”。③ 奚侗诠次《庄子》,凡四百一十四条注“子贡南游于楚”一章,计有四条。④ 其“纯白不备,则神生不定。神生不定者,道之所不载也”句,侗按:“生当读若性。”

朱文熊(1883—1961年)撰《庄子新义》,每句注解,先疏文义,再及字义。对“子贡南游于楚”一章的最后一段“反于鲁,以告孔子。孔子曰:

---

① (清)俞樾:《庄子平议》,据清光绪二十五年刊本,见严灵峰编辑:《无求备斋庄子集成续编(第36册)》,艺文印书馆影印,1974年12月版,第62页。

② (民国)阮毓崧:《庄子集注》,据民国十九年排印本,见严灵峰编辑:《无求备斋庄子集成续编(第41册)》,艺文印书馆影印,1974年12月版,第209页。

③ (民国)高潜:《庄子补注四卷》“敘”,原文见奚侗:《庄子补注》,见严灵峰编辑:《无求备斋庄子集成续编(第40册)》,艺文印书馆影印,1974年12月版,第2页。

④ (民国)奚侗:《庄子补注》卷二,见严灵峰编辑:《无求备斋庄子集成续编(第40册)》,艺文印书馆影印,1974年12月版,第79页,第81-82页。

‘彼假修浑沌氏之术者也。识其一，不知其二；治其内，而不治其外。夫明白入素，无为复朴，体性抱神，以游世俗之间者，汝将固惊邪’”所下评语，十分审慎。朱文熊认为：“真浑沌者，心知明白而会于质素之本，无为虚淡而复于淳朴之原，入世而能出世，忘机而非杜机，此正‘大宗师’斯人吾与之襟怀也。”“且浑沌氏之术，予与汝何足以识之哉！”注云：“此非逊语也。既云浑沌，复何术之识哉。”①

当代学人对孔子这句“彼假修浑沌氏之术者也”的注解与对“假”字的释义，大多与郭象的注释相左。杨树达（1885—1956年）《庄子拾遗》“天地第十二”中，杨树达按：“假，读为‘遐’。遐，远也。”他认为：“郭释为‘真假’之‘假’，非是。”②杨树达改字为训，不切庄文。而其所释，沿袭清人高秋月《庄子释意》：“假，遐同。远也。”③

钟泰（1888—1979年）在《庄子发微》一书中，对《庄子》要义，多有阐发，他认为：

> 此节与《论语》所记长沮桀溺，荷蓧丈人，颇相类而主旨不同。此于汉阴丈人极尽其褒美之辞，不独子贡赞之，孔子亦推之，盖意在表浑沌之德，申治身之要，故不惜屈孔子以扬其人。所谓寓言十九，贵在得意忘言，不得便作实事实论观也。自郭子玄不明此意，误解“假修”“假”字，遂有假浑沌，真浑沌之说，而以子贡之迷没于丈人，比之于列子心醉季咸。其于推尊孔子则是矣，然非庄子之旨也。惟宋道士罗勉道《庄子循本》解后段孔子之言所谓“明白入素，无为复朴，体性抱神，以游世俗之间者”，即是指汉阴丈人。详细上下文义，罗解实过于郭。又下文云：“且浑沌氏之术，予与汝何足以识之哉！”与《齐物论》长梧子之答瞿鹊子曰：“是黄帝之所听荧也，而丘也何足以知之！”虽一出孔子自言，一出长梧子之论，其文其义，正复相同，安得以“何足识之”为薄之之辞哉！④

---

① 朱文熊：《庄子新义》，据民国二十三年无锡民生排印本，见华东师范大学《子藏》编纂中心编：《子藏·道家部·庄子卷（第142册）》，国家图书馆出版社2011年12月第1版，第453-454页。

② 杨树达：《庄子拾遗》一卷，1962年北京中华书局排印《积微居读书记》本，见严灵峰编辑：《无求备斋庄子集成初编（第30册）》，艺文印书馆影印1972年5月版，第13-14页。

③ （清）高秋月集说，曹同春论正：《庄子释意》三卷，据清康熙二十九年文粹堂刊本，见华东师范大学《子藏》编纂中心编：《子藏·道家部·庄子卷（第98册）》，国家图书馆出版社2011年12月第1版，第437页。

④ 钟泰：《庄子发微》，上海古籍出版社1980年12月第1版，第269-270页。

钟泰《庄子发微》："'假'，《循本》云'讬也'。假修浑沌氏之术，言讬于修浑沌氏之术。"

刘文典(1889—1958年)尤精校勘、考据之学。其《庄子补正》一书，兼综群言，发微补阙，实为精心刻意之作，足资治庄学者之借镜。对"子贡南游于楚"一章，刘文典有注有疏，重开生面，时有特见。他认为：汉阴丈人"背今向古，羞为世事"，"知其非真浑沌"。

> 反于鲁，以告孔子。孔子曰："彼假修浑沌氏之术者也。"注：以其背今向古，羞为世事，故知其非真浑沌也。疏：子贡自鲁适楚，反归于鲁，以其情事，咨告孔子。夫浑沌者，无分别之谓也。既背今向古，所以知其不真浑沌氏之术也。"识其一，不知其二。"注：徒识修古抱灌之朴，而不知因时任物之易也。疏：识其一，谓古而不移也；不知其二，谓不能顺今而适变。"治其内，而不治其外。"注：夫真浑沌，都不治也，岂以其外内为异而偏有所治哉！疏：抱道守素，治内也；不能随时应变，不治外也。"夫明白入素，无为复朴，体性抱神，以游世俗之间者，汝将固惊邪？"注：此真浑沌也，故与世同波而不自失，则虽游于世俗而泯然无迹，岂必使汝惊哉！疏：夫心智明白，会于质素之本；无为虚淡，复于淳朴之原。悟真性而抱精淳，混嚣尘而游世俗者，固当江海苍生，林薮万物，鸟兽不骇，人岂惊哉？而言汝将固惊者，明其必不惊也。
>
> "汝将固惊邪"，言汝与真浑沌遇则不惊也。郭注曰："故与世同波而不自失，则虽游于世俗而泯然无迹，岂必使汝惊哉！"正得其意。
>
> "且浑沌氏之术，予与汝何足以识之哉！"注：在彼为彼，在此为此，浑沌玄同，孰识之哉？所识者常识其迹耳。疏：夫浑沌无心，妙绝智虑，假令圣贤特达，亦何足识哉？明恍惚深玄，故推之于情意之表者也。[①]

陈鼓应(1935—)《庄子今注今译》中，将"孔子曰：'彼假修浑沌氏之术者也'"，译为：

> 孔子说："他是以浑沌的道术来修身的人"

《庄子今注今译》的注释中，陈鼓应通篇转引李勉《庄子总论及分篇评注》的论述，[②]作为自己立论的根据，此段注释如兹：

> 李勉说："假"，借。言彼假修浑沌氏之术以修者。"浑沌氏之术"即上文忘神气，堕形骸，不用机心者。此原借孔子。子贡之言以

① 刘文典：《庄子补正》，云南人民出版社2015年1月第1版，第403-404页。

② 李勉：《庄子总论及分篇评注》，台湾商务印书馆1973年6月第1版。

赞扬丈人，而讥子贡与孔子。郭象之注误‘假’为真假之假，遂以为孔子嗤丈人之词。

陈鼓应此书，行销四十余载，其对孔子这句“彼假修浑沌氏之术者也”的注解，是注非注，而且陈鼓应减字为训，是非杂陈，其辗转因袭的文风，实不足道。[①]

“子贡南游无定评，南华一卷正人心。”[②]对《庄子·天地》“子贡南游于楚”一章注释，特别是历代学者对“彼假修浑沌氏之术者也”的诠解，梗

---

① 陈鼓应注译：《庄子今注今译》，“中国古典名著译注丛书”，中华书局2009年第2版，第344-349页。

② 《庄子·天地篇》，被不少学者认为是道家鄙薄技术、不要机械的证据。2000年春，余与君实——涂又光先生论此，研读原文，得出了完全相反的结论。《庄子》原意，如此如此，不容曲说。君实先生认为：“子贡南游于楚”一章，孔子的讲话十分重要，当为该篇的关键。庄子借孔子之口，深责汉阴丈人：不是真修，而是假修浑沌氏之术，是这一章的重要结论。由此可以窥见，以庄子为代表的道家不仅赞美机巧，重视机械的应用，而且反对守古，提倡与时俱化。

感此，余曾作七绝一首，题为“读《庄子》天地篇”以志之，其词云：

子贡南游无定评，南华一卷正人心。
庄生若是轻机械，孔圣何来责汉阴。

其实，我与君实先生的谈话，恰恰是我博士学位论文论述庄子技术思想的灵魂与基础。我在《中国技术思想研究》的博士论文中讨论《庄子·天地》“子贡南游于楚”一章时，自抒管见，诗中所谓“子贡南游无定评”，是言自庄子以来，历代学者，各阐己见，并无定论。而我对此章的理解，当然要根据前人的论述，并在前人的基础之上，独立思考，微言大义。因此，我的博士学位论文中，就有这么一段文字，作为自己对此的诠释——《中国技术思想研究》中的基本内容如兹：

《庄子》一书详论技术及其思想，见于《天地》篇。该篇中“子贡南游于楚”一段，即是庄子详细论述技术思想的重要篇章，此章庄子的原意，是借汉阴丈人和子贡的对话以及孔子批评汉阴丈人的言论，论述了道家对待科学技术的态度。

此所谓“庄生若是轻机械，孔圣何来责汉阴”的真意。当然，也就是《庄子》天地篇中的这么一段，近几十年来，不少学者都把它看作是道家鄙薄技术，不要机械的证据；这些著作与论文论及此者，杂糅新说，断章取义，家自以为哲学，人自以为真理。今按诸说，如1983年出版的《庄子译注》，在解释《天地》这段内容时，批评庄子说：“通过汉阴丈人的言行和孔子的评论，否定一切物质文明和科技进步，认为机械会助长‘机心’，破坏‘全德’。主张‘无为复朴，体性抱神’，优游世俗生活的浑沌氏之道。”

又如发表在《自然辩证法通讯》1995年第3期“庄子技术思想评析”一文，认为庄子“赞美技艺却否定机械，崇尚自由却鼓吹历史倒退。”而发表在《自然辩证法研究》2002年第8期“论庄子的机械批判思想”一文，在论及“子贡南游于楚”，即作者所云“圃者拒机”寓言，“与其他寓言比较，这个故事的极不同之处在于：其一，技术操作中的重要因素——工具（机械）——在这里作为关注的中心首次被凸现出来，并被庄子予以明确的拒绝，贬斥；其二，由于为圃者拒用机械，以至于他不再像其他技术活动中的劳作者一样，不仅不是一个技艺高超的能工巧匠，反而是自愿固守拙境的愚夫。”

《庄子》原意已被误读，何劳曲说！而对于这些一反庄子原意的论著，本人的原则是只言专著与论文的思想与观点，不及作者尊称大名，更不点名道姓。因为，持有这些观点的文章论著甚多，还可以举出一些；不过，以上所列举的观点，足以代表这种思想倾向。

概略具于是，甄采诸家，可谓“理解疑滞，多所发明”。此章在中国古典文献里不同观点早有注家专著，不胜枚举，并非今人的新意。历代学者所做的工作是，借用此章的阐述，“不但为诵蒙庄者，正其准绳，亦为治诸子者，示以途径”，沿袭并引申庄生固有的义理，以说明庄旨。更重要的是，“子贡南游于楚”一章这种跨越时空的旅行，相当典型地昭显了概念的异同阐述、古今对接的历程。恰用清人陆树芝撰《庄子雪》所云：

> 庄子特设为孔子之言，以提醒小知自是之徒，亦即已示之大理矣。《循本》以孔子之语为盛赞丈人，亦可通。但意味较短，其余诸说，则全误矣。①

（六）西方学者的理解与认识

西方学者对《庄子·天地》“子贡南游于楚”的理解与认识，当以英国科学史家李约瑟的观点为代表。

由王铃（1917—1994 年）协助、李约瑟所著《中国科学技术史·第二卷：科学思想史》，于 1953 年出版。这部中国《科学思想史》，着重探讨了中国以孔子、孟子为代表之儒家，以老聃、庄子为代表之道家，以墨翟、公孙龙为代表之墨家与名家，以韩非子为代表之法家等诸多学派的哲学思想、社会政治思想及对科学之一般态度，论述了其对中国古代科学思想发展的影响，深得中国学术“以述为作”之法。全书正文计 583 页。书中第十章“道家与道家思想”，从前言到结论，计 132 页，其于文献，无论之外，引述殆遍，几占全书的五分之一以上的篇幅。可见李约瑟非常重视道家与道家思想这部分的内容。

李约瑟在《中国科学技术史·第二卷：科学思想史》中对先秦诸家论述的篇幅，如表 5.6 所示。

表 5.6 李约瑟对先秦诸家的论述一览表

学派	章节名称	所占篇幅	总页数	占全书的百分比
儒家	儒家与儒家思想	第 3—32 页	30 页	5%
道家	道家与道家思想	第 33—164 页	132 页	22%
墨家和名家	墨家和名家	第 165—203 页	38 页	6%
法家	法家	第 204—215 页	12 页	2%

① （清）陆树芝：《庄子雪》三卷，据清嘉庆四年文选楼刊本，见严灵峰编辑：《无求备斋庄子集成续编（第 34 册）》，艺文印书馆影印，1974 年 12 月，第 235 页。

李约瑟在《中国科学技术史·第二卷:科学思想史》第十章“道家与道家思想”中“对封建制度的抨击”和“‘朴’与‘浑沌’(社会的均同一致性)”与“工艺技术与技近于道”两节中,他两次引用了《庄子·天地》“子贡南游于楚”的部分文字,可见此章,非同小可。

在引用“子贡南游于楚”一章正文的文字之前,李约瑟有一段议论,他说:“和道家重视工匠技艺的情况相反,他们的典籍却显示出一种反对技术与发明的明显偏见,这乍看起来似乎非常奇怪。同他们对‘知识’的态度问题一样,这也使许多人产生误解,因为这似乎很难和道家的自然主义哲学以及已知的道教与科学技术的关系相调和。我们在几处引文中已经注意到了它的迹象,它往往采取这样的表现形式,‘各种发明越发机巧,也就出现更多的罪恶。’(‘人多伎巧,奇物滋起’)。从《淮南子》和其他书中,可以引出许多例子,但典型的常引章句是《庄子·天地》中关于提水的桔槔,通常多以它的阿拉伯名称 shadüf 而知名。”①

而在引用“子贡南游于楚”一章正文的文字之后,李约瑟更出己意,接着又做了进一步分析,他认为:“实际上,这种态度背后的道理是不难找到的。如果封建主义的势力是依靠诸如青铜制作和灌溉工程这些特殊技艺(事实上也正是这样),如果(像我们已看到的)道家把对他们当时社会的不满概括成为对全部‘人为性’(artificiality)的憎恨,如果阶级分化是和技术的发明携手并进的,那么把这些东西都包括在谴责之列,不

---

① (英)李约瑟在 *Science & Civilization in China*, Volume 2, *History of Scientific Thought*, 10. the Tao Chia (Taoists) and Taoism, (g) The attack on feudalism, (5) The 'knack-passages' and technology 一节中的原文是:“Contrasting with their emphasis on the skill of artisans, the Taoist texts show a distinct prejudice against technology and inventions which seems at first sight very curious. Like the question of their attitude to 'knowledge', this has put many upon a false scent, since it has seemed hard to reconcile it with Taoist naturalistic philosophy and the known connections of Taoism with science and technology. We have already noticed traces of it in several quotations; it usually takes some such form as, 'The more cunning inventions there are, the more evils will arise.' a While many examples could be quoted from the Huai Nan Txu and other books, the locus clacsicus is in Chuang Txu, chapter 12, and concerns the swape or counterbalanced bailing bucket for raising water (frequently known under its Arabic name of shadüf."

是很自然的吗?”①

李约瑟综合并审视西方19世纪初机器破坏者的骚乱时期的历史现象,他认为:“道家的这种反技术心理情绪,肯定代表了这样一种普遍情绪,即不管引用了什么机械或发明,都只会有利于封建诸侯。它们若不是骗取农民应得之份的量器,就是用以惩治敢于反抗的被压迫者的刑具。在古技术时代虽然不可能存在技术失业问题,但在西方19世纪初机器破坏者的骚乱时期,原来的社会模式在某种意义上又重复出现,而且我们肯定可以发现其他类似的情况。尽管道家有这方面的情况,但后世的技术家们仍继续崇奉那些其名字已与各种技艺联系在一起的道教神仙;同时正像炼丹术和其他原始科学的突起所表明的那样,各种人工操作——不论是巫术的或是具有实际目的的操作——之间不可避免的联盟,仍在继续进行下去。”②

在“对封建制度的抨击”一章中“朴”与“浑沌”(社会的均同一致性)一节里,李约瑟论述了对“反之鲁,以告孔子。孔子曰:‘彼假修浑沌氏之术者也,识其一,不知其二;治其内,不治其外。夫明白入素,无为复朴,体性抱神,以游世俗之间者,汝将固惊邪?且浑沌氏之术,予与汝何足以

---

① (英)李约瑟在 *Science & Civilization in China*, Volume 2, *History of Scientific Thought*, 10. the Tao Chia (Taoists) and Taoism, (g) The attack on feudalism, (5) The 'knack-passages' and technology 一节中的原文是:“In reality the reasons behind this attitude are not far to seek. If the power of feudalism rested, as it must certainly have done, on certain specific crafts, such as bronze-working and irrigation engineering; if, as we have seen, the Taoists generalised their complaint against the society of their time so that it became a hatred of all 'artificiality'; if the differentiation of classes had gone hand in hand with technical inventions-was it not natural that these should be included in the condemnation? ”

② (英)李约瑟在 *Science & Civilization in China*, Volume 2, *History of Scientific Thought*, 10. the Tao Chia (Taoists) and Taoism, (g) The attack on feudalism, (5) The 'knack-passages' and technology 一节中的原文是:In their anti-technology complex the Taoists surely represented the popular feeling that whatever machines or inventions might be introduced it would be only for the benefit of the feudal lords; they would either be weighing-machines to cheat the peasant out of his rightful proportion, or instruments of torture with which to chastise those of the oppressed who dared to rebel. Although in eotechnic times there could be no question of technological unemployment, the social pattern repeated itself in a certain sense at the time of the machine-wreckers' riots in the early 19th-century in the West, and doubtless other parallels could be found. Notwithstanding this aspect of Taoism, however, the technologists of later ages continued to venerate Taoist genii whose names became associated with the crafts, and the inevitable alliance between various kinds of manual operations; whether for magical or practical ends, continued on its course, as the rise of alchemy and other proto-sciences shows.

识之哉'"这段的认识,他指出:"这些讽刺话当然是庄周或伪托庄周的作者借孔子之口说出的。现在已经十分清楚,这里我们所探讨的是一种明确的政治体系,它可能是为了防止封建贵族的敌意而使用了一些必要的半伪装的术语。的确,对于作为封建王室的总参议的孔子来说,在这个原始一致性学派的政治体系中,什么是他觉得值得了解的呢?"①

作为一位西方学者,李约瑟把自己六十年的精力奉献给了中国科学技术史的研究,是值得每一位从事中国科学史研究的学者所尊敬的。②然而,他对"子贡南游于楚"的这些认识,其言谍谍,恰如《孟子·尽心下》所言"贤者以其昭昭使人昭昭,今以其昏昏使人昭昭",正此论之谓也。李约瑟的论述,不足以解释"子贡南游于楚"一章之精微,亦不足以论述庄子技术思想。但李约瑟的误读及其所述,对中国从事技术思想的研究,却流播甚广、影响甚深,乃至被不少治中国科技史学者,奉为圭臬。

---

① (英)李约瑟在 *Science & Civilization in China*, Volume 2, *History of Scientific Thought*, 10. the Tao Chia (Taoists) and Taoism, (g) The attack on feudalism, (2) The words phu and hun-tun (social homogeneity)一节中的原文是:These ironical words are of course put into the mouth of Confucius by Chuang Chou or whoever wrote the passage. It should by now be quite clear that we are dealing with a definite political system, which used certain technical terms as a half-disguise already perhaps necessary as a protection against the enmity of the feudal lords What should Confucius, indeed, the counsellor-in-chief of feudal kingship, find worth knowing in the Primitive Homogeneity School?

② 余曾撰"明窗数编在 长与物华新——李约瑟评传"一文(见《自然辩证法通讯》,1993 年第 6 期),具言李约瑟致力于中国科学技术史的研究,使其成为向西方重新传播中国古代科学文明的杰出使者。1995 年春日,余忽闻中国科学院外籍院士,英国著名中国科学史家李约瑟(Joseph Needham)博士去世,深为惊骇,凭窗静坐,结想殊深,春蚕丝尽,蜡泪已干,勉成五古一首,以志曷胜哀悼之忱。诗云:"我思剑河水,呜咽发哀音。九五是高寿,哲人恨入冥。北邙何垒垒,河山洒泪频。方期见龙飞,学业仰士林。少年志于学,才高八斗盈。苍天巧安排,垂老喜完姻。睿智且勤奋,博大复精深。涵浸中西史,胸存万古情。为学当谨严,讲筵见虚心。为人甚谦和,是非倍分明。不为空言语,万里赴风尘。不作一字贬,士不辱先人。著述六十载,五更听鸡鸣。重绘世界图,东西赖此君。伟业昭简册,身教启后昆。古今大滴定,举世能几人。人生谁无死,丹心照汗青。抱志去不还,千载颂斯文。"1996 年夏,在韩国举办的东亚科技史国际会议上,余发表了纪念英国著名科学史家李约瑟(Joseph Needham 1900—1995 年)博士的五古一首,全诗茹古涵今,对李约瑟在中国科学史所作贡献的评价,溢于言表。1999 年,韩国科学史学会将这首《五言古风·悼李约瑟博士》译成韩文,并发表在韩国科学史学会出版的刊物上。同时,余为纪念李约瑟大会题写联文:"史苑中流砥,鸿图一柱擎。"此联经澳大利亚友人,译成英文。英文译文如下:Inscribe a couplet antithetical couplet written for Joseph Needham memorial session: In the field of Chinese scientific history Dr. Joseph Needham's research is like a strong stone standing in the rushing river torrents. In the field of Chinese scientific history Dr. Joseph Needham's works is like a guiding flag raised high and beckoning on the top of mountains of research.

对于王铃的协助，李约瑟在《中国科学技术史》第一卷（此卷也是有王铃协助）的“前言”中，作了专门说明，他强调：

> 在本书的整个准备期间，我很高兴得到了我的朋友王铃（王静宁）先生在研究方面的帮助。
>
> 首先，王铃所具有的中国史专门研究训练，对我们的日常讨论具有重要价值。其次，本书所有的翻译（中译英）十之七八是先由他草译……此外，王先生还“搜索”和“过滤”那些预先觉得有希望的原始资料，然后再用科学史的观点对这些资料作仔细的研究，以便确定它们的价值。没有这样一位合作者的友谊，本书即使能够写成的话，撰写过程也将大大延长，而且必定会有比我们预料多得多的错误。[①]

这些文字实事求是，足以说明王铃在李约瑟心目中的地位，以及王铃为此书的写成所作的贡献。其实，协助李约瑟完成《中国科学技术史》，尚有众多的中国学者。

王铃对于李约瑟之《中国科学技术史》，可谓功不可没；然作为学问之途，特别在中国学问面前，每一位学者，只能是各有所长、各有所专。王铃具有“中国史专门研究训练”，于中国历史其见甚定、其识甚精。他是一位史学家，但不是一位哲学家。恰如冯友兰博士《三松堂全集》之总纂、《楚国哲学史》的作者涂又光先生在《教育哲学课堂实录》中所云：“一个人，干哪一行，当然还是讲哪一行，不能隔行乱讲。毫无疑问，哲学上王铃帮不了李约瑟，何况是老庄哲学及其科学技术思想。”[②]

三、关于孔子“彼假修浑沌氏之术者也”的阐释

以上所举历代各家治庄著作及其西方学者所论，开辟蹊径，俱有全书，特别是对孔子“彼假修浑沌氏之术者也”的阐释，各执己见，本书在此所举者，仅仅撮其大意而已。

哲学的理解，必须建立在对文献原始文本的理解基础之上。庄子的哲学思想抑或技术思想，只能从庄子的著作中、《庄子》的文本中去读、去理解。如真假之辨，或云真修浑沌还是假修浑沌，只能从原文，从庄子的

---

① Joseph Needham：*Science & Civilization in China*, Volume 1, *Introductory orientations*, *Preface*, Cambridge University Press, 1954, P13-14。

② 涂又光讲授，雷洪德整理：《教育哲学课堂实录》，第一讲：绪论，华中科技大学出版社2020年12月第1版，第6页。

原著中去理论。

通读《庄子·天地》"子贡南游于楚"全文，孔子曰："彼假修浑沌氏之术者也"，这个"假"，从上下文来理解，只能是真假之"假"，而不是"假借"之假，这样才文从字顺；作"借"义，在此文中说不通、也不妥。

假的基本字义是不真实的，不是本来的，与"真"相对。

许慎《说文》："假，非真也。"假的本义，跟"真"相反。先秦乃至两汉之际的文献中，假为真假之假，用处甚多，如《诗经·小雅》："假寐永叹。"笺："不脱冠衣而寐，曰：假寐。"《墨子·经上》："假，今不然也。"《史记·项羽纪》："为假上将军。"《汉书·匈奴传》："假令单于初立。"《史记·淮阴侯列传》："大丈夫定诸侯，即为真王耳，何以假为?"

"假"字在《庄子》一书中凡21见，据王先谦《庄子集解》以及《庄子集释》文本，可详记如兹。

其一，"奚假鲁国"(《内篇·德充符》)。

其二，"审乎无假"(《内篇·德充符》)。

其三，"假于异物"(《内篇·大宗师》)。

其四，"彼假修浑沌氏之术者也"(《外篇·天地》)。

其五，"审乎无假而不与利迁"(《外篇·天道》)。

其六，"假道于仁"(《外篇·天运》)。

其七，"假之而生"(《外篇·至乐》)。

其八，"而犹假至言以修心"(《外篇·田子方》)。

其九，"是用之者假不用者也"(《外篇·知北游》)。

其十，"且假乎禽贪者器"(《外篇·徐无鬼》)。

其十一，"夫冻者假衣于春"(《外篇·则阳》)。

其十二，"所假而行"(《外篇·则阳》)。

其十三，"疑之所假"(《外篇·则阳》)。

其十四，"不以身假物"(《外篇·天下》)。

此外，哈佛大学燕京学社引得编纂处编印的《庄子引得》，尚引"假人""假借""登假""浸假"，共引七例。

其一，"子独不闻假人之亡与"(《外篇·山木》)。

其二，"生者假借也"(《外篇·至乐》)。

其三，"彼且择日而登假"(《内篇·德充符》)。

其四，"是知之能登假于道者也若此"(《内篇·大宗师》)。

其五，"浸假而化予之左臂以为难"(《内篇·大宗师》)。

其六,“浸假而化予之右臂以为弹”(《内篇·大宗师》)。

其七,“浸假而化予之尻以为轮”(《内篇·大宗师》)。

由《庄子》一书“假”字出现的次数,可以看出,“假”字的基本字义,在《庄子》的文本中,并非仅仅是真假之“假”,亦非伪托之“假”等;它的详细字义,既有作形容词用,又有作动词用等。读懂《庄子》,必须根据《庄子》的文本,进行正确的语言分析。

毫无疑问,哲学思想的分析恰恰应该建立在坚实的语言分析的基础之上。庄子技术思想立论的根据,既不能根据郭象的注、成玄英的疏,也不能根据郭、成以后各家的陈述,只能根据庄子的文本、《庄子》的原文。

中国的书,自有中国书的读法。通读“子贡南游于楚”全文,细心的读者都会发现,庄子非常重视这一章节,其事发生的地点为“汉阴”,此地所在,据清代陈寿昌撰《庄子正义附录》,“庄子为道家言,篇中人名地名以及鸟兽草木,半属寓言。”他认为:“必欲求故实,转嫌穿凿,虽然不可名者,道也;而道寄于文人地物事,又为文者之所寄也。”他之所以撰此,乃“于其所寄者,略为考究,以便循览,倘亦因文见道之一助乎”?其注“过汉阴”,引成玄英疏:汉水之阴。陈寿昌又“按汉水出今陕西汉中府,宁羌州嶓冢山,至湖北之汉阳入于江”。“汉阴”之阴,据《说文》:“山之北,水之南也。从阜,从侌。”可知“汉阴”之地所在,当即汉水之南。用汉水这个地名,显而易见,当是庄子着意安排的,是有其意义的。

而人名,“子贡南游于楚”全章之中,当事人有四:

其一,是子贡;

其二,是汉阴丈人;

其三,是子贡的学生;

其四,是孔子。

此章之中的四位人物,无疑也都是庄子在《庄子》一书的写作中,着意安排的,有其意义的。

初读《庄子》一书的人知道,此中四人,除汉阴丈人、子贡的学生为时人不知之外,孔子与子贡是当时鼎鼎有名的大人物。孔子是周游列国的大教育家、圣人;子贡则被叔孙武叔称之为“贤于仲尼”的贤人,而子贡的弟子虽人微言轻,但毕竟是孔门中人,非同小可。可见利用名人效应说明此段,自逞机锋,绝非一般。

“子贡南游于楚”一章的开头,针对的是应用桔槔还是不用桔槔引发了庄子对古代机械的定义,并论述了机械的特征。子贡对桔槔的言论,代表了庄子及其那一时代人们对先秦机械及其应用的认识。“机械”词语由“机”与“械”两个汉字组成。

“机”，在古汉语中原指某种、某类特定的装置，后来又泛指一般的机械。《尚书·太甲》有“若虞机张，往省括于度，则释”。《庄子·齐物论》：“其发若机括。”《释文》称：“机，弩牙；括，箭括。”《说文》对“机”的解释是“机，主发者也”，指弩机。《庄子·山林》：“丰狐，文豹……不免于网罗机辟之患。”即指夹子一类的装置。古代之“机抒”指织布机。《淮南子·泛论》载：“伯余之初作衣也……手经指挂，其成犹网罗。后世为之机抒胜复以便其用。”《史记·郦生传》有“农夫释耒，二女下机”。由此可知，“机”之本义指机械装置中构成转动的构件。

“械”，在古代中国指某一整体器械、器物等。《庄子·天地》载：“有械于此，一日浸百畦，用力甚寡而见功多。”其“械”在此为一般器械或器具；《墨子·公输》中有“公输盘为楚造云梯之械”，在此“械”指兵器；《汉书·司马迁传》载：“淮阴(韩信)，王也，受械于陈”，在此“械”指刑具。

“机”“械”这两字连在一起，组成“机械”一词，便构成一般性的机械概念。

《庄子·外篇·天地》“子贡南游于楚”一章载：“子贡曰：‘有械于此，一日浸百畦，用力甚寡而见功多，夫子不欲乎？’为圃者仰而视之，曰：‘奈何？’曰：‘凿木为机，后重前轻，挈水若抽，数如泆汤，其名曰槔。’为圃者忿然作色，而笑曰：‘吾闻之吾师，有机械者，必有机事，有机事者，必有机心。机心存于胸中，则纯白不备。纯白不备，则神生不定。神生不定者，道之所不载也。吾非不知，羞而不为也。’子贡瞒然惭，俯而不对。”这段子贡与老人的对话给出了机械的概念界定，即“机械是能用力甚寡而见功多”的器械。

《韩非子》卷十五《难》二中有类似的论述：“审于地形、舟车、机械之利，用力少，致功大，则入多。”故此中国最迟在战国时期已形成了与现代机械工程学之“机械”涵义较相近的概念。

“机”字与“械”字合在一起，构成一个新词，是与先秦对机械的价值评价分不开的。机械是利用力学等原理组成的各种装置，它是由“机”所发动的机械运动，受到机械中一个部分的控制，它做功的方位有所限定，区别于手工工具。

庄子所处的时代，这一时期生产的发展，使各种简单机械大量的出现，无论是车辆舟船还是农业机械，其作用日益广泛，引起思想家对机械的种种思考。从子贡的谈话中可以看出，先秦时期机械是由两个以上的构件所组成，恰如我们今天所称之的“机械是由可分解的简单机械运动的集合”，在使其中的一个部分运动时，其余部件除固定部分以外，都发生一定的运动，它根据人的意志与需要，在一定时空范围内运动，完成某项工作，给人带来用力少、收获大的效益。尽管《庄子》中的论述与今天我们对机械的定义相比，其认识尚缺乏系统，但它反映了先秦时期的科学认识成果。

子贡劝汉阴丈人用桔槔提水，汉阴丈人以“非吾不知，羞而不为”为由，说出一通“有机事者必有机心，有机心存于胸中，则纯白不备”的议论。至于“独弦哀歌”，前人注庄，言汉阴丈人则“逼人甚矣”。而就是这段议论，乃为今天不少学者常言及的道家鄙薄机械、鄙薄技术的证据。

倘若《庄子·天地》篇的这段文字就到此结束的话，那庄子对汉阴丈人的言论就是肯定的，则庄子此段寓言，就毫无形上学的意义。但是，《庄子》要说的话远远没有说呢，这就是该章的最后一段，即孔子对汉阴丈人的批评。《天地》云：“反于鲁，以告孔子。孔子曰‘彼假修浑沌氏之术者也。识其一，不知其二；治其内，而不治其外。夫明白入素，无为复朴，体性抱神，以游世俗之间者，汝将固惊邪？且浑沌氏之术，予与汝何足以识之哉！’”这一段十分精彩，正是“子贡南游于楚”全章的关键所在。如果没有这一段，那庄子就不是庄子，那也不是庄子的哲学，更不是庄子的技术思想。

对于汉阴丈人的行为和言论，孔子坚定地指出：“彼假修浑沌氏之术者也。”假修浑沌，一针见血，可谓诚哉斯言，尽得庄学大意矣。这个“假修浑沌”之假，其字义不是借意，而是真假的假。很明显，若是假借之意，无疑是肯定了汉阴丈人。若是真假的假，就是对汉阴丈人言论的彻底否定。孔子的这句话统驳全篇，彻底否定了汉阴丈人的做法和言论。

庄子在《天地》篇中，就是借当时的圣人——孔子之口，严厉批评汉阴丈人是假修浑沌，而不是真假浑沌，更代表了道家对科学技术的态度，这也是庄子行文的玄妙之处。

汉阴丈人的观点是：“吾闻之吾师，有机械者必有机事，有机事者必有机心。机心存于胸中，则纯白不备。纯白不备，则神生不定。神生不定者，道之所不载也。吾非不知，羞而不为也。”郭象尽识庄子对待机械、技术的态度以及其用心，其注曰：“夫用时之所用者，乃纯备也，斯人欲修纯备，而抱一守古，失其旨也。”郭象的这一观点，无疑是正确的。

孔子否定了汉阴丈人的观点，他认为汉阴丈人假修浑沌之术的原因很简单，这就是如果真修浑沌的人，就不可能“有机械必有机事，有机事者必有机”。如果假修浑沌的人，就“有机械必有机事，有机事者，必有机心”。所以，孔子说汉阴丈人“识其一，不知其二；治其内，而不治其外。”

这个其一，就是汉阴丈人的有机械，必有机事，有机事者必有机心。

这个其二，就是有机械，必有机事，有机事，也不会有机心。

《庄子·天地》篇所载，反映先秦时期对待机械、技术应用存在两种截然不同的态度，其对比分析，如表5.7所示。

表5.7 《庄子·天地》篇所载内容的分析

真假之分	对待机械的态度
浑沌	无机械，无机事，无机心
假修浑沌之人	有机械，必有机事；有机事者必有机心
真修浑沌之人	有机械，必有机事；有机事，也不会有机心
假修浑沌之人的代表：汉阴丈人	识其一，不知其二；治其内，而不治其外

由是观之，孔子认为汉阴丈人的说法与做法都不对，是假修而不是真修。郭象注此，更是说得明白，认为汉阴丈人抱一守古。抱一是对的，守古却是错的，守古而不用桔槔，就如孔子所言：“治其内，而不治其外。”若照汉阴丈人所言，道家是不要技术，甚或反对、鄙薄科学技术的，而事实上“子贡南游于楚”一章中孔子对汉阴丈人的批评，才真正代表了庄子的意思，说明道家重视机巧、重视机械的应用。郭象所注，也极得庄子之意，提示了道家重视科学技术及其发展与应用的本质。一部《庄子》可以说是中国古代一部百科全书，同时也说明道家恰恰是反对守古、与时俱化、重视机械、关注技术之应用的。

四、郭象《庄子注》对此注解的意义

前人对《庄子》所做的工作与注解，特别是晋人郭象所作的工作，是今人理解庄子思想的一把钥匙。就庄子哲学而言，没有《庄子》中的寓言，就没有庄子哲学。反过来一样，没有哲学的理解，就无法读懂这些寓言，也就无法读懂《庄子》。恰如《庄子·秋水》所云：“井蛙不可以语于海者，拘于墟也；夏虫不可以语于冰者，笃于时也。”

其实，晋人郭象，学有所在，他的《庄子注》是一部哲学著作。在玄学发展的过程中，《庄子》成为玄学的基本经典。玄学家们都研究《庄子》这部书，发挥庄子的思想。先秦乃至魏晋时期的玄学家们，他们的研究与发挥，必然要互相启发、互相影响、互相促进。后起的作家总是利用前人的成果，把它包括进去、发展起来，建立自己的思想体系。这是思想史上常有的现象，也是治学的必然规律。晋人向秀的《庄子注》，是他以前的《庄子注》的发挥；郭象的《庄子注》又是向秀的《庄子注》的发展，他的《庄子注》，可能包括向秀的成果比较多，但他也有自己的见解，有他的哲学体系。

郭象毕生致力于先秦哲理之学，尤精周秦诸子，其校勘、训诂，融会贯通、博采众长，成一家言。所著《庄子注》其特点是将《庄子》内外杂三篇会通，相互佐证，着眼于本文，论世、知人、探微、显隐、追寻庄子哲学固有的内在的理论脉络，做出具体分析。

“夫庄子者，可谓知本矣。”这是郭象对庄子的总评，从这个总评出发，论定《庄子》“不经而为百家之冠”的地位，[①]“知本”就是知道。这个评价很高，但不算最高，因为“知”道不及“体”道，体道才是最高的。知道者以道为对象，与道为二；体道者是道的体现，与道为一。所以体道者是圣人，其言为“经”；知道者不及圣人，其言为“百家”。“庄生虽未体之，言则至矣”：其人未体道，其言是至言。所以《庄子》“不经而为百家之冠”，虽不算经书，但在诸子百家之中，历数第一。

郭象注《庄子》，并不是为注而注，而是借《庄子》之书，阐发他自己的哲学见解，建立他自己的哲学体系。他广泛地吸收了先秦乃至魏晋各家的成果，综合各家，集其大成。故明人杨慎在《庄子解》中有：“昔人谓郭象注庄子，乃庄子注郭象耳。盖其襟怀笔力，略不相下。今观其注时出俊语，与郑玄之注檀弓，亦同而异也。”郭象的《庄子注》，在当时成为玄学发展的顶峰，以致取代各家的《庄子注》，一直流传至今。

冯友兰十分重视郭象的思想成就，他认为郭象的理论是玄学发展的第三阶段，三松堂晚年在《新编中国哲学史》中，几乎用了十个章节来讨论郭象的《庄子注》以及《庄子注序》。用这样的篇幅，对比在《新编中国哲学史》中对古代各家的论述，实不多见。冯友兰认为：郭象的《庄子注》，并不是《庄子》一书的附属产品，而是一部地地道道的独立的哲学著作，《庄子注》有其独立的哲学体系。这些是冯氏的贡献。

---

① （晋）郭象：“《庄子》序”，见（清）郭庆藩：《庄子集释》，载《诸子集成（第三册）》，中华书局1954年12月第1版，第2页。

郭象注《庄子》之文，对比各家，“玩之不觉为倦，览之莫识其端，心慕手追，此人而已。其余区区之类，何足论哉”。[①] 比对文字、考辨词义，郭象注《庄子》是首屈一指的，他不仅以《庄子》说《庄子》，而且有所发挥。确实，在中国思想史上，前人创造的思想高峰，有些是后人无法企及的。

五、《庄子·天地》篇论机械

庄子其学，无所不窥，他的技术思想是春秋战国时代的产物，其技术思想体系是在春秋战国科技发展的基础上对技术所作的反思。

在科学技术史上，特别是古代机械史中，《庄子·天地》篇中所载“桔槔”，即杠杆，以及杠杆原理的发现是一件重要的成果。杠杆作为简单机械之一，是人类最早使用的减轻劳动强度的工具，人类对杠杆的利用，可以追溯到原始人的时代，考古发现证明新石器时代的人们就已经在实践中懂得了杠杆的使用法则。中国先秦时期利用广泛的衡器和桔槔，正是杠杆的应用实例。而在工程技术中，杠杆不仅仅是一件简单机械系统，它也是一个再基本不过的比例控制系统。

《庄子·天地》篇中载：“凿木为机，后重前轻，挈水若抽，数如泆汤，其名为槔。”“有械于此，一日浸百畦，用力甚寡而见功多。”又《庄子·天运》：“且子独不见未桔槔者乎？引之则俯，舍之则仰。”“槔，释文本又作桥。”

庄子没有从事科技工作的记载，但他对桔槔的结构、功能、效果、工作的状态做了翔实记录。周秦之际，对桔槔及其杠杆原理做出总结的是墨子。墨子在《墨子·经下》云：“负而不挠，说在胜。”《经说下》云：“负，衡木，加重焉而不挠，极胜重也。右校交绳，无加焉而挠，极不胜重也。”[②]

《墨子》论证了桔槔的功用。《墨子》中“桔槔”或作“挈槔”“桔槔”，亦称“桥衡”，又或简称曰“槔”“桥”。《礼记·曲礼》：“奉席如桥衡。”郑玄(137—200年)注：“横奉之，令左昂右低，如有首尾然；桥，井上挈槔，衡上低昂。”孔颖达(574—648年)疏：“所奉席席头令左昂右低，如桥之衡；衡，横也。”[③]

---

① 《晋书》列传第五十“王羲之”传论，见(唐)房玄龄等撰：《晋书》，中华书局1974年11月版，第2108页。

② 谭戒甫：《墨辩发微》，载《新编诸子集成(第一辑)》，中华书局1964年9月第1版，第259-260页。

③ 《礼记·曲礼》，见(汉)郑玄注，(唐)孔颖达疏：《礼记正义》卷一，(清)阮元校刻：《十三经注疏》，中华书局1980年10月第1版，第1239页。

古代文献中，有关的记载甚多，西汉初年淮南王刘安主持撰写的《淮南子·主术训》载："桥直植立而不动，俯仰取制焉。"高诱（约 180 年前后在世）注："桥，桔槔上衡也，植柱权衡者。行之俯仰，取制于柱也。"①

汉代刘向《说苑·反质篇》："为机重其前，轻其后，命曰：桥。"

桔槔的构造通常用一直木立于地上，又用一横木联结在直木的上端，故叫作"桥"或"衡"，衡与直木的交点应偏近于衡的左端，使交点，即交绳左边木短而交点右边木长，短端叫作"本"，长端叫作"标"，标长故重，本短故轻。必要时可系大石于标端以加大标端之重。重者必下垂，轻者则上挠。下垂是俯，上挠是仰。汲井之法从本端系一绳，绳下端系一个汲水之器，一人站在标端之前用力举起标端，使本端下降，器落入井内汲水，操作者释放标端，由此时系统的重心，仍偏在支点右侧，在重力矩的作用下，标端自行下降，汲水已满的水器随本端上升出井，可以供人取用，这就是杠杆原理应用实例。

桔槔得以应用的关键在"本短标长"，在于支点位置适宜，保证标端重力矩能胜过本端与汲水已满的水器的重力合力矩，这叫作"极胜重"。"极"有极致的意思。水器汲满了水叫作"负"。如果标端不能胜本端的负重，则汲满水之后，标端上挠，本端就不能自行上升了。但如果在标端未施加一个足够大的竖直向下的力，本端也难升起。

桔槔原理图，如图 5.37 所示。

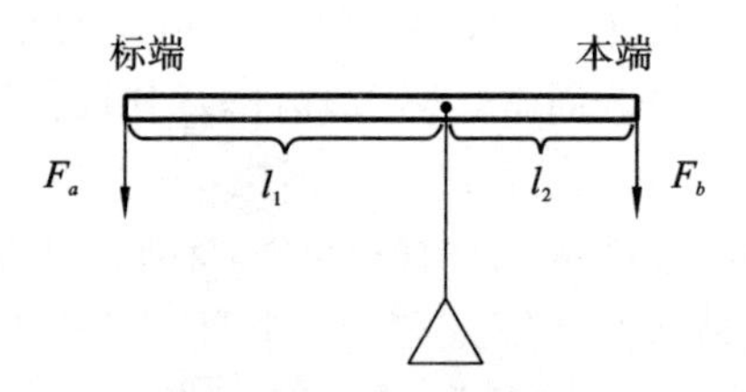

图 5.37　桔槔原理图

从控制系统的角度来分析，桔槔系统的输入为标端所受合力 F_a，输出为本端所悬外物的重力 F_b，此时不考虑桔槔的自身的重力，则如图 5.38所示。

系统传递函数设为 $\frac{F_b(s)}{F_a(s)} = K$，

① 《淮南子·主术训》，见何宁著：《淮南子集释》，中华书局 1998 年 10 月第 1 版，第 133 页。

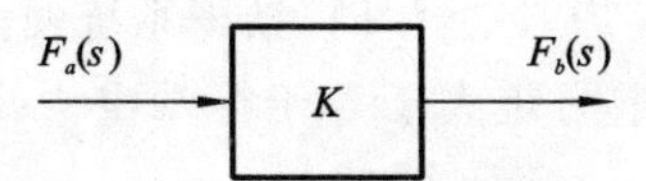

图 5.38 桔槔控制原理图

其中 $K=\dfrac{l_1}{l_2}$，

即 $\dfrac{F_b(s)}{F_a(s)}=\dfrac{l_1}{l_2}$，此系统为一比例系统。

如果考虑自身的重力，则有 $F_a l_1+l_1 G_0\cdot\dfrac{l_1}{2}=F_b l_2+l_2 G_0\cdot\dfrac{l_2}{2}$，$G_0$ 为单位长度的重量，

$F_b=\dfrac{F_a l_1+G_0\dfrac{l_1^2}{2}-G_0\dfrac{l_2^2}{2}}{l_2}=\dfrac{l_1}{l_2}F_a+\dfrac{G_0(l_1^2-l_2^2)}{2l_2}$，此时也是比例系统。

令 $\dfrac{G_0(l_1^2-l_2^2)}{2l_2}=F_1$，

则 $F_b=\dfrac{l_1}{l_2}F_a+F_1$。

输出与输入是呈线性比例关系，如图 5.39 所示。

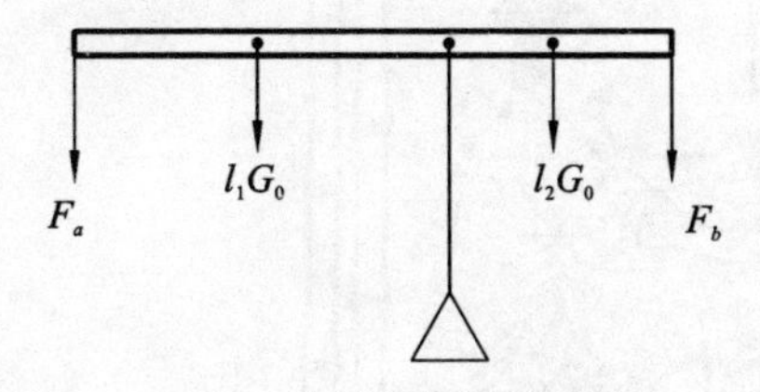

图 5.39 桔槔系统原理图

可见，桔槔系统构成了一个比例控制系统，其比例系数为标端与本端长度之比 $\dfrac{l_1}{l_2}$，当系统输入为 F_a 时，输出为 $\dfrac{l_1}{l_2}F_a+F_1$（$\dfrac{l_1}{l_2}>1$），此控制系统起到了将输入力放大 $\dfrac{l_1}{l_2}$ 倍的作用，是一个省力系统。

根本问题在于“胜”，所以《墨子·经下》言：“负而不挠，说在胜。”《墨子·经说下》申明其意曰：“衡木，加重焉而不挠，极胜重也。”倘若支点的位置改变，则 l_2 与 l_1 也相应改变，比例系统 $K=\dfrac{l_1}{l_2}$ 也相应改变，系统比

例控制作用跟着改变。当 $l_2 \geq l_1$ 时，桔槔系统便失去了省力作用，其传递函数 $K \leqslant 1$，本端重力矩大于等于标端重力矩，完全丧失了桔槔的作用。

明代宋应星《天工开物》卷上“乃粒”第一卷所载桔槔图，[①]如图 5.40 所示。

图 5.40 (明)宋应星《天工开物》卷上“乃粒”所载桔槔图

① (明)宋应星:《天工开物》“乃粒第一卷”桔槔图，明崇祯十年(1637 年)涂绍煃刊本，卷上，第 13 页。

六、《庄子·天地》“子贡南游于楚”一章的意义

据《史记·老子韩非列传》，庄子“其学无所不窥，然其要本归于老子之言。故其著书十余万言，大抵率寓言也”。大抵，犹言大略之义。“其书十余万言，率皆立主客，使之相对语”，故云“寓言”。寓，据《说文》：“寓，寄也。”故别录云“作人姓名，使相与语，是寄辞于其人，故庄子有寓言篇”。率，犹类之义。

《庄子》一书，“其言宏绰，其旨玄妙”，显示出极其深邃的智慧与思想，庄子对他目光所注视的每一个领域都论述得那么深刻、那么独到，以致后人对《庄子》一书产生了各种解读。“诸家解者，或敷演清淡，或牵联禅语，或强附儒家正理，多非本文指义。”恰如司马迁所云，庄子“善属书离辞，指事类情，用剽剥儒、墨，虽当世宿学不能自解免也。其言洸洋自恣以适己，故自王公大人不能器之。”①

因此，“子贡南游于楚”一章，实际上是庄子用非常幽默的笔调写的一篇极为精彩的寓言故事，它不是高头讲章式的理论篇章、板起面孔对人们进行说教，而是以讲故事、打比方的办法，或正话反说，或反话正说，令人微妙难识。不知庄子的这种幽默感，甚或我们自己没有幽默感，我们就无法读懂《庄子》，也无法理解庄子。

“子贡南游于楚”一章，计 674 字，可谓文不甚白，言之甚深，字字句句，无不是庄子技术思想的体现。故而，了解南华之深意，通读《庄子》一书至为重要。

若文断彼此、义绝上下、一知半解，甚或作茧自缚，以为圃者拒机的主人——汉阴丈人，代表道家对待科学技术的态度，实在是大谬不然。

若读“子贡南游于楚”一章，断章取义，丢掉全章中最为重要的孔子的讲话，那就大错特错了；甚或画地为牢，那无论如何是读不懂“子贡南游于楚”，也无法理解庄子之旨。

《庄子》一书对机械的论述、对技术的理解，是完全建立在先秦科学技术发展的客观基础之上，对科技做出的形上学的思考，其论科学技术，可谓百家之冠，庄子是当之无愧的。

如果汉阴丈人真的能代表庄子的思想，那何来《庄子·山木》：“物物

---

① 《史记》卷六十三，“老子韩非列传”第三，见（汉）司马迁撰：《史记》，中华书局 1959 年 9 月第 1 版，第 2144 页。

而不物于物，则胡可得而累邪？”即利用物而不受制于物，那么怎么可能会受牵累呢？“物物而不物于物”就是驾驭外物，而不为外物所驱使；就是主宰万物而不为万物所役使，即保持自己的独立的主宰性，而不为世所“异化”。

庄子所说“物物而不物于物”是一个认识的过程，在这个过程中，“物”作为依托和背景，人们不离不弃，“傲睨万物”，也不沉溺其中，“与物相刃相靡”，从而避免了“以物易己”的尴尬，而获得了“乘物以游心”的自由。

如果汉阴丈人真的能代表庄子的思想，那又何来《庄子·大宗师》：“其为物无不将也，无不迎也，无不毁也，无不成也。其名为撄宁。撄宁也者，撄而后成者也。”撄宁，用现在的话来表达，就是指接触外物，而不为所动，保持心神宁静。

《庄子·大宗师》篇告诉人们“闻道”的体会，由“外天下”“外物”“外生”，而后能“朝彻”，即达到物我两忘的境地，才能不受外界事物的纷扰，保持心境的宁静——“撄而后宁”。

道家究竟是鄙视科学技术，还是重视科学技术、歌颂科学技术，确实关系到道家对待科学技术态度的大是大非的大问题，同时也涉及人们对科学、文学、哲学三者之间的认识。科学在于发现物质规律；文学赋予人们的思想和情感，并具有艺术之美；哲学在于提高精神境界提高精神境界，就是养成理想人格。而这三者之间的关系，如表5.8所示。

表5.8 科学、文学、哲学三者之间的认识关系

项目	内容	形式
科学	感性的内容	理性的形式
文学	理性的内容	感性的形式
哲学	理性的内容	理性的形式

科学、文学、哲学三者之间的认识关系，即

科学是感性的内容，理性的形式；

文学是理性的内容，感性的形式；

哲学是理性的内容，理性的形式。

无论《庄子》一书“通天地之统，序万物之性，达死生之变，而明内圣外王之道,上知造物无物,下知有物之自造",[1]都是以感性的形式来表达的,而感性的存在是有限的存在,理性的存在是无限的存在。真正的文学都是从感性见理性,从有限存在见无限存在。无限存在就是庄子在"轮扁斲轮"中所说的个人可"得之于手"即实践,而"不可传""口不能言"的"道"。可感受者是道的感性形式,不可言传者是道的理性内容。《庄子》一书的妙用,就在于以感性形式传达不可言传的理性内容。"庖丁解牛""梓庆削鐻""大马捶钩""子贡南游于楚"等所说的,希望是其理性的内容,但是仍以言传。在庄子看来,这实在是没有办法的办法。

众所周知,《庄子》一书,不是一部系统介绍古代机械技术的科学专著,庄子本人,也不是一位从事科技工作的专家;但庄子巧妙地应用子贡与汉阴丈人和孔子的对话,使人们一窥先秦机械技术发展的真实状况,更重要的是它体现了道家在科学技术发展方面所持有的与时变化、反对守古、不断创新的科学精神。尽管庄子这一时期的科学技术所涉及的机械云云,早已成为历史的陈迹,但庄子对其所作的思考,他对科技应用与人的关系的理解等,无疑是前无古人的。

所以,不少学者认为,《庄子》一书,悉皆全备,是中国古代科技的哲学。李约瑟在其所著《中国科学技术史·第二卷》中,明确指出:"对于理解中国全部科学技术,道家极端重要,根据一个著名评论(我记得这是在成都听冯友兰博士亲自说的),全世界至今只见过,惟有道家神秘主义体系是绝不反对科学的。"[2]

---

① (晋)郭象:《〈庄子〉序》,见(清)郭庆藩:《庄子集释》,载《诸子集成(第三册)》,中华书局1954年12月第1版,第2页。

② (英)李约瑟(Joseph Needham,1900—1995年)在 *Science & Civilization in China*, Volume 2, *History of Scientific Thought* 讲得再清楚不过了。他"导言"中写道:"The Taoist system of thought, which still today occupies at least as important a place in the background of the Chinese mind as Confucianism, was a unique and extremely interesting combination of philosophy and religion, incorporating also 'proto'—science and magic. It is vitally important for the understanding of all Chinese science and technology. According to a well-known comment (which I remember hearing from Dr. Feng Yu-Lan himself at Chengtu), Taoism was 'the only system of mysticism which the world has ever seen which was not profoundly anti scientific'."见李约瑟著 *Science and Civilisation in China*(中文译名为《中国科学技术史》)第2卷第33页。李约瑟的意思是:"道家思想体系,在中国人的心灵背景中,至今仍占有至少与儒家同样重要的地位,是哲学与宗教的一种独特而极其有趣的结合,还含有'原始'科学和巫术。道家是理解全部中国科学技术的生命线。根据一个著名的论断(我记得是在成都听冯友兰博士本人讲的,时为1943年),道家是'独一无二的从根本上不反对科学的神秘主义体系,全世界迄今还只见到这一个'。"

其实，任何一部中国科学技术史，倘能详其源流、辨其同异，都会有这一结论——道家是不反对科学的。不然，何来《老子》的“为学日益，为道日损”(《老子·第四十八章》)，又何来庄子的“技进乎道”(《庄子·养生主》)，道艺合一。

无论如何，李约瑟等人在《中国科学技术史·第二卷：科学思想史》一书中强调道家“绝不反对科学”，但总是从消极的方面要求道家；而汉代学者王充在《论衡》卷第十八“自然篇”中论此，言“道家论自然，不知引物事以验其言行，故自然之说未见信也”，[①]却是从积极的方面要求道家。

纵观历史，道家对中国科学技术所起的积极作用不胜枚举，如后之道家，诸如东晋葛洪等人，为了“内修形神以延命愈疾”的养生术和“外攘邪恶使祸害不加”的金丹长生术，[②]从理论和实践的各个方面作了大量研究，在《抱扑子·内篇》中总结出一套炼丹化学实验操作规程。《抱朴子·内篇》二十卷的著录，成为中国炼丹术史中的一个里程碑，在中国化学史乃至世界化学史上留下了可贵的一页。它表明在葛洪生活的两晋时代，中国炼丹术已形成了自己独特的、相当完整的理论体系，丹鼎炉火技艺也已有了丰富的经验。《抱朴子·内篇·金丹》中的“太清神丹”即“九转神丹”，“九转”者，简单地反复升华精炼九次。丹方是从丹砂或水银一味出发，经九转后的最终产物，当是红色氧化汞。炼丹家们在千百次的实验中，发现很多金属物质变化的规律，积累了大量宝贵的知识和经验。[③]

炼丹术对人们认识金属、合金的性质，促进冶金学的发展都起到了积极的推动作用。铅是炼丹术中的重要物质，葛洪在《抱朴子内篇·黄白》中，对铅的金属性质描述如兹：“铅性白也，而赤之以为丹。丹性赤也，而白之而为铅。”前一“白”字，应指铅能化作白色胡粉这一化学性质，后一“白”字应作“使变白”，即漂白的意义来解释。如果把 Pb_3O_4 投入火中，它将与铅粉一样，即被还原成铅。《抱朴子内篇·黄白》所载，可用以下化学方程式表示，如表 5.9 所示。

---

① 《论衡》卷第十八“自然篇”，见黄晖撰：《论衡校释》，载《新编诸子集成》，中华书局 1990 年 2 月第 1 版，第 910 页。

② 《抱朴子·内篇》“微旨”卷第六，见(东晋)葛洪：《抱朴子》，载《诸子集成(第六册)》，中华书局 1954 年 12 月第 1 版，第 27 页。

③ 《抱朴子·内篇》“金丹”卷第四，见(东晋)葛洪：《抱朴子》，《诸子集成(第六册)》，中华书局 1954 年 12 月第 1 版，第 12-21 页。

表 5.9 《抱朴子内篇·黄白》所载铅的金属性质化学方程式

化学方程式	《抱朴子内篇·黄白》的记载
$2Pb+O_2 \xlongequal{500\ ℃} 2PbO$	“铅性白也”
$6PbO+O_2 \xlongequal{500\ ℃} 2Pb_3O_4$	“赤之以为丹”
$Pb_3O_4+2C \xlongequal{\triangle} 3Pb+2CO_2\uparrow$	“白之而为铅”

葛洪在《抱朴子内篇·金丹》中,对汞的化合物(硫化汞 HgS)的性质进行了描述。《金丹》载有:“丹砂烧之成水银,积变又还成丹砂。”即红色的硫化汞加热分解得到水银,而水银和硫混合又再反应生成硫化汞。

《抱朴子内篇》所录表明:早在一千多年前,炼丹家就能将汞(水银 Hg)从丹砂(硫化汞 HgS)中分离出来,又能将汞和硫还原成硫化汞。《金丹》阐明了反应的可逆性及物质间相互转化关系,而且炼丹家们在烧丹活动中还炼出了许多重要的汞的化合物,如红升丹(氯化汞 HgCl)、甘汞(氯化亚汞 Hg_2Cl_2)等;硫化汞与汞相互转化的过程,其实质包含下列两个反应,可用化学反应式表示,如表 5.10 所示。

表 5.10 硫化汞与汞相互转化的化学反应方程式

化学反应方程式	《抱朴子内篇·金丹》的记载
$HgS+O_2 \xlongequal{\triangle} Hg+SO_2\uparrow$	“丹砂烧之成水银”
$2Hg+O_2 \xlongequal{\triangle} 2HgO$(红色)	(红色)“积变又还成丹砂”

葛洪的医学著作中附有各种疾病的治疗方法和药方,对生命、疾病所作的系统总结,一直为后世所重视,获得了在科学领域的积极成果。[①]

《道教典籍选刊》第一册《云笈七签》卷之七十六“方药”中所载“九转炼铅法”书影[②],如图 5.41 所示。

至于道家思想的贡献,特别是庄子的贡献,恰恰在于肯定个体,又解放个体,乃至实现个体。《老子》主张“道法自然”(第二十五章),“自然”意谓自己如此。自己当然是个体自己。自己如此,相当于《庄子》的“万

① 卢嘉锡主编,赵匡华,周嘉华著:《中国科学技术史·化学卷》,科学出版社 1998 年 8 月第 1 版,第 250-259 页。

② 《道德真经广圣义》书影,见胡道静、陈莲生、陈耀庭选辑:《道藏要籍选刊(第一册)》,上海古籍出版社 1989 年 6 月第 1 版,第 542 页。

真上色西方也參同契外丹亦云龍虎之訣
即金華黃芽之品秘
九轉鍊鉛法
取鉛十斤汞一斤以器微火鎔之用鐵匙掠
取其黑皮直令盡每一遍傾在地上復器中
鎔之凡如此九遍訖即下汞即用猛火熬作
青砂色如不散即據醋灑之即變爲青砂矣
更於一鐵器中盛醋傾砂醋中訖用鐵匙研
令熟又醋烹添取鉛黃於瓦上令乾取黃牛
○糞汁并小大麥麵亦得和所熬青砂作團如○
鷄子大或作餅日曝乾一本云陰乾於爐
火上鞴袋吹取鉛精名鉛丹其性濡更著器
熬令至熟其色盡赤又出醋中研令熟至澄
著瓦上使乾於器中熬令熟紫色又別以一
器取好酒一升下赤鹽二兩和投器中相得
即取紫色丹一時寫著酒中待冷出之此即
名九還鉛丸爲丹名曰九轉紫鉛丹也
金丹法
雌黃一斤通明者如研如粉山池石鹽二兩
本如研如麵伏火北亭汁三兩

图 5.41　《道教典籍选刊》第一册《云笈七签》“方药”中“九转炼铅法”书影

物殊理”(《则阳》)。“万物”是一个一个的个体,“殊理”是各有不同的理,即个体自己生存变化之道。个体自己生存变化,《老子》谓之“自化”(第三十七章,第五十七章);个体自己生存变化之道,《庄子》谓之“自本自根”(《大宗师》)。庄子的哲学思想乃至技术思想的积极作用在一个“放”字,即庄子的思想帮助人们从一切局限中解放出来,把个体的全部能量释放出来,在法制的调节下,使之成为强大无比的、无穷无尽的创造力量。这既是创造中国古代科技最为辉煌历史的思想根源,也是今天迎接世界科技革命更为严峻的智力挑战的思想武器。[①]

确实,道家注重个体、强调殊相。在释放中国人的创造力方面,以庄子为代表的道家思想的积极作用首屈一指,恰如《庄子·大宗师》所云:“夫道有情有信,无为无形;可传而不可受,可得而不可见;自本自根,未有天地,自古以固存;神鬼神帝,生天生地;在太极之上而不为高,在六极之下而不为深,先天地生而不为久,长于上古而不为老。”这是何等的襟怀!何等的气象!

庄子的思想只能解决人的精神状态问题,包括科学技术工作者的精神状态问题,并不能直接解决科学与工程技术中的具体问题;若要庄子思想直接解决科学技术中的问题,那就好比上船,找错了码头。恰如王

---

① 涂又光:《道家注重个体说》,见《道家文化研究(第一辑)》,上海古籍出版社 1992 年版,英译文发表于 M. E. Sharp, Inc. 1998 年出版的 *Contemporary Chinese Thought*, vol. 30, no. 1, Fall 1998。又见涂又光:《涂又光文存》,华中科技大学出版社 2009 年 12 月第 1 版,第 77-84 页。

先谦在郭庆藩《庄子集释》“序”中指出的那样，《庄子》一书，“晋演为玄学，无解于胡羯之氛；唐尊为真经，无救于安史之祸。徒以药世主淫侈，澹末俗利欲，庶有一二之助焉。”“子贡为挈水之槔，而汉阴丈人笑之。今之机械机事，倍于槔者相万也。使庄子见之，奈何？”[①]但庄子《天地》篇所提出的是真修浑沌还是假修浑沌的理论，不仅涉及汉阴丈人对机械的认识，更重要的是提出了一个完全不同于认识论的认识方法，庄子的这些论述不负老聃之羽翼，道炳千秋，这是其他各家无法与之相比的。[②]

七、结语

宋人苏轼在《庄子祠堂记》中感叹，《庄子》之言，“《盗跖》、《渔父》已见于《史记》，则由来久矣，并存而分别观之可也。凡分章名篇，皆出于世俗，非庄子本意”；“内篇各篇似本自庄子，外篇乃后人取篇首二三字以名之耳”。而“自古高士，晋汉逸人，皆莫不玩，为之义训；虽注述无可间然，并有美辞，咸能索隐”，[③]西晋郭象所撰《庄子·序》，在同类文章中，直到今天，仍是首屈一指。《庄子·序》一文对了解《庄子》其书、庄子技术思想极为重要。

《庄子·序》文中，郭象先赞“体道”以抑庄子，再赞“至言”以扬庄子，对庄子极尽先抑后扬之能事，其深意则在于弘扬庄子之“至言”。郭象在此没有选用庄子语录，而是对庄学进行概括，集中到一点，就是“上知造物无物，下知有物之自造也”，也就是“放而不敖”。[④] 郭象的提法，对于理解庄学极有帮助。造物无物则物必自造，这个提法，更精简的表述是：万物以自为本。承认万物以自为本，当然“放”。尊重万物以自为本，故“不敖”。“放而不敖”，正是《庄子·天下》篇“独与天地精神往来，而不敖倪于万物”的更精简的表述，更是先秦之际科技创新思想的总结。[⑤]

---

① 《庄子集释》“序”，见（清）郭庆藩：《庄子集释》，载《诸子集成（第三册）》，中华书局 1954 年 12 月第 1 版，第 1 页。

② 刘克明：《中国技术思想研究：古代机械设计与方法》，“儒道释博士论文丛书”，巴蜀书社 2004 年 11 月第 1 版，第 154-187 页，第 142-151 页。

③ 成玄英：《庄子·序》，见（清）郭庆藩：《庄子集释》，载《诸子集成（第三册）》，中华书局 1954 年 12 月第 1 版，第 3-4 页。

④ （晋）郭象：《庄子·序》，见（清）郭庆藩：《庄子集释》，载《诸子集成（第三册）》，中华书局 1954 年 12 月第 1 版，第 2 页。

⑤ 《〈庄子〉其书》，见涂又光：《楚国哲学史》，第十五章“庄子（上）”，湖北教育出版社 1995 年 7 月第 1 版，第 354 页。

经典是要读的。恰如《庄子·天运》所载孔子和老子的对话:“六经,先王之陈迹也,岂其所以迹哉?”“夫迹,履之所出,而迹岂履哉?”。郭象注此云:“所以迹者,真性也。夫任物之真性者,其迹则六经也。”“况今之人事,则以自然为履,六经为迹。”子玄所云“迹”即形迹,泛指可观可感之外在表象,此处特指作为先王言教之承载的六经;“所以迹”即现象背后的原因,事物之自然本性,也即“真性者”。而“迹”和“所以迹”的关系,亦即“迹”和“履”的关系。“迹”为“履”之迹,“履”为“迹”之本,二者不一亦不二。在《楚国哲学史》一书中,涂又光先生做了进一步的阐述,他说:经典好比脚印,是脚踩出来的,脚印并不是脚。由脚印而知脚,犹由言而得意。当时有人把脚印当成脚,并且要别人也这样。引起《庄子》最强烈的反弹,就是否定一切条条框框,彻底解放心灵,开发创新创造的精神资源。[①] 毫无疑问,庄子技术思想是对扎根于中国的哲学之中,从“道艺合一”到“道通为一”,从“以道观分”到“不同同之”“不齐齐之”,从“人工拙于天工”到“人工应当巧夺天工”,从“无以人灭天”“不以人助天”到“反以相天”“以天合天”,是对先秦各种技术及其与技术有关问题理论思考的成果,《庄子·天地》篇论“机械”,其基础是科学性、创造性、社会性的有机统一,几与现代定义相埒。几千年来,庄子技术思想一直影响着中国的文化。中华民族的创造才能和科技创新,从来受到《庄子》思维模式的激发,“内篇明于理本,外篇语其事迹,杂篇杂明于理事。内篇虽明理本,不无事迹;外篇虽明事迹,甚有妙理;但立教分篇,据多论耳”,[②]其泽及天下,化被万方,这个历史事实,发人深省。在中国学术思想的历史上,老学与庄学的合称——老庄,是指道家老庄学派学说,可以说,有了老庄的思想,才有中国几千年的学术思想,才有中国几千年的哲学思想,才有中国几千年的技术思想。

主要参考文献

[1] 王国维. 王国维遗书[M]. 影印版. 上海:上海古籍书店,1983.
[2] 黎靖德. 朱子语类·卷第一百二十五[M]. 王兴贤,点校. 北京:中华书局,1986.

---

① 涂又光:《楚国哲学史》,湖北教育出版社 1995 年版,第 406 页。

② (唐)成玄英:《庄子·序》,见(清)郭庆藩:《庄子集释》,载《诸子集成(第三册)》,中华书局 1954 年 12 月第 1 版,第 3-4 页。

[3] 司马迁. 史记[M]. 北京:中华书局,1979.
[4] 王先谦. 庄子集解[M]//诸子集成:第三册. 北京:中华书局,1954.
[5] 郭庆藩. 庄子集释[M]//诸子集成:第三册. 北京:中华书局,1954.
[6] 涂又光. 楚国哲学史[M]. 武汉:湖北教育出版社,1995.
[7] 张正明. 楚史[M]. 武汉:湖北教育出版社,1995.
[8] 湖北省荆州地区博物馆. 江陵雨台山楚墓[M]. 北京:文物出版社,1984.
[9] 张亚飞. 不同任务状态下组合创造法对创造性产出影响的实验研究[D]. 苏州:苏州大学,2017.
[10] 钟泰. 庄子发微[M]. 上海:上海古籍出版社,1988.
[11] Joseph Needham. Science & Civilization in China, Volume 2. London:Cambridge University Press,1956.
[12] 李约瑟. 王铃协助. 中国科学技术史,第二卷:科学思想史[M]. 何兆武,译. 北京:科学出版社,1987.
[13] 李约瑟. 中国古代科学思想史[M]. 陈立夫,等译. 南昌:江西人民出版社,2006.
[14] 赵匡华,周嘉华. 中国科学技术史:化学卷[M]. 北京:科学出版社,1998.
[15] 涂又光. 中国高等教育史论[M]. 武汉:湖北教育出版社,1997.
[16] 涂又光. 涂又光文存[M]. 武汉:华中科技大学出版社,2009.
[17] 葛洪. 抱朴子内篇[M]. 张松辉,译注. 北京:中华书局,2010.
[18] 刘克明. 中国技术思想研究:古代机械设计与方法[M]. 成都:巴蜀书社,2004.

第六章

《鹖冠子》中有关图的论述及其科学价值

图学是人类文明与科学技术发展的重要因素，它伴随着人类文明的进程而发展，有着悠久的历史。图学的技术水平和表现形式与人类社会的组织模式和生产方式密切相关。先秦时期的楚国有着丰富的图学传统，出土的楚系文物，其几何作图之精、建筑制图之奇、史籍记载之多、图学理论之富，都表明春秋战国之际楚人探索真解，唯求经世之实，使楚国图学大具。《鹖冠子》，楚人撰，不知姓名。尝居深山，以鹖羽为冠，著书四卷，因以名之。其书述三才变通，古今治乱之道，特别是《鹖冠子》一书对图学的记载弥足珍贵，不仅系统，而且论述全面，是一部值得探讨并具有科技史研究价值的历史文献。

第一节
《鹖冠子》及其有关图的记载

在先秦诸子中,《鹖冠子》最早著录于《汉书·艺文志》,班固自注其作者为"楚人","居深山,以鹖为冠"。颜师古注:"以鹖鸟羽为冠。"东汉应劭(约153—196年)《风俗通义》"佚文"说:"鹖冠氏,楚贤人,以鹖为冠,因氏焉,鹖冠子著书。"[①]与《汉书》相合。其书《王鈇篇》"所载楚制为详",有柱国、令尹等,俱为楚之官名,足证鹖冠子确为楚人,鹖冠子为赵将庞暖之师。《鹖冠子》一书不仅阐述了道家思想,也有大量早期自然科学、图学等方面的内容,其"确然立论,以成一家言"。探讨《鹖冠子》中有关图的记载以及其图学思想,对认识战国时期楚国图学的科学成就极有帮助。

一、《鹖冠子》其书

《鹖冠子》是一部先秦道家著作,其不仅阐述道家思想,也有早期自然科学等方面的内容。清代《四库全书总目》撮述大概;南朝刘勰(约465—532年)《文心雕龙》称:"诸子者,述道见志之书","鹖冠绵绵,亟发深言"。[②] 其言义深妙,甚为可观。唐代韩愈有"读《鹖冠子》"一文:"《鹖冠子》十有九篇("九"原作"六"),其词杂黄、老、刑、名。其《博选篇》四稽五至之说,当矣。使其人遇时,援其道而施于国家,功德岂少哉?《学问篇》称贱生于无所用,中流失船,一壶千金者,余三读其辞而悲之。文字脱缪,为之正三十有五字,乙者三,灭者二十有二,注十有二字云。"注:"灭或作减"。[③]

在先秦诸子中,《鹖冠子》一书的命运可谓最为乖舛。唐人柳宗元作"辩《鹖冠子》"一文,其言:"读之,尽鄙浅言也,惟宜所引用为美,余无可

---

① (汉)应劭撰,王利器校注:《风俗通义校注》,载《新编诸子集续编》,中华书局2010年6月第1版,第554页。

② (南朝)刘勰著,(清)黄叔琳注,(清)纪昀评,李详补注,刘咸炘阐说:《文心雕龙》,上海古典出版社,2015年11月第1版,第108-109页。

③ 《读〈鹖冠子〉》,见(唐)韩愈撰,廖莹中集注,李汉编:《韩昌黎全集》,河南人民出版社2018年1月第1版,第183页。

者。吾意好事者伪为其书。反用《鵩赋》以文饰之，非谊有所取之，决也。太史公《伯夷列传》称贾子曰：‘贪夫殉财，烈士殉名，夸者死权。’（《鹖冠子》无此语）不称《鹖冠子》。迁号为博极群书，假令当时有其书，迁岂不见耶？假令真有《鹖冠子》书，亦必不取《鵩赋》以充入之者。何以知其然耶？曰：不类。”[①]尔后，“辩《鹖冠子》”一文收入《柳河东文集》，多为世人诵习。故唐代以后，柳宗元斥为伪作的“决也”“不类”之语，使《鹖冠子》被指为“必伪”“全伪”，《鹖冠子》一书就很少有人关注，即便有之，亦“星辰落落，旨趣未完”。

《道藏要籍选刊》第五册所载宋代陆佃解《鹖冠子》书影[②]，如图 6.1 所示。

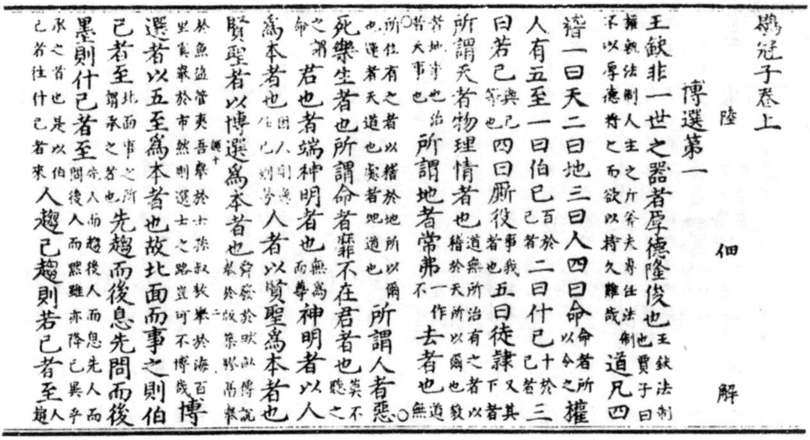
鶡冠子卷上
陸佃解
博選第一
王鈇非一世之器者厚德隆俊也 道凡四稽一曰天二曰地三曰人四曰命 權人有五至一曰伯己二曰什己三曰若己四曰厮役五曰徒隸 所謂天者物理情者也 所謂地者常弗去者也 所謂人者惡死樂生者也所謂命者靡不在君者也 君也者端神明者也 神明者以人為本者也 人者以賢聖為本者也 賢聖者以博選為本者也 博選者以五至為本者也故北面而事之則伯己者至 先趨而後息先問而後墨則什己者至 人趨己趨則若己者至

图 6.1　宋代陆佃解《鹖冠子》卷上“博选第一”书影

清代《四库全书总目》对柳宗元所论，提出异议，《文溯阁四库全书提要》云：“然古人著书，往往偶用旧文，古人引证，亦往往偶随所见。如谷神不死四语，今见《老子》中，而《列子》乃称为黄帝书。克己复礼一语，今在《论语》中，《左传》乃谓仲尼称志有之。元者善之长也八句，今在《文言传》中，《左传》乃记为穆姜语。司马迁惟称贾生，盖亦此类，未可以单文孤证，遽断其伪。”

《四库全书总目》又言：“自六朝至唐，刘勰最号知文，而韩愈最号知

① （唐）柳宗元：《辩鹖冠子》，（明）蒋之翘集注：《柳东先生集（卷四）》，浙江大学出版社 2021 年 1 月第 1 版，第 348-350 页。

② （宋）陆佃解：《鹖冠子》卷上“博选第一”，见胡道静、陈莲生、陈耀庭选辑：《道藏要籍选刊（第五册）》，上海古籍出版社 1989 年 6 月第 1 版，第 737 页。

道，二子称之，宗元乃以为鄙浅，过矣。"[①]但其结果，是使《鹖冠子》一书，于宋代陆佃(1042—1102年)之后，语焉不详，未能发明旨意。

明初学者宋濂《诸子辩》称："《鹖冠子》，楚人撰，不知姓名。尝居深山，以鹖羽为冠，著书四卷，因以名之。其书述三才变通，古今治乱之道。""所谓'天用四时，地用五行，天子执一以守中央'，此亦黄老家之至言。"[②]

明末学者胡应麟(1551—1602年)"更定九流"，认为"子有其体"，《鹖冠子》一书"芜紊不训，诚难据为战国文字"，"其书残逸断缺，后人之鄙浅者以己意增益传之，故文义多不可训，句读者遂益不复究心"。在"四部正伪"最后，胡应麟认为，《鹖冠子》乃"伪错以真者也"。并言："《黄石》、《鹖冠》、《燕丹》，盖后人杂取战国他书之文，易其名号为此，非谓真三子作也。"[③]

清代《四库全书总目》述其源流正变，对于《鹖冠子》思想上的评价，提纲挈领，"其说虽杂刑名，而大旨本原于道德，其文亦博辨宏肆"。《文溯阁四库全书提要》未及《鹖冠子》图学思想，着重于真伪的考辨；并言"未可以单文孤证，遽断其伪。"且《钦定四库全书》有乾隆"御制题《鹖冠子》"诗一首，其云：[④]

> 鈇器原归厚德将，杂刑匪独老与黄。
> 朱评陆注同因显，柳谤韩誉两不妨。
> 完帙幸存书著楚，失篇却胜代称唐。
> 帝常师处王友处，戒合书绅识弗忘。

《鹖冠子》长期无精校佳注，迨及当代，不少学者提出"此书义精文古，绝非后世所能伪为"的疑问，直到20世纪70年代出土的湖南长沙马王堆汉墓大量帛书中，《老子》乙本卷前《经法》《十六经》《称》等佚书，文句以至思想都有与《鹖冠子》相合之处，学者才认为其确属黄老一派道家著作。此外，《鹖冠子》和《国语·越语》等书也有共通的地方。《鹖冠子》的伪书说再次受到挑战。研究发现，《鹖冠子》与帛书相合，证明《鹖冠

---

① 《四库全书总目》卷一百一十七，子部二十七，杂家类一《墨子》，见(清)永瑢等：《四库全书总目》，中华书局1965年6月第1版，第1007-1008页。

② (明)宋濂、顾颉刚标点：《诸子辨》，朴社出版社1937年第1版。又见(明)宋濂著，黄灵庚编校：《宋濂全集》，人民文学出版社2014年6月第1版，第1900页。

③ (明)胡应麟：《少室山房笔丛》，上海书店出版社2001年8月第1版，第306-307，第323页。

④ (清)永瑢：《四库全书总目》，中华书局1965年第1版。

子》不伪,它的学术价值日益引起学者们的注意。[①]

《鹖冠子·世贤第十六》中,记载有赵武灵王、赵悼襄王、庞煥(似为庞暖之兄)、庞暖等的问答,[②]可推知其为战国晚期人,《鹖冠子》一书的写定,当在战国之末,甚至更晚之时。

《汉书·艺文志》著录《鹖冠子》仅一篇,列之于道家。《隋书·经籍志》作三卷。唐代韩愈《读鹖冠子》云十六篇。宋代陆佃作注,"序"云十九篇,清人王人俊辑《鹖冠子佚文》一卷。今传陆注本为三卷十九篇。清代以来学者多认为今本是《汉书》所录道家《鹖冠子》一篇与兵家《庞暖》两篇合成。至于今本三卷分十九篇,可能是原本篇下有节,后遂各自成篇。较近的注本有1929年出版的吴世拱《鹖冠子吴注》。而今"踵其事而增华,变其本而加厉",大量相关的研究,才使《鹖冠子》得到公正的评价。

宋人陆佃"《鹖冠子》序"云:"其道驳,著书初本黄老,而末流迪于刑名"。[③]《鹖冠子·学问篇》以道德、阴阳、法令、天官、神征、伎艺、人情、械器、处兵为"九道",可知作者以黄老刑名为本,兼及阴阳数术、兵家等学,这正是黄老一派道家的特点。研究这一时期的黄老之学,《鹖冠子》有重要价值。《鹖冠子》又是兵书,《汉书·艺文志·兵书略》云该书可入兵权谋一类,赵悼襄王三年(前242年),庞暖率军击败燕军,杀其将剧辛。《鹖冠子·世兵篇》记载了战国末年这次著名的战役,这使该书在军事史上也有一定的地位。

二、《鹖冠子》一书中有关图学的内容

唐宋以降,对《鹖冠子》的内容,如《四库全书总目》所述,"自六朝至唐,刘勰最号知文,而韩愈最号知道,二子称之"。其实,从科学史的角度研究这部文献,《鹖冠子》一书不仅"杂黄老刑名","而要其宿时,若散乱而无家者,然其奇言奥旨,亦每每而有也",特别是书中有许多有关图学方面的记载与论述,"其联属精绝,深为奇奥,为六国竞士先鞭"。《鹖冠子》中有关图的论述、对图学认识的讨论、图学瑰论的总结,都反映了战国时期楚国图学的成就,这对中国科技史的研究颇具价值。

---

① 黄怀信:《鹖冠子汇校集注》,中华书局2004年10月第1版,第1页。

② 《鹖冠子》"世贤第十六",(宋)陆佃解:《鹖冠子》,商务印书馆1937年12月第1版。

③ (宋)陆佃解:《鹖冠子》,商务印书馆,1937年12月第1版。

明代宋濂《诸子辨》言，《鹖冠子》“其书述三才变通，古今治乱之道”，“立言虽过乎严，要亦有激而云也。周氏讥其以处士妄论王政，固不可哉！第其书晦涩，而后人又杂以鄙浅言，读者往往厌之，不复详究其义。”[①]

尽管《鹖冠子》一书，其主旨俱言道家，但该书的作者却对图学在当时的应用十分关注，《鹖冠子》一书吸收了不少当时图学的内容，对图学的历史、图学的功能进行了详细的论述，这在先秦诸子中，是不多见的。图或图像，是一个内涵极深、外延极广的概念。以“图”字为例，“图”在《鹖冠子》一书中凡九见，[②]详细的文字内容如兹。

《鹖冠子·夜行》第三：“图弗能载，名弗能举。”

《鹖冠子·环流》第五：“有一而有气，有气而有意，有意而有图，有图而有名，有名而有形，有形而有事，有事而有约。约决而时生，时立而物生。”

《鹖冠子·近迭》第七：“纵法之载于图者。”

《鹖冠子·泰鸿》第十：“按图正端，以至无极。”

《鹖冠子·备知》第十三：“至世之衰，父子相图，兄弟相疑。”

《鹖冠子·兵政》第十四：“用兵之法，天之，地之，人之，赏以劝战，罚以必众，五者已图，然九夷用之而胜不必者，其故何也。”

《鹖冠子·天权》第十七：“故善用兵者慎以天胜，以地维，以人成。王者明白，何设不可图。”

《鹖冠子·能天》第十八：“以至图弗能载，名弗能举，口不可以致其意，貌不可以立其状，若道之象门户是也。”

《鹖冠子》有关图学的论述，恰如《四库全书总目》引诸家评论所言：“刘勰《文心雕龙》称鹖冠绵绵，亟发深言。《韩愈集》有《读鹖冠子》一首，称其《博选篇》四稽五至之说，《学问篇》一壶千金之语，且谓其施于国家，功德岂少。”“其说虽杂刑名，而大旨本原于道德，其文亦博辨宏肆。自六朝至唐，刘勰最号知文，而韩愈最号知道，二子称之。”[③]

---

① 《诸子辨》，见（明）宋濂，顾颉刚标点：《诸子辨》，朴社出版社 1937 年第 1 版。又见（明）宋濂著，黄灵庚编校：《宋濂全集》卷七十九“辨二”，人民文学出版社 2014 年 6 月第 1 版，第 1900 页。

② （宋）陆佃解：《鹖冠子》，上海图书集成局光绪二十三年（1897 年）。

③ 《四库全书总目》卷一百一十七，子部二十七，杂家类一《墨子》，见（清）永瑢等：《四库全书总目》，中华书局 1965 年 6 月第 1 版，第 1007-1008 页。

图学一事，源于图画，在先秦时期绘画与制图的关系是相当密切的。因而，这一时期制图的投影形式、表现手法都是与当时绘画的投影形式、表现手法相关。《鹖冠子》一书有关图学的记载，言之凿凿；图学思想，详赡缜密，都标志着春秋战国时期中国制图技术及其理论的成熟。

—— 第二节 ——
《鹖冠子》图学思想的时代背景——先秦时期的工程几何作图

楚人撰《鹖冠子》，最终成书，经历了一个较为漫长的积累过程，但无论如何，作为先秦时期的重要文献，书中有关图学的内容，确实是《鹖冠子》最为重要的组成部分。而要讨论《鹖冠子》中有关图的论述、图学思想以及在科学史上的价值，必须首先讨论先秦时期图学的技术水平及其成就，唯有如此，才能对《鹖冠子》的图学记载、图学思想及其楚国的图学成就有一个完整的认识。

图学一名，内涵极深、外延极广。可以说在每个人的周围、每一视野所及之处，乃至在人类文明的每个进程、人类所研究和从事的每个学科领域，图以及与图相关的学科都无处不在、无所不在。中国是世界上图学文化发达最早的国家之一，在数千年的悠久历史进程中，与科学技术密切相关的制图技术，也有着辉煌的成就。[①]

一、早期几何图案的绘制为图学提供了技术基础

综观图学形成与发展的历程，人们会注意到这样的一个事实，即图源于画，东西方的图学，概莫能外。[②] 绘画艺术最早发生于旧石器时代，早期洞穴壁画以原始时期的动物为主题，以准确而简洁的线条勾勒出各种动物的侧面形象，具有一种写实的风格。[③]

---

① 吴继明：《中国图学史》，华中理工大学出版社 1988 年 5 月第 1 版。

② 朱铭：《外国美术史》，山东教育出版社 1986 年 3 月第 1 版，第 13-28 页。

③ 朱狄：《艺术的起源》，中国社会科学出版社 1982 年 4 月版，第 130-153 页。

到了新石器时代(前 10000—前 7500 年),陶器装饰纹样成了绘画艺术的中心。这种图案纹样的特点多是将动物形象作几何化的处理,表现出抽象和符号化的倾向。在我国,新石器时代的装饰纹样十分丰富,从考古学的发现来看,新石器时代在仰韶文化,从早向晚划分成半坡类型、庙底沟类型和马家窑文化。马家窑文化又称甘肃仰韶文化,所谓马厂期即包含在此中。陶器装饰纹样在这几类文化中,表现出了从低级向高级、由具体形象向抽象的几何图案发展的过程。这种抽象化和符号化的艺术形式和各种几何图案的出现,给制图学的出现提供了技术基础,同时也促进了绘图工具的产生。[①] 中国新石器时期陶器上的几何作图,[②]如图 6.2、图 6.3、图 6.4 所示。[③]

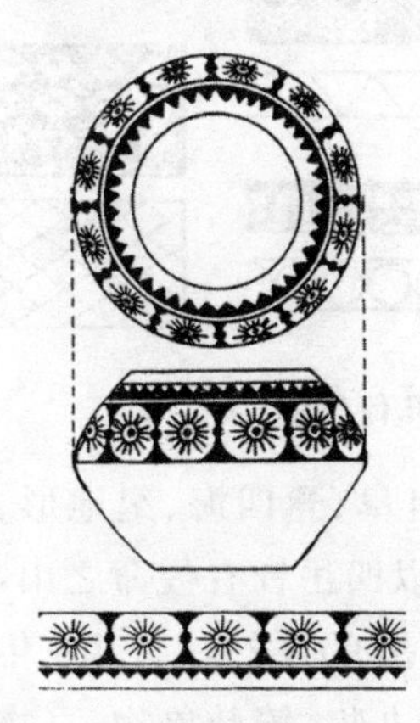

图 6.2 新石器时期仰韶文化的几何作图

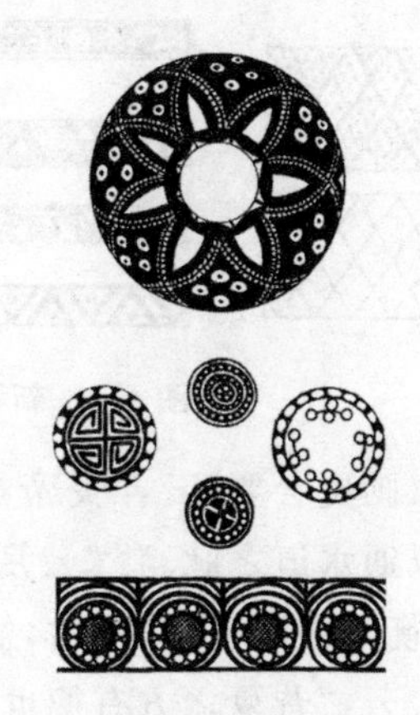

图 6.3 新石器时期马家窑文化的几何作图

考察人类绘画艺术的起源,人们会发现,一般的原始绘画艺术都有着一定的含义,这样绘画的制作动机是非艺术的,但已具有了其实用性的价值,同时,也起了一种传递信息的功用。[④]

其实,实用性与传递信息也是制图的主要功能。从这一点看,早期的绘画与制图是混为一体的。这一点也可以从有关早期绘画的传说中

---

① 郑为:《中国彩陶艺术》,上海人民出版社 1985 年版,第 5-61 页。

② 吴山:《中国新石器时代陶器装饰艺术》,文物出版社 1982 年版,第 30 页、第 35 页、第 36 页。

③ 刘克明、杨叔子、蔡凯:《中国古代工程几何作图的科学成就》,《中国科学基金》1999 年第 3 期,第 163-167 页。

④ 田自秉、吴淑生、田青:《中国纹样史》,高等教育出版社 2003 年 8 月第 1 版,第 18-59 页。

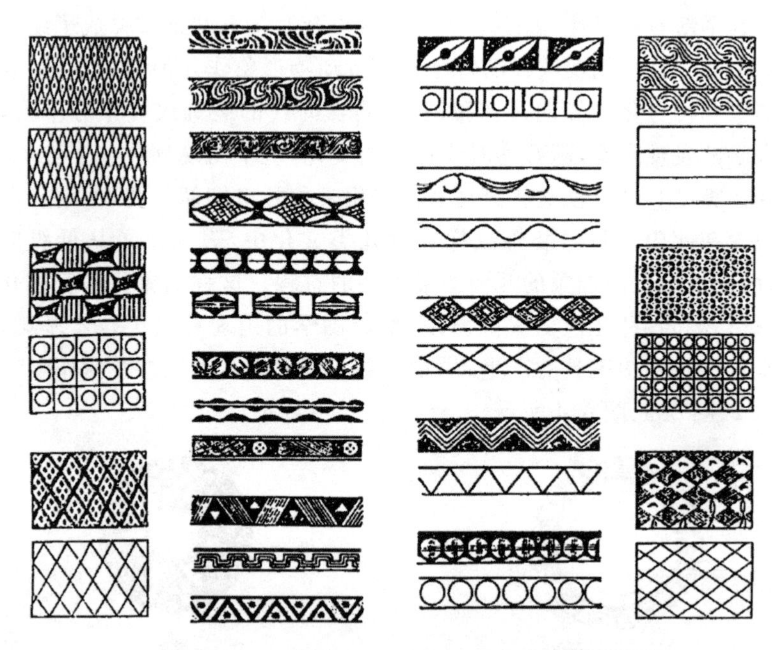

图 6.4　新石器时期陶器上的几何作图

得证。《画史会要》云:“炎帝神农氏,命其臣自阜、甄四海、纪地形、而图画之,以通水道之脉。”①《云笈七签》云:“黄帝以四岳皆有佐命之山,乃命潜山为衡岳之副,帝乃造山,躬形写象,以为五岳真形之图。”②《左传·宣公三年》云:“昔夏之方有德也,远方图物、贡金九牧,铸鼎象物,百物为之备,使民知神奸。”③这几种绘画传说基本上都与制图有关。可见早期的绘画与制图是不可分的。

二、殷商青铜器纹饰所代表的几何作图

公元前 16 世纪,我国已进入极为灿烂的青铜时代。殷墟的青铜器,以其器类的多样、造型的奇巧、纹饰的繁丽、装饰气氛的神秘,在世界文化艺术史上占有重要的地位,殷墟青铜器纹饰的绘制,是以几何作图作

① (明)朱谋垔撰:《画史会要》,中国书店出版社 2018 年版。

② 《云笈七签》,见《道家典籍选刊(第一册)》,中华书局 2003 年 12 月第 1 版。又见(宋)张君房编,李永晟点校:《云笈七签》卷之一百“纪”,中华书局 2003 年 12 月第 1 版,第 2168 页。《云笈七签》有“图”字,计四百余处,既有作动词,又有作名词,以及人名。

③ 《左传·宣公三年》,见(清)高士奇撰,杨伯峻点校:《左传纪事本末》,中华书局 2018 年 10 月第 1 版,第 329 页。

为主要的技术支撑，特别是殷墟青铜器纹饰的题材、纹样的构成方式、器物装饰的手法，都反映了商代独具特色的几何作图成就。殷商青铜器纹饰图样，所代表的几何作图，是以最简单的点、线以及圆形、方形、三角形等为基本要素，按照几何作图一般方法和美的法则，构成了有规律的几何图案。①

商代(前1766—前1123年)青铜器上纹饰图样的几何作图②，如图6.5所示。

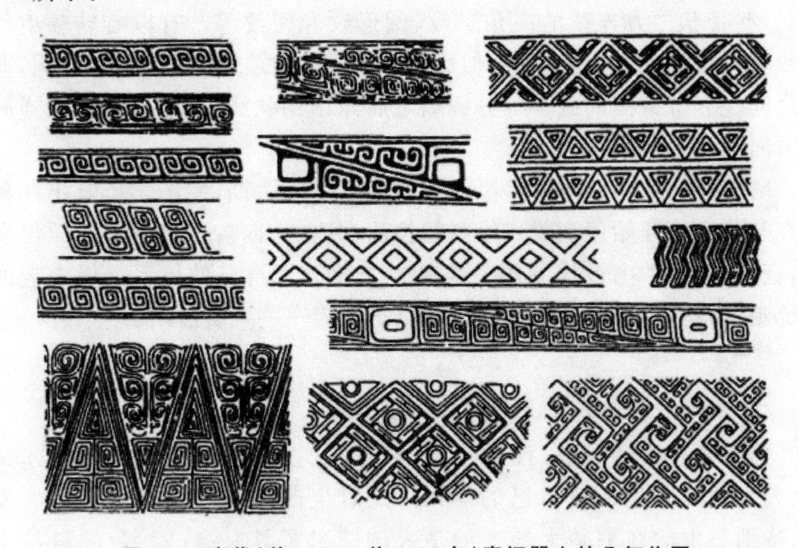

图6.5 商代(前1766—前1123年)青铜器上的几何作图

这些几何纹饰是源于画师工匠对某些具体形象或事物的表现。由于造型上的变化和抽象，今天人们只能对它们做出种种推测，很难确切地说明它们本来的内容和含义，但它无疑代表了商代几何作图的技术水平和图绘技术成就。

其一，殷商青铜器的纹饰多以直线、圆、点为图案的构成基础。如弦纹、平行线纹、同心圆圈纹、圆点纹等，皆属于此类。在安阳出土的车轴上出现了五边形的几何形图案。

其二，以螺线为纹样构成图样基础的云雷纹，是以自中心逐渐外展的螺旋线，线型有单线、双线之分，绘制间隔均匀，给人以动感。云雷纹

---

① 张孝光:《殷墟青铜器的装饰艺术》，见中国社会科学院考古研究所:《殷墟青铜器》，文物出版社1985年第1版，第103-119页。

② 《中国古代工程几何作图》，见刘克明:《中国工程图学史》，华中科技大学出版社2003年12月第1版，第15-33页。

图案变化较多，它可以呈单向螺旋，也可以在纹线两端呈同向螺旋，或呈对称的反向螺旋。斜角云雷纹结构复杂，为上下两条平行线，被数条平行斜线所载，斜线两侧又绘以云雷纹；斜方格云雷纹的绘制除上下两条平行线外，绘制过程中须用作图法对线段进行等分，然后上下连接，画出方格，确定方格之后，再绘制纹饰。

其三，殷商青铜器的几何作图，结构严谨、纹线均匀，除以上的几何图案之外，有以网格为纹样的构成基础形成斜方格云雷纹和T形勾连纹，一些带状二方连续的三角形纹、圆形纹和席纹等。有以旋转辐射线为纹样构成基础的涡纹，它形似旋涡，用两圈单线或双线绘出同心圆，两圆之间经3等分圆周或4等分圆周之后画出钩状线，并作顺时针或逆时针方向的旋转排列。

随着社会政治、经济的发展，大约到了战国时期，制图学依其不同种类在某些方面开始逐渐脱离绘画的技法和内容，向着自己的体系缓慢发展，直至宋代，中国古代制图学才基本上建立了自己的体系。但古老的传统画法，特别是几何作图及其画法，仍然为一些人所沿用。

三、曾侯乙墓出土文物的几何作图

到了春秋战国时期，社会发展带动了制图学的大发展，地图、建筑图、天文图都开始形成自己的体系。此时生产力较过去有了较大的发展，特别是生活在荆楚大地上的楚人创造出了具有自己特色的科技文化，图学绘制技术如鲜花着锦，到达其顶峰，楚文化神采奕奕，发出灿烂的火花。曾侯乙墓不仅是一座蕴藏丰富的古代文物艺术宝库，同时也是一座反映古代图学和图绘技术成就的殿堂。该墓出土文物的造型具有新奇、雄伟、精巧、逼真和富于想象等特点，是考察先秦工程制图最具价值的资料。曾侯乙墓出土文物造型、纹饰图样，代表了战国之际工程几何作图的最高水平。曾侯乙墓出土文物纹饰图样，无论是简单还是复杂，其出发点都是几何作图，这就决定了几何作图的极端重要性。曾侯乙墓出土文物铜车軎的几何作图[1]，如图6.6所示。

（一）标准几何作图

标准几何作图，是指使用没有刻度只能画直线的矩尺、直尺与圆规

---

[1] 湖北省博物馆、北京工艺美术研究所：《战国曾侯乙墓出土文物图案选》，长江文艺出版社1984年版，第86页。

图 6.6 曾侯乙墓出土文物铜车軎的几何作图

所作的平面几何图形,亦称尺规作图。如曾侯乙青铜鉴盖俯视纹样的几何作图。其一,由 4 个同心圆构成,其中主要图样,用 4 等分圆周划分组成。其二,由 6 个同心圆构成外、中、内三部分图样,其中外部图样,用 12 等分圆周划分组成,中部由 4 等分圆周划分组成。[①] 图 6.7 为曾侯乙墓出土的圆形器物的几何作图。

曾侯乙墓出土文物青铜车軎几何作图[②],如图 6.8 所示。

(二)近似几何作图

用直尺、矩尺与圆规作图,当然可以作出许多种图形,但有些几何图形,如正五边形、正七边形、正九边形,五等分圆周、七等分圆周、九等分圆周等图形用尺规无法作出,必须采取近视画法。曾侯乙墓出土文物几何作图的重要图学成就,是近似几何作图画法的出现与其作图技术的广泛应用。

(1)曾侯乙墓出土的铜簋,计有八件,形制相同。其纹饰的几何作图,既有标准几何作图,即尺规作图,如圆周外部盖缘,在 3 等分圆周的

① 湖北省博物馆、北京工艺美术研究所:《战国曾侯乙墓出土文物图案选》,长江文艺出版社 1984 年版,第 64 页,第 66 页。

② 湖北省博物馆、北京工艺美术研究所:《战国曾侯乙墓出土文物图案选》,长江文艺出版社 1984 年版,第 85 页。

(a) 铜鉴盖纹样

(b) 铜鉴盖俯视纹样

图 6.7 曾侯乙墓出土文物锡青铜鉴盖的几何作图——四等分圆周

等距离位置有桑兽面形衔扣，用以扣合器身；又有近似几何作图，如铜簋盖顶，在 5 等分圆周的位置镶铸有 5 瓣莲花形盖钮。盖顶有镶嵌的纹饰，近似 4 等分圆周，盖面以梭形纹为界，分内外两重，共由 6 个同心圆组成。[①] 如图 6.9a 所示。

(2)铅锡附饰，其图案由近 8 个同心圆组成，主体图案采用近似 7 等分圆周画法。将器仰放侧视，内圈似一凹底双腹浅盘；俯视，中圈为 7 个连续的透空兽。兽回首张口，前爪平趴，曲身弓臂，尾下卷。中圈正面，

① 湖北省博物馆：《曾侯乙墓(上)》，文物出版社 1989 年 7 月第 1 版，第 208 页。

图 6.8 曾侯乙墓出土文物青铜车軎上的几何作图

各兽都有一凸眼，在胸、臀、尾部有一个与眼相同的凸回点，外圈似一周宽带。[①] 如图 6.9b 所示。

铅锡附饰与锡青铜盥缶盖，其制造工艺涉及大量工程技术，二器图案设计之复杂，纹饰之丰富多彩，不仅包括标准几何作图，还包括熟练地应用近似几何作图。《中国工程图学史》一书论述了中国古代几何作图，称其图样神秘幻美、精细绝伦，是一曲古代几何学、图学的颂歌。曾侯乙墓的断代时间为公元前 443 年，可知，公元 5 世纪之前，中国人就已经娴熟地掌握了近似几何作图及其画法，一百多年以后，《几何原本》的作者、古希腊数学家、被西方人称为"几何之父"的欧几里得（Euclid，约前 330—前 275 年）才出人世。

（三）各种几何形体的运用

曾侯乙墓出土文物，反映了古代先民对各种几何形体的认识与应用。该墓出土文物的造型，不仅采用了正方体、长方体等矩形体，同时大量采用圆柱体、球体、椭球体等，进行综合造型。曾侯乙墓出土文物的几何造型及其几何作图，如漆豆[②]，见图 6.10。

---

① 湖北省博物馆：《曾侯乙墓（上）》，文物出版社 1989 年 7 月第 1 版，第 446 页。

② 湖北省博物馆、北京工艺美术研究所：《战国曾侯乙墓出土文物图案选》，长江文艺出版社 1984 年版，第 3 页。

(a) 铜簋顶盖纹饰的近似几何作图——五等分圆周

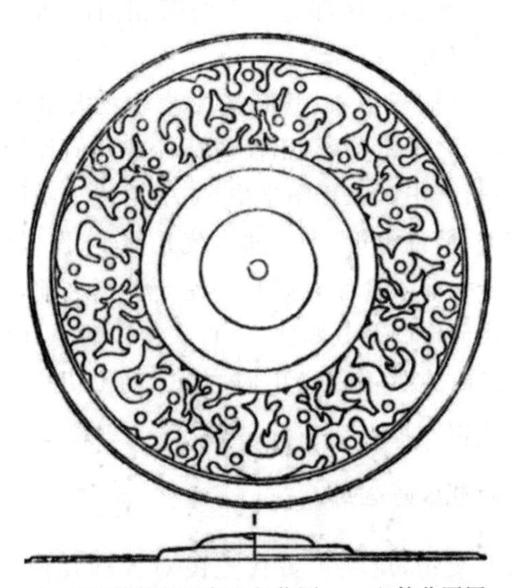

(b) 铅锡附饰的近似几何作图——七等分圆周

图 6.9　曾侯乙墓出土文物的近似几何作图

曾侯乙墓出土大铜缶纹饰的几何造型及几何作图[①]，如图 6.11 所示。

---

① 湖北省博物馆、北京工艺美术研究所:《战国曾侯乙墓出土文物图案选》，长江文艺出版社 1984 年版，第 68 页。

图 6.10 曾侯乙墓出土漆豆盖的几何造型及几何作图

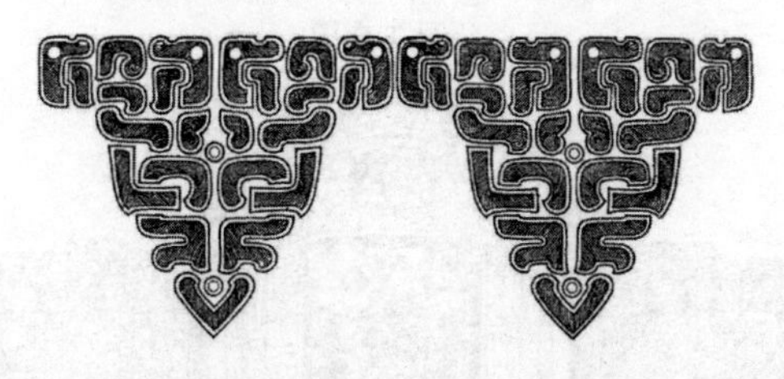

图 6.11 曾侯乙墓出土大铜缶纹饰的几何造型及几何作图

曾侯乙墓出土漆豆的整体几何造型及几何作图①,如图 6.12 所示。

青铜冰鉴的几何造型及几何作图,如图 6.13 所示。②

曾侯乙墓出土青铜簠的形体造型及几何作图③,如图 6.14 所示。

四、云梦睡虎地出土文物的几何作图

1977 年和 1978 年相继发掘的湖北云梦睡虎地古墓葬,出土了大批保存完好的楚国晚期与秦汉之际的漆器,计一百六十八件。这些漆器造型美观大方,绝大部分彩绘有精美的几何花纹图案。④ 湖北云梦睡虎地古墓出土楚国后期文物的几何作图⑤,如图 6.15 所示。

---

① 湖北省博物馆:《曾侯乙墓(上)》,文物出版社 1989 年 7 月第 1 版,第 368-369 页。

② 湖北省博物馆、北京工艺美术研究所:《战国曾侯乙墓出土文物图案选》,长江文艺出版社 1984 年版,第 57 页。

③ 湖北省博物馆:《曾侯乙墓(上)》,文物出版社 1989 年 7 月第 1 版,第 210 页。

④ 蔡先启、张泽栋、刘玉堂:《湖北云梦睡虎地秦汉墓发掘简报》,《考古》1981 年第 1 期,第 27-47 页。

⑤ 《中国古代工程几何作图》,见刘克明:《中国工程图学史》,华中科技大学出版社 2003 年 12 月第 1 版,第 15-33 页。

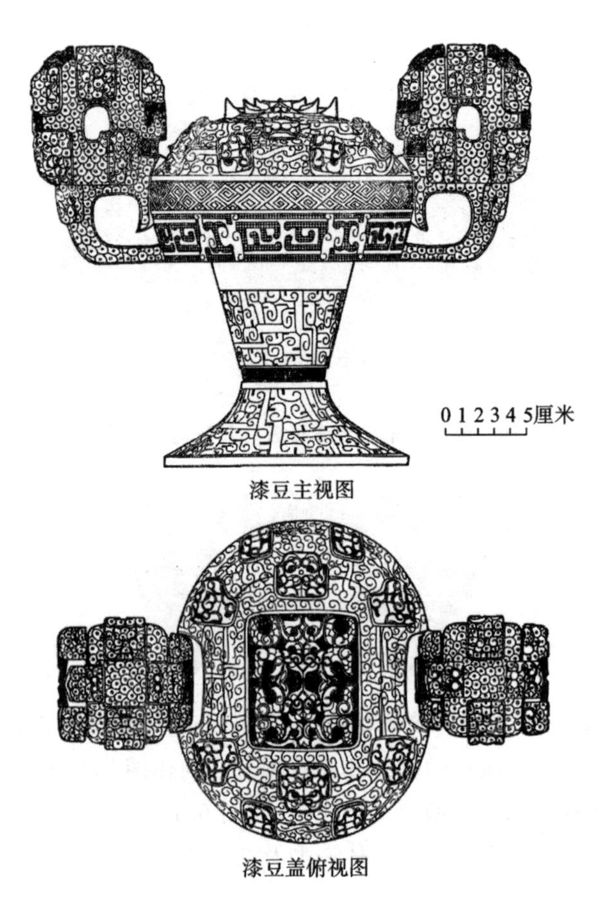

图 6.12 曾侯乙墓出土漆豆的几何造型及其几何作图

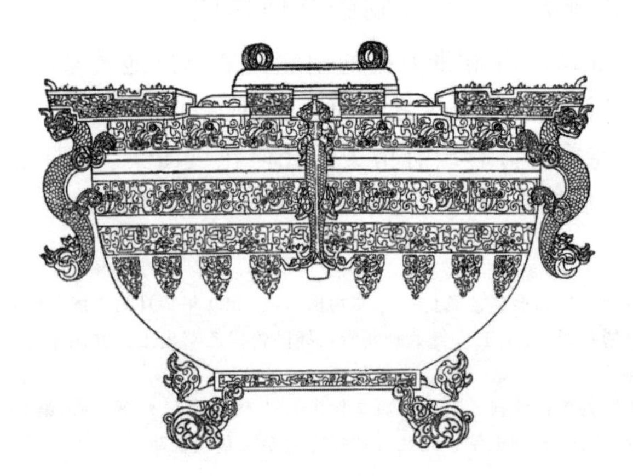

图 6.13 曾侯乙墓出土青铜冰鉴的几何造型及其几何作图(透视图)

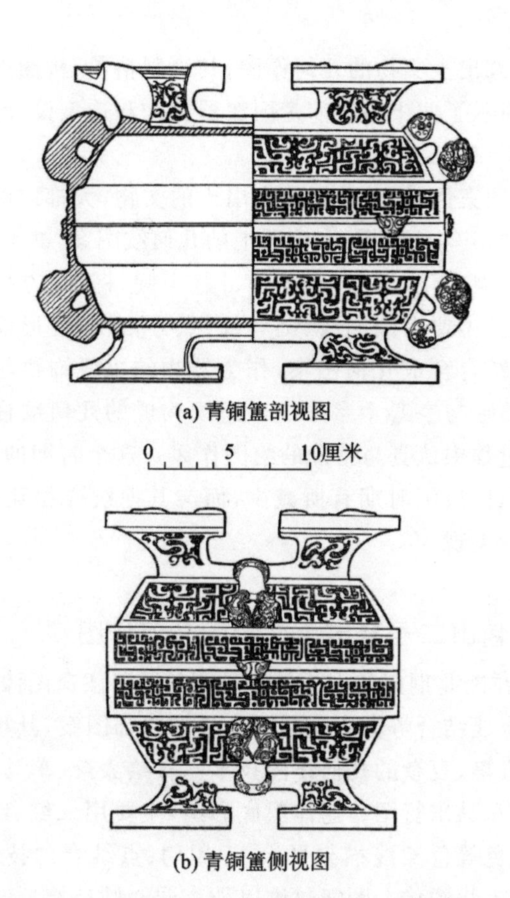

(a) 青铜簋剖视图

(b) 青铜簋侧视图

图 6.14 曾侯乙墓出土青铜簋的形体造型及几何作图

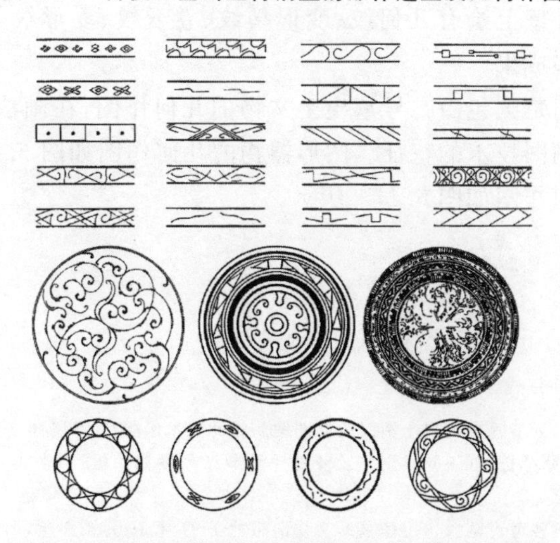

图 6.15 湖北云梦睡虎地古墓出土文物的几何作图

云梦睡虎地古墓出土文物的几何作图，其绘制精美、构图严谨、设色富丽而庄重，充分显示了两千多年前楚国漆器工艺和造型设计及图绘水平的成就。[①]

就绘制的图案而论，云梦睡地虎出土的文物，大都以圆形、椭圆形为主，包括同心圆、3 等分圆周等，漆器上的几何纹图案，继承了楚图时期的纹样，并加以发展变化，以方形、菱形、圆、半圆、椭圆、方格、三角形纹等几何图形配置。主要有圆圈纹、圆卷纹、点方格纹、菱形纹和三角形等。这些纹样互相结合合成几何图案，作为器物的主要饰物，如一件匕首的面部纹饰，是菱形与空心十字形交叉组织构成的几何纹样，图案规矩方正，足见绘制过程中认真与精确的绘图作风。这个时期的几何形图案单独绘于器物上，比战国时期有所减少，而与其他纹样相互配合的图案增多了，图形更加美观。[②]

五、荆门包山二号墓出土文物的几何作图

1987 年，在湖北荆门包山二号墓发现的圆形漆奁图像，采用了平涂、线描与勾画、点线结合等方法绘制了大量的装饰图案，其场面宏大、绘制精细，反映出准确、复杂的几何作图技术。彩绘漆奁《车马出行图》，是一件完整的彩绘车马出行图。通体黑底彩绘，主要用朱红、红、熟褐、棕黄、翠绿涂、储、白色等色漆线描与平涂，运用勾、点结合的技法勾勒描绘图案纹饰和车马人物图像。图案纹饰以数个同心圆环绕器盖布局，然后在奁盖与奁身外壁上绘有几何纹、变形鸟纹、卷云纹、菱形纹等，代表了几何作图的诸多成果。

湖北荆门楚国包山二号墓出土文物的几何作图，在画法上明显地具有当时楚国制图技术的特征。圆形器物的几何作图如图 6.16 所示[③]，方形器物的几何作图如图 6.17[④] 所示。

---

① 左德承：《云梦睡虎地出土秦汉漆器图案》，湖北美术出版社 1986 年 3 月第 1 版。

② 蔡先启、张泽栋、刘玉堂：《湖北云梦睡虎地秦汉墓发掘简报》，《考古》1981 第 1 期，第 27-47 页。

③ 湖北省荆沙考古队：《包山楚墓》，文物出版社 1991 年 10 月第 1 版，第 194 页。

④ 湖北省荆沙考古队：《包山楚墓》，文物出版社 1991 年 10 月第 1 版，第 64 页、第 112 页。

生活用器——铜器盖

生活用器——铜器盖

图 6.16 楚国包山二号墓出土圆形器物的几何作图

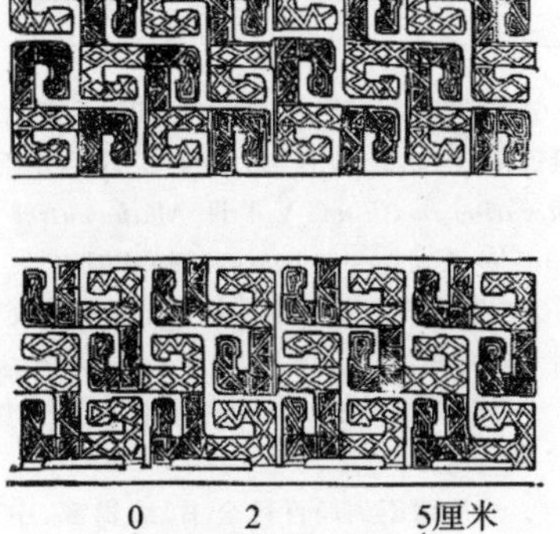

档板纹样　　　　钟铙甬部外壁纹样

图 6.17 楚国包山二号墓出土方形器物的几何作图

李约瑟认为:“中国古代和中古时代的许多其他的几何学、数学证据一起,排除了任何一种认为中国古代完全缺乏几何思想的猜测。”他也十分重视中国古代几何作图工具——规和矩的应用,他指出:“不应该忘记,规和矩在战国以前流传下来的传说,已经有一定的地位了,在战国秦汉时期,关于这些工具和绳(铅垂线)有很多记载。”并且他借此说明中国古代对直角三角形在测量和求积中的价值的了解。[①]

中国古代的几何作图几乎涉及几何作图各个方面,从新石器时期到殷商时期,从春秋战国到秦汉之际,一脉相承。且几何作图方法不断演化,从标准尺规作图到近似几何作图,不断创新、无有断绝,表现出中国科学技术以一贯之的传统,这在世界科技发展史上都是罕见的。[②]

六、东西方几何作图之比较

在科学史上,比曾侯乙墓下葬晚一百多年,古希腊科学家、哲学家亚里士多德(Aristoteles,前 284—前 322 年),创立了一整套归纳—演绎的科学方法体系,特别是数学家欧几里得(Euclid,活动时期约为公元 300 年)写出了第一本有着科学理论结构的教科书——《几何原本》,尔后制图及画法几何都以其理论为基础。但是,在古希腊的文献、文物以及古希腊的几何作图中,至今尚未看到熟练地应用近似几何作图的实例。[③]

日本学者村田数之亮所撰《世界美术全集》,收集了古希腊的几何作图 12 种基本纹样,[④]如图 6.18 所示。

由图 6.18 可知,古希腊的几何作图,从绘制技术而言是尺规作图,或称之为标准几何作图,这与“判天地之美,析万物之理,察古人之全”的

---

① (英)李约瑟(Joseph Needham)著:《中国科学技术史 · 第三卷:数学、天学和地学》,梅荣照等译,科学出版社 2018 年 6 月第 1 版,第 87 页。原文见 Joseph Needham: *Science & Civilization in China*. Vol Ⅲ *Mathematics and the Sciences of the Heavens and the Earth*, Cambridge University Press,1959. P91-95.

② 湖北省荆沙考古队:《包山楚墓》,文物出版社 1991 年 10 月第 1 版,第 190-195 页。又见湖北省博物馆:《曾侯乙墓(上)》,文物出版社 1989 年 7 月第 1 版,第 198-251 页、第 352-385 页。又见蔡先启、张泽栋、刘玉堂:《湖北云梦睡虎地秦汉墓发掘简报》,《考古》1981 年第 1 期,第 27-47 页。

③ 《简明不列颠百科全书》编辑部、中美联合编审委员会:《简明不列颠百科全书(第 6 卷)》(*Concise Encyclopedia Britannica*),中国大百科全书出版社 1985 年 10 月第 1 版,第 343 页。

④ (日)村田数之亮:《世界美术全集》第 26 卷,西洋(2),古代Ⅰ,角川书店,昭和 43 年 10 月 30 日发行,第 162 页。

图 6.18 古希腊几何作图的 12 种基本纹样

楚国几何作图相比较，其差距之大，一目了然。

几何作图，或称工程几何作图是图学的数学基础，也是制图从绘画分离出来的技术关键。战国之际，中国古代图学，诸如地图、天文图、建筑图等，开始从绘画中独立出来，逐渐形成了各自专业的绘图体系。地图和建筑平面规划图的出现是相当早的，从传说中的“九鼎图”和“山海图”来看，这一点十分明显。不少学者认为，早在人类发明文字之前就有地图。从文献记载来看，中国早期城市建筑规划的起源，由来已久。《尚书·洛诰》云：“我又卜瀍水东，亦惟洛食；伻来以图及献卜。”“伻来以图”，记载的就是周初经营东都洛邑，事先绘制规划图的历史事实。[①]

追溯科学技术发展的历程，我们就可以知道，图与图样是人类最古老、最直观也是最重要的信息来源与交流的手段之一，任何一部科学技术史都已表明，图在人类文明发展史上乃至认识史上的地位。从最简单的表示符号到文字、数字的产生，从列数出图、绘画和工程图样，进而发展成复杂的几何、画法几何和工程图学等多种学科，以及与计算机科学结合发展而成的计算机图形学等的历史进程，就是这些历史的进化，恰恰构成了人们认识自然、科技创新的现代图学理论体系与学科系统。[②]

—— 第三节 ——
《鹖冠子》图学思想及其科学价值

《鹖冠子》一书，“立言虽过乎严，要亦有激而云”[③]，不仅阐述了黄老思想，也有大量早期自然科学、图学等方面的内容。《鹖冠子》中有关图的记载以及对图学的认识，反映了先秦时期楚国图学的发展水平。

“图”在汉字中，为会意字。“图”作为动词，如《说文》：“计画难也。从口啚。啚，难意也。”徐锴注此曰：“图画必先规画之也，故从口。啚者吝啬难之意也。”《尔雅·释诂》：“图，谋也。”《尚书·商书》“太甲”：“慎乃俭德，惟怀永图。”又《君牙》：“思其艰，以图其易，民乃宁。”又《周礼·秋官》“大行人”：“春朝诸侯而图天子之事。”注云：“王者春见诸侯，则图其事之可否也。”图又度也。《诗经·小雅》：“是究是图，亶其然乎。”《论语·述而》：“不图为乐之至于斯也。”图，又为绘画，《汉书·苏武传》：“上思股肱之美，乃图画其人于麒麟阁。”

而“图”作为名词，其意为版图、地图、图像、图画等。《周礼·天官》“宫正”：“为之版以待。”《释文》：“版，名籍。图，地图也。”又《周礼·地

---

① 王庸：《中国地理学史》第二章“地图史”，商务印书馆1938年4月初版，1955年11月重印，第39-42页。

② 刘克明：《中国建筑图学文化源流》，湖北教育出版社2006年7月第1版，第59-66页。

③ （明）宋濂、顾颉刚标点：《诸子辨》，朴社出版社1937年第1版。又见（明）宋濂著，黄灵庚编校：《宋濂全集》，人民文学出版社2014年6月第1版，第1900页。

官》"大司徒"："以天下土地之图，周知九州岛之地域广轮之数。"又《周礼·夏官》"职方氏"："掌天下之图，以掌天下之地。"注云："图，若今司空郡国与地图也。"《史记·萧相国世家》："沛公至咸阳，诸将皆争走金帛财物之府分之，何独先入收秦丞相御史律令图书藏之。沛公为汉王，以何为丞相。项王与诸侯屠烧咸阳而去。汉王所以具知天下阨塞，户口多少，强弱之处，民所疾苦者，以何具得秦图书也。"图，指图像，如《周礼·秋官》"司约"："小约剂书于丹图。"注云："小约剂万民约也。丹图，雕器簠簋之属，有图象者也。"三国何晏《景福殿赋》："图象，古昔以当箴规。"东汉王延寿《鲁灵光殿赋》："图画天地，品类群生。"又指浮图，佛教也。又寺塔亦曰浮图。杜甫有和"高适登慈恩寺浮图"诗。又宋代王君玉《国老谈苑》："李允则守雄州，出库钱建浮图。监司劾奏，真宗使密谕之。允则曰：非留心释氏，实为边地起望楼耳。"韩愈《王仲舒墓志》："禁僧道，不得于境内立浮图，以其诳丐渔利，夺编氓之产也。"

由是观之，中国有着丰富的图学史料文献，图学是中国文化的重要组成部分。图及其图学名词术语的厘定，所涉学科甚多、门类甚广，表现了极为深远的图学社会化内容。先秦时期楚国在图学技术方面的应用及发展，为《鹖冠子》一书对图学的论述奠定了学术基础。

图，在《鹖冠子》一书中举凡9见。除了《备知》第十三中"至世之衰，父子相图，兄弟相疑"和《兵政》第十四中"用兵之法，天之，地之，人之，赏以劝战，罚以必众，五者已图，然九夷用之而胜不必者，其故何也？"的"父子相图""五者已图"，以及《天权》第十七中"何设不可图"的"图"为动词，意为图谋、谋取、筹划外，其他的"图弗能载""有意而有图，有图而有名""纵法之载于图者""按图正端"中的"图"均为名词，表示图样、地图、版图、图像之意。

《鹖冠子》图学思想，不仅论述了图学的认识功能、社会功能，而且还论述了图学发展的文化源流，取得了先秦极为重要的认识成果。

一、图弗能载，名弗能举

"图弗能载，名弗能举"见《夜行》第三，全文如下：

天，文也，地，理也，月，刑也，日，德也，四时，检也，度数，节也，阴阳，气也。五行，业也，五政，道也，五音，调也，五声，故也，五味，事也，赏罚，约也。此皆有验，有所以然者，随而不见其后，迎而不见其首。成功遂事，莫知其状。图弗能载，名弗能举。强为之说曰：芴乎芒乎，中有象乎，芒乎芴乎，中有物乎，窅乎冥乎，中有精乎。致信究情，复反无貌，鬼见不能为人业。故圣人贵夜行。①

《夜行》是《鹖冠子》中最短的一篇，也是较为特殊的一篇。《管子·形式解》云："所谓夜行者，心行也。"《夜行》第三联系黄老学一贯的认识主张，提出"天，文也，地，理也"诸论，判断天地作为日月、阴阳、刑德、燥湿等规定或属性的代称，彼此的功能作用不能替代。"图弗能载，名弗能举"，古注曰："图之无状，举之无名。"陆佃注此，言："夫巧者不能画，则辩者亦不能言矣。"吴世拱注此："《墨子·经说上》：'告以文名，举必实也。'故小取以名，举实以说出，故此言画、名不足以载，举其象也。"张金城注此："此即老氏'道可道非常道，名可名非常名'之谓也。"黄怀信按："图、画，犹绘。名，文字。举，说明。图不能载，名不能举，无状故也。"

"图弗能载，名弗能举"俱言图学的认识功能，与文字、语言等一样，图成为人类描述思想、传递构想与交换知识的一个重要工具，是获得知识的重要源泉。图不能载，名不能举，图样与图像既是人类语言的补充，也是人类智慧和语言在更高级发展阶段上的具体体现。图样、图像作为三维事物的二维再现手段，必须符合人的视觉心理规律。同时，图学也是一种书写的符号系统，自觉运用作图方法构思，分析和表达工程技术问题，并用图学的方法进行科技思维，是每个工程技术人员所必须具备的知识基础，乃至几何作图，都是一种掌握技能、养成习惯、锻炼思维和培养能力的过程。故而，图学也是衡量各门学科发展水平的重要标志。

《鹖冠子》说明图的外在形式特征和实用价值，进而探讨了图学的心理学依据和文化属性。"芴乎芒乎，中有象乎，芒乎芴乎，中有物乎"，早期绘画受人类认识水平的限制，都是采用单面投影形式，往往选取物体最有特征的一个面，即单面视图，用线条勾勒外轮廓和特征进行组合，当时不知透视，反映不出画面纵深的景象。对于较大、复杂的画面采用的是一种中心投射、平面展开的"鸟瞰法"，现存先秦时期图画的投影关系和表现手法，正好体现了这一点。

二、有意而有图，有图而有名

"有意而有图，有图而有名"。见《环流》第五，全文如兹：

---

① （宋）陆佃解：《鹖冠子》，商务印书馆1937年12月第1版。又见（宋）陆佃：《鹖冠子》，上海图书集成局光绪二十三年（1897年）。

有一而有气，有气而有意，有意而有图，有图而有名，有名而有形，有形而有事，有事而有约。约决而时生，时立而物生。故气相加而为时，约相加而为期，期相加而为功，功相加而为得失，得失相加而为吉凶，万物相加而为胜败。莫不发于气，通于道，约于事，正于时，离于名，成于法者也。法之在此者谓之近，其出化彼谓之远。近而至故谓之神，远而反故谓之明。明者在此，其光照彼，其事形此，其功成彼。从此化彼者法也，生法者我也，成法者彼也。生法者，日在而不厌者也。生成在己，谓之圣人。惟圣人究道之情，唯道之法，公政以明。斗柄东指，天下皆春，斗柄南指，天下皆夏，斗柄西指，天下皆秋，斗柄北指，天下皆冬。斗柄运于上，事立于下，斗柄指一方，四塞俱成。此道之用法也。故日月不足以言明，四时不足以言功。一为之法，以成其业，故莫不道。一之法立，而万物皆来属。法贵如言，言者万物之宗也。是者，法之所与亲也，非者，法之所与离也。是与法亲故强，非与法离故亡，法不如言故乱其宗。故生法者命也，生于法者亦命也。命者自然者也。命之所立，贤不必得，不肖不必失。命者，挈己之文者也。故有一日之命，有一年之命，有一时之命，有终身之命。终身之命，无时成者也，故命无所不在，无所不施，无所不及。时或后而得之命也，既有时有命，引其声合之名，其得时者成命日调，引其声合之名，其失时者精神俱亡命日乖。[①]

《环流》之名，取其篇末“美恶相饰，命曰复周，物极则反，命曰环流”句，以“环流”二字名篇，意指宇宙万物，循环流转，无有穷尽。全篇俱阐阴阳化育、万物成败，利用自然规律变害为利的道理；强调“图”与“形”的重要性。《鹖冠子》云：“有一而有气，有气而有意，有意而有图，有图而有名，有名而有形，有形而有事，有事而有约。约决而时生，时立而物生。”这段话不仅旨在解释“形名”之学的哲学基础，而且论述了“图”与“名”“形”“事”“约”之间的关系。

此章之中的“有一而有气”，陆佃注曰：“一者，元气之始。”《列子》“天瑞”云：“一者，形变之始。”“一”，万物之所始生，即《老子》之谓“无”。探求“元气”学说的起源，通过考古发现及辨伪考证，先秦子书《鹖冠子》，在中国历史上第一次明确地提出了“元气”是宇宙的本原，“气”可以决定万

① （宋）陆佃解：《鹖冠子》，商务印书馆 1937 年 12 月第 1 版。又见（宋）陆佃：《鹖冠子》，上海图书集成局光绪二十三年（1897 年）。

物的形态与性质的宇宙本原观。同时,《鹖冠子》具体而形象地描述了“元气”是怎样生成天、地、万物,乃至整个宇宙的过程。《泰录》第十一得出了“天地成于元气,万物乘于天地”的重要结论。

“有气而有意”,陆佃注曰:“意者,冲气所生。”张金城注:“意,谓意象也。《易》曰:‘两仪生四象’者近是。”“冲气”,《老子》“冲气以为和”是也。“意”有意念、思想之意。

“有意而有图”,陆佃注曰:“可以象矣。”张金城注:“谓有图象也。”图,象也。未成形之图。《尔雅·释诂》:“图,谋也。”“有意而有图”言既有意即有所图谋也。《周易·系辞上》:“四象生八卦”,卦,亦图象之意。

“有图而有名”,陆佃注曰:“可以言矣。”吴世拱注:“有图象则加之名。”张金城注:“《说文》:‘名,自命也。’象起而名之,是可以言矣。”名,名称。

“有名而有形”,吴世拱注此:“形,实质也。名实相因,故有名而形显也。《墨子·经上》:‘举,拟实也。’小取以名举实。”张金城注此:“《庄子·天道》曰:‘故书曰:有形有名。’”形,形体。

“有形而有事”,吴世拱注此:“事感实质而起。”张金城注此:“《列子·周穆王篇》:‘形接为事。’事,《礼记·郊特牲》曰:‘信人事也’注:‘事,犹立也。’”黄怀信按:事,人所为也。有形则人可事,故曰“有形而有事”。

“有事而有约”,陆佃注曰:“八者具矣,而浑沦未离,所谓混沌者也。”吴世拱注此:“约,约章也。”张金城注此:“约,《学记》‘大信不约’注:‘约,谓期要也。’此言依准其事则有约也。《天则》篇曰:‘为成求得者,事之所期也。’与此同义。”黄怀信按:约,即公约。大家共同遵守的条例,事繁则有约,故曰:“有事而有约”。

“约决而时生”,陆佃注曰:“时生,或作‘时立’。”“决之为言判也。”吴世拱注此:“决,犹定也。有一定之约法,则不失时矣。”张金城注此:“决,谓决断。要约之至,析无误者,则时节是也。”黄怀信按:决,决断。时,时限。约法一旦决定,即有时限,故曰“约决而时生”。立,确立之意。

“时立而物生”,古注曰:“万事万物根于一,有一而后生时约,是一与时约为始终也。”陆佃注此认为:“混沌开矣,于是四时行焉。”吴世拱注此曰:“时不失,则所事之事功成矣。”黄怀信按:物,即万物。万物各以时生,故曰:“时立而物生。”[1]

---

① 黄怀信:《鹖冠子汇校集注》,中华书局 2004 年 10 月第 1 版,第 71-89 页。

《鹖冠子》的这些论述，是对图学所做的形上学的思考，是对图学认识历史及其源流的哲学分析。图的出现不仅比文字要早，比数字也要早。传统的文化活动主要借助于语言、文字和表演，而图形、图像的应用表现在社会生活和生产的各个领域、各个层面上。《鹖冠子》以其独有的思辨，提出了“有一而有气，有气而有意，有意而有图，有图而有名”的观点。《鹖冠子》认为，“气”，就是“道”。这种“道”在天、地、万物生成前的宇宙中就是一种浑沌。正是有了这种浑沌的运动变化，产生了“气”，有了气就会产生意象，有了意象就会产生图像，有了图像就可以给它命名了，有了特定的名字人们就会与固定的形状联系起来，有了固定的形状就可与具体的事情联系起来，为在办事时有章可循，就会产生一定的原则。有了原则，就需要确定特定的时间，把一年划分为四季。四季按时运动，万物就会自然生长。因此，说气的相互运动，转化而生成四时，而要求按特定的原则办事，就会有功过、得失、吉凶、胜败等衡量办事的结果出现。

《鹖冠子》论及道生万物的复杂过程，可用直观示意图表述，如图6.19所示。

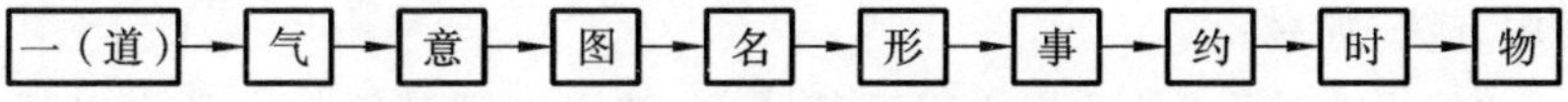

一（道）→气→意→图→名→形→事→约→时→物

图6.19 《鹖冠子》论道生万物的直观示意图

由是观之，“图”是事物运动发展过程中的重要一环，倘若从古代图学形成与发展的历史来考察《鹖冠子》中的论述，就可以理解《环流》第五是对图学学科发展演化历程的系统总结。

人类对“图”与“形”的认识、图学技术的形成与嬗变，同人类社会生产力的发展紧密地联系在一起。早在远古时期，由于自然环境的影响，人类为谋求生存、抵抗猛兽，集群而居。原始人类在社会集体中劳动、生活，就需要交流思想，人们的交流一方面发展了语言；另一方面，他们用手、树枝、工具等在岩石、地面或其他表面上开始画出一些简单的图形，借以表达自己的思想与意图。这时期的图形一般都是模仿自然物体的外形轮廓而成的。表达的内容是有限的，也是相当粗略的。随着社会的发展，逐渐地产生了一些简单的几何图形，这就为早期的制图做好了准备。制图源于图画，人类早期的图画、图案一方面发展了原始的美术艺术，用以表示感情；另一方面随着社会的发展用来为实际的应用服务。[①]

在《鹖冠子》出现的时代，随着社会的进步与科技的发展，图的应用范围在逐渐地扩大；中国固有的多元文化，至春秋以降，人们的社会物质的生产日益增长，图学之用，已肇其端。由于生产实践上的需要和生产中的观察，以及从生产中长期积累的丰富经验的综合，工程图学日臻成熟。先秦两汉之际，《周易》中"制器尚象"的思想，[②]其说虽简，极关宏旨。《周礼》中图学的运用，所载甚多，[③]殆千余年所未有。《墨经》中有关几何学的理论条理缜密，是"中国人曾在完全不受西方影响的情况下进行的工作"，足可与欧氏几何相媲美。[④] 凡斯诸端，实开中国古代图学理论之先河。

尽管那个时期，制图技术还处于一种半经验、半直观的状态，其科学理论体系还没有形成；但在图形技术的发展长河中，每一时期都有论述图学及其绘制技术内容的文献。先秦的技术经典《周礼·考工记》就详载了有关工程画图仪器"规"与"矩"、"悬"和"水"。"规"就是圆规，"矩"就是直角矩尺，"悬"和"水"则是定铅垂线和水平线的工具。

"规"字在《考工记》中凡10见，"矩"字凡6见，《考工记》并详载了其使用方法，如兹：

"轮人为轮"："是故规之以眡其圆也，萬之以眡其匡也。县之以眡其幅之直也，水之以眡其平沈之均也，量其薮以黍，以眡其同也，权之以眡其轻重之侔也。故可规、可萬、可水、可县、可量、可权也，谓之国工。"

"舆人为车"："圆者中规，方者中矩，立者中县，衡者中水，直者如生焉，继者如附焉。"

"筑氏为削"："长尺博寸，合六而成规。欲新而无穷，敝尽而无恶。"

"玉人之事"："琰圭九寸，判规，以除慝，以易行。"

"匠人建国"："水地以县，置槷以县，眡以景，为规，识日出之景与日

① 吴继明：《中国图学史》，华中理工大学出版社1988年5月第1版，第1-6页。

② （魏）王弼，（东晋）韩康伯注，（唐）孔颖达等正义：《周易正义》，见（清）阮元校刻：《十三经注疏》，中华书局1980年10月第1版，第81页。

③ （汉）郑玄注，（唐）贾公彦疏：《周礼注疏》，见（清）阮元校刻：《十三经注疏》，中华书局1980年10月第1版，第639-903页。

④ （英）李约瑟（Joseph Needham）著，梅荣照等译：《中国科学技术史·第三卷：数学、天学和地学》，科学出版社2018年6月第1版，第82-87页。原文见Joseph Needham：*Science & Civilization in China*. Vol Ⅲ *Mathematics and the Sciences of the Heavens and the Earth*, Cambridge University Press，1959，P91-95.

入之景,昼参诸日中之景,夜考之极星,以正朝夕。"

"冶氏为杀矢":"倨句中矩。"

"弓人为弓":"为天子之弓,合九而成规。为诸侯之弓,合七而成规。大夫之弓,合五而成规。士之弓,合三而成规。"

《考工记》总结的"规之""中规""中矩""成规""为规""判规",是周秦之际"规"与"矩"在工程制造中应用的真实写照。

《尚书》中有关建筑设计使用图样的记载是《洛诰》,《洛诰》载有:"我又卜瀍水东,亦惟洛食,伻来以图及献卜。"[①]"伻来以图",翔实地记录了武王克商之后在洛河流域相宅、兴建都城的情况,足以证明早在西周之际,我国建筑工程已开始使用图样。

1977年从河北省平山县发掘出的战国时期金银嵌错铜版《兆域图》,是一幅中山王陵墓的建筑平面图,该图画法几近采用了现代正投影绘制的方法。这是公元前4世纪的文物,几与《鹖冠子》同期。于斯可见,在两千多年前中国,人们就已经有了绘图仪器和近似正投影理论绘制的工程图样。[②]

虽然《周礼》中有大量有关图学的记载,《周易》中亦有"制器尚象"的论述,却无图学理论方面的文字,更没有图学源流的讨论。而《鹖冠子》不仅用具体而形象的语言描述了"气"是怎样生成天、地、万物,乃至整个宇宙的过程,更重要的是论述了图学思想与图学产生的历史背景,提出了"有一而有气,有气而有意,有意而有图,有图而有名"的观点与认识成果,其卓异精辟,前无古人。

三、纵法之载于图者

"纵法之载于图者"见《近迭》第七。全文如兹:

庞子曰:"以人事百法柰何?"鹖冠子曰:"仓颉作法,书从甲子,成史李官,仓颉不道,然非仓颉文墨不起,纵法之载于图者,其于以喻心达意,扬道之所谓,乃才居曼之十分一耳。故知百法者桀雄也,若隔无形,将然未有者知万人也。无万人之智者,智不能栖世学之上。"庞子曰:"得奉严教,受业有闲矣,退师谋言,弟子愈恐。"

---

① 《尚书·洛诰》,见(清)阮元校刻:《十三经注疏》,(汉)孔安国传,(唐)孔颖达等正义:《尚书正义》,中华书局1980年10月第1版,第102页。

② 河北省文物管理处:《河北省平山县战国时期中山国基葬发掘简报》,《文物》1979年第1期,第1-31页。

《近迭》第七讨论的中心问题是“圣人之道”与“兵义”，陈深认为此篇“论法法之道，法非申、韩也”，近，接近，走向，多涉及具体现象。“纵法之载于图者，其于以喻心达意，扬道之所谓，乃才居曼之十分一耳”，阐述了学法不能只靠文字书本，图能“喻心达意”“扬道之所谓”。陆佃注此曰：“此言使无文墨而欲以其法画之于图，岂能尽其意之详哉？盖自后世观之，书以趣变，篆不如隶，隶不如草，则图之钝于应务可知矣。故曰：弥纶天下之事记久明远者。涽涽传忞忞，莫如书。涽涽，目所不见；忞忞，心所不了。”“纵”“综”“总”通用字。张金城注此：“图，《广雅・释诂四》：‘画也。’此以言图籍也。所谓，《礼记・祭义》：‘不知其所谓’，《荀子・哀公篇》：‘言不务多，务审其所谓。’郝懿行曰：‘谓，犹言也。谓所言主旨之所在也。’《吕览・淫辞篇》：‘凡言者，以喻心也。’此言所载之法，以喻心达意，标示要道者，乃才万分十一而已，言极小也。”“曼”“满”古时同音通用，“居曼之十分一”，谓占全部之十分之一。[①]

“纵法之载于图者”，具体论述了图与图样作为再现手段以及图示语言对“意”“道”所产生的必然影响。人类生活的大千世界是一个“形”的天地，在天成象，在地成形。形体、形状、形象、外貌，“形”存在于客观世界，也存在于虚拟世界。而一般的原始图样、绘画都有着一定的含义，这些图样、绘画的制作动机是非艺术的，但其具有实用性价值，同时也起到了一种传递信息的功用，“其于以喻心达意，扬道之所谓”。

图形是区别于标记、标志与图案的，它是在特定思想意识支配下的对某一个或者多个元素组合的一种蓄意刻画的表达形式。有时是美学定义上的升华，有时是富有深刻寓言的哲理给人以启示。图形创意的视觉表现是符号设计。所谓符号设计可分为直接符号设计与间接符号设计两大部分，即图形设计和文字设计。

先秦时期图样的投影关系和表现手法则是与此相吻合的。从现存的先秦时期的图样实物来看，其投影形式、表现手法都是与当时绘画的形态相似。

四、按图正端，以至无极

“按图正端，以至无极”见《泰鸿》第十，全文如兹：

> 神圣践承翼之位，以与神皇合德，按图正端，以至无极，两治四

---

① 黄怀信：《鹖冠子汇校集注》，中华书局 2004 年 10 月第 1 版，第 114-133 页。

致，闲以止息，归时离气，以成万业，一来一往，视衡俯仰，五官六府，分之有道，无钩无绳，浑沌不分，大象不成，事无经法，精神相薄，乃伤百族，偷气相时，后功可立，先定其利，待物自至，素次以法，物至辄合。法者，天地之正器也，用法不正，元德不成，上圣者，与天地接，结六连而不解者也。是故有道南面执政以卫神明，左右前后静侍中央，开原流洋，精微往来，倾倾绳绳，内持以维，外纽以纲，行以理埶，纪以终始，同一殊职，立为明官，五范四时，各以类相从，昧元生色，音声相衡。

"按图正端，以至无极"，吴世拱注此："图，图录也。端，坐位也。一曰：图，席也。"张金城注此："按图正端，盖即《道端篇》'化坐自端'之义。"黄怀信按："图，地图。正，《吕览·顺民》'汤克夏而正天下'注：'治也。'端，直也、正也。正端，盖犹治理。无极，言时间上的无限与空间上的无限。"《泰录》第十一还强调："象说名物，成功遂事，隐彰不相离，神圣之教也。"陆佃注曰："拟之者，象也。议之者，说也。"吴世拱注此："象，图象其形。说，会说其义。"张金城注此："《易·干》'象曰'《释文》云：'象，拟象也。'"黄怀信按："象说名物"，即拟绘物象，说物之名。[①]

《鹖冠子》论述了图的重要性，我们知道"图"是"形"在画面上的展现。图学就是研究图的科学，它的研究对象是图，它的根本任务是模拟现实世界，构造虚拟世界。即令在当代，现代科学技术对图学的定义是：图学是以图为核心，以图为本体，是研究将形演绎到图、由图构造形的过程中图的表达、产生、处理与传播的理论及其应用的科学。

人类社会作为文明社会，一刻也离不开科学技术，一刻也离不开图学。历史上，图学伴随着人类文明的进步而发展，它的发展水平和表现形式与人类社会的组织模式和生产方式密切相关。先秦时期的图样，虽然其投影关系与表现手法还没有完全脱离绘画的影响，但是现代制图学中的一些定量要素已经在先秦时期的制图工作中得到广泛应用，如方位、尺寸标注、大致的作图比等。《周礼·考工记》在谈到建筑时就记载了确定方位的方法。马王堆出土的汉初地图上已明确标注有方位、地形符号，并且由于当时作图和测量工具的普通应用，因而使某些图样的方位、尺度相当准确。

战国时期中山王墓出土的《兆域图》铜板，是至今世界上罕见的早期

① 《泰鸿》第十，见黄怀信：《鹖冠子汇校集注》，中华书局2004年10月第1版，第233页。

建筑工程图样，其图线型分为粗实线与细实线，图样的绘制规整划一，开制图使用线型的先河。《兆域图》上还记王命的一段铭文：一件从葬，一件藏之官府。《周礼・春官》"小宗伯"中载"卜葬兆"之词，郑注："兆，墓茔域"；《周礼・春官》中"冢人"："掌公墓之地，辨其兆域而为之图"之句，郑注："图，谓画其地形及丘垄所处而藏之。""兆"亦作"垗"。[①]《广雅・释丘》："垗，葬地也。"《兆域图》所画的是中山王陵的建筑图样，亦是整个陵墓的设计规划图。

杨鸿勋在《战国中山王陵及兆域图研究》一文中，根据战国时期中山王《兆域图》所注尺寸，按现代工程制图正投影方法绘制了中山王墓平面"兆域图"[②]，如图 6.20 所示。

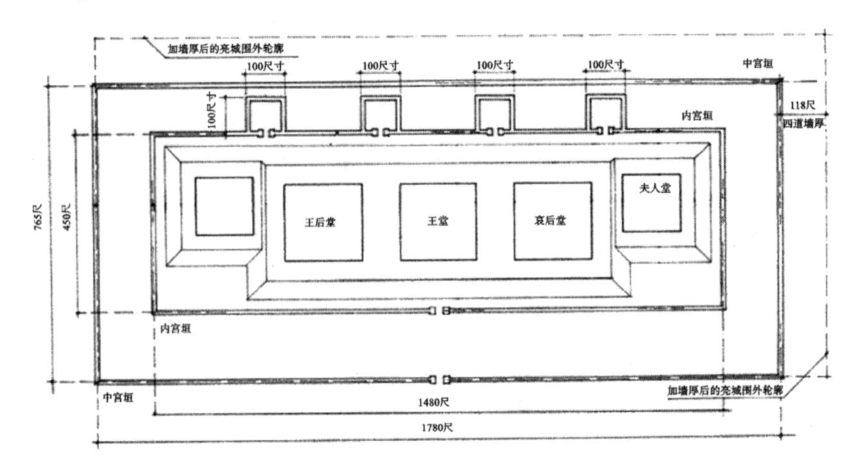

图 6.20　根据《兆域图》所绘所注尺寸摹绘的中山王墓平面图

中山王"兆域图"的图学技术实践表明，人们除了采用语言、文字等方式交流思想外，图示方法有其重要的、不可取代的作用。这是因为"图"最为重要的用途是它在平面上表达三维事物的空间状态，而图学就是研究在平面上图示空间几何元素和物体，以及图解空间几何问题的原理和方法的一门科学。"图"对培养人们的空间想象和思维能力十分重要。图示方法常协助人的思考与交流，可以充分发挥人的创新能力。一

---

① 《周礼・春官》，见（清）阮元校刻：《十三经注疏》，（汉）郑玄注，（唐）贾公彦疏，（唐）陆德明释文：《周礼正义》，中华书局 1980 年 10 月第 1 版，第 786 页。

② 杨鸿勋：《战国中山王陵及兆域图研究》，见《建筑考古学论文集》，文物出版社 1984 年版，第 120-142 页。

图胜千言①，充分体现了图在人类思维、活动与交流中的作用。图用于反映世界（自然图），如当今用照相的手段等即可获得；展现世界（描述图），如用数学或几何模型等获得；想象世界（创意图），如用大脑形象思维等获得。图用于表达形，形是图之源，图是形之载体。从现代科学技术层面而论，图与形的关系在本质上形是表示、是输入，图是表现、是输出。

图的本源是形，揭示图和形的关系，从表现的视角理解，图形和图像只是具有线形、宽度、颜色等属性信息的点、线等基本图的元素的不同组合。形是客观与虚拟世界的表示和构造，图是形在画面上的展现。形的属性是展示，图的属性是表现。形是图之源；图展示形，是形的载体、形之表现。

现代图学是从几何的角度审视“形”的问题，从空间概念形象地观测世界，发挥人类最有力的直觉能力，回归几何，回归“形”与“数”。“形”构造，“图”显示，“形”思考，“数”计算；定性规划，定量求解，这已经是今天世界图学发展之大势。

《鹖冠子》所论“按图正端”“象说名物”云云，对今天的图学意义深远. 尽管今天人们指称的“图”的种类繁多，已非昨昔，譬如工程技术上用以“按图施工”或“按图加工”的“图”，叫作“图样”，俗称“图纸”等。毫无疑问，图样能够完整清晰地表现目的事物及其组成（构件、零部件、元部件等）的形状、大小、相对位置、材料和在制造、装配、连接、施工、安装、检验等方面的技术要求，所以图样已成为现代科学技术与工程施工必不可少的技术文件。而且，图的作用还不仅用于指导生产施工，在工程技术上，它还用来构思、设计、交换信息、交流经验、引进先进技术等。在科学技术的研究过程中需要用它来处理实验数据，表示客观规律，分析问题，选择最佳方案，表达各种各样的空间关系和可视为空间关系的变化状态等。虽然文字、公式在表达和交流思想上与“图”起着同样的作用，但是，图样的直观性、形象性是文字、公式不能替代的。特别是在工程、科技上表达、交流技术思想，解决科技问题方面，“图”的应用，不受文化、地域、民族的限制，概而言之，“图”是“国际性”的。这就是人们把“图”誉为工程科技界共同的“国际语言”的原因。《鹖冠子》“按图正端，以至无极”“象说名物，成功遂事”，图学思想之详，可谓盛矣！

① 英文译为：a picture is worth a thousand words。

五、斗柄指一方，四塞俱成

"斗柄指一方，四塞俱成"见《环流》第五，《鹖冠子》中有一全段文字如下：

> 惟圣人究道之情，唯道之法，公政以明。斗柄东指，天下皆春，斗柄南指，天下皆夏，斗柄西指，天下皆秋，斗柄北指，天下皆冬。斗柄运于上，事立于下，斗柄指一方，四塞俱成。此道之用法也。[①]

北斗运行于天，四时寒暑变易于下，北斗的运动位置变化与四时更替密切相关。世界上任何古代文明，在天文历法还不完备的上古时代，都有根据北极星定向的认识。《鹖冠子》此段文字言斗柄所指方向，即北斗星周年绕北极星旋转，其在北天区中运行形成不同的天文图象，是"观象授时"最为直观的描述。

屈原《九歌・东君》云："援北斗兮酌桂浆。"[②]北斗星，在西名大熊星座范围内，是北部天空一组显要的星宿。它由七颗星组成，形如中国古代做量具用的斗(古代的"斗"有柄)，因此称"北斗"。

由于岁差，北斗星在公元前1000年以前比现在更加靠近北极，对于我国中原地区来说，北斗七颗星在当时全部处于恒显圈之内，夜间都能看到，十分引人注目。在商代，北斗星已经引起人们的注意。如殷墟卜辞中就有不少关子北斗星的记录："庚午卜，夕，辛未比斗"(《殷虚文字乙编》[③]，"己亥卜，夕，庚北斗，址雨"[④]等。经过长期的观察，古人终于发现，在不同季节里，北斗斗柄黄昏时的指向是不同的。因此，观测北斗柄的指示方向也成了中国古代"观象授时"的一个重要手段。

《鹖冠子》中《环流》第五之意，旨在详言圣人依循"道之法"，是以斗柄运行与四时推移之关系，说明"道之法"的内涵——即天道自然规律。

从天文学而论，"斗柄东指，天下皆春，斗柄南指，天下皆夏，斗柄西指，天下皆秋，斗柄北指，天下皆冬"，指的是初昏观测斗柄的方向，这正

---

① (宋)陆佃解：《鹖冠子》，商务印书馆1937年12月第1版。

② 《九歌・东君》，见(战国)屈原著，汤炳正、李大明、李诚、熊良智注：《楚辞今注》，上海古籍出版社2019年3月第3版，第69页。

③ 李济总编辑，董作宾主编：《殷虚文字乙编》，台湾历史语言研究所1959年出版，第174页。

④ 中国科学院考古研究所编辑，郭若愚、曾毅公、李学勤缀集：《殷虚文字缀合》，科学出版社1955年初版。

是中国古代观象授时、北斗建时的方法，《鹖冠子》将这种简易的计时方法，利用空间表象表达出来，快捷而实用，是图象思维，即从形象思维的“形象性表象－联想－想象”，与逻辑思维的“概念－判断－推理”的思维方法统一的成果。

用斗柄的指向来确定季节的方法，亦称为周年视运动。因地球的自转，北斗星每天也在围绕北天极作圆周运动，这称为周日视运动。这就是为什么古人要固定在每天的黄昏时观测斗柄的指向，以此来确定时间。随着季节变化，北斗星的斗柄沿着顺时针的方向运动。[①]

《鹖冠子》所载“斗柄四指”天文示意图[②]，如图 6.21 所示。

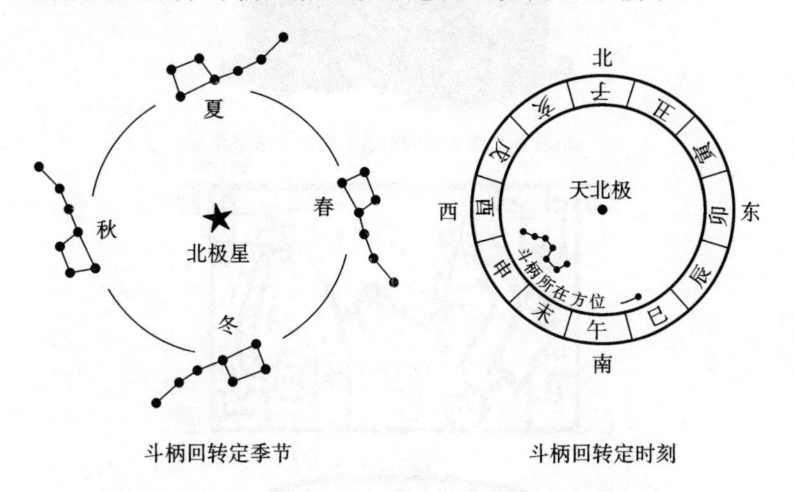

图 6.21 《鹖冠子》所载“斗柄四指”天文示意图

值得一提的是，1978 年在湖北省随县战国时期曾侯乙墓中，出土了中国乃至世界上现存最早的一张绘有北斗以及二十八宿名称的天文图。此图绘在一件漆衣箱的箱盖上，黑漆为底，红彩绘图，中心书有篆文“斗”字，代表北斗七星。围绕“斗”字，按顺时针方向排列着二十八宿的名称，两端还分别绘有青龙和白虎的图案。用天文图像作为装饰图案，描绘在衣箱盖上，可知二十八宿在当时应已是一种流传较广的天文知识。[③]

李约瑟的《中国科学技术史》称：二十八宿“在中国与印度几乎同时出现”。以前我国关于二十八宿名称的记载，始见于公元前 239 年成书

① 陈久金：《北斗星斗柄指向考》，《自然科学史研究》1994 年第 3 期，第 209-214 页。

② 蒋南华：《浅谈观象授时》，《贵州大学学报(社会科学版)》1992 年第 1 期，第 42-47 页。

③ 陈遵妫：《中国天文学史》，上海人民出版社 1982 年 6 月第 1 版，第 327-331 页。

的《吕氏春秋》,而这件绘有天文图的漆衣箱是作为陪葬物于公元前 433 年随葬墓中。它的出土,将我国出现二十八宿名称的时间提前了近两个世纪,从而有力地证明中国是最早使用赤道坐标系分区的国家。①

1978 年湖北省随县战国时期曾侯乙墓中出土的天文图照片②及摹写图,如图 6.22 所示。③

(a) 曾侯乙漆衣箱的箱盖上的天文图照片

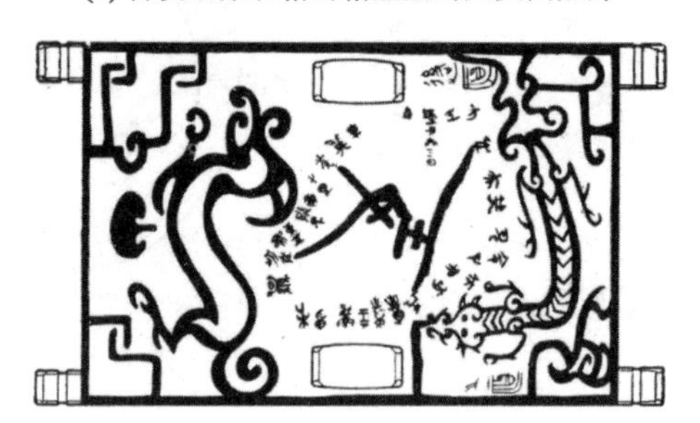

(b) 曾侯乙天文图摹本部分

图 6.22 曾侯乙墓中出土的天文图

① 湖北省博物馆:《曾侯乙墓(上)》,文物出版社 1989 年 7 月第 1 版,第 474-475 页。

② 曾侯乙漆衣箱的箱盖上的天文图照片由湖北省博物馆杨理胜同志提供。

③ 湖北省博物馆、北京工艺美术研究所:《战国曾侯乙墓出土文物图案选》,长江文艺出版社 1984 年版,第 9 页。

图学文化，抑或天文图是人们在社会活动中留下的原始历史纪录，具有丰富的文化内涵。它记录和反映了人类社会发展一定阶段上的物质文化和精神文化成就。曾侯乙墓出土漆衣箱上的这幅天文图所涵括的信息也表明：《鹖冠子》有关“斗建”的文字，与当时中国人已利用北斗七星来辨认方位和推算时间，正是春秋战国之际人们进行星象观测的最为基本的常识，曾侯乙漆衣箱天象图的科学成就正是《鹖冠子》图学思想的具体体现。

李约瑟认为北极星是中国天文学的基本根据。公元前 3000 年至公元前 2000 年，北斗离北极颇近，在黄河流域一带看来，北斗终年在地平线上，常明不隐，因而当时对于以北斗七星在日常生活中的应用，甚为重视。其一是指明方向；其二是北斗为指示一年四季的标准，辨别季节，《舜典》有：“在璇玑玉衡，以齐七政”，即指北斗，《夏小正》亦有初昏观察斗柄定季节的记载。《史记・天官书》：“斗为帝车，运于中央，临制四乡。分阴阳，建四时，均五行，移节度，定诸纪，皆系于斗。”《尚书大传》中的“七政”指春、秋、冬、夏、天文、地理、人道，即自然界天地的运转、四时的变化、五行的分布，以及人间世事泰否，皆由北斗七星所决定。[①]

曾侯乙墓出土的漆衣箱天象图中，巨大的“斗”字被写在画面的中央，差不多占据了整个画面的三分之一，明显地突出了北斗七星的重要地位，这恰恰是符合中国古代天文学传统的特点。

毫无疑问，曾侯乙天文图在世界科学技术史上是影响深远的，它是中国图学史上第一幅具有大量信息化的天文图。它的意义不仅仅在于对中国“四象”“二十八宿”起源的探讨，更重要的是它表明周秦时期图学思维及成就：准确地在平面上表达出空间对象、传达空间信息，能起到“一图胜千言”的作用。在图形一旦画出以后，人们就能够按照这些准确的图形识别出形体的形状，图学最大的作用在于由“已知通向未知”，寻求“真相”。[②] 在《鹖冠子》看来，就是“按图正端，以至无极”，这恰恰就是图学能够给予的结果。

---

① (英)李约瑟(Joseph Needham)著：李约瑟《中国科学技术史・第三卷：数学、天学和地学》梅荣照等译，科学出版社 2018 年 6 月第 1 版，第 231-237 页。英文原文见 Joseph Needham: *Science & Civilization in China*. Vol Ⅲ *Mathematics and the Sciences of the Heavens and the Earth*, Cambridge University Press, 1959, P 251-259.

② (法)G. 蒙日(Gaspard Monge, 1746—1818 年)著，廖先庚译：《蒙日画法几何学》(*Geometrie Descriptive*)，湖南科学技术出版社 1984 年版，第 1-11 页。

在远古没有制定历法的年代，至《鹖冠子》时期，中国人已经能以天象的观测——“斗柄四指”去推算季节，以赤道分区，即《鹖冠子》所载“斗柄东指，天下皆春；斗柄南指，天下皆夏；斗柄西指，天下皆秋；斗柄北指，天下皆冬。”可见，周秦之际，中国人懂得用北斗七星斗柄的指向作为定季节的标准。《鹖冠子》“斗柄指一方，四塞俱成”，《环流》第五此处，虽未直接言图，但鹖冠子论宇宙之本原，以天地为大图，阐天道譬喻人道，表现出“以一度万”的博大胸怀与圣贤气象，这样以小喻大的思想，这样的大手笔，恰好体现了楚文化的精神面貌，这也正是今人所难以企及的。

六、结语

图是人类文明进步的重要因素，图学论证了在二维平面上绘制三维空间几何形状的方法，是研究投影法绘制工程图样和解决空间几何问题和理论及方法的基础学科。考察《鹖冠子》中所记载的图学内容，是以先秦图学发展历程为主线，研究图学在楚国发生、发展、演变和社会文化历史作用，以及与其他相关学科之间的关系，“辨章学术，考镜源流”，明确图学在人类知识体系中的定位和在人类文明发展中的作用。

《鹖冠子》作为先秦时期楚国的一部阐述道家学术思想的著作，古往今来，不少学者已从道家、兵家思想，以及自然科学等诸方面进行了研究，取得了不少成果。但是，尚未有学者从图学的角度进行考察与研究。南朝刘勰称“鹖冠绵绵，亟发深言”，绝非空言。研究《鹖冠子》有关图的记载以及对图学的认识，就可以发现《鹖冠子》一书，表面看似驳杂，而就图学而言，实则内容统一，篇章之间彼此照应，既有总论之文，又有分论篇章，构成了一个系统的图学思想的整体。《鹖冠子》有关图学之论，是对当时人们图学认识的总结，是对图学所作的形上学的思考，也就是鹖冠子的这些记载与论述，反映了战国时期楚国图学的实况，这是一件值得称道的科学成就。

梳理《鹖冠子》中有关图学的记载与思想表明：无论过去、现在抑或将来，图学——作为人类社会一种重要的思维方式和交流工具，是人们认识世界、科技创新不可或缺的重要科学学科。今天，用以“按图施工”或“按图加工”的图样，不仅是科技与工程施工不可缺少的根据与文件；也是科学技术工作者之间、地区之间以及图与图之间进行科技交流的主要手段，乃至当下，“图”被誉为工程技术界共同的“国际语言”而当之无愧。《鹖冠子》再三强调图学的认识功能与社会功能，一以贯之，先秦各家，难以比背齐肩。恰如宋人陆佃在“《鹖冠子》序”所称：“其奇言奥旨，亦每每而有也。”[①]这亦使其书颇具特色，是知不伪是欤。

主要参考文献

[1] 黄怀信. 鹖冠子汇校集注[M]. 北京：中华书局，2004.

[2] 朱铭. 外国美术史[M]. 济南：山东教育出版社，1986.

[3] 朱狄. 艺术的起源[M]. 北京：中国社会科学出版社，1982.

[4] 郑为. 中国彩陶艺术[M]. 上海：上海人民出版社，1985.

[5] 吴山. 中国新石器时代陶器装饰艺术[M]. 北京：文物出版社，1982.

[6] 田自秉，吴淑生，田青. 中国纹样史[M]. 北京：高等教育出版社，2003.

[7] 张孝光：殷墟青铜器的装饰艺术[C]//中国社会科学院考古研究所. 殷墟青铜器. 北京：文物出版社，1985.

[8] 湖北省博物馆，北京工艺美术研究所. 战国曾侯乙墓出土文物图案选[M]. 武汉：长江文艺出版社，1984.

[9] 湖北省博物馆. 曾侯乙墓(上)[M]. 北京：文物出版社，1989.

[10] 湖北省博物馆. 曾侯乙墓(下)[M]. 北京：文物出版社，1989.

[11] 蔡先启，张泽栋，刘玉堂. 云梦县文物工作组. 湖北云梦睡虎地秦汉墓发掘简报[J]. 考古，1981(1)：27-47.

[12] 湖北省荆沙考古队. 包山楚墓(上册)[M]. 北京：文物出版社，1991.

[13] 刘克明. 中国古代工程几何作图[M]//中国工程图学史. 武汉：华中科技大学出版社，2003.

[14] 李约瑟(Joseph Needham). 中国科学技术史第三卷数学、天学和地学[M]. 梅荣照，等译. 北京：科学出版社，2018.

[15] Joseph Needham. Science & Civilization in China. Vol Ⅲ Mathematics and the Sciences of the Heavens and the Earth [M]. London: Cambridge University Press, 1959.

[15] 村田数之亮. 世界美术全集. 第26，西洋(2)，古代Ⅰ[M]. 东京：角川书店，昭和43.

① (宋)陆佃解：《鹖冠子》，商务印书馆1937年12月第1版。

[17] 王庸.中国地图史纲[M].北京:商务印书馆,1955.
[18] 刘克明.中国建筑图学文化源流[M].武汉:湖北教育出版社,2006.
[19] 杨鸿勋.战国中山王陵及兆域图研究[C]//建筑考古学论文集.北京:文物出版社,1984.
[20] 李约瑟(Joseph Needham).中国科学技术史第四卷天学[M].《中国科学技术史》翻译小组,译.北京:科学出版社,1975.

第七章

楚彩绘奁画『车马人物出行图』的图学成就

图学之道，乃主要研究“图”与“形”的关系，是一门以图为核心，研究将形演绎到图，由图构造形的过程中图的表达、产生、处理与传播的理论、技术及应用的科学。战国中后期的楚国，在绘画画法及其在工程图学实践方面，对中国古代图学的发展产生了极为深远的影响。具有代表性的作品，就是楚漆奁上彩绘的“车马人物出行图”。此图绘画叙事，不仅有艺术史的意义，更重要的是有图学史的意义，它是中国绘画最早运用散点透视画法的代表。“车马人物出行图”的画法，迨至宋代，产生了像“清明上河图”这样的绘画作品，实为其余绪。探究“车马人物出行图”的画法及其对中国古代工程图学理论的影响，对理解中国图学理论的形成及其特色极为重要。

第一节
楚彩绘奁画"车马人物出行图"的画法及其图学实践

1987年在湖北省荆门市包山二号墓出土的彩绘奁画"车马人物出行图",是继1957年河南信阳长台关二号楚墓所出漆画"出行图"残片之后的又一件完整的彩绘车马出行图,是战国时期楚国绘画、图学实践的代表之作。

一、彩绘奁画"车马人物出行图"

据考古所知,包山二号楚墓的墓主是楚昭王的后裔,官职是楚国的左尹,属于战国中期偏晚的墓葬。"凡所游畋,必存绘事。""车马人物出行图"不仅是迄今发现的中国年代最早的车马出行图,而且显示了先秦绘画在处理形象与空间的艺术手法及其画法方面所取得的成就,足以展现战国中后期绘画画法及其图学成就。[①]

关于包山二号墓的年代,其出土的遣策,已有关于下葬年代的明确记载。通过对随葬器物的排比和纪年材料的梳理,已知包山二号墓下葬的年代,应为公元前316年,楚历六月二十五日,由此知彩绘奁画"车马人物出行图"创作的年代,正是屈原所处的时代。奁画所绘的时间,就是墓主人举行婚礼之年。先秦婚嫁的年龄,依《周礼》所载,大致在二十至三十岁之间。因此,墓主人结婚时,不会超过二十岁,即不晚于公元前322年。这一年,屈原十八岁,彩绘奁画应在此之前面世。[②]

图既是人类语言的补充,也是人类智慧和语言在更高级发展阶段上

---

① 彭德所撰《屈原时代的一幅情节性绘画——荆门楚墓彩画'王孙亲迎图'》一文认为:漆奁彩绘所画为"王孙亲迎"图。因为先秦之际,周礼规定,除天子之外,任何人结婚都应该履行亲迎这道手续。亲迎——新郎亲自到岳父家去迎接新娘,是先奉婚姻纳采、问名、纳吉、纳徽、请期和亲迎等六礼中最后一项仪式。除纳徵之外,其余五礼,男方都必须向女方送雁作为礼物。画面中九只属于雁类的白天鹅,分为五组,显然含有象征意义。据《仪礼》介绍,周代士大夫及公侯亲迎之日,新郎"乘墨车(漆车),从车二乘,执烛前马"去迎接新娘,岳父母则在家庙门外接待女婿及其随从,漆奁彩画表现的正是这一情节。周代婚期多在仲春,因而画中柳絮缀枝,鸿雁北飞;亲迎回归,要求时在黄昏,于是画中有持烛人随车而行。

② 彭德:《屈原时代的一幅情节性绘画——荆门楚墓彩画〈王孙亲迎图〉》,《文艺研究》1990年第4期,第115页。

的具体体现，在人类生活中有不可替代的作用。古之图画之制，与六籍同功，叙事是中国绘画传统的一个十分重要的方面。绘画不仅在文字产生之前是最为有效的叙事载体，在文字成为叙事的主要载体之后，绘画的叙事功能不但没有萎缩反而得到大大加强，并长期与文字并行，图文互补，从而实现更为完备的叙事功能。

湖北省荆门市包山二号墓出土彩绘奁画“车马人物出行图”[①]，如图7.1所示。

图7.1　湖北省荆门市包山二号墓出土彩绘奁画“车马人物出行图”

“车马人物出行图”之叙事，是以平涂、线描与勾点结合的技法，描绘了楚人纳聘迎亲的生活场景，全长87.4厘米、高5.2厘米，卷木胎。此图以黑漆为底，采用朱红、熟褐、翠绿、黄、白等多种颜色；画中的人物或昂首端坐，或俯首依立，或扬鞭催马，或急速奔跑，舞步神态逼真。不同人物的气质和神态，如妇人的轩昂娇矜，侍者的恭谨，奔跑者的忙碌，御者的紧张，通过各种角度和姿态都惟妙惟肖地刻画出来了。环境的描写，虽然手法简洁，但也可看出作者是在力图真实再现现实生活中特定场景的特定气氛，随风飘动的柳条、空中的雁行、奔突的犬豕，生动有趣，特别是那两只受惊猪、狗形象的描写，可谓妙冠一时。这是一种全新的艺术趣味和主题，反映了那个时代人们对现实生活的热情，和对自己的生活充满一种文化的自信心。[②]

---

① 此图由湖北省博物馆杨理胜同志提供。见湖北省荆沙考古队:《包山楚墓(下册)》,文物出版社1991年10月第1版,彩版七。

② 陈振裕:《楚国车马出行图初论》,《江汉考古》1989年第4期,第54-63页。

二、"车马人物出行图"的画法

图的叙事之功，在于"以传既往之踪"。"车马人物出行图"在构图方面，根据器物的旋转体的形状采用了横向平移视点的长卷式构图，这种画法开创了后世中国绘画手卷式之先河。

"车马人物出行图"在景物的安排上，全图用随风飘动的柳树分隔画面，各段依场景内容的不同或长或短，分别描绘对话、迎送、出行、犬豕腾跃奔突等情节。各段画面相对独立又首尾连贯，柳树在画面上起到了标明林荫驰道环境和连通全图的作用，使画面过渡自然，富于生活实感，给人以整体的审美感受。

湖北省荆门市包山二号墓出土的战国晚期"车马人物出行图"的部分图段[①]，如图 7.2 所示。

正是"车马人物出行图"运用横向平移视点的长卷式构图，将瞬间的视觉形象贯串成在时间中自然推移的生活画面，可以给欣赏者以艺术想象的自由。也就是说，即使没有解释性序列提示"车马人物出行图"这一图形是如何开始的、将向哪里发展，人们都可以自由地解读，在艺术想象中获得接近生活体验的审美感受。这也许是这幅漆画的主题有诸多名称的原因所在。这种构图方法后来演变成为中国古代绘画画法的经典模式，历史上已产生过许多绘画的经典作品。如，顾恺之(348—409 年)的"洛神赋图"、顾闳中(约 910—约 980 年)的"韩熙载夜宴图"、王希孟(1096—?)的"千里江山图"、张择端(1085—1145 年)的"清明上河图"等，都属这类构图画法的艺术杰作。[②]

除"车马人物出行图"是已知最早的横向平移视点的手卷式构图的绘画作品之外，关键是这幅画最为明显地表现出当时的画师力图通过物象的空间位置的安排来准确传达与生活实感相符的空间维度。

战国时期楚国绘画中可以看到与传统的夸张、变形的造型手法不同，新出现的具有写实倾向的描绘手法，即由天上到人间，由写意、传神到写实，是这一时期绘画的重要转向。这种转向在体现新的时代风范的同时，也给当时的绘画艺术依据现实描绘的新的写实画风带来了新的课

---

① 湖北省荆沙考古队:《包山楚墓(下册)》,文物出版社 1991 年 10 月第 1 版,彩版八:二号墓子母口漆奁盖壁漆画"车马人物出行图"2,第 132 页。

② 刘克明:《中国建筑图学文化源流》,见高介华主编:《中国建筑文化研究文库》,湖北教育出版社 2006 年 7 月第 1 版,第 205-216 页,第 248-258 页。

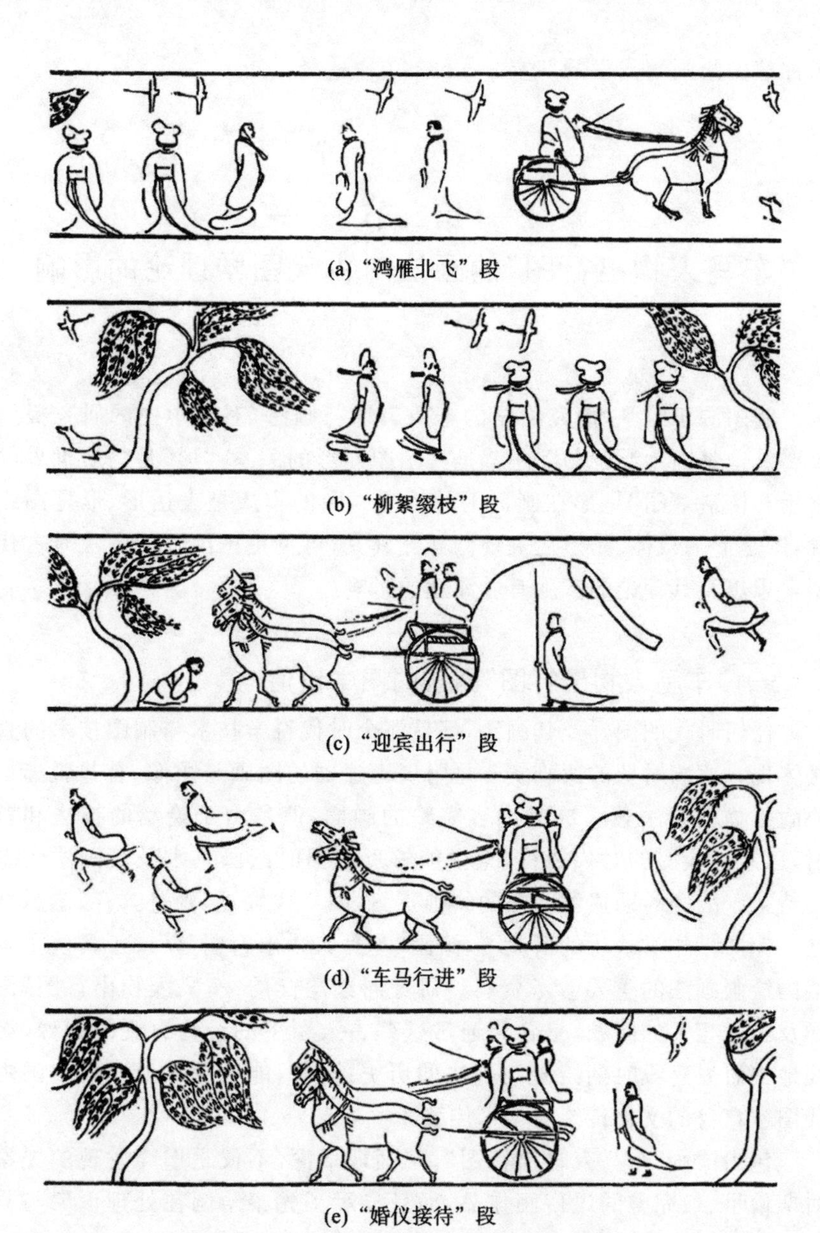

(a) “鸿雁北飞” 段

(b) “柳絮缀枝” 段

(c) “迎宾出行” 段

(d) “车马行进” 段

(e) “婚仪接待” 段

图 7.2 “车马人物出行图”的各部分图像

题。包山二号墓出土的“车马人物出行图”就体现了战国时期的画师为解决新的艺术难题所作的努力，它比过去发现的任何帛画与漆画的艺术表现手法及其画法都更为精致、绚丽。因此，“车马人物出行图”是迄今所见屈原时代的绘画画法创新及其图学实践在楚国漆画上的绝佳表现，堪称楚国绘画与图学的瑰宝。

第二节 “车马人物出行图”的画法对古代图学理论的影响

制图源于绘画，探究绘画的本质属性与画法，对图学史的研究极为重要。这是因为绘画与图学都是揭示图与形的关系，“形”是物质世界的表示和构造，“图”是形在画面上的展现。图的本质是表达形，形是图之源，图是形的载体、是形之表现。详究其义，可见楚国绘画的画法对古代图学思想及其理论的产生有着深远的影响。

一、“车马人物出行图”画法的图学价值

任何时代的图样及其画法，都是那个时代科学技术与制图技术的直接体现。战国时期的漆画实际是附属于漆器的图画与图像，有些脱离了原附器物就无法独立成为内容完整的画面，但是由于绘制的技法和题材，以及所表露的时代风格，至少能够反映当时绘画艺术及其画法的主要特征。战国时期遗留下来的绘画资料，因年代浸远，画迹鲜存，难悉详之。在文献相对缺乏的情况下，漆画“车马人物出行图”就成了目前了解战国绘画画法的重要参考资料。研究彩绘漆奁的“车马人物出行图”图像及与之相关的问题，是希望通过这些古人留下的最为直观的图像，客观地去研究这段时期绘画与画法的历史；同时，能更深入地了解中国古代图学自身的文化传统与学术传统。

包山漆画“车马人物出行图”，其画理卓深，不仅是迄今发现的先秦时期最早、最完整的风俗画作品，而且显示了先秦绘画在处理形象与空间的艺术手法方面所取得的进步。全图用随风摇曳的柳树分隔为五段，描绘出对话、迎送、出行等情节，最短的一段中所绘奔突的犬豕各一。各段相对独立、首尾连贯，柳树在画中标明林荫驰道环境，并通连全图，使画面过渡自然，有生活实感。“车马人物出行图”中，人物的轩昂自信，侍者的恭谨，奔跑者和御者的紧张，均通过洗练概括的姿势和动态刻画出来，其气韵生动，反映了战国时期楚国的画师们在写实绘画中达到的艺

术境界。[①]

在绘画技法上，这幅堪称先秦第一漆画的“车马人物出行图”，采用了散点透视的画法，打破了焦点透视的局限，使整个画面灵活、生动，色彩纷呈，再现了当时楚国民间出行、迎宾风俗的生动情景。这种打破焦点透视，采用移动透视的画法使读者极易从画面上直观把握所绘人物的形象，是对运动感和流动感的绝妙传达，也是楚人对绘画艺术形式的喜好、对生命的崇尚的具体体现。

“图”是形在画面上的表现。漆奁“车马人物出行图”，没有依赖于商周以来的艺术图式，而是对现实生活作了一系列创造性的描绘。作品依据器物旋转体的圆圈形状，采用了横向平移视点的构图法，与后世长卷式绘画构图具有异曲同工之妙，全图用随风飘动的柳树把画面分开，各段因内容不同而长短不一，但他们既相对独立又首尾连贯，柳树在画面上起到了连通全图的作用，使画面过渡自然，富于生活气息。

毋庸置疑，“车马人物出行图”是中国图学史上对已知最早的横向平移视点的手卷式构图的完整使用，它将瞬间的视觉形象贯穿在时间中自然推移的生活画面，使观者获得包容时空的整体审美感受。除此以外，这幅画的作者也力图通过物象的空间位置的经营安排，来准确传达与生活实感相符的空间维度。这种转向人间现实生活的楚国绘画，体现了当时新的时代风貌，同时也给当时的艺术创作带来了新的课题。这幅作品，就是画师为解决新的艺术难题所努力的结果。

图画之妙，爰自秦汉，自从西方绘画透视学传入中国，学术界便提出中国绘画是以“散点透视”方法构成的理论，以提高其“科学”成分来与西方绘画相比肩。从此，散点透视就成为中国绘画画法的理论依据。散点透视的基本概念，它包含了以下两层含义。

其一，中国绘画与西方传统写实绘画一样，是建立在透视的框架之中。中国绘画散点透视的特征不同于西方传统写实绘画使用的焦点透视，所谓散者，就是自由自在、无拘无束，不受焦点透视规律约束之意，也就是以移动视点、变化视点的透视画法来建立画面的构图。

其二，与西方焦点透视画法相比，中国绘画的散点透视法，“四时并运，发于天然”，更强调的是以“万象必尽”表现形式去描绘天地万物，特

① 湖北省荆沙考古队：《包山楚墓（下册）》，文物出版社 1991 年 10 月第 1 版，彩版八“二号墓子母口漆奁盖壁漆画‘车马人物出行图’2，第 132 页。

别是注重表现画家胸中的“自然”。作为中国绘画所独有的散点透视之法，其发生根源就在于中国人对自然物象的独特认识。与西方焦点透视法截然不同的是，中国画的散点透视法，是画家观测自然事物、表现自然事物所运用的独特手法。古代画师用它营造了中国画特有的空间结构关系，并获得了艺术表现的极大自由，中国文化中的“求真”观念，是散点透视产生的根本原因。其“所以气韵雄壮，几不容于缣素，笔迹磊落，遂恣意于墙壁，其细画又甚稠密，此神异也”。

“车马人物出行图”的散点透视画法[①]，如图 7.3 所示。

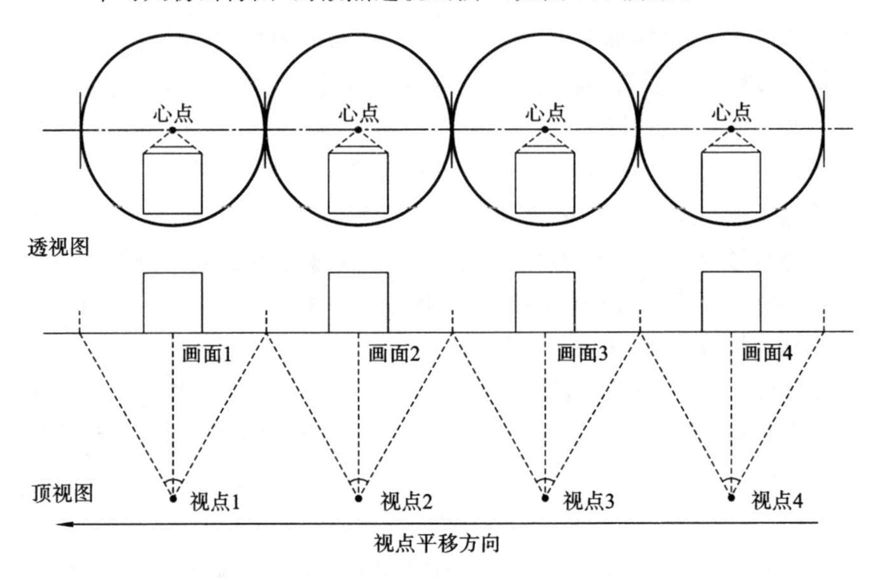

图 7.3 “车马人物出行图”的散点透视画法示意图

前已述及，“车马人物出行图”同文字资料一样，还具有文化史、科技史上的多重意义。由于楚国礼仪文献失传，这幅画所体现的楚国婚仪、车马、旌旗、服饰、道路等形象资料，就显得弥足珍贵。更重要的是，它为进一步考察和研究出土的楚国绘画及其画法，提供了一个典型范本。

透视是绘画艺术的基础。画家在作画的时候，是要把客观的三维物象在二维平面上正确地表现出来，并使之具有空间感和立体感。客观存在的物象，即使是同样大小、高低，在一定的视域范围内也会产生一些视觉变化，有它一定法则和规律。西方绘画采用焦点透视，其画法如同照相机或摄影机，观察者的视点固定在一个点上，把能收入镜头的物象如

① 殷光宇：《透视》，中国美术学院出版社 1999 年第 1 版，第 19-24 页。

实地照下来，因为受空间的限制，视域以外的物象就不能被摄入与检测到。

中国绘画在透视上有它独特的处理方法，它遵循透视的基本法则与规律，又不拘泥于一般的法则、规律。画家的观察点不是固定在一个地方，也不受一定视域的限制，而是根据自己的创作意图，移动立足点进行观察，各个不同立足点所看到的内容都可根据自己的需要组织进入画面，使画面所表现的内容更全面、更生动，这种透视方法叫作散点透视，也叫移动透视，如同今日所云移动视觉检测。中国绘画能够表现出咫尺千里的开阔画面，便是中国画对透视运用的要求，故绘画的透视法，在中国古代不称透视，而称远近法。

二、漆画“车马人物出行图”对图样画法的影响

散点透视的应用是屈原时代楚国绘画画法、图学理论知识及其实践的重要成果，它的出现，影响着中国古代透视学的理论，同时，“车马人物出行图”的绘制，也为宋代散点透视理论的总结奠定了理论基础。

究其原委，这是因为散点透视可使画面变化无穷。它的画法，可根据内容与形式的需要，不受视域的限制，可根据主观意图，在同一个画面上，画出几个不同视域的景物，所以有人把它称为移动视点透视。这种透视法是中国山水画表现上的传统特点，其中包括步步看、面面看，近推远——以大观小，远推近——以小观大等。

这些都是中国古今画师经过长期观察、反复实践、锐意摹写，得出的一整套传统方法，形成了独特的中国透视画法，它使中国画师在写生创作上获得了极大自由，丰富和提高了中国绘画的表现力。正是古代画师在绘画实践与创作中，不断地探索新的表现方法，才使作品以新的风貌出现，而具有永恒的魅力。

“车马人物出行图”以后的中国画师，他们根据绘画及图样在视觉与空间构图中的需要，又创立了新的理论来满足绘画创作的要求。无论是宋代画家郭熙(约 1000—约 1090 年)还是科学家沈括(1031—1095 年)，他们提出的“三远”之法，“可居”“可游”、“山形面面看”“山形步步移”的构图理论，以及“以大观小”、“折近”“折远”的思想，从根本上解决了透视画法与绘画形象矛盾的统一，是对中国绘画透视理论的发展与创新。至今规模最大的长卷风俗画，宋代“清明上河图”，承风汲流，是“车马人物出行图”画法之余绪，也是散点透视画法的重要成果。可谓“楚地创其滥

觞，宋代尽其深致”。

宋代著名画家张择端，自幼好学，早年游学汴京(今河南开封)，后习绘画。宋徽宗时供职翰林图画院，职称翰林，专攻界画宫室，尤擅绘舟车、市肆、桥梁、街道、城郭。后以失位家居，卖画为生，写有“西湖争标图”“清明上河图”。

“翰林张择端，字正道，东武人也。幼读书，游学于京师，后习绘事。本工其界画，尤嗜于舟车、市桥郭径，别成家数也。按向氏《评论图画记》云:《西湖争标图》《清明上河图》选入神品。”

“清明上河图”生动地描绘了北宋汴梁，即今河南开封府清明节时城市生活的热闹场面。画长525厘米，高25.5厘米，绢本，设色，作品以长卷形式，采用散点透视的构图法，将繁杂的景物纳入画面中。画中画有人物五百多人，他们衣着不同、神情各异，牲畜五十多只，各种车(船)二十余辆(艘)，生动地揭示了京都城郊到市内的繁华热闹景象和当时政治、经济、文化的繁荣面貌。“清明上河图”反映了高度精纯的绘画功力和出色的艺术成就。同时，因为画中所绘为当时社会实录，为后世了解、研究宋代城市社会生活，提供了重要的历史资料，概可睹之矣。

在中国绘画史上，彩绘奁画“车马人物出行图”为“上古之画”，可谓“迹简意淡而雅正”;“清明上河图”为宋代画院翰林之作，是“选入神品，藏者宜宝之”，“盖其经营布置，各极其态，信非率易所能成也”。无论“车马人物出行图”，抑或“清明上河图”，“振妙一时，传芳千祀”“皆臻妙理”，其画法若用焦点透视是不可能表达、也无法表达的。[①]

三、散点透视及其宋代的图学理论

(一)郭熙的三远之法

“清明上河图”的出现，是11至12世纪北宋散点透视画法的杰出代表。这一时期的绘画理论如雨后春笋，对散点透视画法有着精辟的论述。如郭熙的理论，其《林泉高致集》提倡绘画创作要从现实出发，对大自然深入观察体验。在总结取景及构图方面，郭熙指出:“山有三远:自山下而仰山巅，谓之高远;自山前而窥山后，谓之深远;自近山而望远山，谓之平远。”这就是中国绘画取景的“三远法”。他提出了不同视点位置

① 刘克明:《中国工程图学史》，华中科技大学出版社2003年12月第1版，第188-197页。

所形成的透视变化，也是中国绘画构图基本方法的概括。

从透视的原理而论，此“三远法”正是视点在纵向移动过程中，所处低、中、高三种视点位置观察景物时所生成的仰视、平视、俯视三种透视关系。

“三远法”的提出，是郭熙对前人和他自己创作经验的总结，它阐明了观者在不同视点，或仰视、或俯视、或平视所形成的构图变化规律。“高远”适于表现近视、仰视山势的突兀高耸；“深远”适于表现渐高、渐远山势的重叠连绵；“平远”适于表现纵深山势的一望无际。“三远法”的提出，使我们对中国绘画几种基本构图的取景方法有了明确的理论认识。

（二）“可居”“可游”与“山形步步移”“山形面面看”

用透视变化与视平线、视垂线及心点的关系来解释郭熙“三远”的理论，仍然是不完整的。这是因为郭熙的理论不仅局限于焦点透视，而在于它突破焦点透视束缚，提倡视点移动与变化的散点透视。《林泉高致集》中郭熙提出了绘画构图“可居”“可游”、“山形步步移”“山形面面看”的理论。

散点透视，就是不把视点固定在一定的位置，根据画面需要移动视线以表现广阔深远的境界。这种观察方法是和其强调神似的艺术要求完全一致的，只有从不同角度去深入感受，才能形成整体的形象概念。在对对象的结构、特征、神态有所了解的基础上取景构图，下笔作画，才能抓住对象本质特征和精神气息。

郭熙在《林泉高致集》中以不同角度和方法绘画花、竹为例，论述了绘图投影和散点透视的理论。他说：“学画花者，以一株花置深坑中，临其上而瞰之，则花之四面得矣。学画竹者，取一枝竹，因月夜照其影于素壁之上，则竹之真形出矣。学画山水者何以异此？”“山近看如此，远数里看又如此，远十数里看又如此，每远每异，所谓山形步步移也。山正面如此，侧面又如此，背面又如此，每看每异，所谓山形面面看也。”

郭熙强调绘画构图，观察对象要“山形步步移”，要“山形面面看”，也就是不采取一个固定的视点与角度，不用焦点透视，而是移动视点，边走边看。绘画者不但要体验对象的形势、结构，不同季节气候的自然变化，而且还要研究根据艺术表现需要，运用不同的构图方法来表现现实的景物。不同的透视画法，产生不同的艺术境界，这正是“三远法”产生和立论的生活与实践基础。中国画长卷，常将不同取景方法的“三远”结合起来，打破了时间、空间的限制，就是这种观察方法产生的独特表现手段。

（三）沈括《梦溪笔谈》中的透视理论

北宋沈括撰《梦溪笔谈》二十六卷，补《笔谈》二卷，《续笔谈》一卷。其论透视理论，见是书“书画”。书中他提出了绘画“以大观小”及“折高折远”的独特见解，颇多卓见。首先，沈括认为：绘画构图应符合透视的法则，因此，他欣赏董源、巨然“近视之，几不类物象；远观，则景物粲然”的作品。①

其次，沈括重视散点透视的应用，而不主张焦点透视。在《梦溪笔谈》中沈括对李成“仰画飞檐”提出了自己的看法，他写道：“又李成画山上亭馆及楼塔之类，皆仰画飞檐。其说以谓自下望上，如人平地望塔檐间，见其榱桷。此论非也。大都山水之法，盖以大观小，如人观假山耳。若同真山之法，以下望上，只合见一重山，岂可重重悉见，兼不应见其溪谷间事。又如屋舍，亦不应见其中庭及后巷中事。若人在东立，则山西便合是远境；人在西立，则山东便合是远境。似此如何成画？李君盖不知以大观小之法，其间折高、折远，自有妙理。岂在掀屋角也。”

沈括对透视的论述，关键在于“以大观小之法”，它既是中国绘画的创作方法，又是以中国式语言表述的关于透视问题的科学结论。其中“折高、折远”的提出，显然是认识到了“近大远小”的透视现象在数量上的对应关系。“以大观小之法”包含两重意思：它既指出了中国画独特的构图方法，又指明了中国画独特的透视方法与思维方法。中国的巨幅或长卷山水画，就是应用了“以大观小之法”、散点透视的画法来表现的。如果采用焦点透视画法，即所谓“掀屋角”的方法来表现，显然是无法绘制的。

沈括在理论上肯定与阐明了中国画中这种特有的“以大观小”及“折高折远”的散点透视画法；同时，也为这种画法创立了最早的透视理论，以致“近视之几不类物象，远观则景物粲然，幽情远思，如睹异境”。但是在绘画上，始自初唐而并非始自李成（919—967 年）的“仰画飞檐”的画法，由于能充分表现物体的高耸的感觉，也并非没有价值。②

---

① 《梦溪笔谈》卷十七，见（宋）沈括撰，金良年点校：《梦溪笔谈》，中华国学文库丛书，中华书局 2017 年 5 月第 1 版，第 141-142 页。

② 《梦溪笔谈》卷十七，见（宋）沈括撰，金良年点校：《梦溪笔谈》，中华国学文库丛书，中华书局 2017 年 5 月第 1 版，第 146 页。

许然，李成的绘画“殊无古人格致，然时亦未有其比”，沈括也给予了极高的评价。沈括在《图画歌》中认为“画中最妙言山水，摩诘峰峦两面起；李成笔夺造化工，荆浩开图论千里。”不仅如此，在《图画歌》中，尚有“忠恕楼台真有功，山头突出华清宫”，对唐宋之际的绘画，评价甚高。[①]

(四)散点透视的理论基础

散点透视的基本原理，在于打破一个视域的界限，移动视点，采取多视域的组合，将景物自然地、有机地组织到一个画面里。这种方法给画面构图带来更大的自由性，能达到广视博取，“立万象于胸怀”“写山水之纵横”之目的。由于宽阔的视域，自然就会形成一些特殊的构图形式，比如长卷、立轴、条幅等，使画面所绘景物，有了更大的广阔性、可表现性。

散点透视的多视域组合，包括横向多视域的组合和纵向多视域的组合。

1. 横向多视域平移法

郭熙在《林泉高致集》中称：“世之笃论，谓山水有可行者，有可望者，有可游者，有可居者，画凡至此，皆入妙品。”这正是欣赏者的眼睛随着画轴的转动，重复画家移动视点观察景物的过程，说明画内景物有明显的连续、迁移性。画家视点的移动方位，是决定散点透视画面组合方式的前提。人的眼睛对景物进行移动观察，仍是从高、宽、深三个方向进行的，或左右移动视点，或前后移动视点，或上下移动视点，或同时扩张纵横移动视点，散点透视所组成的画面都属多视域的组合。

以横向多视域的组合为例，这种组合可以组成横幅、长卷式构图，是视点水平运动的结果，包括左右或前后的视点运动。如横向多视域定向平移法，面对长达数里乃至更远的景物，采取小范围的以点对线的旋点法已无法表现时，就需采取以线对线的观察方法，即视点按物体排列顺序，以一定的视距、角度作并行观察，形成一种同向视域的画面平行运动过程，可以得到连续视域，把它们连接起来，所得到的心点轨迹仍然是视平线。如视点以 45°角平移顺序观察立方体时，可以形成 45°成角立方体的连续排列画面组合，各立方体 45°成角边线分别消失到本视域的左右距点上，其画法原理，[②]如图 7.4 所示。

---

① 刘克明：《中国建筑图学文化源流》，见高介华主编：《中国建筑文化研究文库》，湖北教育出版社 2006 年 7 月第 1 版，第 205-216 页。

② 殷光宇：《透视》，中国美术学院出版社 1999 年第 1 版，第 19-24 页。

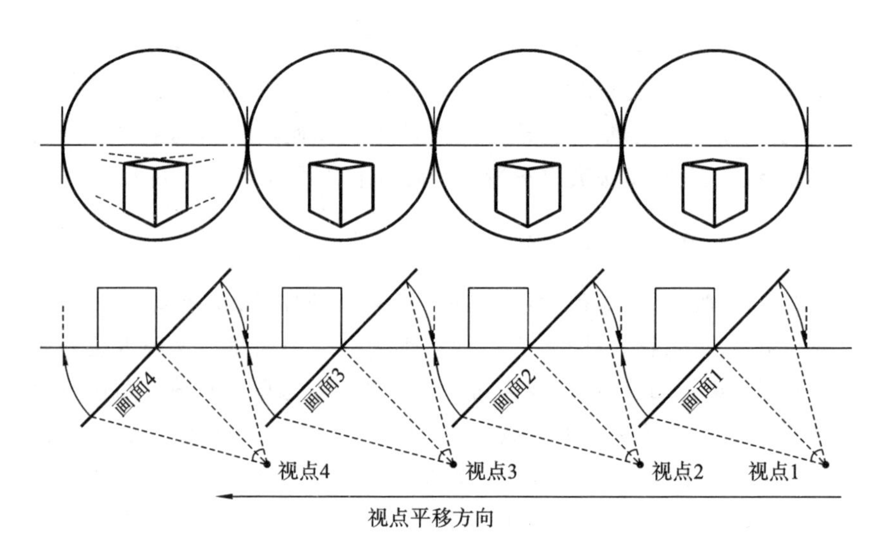

图 7.4 视点以 45°角横向多视域平移图解

在视域内容的表现上,长卷绘画常以一定的关联因素加以衔接。宋张择端“清明上河图”是以时间为内在因素,通过清明时节汴梁城内外人物的活动场面,反映当时繁荣的景象。这幅画采用高视点位置平行移动、以移步观景的构图方法,使观者感到自己站在高出画面的视点位置上随着游人赏景赏情。画面虚实、疏密在平直的长卷中上下曲折、交替变化。其所绘房屋众多,依路傍水,有不同方位;其场面巨大,道具无数,段落分明,结构严密,有条不紊。其绘画技法娴熟,用笔细致,线条遒劲,凝重老练。并采用斜投影的画法,使许多建筑立体感强,观之便有身临其境之感。

2. 纵向多视域的组合

除横向多视域的组合之外,尚有纵向多视域的组合,条幅、立轴等构图形式是视点纵向运动的结果。简而言之,即将仰视与俯视的多视域组合起来。“仰视”与“俯视”二词,最早见之于《庄子》的“人间世”中,“仰而视其细枝”“俯而视其大根”,是纵向多视域组合的最好与最早的记载。其观察方法同横向多视域组合规律一样,只是方向相互垂直。可采用定位仰俯视域排列组合,也可采用视点纵移视域排列组合。

1)定位仰俯法

面对景物,欲将高于视点的、低于视点的景物置于一图,在视位不动的情况下,自然是一种上仰、下俯的观景过程。画家可坐于半山腰确定视点位置后,面向景物低头可见溪水、坡路、山石、树木,仰头可见挺立的高山、绵连的峰巅；而仰俯之中，必有平视区域的景物，或烟雾缭绕，或远丘林木，自然地承接上下景物。实际上这是一种定位纵向环视法，利用这种方法，可以得到有消失轨迹的画面组合。

此外，还有一类属于无消失轨迹的视域组合，出现在中国的绘画构图之中，这种类型的画面构图中，一幅画即有仰视、平视，又有俯视的景物。或近景为俯视，中景为平视，远景为仰视；或近景为俯视，中景为平仰结合，远景为平视；或景分仰、俯变化，而所有房屋建筑不论位置高低，一律以同一高度的视点位置处理。

2)定向纵移法

面对景物，采取上下移动视点的方法，在不同的高度上观察，然后串联各视域成为条幅构图。由于景物排列的特点不同，纵视后所得画面，效果各异。①

宋代张择端《清明上河图》中的建筑图样部分线描图②，如图 7.5 所示。

第一，以纵对高的视域组合，指面对纵向秩序排列的形体，视点自下而上移动观察，如果对立方体规则地纵移观察，可得到有消失轨迹的视域串联。中国绘画常用无消失轨迹的纵向视域组合，将不同高度景物绘制到立轴画幅中。

第二，以纵对深的视域组合，中国绘画的立轴构图，不都是表现景物的高低层次，许多作品体现的是远近深度变化，即利用立轴上下幅度作为景物深度的容量，对回深之景攀高而上，以不同高度观察不同景深，以下观近，以上观远，如此步步登高，景物自然由画面底部向上层层推远，彼此遮挡较少，画面可以推得很远。

视点升高与景物推远的关系，视点在不同高度上，以同样视线角度观察景物，恰似一个无限远的视点发来的一组平行线群，整个景物尽在视点位置的高度之下，构图必定层层升高。这是画家用近距离有限的步移来实现理想化的无限远的视点观察效果的方法，也是中国绘画利用画幅的高度纵向积累景物的深度，区别于西方绘画中把远景推向灭线、密集于地平线的地方，体现着无灭线轨迹构图的长处。

---

① 魏永利、殷金山:《美术技法理论——透视解剖》，高等教育出版社 1995 年 5 月 11 版，第 149-159 页。

② 赵广超:《笔记〈清明上河图〉》，生活 · 读书 · 新知三联书店 2005 年 7 月第 1 版，第 30-31 页、第 42-43 页、第 56 页。

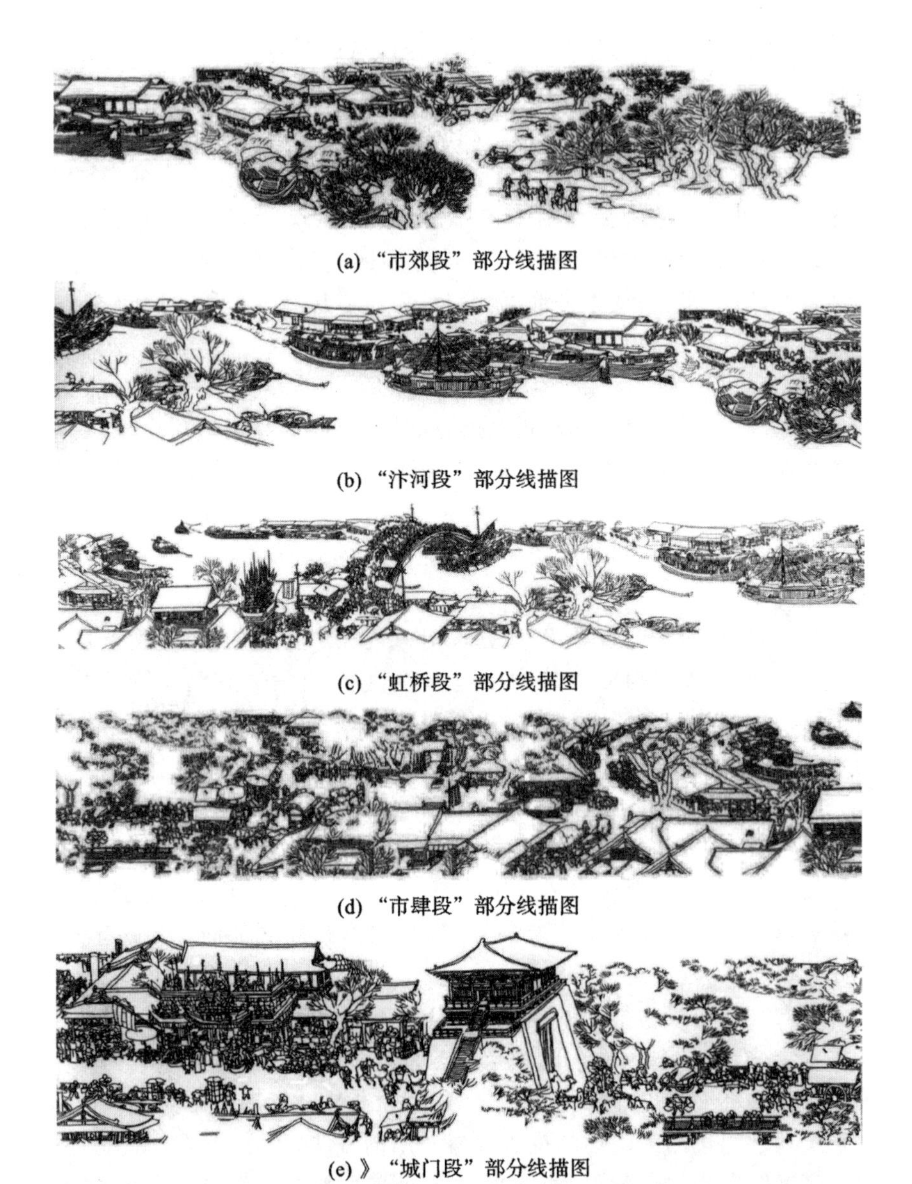

(a) “市郊段”部分线描图

(b) “汴河段”部分线描图

(c) “虹桥段”部分线描图

(d) “市肆段”部分线描图

(e) 》“城门段”部分线描图

图 7.5 宋代张择端《清明上河图》中部分线描图

散点透视中纵向多视域移动图解[①]，如图 7.6 所示。

正是对绘画史的研究与分析，以及对那个时代的图学家们所论绘画透视画法进行考察，人们发现，中国在 11 至 12 世纪的宋代“清明上河

① 蒲新成：《绘画与透视》，湖北美术出版社 1991 年第 1 版，第 40-42 页。

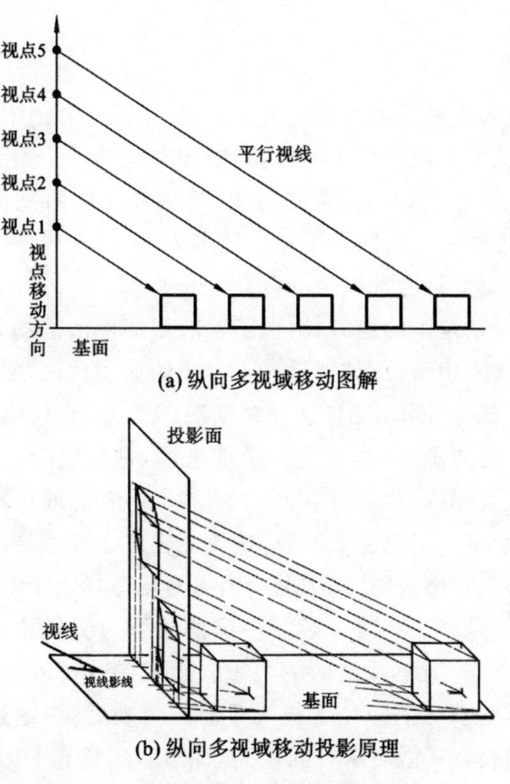

图 7.6 散点透视中纵向多视域移动图解

图”的出现，也就不足为奇了。

11 至 12 世纪之际，宋人对透视理论所进行的系统总结，是对“车马人物出行图”画法的发挥与总结；这些对散点透视画法的论述，具有中国文化的特色。散点透视有它独特的处理方法，它遵循透视的基本法则与规律，又不拘泥于一般的法则、规律。画家的观察点不是固定的一个地方，也不受一定视域的限制，而是根据自己的创作意图，移动立足点进行观察，各个不同立足点所看到的内容都可根据自己的需要组织进入画面，使画面所表现的内容更为全面、更加生动。由是观之，中国图学知识理论中的散点透视，即是对焦点透视的否定，又是对焦点透视的超越。[①]

---

① 魏永利、殷金山：《美术技法理论——透视解剖》，高等教育出版社 1995 年 5 月第 11 版，第 149-159 页。

四、结语

图学促进人类社会的发展与进步。中国是一个图学文化发达很早的国度，绘画艺术与制图技术一样，是中国文化的一个重要组成部分，并贯穿中国文化演进的始终。考之历史，楚国在屈原时期的文献史料，在图形表达、图形理解和空间思维能力诸多方面，不胜枚举，写下了中国科技史乃至图学史上最为辉煌的一页。

(1)战国后期楚国的绘画，出现了反映现实生活的场景，包山二号墓彩绘漆奁"车马人物出行图"就是一个写实的典型代表，它既是楚绘画艺术的重要组成部分，同时又与这一时期的图像一起，构成艺术史上楚国绘画最为突出的艺术形式，从这一角度来说，它是整个艺术史的一个组成部分。故宋人邓椿(生卒年不详，约1178年前逝世)《画继》中有："凡所游畋，必存绘事。岂止云梦殪兕，楚人美旌盖之雄。"

(2)"车马人物出行图"是中国绘画史乃至图学史上第一次运用散点透视的画法，这一画法一直影响着中国的绘画与图样绘制，使它成为中国古代图学实践与图学理论的一个重要组成部分，其创新求变，在整个中国绘画乃至图学史上的位置极为重要。究观后来，论述渐丰，以至宋代的图学家们孜孜于散点透视的探述，日渐形成具有中国特色的绘画理论，对焦点透视画法既超越之、又否定之，不能不说其根其源，盖来自楚人"车马人物出行图"。而宋人张择端"清明上河图"，"往还先后、皆曲尽意态、毫发无遗、盖汴京盛时伟观、可按图而得、而非一朝一夕之所能者，其用心亦良苦"可谓登峰造极，"择端复有'西湖争标图'与此并入神品"，①都是散点透视画法的代表之作。

主要参考文献

[1]　湖北省荆沙铁路考古队.包山楚墓[M].北京：文物出版社，1991.

[2]　彭德.屈原时代的一幅情节性绘画——荆门楚墓彩画《王孙亲迎图》[J].文艺研究，1990(4)：113-120.

[3]　陈振裕.楚国车马出行图初论[J].江汉考古.1989(4)：54-63.

[4]　刘克明.中国建筑图学文化源流[M]//高介华.中国建筑文化研究

① 《清明上河图》题跋，(明)都穆(1458—1525年)题，见(宋)张择端绘，张安治著文：《清明上河图》，人民美术出版社1979年11月第1版。

文库. 武汉:湖北教育出版社,2006.

[5] 沈括. 梦溪笔谈[M]. 金良年,点校. 中华书局 2017.

[6] 殷光宇. 透视[M]. 北京:中国美术学院出版社,1999.

[7] 蒲新成. 绘画与透视[M]. 武汉:湖北美术出版社,1991.

[8] 魏永利,殷金山. 美术技法理论——透视解剖[M]. 北京:高等教育出版社,1995.

[9] 赵广超. 笔记清明上河图[M]. 北京:生活·读书·新知三联书店,2005.

第八章

楚辞中的图学成就及其启示

先秦时期，图与文字、语言一样，是人类描述思想与交流知识的重要工具，是人们获得知识的重要来源。楚国绘画艺术与制图技术，在屈原(前340—前278年)所处的时代已经具有很高的水平，考察楚地出土的文物，就可发现:这一时期的楚文物，其漆器上的精美花纹，线条勾勒交错、流畅而不滞，图案的构思巧妙，漆色艳丽如新。这些漆器上的彩图引起了人们的关注，从而对楚国的绘画艺术与制图技术水平有了一些初步认识。特别是近几十年来，楚地出土了大批精美的漆器，造型千姿百态，纹样设计主要有人物画像、动物纹理、自然景象、几何纹饰等，为研究春秋战国时期楚国造型艺术、绘画艺术、制图技术提供了极为可靠的实物资料。楚辞中有关图的记载，正是屈原所处时代图学成就的反映。

—— 第一节 ——
楚辞中有关图的记载

一、屈原楚辞

《楚辞》是屈原创作的一种新诗体。据《四库全书总目》集部总序云："集部之目，楚辞最古，别集次之，总集次之，诗文评又晚出，词曲则其闰余也。古人不以文章名，故秦以前书无称屈原、宋玉工赋者。洎乎汉代，始有词人。迹其著作，率由追录。"[①]

"楚辞"的名称，西汉初期已有之，至刘向乃编辑成集。东汉王逸作章句。原收战国屈原 、宋玉及汉代淮南小山、东方朔、王褒、刘向等人辞赋共十六篇。后王逸增入己作《九思》，成十七篇。

东汉王逸《楚辞章句》书影[②]，如图 8.1 所示。

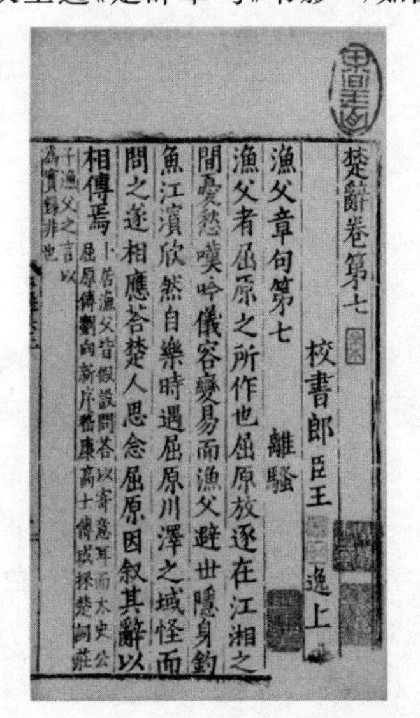

楚辭卷第七

校書郎臣王逸上

漁父章句第七 離騷

漁父者屈原之所作也屈原放逐在江湘之間憂愁歎吟儀容變易而漁父避世隱身釣魚江濱欣然自樂時遇屈原川澤之域怪而問之遂相應荅楚人思念屈原因叙其辭以相傳焉 卜居漁父皆假設問荅以寄意耳而太史公屈原傳劉向新序嵇康高士傳或採楚詞莊子漁父之言以為實錄非也

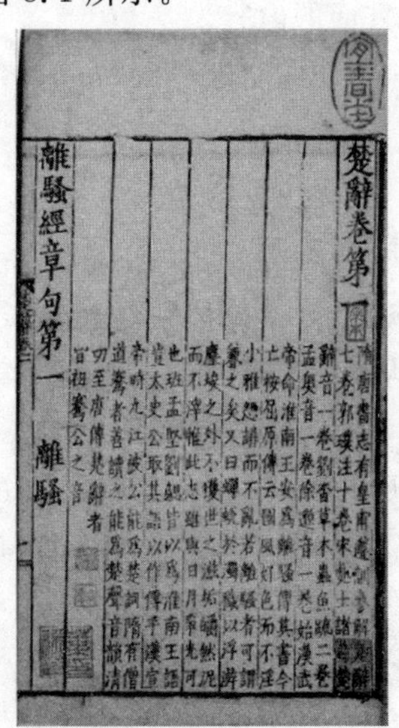

楚辭卷第一

離騷經章句第一 離騷

图 8.1　东汉王逸《楚辞章句》书影

① 《四库全书总目》"集部""总叙"，见(清)永瑢:《四库全书总目》，中华书局 1965 年 6 月第 1 版，第 1267 页。

② 《楚辞章句》书影，见(清)永瑢、纪昀等纂修:《钦定四库全书》"集部一""楚词类"，景印《文渊阁四库全书(第 1062 册)》，台湾商务印书馆 1986 年版，第 1 页。

《四库全书总目》"楚辞类"云：

> 裒屈、宋诸赋，定名《楚辞》，自刘向始也。后人或谓之骚，故刘勰品论《楚辞》，以《辨骚》标目。考史迁称"屈原放逐，乃著离骚"，盖举其最著一篇。《九歌》以下，均袭《骚》名，则非事实矣。《隋志》集部以《楚辞》别为一门，历代因之。盖汉、魏以下，赋体既变，无全集皆作此体者。他集不与《楚辞》类，《楚辞》亦不与他集类，体例既异，理不得不分著也。杨穆有《九悼》一卷，至宋已佚。晁补之、朱子皆尝续编，然补之书亦不传，仅朱子书附刻《集注》后。今所传者，大抵注与音耳。注家由东汉至宋，递相补苴，无大异词。迨於近世，始多别解。割裂补缀，言人人殊。错简说经之术，蔓延及於词赋矣。今并刊除，杜窜乱古书之渐也。[①]

《楚辞》对整个中国文化系统具有不同寻常的意义，不仅是文学方面，它开创了中国浪漫主义文学的诗篇，后世称此种文体为"楚辞体"、骚体，而四大体裁诗歌、小说、散文、戏剧皆不同程度存在其身影；而且，屈原楚辞中对当时自然、社会的观察，有大量科学技术方面的记载，特别是图学技术方面的内容。

清《钦定四库全书》"集部一""楚辞类""楚辞章句"书影[②]，如图 8.2 所示。

二、楚辞中有关图的记载

人类通过视觉、听觉、嗅觉和味觉获得各种信息，其中 80%～90%来自视觉，即看到的各种各样的图。"宣物莫大于言，存形莫善于画"，图是人类共通的语言，是人类描述思想、交流知识的基本工具。绘画是用线条、色彩在平面上绘写事物所构成的形象或图形，来表达画家希望表达的概念及思想。《广雅》云："画，类也。"《尔雅》云："画，形也。"《说文》云："画，畛也。象田畛畔，所以画也。"《释名》云："画，挂也，以彩色挂物象也。"图与绘画，人们获得的信息均来自视觉，是以"形"的形式呈现的，它们协助人的思维与交流，都是要解决如何在二维平面上表达三维空间形体问题。

---

① 《四库全书总目》"楚辞类"，见(清)永瑢:《四库全书总目》，中华书局 1965 年 6 月第 1 版，第 1267 页。

② "楚辞类""楚辞章句"书影，见(清)永瑢、纪昀等纂修:《钦定四库全书》"集部一""楚词类"，景印《文渊阁四库全书(第 1062 册)》，台湾商务印书馆 1986 年版，第 1 页。

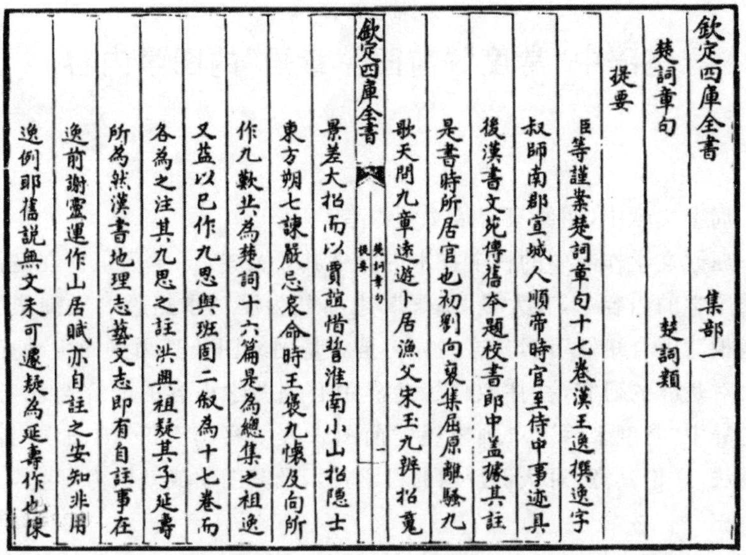

欽定四庫全書　集部一

楚詞章句　楚詞類

提要

臣等謹案楚詞章句十七卷漢王逸撰逸字
叔師南郡宜城人順帝時官至侍中事迹具
後漢書文苑傳舊本題校書郎中蓋據其註
是書時所居官也初劉向裒集屈原離騷九
歌天問九章遠遊卜居漁父宋玉九辯招魂

欽定四庫全書　提要　楚詞章句　一

景差大招而以賈誼惜誓淮南小山招隱士
東方朔七諫嚴忌哀命時王褒九懷及向所
作九歎共為楚詞十六篇是為總集之祖逸
又益以已作九思與班固二敘為十七卷而
各為之注其九思之註洪興祖疑其子延壽
所為然漢書地理志藝文志即有自註事在
逸前謝靈運作山居賦亦自註之安知非用
逸例耶舊說無文未可遽疑為延壽作也隋

图 8.2　清代《钦定四库全书》“集部一”“楚辞类”“楚辞章句”书影

任何艺术创作，都是以现实生活为基础的，楚国历史上的艺术作品、绘画也不例外。屈原时代的绘画画法及其图学实践，是楚国当时科技知识积累的结晶。楚地的壁画、帛画和漆画，其绘画水平之高、内涵之丰，曾极大地激发了屈原的创作热情。

屈原《天问》中，一连提出了一百七十多个问题，这就是他面对楚国祠庙里的图画，有感而发的。东汉王逸（生卒年不详）认为：

> 《天问》者，屈原之所作也。何不言问天？天尊不可问，故曰天问也。[①]

从王逸所载可知，当时楚在先王之庙及公卿祠堂之内，俱绘有图画。用图来表达人的精神生活与物质生活已是一种很普遍的现象，其绘画的内容丰富多彩。如邓椿在《画继》所云：“故鼎钟刻则识魑魅而知神奸，旂章明则昭轨度而备国制，清庙肃而尊彝陈，广轮度而疆理辨。”所谓“天地山川神灵，琦玮僪佹，及古贤圣怪物行事”。屈原“周流罢倦，休息其下，仰见图画，因书其壁，呵而问之以渫愤懑，舒泻愁思。”是知“记传所以叙其事不能载其容，赋颂有以咏其美不能备其象，图画之制所以兼之也”。

① 《楚辞章句》“天问章句第三”“序”，见（东汉）王逸撰，黄灵庚点校：《楚辞章句》，上海古籍出版社 2017 年 10 月第 1 版，第 67 页。

—— 第二节 ——
楚辞中“常度”“前图”“章画”的图学内容

周秦文献中，屈原只留传文学作品。

屈原文学作品中的科学技术内容举其要义，以图学为最。在楚辞里有关图学的内容中，有大量“章画”“志墨”“为度”“求矩矱”“循绳墨”“上同凿枘”“下合矩矱”词句，这些词句是对楚国绘图及其画法的生动描述。今人对楚辞的研究，往往忽略了楚辞中有关图学内容的研究与思考，探讨楚辞中“常度未替”“章画志墨”“前图未改”“察其揆正”的图学内涵及其画法，详论其意，对认识楚国的科学技术及其图学成就极为有益。

一、楚辞中“常度”“前图”“章画”的提出

楚人“筚路蓝缕，以启山林”，象征其创业所具有的艰苦奋斗精神，而这种精神也是楚人在科学、技术、图学方面勇于创新的写照。考之前载，先秦时期的文献史料，楚人在图形表达、图形理解和空间思维能力诸多方面成就甚多，不胜枚举，写下了中国科技史乃至图学史上辉煌的一页。

楚辞的作者们，无论屈原、宋玉（约前 298－约前 222 年），还是贾谊（前 200—前 168 年）、东方朔（前 154—前 93 年），尽管他们都不是画师，也不是器物制图学的工师，在先秦文献中也没有看到他们在制图方面实践的记载，但是他们对当时发达的楚国科学技术、建筑营造，一目了然；对当时楚国的绘画制图，放样施工观察了许多、思考了许多。楚辞中除了对绘图工具多有记载之外，还有大量“章画”“志墨”“为度”“求矩矱”“循绳墨”“上同凿枘”“求矩矱之所同”词句，这些内容是对古代绘图及其画法的生动描述与真实记录。[①]

屈原提出了“常度未替”“章画志墨”“前图未改”“察其揆正”的思想，《九章・怀沙》云：“刓方以为圆兮，常度未替。易初本迪兮，君子所鄙。章画志墨兮，前图未改。内厚质正兮，大人所晟。巧倕不斵兮，孰察其揆正。”《怀沙》此段的大意是：将方加工为圆，常法不可废弃。用规、矩、绳、

① 《怀沙》《离骚》《哀时命》各篇，见（战国）屈原著，汤炳正注：《楚辞今注》，上海古籍出版社 1996 年 12 月版。

墨作图，必须依据法度，否则“孰察其揆正”。这也是为什么屈原在《卜居》中写到“尺有所短，寸有所长。物有所不足，智有所不明，数有所不逮，神有所不通。用君之心行君之意。龟策诚不能知此事”的原因。

屈原《九章·思美人》云：“广遂前画兮，未改此度也。”《九章·惜往日》云：“奉先功以照下兮，明法度之嫌疑。”

图学引领生活，有关图学专业学科词汇，是楚辞中使用频率较高的词汇。楚辞这些词句表明，春秋战国之际，制图工具及其应用作为社会存在，不仅在土木建筑施工、制图放样中已得到了普遍使用，而且对于规矩用法及其画法的研究，亦有理论的概括。

在工程制图中，特别是几何作图，有了规、矩这两件工具，大多数的作图问题都可求得解答。有了规便能画出正确的圆形，有了矩便能画出正确的方形。同时，几何作图能够发展人们的逻辑思维能力，楚辞所言“章画”“志墨”“为度”，即古代论及“规”与“矩”之用，及在测量绘图中的理论总结，也是古代科学技术繁荣的重要标志。

二、楚辞所载几何作图及其画法

东汉王逸“稽之旧章，合之经传”，在《天问章句第三》“序”里有一段绘声绘色的描述：

> 屈原放逐，忧心愁悴，彷徨山泽，经历陵陆，嗟号昊旻，仰天叹息。见楚有先王之庙及公卿祠堂，图画天地山川神灵，琦玮僪佹，及古贤圣怪物行事。周流罢倦，休息其下，仰见图画，因书其壁，呵而问之。以渫愤懑，舒泻愁思。[①]

屈原“呵壁问天”所见的图画，不仅是“天地、山川、神灵、琦玮、僪佹，及古贤圣怪物行事”，亦见图画作品上的装饰图案，即大量的几何作图。这些图画纹饰的技巧，绝不逊于曾侯乙墓和包山楚墓出土文物的作图水平；而楚之“先王之庙及公卿祠堂”，不仅房舍高峻轩敞、装饰漂亮，而且还十分注意地理位置和周围环境，建筑艺术相当高超，当能代表战国后期建筑艺术的一流水平，其设计之完美，也绝不亚于中山王墓中出土的墓穴陵堂平面规划图——“兆域图”所达到的技术水平。恰如《招魂》中关于楚国建筑的描写，更加生动，其云：

---

① 《楚辞章句》,《天问章句第三》“序”，见（东汉）王逸撰，黄灵庚点校：《楚辞章句》，上海古籍出版社 2017 年 10 月第 1 版，第 67 页。

高堂邃宇,槛层轩些。层台累榭,临高山些。网户朱缀,刻方连些。冬有突厦,夏室寒些。川谷径复,流潺湲些。光风转蕙,氾崇兰些。经堂入奥,朱尘筵些。砥室翠翘,挂曲琼些。翡翠珠被,烂齐光些。蒻阿拂壁,罗帱张些。纂组绮缟,结琦璜些。室中之观,多珍怪些。兰膏明烛,华容备些。

离榭修幕,侍君之闲些。翡帷翠帐,饰高堂些。红壁沙版,玄玉梁些。仰观刻桷,画龙蛇些。坐堂伏槛,临曲池些。芙蓉始发,杂芰荷些。紫茎屏风,文缘波些。文异豹饰,侍陂陁些。轩辌既低,步骑罗些。兰薄户树,琼木篱些。

无疑,楚国建筑的形体、色彩及其装饰图案,都直接影响了屈原的作品。

图学学科的核心是几何学,图学是与几何学同步发展的科学,图学的历史也是几何学的历史,早期的几何作图是几何学的一部分,也是制图最基本的技术训练内容。楚人的工程作图技术,经验丰富而精湛,其复杂、细密、准确、灵巧的程度,至今令人叹为观止。有熔模铸造工艺制作的铜禁、铜尊、铜盘等,其设计与图绘是建立在极为精密的工程几何作图的基础之上。根据楚地出土文物几何图案及其纹饰,不少学者用现代几何作图的方法,探讨其最基本的画法,[①]如王逸所云:"虽未能究其微秒,然大指之趣,略可见矣。"

(一)等分线段的画法

分直线段为任意等分,如四等分线段 AB,其画法如下:[②]

第 1,已知直线段 AB;

第 2,过 A 点作任意直线 AC,用直尺在 AC 上从点 A 起截取任意长度的四等分,得 1、2、3、4 点;

第 3,连 $B4$,然后过其他点分别作直线平行于 $B4$,交 AB 于四个等分点,即为所求。亦可用矩,在直线 AC 上移动,画出平行线。

直线的等分线段画法,如图 8.3 所示。

① 李迪:《中国数学史简编》,辽宁人民出版社 1984 年 5 月第 1 版,第 43-48 页。

② 李迪:《我国历史上的一种圆规》,《中国数学史论文集(三)》,山东教育出版社 1987 年版,第 55-57 页。

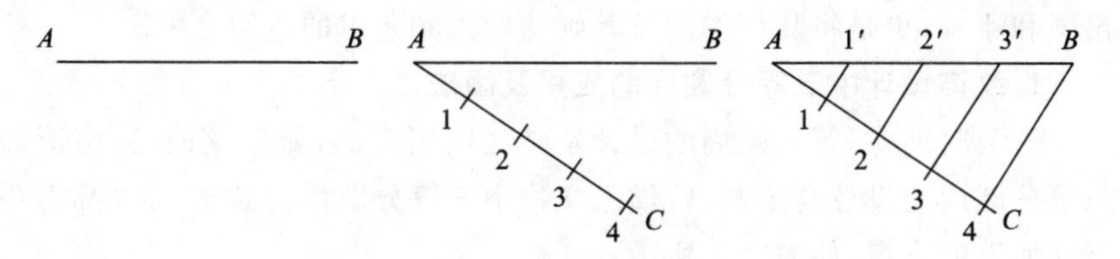

图 8.3 作直线的等分线段方法

(二)过直线 A 点作其垂直线

中国古代画师一般用勾股定理作任一直线的垂直线,如图 8.4 所示。过 A 点作直线 AB 的垂直线,其画法是:[①]

第一,将 AB 线段分为四等分;

第二,以 A 为圆心,取三分为半径作弧;

第三,以 B 为圆心,取五分为半径作弧,交前弧于 C 点。

第四,连接 CA,即为过 A 点且垂直于 AB 的垂线。

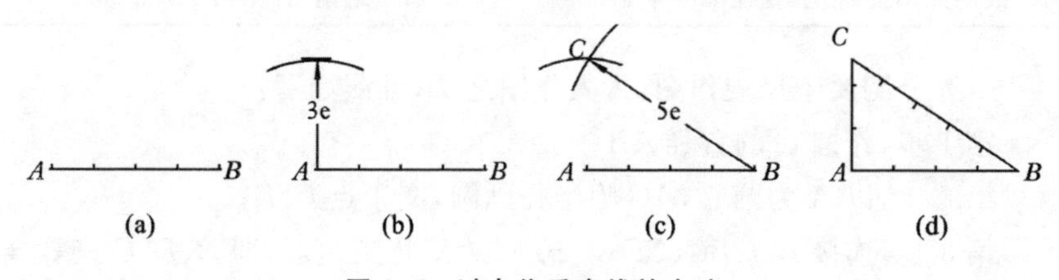

图 8.4 过点作垂直线的方法

(三)等分圆周及其画法

等分圆周是指利用直尺和圆规将圆周分为 n 等分,这是一个古老的数学问题。楚墓中出土的大量器物,如铜器、铜镜、漆器、陶器上的几何纹饰表明:楚人利用尺规作图,可将圆周分成 3、4、5、15 等分。嗣后汉人踵其事而增华,进而将分点逐次倍增,将圆周等分为 64 等分以上。[②] 等分圆周或等分角,并不仅仅是制作铜镜花纹的需要,而且在其他生产实践中,如兵器、马胄的设计等也得以广泛的应用。“楚有先王之庙及公卿祠堂,图画天地,山川神灵,琦玮僪佹,及古贤圣怪物行事”,楚地的壁画、

① 李迪:《从古代铜镜上的花纹探讨古代等分圆周的方法》,《内蒙古师范学院学报(自然科学版)》1978 年第 2 期,第 66-71 页。

② 李迪:《从古代铜镜上映花纹探讨古代等分圆周方法》,《内蒙古师范学院学报(自然科学版)》1978 年第 2 期,第 66 页。

帛画和漆画,更是将几何作图及其画法融入到艺术的造型之中。

1. 纹饰设计中三等分圆周的应用及画法

先秦时期,三等分圆周的设计及画法应用广泛,如三龙镜、三山镜等三等分圆周的设计与绘制,曾侯乙文物中三等分圆周的纹饰①,也都需要有几何学的支撑,如表 8.1 所示。

表 8.1 三等分圆周在铜镜纹饰设计中的应用

	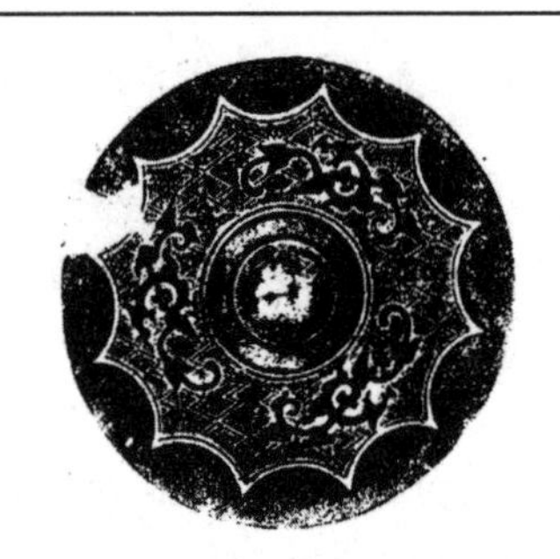
战国三山三兽镜,直径 200 毫米	楚墓三龙镜,直径约 110 毫米

三等分圆属于尺规作图,古人作图之法,推测如下:

第 1 步,作圆 O 的直径 AB;

第 2 步,以 A 为圆心,AO 为半径画圆,交于点 C、D;

第 3 步,连接 BD、BC、CD;$\triangle BDC$ 为等边三角形,即 B、D、C 三等分圆周,如图 8.5 所示。

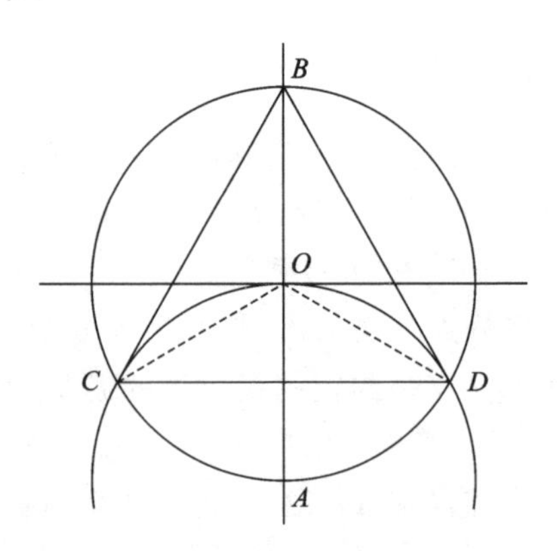

图 8.5 三等分圆周及其画法

① 孔祥星、刘一曼:《中国铜镜图典》,文物出版社 1992 年 1 月第 1 版,第 37 页、第 80 页。

如连接圆心到 C、D 的虚线,即三等分圆。

2. 纹饰设计中四等分圆周的应用及画法

先秦时期,四等分圆周的设计及画法成功地应用于各种器物的纹饰绘制与设计,以曾侯乙文物中四等分圆周的纹饰为代表。楚墓中出土的四山镜[①]、四叶纹镜[②],其纹饰图案,如表 8.2 所示。

表 8.2　四等分圆周在铜镜纹饰设计中的应用

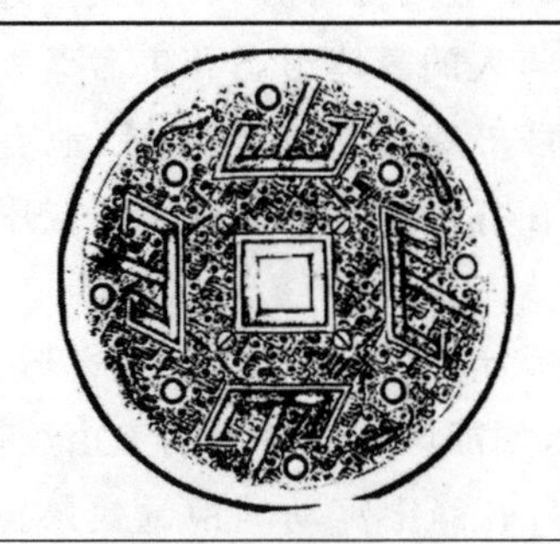	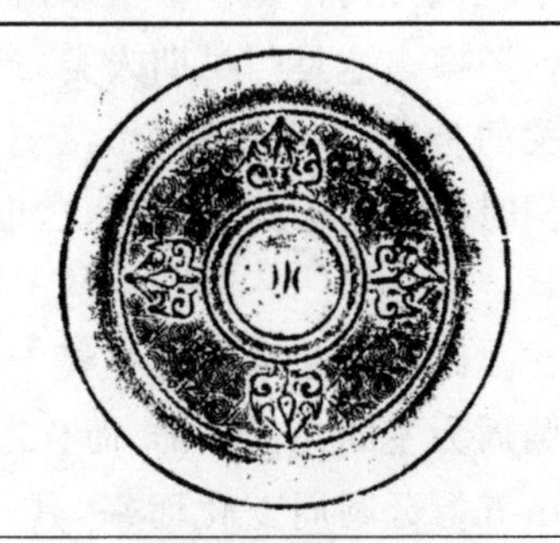
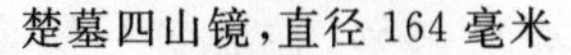楚墓四山镜,直径 164 毫米	楚墓四叶纹镜,直径 118 毫米

以 4 等分圆周的作图为例,古代工师只用矩而不用规即可完成,其画法如兹:

第 1 步,先用矩的一边作圆的直径,再用矩过圆心 O 作 AB 的垂线,

第 2 步,把矩翻到 AB 的另一侧,作 AB 的垂线。

这样 AB、CD 就把圆周分成四等分,如图 8.6 所示。引而申之,将每一直角继续等分,就可到 8 等分圆周,以至 16 等分圆周。

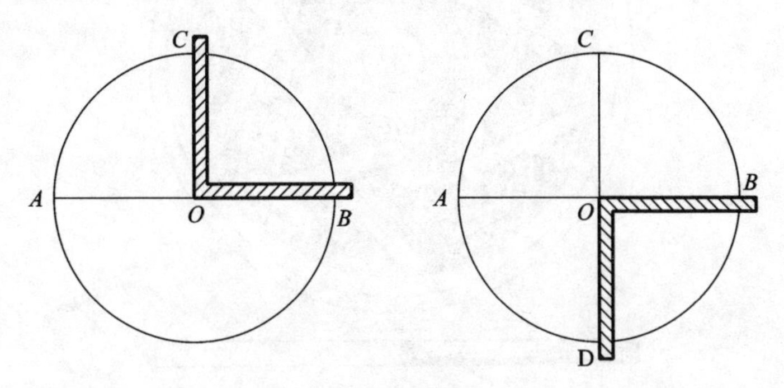

图 8.6　四等分圆周及其画法

① 孔祥星、刘一曼:《中国铜镜图典》,文物出版社 1992 年 1 月第 1 版,第 44 页。

② 周世荣编绘:《中国铜镜图案集》,上海书店 1995 年 3 月第 1 版,第 27 页。

中国古代矩的使用,比西方古代的直尺具有优越性,它可以直接画出直角,因而作图时可以不借助规即可画出垂直线、正方形等图形,而且比直尺圆规画法更简单。

3. 正五边形的画法

三等分圆周、四等分圆周属于标准几何作图,五等分圆周或正五边形属于近似几何作图。古代东西方都曾大量应用五等分圆周、正五边形的几何图案。这是与早期人类心目中,五与人的身体形态和生命奥妙息息相关的神奇之数相关联。《史记·天官书》载有"天有五星,地有五行",同时正五边形图形优美,这也是古代在各种器物纹饰中大量应用的原因。

在战国时期楚地的青铜镜上,出现有大量装饰图形以正五边形、五等分圆周为主的几何纹饰,而且富有变化,如战国之际楚国的五山纹镜,就是由五等分圆周变化而来,其几何图案,有静中寓动的视觉效果。嗣后汉代"延寿长相思"的瓦当,五字的排法亦见巧妙,在五等分圆周中,"思"字居中,"延寿长相"四字两两相对,排列顺序也颇费苦心,其五等边圆周的画法,已相当精确。楚国五山纹镜[①]如图 8.7 所示。

图 8.7 楚国五山纹镜的五等分近似几何作图

① 湖北省博物馆:《图说楚文化 恢诡谲怪 惊采绝艳》,湖北美术出版社 2006 年版,第 52 页。战国五山纹镜图相关五等分圆周的几何作图铜镜,河北省文物研究所:《历代铜镜纹饰》,河北美术出版社 1996 年 2 月第 1 版,第 13 图。

五山纹镜，古代铜镜名。背面以山字形为主纹，盛行于战国时期。五山纹镜图相关五等分圆周的几何作图，最能代表这一时期几何作图的技术水平，如表 8.3 所示。

表 8.3 五等分圆周的几何作图的五山纹镜

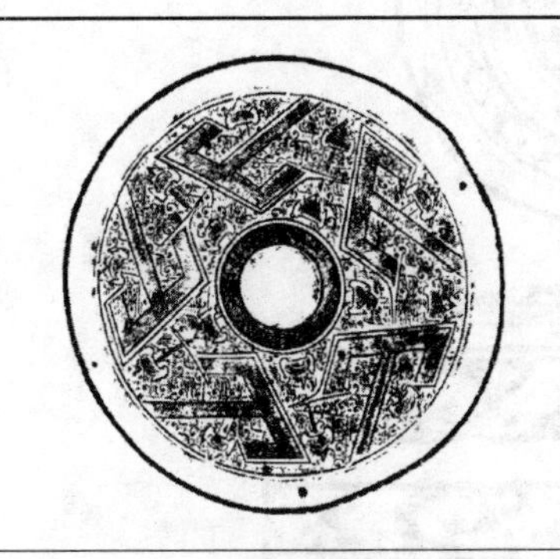	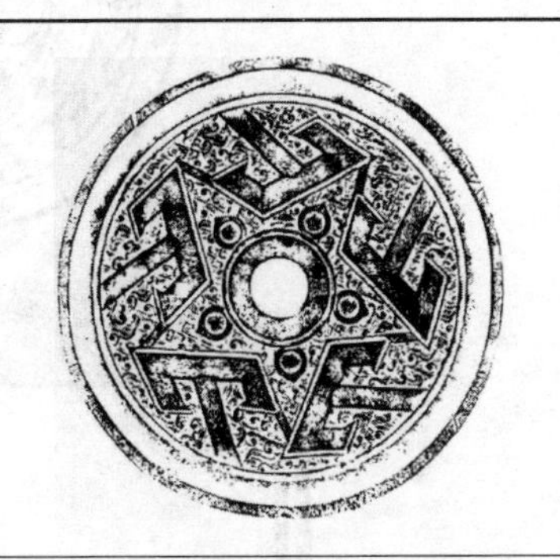
战国五山纹镜，直径 192 毫米①	战国五山纹镜，直径 194 毫米②

云梦睡虎地秦墓出土文物，其漆器上的五等分圆周的几何图案③，如图 8.8 所示。

漆樽盖花纹

图 8.8 云梦睡虎地秦墓出土文物近似五等分圆周的几何作图

① 周世荣编绘：《中国铜镜图案集》，上海书店 1995 年 3 月第 1 版，第 8 页。

② 孔祥星、刘一曼：《中国铜镜图典》，文物出版社 1992 年 1 月第 1 版，第 54 页。

③ 《云梦睡虎地秦墓》编写组：《云梦睡虎地秦墓》，文物出版社 1981 年 9 月第 1 版，第 32 页、第 35 页。又见左德承编绘：《云梦睡虎地出土秦汉漆器图录》，湖北美术出版社 1986 年 3 月第 1 版，第 71 页、第 93 页。

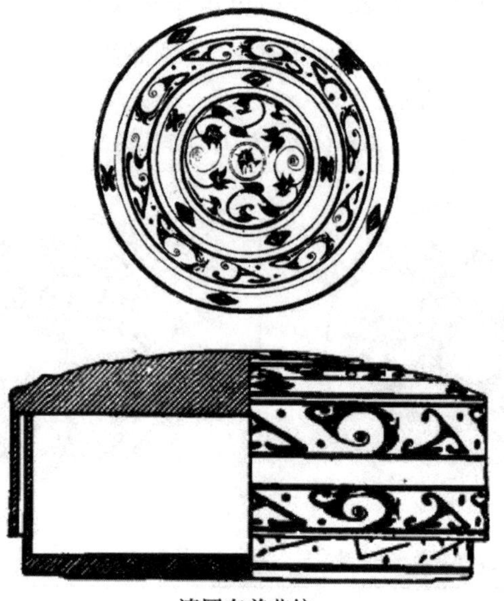

漆圆奁盖花纹

续图 8.8

正五边形的画法属于近似几何作图，据沈康身《中算导论》记载[①]，在我国长期流传着作正五边形的歌诀："一尺头顶六，八五两边分。"如取 $R=1$ 的圆内作正五边形，那么

$$a = 1 - \cos 72^\circ \approx 0.69,$$
$$b = \sin 54^\circ + \cos 72^\circ \approx 1.12,$$
$$c = \cos 54^\circ \approx 0.59,$$
$$d = \sin 72^\circ \approx 0.95。$$

如果取 $b=10$，相应的 a、c、d 将分别近似等于 6、5、8。这种正五边形

① 沈康身：《中算导论》，上海教育出版社 1986 年 1 月第 1 版，第 340 页。

的画法，①如图 8.9 所示。

《中国古代建筑》载：古代建筑工师有作五边形简便画法，亦不知出处，其口诀云："九五顶五九，八零两边分。"

第一，先画互相垂直的两条直线，按已知边长的 95%、59%、80%，按图度量，得出 C、D、E、F 四点。

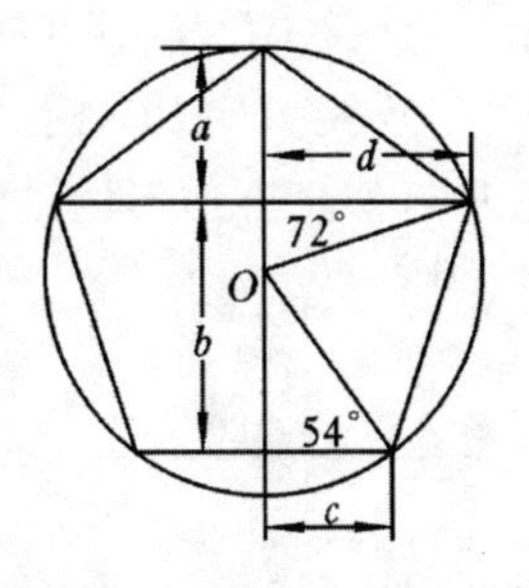

图 8.9　正五边形近似画法

① 根据平面几何原理，正五边形 $ABCDE$，

$\because AB = AE = BE = CD = DE$，

$\therefore \angle AOE = \angle DOE = \angle COD = \angle BOC = \angle AOB$（等弦所对的圆心角相等），

$\because \angle AOE + \angle DOE + \angle COD + \angle BOC + \angle AOB = 360°$，如下图所示。

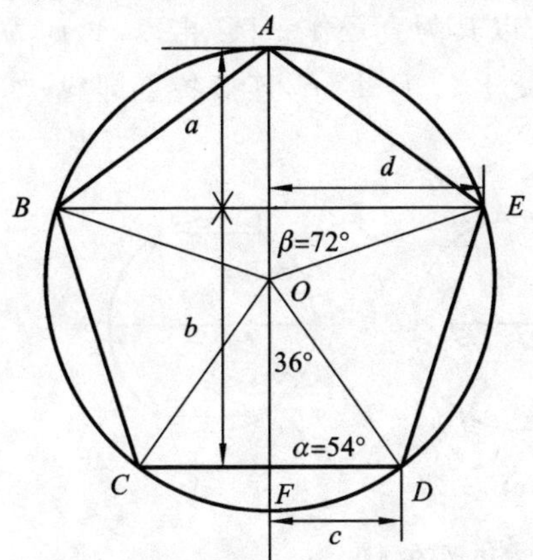

$\therefore \angle AOE = \angle DOE = \angle COD = \angle BOC = \angle AOB = \frac{360°}{5} = 72° = \beta$，

$\therefore \angle FOD = \frac{1}{2}\angle COD = \frac{72°}{2} = 36°$

$\therefore$ 在直角三角形 中 OFD 中，$\alpha = 54°$。

当圆半径为 1 时，$OE = OD = OA = 1$，

$a = OA - OE \cdot \cos\beta = 1 - \cos 72° \approx 0.69$，

$b = OE \cdot \cos\beta + OD \cdot \sin\alpha = \cos 72° + \sin 54° \approx 1.12$，

$c = OD \cdot \cos\alpha = \cos 54° \approx 0.59$，

$d = OE \cdot \sin\beta = \sin 72° \approx 0.95$。

设 $b = 10$ 时，

$a = \frac{10}{1.12} \times 0.69 \approx 6$

$c = \frac{10}{1.12} \times 0.59 \approx 5$

$d = \frac{10}{1.12} \times 0.95 \approx 8$。

第二，连接 CD、DE，并在 F 处作水平线使 $FA=FB=1/2$ 边长。

第三，连接 AE、BC，则 $ABCDE$ 即为所求的正五边形。

这种近似正五边形的画法，[①]如图 8.10 所示。

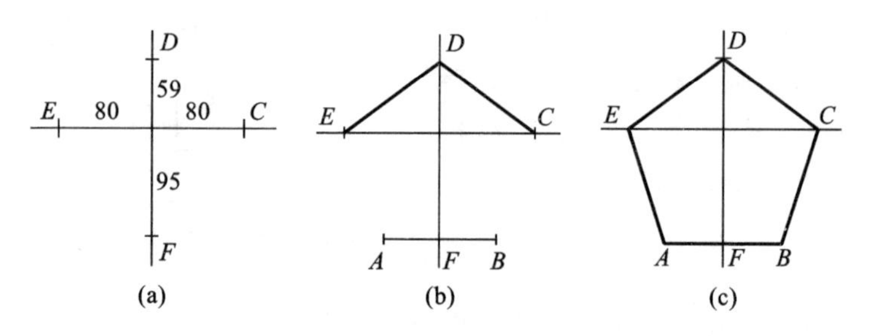

图 8.10　正五边形简便画法

4. 正六边形的画法

正六边形画法，已知 AB 线段，以其为直径作一圆，再以 A、B 为圆心，以 AO、OB 各为半径分截圆周交于 C、D、E、F，连接各点即成，如图 8.11 所示。

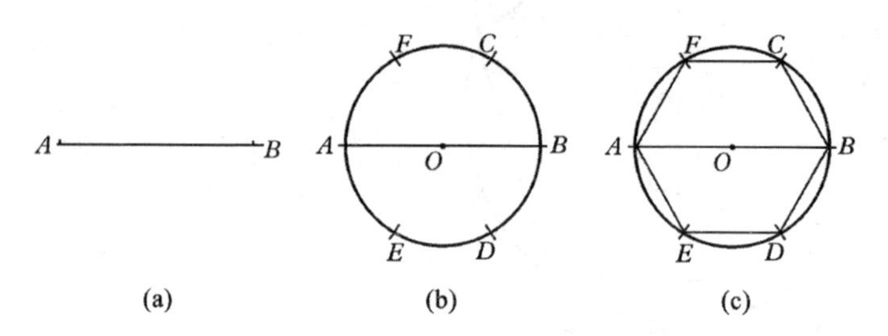

图 8.11　正六边形的画法

刘徽在《九章算术》方田章注割圆文中说："圆中容六觚之一面，与圆径之半，其数相等"，即

$$A_6=R$$

这是作正六边形最方便的作图法。[②]《九章算术》注中还将几何作图中难以理解的问题提出，并给出了或"引物为喻"、或"画与小纸，分裁邪正"的解决方法。这是对几何作图应用规矩的一种补充，有助于复杂的

① 罗哲文主编，罗哲文、余鸣谦、祁英祷、杜仙洲、李竹君、孔祥珍、张之平编撰：《中国古代建筑》（文物教材），上海古籍出版社 1990 年 8 月第 1 版，第 403 页。

② 沈康身：《中算导论》，上海教育出版社 1986 年 1 月第 1 版，第 340 页。

几何图形的绘制。《九章算术》中“圆中容六觚之图”[①]，如图 8.12 所示。

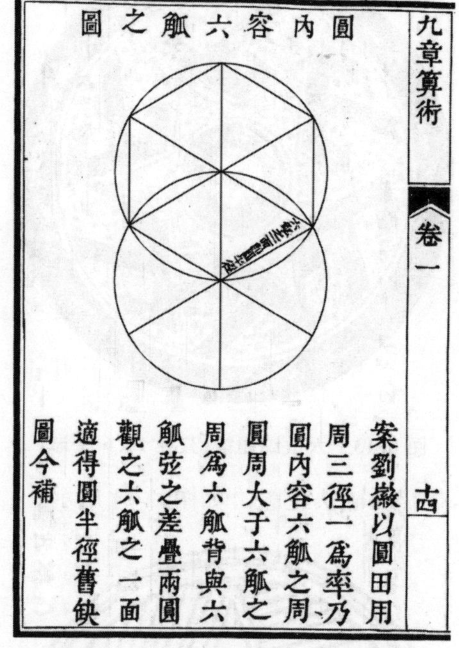
圓內容六觚之圖

九章算術 卷一 古

案劉徽以圓田用周三徑一爲率乃圓內容六觚之周、圓周大于六觚之周爲六觚背與六觚弦之差疊兩圓觀之六觚之一面適得圓半徑舊缺圖今補

图 8.12 《九章算术注》中的插图

山字纹镜中，六山镜的数量极少，战国六山纹铜镜（直径 14.6 厘米）[②]，如图 8.13 所示。

5. 正七边形的画法

七边形在古代几何作图中占有显要的位置，《周易·复卦》中有“反复其道，七日来复，利有攸德”。早在公元前两千多年前的齐家文化，就发现有近似七边形造型的几何形纹铜镜。这种抽象的几何图形自齐家文化到西周时期，迺至两汉都得到大量的应用。

齐家文化七角星几何纹铜镜的几何作图，已及七等分圆周的画法，

---

① （魏晋）刘徽：《九章算术注》，（清）戴震校：《武英殿聚珍版丛书》，见郭书春主编：《中国科学技术典籍通汇·数学卷(1)》之《九章算术》，河南教育出版社 1993 年 1 月第 1 版，第 1-105 页。

② 周世荣编绘：《中国铜镜图案集》，上海书店 1995 年 3 月第 1 版，第 9 页。

图 8.13 六山纹铜镜(直径 14.6 厘米)

其绘制虽如草图,但仍见画法轮廓,[①]如图 8.14 所示。

图 8.14 齐家文化七角星铜镜的近似几何作图

战国之际,楚云锦纹地连弧纹铜镜近似七等分圆周的几何作图及其

① 齐家文化的几何作图七角星几何纹铜镜白描图,见周世荣编绘:《中国铜镜图案集》,上海书店 1995 年 3 月第 1 版,第 1 页。相关照片见王纲怀主编:《中国早期铜镜》,上海古籍出版社 2015 年 4 月第 1 版,第 57 页。

画法[①]，技法娴熟，如图 8.15 所示。

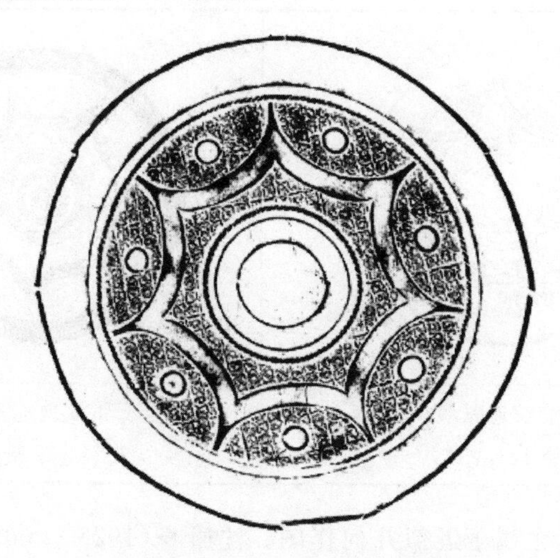

图 8.15 楚云锦纹地连弧纹铜镜近似七等分圆周的几何作图

先秦两汉，连弧纹铜镜较为盛行，其近似七等分圆周的几何作图及其画法，已相当成熟，绘制更为精确，如表 8.4 所示。

表 8.4 战国连弧纹七等分圆周铜镜

楚墓云纹地连弧纹铜镜，直径 151 毫米[②]	龙纹连弧纹铜镜[③]

① 楚云锦纹地连弧纹铜镜，见周世荣编：《铜镜图案——湖南出土历代铜镜》，湖南美术出版社 1987 年 5 月第 1 版，第 43 页。

② 孔祥星、刘一曼：《中国铜镜图典》，文物出版社 1992 年 1 月第 1 版，第 134 页。

③ 周世荣编绘：《中国铜镜图案集》，上海书店 1995 年 3 月第 1 版，第 56 页。

续表

楚墓蟠螭纹连弧纹铜镜，直径121毫米①	楚墓云雷纹地连弧纹铜镜，直径187毫米②

正七边形，也属于近似几何作图。沈康身(1923—2009年)在《中算导论》一书中，介绍了明代天启年间(1621—1627年)陆仲玉在《日月星晷式》一书中所载的圆内接正七边形的近似作法。陆仲玉的画法是“分上面半圆径为八分，取其三分作弦，交于圆得两点(A、C)，则上方有内容七边形的二边(CB、BA)，正方有内容七边形的五边。”陆仲玉的方法所得边长为不足近似值。③ 如图8.16所示。

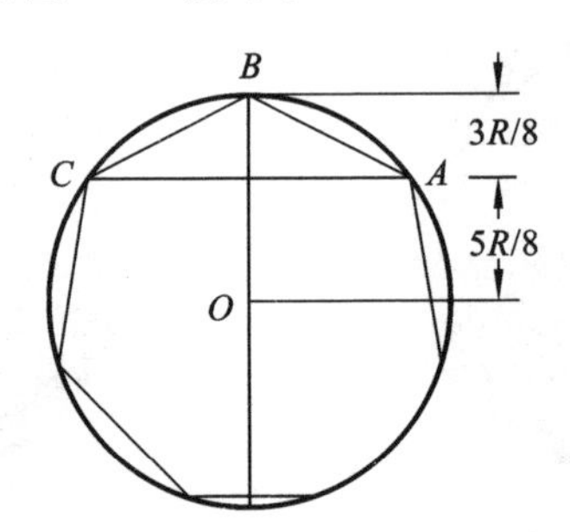

图8.16 陆仲玉在《日月星晷式》一书中所载的圆内接正七边形的近似作法

古代建筑工师有作正七边形的近似画法，不知引自何文献，只是师徒相授，传承至今，兹举要者如下。

其一：已知正多边形的外接圆直径AB，求作正七边形。

第一，分AB为七等分；

---

① 孔祥星、刘一曼：《中国铜镜图典》，文物出版社1992年1月第1版，第137页。

② 孔祥星、刘一曼：《中国铜镜图典》，文物出版社1992年1月第1版，第133页。

③ 沈康身：《中算导论》，上海教育出版社1986年1月第1版，第340页。

第二，取 3 分，即多边形的边长，以此截分圆周，然后根据误差，加以调整；

第三，连圆周上各分点即为所求的正七边形。

正七边形画法如图 8.17 所示。

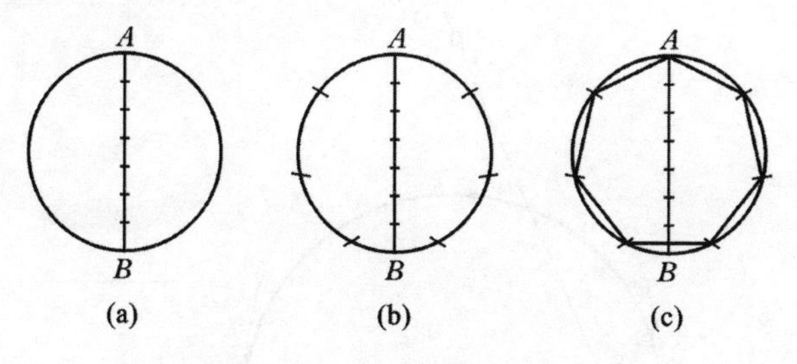

图 8.17　正七边形画法(1)

其二：已知边长 AB，求作正七边形。

第一，分 AB 为三等分并将 AB 延长至 C，使 AC 为七分(如作五边形，则使 AC 为五分，余类推)；

第二，以 AC 为直径作圆；

第三，以 AB 为边长截分圆周为七等分，连各分点，即为所求的正七边形。

正七边形的画法，如图 8.18 所示。

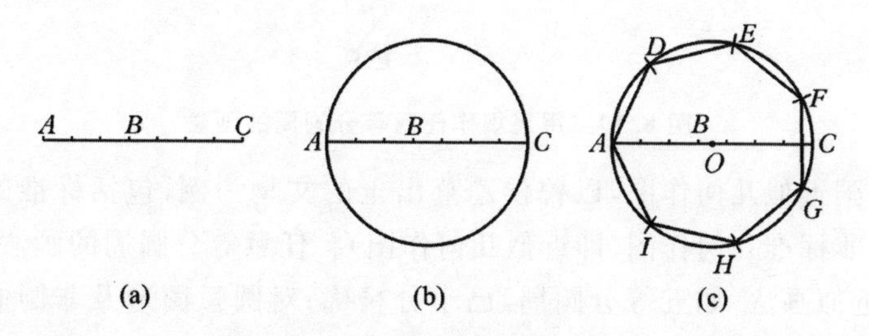

图 8.18　正七边形的画法(2)

西方人在近似几何作图中，对任意等分圆周的问题，亦将其看成是把一个圆周等分为任意数目的弧线段，其作法如下：

第一，画出任意圆的一条直径 AB；

第二，从 A 点画任意一条直线，如 AC 或 AC'，连接 B 点和 C 点，然后将 AC 等分为所需的等分圆周数的线段，再通过第二次分割，平行于 BC 画出 XY；

第三，以 B 为圆心，画出弧线 AD，再以 A 为圆心，画出弧线 BD，两

弧线交于 D 点；

第四，自 D 点画一条经过 X 点的直线，交这个圆的圆周于 E 点，AE 即是所需的等分圆周弧线。

西方人用尺规作任意等分圆周的画法，如图 8.19 所示。[①]

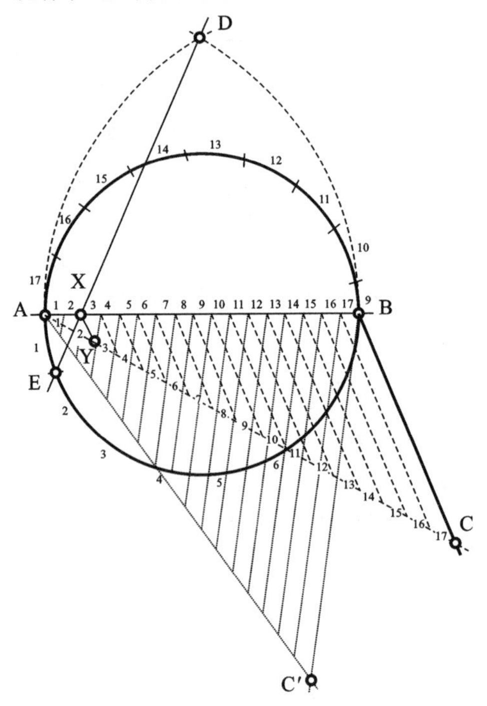

图 8.19　用尺规作任意等分圆周的画法

楚国近似几何作图，以曾侯乙墓出土的文物为例，包括标准的尺规作图和非标准几何作图(即近似几何作图)。任意等分圆周的画法，已有定式，近似画法，如五等分圆周，已十分精确；对圆弧图形及非圆曲线的画法提出更高的要求，特别是任意等分圆周的作图画法，也应有简单的近似画法，无论是 4、6、8 等分，还是 5、7、11 等分。把一个圆周等分为任意数目弧线段的画法，应是水到渠成，未知孰是?

(四)在作正等边形中规矩的应用

如果画出正 4、5、6、7 边形，就可以用矩来倍增正多边形边数，假设

① Don Graf: *Don Graf' Date Sheets*. Van Chong Book Company，上海万昌书局 1950 年版，第 768 页。

把有刻度的矩靠紧角的边，记下 OD 的长度，作线 DC，然后在角的另一边上同样操作，使 $OF=OD$，这时，EF 和 DC 的交点 P 就是所求角的角平分线上的点，由于角平分线简捷易得，所从正 4、5、6、7 边形可以通过平分其圆心角来倍增它们的边数。[①] 在作正等边形中规矩的应用，如图 8.20 所示。

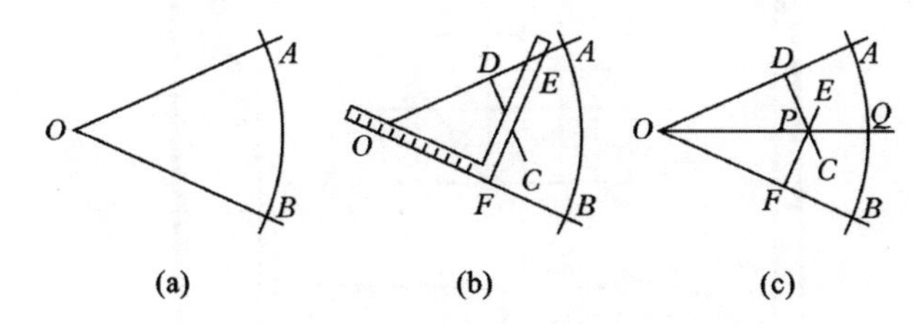

图 8.20　在作正等边形中规矩的应用

中国古代工程几何作图内容最为丰富乃是在铜镜上的应用。在楚辞创作的秦汉之际，铸造的铜镜流传至今的很多，镜上大都有精致的几何图案，如同心圆组、正方形、平行线、折线、等腰三角形、菱形、圆弧等。铜镜上多数几何图案的绘制最终都要归结为等分圆周或等分圆弧问题。现在见到的有 4、5、6、7、8、9、10、11、12、14、16、32、48、64……等分圆周。绝大多数绘制得比较准确，尽管现代工程制图理论中，7、9、11 等分圆周用直尺圆规作图是不可能的，用规矩也不能准确地等分作出，只能近似地画出。5、10 等分圆周，也是如此，但只要近似地画出 5、7、9、11……就可以用等分角方法逐步得到 10、14、18、22 或它们的任意 2 倍数的等分。然而，这些等分在铜镜上少见，最常见的是 6、12、8 和 16 等分，特别是 8、16 等分最多。这是因为 6、12、8 和 16 都能用规和矩准确地作图，所以铜镜上出现也最多。

同时，用规和矩很容易 4、6 等分圆周。圆内接正六边形的一边正好等于半径，其顶点就把圆周 6 等分。4 等分圆周只要先画出圆的一条直径，再使用两次矩，就可以作出。

在《周髀算经》和《九章算术》中记载有在平面上作几何图形的方法。如《周髀算经》中有："万物周而圆方用焉，大匠造制而规矩设焉。或毁方而为圆，或破圆而为方。方中为圆者，谓之圆方，圆中为方者，谓之为方圆也。"所谓"圆方"，即正方形的内切圆；"方圆"，即圆的内接正方形。

---

① 李迪：《从古代铜镜上的花纹探讨古代等分圆周的方法》，《内蒙古师范学院学报（社会科学版）》，1978 年第 2 期，第 66-71 页。

《周髀算经》中“圆方图”与“方圆图”[①]，如图 8.21 所示。

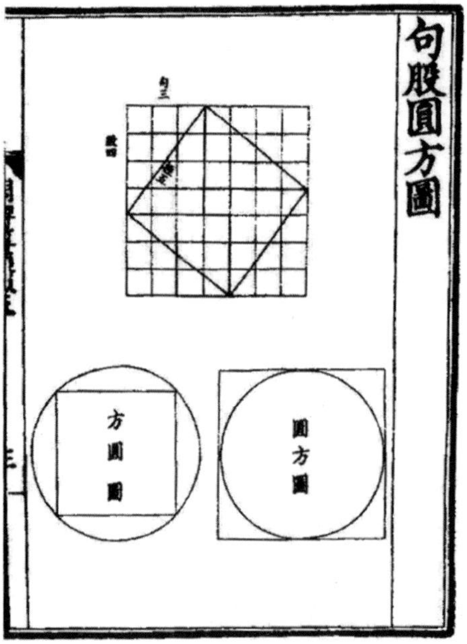

图 8.21 《周髀算经》中“圆方图”“方圆图”

宋代李诫（？—1110 年）编修的《营造法式》“总例图样”中的“圆方方圆图”插图[②]，如图 8.22 所示。

图的应用是人类思维独创性的一个伟大的发明，考察与研究楚辞中有关图的内容，特别是楚辞中“章画”“志墨”“为度”“求矩矱”“循绳墨”“上同凿枘”“下合矩矱”的分析及其画法探讨，可以得出以下结论。

第一，先秦时期的图学成就，是楚辞中出现大量图学词汇的学术基础，没有先秦的图学理论，没有先秦时期图学实践，没有先秦时期图学技术的科学成就，楚辞中有关图学的内容就是无源之水，无本之木。

第二，几何作图是图学技术的基础，用现代几何作图的方法探讨先秦几何作图最基本的画法，可以发现楚辞中“常度未替”“章画志墨”“前图未改”“察其揆正”，有着极其深刻的图学内涵。

---

① 程贞一、闻人军译注：《周髀算经译注》，上海古籍出版社 2012 年 12 月第 1 版，第 14 页。

② （宋）李诫编修：《营造法式》，见（清）永瑢、纪昀等纂修：《钦定四库全书》史部十三“政书类六，考工之属”，景印《文渊阁四库全书（第 673 册）》，台湾商务印书馆 1986 年版，第 630 页。

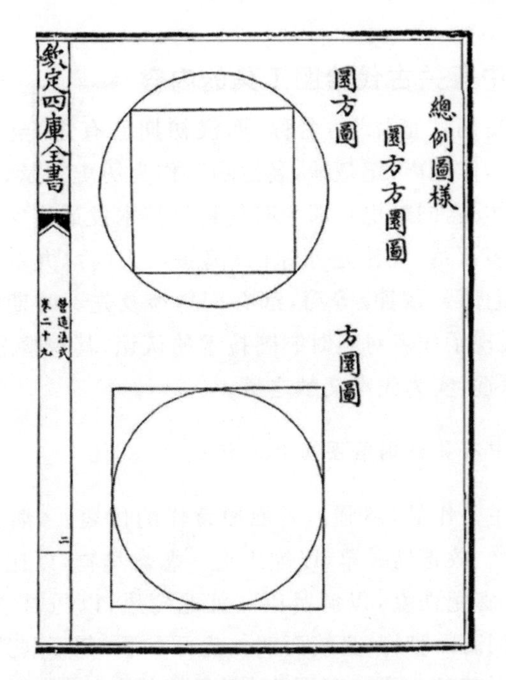

图 8.22　宋代李诫《营造法式》中“圆方方圆图”

第三节
楚辞与古代图学的成就

楚辞是楚人精神、老子哲学，尤其是庄子哲学的文学表现，即诗的表现，也是对楚国科学技术成就的呈现。楚辞叙写科技、图学之事，或以百工之作为例、或以图学工具为喻，表现出极高的文化素质与科学素养。在心灵的最高层次，真正的文学与科学技术是相通的。楚辞中有关图学的内容记载颇丰，诸如古代制图工具规、矩、镬、绳、墨以及画法的描述，是楚辞中出现频率较高的词汇，屈原《卜居》中有：“尺有所短，寸有所长，物有所不足，智有所不明，数有所不逮，神有所不通，用君之心，行君之意。龟策诚不能知事。”从中国图学史的角度来考察楚辞中有关图学的内容，实具科技史研究的价值。楚辞对考察秦汉之际工程图学的成就，以及中国图学史的研究提供了不可多得的文献资料。

一、楚辞中有关古代绘图工具的内容

楚辞又称楚词,"楚辞"的名称,西汉初期已有之,至刘向乃编辑成集。其"书楚语,作楚声,纪楚地,名楚物",作为历史文献,楚辞不仅是中国古代的文学作品,同时也是那个时代科学技术发展真实写照的重要典籍。楚辞中许多篇章,无论是屈原的《离骚》《天问》《九章》,还是宋玉的《九辨》,以及《七谏》《谬谏》等篇,都有词句涉及先秦时期图学技术的内容,这些词句表现了作者对当时制图技术的认识,其观察之仔细、比兴之周匝、影响之深远,实为先秦文献之最。

(一)楚辞中有关楚国绘图工具的记载

楚辞中的主要作品《离骚》,是屈原诗作的代表。《离骚》之文,依诗取兴,引类譬谕。故善鸟香草,以配忠贞。恶禽臭物,以比谗佞。灵修美人,以媲于君。宓妃佚女,以譬贤臣。虬龙鸾凤,以托君子。飘风云霓,以为小人。其词温而雅,其义皎而朗。凡百君子,莫不慕其清高,嘉其文采,哀其不遇,而愍其志焉。正因为《离骚》"其文约,其辞微",宋人李昉(925—996年)《太平御览》列经史图书纲目计一千六百九十,楚辞未列其中;宋人高承《事物纪原》"其书于一事一物,皆考索古书,求其缘起,虽不必尽确,而多可以资博识",二书俱引《墨子》《孟子》《荀子》《庄子》《管子》《韩非子》《尸子》《周礼》中有关规矩之用的记载,但都不载楚辞中的词句。

实际上《离骚》中,屈原对古代图学多有论述,特别是对古代作图工具描写甚丰,如"固时俗之工巧兮,偭规矩而改错,背绳墨以追曲兮,竞周容以为度。""何方圆之能周兮,夫孰异道而相安?"等句中"巧"指工巧,意为善于取巧;偭,违背之意。

即令当代,论及"图"这个概念,人们常常会想到图纸、图样、照片等,常以"图形"或"制图"称之,但有很多疑问,例如图与画、图形与制图有什么不同,又有何相同?它们可否统称为"图"?如果是,什么是图?图的本质属性是什么?其实,回答这些问题的关键,就是绘图工具的使用。中国古代绘图抑或制图采用绘图工具——规矩,是中国古代工程制图学科形成的重要标志,是图、图样成为工程图的科学基础。规与矩,作为古代划线放样的工具,矩是划直角的曲尺,规是画圆的两脚规。《离骚》中的规矩一词,是用来比喻法度,可见规矩应用历时久远。错,通措;改错,不要规矩而变更措施。绳是引线弹墨取直线的墨斗绳，抑或指大范围、大尺度的牵线划直放样。木匠用绳和墨打直线，绳墨一词，也是比喻法度。追，追随。不循绳墨而追随邪曲。周容，苟合取容。度，计量长短、容积、轻重的统称，亦指方法、法则。

作为楚人的屈原，在阐述自己的思想时，亦以规矩、绳墨为喻。《离骚》中有："举贤才而授能兮，循绳墨而不颇。""勉升降以上下兮，求矩矱之所同。""不量凿而正枘兮，固前修以菹醢。"矱，朱熹注："矱，度也。所以度长短者也。"《后汉书・崔骃传》："协准矱之贞度兮，同断金之玄策。"李贤注："矱，尺也。"亦指尺度、法度。《管子・宙合》中有"成功之术，必有巨矱"。

楚辞《九章・怀沙》中有："刓方以为圆兮，常度未替。易初本迪兮，君子所鄙。章画志墨兮，前图未改。内厚质正兮，大人所晟。巧倕不斫兮，孰察其揆正。"

屈原的作品，一直影响了后来的辞赋大家，如生活在战国后期的宋玉、景差（芈姓，前290—前223年），汉代的贾谊（前201一前169年）、东方朔（约前161—前93年?）等人，在他们的作品中，亦有类似的内容。譬如宋玉《九辩》中有："何时俗之工巧兮，背绳墨而改错?""圆凿而方枘兮，吾固知其鉏铻而难入。""何时俗之工巧兮，灭规矩而改凿。"景差的《大招》中亦有："姱修滂浩，丽以佳只。曾颊倚耳，曲眉规只。"

东方朔《七谏》中有："灭规矩而不用兮，背绳墨之正方。""固时俗之工巧兮，灭规矩而改错。""不量凿而正枘兮，恐矩矱之不同。""邪说饰而多曲兮，正法弧而不公。""弃彭咸之娱乐兮，灭巧倕之绳墨。""夫方圆之异形兮，势不可以相错。"

庄忌（约前188—前105年）《哀时命》中有："上同凿枘于伏戏兮，下合矩矱于虞唐。""握剞劂而不用兮，操规矩而无所施。骋骐骥于中庭兮，焉能极夫远道?""志怦怦而内直兮，履绳墨而不颇。执权衡而无私兮，称轻重而不差。"

刘向《九叹》中有："不枉绳以追曲兮，屈情素以从事。""方圆殊而不合兮，钩绳用而异态。""播规矩以背度兮，错权衡而任意。操绳墨而放弃兮，倾容幸而侍侧。"①

---

① 《九章・怀沙》《九辩》《七谏》《哀时命》《九叹》，见汤炳正、李大明、李诚、熊良智注：《楚辞今注》，上海古籍出版社2012年9月第2版。

楚辞中有关规、矩、矱、绳、墨等叙述及其比兴之词，说明楚国在制图技术与工程施工中普遍使用这五种工具的历史事实。绘图工具是绘制图样时使用的各种绘图工具和工具的总称，工程图样幅面质量的好坏不仅取决于绘制技术，更需要有各种绘图仪器的组合与使用，才能使图面清楚、线条准确。中国是最早使用绘图工具的国家，几千年来人们为了解决工程制图中直线与曲线的绘制问题，创造了使用方便、易于制作的绘图工具，从而保证了绘图的质量。

（二）规和矩二字及其相关图像

中国古代绘制工程图样的工具和仪器是规和矩，规是绘制圆弧和画圆的绘图工具，矩是绘制直线与垂线的绘图工具。制图源于绘画，而规和矩的使用，是制图从绘画分离出来的技术保证，绘图工具的使用，对工程图样精确性和科学性提供了支撑。

两足规画圆，直角矩画方。规矩作图其源甚远。甲骨文已有规矩二字，规字字形像手执规画圆。矩写作匚，像曲尺形，有的写成两个直角三角形形状。这说明在商代，规矩已为当时的工匠所用。汉字中规矩二字的字形，如表 8.5、表 8.6 所示。[①]

表 8.5 汉字中的规字

 《金石大字典》	 父癸鼎	 《说文解字》	 尊吉金	 张规玺
 《金石大字典》	 《金石大字典》	 《说文解字》	 义云章	 《隶辨》

表 8.6 汉字中的矩字

 伯矩盉	 伯矩簋	 卫盉	 篪侯毁	 伯矩鼎	 伯矩鼎

① 表中篆书字体，俱引自《金石大字典》，下同。见（清）汪仁寿纂著：《金石大字典》，天津市古籍书店影印 1982 年 10 月第 1 版。

续表

伯矩鼎	矩叔壶	战国陶文	战国古玺	战国陶文	巨、矩古同字

从“规”字来看，右边是手，拿着左边带柄的两脚规，和唐墓壁画中的相似。“矩”字则有如矩形缺边之象。根据石刻来看，规有平行两脚，一脚定心，一脚画圆。这种圆规已如现代的木梁圆规，为作半径较大的圆所用。目前我国仍有圆木工，以较厚竹片为梁，一端垂直的固定一钉以定心，一端则根据需要尺寸钻出若干小孔，用以插入铁针作圆。这恐怕就是我国几千年所用的传统画圆工具。长沙发掘出土的楚器中有一柄两足形木器，两头都尖形，现称为木剪，即是古代的圆规。而矩则和我国目前有些木工使用的“角尺”形式一样，且有的已做成短垂边较厚，长垂边较薄，并且有刻度。当短边靠拢工件时，不仅可画出与工件垂直的直线，而且移动时，以竹笔或其他笔对准刻度紧附尺边，还可画出与工件平行的直线，以及矩形或方形等榫口形象，起到现代三角板和丁字尺联合使用的作用。

规和矩是作图的基本工具，其样式可以从古代画像石、画像砖及绘画作品得知其全貌，如山东嘉祥县汉武梁祠画像石“伏羲手执规，女娲手执矩”图[①]、山东沂南汉墓石柱上“伏羲手执规，女娲手执矩”的石刻，汉规矩砖图等[②]汉画像石伏羲、女娲手持规矩图，如图 8.23 所示。

新疆高昌故址阿斯塔那古墓彩色绢画所绘伏羲女娲手持规矩图[③]，如图 8.24 所示。

20 世纪以来，在今新疆吐鲁番，原汉高昌、唐西州地区附近的阿斯塔那古墓中出土了多种形态的伏羲、女娲图，画面中心绘男女分持规矩、上身相连、蛇尾相交图，呈现的是中国古代传说中的两位创世之神。新疆

---

① 刘兴珍、岳凤霞：《中国汉代画像石——山东武氏祠》，外文出版社 1991 年第 1 版。又见梁思成：《中国建筑史》，百花文艺出版社 1998 年版，第 31-39 页。又见信立祥：《汉代画像石综合研究》，文物出版社 2000 年第 1 版，第 105 页。

② 信立祥：《汉代画像石综合研究》，文物出版社 2000 年第 1 版，第 29、第 105、第 331 页。又见中国汉画学会、北京大学汉画研究所：《中国汉画研究（第一卷）》，广西师范大学出版社 2004 年第 1 版，第 48 页。

③ 《彩绘伏羲女娲绢画》在中央电视台《国家宝藏》第二季中播出，2019 年 7 月 10 日在国家博物馆“万里同风——新疆文物精品展”展出。

(a) 伏羲、女娲手持规矩图

(b) 伏羲、女娲手持规矩图

图 8.23 汉画像石伏羲、女娲手持规矩图

阿斯塔那古墓随葬的伏羲、女娲图，既传承了“家国同构”的中原祭祖文化，又带有独具魅力的西域风格。这些伏羲、女娲图，不是出自任何一位大家之手，而是高昌一个又一个普普通通的画匠所为。可以看出，这些伏羲、女娲图基本图式未有显著变化，都是以伏羲、女娲手持规矩图为核心，而人物形态却各有不同。高昌画匠在描绘女娲时，有的头戴凤冠、雍容华贵；有的曲眉凤眼、清雅秀丽。伏羲也是如此，有的画着卧蚕眉、方脸膛，好似一位中原王公；有的却画着络腮胡、高鼻梁，酷似西域人。

可见，伏羲、女娲的人首形态很有可能是墓主夫妻生前或其祖先的具体样貌，不是抽象单一的始祖神形象。在这里，伏羲、女娲是祖宗，亦是祖宗神；是宗族祖先，亦是民族祖先。对个体、家族而言，汉族人以及西域各族祭祀的是其家族和宗族的祖先；对民族、国家而言，所有的高昌人共同祭拜整个民族和国家的祖先神。[①]

① 陈一梅、董科逸：《阿斯塔那古墓伏羲、女娲形象生成原因初探》，《荣宝斋》2020 年第 8 期，第 54-65 页。

图 8.24 新疆阿斯塔那墓唐代彩色绢画伏羲、女娲手持规矩图(部分)

中国文化传说中的人文初祖的形象,山东武氏祠汉画像石伏羲女娲图,伏羲持矩、女娲持规,衣冠楚楚、规规矩矩,富于建设性,同时交尾、繁衍后代。图像意义明确,但又充分含蓄。西方希伯来民族的始祖亚当、夏娃的形象,德国文艺复兴时期的著名画家阿尔布雷希特·丢勒(Albrecht Dürer,1471—1528 年)所绘《亚当与夏娃》图,直白裸露,不能克制动物性冲动,偷吃禁果,隐喻并不高明。东西方人文初祖的形象,恰成鲜明对比。[①] 丢勒《亚当与夏娃》图[②],如图 8.25 所示。

先秦时期应用规和矩作为工具,绘制方圆图形,史载文字甚多,或曰伏羲所创,或曰倕所创。《前汉书》卷七十四,"魏相传"载:

> 东方之神,太昊乘震,执规司春;南方之神,炎帝乘离,执衡司

---

① 张良皋:《匠学七说》,中国建筑工业出版社 2002 年 3 月第 1 版,第 195 页。

② 据《圣经·旧约》之《创世纪》篇,亚当、夏娃是希伯来民族的始祖,他们是上帝在人间创造的第一对人类。希伯来民族惯于将人类的创世行为,归功于神的意旨,仅存于宗教经典中。《亚当与夏娃》是由德国文艺复兴时期的画家、版画家及木版画设计家阿尔布雷希特·丢勒于 1507 年所创作的油画作品,现收藏于马德里普拉多博物馆。见《简明不列颠百科全书》编辑部、中美联合编审委员会:《简明不列颠百科全书》(*Concise Encyclopedia Britannica*)第 8 卷,北京:中国大百科全书出版社,1986 年 5 月第 1 版,第 773 页。

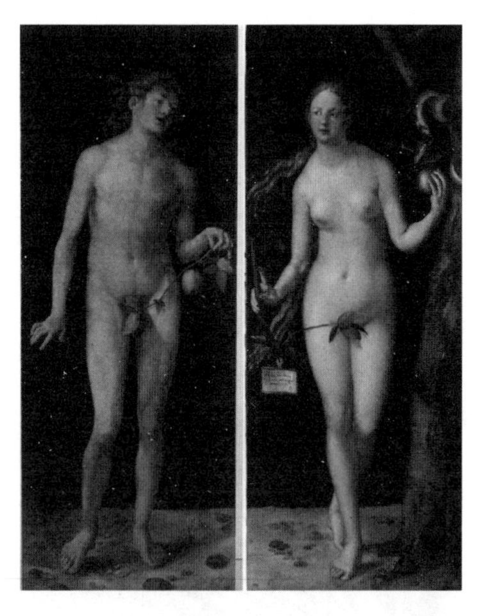

图 8.25 阿尔布雷希特·丢勒《亚当与夏娃》图

夏；西方之神，少昊乘兑，执矩司秋；北方之神，颛顼乘坎，执权司冬；中央之神，黄帝乘坤艮，执绳司下土。兹五帝所司，各有时也。

先秦的文献之中，无论是倕，还是奚仲、公输盘，都是用规、矩以及准、绳作为重要几何绘图与计量的工具。比屈原早近一百五十多年的墨翟，在《墨子·法仪》中载有："子墨子曰：天下从事者，不可以无法仪。""虽至百工从事者，亦皆有法。百工为方以矩，为圆以规，直以绳，衡以水，正以县。无巧工不巧工，皆以此五者为法。巧者能中之，不巧者虽不能中，放依以从事，犹愈已。故百工从事，皆有法所度。"《墨子闲诂·法仪第四》："百工为方以矩，为圆以规，直以绳，正以县。无巧工不巧工，皆以此五者为法。"孙诒让按："以《考工记》校之，疑上文或当有'平以水'三字盖本有五者，而捝其一與。"《墨子》所说的矩、规、绳、县、平水，也正是作图放样的五种工具。[①]

比屈原晚半个多世纪的韩非，在《韩非子·奸劫弑臣》中载有："无规矩之法，绳墨之端，虽王尔不能以成方圆。"又《韩非子·有度》："巧匠目意中绳，然必先以规矩为度。"旧注曰："匠之目意，虽复中绳，而不可用，

① （清）孙诒让：《墨子闲诂·法仪第四》，见《诸子集成（第四集）》，中华书局 1954 年 12 月第 1 版，第 11 页。

当其规矩为其度。""故绳直而枉木斫，准夷而高科削，权衡县而重益轻，斗石设而多益少。"《韩非子·用人》中有："去规矩而妄意度，奚仲不能成一轮。废尺寸而差短长，王尔不能半中，使中主守法术，拙匠执规矩尺寸，则万不失矣。"王先谦曰："王尔，巧工。"《淮南子》："王尔无所错其剞劂。"

"循绳墨而不颇""求矩矱之所同"，说明规、矩已是具有几何意义的制图、作图工具。楚辞诸篇中详引有关"巧倕之绳墨"的文献资料，说明规、矩、绳、墨在测量和绘图诸方面的应用。

二、楚辞中对古代制图画法的描述

南朝梁刘勰(465—532 年)《文心雕龙》"比兴"篇言："观夫兴之托喻，婉而成章，称名也小，取类也大。"[①]楚辞以绘图工具作为文学创作题材的内容，实开中国文学创作之先河。而楚辞的作者们，无论屈原、宋玉还是贾谊、东方朔，他们都不是图学家，在先秦文献中也没有看到他们图学实践方面的记载，但是他们对当时发达的楚国科学技术、建筑营造一目了然，对当时楚国的工程制图、放样施工观察了许多，思考了许多。楚辞中除了对绘图工具的记载外，还有大量"章画""志墨""为度""求矩矱""循绳墨""上同凿枘""下合矩矱"词句，这些内容是对古代绘图及其画法的生动描述。

屈原《离骚》中有 "固时俗之工巧兮，偭规矩而改错"，"背绳墨以追曲兮，竞周容以为度"。毋庸置疑，屈原是看到过用规矩所绘的各种图案，譬如本文下面所论及的曾侯乙墓出土文物中几何作图的作品，才对时俗之人，投机取巧、违背规矩而改错，提出批评。宋玉《九辩》中所写也是如此。《九辩》云："何时俗之工巧兮，背绳墨而改错。""何时俗之工巧兮，灭规矩而改凿。"宋玉认为：规、矩、绳、墨是绘图的基本工具，"背绳墨" "灭规矩"是不符合作图的基本要求的。故其《九辨》中有："圆凿而方枘兮，吾固知其鉏铻而难入。"

因此，屈原提出了"常度未替""章画志墨""前图未改""察其揆正"的思想。《九章·怀沙》云："刓方以为圆兮，常度未替。易初本迪兮，君子所鄙。章画志墨兮，前图未改。内厚质正兮，大人所晟。巧倕不斫兮，孰

① 《文心雕龙·比兴》，见(南朝梁)刘勰著，(清)黄叔琳注，纪昀评、李详补注，刘咸炘阐说，戚良德辑校：《文心雕龙校注》，上海古籍出版社 2015 年 11 月第 1 版，第 213 页。

察其揆正。"《怀沙》此段大意是:将方加工为圆,常法不可废弃。

屈原《九章·思美人》云:"广遂前画兮,未改此度也。"《九章·惜往日》云:"奉先功以照下兮,明法度之嫌疑。"

楚辞这些词句表明,春秋战国之际,制图工具及其应用,不仅在土木建筑施工、制图放样中已得到了普遍使用,而且对于规矩用法及其画法的研究,亦有理论的概括。

在工程制图中,特别是几何作图,有了规矩这两件工具,大多数的作图问题都可求得解答。有了规便能画出正确的圆形,有了矩便能画出正确的方形。楚辞所言"章画""志墨""为度",即古代论及规与矩之用及在测量绘图中的理论总结,其先秦文献当推《周髀算经》中的有关论述。

《周髀算经》一书,不仅记述了先秦时期在几何作图中已经成功地使用了绘图工具——规、矩、准、绳,而且还记载了基本的几何图形的作图方法。该书二卷,相传古本,莫知谁作,其算法为勾股之祖,其推步即盖天之术。其注为赵爽(约 182—250 年)《隋书·经籍志·天文类》首列《周髀》一卷,赵婴注,未知孰是。其详论古之规、矩在数学测量、绘图上的应用,代表了先秦在数学及几何图形的认识成就。

《周髀算经》中载:"周公曰:大哉言数!请问用矩之道?商高曰:平矩以正绳,偃矩以望高,覆矩以测深,卧矩以知远,环矩以为圆,合矩以为方。"

矩在测量与绘图方面的应用,除了画直线外,还可作垂线,所以古人应用直角三角形性质,将它来作种种用途。因为矩是一柄曲尺,"平矩以正绳",就是检查平面是否水平时,可将一个矩形直放,使它一边靠着悬垂的绳索,另一边便是水平。"偃矩以望高"就是置目于矩形右下角,仰起头来,沿着对角线望去,可测量高度。偃,仰之意。"覆矩以测深"就是置目于矩形右角,俯着沿对角线望去,便可测量深度。覆,俯之意。"卧矩以知远"就是将矩形平放,由其一隅,沿对角线望去,便可测量远方的距离。卧,平放之意。这些高与距离的测量,当然均系根据相似直角三角形的性质。又拿矩形来做两脚规的代用品,亦可画出圆来。将矩形直立于平面上,固定其一边而使另一边绕它回转时,那回转边下端的轨迹,便是圆,即"环矩以为圆"。又若将四个全等的矩形拼合起来,亦可凑成一个方形,即"合矩以为方"。正是这些绘图工具的应用,才使几何形图案自远古而迨至春秋战国之际,得以广泛的应用,而且绘制准确,线型规正,图面清晰、统一。即使近似几何作图也能用规矩画出,达到比较准确的程度。

《周髀算经》中还记载了平面上作几何图形的方法。如“万物周而圆方用焉，大匠造制而规矩设焉。或毁方而为圆，或破圆而为方。方中为圆者，谓之圆方，圆中为方者，谓之方圆也”。所谓“圆方”，即正方形的内切圆；“方圆”，即圆的内接正方形。这都是对先秦几何作图的科学总结。

《周髀算经》中用矩之法，[①]如表 8.7 所示。

几何作图是工程制图的先决条件，从制图技术上讲，几何作图就是尺规作图。楚国器物上几何作图的大量应用，“神乎其技”，促进了人们对绘图方法、几何理论的研究与应用以及绘制工具的改进。这对早期的器物设计与生产、建筑工程的施工都产生了巨大的影响，并形成了一定的绘制标准，而且使得绘图工具广泛应用于实际的绘图过程之中。

表 8.7 《周髀算经》用矩之法

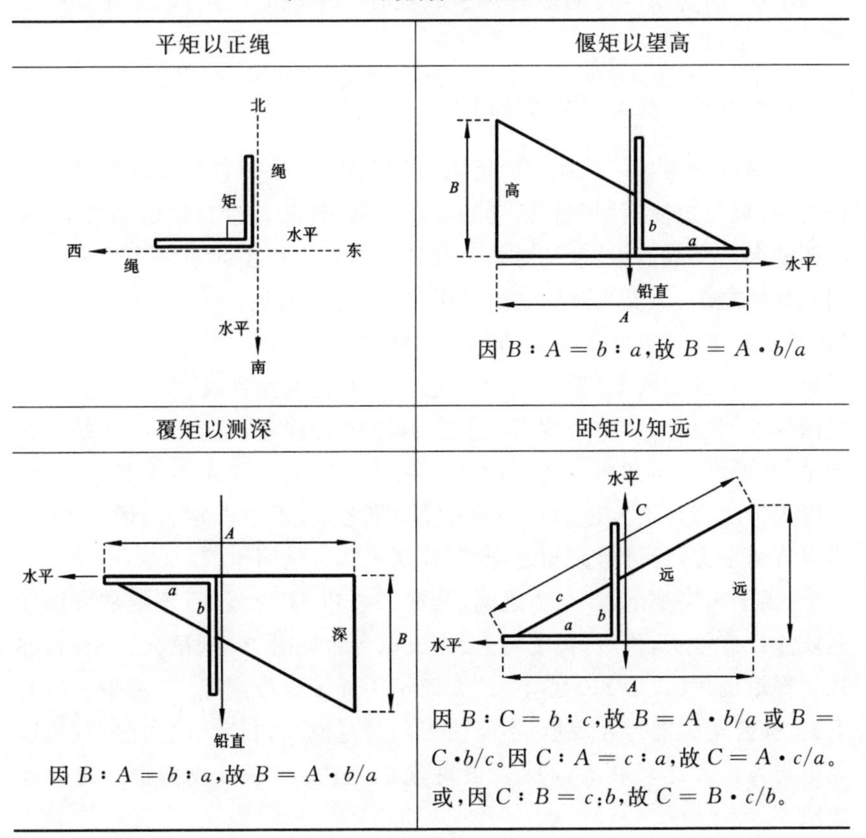

① 李迪：《中国数学史简编》，辽宁人民出版社 1984 年 5 月第 1 版，第 57 页。

续表

环矩以为圆	合矩以为方

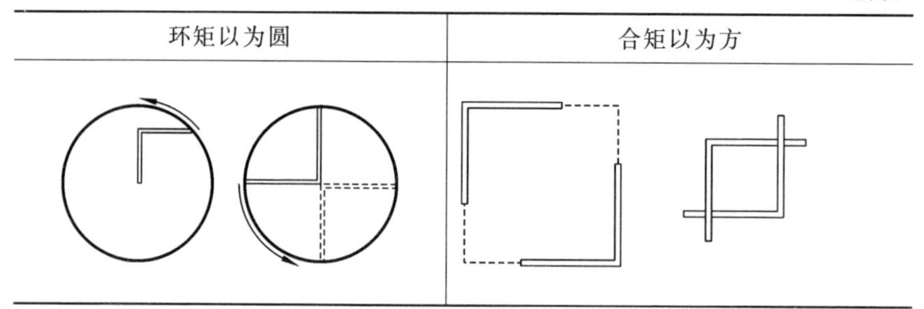

三、从先秦时期的图学成就看楚辞的历史价值

楚辞所载图学文字的历史价值,只有对先秦时期有关文献对绘图工具的应用、图学技术所取得的科学成就有一个全面的认识,才能如指诸掌,了然于目。

(一)有关文献关于应用绘图工具的记载

先秦制图工具——规矩的运用,是工程几何作图创新活动的重要手段之一,规与矩使画图创新活动的效率更高、甚至会达到倍增的效果;而制图的大量实践,反过来又对画法及其近似几何作图起着强大的推动作用。规矩之用,秦汉之际的文献所引甚多,各具风貌。《墨子·天志上》:“轮匠执其规矩,以度天下之方圆,曰:中者是也,不中者非也。”《墨子·天志中》“轮人之有规,匠人之有矩也。今夫轮人操其规,将以量度天下之圆与不圆也,曰:‘中吾规者,谓之圆,不中吾规者,谓之不圆。’是以圆与不圆,皆可得而知也。此其故何?则圆法明也。匠人亦操其矩,将以量度天下之方与不方也,曰:中吾矩者,谓之方;不中吾矩者,谓之不方。是以方与不方,皆可得而知之,此其故何?则方法明也。”

《孟子·离娄上》:“离娄之明,公输子之巧,不以规矩,不能成方圆。”赵岐注:“公输子,鲁班,鲁之巧人也,或以为鲁昭公之子,虽天下至巧,亦犹须规矩也。”《孟子·尽心上》:“大匠不为拙工改废绳墨。”《孟子·尽心下》:“梓匠轮舆能与人规矩,不能使人巧。”赵岐注:“梓匠轮舆之功,能以规矩与人。人之巧在心。拙者虽得规矩之法,亦不以成器也。言规矩之法。”

《荀子·赋篇》:“圆者中规,方者中矩。”

《庄子·徐无鬼》:“直者中绳,曲者中钩,方者中矩,圆者中规。”

《管子·形势篇》:“奚仲之车也,方圆曲直,皆中规矩钩绳,故机旋相得,用之牢利,成器坚固。明主,犹奚仲也,言辞动作,皆中术数,故众理相当,上下相亲。巧者,奚仲之所以为器也。”

《韩非子·有度》:“巧匠目意中绳,然必先以规矩为度。”王先谦注:“匠之目意,虽复中绳,而不可用,当其规矩为其度。”“故绳直而枉木断,准夷而高科削。”

《周礼·冬官》:“圆者中规,方者中矩。立者中县,衡者中水,直者如生焉,继者如附焉。”

《尸子》:“古者倕为规矩、准绳,使天下仿焉。”

《礼记·经解》:“礼之于正国也,犹衡之于轻重也,绳墨之于曲直也,规矩之于方圆也。故衡诚县,不可欺以轻重;绳墨诚陈,不可欺以曲直;规矩诚设,不可欺以方圆。”

《史记·夏本纪》:禹“陆行乘车,水行乘船,泥行乘橇,山行乘檋。左准绳,右规矩,载四时,以开九州,通九道,陂九泽,度九山。”

西汉刘安主持撰写的《淮南子》中有关规矩的记载较多,如《原道训》中有“规矩不能方圆,钩绳不能曲直”的记载。《齐俗训》中有:“故天之圆也不得规,地之方也不得矩。”“若夫规钩矩绳者,巧之具也,而非所以巧也。”又《修务训》中有:“夫无规矩,虽奚仲不能以定方圆;无准绳,虽鲁班不能以定曲直。”

东汉王符(约 85—约 163 年)《潜夫论·赞学》提出:“工欲善其事,必先利其器。”“昔倕之巧,目茂圆方,心定平直,又造规绳矩墨,以诲后人。试使奚仲、公班子徒,释此四度而效倕自制,必不能也。凡工妄匠,执规秉矩,错准引绳,则巧同于倕也。是故倕以其心来制规矩,后工以规矩往合倕心也。故度之工,几于倕矣。”

这些历史文献,不仅记载了几何作图中已经广泛使用绘图工具,如规、矩、矱、准、绳、墨等,而且还记述了先秦时期基本的几何图形的作图方法。有规才能画准确的圆形,有矩才能画准确的方形。正是这些绘图工具的应用,才使几何形图案自远古以迄两汉得以广泛地应用,而且绘制精确,线型规正、图面清晰、造型统一。即使是 5、7、9、11 等分圆周,也能用规矩近似地作出,达到比较准确的程度。

古代对圆和方的定义,语言简单而意义详尽,不离规矩。如《墨子》《经说上》载:“圆,一中同长也,”“圆,规写交也。”“方,柱隅四杂也。”“方,写矩交也。”这不仅是墨子对几何图形“圆”和“方”的定义,也是古人对圆和方的定义，其言简而义详，和现在对“圆”“方”的定义完全一致，同时也说明“规”和“矩”在作圆画方时的重要作用。

稽之旧章，考之经传，先秦文献所载与楚辞所述为之相符，屈原在离骚的写作时，必然读过这些文献。先秦部分文献大致写作时间范围及“规”“矩”出现次数比较，如表 8.8 所示，《楚辞》中“规”“矩”二字出现次数仅次于《墨子》。

表 8.8 先秦部分文献大致写作时间及“规”“矩”出现次数比较

项目	《管子》	《论语》	《墨子》	《孟子》	《荀子》	《楚辞》	《韩非子》
时间范围	？—前 645 年	前 551—前 479 年	前 478—前 392 年	前 371—前 289 年	前 313—前 218 年	前 26 —前 6 年	前 280—前 233 年
规	1	0	16	6	11	14	12
矩	1	1	9	6	6	8	1

（二）先秦工程图学的科学成就

以屈原为代表的楚辞作者，不仅熟知当时的历史文献，而且还亲眼见过当时的工程图样和几何作图的图案。据汉人王逸《天问章句》卷三载：“屈原放逐，忧心愁悴。彷徨山泽，经历陵陆，嗟号昊旻，仰天叹息。见楚有先王之庙及公卿祠堂，图画天地山川神灵，琦玮僪佹，及古贤圣怪物行事。周流罢倦，休息其下，仰见图画，因书其壁，呵而问之。以渫愤懑，舒泻愁思。”楚国先王宗庙以及公卿祠堂中图画装饰，描写天地、山川、神灵，贤圣、怪物，其琦玮僪佹，无疑给屈原留下最为深刻的印象，这也是楚辞中为什么有“章画”“志墨”“为度”“循绳墨而不颇”“求矩矱之所同”“方圆殊而不合兮，钩绳用而异态”“夫方圆之异形兮，势不可以相错”的重要原因，才有《离骚》“固时俗之工巧兮，偭规矩而改错”的感叹。

1. 曾侯乙墓出土文物——几何作图史上的丰碑

近几十年来考古的发现，大量至今熠熠生辉的楚系出土文物，为人们认识先秦时期几何作图及其图学技术水平提供了重要的线索。1978年夏，湖北省随州战国曾侯乙墓出土文物，对整体把握楚地图学技术的发展水平极具科学价值。曾侯乙墓不仅是一座蕴藏丰富的先秦文物宝库，同时也是一座反映中国古代图学和绘图技术成就的殿堂。该墓出土文物的造型具有新奇、雄伟、精巧、逼真和富于想象等特点，是考察先秦工程制图和工程几何作图技术极有价值的资料，同时也证实了楚辞所云的“前画”“先功”“法度”“章画”，绝非虚言。曾侯乙墓出土文物中的标准几何作图[①]，如图 8.26 所示。

图 8.26 曾侯乙墓出土文物中的标准几何作图

曾侯乙所处的时代，正值楚文化的鼎盛时期，制图技术的提高和普及，尤为令人注目。在曾侯乙墓出土的文物中，无论是青铜器或是漆器，都绘有各种变化的几何形图案，它包括了工程几何作图的主要内容，如等分线段、平行线、对角线、棱线、切线、矩形、圆、同心圆、椭圆、圆弧连接，等分圆(包括 4、5、6、8、12、16、20 等分圆周)等。特别是铜鉴盖 8 等分圆周的装饰纹样，表现了极其熟练和准确的几何作图能力；同时这些几何图案加上鸟兽纹、龙凤纹等装饰纹样的机械重复，使造型更具有几何线条与艺术绘画理智统一的明快感觉。漆器的几何图案由点、线、面构成，主要有圆点纹、菱形纹、三角形纹、网纹、圆圈纹、圆涡纹等。虽然这类装饰纹样绘制简洁，但其构图千变万化，与其他纹样相配并构成图

① 湖北省博物馆、北京工艺美术研究所：《战国曾侯乙墓出土文物图案选》，长江文艺出版社 1984 年版，第 15-59 页、第 87-89 页。

案，起到了衬托其他纹样的作用。

漆器中的几何图案采用朱、墨、黄、金等各种颜色，显得非常艳丽。如屈原《远游》所云："驾八龙之婉婉兮，载云旗之逶蛇。建雄虹之采旄兮，五色杂而炫耀。"其绘制技术采用单线与平涂相结合的方法绘制，线条宛转自如、笔力遒劲，构图疏密有致、节奏鲜明，足见当时绘图大师们高超的几何作图技术。先秦时期几何作图的成就是这一时期器物造型精美、装饰瑰丽的基础。

曾侯乙墓出土乐器瑟的局部纹样，其几何纹饰为尺规作图，如图8.27所示。

图 8.27 曾侯乙墓出土乐器瑟纹饰的几何作图

曾侯乙墓出土玉器玉琮的局部纹饰，其几何纹饰为尺规作图，如图8.28 所示。

图 8.28 曾侯乙墓出土玉器玉琮纹饰的几何作图

2. 古代近似几何作图的代表之作

除标准几何作图（即尺规作图）之外，曾侯乙墓出土文物几何作图的另一重要成果是近似几何作图的精度大为提高，线型细腻，画法严格，绘制精确。近似几何作图是指用尺规无法直接绘出的几何作图，如 5 等分圆周、7 等分圆周等，可用近似画法做出。曾侯乙墓出土文物近似几何作图的代表有龙纹漆甑形器、锡青铜盥缶盖和青铜兵器殳三例。

其一，龙纹漆甑形器。从外形看，似一口大圆杯，平口，深腹较直，近底部腹壁内收，小平底，底部有两个小圆眼透穿，眼孔径 0.3～0.4 厘米。器身外以红漆为地，用金色、深红色勾绘彩色图案。口部有一圈雷纹，之下有由绹纹隔成长方框的四组夔龙纹，每组两龙，反首相对，其下又是一圈雷纹，再下又是用绹纹隔成的四组夔龙纹，图案同上，只是下面的龙背向、头朝下，上组的龙头朝上，上下组与组之间图案错开。底部外缘有一圈绹纹，当中绘有五个大小一致的漩涡纹，其漩涡纹按近似 5 等分圆周的距离画成。从漆甑形器俯视图分析，该图形核心部分由 6 个同心圆组成，之外是 4 等分圆周，[①]如图 8.29 所示。

其二、锡青铜盥缶盖，俯视纹样，其画法近似五等分圆周几何作图，在曾侯乙墓出土文物中，最具特色。[②] 如图 8.30 所示。

曾侯乙墓锡青铜盥缶盖的纹饰，其作图为近 9 个同心圆所组成，除圆心附近 4 等分连弧纹之外，接近外部的是 5 等分的近似几何作图，在 5 等分圆周的等分线上，又由 5 个小圆组成，其内部纹饰又是一个 3 等分圆周的图案。锡青铜盥缶盖作图复杂、纹饰丰富多彩，不仅包括标准几何作图，又熟练地应用近似几何作图。这些几何作图出现在公元前 5 世纪的战国之际，令人叹为观止。

其三、青铜兵器“殳”。曾侯乙墓出土兵器数量之多，品种之繁，几乎囊括了战国初期所有冷兵器的种类，也反映了墓主人的不凡身份，其中最引人注目的是“殳”。[③]

曾侯乙墓出土的两种青铜殳，计 7 件，殳一侧的刃上，皆铸制篆书铭文一行，共六字：“曾侯邸之用殳”，为迄今第一次发现。此墓两种殳同时

---

① 湖北省博物馆、北京工艺美术研究所：《战国曾侯乙墓出土文物图案选》，长江文艺出版社 1984 年版，第 16 页。

② 湖北省博物馆、北京工艺美术研究所：《战国曾侯乙墓出土文物图案选》，长江文艺出版社 1984 年版，第 69 页。

③ “殳”为战国兵器。据《周礼 · 夏官》载：“司兵掌五兵”，“车之五兵”，郑注：“五兵者，戈、殳、戟、酋矛、夷矛。”可见“殳”为周代五兵之一。周朝把殳列入“车之五兵”，是用于实战的兵器。《诗经 · 卫风 · 伯兮》有：“伯也执殳，为王前驱。”《周礼 · 考工记》中“庐人”：“凡为殳，五分其长，以其一为之被而围之。参分其围，去一以为晋围；五分其晋围，去一以为首围。”然“殳头”的形制，鲜为人知。

龙纹漆甑形器主视图

龙纹漆甑形器俯视图

图 8.29　曾侯乙墓龙纹漆甑形器的旋涡纹近似 5 等分圆周几何作图

图 8.30　曾侯乙墓出土的锡青铜盥缶盖俯视纹样近似 5 等分圆周的几何作图

出土，并有铭文、竹简互相佐证，彻底解开了殳之制造之谜，其中一种“殳”的箭部为刺球状，殳杆上方的一个花箍亦为刺球状。殳首长 17.6 厘米，呈三棱矛状，其截面为 120°，刃部锋利；殳首下部，箭部圆球伸出的圆锥形尖刺粗而长，计三十个，三个一排，共十排；殳杆上的铜箍略小，箍上伸出的圆锥形尖刺密而短，计八十个，五个一排，共十六排。曾侯乙“殳头”，如图 8.31 所示。

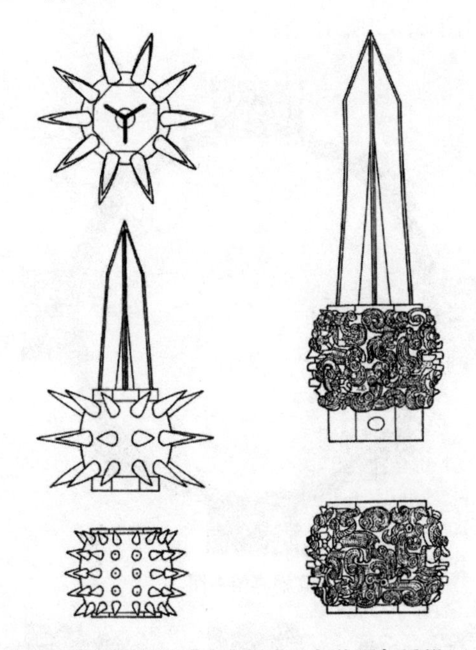

图 8.31 曾侯乙墓出土青铜兵器“殳”头中标准几何作图与近似 10 等分圆周几何作图

曾侯乙墓出土兵器“殳”头的箭部形制，为标准几何作图——3 等分圆周与近似几何作图——10 等分圆周及其综合利用，殳杆上的铜箍为标准几何作图。“殳”头设计生产，需要几何作图知识的积累与熟练制图技术才能完成。①

3. 相贯线的应用

曾侯乙墓出土文物的形体设计，不但成功地采用了多种几何图形，而且广泛地应用了基本几何体，如长方体、圆柱体、圆锥体、棱柱体、棱锥体、圆球体，近似椭球体、圆环体、近似椭圆环体，以及任意曲面、立体等，甚至还掌握了不同几何体的相贯线。如两件联禁大壶是由多种几何形

---

① 湖北省博物馆：《曾侯乙墓（上）》，文物出版社，1989 年 7 月第 1 版，第 292 页。

体所构成。颈口与圈足，腹部与壶口的衔接十分光滑，外部轮廓、整齐划一，表明对各种几何形体运用的娴熟。小口鼎的鼎足与鼎的主体，匜鼎的鼎足与匜体以及匜体与匜口的相贯，形体极为准确。这说明春秋战国之际的匠师们已经掌握了工程制图的基础知识，即平面几何图形的绘制和基本几何形体的构成。

曾侯乙墓出土文物青铜尊口沿纹样及其俯视图的几何作图[①]，足以使人眼花缭乱，如图 8.32 所示。

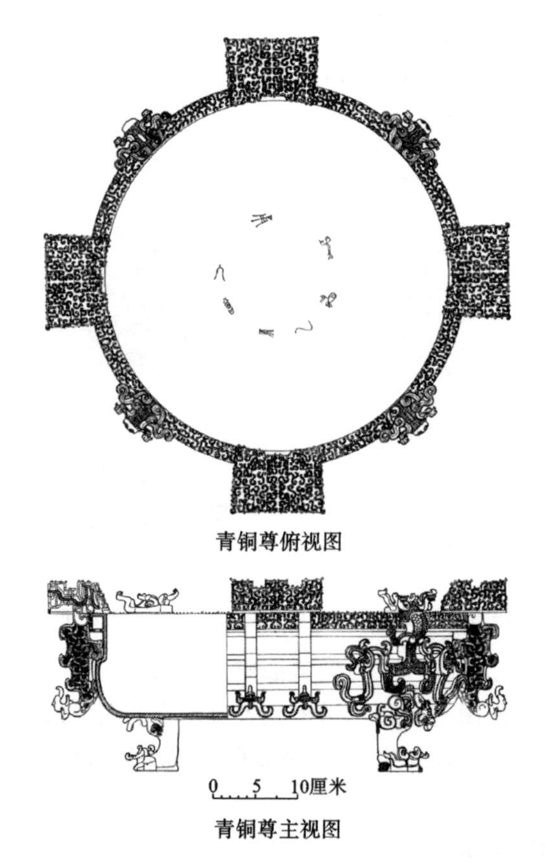

图 8.32　曾侯乙墓出土文物青铜尊纹样的几何作图

曾侯乙墓出土文物漆禁面上纹样的几何作图[②]，如图 8.33 所示。

---

① 湖北省博物馆：《曾侯乙墓(上)》，文物出版社，1989 年 7 月第 1 版，第 230 页。

② 湖北省博物馆、北京工艺美术研究所编：《战国曾侯乙墓出土文物图案选》，武汉：长江文艺出版社 1984 年版，第 4-5 页。

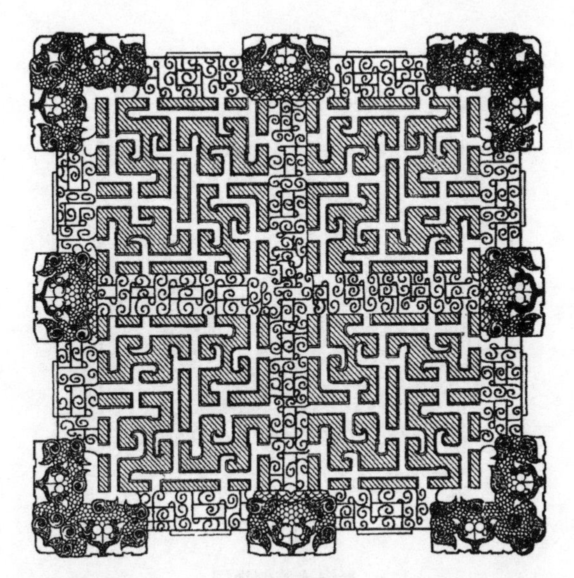

漆禁面俯视图

漆禁主视图

图 8.33 曾侯乙墓出土文物漆禁面上纹样的几何作图

曾侯乙墓出土文物青铜冰鉴纹样的几何作图①,如图 8.34 所示。

---

① 湖北省博物馆:《曾侯乙墓(上)》,文物出版社 1989 年 7 月第 1 版,第 224 页。

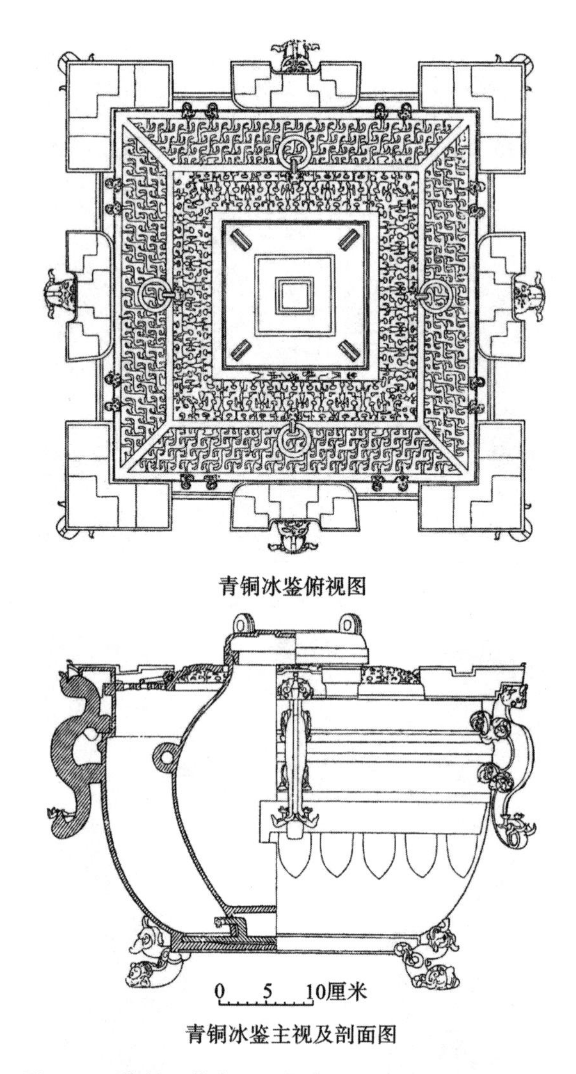

青铜冰鉴俯视图
0 5 10厘米
青铜冰鉴主视及剖面图

图 8.34 曾侯乙墓出土文物青铜冰鉴纹样的几何作图

曾侯乙墓出土青铜尊口沿纹饰局部图案以及青铜尊俯视图[①]，如图 8.35 所示。

几何作图是工程制图的必要条件，也是一切纹饰设计与绘制的基础。毋庸置疑，几何作图技术在器物纹饰上的大量应用，极大地促进了人们对绘图方法、绘图工具的改进和提高，这对早期的器物设计与生产、

① 湖北省博物馆、北京工艺美术研究所：《战国曾侯乙墓出土文物图案选》，长江文艺出版社 1984 年版，第 52 页。

青铜尊口沿局部纹饰及其几何作图

青铜尊俯视图

图 8.35 曾侯乙墓出土文物青铜尊口沿纹饰及青铜尊俯视图

工程技术的施工都产生了巨大的影响，并形成了一定的绘制标准和统一的绘制工具。曾侯乙墓出土的器物群正是工程几何作图的杰出典范，恰如屈原所云“广遂前画”“未改此度”。

鼎盛期的楚文化有一个辉煌的体系，其内容博大精深，其形式精彩绝艳，其风格灵巧诡奇、美奂美轮。屈原文学作品的科学技术含义，尚待进一步探索与研究。但无论如何，以屈原作品为代表的楚辞，是战国时期南方楚地出现的一种新的诗体。然而，作为文学作品，宋代“为古今集斯文之大成”的《太平御览》不录，清代《钦定四库全书》收入集部“楚词类"之中。楚辞之作,"其称文小而其指大,举类迩而见义远",故而,未可当作信史。于今究观自昔,楚辞中有关图学的内容颇丰,描写俱细,楚之图学尚矣!楚辞中诸如古代制图工具规、矩、镬、绳、墨以及画法的描述,包蕴无遗、精深简括,诚先秦图学之最,是楚国科学技术与工程图学发展的真实写照。

曾侯乙墓出土铜匜局部纹样的几何作图[①],如图 8.36 所示。

图 8.36 曾侯乙墓出土铜匜局部纹样的几何作图

曾侯乙墓出土尊体局部纹样的几何作图[②],如图 8.37 所示。

图 8.37 曾侯乙墓出土文物尊体局部纹样的几何作图

曾侯乙墓出土文物中的几何作图,其最为复杂精致者,当以漆豆上纹样的几何作图,其侧视图[③]如图 8.38 所示。言其所绘恢诡谲怪,称其色彩惊采绝艳,绝非言过其实。

4. 楚式铜镜的几何作图

中国是世界上最早制造和使用铜镜的国家之一,自古以来就以高超的铜镜制作工艺而闻名于世。春秋战国之际的楚式铜镜,凝聚着楚国科技文化与精神文明,其清奇灵秀、工艺精湛,在中国古代铜镜史上有着崇高的地位,迄战国中后期,楚国成为六国铜镜的铸造中心。楚式铜镜的

---

① 湖北省博物馆、北京工艺美术研究所:《战国曾侯乙墓出土文物图案选》,长江文艺出版社 1984 年版,第 66 页。

② 湖北省博物馆、北京工艺美术研究所:《战国曾侯乙墓出土文物图案选》,长江文艺出版社 1984 年版,第 51 页。

③ 湖北省博物馆、北京工艺美术研究所:《战国曾侯乙墓出土文物图案选》,长江文艺出版社 1984 年版,第 2 页。

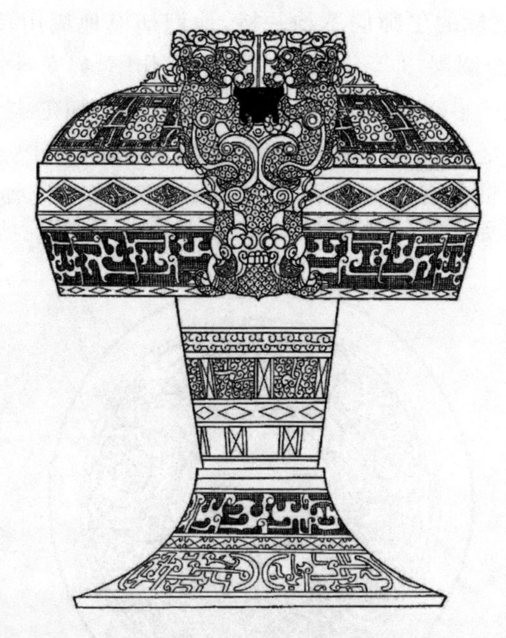

图 8.38　曾侯乙墓出土文物漆豆上纹样的几何作图

艺术风格中，有草叶的生机，山字的旋动，龙的威严，凤的秀美，鹿的神明，兽的攀援，猿的跳跃，菱形纹的空旷，连弧文的和谐，以及经糅合创造而形成的对峙、环绕、追逐等排列布局的图案，精致而完美地展示在楚人朝昔相伴的铜镜中，目的在于传承文明与文化、展示精神与思想、企求幸福和美好。[①] 特别是楚式铜镜中形制、纹饰、造型，更是古代几何作图及其制图技术的科学成果。

铜镜是楚文化的重要内涵。“镜”字，在《楚辞》中出现两次。其一，宋玉《九辩》有“今修饰而窥镜兮，后尚可以窜藏”。其二，王逸《九思》有“天庭明兮云霓藏，三光朗兮镜万方”。汉王逸《楚辞章句疏证》亦出现两次。其一，见宋玉《九辩》：“彼日月之照明兮”句，王注：“三光照察，镜幽冥也。”其二，见《九怀》“株昭”中“皇门开兮照下土”句，王注：“王门启辟，路四通也。一云皇开门兮。镜览幽冥，见万方也。”[②]《楚辞》所载表明，铜镜与当时人们生活息息相关，是承载楚文化中的文化因子和技术因素的器物。

---

① 邱东联、潘钰：《中国古代铜镜及其思想文化概论》，见长沙市博物馆编：《楚风汉韵：长沙市博物馆藏镜》，文物出版社 2010 年 12 月第 1 版，第 26 页。

② （东汉）王逸撰，黄灵庚点校：《楚辞章句》，上海古籍出版社 2017 年 10 月第 1 版。

春秋战国之际的工师们不拘一格，他们娴熟地应用尺规作图，如 3 等分圆周，4 等分圆周，8 等分圆周；近似几何作图，如 5 等分圆周，7 等分圆周等，使铜镜的形制、造型精彩纷呈，引人入胜。如楚式云锦地三龙纹铜镜，直径 195 毫米，尺规作图，3 等分圆周几何作图，十分准确，其主题纹饰为三龙纹，镜中有一组折叠式菱形纹相接，线条流畅飘逸，生趣盎然，[①]如图 8.39 所示。

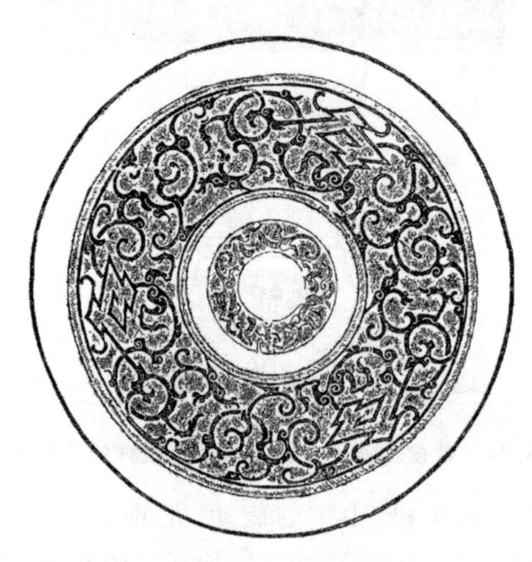

图 8.39　楚式云锦地三龙纹铜镜

楚式山字形纹镜，有三山、四山、五山、六山之分，羽翅地四山十二叶纹铜镜，为标准几何作图，其镜面直径为 226 毫米，主题纹饰为四个“山”形纹，山字字形左旋，四等分圆周作图，十分严格；地纹为羽翅纹，饰以草叶纹 12 枚，其中正方形钮座的四角上各绘一枚，其叶尖再向上，左右方向各伸出 3 条绶带状纹，分别与其他 8 枚草叶纹交错连接，于其上方连接的草叶纹顶端，又向左旋出一个水滴状的花枝。其作图之复杂、构图之严谨、纹饰之丰富，令人叹为观止。羽翅地四山十二叶纹铜镜，[②]如图 8.40 所示。

楚式羽翅地五山十叶纹铜镜，为近似几何作图，线条细腻，其直径 144 毫米，地纹为羽翅纹，圆形钮座，钮座与镜缘分别伸出五片草叶纹，草

---

① 长江市博物馆编著：《楚风汉韵：长沙市博物馆藏镜》，文物出版社 2010 年 12 月第 1 版，图版第 33 页。

② 长江市博物馆编著：《楚风汉韵：长沙市博物馆藏镜》，文物出版社 2010 年 12 月第 1 版，，图版第 15 页。

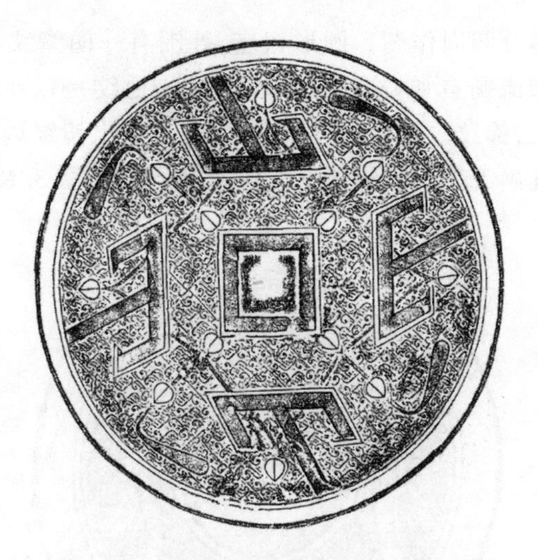

图 8.40　楚式羽翅地四山十二叶纹铜镜

叶造型近似菱形，其内饰有细密的叶脉。五个左旋山形纹将镜钮合围成一个五角星状的区域，叶纹正好嵌镶其中。羽翅地五山十叶纹铜镜[①]，如图 8.41 所示。

图 8.41　楚式羽翅地五山十叶纹镜

楚式云锦地七连弧文铜镜，为楚地战国时期所铸造生产，其直径 110

① 长沙市博物馆编著：《楚风汉韵：长沙市博物馆藏镜》，文物出版社 2010 年 12 月第 1 版，第 17 页。

毫米,近似7等分圆周作图。圆形钮座,外围有一圈绹纹,主题纹饰为7连弧纹,其线型流畅自如,充满动感与力感。地纹是以卷云纹与三角纹云雷纹组成的云锦纹。弧面下凹,7连弧弧尖穿出镜缘内侧之一圆圈绹纹,几何作图准确无误。云锦地7连弧文铜镜①,如图8.42所示。

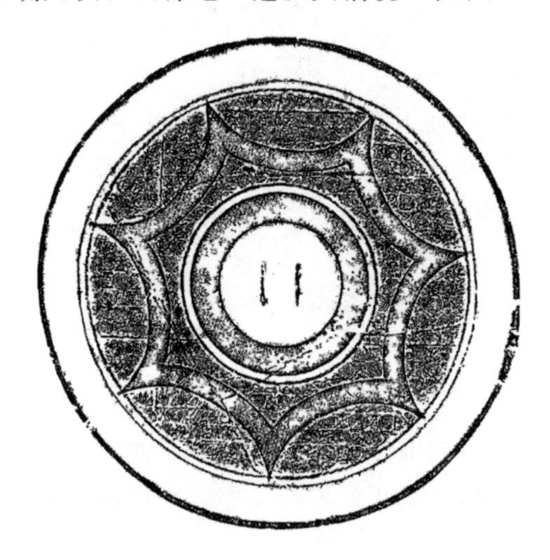

图8.42 楚式云锦地七连弧文铜镜

图在人类文明进展中起很大作用并占重要地位。图学具有描述宇宙自然变化规律、承载人类文明信息、展示人类创新文明的重要功能,图学发展伴随着人类文明的过去、现在和未来。图是形之本,形是图之源,楚辞中有关图的论述,与秦汉之际文献所载的史料相一致,事事可晓。特别是与曾侯乙墓出土文物和楚式铜镜中的几何作图相映照,可知楚辞所称"章画""志墨""为度",确非空言,而诗人屈原、宋玉、景差、贾谊、东方朔等人的作品中有关图及图绘之作方面的词句,历久而弥新,渊渊作金石之声。

四、屈原哲学思想的意义

在先秦历史文献中,屈原只留传文学作品。作为诗人、文学家,屈原兼具科学技术头脑,他是一位百科全书式的人物。正因如此,才有《楚辞》中有大量有关图学技术方面的记载,才能在《天问》中对宇宙和自然

① 长沙市博物馆编著:《楚风汉韵:长沙市博物馆藏镜》,文物出版社2010年12月第1版,图版第47页。

发出的一连串诘问,“尺有所短,寸有所长。物有所不足,智有所不明,数有所不逮,神有所不通”,“遂古之初,谁传道之?上下未形,何由考之?冥昭瞢闇,谁能极之?冯翼惟象,何以识之?”这些表现出一种强烈的求知和探索精神。

尽管文学与科学在思维方式和研究方法上有很大差异,但从根本上说文学与科学是一致的。

其一,文学和科学都注意对现实的观察和体验。

其二,文学与科学技术的终极目的,都是以人为本,造福于人类,文学的使命是为人类寻找和提供精神家园与情感归宿,科学技术的未来也是为了给人类寻找更适宜的生存空间。

其三,文学和科学两者都属于创造性活动,都需要创新精神。

屈原于哲学,述而无作;然以诗表现之,亦是其贡献。屈原在文学上所表现出的创新精神,正是来自他的哲学思想,屈原哲学思想凝聚的是楚文化精神与灵魂,先秦两汉迄至今日,成为中华民族精神之殿。

涂又光在《楚国哲学史》一书中,曾论及屈原哲学思想,全书“屈原”一词出现 49 次,其频率之高,仅次于老、庄,可见楚国哲学史中屈原的份量。屈原哲学思想在《楚国哲学史》一书中可以从“屈原对伍子胥的评价”与“屈原为何不提伍子胥复仇”二节反映出来。屈原哲学思想之要义,亦在其中,所以涂又光在写作《楚国哲学史》一书时,对待屈原如对法家哲学思想一样,没有专写屈原一章。[①] 但没写,不等于没有进一步的思考。涂又光对屈原哲学思想的研究,其意甚勤、其辞甚直,早在楚史研究会 1983 年年会上,发表了《论屈原的精气说》,在 1985 年 6 月中国屈原学会成立大会暨第四次学术讨论会上,又发表了《天民屈原说》。

1987 年 8 月,在周谷城(1898—1996 年)主编的《中国文化史丛书》之一、张正明(1928—2006 年)著《楚文化史》一书中,涂又光先生担任楚国哲学等章的撰写,涂先生将庄子哲学与屈原哲学并为一章,其所述篇幅几乎相等,可见屈原哲学在楚国哲学中的地位。[②] 之所以这样的安排,他的理由是:“庄周是一位颇具文采的哲学家,屈原则是一位不乏哲理的文学家。庄周被后世认为是老子哲学的继承者和发展者,因而得与老子连称‘老庄’。屈子哲学为屈原所作楚辞的盛名所掩,未受后世重视。”

---

① 涂又光:《楚国哲学史》,湖北教育出版社 1995 年 7 月第 1 版。

② 张正明:《楚文化史》,见周谷城主编:《中国文化史丛书》,上海人民出版社 1987 年 8 月第 1 版,第 234-252 页。

1994年6月,在《楚国哲学史》出版前夕,涂又光发表了《屈原哲学三题》一文。此文,将屈原的哲学思想做了深层次的论述,揭示了《离骚》文学创新精神与楚国科学技术成就得以辉煌的思想根底。

涂又光先生认为:屈原文学作品的哲学含义,举其要义,在于三篇:《离骚》的以自为本、《远游》的精气学说、《天问》的不答之答。他提出的关于屈原哲学的这些观点,都比以前提出的更扎实、严谨和令人信服,深刻揭示了屈原哲学乃至楚国哲学的精髓,真正触及了人们的灵魂。

(一)《离骚》"以自为本"

涂又光认为:《离骚》的以自为本,就是肯定自我、认识自我、实现自我。屈原奋斗一生以实现自我、最后以自沉超越自我,亦所以实现自我,乃自我实现之最后完成。《离骚》开头:"帝高阳之苗裔兮,朕皇考曰伯庸",自叙身世名字,是肯定自我;接着说:"纷吾既有此内美兮,又重之以修能",是认识自我;以下描写的一切活动,皆为实现自我。若一以贯之,即以自为本。《离骚》是楚人精神、老子哲学尤其是庄子哲学的文学表现,即诗的表现。在心灵的最高层次,真正的哲学、真正的诗是相通的。在这个意义上,可以说《离骚》是有韵的《庄子》,《庄子》是无韵的《离骚》。维也纳学派说,形上学是概念的诗;我们说,诗是形象的哲学。《离骚》正是形象的哲学。[①]

在《屈原哲学要义》一文中,涂又光进一步揭示了屈原思想的精华,他指出:细读《离骚》,深感一个伟大自我的伟大存在。这个伟大自我,绝对自由,绝对负责:"折若木以拂日兮,聊逍遥以相羊","欲远集而无所止兮,聊浮游以逍遥",连太阳也要拂它一拂,你看该多自由。且反复自许逍遥,令人联想《庄子·逍遥游》的逍遥。"长太息以掩泪兮,哀民生之多艰";"亦余心之所善兮,虽九死其犹未悔":又是绝对负责、负责到底。爱楚国、爱楚人,谁来爱?我来爱!没有这个自我,则所谓爱国爱民,岂不都是无头公案!一部《离骚》,都是这个伟大自我的伟大运动。

"以自为本,岂非个人主义?个人主义,岂能爱国爱民?"《屈原哲学要义》一文的回答,一语破的。涂又光认为这涉及道德哲学的根本问题。在道德哲学中,有人总是把个体与集体对立起来,理由是集体大于个体之和,个体好比一颗一颗的珍珠,集体好比一串珍珠,一串珍珠是各颗珍

---

① 涂又光:《涂又光文存》,华中科技大学出版社2010年3月第1版,第109页。

珠加上穿珠的线，比一颗一颗的珍珠之和多了一条穿珠的线，所以集体大于个体之和。此喻虽妙，但不合于人。一个一个的个体的人结成集体，如果也有一条线把他们穿起来的话，则这条线也是这些个体的人辐射出来的，不是外来的，故无所增加。换言之，这条线也是结成集体的那些个体的人所自有的。所以人的集体不大于、仍等于人的个体之和。又有人说，集体力量大于个体力量之和。但集体力量再大，仍由个体力量组成，除组成集体力量的个体力量以外，别无集体力量。不是别无"集体力量"，而是别无"力量"。何况自然力的合力是按照平行四边形法则合成的，不是大于而是小于两个分力之和。至于人力的合力则更复杂，往往出现"一个和尚挑水吃，两个和尚抬水吃，三个和尚没水吃"的情况。何可一概而论，断定集体力量大于个体力量之和？把个体与集体对立起来，必然导致把个体主义与集体主义对立起来，只认为个体主义以自为本，否认集体主义以自为本。他们以为，集体主义以自为本，就没有集体主义了。其实不然，若不以自为本，则首先就没有集体，哪还有集体主义？这完全是不同层次的问题。在以何为本的层次上，都是以自为本，此外别无所本。就是说，个体主义以自为本，集体主义亦以自为本，在这个层次上，二者皆以自为本，并无分别，更无对立。在以何为主的层次上，才有个体主义与集体主义的分别以至对立，这是在特定的历史条件下出现的。在以何为归的层次上，又是同归于自。

个体主义、集体主义皆以实现自我为归。正如马克思、恩格斯的《共产党宣言》所说，代替旧社会的"将是这样一个联合体，在那里，每个人的自由发展是一切人的自由发展的条件"。"联合体"是集体，"每个人的自由发展"相当于实现自我。所以《离骚》的以自为本，不是与爱国爱民相反，而是以爱国爱民为己任，为爱国爱民献出一切，爱国爱民正是屈原的自我实现。《老子》第八十一章云："既以为人己愈有，既以与人己愈多。"有就有在实现自我，多也多在实现自我。①

（二）《天问》"不答之答"正是老庄精神

对于屈原的《天问》的不答之答，涂又光认为这要从《庄子》讲起。

《庄子·天下》云："南方有倚人焉曰黄缭，问天地所以不坠，风雨雷霆之故。惠施不辞而应，不虑而对，遍为万物说。"《战国策·魏二》有"魏

① 涂又光：《涂又光文存》，华中科技大学出版社 2010 年 3 月第 1 版，第 110-111 页。

王令惠施之楚"章,此次问答当在此时。《庄子·天运》云:"天其运乎?地其处乎?日月其争于所乎?孰主张是?孰纲维是?孰居无事而推行是?意者其有机缄而不得已耶?意者其运转而不能自止耶?云者为雨乎?雨者为云乎?孰隆施是?孰居无事淫乐而劝是?风起北方,一西一东,在上彷徨,孰嘘吸是?孰居无事而披拂是?敢问何故?"这一连串的问题,显然就是黄缭与惠施问答的问题,是屈原在《天问》第一部分提出的问题,也是楚国思想界讨论的问题,这是楚国法令森严而使楚人思想转向自然界的一种表现。但是惠施的答案失传了,《庄子·则阳》记载了两个答案:"季真之莫为,接子之或使"。"莫为"是说没有什么东西使之这样,"或使"是说或有某种东西使之这样。《则阳》评论说:"或使则实,莫为则虚","或使"之说太实了,"莫为"之说太虚了,都不行。《则阳》认为:"或使、莫为,言之本也,与物终始";但是"道,物之极,言默不足以载,非言非默,议有所极"。就是说,"或使""莫为"都是人说的,人的语言只能说实际的有名字的"物",至于"道",是物的准则,不是物的本身,没有名字,不在人的语言所说的范围之内,所以不可言说。《则阳》是超越"或使"与"莫为"的层次,进入"道"的层次,道的层次超越言说,只好以不答为答,这就是不答之答。屈原思索过这一连串的问题,他的态度是问而不答。问而不答,还是有其倾向的。对于其倾向,有一种理解是,重点在于"谁""孰"之类。

屈原的不答之答,如《天问》云:"曰:遂古之初,谁传道之?""圆则九重,孰营度之?"这是已经肯定有"传道"者、有"营度"者,不过不知道他们是谁,这种理解是以为屈原在"或使"之说的基础上提问,问"或使"的"或"是谁。我们的理解则不然。照我们的理解,《天问》是以神话传说为依据,又对神话传说作理性的反思。神话传说,把传道之者、营度之者等说得有鼻有眼、活灵活现,但是理性要问:他们到底是谁?你再瞎编一气,即使说得很可爱但并不可信。《天问》提出问题,是为了交给理性审查,所以屈原的倾向,是对这些神话传说爱之而不信之。既然不信,那"或使"也好,"莫为"也好,我都不信,不信二者,也不信此类言说。所以屈原的答案不是"或使"之说,不是"莫为"之说,而类似《则阳》的不可言说之说。《天问》问而不答,是以不答为答;不答之答,正是老庄精神。[1]

晚年的涂又光,在编撰《涂又光文存》时,他特意将《论屈原的精气

---

① 涂又光:《涂又光文存》,华中科技大学出版社 2010 年 3 月第 1 版,第 112-113 页。

说》《天民屈原说》《屈原哲学要义》(即“屈原哲学三题”)和《楚国哲学的根本特色》四篇有关屈原哲学思想及楚国哲学的文字，纂集一起，排在老庄之后，旨在四文作为《楚国哲学史》的续篇。从涂又光编撰《涂又光文存》一书的思想来看，读者细绎自明。实际上，有此四文，《楚国哲学史》才是一部完整的楚国哲学史。[①] 这是涂又光先生对楚学、对中国哲学的贡献。

主要参考文献

[1] 楚辞今注[M]. 汤炳正，李大明，李诚，熊良智，注. 上海：上海古籍出版社，1996.

[2] 李迪. 我国历史上的一种圆规[M]//吴文俊. 中国数学史论文集(二). 济南：山东教育出版社，1986.

[3] 李迪. 中国数学史简编[M]. 沈阳：辽宁人民出版社，1984.

[4] 李迪. 从古代铜镜上的花纹探讨古代等分圆周的方法[J]. 内蒙古师范学院学报，1978(2)：66-71.

[5] 傅溥. 中国数学发展史[M]. 台北：文物出版社，1982.

[6] 李俨. 中国数学大纲(修订本)上册[M]. 北京：科学出版社，1958.

[7] 李俨. 中算史论丛(第三集)[M]. 北京：科学出版社，1955.

[8] 李俨. 中国数学大纲(修订本)下册[M]. 北京：科学出版社，1958.

[9] 钱宝琮. 中国数学史[M]. 北京：科学出版社，1964.

[10] 郭书春. 中国科学技术典籍通汇·数学卷(1)[M]. 郑州：河南教育出版社，1993.

[11] 周世荣. 中国铜镜图案集[M]. 上海：上海书店，1995.

[12] 王纲怀. 中国早期铜镜[M]. 上海：上海古籍出版社，2015.

[13] 周世荣. 铜镜图案——湖南出土历代铜镜[M]. 长沙：湖南美术出版社，1987.

[14] 程贞一，闻人军. 周髀算经译注[M]. 上海：上海古籍出版社，2012.

[15] 孔祥星，刘一曼. 中国铜镜图典[M]. 北京：文物出版社，1992.

[16] 《云梦睡虎地秦墓》编写组. 云梦睡虎地秦墓[M]. 北京：文物出版社，1981.

---

① 涂又光：《楚国哲学史》，“楚学文库丛书”，湖北教育出版社 1995 年 7 月第 1 版。

[17] 左德承.云梦睡虎地出土秦汉漆器图录[M].武汉:湖北美术出版社,1986.

[18] Don Graf. Don Graf Date Sheets [M]. Van Chong Book Company,1950.

[19] 李诫.营造法式(第673册)[M].台北:台湾商务印书馆,1986.

[20] 刘兴珍,岳凤霞.中国汉代画像石——山东武氏祠[M].北京:外文出版社,1991.

[21] 梁思成.中国建筑史[M].天津:百花文艺出版社,1998.

[22] 信立祥.汉代画像石综合研究[M].北京:文物出版社,2000.

[23] 中国汉画学会,北京大学汉画研究所.中国汉画研究(第一卷)[M].桂林:广西师范大学出版社,2004.

[24] 沈康身.中算导论[M].上海:上海教育出版社,1986.

[25] 刘克明.伏羲女娲手执矩规图的科学价值[J].黄石理工学院学报(人文社会科学版),2009(4):12-18.

[26] 张良皋.匠学七说[M].北京:中国建筑工业出版社,2002.

[27] 《简明不列颠百科全书》编辑部,中美联合编审委员会.简明不列颠百科全书(Concise Encyclopedia Britannica)第8卷[M].北京:中国大百科全书出版社,1986.

[28] 刘勰.文心雕龙校注[M].黄叔琳注,纪昀评,李详补注,刘咸炘阐说,戚良德辑校.上海:上海古籍出版社,2015.

[29] 湖北省博物馆,北京工艺美术研究所.战国曾侯乙墓出土文物图案选[M].武汉:长江文艺出版社,1984.

[30] 湖北省博物馆.曾侯乙墓(上)[M].北京:文物出版社,1989.

[31] 王立华,邱东联.楚风汉韵:长沙市博物馆藏镜[M].北京:文物出版社,2010.

[32] 涂又光.涂又光文存[M].武汉:华中科技大学出版社,2010.

[33] 涂又光.楚国哲学史[M]//楚学文库丛书.武汉:湖北教育出版社,1995.

[34] 张正明:楚文化史[M].上海:上海人民出版社,1987.

[35] 刘克明.中国建筑图学文化源流[M]//高介华.中国建筑文化研究文库.武汉:湖北教育出版社,2006.

[36] 刘克明.中国工程图学史[M].武汉:华中科技大学出版社,2003.

第九章

楚国技术思想的科学成就及其现代意义

技术的发展最能体现人类文明进程中的智慧和科学技术发展的水平。科学技术的历史表明:科学是技术的升华,技术是科学的延伸;技术思想更能充分表现这个主题;思想的本质是精神活动,是曾经的物化生活的当下“反刍”。技术思想的意义在于对人类科学技术、精神智慧的反刍。春秋战国之际,楚国科学技术的发展,极大地推动了当时生产力的快速提高,促进了楚国综合国力的增强,直接影响到楚文化的各个层面。楚国科技成就体现出楚人积极进取、兼容并蓄、锐意创新、充满生命活力的文化精神。楚国的科学技术传统、科学理论、技术思想、科技思维是楚文化的精华。探索楚国技术思想形成及发展的历史,指陈得失,发掘古代技术创造与发明的智慧价值,就是要去追寻中国科学技术一度失落的灵魂,客观正确地认识楚国科学技术所具有的科学理性精神以及对人类社会进步所作的贡献。

思想是一切设计与制造的基础,也是科学技术的灵魂。老子的“朴散为器”“有无相资”“有无相生”之论、庄子的“道”“艺”之辨、墨子“为天下器”“强本节用”之说，可谓“各推所长，穷知究虑，以明其指”，“天下同归而殊途，一致而百虑”。楚国技术思想内容丰富精微。熠熠生辉的曾侯乙编钟，其制造集物理学、冶金学、机械学于一体，其设计融科学技术与艺术于一身，其制作汇“天工”与“人工”之巧，意匠之精一丝不苟；不仅展示了先秦青铜音乐之大概，更是楚国技术思想之绪余。

楚国技术思想体现了“人与自然的和谐”“天人合一”“道通为一”的境界，是科学性与创新性相统一的结晶。特别是楚国古代科学家所具有的人文素养，科学技术与艺术的结合，科学的理性精神与道德理想的融合，这些代表了楚国技术思想的科学成就及其历史价值。其理论技术思想系统大具，其实践科学成就辉煌；凡斯诸端，足以改变人们对一个文明与一个时代的看法，足以涤荡“中国古代没有科学”的奇谈怪论。以技术思想为代表的楚国学术成就，奏响了楚国科学技术及其文化最为华美的乐章。

—— 第一节 ——
楚国技术思想研究的发端

当代楚国技术思想的研究，盖发端于 20 世纪 70 年代后期随州曾侯乙墓的发掘，而盛于其出土文物的诠释、相关理论的研究与曾侯乙编钟复制的全过程。

1978 年 6 月，在随州曾侯乙墓发掘及出土文物的整理之中，当代中国的学者，识器辨名，检测评鉴，全面考察、研究先秦时期将相关双音原理何以铸之以物、付之于器、调之于钟、用之于乐的问题。这项多学科联合的研究工作，不仅拉开了曾侯乙墓出土编钟及其他相关文物名实考辨、性能研讨与原貌修复、诸多基础性研究工作的帷幕，同时，编钟复制的工作，掀起了楚国技术思想研究的热潮。①

多学科的科技工作者利用自然科学技术和相关测试手段，对曾侯乙

① 曾侯乙编钟复制研究组：《曾侯乙编钟复制研究中的科学技术工作》，《江汉考古》1981 年第 1 期，第 5-10 页。

编钟各部位在发声中的作用、各部位几何尺寸的对应关系以及尺度与基频的关系、编钟发声的振动模式等方面进行了深入实验与研究，揭示了中国先秦青铜编钟"一钟双音"所蕴藏的科技含量及其在科学史上的意义。更引人注目的是，冶金铸造工作者根据现代金属学理论、采用诸如现代高科技的各种检测设备，一窥前人堂奥，探知编钟冶金铸造、机械加工等诸多专业技术；在复制编钟过程中，在用硅橡胶翻模的方法研究方面，反复试验，冲寒冒暑，解决了编钟复制过程中的翻模困难。其复制工作，历时三载，始告成功。

复制编钟，其不但要求"形似"，而且必须"声似"。1983 年元月，在武汉召开的曾侯乙编钟复制鉴定会，是考古学、音乐学、古文字学乃至声学物理学、冶金铸造等多学科学者通力协作、共同攻关所取得成果的综合展示，是曾侯乙墓编钟及其他乐器名实考辨、性能研讨与原貌修复工作的阶段性总结。鉴定会文称：复制的编钟达到"形似"与"声似"。而当参加鉴定的科学工作者将复制的编钟与原钟进行对比时，大家惊奇地发现：曾侯乙编钟原钟铸造的表面纹饰、其细如发丝的效果，清晰可见，错金的铭文，在灯光的照耀下金光闪闪；原钟的声音，音色优美、清脆悦耳。回看复制之钟，在"形"与"声"上，尚未达到原钟的质量，这使每一位参加复制与鉴定的科技工作者，自愧弗如，对曾侯乙编钟肃然起敬。古有金声玉振之说，绝非虚言。可谓"鼎食钟鸣迹未销，形声相应似前朝"，是"似"前朝，而不是"胜"前朝。[①]

在曾侯乙编钟复制鉴定会上，王振铎先生（1911—1992 年）欣然挥笔，隶书"金声玉振""综观宏微"，其题字的情景如图 9.1、图 9.2 所示[②]。

一、楚国技术思想研究的里程碑

20 世纪 80 年代，曾侯乙编钟多学科协作攻关的复制研究及其试制工作，历时数载，是中国科学技术史与技术思想史研究中一项史无前例的重大课题。参与复制研究及其试制工程的中国当代科技工作者，尽量

---

① 1983 年 1 月，作者作为《铸造工程》杂志的责任编辑，参加了在武汉召开的曾侯乙编钟复制鉴定会，在考察复制的编钟与原钟之后，依唐人杜牧《赤壁》原韵，题七绝一首，诗曰："鼎食钟鸣迹未销，形声相宜似前朝。旋宫转调成新曲，不觉悠扬韵更娇。"（唐）杜牧《赤壁》原唱："折戟沉沙铁未销，自将磨洗认前朝。东风不与周郎便，铜雀春深锁二乔。"

② 由湖北省博物馆摄影师潘炳元先生摄制。

图 9.1　王振铎在曾侯乙编钟复制鉴定会上题词

（注：前排握笔题字者为王振铎，前排左一为武汉机械工艺研究所所长章木生、左三为刘克明；后排右三为《特种铸造及有色合金》杂志责任编辑汪伯延、右四为中国科学院武汉物理研究所研究员徐雪仙。）

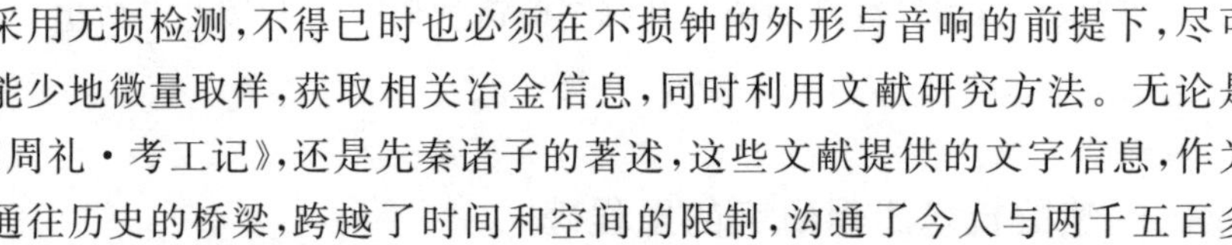

图 9.2　王振铎在曾侯乙编钟复制鉴定会上的题词："综观宏微"

采用无损检测，不得已时也必须在不损钟的外形与音响的前提下，尽可能少地微量取样，获取相关冶金信息，同时利用文献研究方法。无论是《周礼·考工记》，还是先秦诸子的著述，这些文献提供的文字信息，作为通往历史的桥梁，跨越了时间和空间的限制，沟通了今人与两千五百多年前的人的联系，使得今人可以继续研究前人的思想与成就，思考前人提出的问题，并进行一次相隔两千五百年的对话。曾侯乙编钟的复制研究及其复制工程，成为了楚国技术思想史研究的一个里程碑。

1983 年元月完成的曾侯乙编钟复制件①，如图 9.3 所示。

① 由湖北省博物馆摄影师潘炳元摄制。

图 9.3　20 世纪 80 年代复制的第一批曾侯乙编钟

二、楚国科学技术精神的揭示

公元前五世纪设计与制造的曾侯乙编钟，不仅遵循严格的冶金工程技术标准和音乐上预期单个编钟的音响，而且还要考虑每一编钟在整体演奏中的效果；同时，其设计与任何机械产品一样，还要考虑结构设计，个体与载体的连接，各自的强度与刚度等，而这些又要与礼器的造型（形）和音响（音）要求结合起来，成为一个完整的总体。这是编钟设计思想的奥妙与制造工程困难之所在。

曾侯乙编钟钟体发音部分的厚薄，对于钟的正鼓音和侧鼓音的基频有着重要影响。除冶铸热加工之外，对于不能满足音高、音响的编钟，是靠冷加工的剡磨来完成的。这些工程制造技术共同制约着编钟的音响效果，设计中必须考虑制造的每一个工艺过程与服务的目标结合，即要与演奏效果联系起来达到和谐一致的设计目的。这其中既有各设计思想、制造工艺、生产过程之间的统一，也有工程技术与艺术之间的统一，只有系统地把整体的详尽设计、制造工艺和生产过程统一起来才能达到编钟群的制作需求。

技术思想的基础是创造性、科学性、社会性的有机统一，曾侯乙编钟的设计体现了楚人的技术思维，古代工师将多种技术与多种学科的综合运用，将整体思维的系统设计思想成功地运用在编钟制造工程之中，追求“天和”与“人和”(《庄子・天道》)的目标。使编钟所及的物理学、声学、金属学、冶金学、机械学、铸造工艺学、乐律学等，相互渗透、相互制约、相辅相成；更重要的是，曾侯乙编钟的设计师们“不同同之”“不齐齐之”，完美地完成了中国科技史乃是技术思想史上空前绝后的科学技术与艺术相融合的伟大工程。曾侯乙编钟是古代工程技术与艺术相互融合的杰出典范，也是古代多学科联合设计制造的科学成果。

曾侯乙编钟的设计与制造，体现了中国科学技术的精神：它表明二千五百多年前，中国古代的科技工作者不仅有“筚路蓝缕，以启山林”的气概，栉风沐雨、薪火相传的技术传统，而且还有精益求精、一丝不苟的科学态度，以及“止于至善”的技术目标。参与编钟的设计师与工匠们，在极其艰难困苦的条件下，宏斯远谟，相互砥砺，“如切如磋、如琢如磨”，克服了今人无法想象的困难，用自己的智慧创造出被西方学者誉为“世界奇迹”的曾侯乙编钟，这使每一位参观、聆听曾侯乙编钟的人，都会给予古代编钟的设计者与制造者极其崇高的评价。曾侯乙编钟所熔铸的中国科学技术精神，垂型万世、道若江河，足以不朽。

—— 第二节 ——
曾侯乙编钟技术思想的探讨

技术思想是历史存在着的。任何时期、任何时代重大的技术工程，都离不开思想的孕育与指导；技术通过技术思想达到完善；技术的发展依赖于技术思想，没有技术思想，就不可能理解技术及其自身。曾侯乙编钟的制造，虽历经千载，确凿有着精深的设计思想、完备的生产程序、系统的技术路线；而由工具、方法、经验构成的技术体系，是需要长时间的知识积累，包括工程技术语言、设计思想与设计方法等诸多方面。

一、编钟的铸造工艺

铸造生产是用液态合金形成产品的方法，将液态合金注入造型中使之冷却、凝固。为了保证编钟音质纯正、和谐，不管钟体形制如何繁复多变，一般都采用泥范造型，合箱浇注的铸造工艺。甬钟、钮钟、镈钟三者相比，甬钟形制最复杂，对铸造技术的要求最高；钮钟最为简单；镈钟平口，兼采甬钟、钮钟的铸法。编钟铸造工艺中的合范示意图①，如图 9.4 所示。

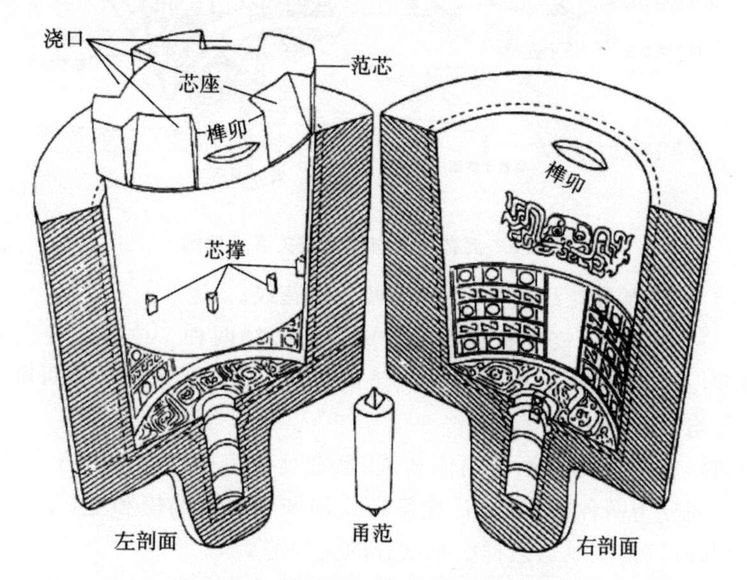

图 9.4　编钟铸造工艺中的合范示意图

兹以甬钟的造型为例，说明编钟的铸造工艺程序。

1)钟模造型，于钟模上划线并刻写铭文。

2)钟体各部分的纹饰分别使用分范和印模成形，甬芯和钟体芯子的造型。具体如以下程序：

(1)甬模、范：甬范是由多块模翻制的多块范，由旋部、甬体、干部组成一套甬范。甬部有圆柱体、六棱柱或八棱柱三种，圆柱体的甬是由 3 或 4 块范组成；六棱柱形的甬是由 7 块范组成；八棱柱形的甬是由 9 块范组成；加上旋部及干部之范块，则甬部范的总数要超过 10 块。若是钮钟

① 李京华：《东周编钟造型工艺研究》，《中原文物》1999 年第 2 期，第 112 页。

的钮范则是由左右两块范组成。泥范造型与组装模关系示意图[①],如图9.5所示。

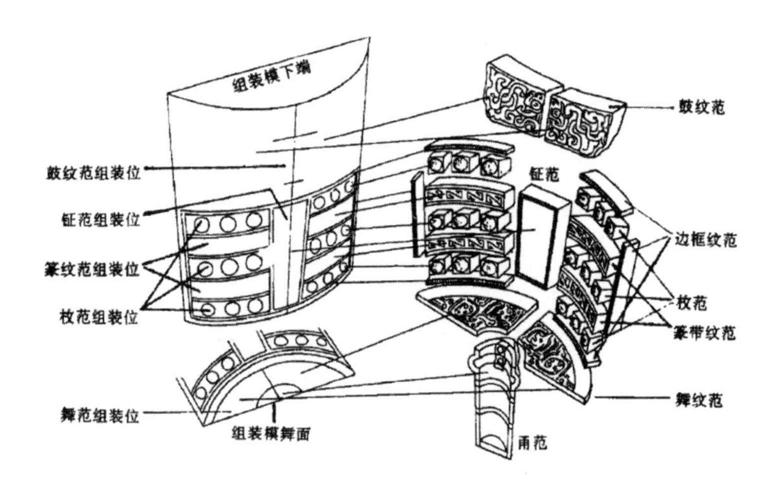

图9.5 泥范造型与组装模关系示意图

(2)钟体舞部花纹模与范:舞部两边的花纹。

(3)枚模与范:枚模有圆形边线或方形边线两种。枚范的种类和数量很多,一般情况下中小型枚是完整的个体,大型枚分为左右两块。枚范外形均为方锥体。

(4)4 篆带纹与边框纹的模和范:篆带纹和边框纹均是长方形,因钟大小不同分为两种形式,一是纯篆带纹和纯边框纹的模和范,用于铸造大中型钟;二是篆纹与边框纹相结合的模和范。

(5)鼓部纹模和范:鼓部花纹基本都是龙纹,从龙鼻的中心线分成左右两块,组装后成完整的龙形鼓纹。

(6)钲部模和范:钲部分为有铭文及素面的两种。凡是有铭文的钲部需制作出铭文的模具,再翻制成钮范;若为素面,则在组装枚、篆带纹及边框纹时用范泥(面料)填平钲部分,不需要单独制模、范。

3)制作组装模:在组装模上分别刻画出甬、舞纹、钲、枚、篆纹、鼓纹、钲段的纵横边框纹的轮廓线,为准确组装各部分的范块提供依据。

制作编钟模、范、芯的材料与传统泥范法所用材料相同,同样也有面料和背料之分。

4)钟范合箱:以上各范、芯制成后需干燥,具有一定的强度、受压不

① 李京华:《东周编钟造型工艺研究》,《中原文物》1999年第2期,第112页。

易变形时，安置于组装模上组成大块范，范及芯上都制作有定位用的范芯座、榫卯、浇冒口及芯撑，再将大块范及范芯套合组成编钟整体范，外面用草拌泥加固，阴干。

编钟的整体铸型是由140余块小块花纹泥范合箱而成，钟范合箱示意图[①]，如图9.6所示。

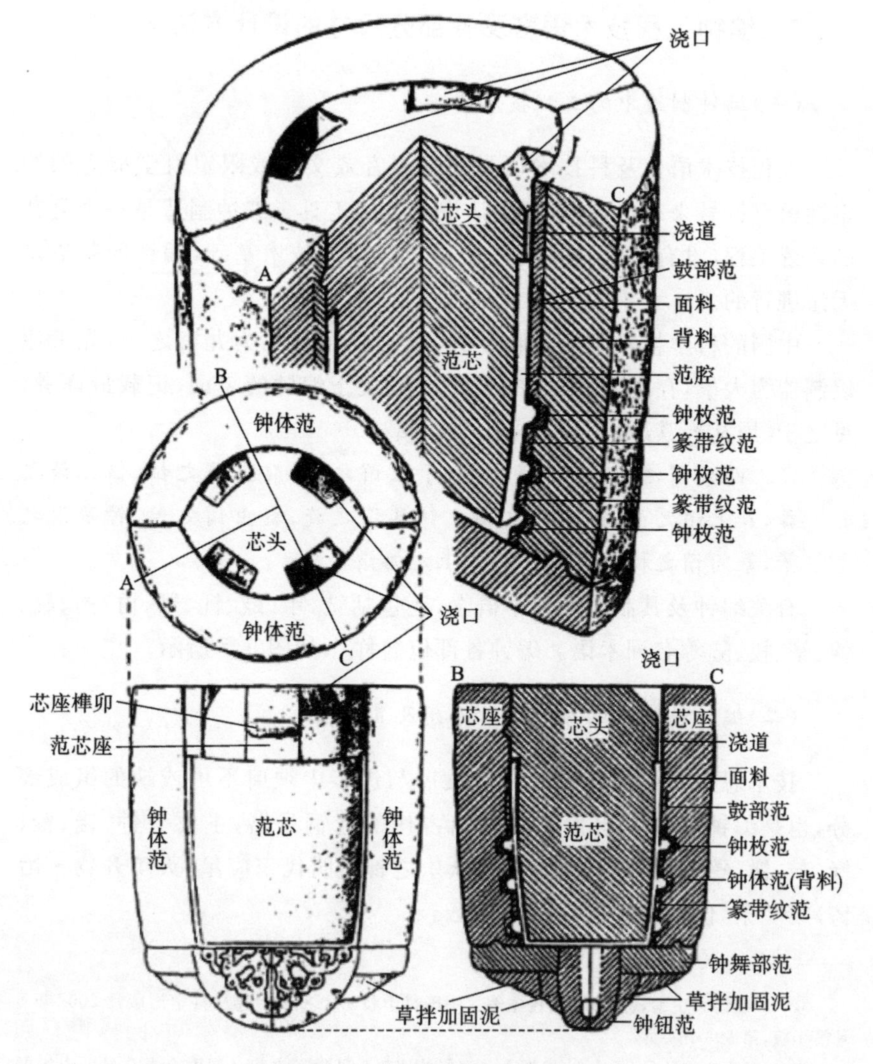

图9.6 钟范合箱示意图

① 李京华：东周编钟造型工艺研究，《中原文物》1999年第2期，第111页。

5)编钟泥范的烘烤、熔铜浇注、清理。编钟泥范进窑烘烤后,在空气中冷却。青铜合金的配比,按编钟材质的要求准备,熔炼、浇注,待铸件凝固后进行清理。其生产工艺按编钟的大小,选用不同的浇注方式,中小型编钟可以用手工浇包浇注,大型编钟应是采用槽注的方法。[①]

二、编钟工程技术语言及各部分尺寸的设计方法

(一)编钟制造中的工程技术语言

工程技术语言及科技术语是通过语音或文字或限定科学概念的约定性语言符号来表达,是思想和认识交流的工具。编钟制造是一个复杂的系统工程,没有工程技术语言及科技术语的技术基础,编钟的制造是无法进行的。

中国的科学技术传统,"百工为九经之一,其工为九官之一,先王原以制器为大事,存之尚稍见古制",[②]古代关于编钟的名词,记载最详者,见之于《周礼》,其《考工记》"凫氏为钟"载:

两栾谓之铣,铣间谓之于,于上谓之鼓,鼓上谓之钲,钲上谓之舞,舞上谓之甬,甬上谓之衡。钟县谓之旋,旋虫谓之斡,钟带谓之篆,篆间谓之枚,枚谓之景,于上之攠谓之隧。

有关编钟及其制作的基本概念,还包括铣、于、鼓、钲、舞、甬、衡、旋、斡、篆、枚、隧等名词术语。编钟各部位名称[③],如图 9.7 所示。

(二)编钟设计中的参数设计思想及其方法

技术思想与设计是科学技术发展与进步中须臾不可或缺的组成部分,也是编钟制造的出发点。中国古代的青铜乐器,主要有钟、铙、钲、铎、鼓、镦、鑺和铃等,其中铜钟为众乐之首。明代宋应星《天工开物·冶铸》"钟"条,俱阐古钟的功用,[④]其云:

---

① 卢嘉锡总主编,韩汝玢,柯俊主编:《中国科学技术史·矿冶卷》,科学出版社 2007 年 5 月第 1 版,第 698-704 页。

② 《四库全书总目》卷十九 经部十九,《周礼注疏》,见(清)永瑢:《四库全书总目》,中华书局 1965 年第 1 版,第 149 页。

③ 湖北省博物馆、美国圣迭各加州大学、湖北省对外文化交流协会:《曾侯乙编钟研究》,湖北人民出版社 1992 年 11 月出第 1 版。

④ (明)宋应星:《天工开物·冶铸》"钟"条。

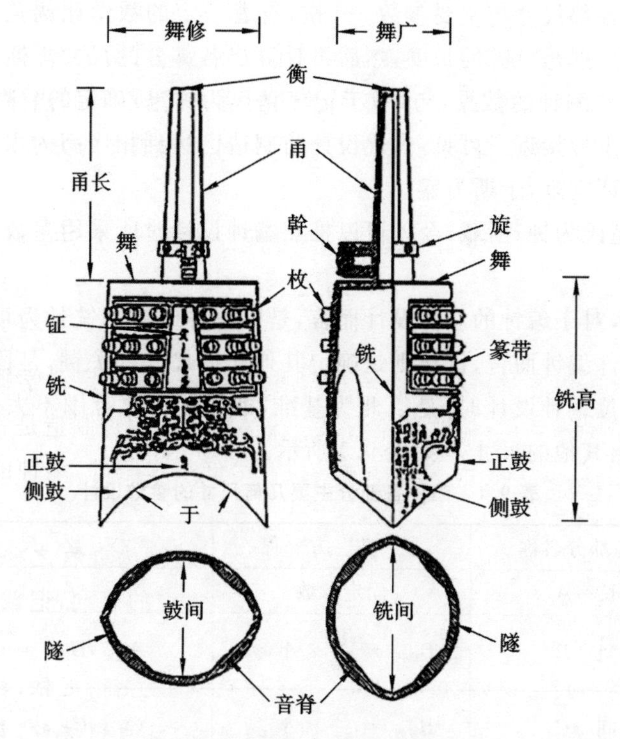

图 9.7　编钟各部位名称图

凡钟为金乐之首，其声一宣，大者闻十里，小者亦及里之余。故君视朝、官出署，必用以集众；而乡饮酒礼，必用以和歌；梵宫仙殿，必用以明揖谒者之诚，幽起鬼神之敬。

迄今考古发现的先秦青铜编钟，超逾百批，数已千件。分布在广大的中原、江南地区。型式、组与件不明者，阙疑尚多。这些古代铜钟的发现，为研究古代冶铸工艺及其设计思想和方法，提供了十分重要的实物资料。

若以甬钟的设计为例，《周礼·考工记》中，明确地记载了先秦甬钟的各部分尺寸、对应关系及其设计的思想与方法。《考工记·凫氏为钟》云：

十分其铣，其二以为钲，以其钲为之铣间，去二分以为之鼓间；对其鼓间为之舞甬，去二分以为舞广。以其钲之长为甬长，以其甬长为围。三分其围，去一以为衡围。三分其甬长，二在上，一在下，以设其旋。

《凫氏为钟》是一篇用参数方法进行设计的典范文章，其论精邃。它采用钟的各部尺寸与主要参数——铣，有着一定的数学比例关系。其初始尺寸的依据是“铣”的长度，然后再计算出各部分的尺寸。据有关研究实测曾侯乙编钟的数据，与《考工记・凫氏为钟》所确定的数据相比，其尺寸关系十分接近。可见，古代设计与制造已达到相当高的水平。曾侯乙编钟足证文献，于斯为盛。

由《凫氏为钟》所载，今人可以推测编钟设计时所采用参数设计的基本方法。

其一，对于编钟的总体设计而言，是以每件编钟的铣长为可变参数，而对于单件编钟而言，铣长则是确定其他几何尺寸的关键，是固定参数，在进行单位编钟设计时，是以此为基准，即可按变化范围不大的比例数值，推算出其他的尺寸，[①]如表 9.1 所示。

表 9.1 编钟各部分主要几何尺寸的参数设计

编钟各部分名称	参 数 方 程	参 数 尺 寸
铣长 $=A$	固定参数	$A_{铣长}$
铣间 $=B$	$B_{铣间}=\frac{8}{10}\times A_{铣长}$	$A_{铣间}, B_{铣间}=C_{钲间}$
钲间 $=C$	$B_{钲间}=\frac{8}{10}\times A_{铣长}$	$C_{钲间}, C_{钲间}=B_{铣间}$
鼓间 $=D$	$D_{鼓间}=\frac{6}{10}\times A_{铣长}$	$D_{鼓间}, D_{鼓间}=E_{舞修}$
舞修 $=E$	$E_{舞修}=\frac{6}{10}\times A_{铣长}$	$E_{舞修}, E_{舞修}=D_{鼓间}$
舞广 $=F$	$F_{舞广}=\frac{4}{10}\times A_{铣长}$	$F_{舞广}$

注：编钟主要的几何尺寸，钲长＝甬长。

其二，就一组编钟而言，它的音阶是按一定调式排列的，对曾侯乙编钟乐律学的研究表明，基音频率的变化也有着一定的递增规律，因此，与这相应的钟体铣长也具有明显的规律性。有关研究的数据统计显示，在隧部厚度基本相同的情况下，同一组编钟相邻两种的音频存在下列关系：[②]

---

① 刘克明：《中国技术思想研究：古代机械设计与方法》，“儒道释博士论文丛书”，巴蜀书社 2004 年 11 月第 1 版，第 154-187 页。

② 林瑞：《对曾侯乙墓编钟的结构探讨》，《江汉考古》1981 年第 1 期，第 31-41 页。

$$f_n \cdot L_n^a \doteq f_{n\pm1} \cdot L_{n\pm1}^a$$

式中：

f：钟的第一基音频率(Hz)；

L：钟的铣长；

a：指数，一般为1.6～2.2；

n：钟序号。

一门科学技术从定性的描述进入到定量的分析和计算，是这门学科达到比较成熟阶段的重要标志，而科学技术的这一进步与数理方法的应用是分不开的。大量的历史文献和与之印证的出土文物，表明中国很早就开始应用数理设计的思想和方法，并实施于冶金、机械工程的制造之中。以《周礼·考工记》中的有关记载为例，不仅讨论了古代冶金、机械制造中数理设计方法的应用，详论了先秦车辆制造中，车辆的参数设计方法，车厢的参数设计方法和车辀的参数设计方法；而且还分析了古钟设计中的参数设计思想及其方法。这些研究表明，《周礼·考工记》所运用的参数设计方法具有重要的科学史价值，它揭示了中国的冶金、机械设计师们利用这种思想至迟在春秋末期已是明确而完备的。

三、楚国哲学思想的体现

无论楚系器物抑或曾侯乙编钟，都是科学技术与艺术的融合，都是各门专业技术成功组合创造的结果，都是人工巧夺天工的产物，都是人类智慧的结晶。楚国技术思想，精臻于斯，也是《老子》所谓“相生”“相成”“相形”“相盈”“相和”“相随”、[①]《庄子》所称“不同同之”“不齐齐之”思想的具体体现。[②]

任何新技术都是以前技术的组合，而且现存技术的存量一定在某种程度上提供了新组合所需的部分。庄子总结的“不同同之”“不齐齐之”思想，别开楚器之生面，这就叫创造性的发展，其如今天所说的组合型创新思想，即它并不在于技术原理的突破，而是利用已有的成熟技术或者已经存在的产品，通过适当组合而形成新的创造。组合型创新思想，是科学技术创新的重要途径。

---

① (魏)王弼：《老子注》，载《诸子集成(第三册)》，中华书局1954年12月第1版，第1-2页。

② (清)王先谦：《庄子集解》，中华书局1954年12月第1版，第70页。

庄子认为，百家众技，“皆有所长，时有所用”。如何达到“不同同之”“不齐齐之”的目标，庄子及其学派提出了“和”（即“天和”与“人和”）的哲学命题，意谓遵循自然规律之乐，与人群相和谐，“以礼为行，以乐为和”。《庄子·天道》云：

夫明白于天地之德者，此之谓大本大宗，与天和者也。所以均调天下，与人和者也。与人和者，谓之人乐；与天和者，谓之天乐。

庄子之意在于：明白天地之德、不违背自然之道、与大自然保持和谐——“天和”，就会得到“天乐”；用平等的态度对待人、顺应民心办事、自然会得到老百姓的拥护——“人和”，就会得到“人乐”。

毋庸置疑，“和”是中国文化最为宝贵的精神财富。“和”的哲学不仅是中国文化的精髓、中国文化生命最完善的体现形式；同时，也相当准确地、明白地表达了古代科学思想、技术思想及其设计方法的本质。这在古代大量涉及工程技术典籍中，得到了较多地体现和论证。古代的设计师们就是以达到以“和”为最完美的目标。

《庄子》一书，“和”字共出现53次，反映当时社会的各种文化、哲学思想对“和”的认识。在《缮性第十六》中强调：“夫德，和也；道，理也。”《山木第二十》：“交通成和，而物生焉”。《天下第三十三》中亦及：“古之人其备乎！配神明，醇天地，育万物，和天下，泽及百姓，明于本数，系于末度，六通四辟，小大精粗，其运无乎不在。”“同焉者和，得焉者失”，《庄子集解》宣云：“同物则和，自得则失。”

庄子及其学派的“天和”与“人和”思想影响甚远，《庄子·在宥》：“我守其一，以处其和。”《礼记·中庸》开篇“中也者，天下之大本也。和也者，天下之达道也。致中和，天地位焉，万物育焉。”其思想与庄子是一致的。[①]

四、编钟设计所体现的“天和”与“人和”思想与方法

曾侯乙编钟群是用于演奏的乐钟，它的创制代表了古代工程技术设计中“天和”与“人和”思想运用的重要成果。中和思想与中和思维模式是中国古代工程技术设计思想的主导精神所在。工程设计是一门涵括学科甚多，且牵涉面很广的创造性思维活动，它的基础包括一系列学科

① （汉）郑玄注，（唐）孔颖达疏：《礼记正义》“中庸”，见（清）阮元校刻：《十三经注疏》，中华书局1980年10月第1版，第1625页。

和众多工程技术、工艺，这些学科与工程技术、工艺之间相互有机联系又相互制约为一个有序的整体，在机械制造中，其内部某一局部的变化都可能涉及全局，造成长期的影响。恰如庄子在《庚桑楚》所云“唯同乎天和者为然”，它要求设计者必须具有以整体思维为特征的思维方式与“交通成和，而物生焉”思想。

“以礼为行，以乐为和。”中国古代技术设计中“天和”与“人和”思想应用的实例很多，先秦乐钟的设计与制造就是这种思想和思维方式的成功范例。古之乐钟之所以是应用“中和”思想和思维方式的结果，是因为各种制造技术和生产工艺，不论其难度如何，其目的都必须服从于钟的音准与音调这个“和”的目标。制造过程中各道工序，无论设计尺寸、冶炼、铸造，还是冷加工、热处理，它们之间既是相互联系、又是相互制约的，设计者必须具有将制造过程的各道工序有效地组织成为一个有序的整体，并严格按照要求施工，这样，才能完成设计的目标，不然，“毁钟更铸”。古人论此，可见于吕不韦《吕氏春秋・仲冬纪》，其“长见”篇载有：

> 晋平公铸为大钟，使工听之，皆以为调矣。师旷曰：“不调，请更铸之。”平公曰：“工皆以为调矣。”师旷曰：“后世有知音者，将知钟之不调也，臣窃为君耻之。”至于师涓，而果知钟之不调也。是师旷欲善调钟，以为后世之知音者也。①

“不调”，即是不“和”，类似“毁钟更铸”的记载，亦见之于刘安所著《淮南子・修务训》。②

“调”，据东汉许慎《说文解字》：“调，和也。”③《吕氏春秋》中所载师旷与晋平公的争论，集中反映了中国古代乐钟设计过程中，是以音准和音调为出发点，制造过程所涉及的机械工程技术诸方面的工艺都是为乐钟的音调和音准服务的。若“失调”“不调”，即不“和”，则毁钟“更铸”无疑。师旷与晋平公不同，就在于他不仅仅从制造技术上，诸如形状尺寸要达到设计要求；更重要的是要严格根据实际审听的准确度来衡量设计制造是否成功。这说明古代乐器的制造何等的严格，设计师不仅要完成制作过程，更重要的是要保证钟的音准与音调符合要求。没有“中和”与整体

---

① 《吕氏春秋・仲冬纪》，见（秦）吕不韦等编纂，高诱注：《吕氏春秋》，载《诸子集成（第六册）》，中华书局 1954 年 12 月第 1 版，第 112 页。

② 《淮南子・修务训》，见（西汉）刘安等著，高诱注：《淮南子》，载《诸子集成（第七册）》，中华书局 1954 年 12 月第 1 版，第 344 页。

③ （汉）许慎撰，（清）段玉裁注：《说文解字注》，中华书局 1988 年 2 月第 1 版，第 93 页。

的设计思想与方法，是不可能完成这样复杂而严格的制造过程的。

（一）各种制造技术和加工技术在编钟制造中的应用

编钟的设计与制造，其过程是一项极其复杂的系统工程。其难度之大，涉及的学科之广，可谓先秦工程技术之最，其所以如此，恰如前叙，是因为编钟的设计与制造是以声学效果为目标。编钟作为先秦时期的打击乐器，关键在于音准调律，其设计所涉及的许多复杂而有紧密联系的相关学科，涵括科学技术、艺术诸多方面，这些方方面面都是为其声学效果服务的，设计中必须考虑制造的每一工艺过程与整体目标结合，即要与演奏效果联系起来达到和谐一致的设计目的。这其中有各种生产工艺、制造过程之间的联系和统一，也有科学技术与工艺之间的联系和统一，没有和合思想和整体的把握，就很难达到预期的效果。

同时，曾侯乙编钟群的制作反映了先秦时期完备的机械工程技术语言，其设计所涉及的技术包括图学、冶金学、金属学（金属热处理、金属切削）诸多方面。

曾侯乙编钟的设计与制作，不仅遵循了严格的设计标准和形制，设计中预期单个编钟的音响，而且还考虑到每一编钟在整体演奏中的效果，即必须符合整套编组乐钟中应发出的乐音。各种技术之间的协调一致，毋庸置疑，需要"与时俱化""以和为量"的思想与方法的指导；铸造技术中的造型工艺，作用于钟的形体制造和几何形状。《考工记》中的"钟鼎之齐"作用于钟的合金元素、比例和重量。金属热处理工艺学又作用于钟的金相组织及其分布。《考工记》中的"凫氏为钟"，又作用于钟的外廓形状和各部分尺寸。钟体发音部分的厚薄对于钟的正鼓音与侧鼓音的基音频率有重要影响，这又是靠机械冷加工的"剡"磨来完成的。《考工记》有："薄厚之所震动，清浊之所由出。……钟已厚则石，已薄则播。"[①]《周礼》记载表明：当时人们利用磨砺改变钟壁的厚度比例，有效地改变了编钟的音频率。

各种专业制造技术，"不同同之""不齐齐之"，共同实现编钟的音响效果。古代乐钟制造所涉及的工程技术，如表 9.2 所示。

---

① (清)孙诒让：《周礼正义》，中华书局 1987 年 12 月第 1 版，第 3101-3204 页。

表 9.2 古代乐器制造所涉及的工程技术

机械工程技术	工艺过程
工程制图技术	工程几何作图、图样清绘
铸造技术	造型材料、造型工艺、合箱、浇注
冶金技术	选矿、冶金熔炼、浇注
金属焊接技术	铸焊、低熔点铅锡合金焊接、组装焊接
金属热处理技术	退火、回火、淬火
金属机械冷加工	磨、剡

(二)双音编钟的设计及其主要措施

曾侯乙编钟,音律完备,音域宽达五个半八度,仅比现行大型钢琴少左、右各一个八度。在中间通用的三个八度范围内,十二个半音齐备,可以旋宫转调,全套编钟的每个钟都能发出两个成大、小、三度音程的乐音,能演奏各种乐曲。[①]

1978 年以来,当代科技工作者对曾侯乙编钟研究及其复制表明,以曾侯乙编钟为代表的古代乐钟的制造设计与调律技术经验,仍然是现代铸造技术追求的目标。

时至今日,学者们仍在思考编钟的振动和发声的规律,仍在研究一个钟能准确发出两个乐音,即一钟双音的原因,仍在探讨保证其理想的音色应如何选择合适的合金成分云云。而古代的编钟设计师们,又是如何解决这些难题的呢?又是如何进行编钟的整体设计和编钟的结构与声学特性的研究的呢?

《考工记》作为《周礼》留下的科学技术与工程制造方面的历史文献,记载了先秦科学技术的信息资料:如“攻金之工”中的“金有六齐”,保存了乐钟铸造技术中最为核心的部分,即金属材料及其成分配方,它表明了古代编钟的设计者们,致知格物,欲造精微,对金属材料性能及其成分的选择已有较为深刻的认识。现代科技手段研究结果表明:“六分其金,而锡居其一,谓之钟鼎之齐”这一理论,是在大量科学技术实验基础上反复实践的结果,具有高度的科学性与实用性,符合锡青铜金属打击乐器

① 王玉柱,等:《曾侯乙编钟的结构和声学特性》,《自然科学年鉴(1984)》,上海翻译出版公司 1987 年 5 月第 1 版,第 61-68 页。

的综合机械性能的技术特性。

编钟的材料是影响编钟发音的重要因素之一。对成分的选择,先秦时期已有较为深刻的认识。《周礼·考工记》上说“金有六齐,六分其金,而锡居一,谓之钟鼎之齐。”当代冶铸史研究表明,这一理论总结具有高度的科学性,符合打击乐器的综合技术特性。不过,对这段文字历来有不同理解,一说含锡量为16.6%,即六分之一,一说含锡量为14.3%,即七分之一。根据对编钟的多个抽样,证明第二种说法更具有合理性。曾侯乙编钟的含锡量基本上在13%至14.6%之间波动。曾侯乙编钟有代表性的部分甬钟、钮钟化学定量分析结果[①],如表9.3所示。

表9.3 曾侯乙编钟化学定量分析(抽样)

编号	钟类	分析结果(%)				备注
		Cu 铜	Sn 锡	Pb 铅	Zn 锌	
下.1.2	甬钟	75.08	13.76	1.31	<0.01	下层一组第二钟
下.2.2	甬钟	73.66	12.79	1.29	0.01	下层二组第二钟
中.3.5	甬钟	78.25	14.60	1.77	<0.01	中层二组第五钟
上.3.5	钮钟	77.54	14.46	3.19	0.02	上层三组第六钟

分析结果表明,主要合金元素为铜、锡、铅,其他元素含量甚微,属杂质之列。编钟的金相组织,属典型的锡铅青铜范围。即基体为固溶体+晶界处的(α+δ)共析体+少量的铅独立相+少量夹杂物。此外,在某些部位尚可见少许缩松和气孔等缺陷。

曾侯乙编钟2号甬钟金相组织(×400)与纽钟金相组织(×400)[②],如图9.8、图9.9所示。

铸造铜锡合金的机械性能与锡含量的关系[③],如图9.10所示。

曾侯乙编钟的金相组织是由α固熔体、(α+δ)共析体、铅、少量夹杂物组成,属于典型的锡青铜铸态组织。固熔体α一般为铸态组织的树枝状晶,也有非铸态组织的等轴状晶。对组织为α固熔体等轴状晶的样品作X射线面扫描,表明锡的分布较为均匀,推测当时有可能已采取预热

① 贾云福等:《曾侯乙编钟化学成分及金相组织分析》,见湖北省博物馆:《曾侯乙墓(上)》,文物出版社1989年7月第1版,第618页。

② 叶学贤、贾云福、周孙录、吴厚品:《化学成分、组织、热处理对编钟声学特性的影响》,《江汉考古》1981年第1期,第31-41页。

③ 陆景贤:《金属学》,机械工业出版社1990年5月第1版,第217页。

铸型、延时脱范，利用铸型和金属余热进行均匀退火来改善金属组织，以减少残余应力，保持音频的稳定。

图 9.8 曾侯乙编钟 2 号甬钟金相组织（×400）

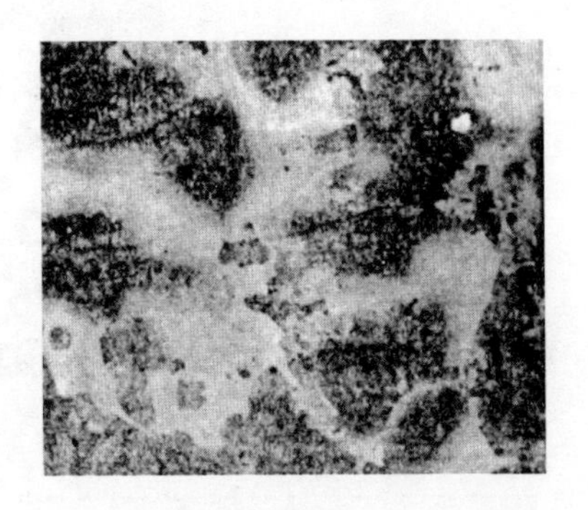

图 9.9 曾侯乙编钟纽钟金相组织（×400）

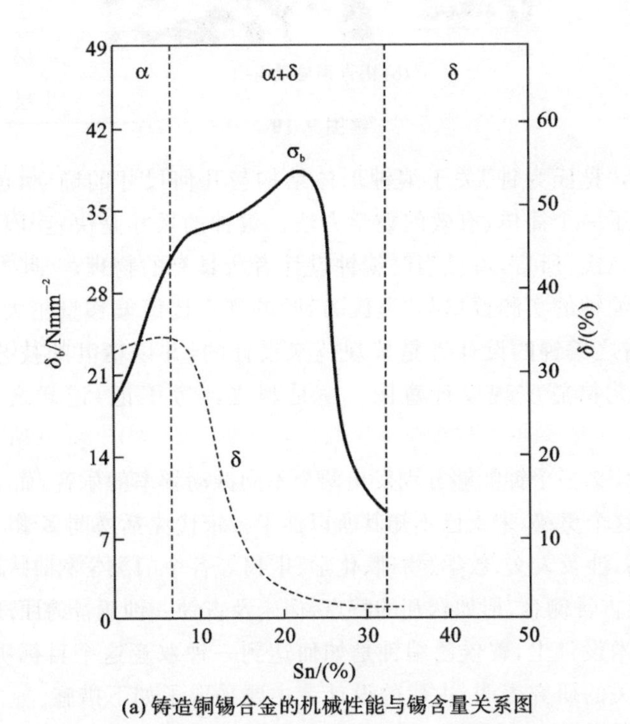

(a) 铸造铜锡合金的机械性能与锡含量关系图

图 9.10 铸造铜锡合金的机械性能与锡含量的关系及锡青铜显微组织

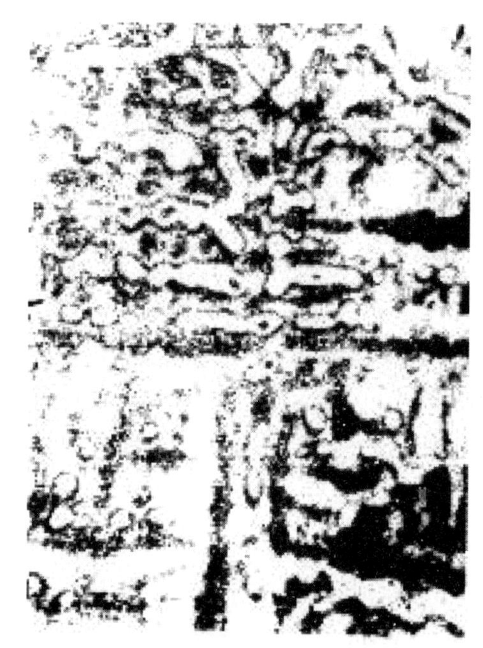

(b) 锡青铜显微组织

续图 9.10

同时,“凫氏为钟”关于编钟形体结构与几何尺寸的确立,也为设计者们提供了一个简单、有效的数学方法。编钟的尺寸是决定其音响的重要条件,“凫氏”所言,可见当时编钟设计者所具有的物理声学方面素养。尽管出土编钟的实测数据与“凫氏为钟”的规定比值偏移量稍大,但从整体来看,古之编钟的设计者是按规范来设计的,并以精湛的技艺和相当精确的工艺措施实现设计意图。由是观之,《考工记》记载之详,难能可贵。

但为什么一个钟能够分别发出两个不同振动频率的乐音,而又互相不干扰呢?这个奥秘,宋人已不知其所以然了。宋代沈括博闻多学,其《梦溪笔谈》一书,涉及天文、数学、物理、化学、生物等各个门类学科,中有乐律一门,虽论及古钟侧悬,形如合瓦的特点,但未及古钟一钟双音的原理。

从技术设计上,曾侯乙编钟是如何达到一钟双音这个目标呢?多学科协作攻关的研究表明,古代的设计者主要采取了如下措施。

1. 双音钟的几何形状设计

编钟发声的最重要因素应当是它的结构设计。编钟的“合瓦形”结构即形体的几何形状不仅提供了双音形成的条件和独特的音色,而且提供了音高的可调性。编钟的“合瓦形”结构[1]，如图 9.11 所示。

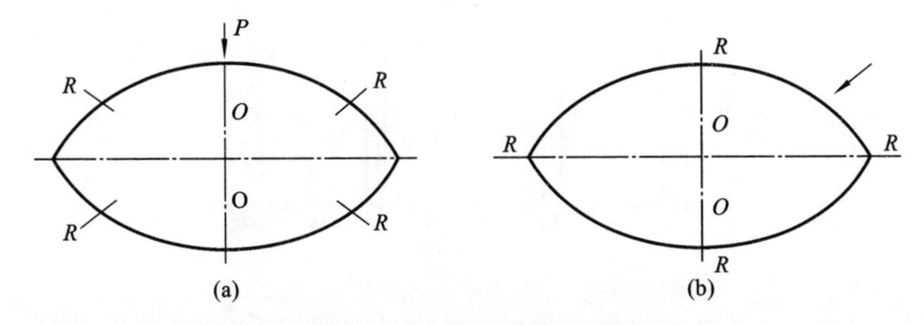

图 9.11 编钟的“合瓦形”结构

编钟的“合瓦形”钟体与圆钟不同，它具有敲击时衰减快的效应，并且提供了与钟口长短轴成正反对称的基音频率振动模式。由对编钟稳态共振时钟口形变的研究可知，编钟的“正鼓部”——钟口正中敲击点，恰好在设计“侧鼓音”的“节线”上，反之，“侧鼓部”，即钟口旁边的敲击点，设计在“正鼓音”的节线上。因此，正鼓发音是以左右两边侧鼓部上的两条节线为“支撑”，而发生板振动的；侧鼓发音却又反过来正中位置与“铣边”即合瓦形两边瓦的结合部所形成的边楞部位，两外节线为“支撑”而发生左、右侧鼓的板振动的。节线的位置之变动，恰好交互为用，抑制了不该振动的位置，分清了“双音”不同的音高。

通过对模型编钟振动方式、共振频率和声频谱的测量来分析编钟的声学特性，证实了编钟是发两个基音乐音的乐器，阐明了决定敲钟位置和古人调音方法的声学原理。模型编钟的频谱实测图，[2]如图 9.12 所示。

图 9.12 模型钟在钟的正面中央下部及侧面敲时的声频谱，图中用箭头表示敲钟的位置。这两个频谱表明了在敲钟不同部位时频谱的差别，特别是基音上的差别，从而说明了同一编钟是可以发出两个音高的基音的。从频谱上也可看出敲钟不同位置时各分音的不同，这说明发声的音色也是不同的。编钟声的频谱与敲钟的位置有很大关系。

图 9.13 给出模型钟的声频谱。其钟比图 9.12 所示要小，但钟壁较薄，所以钟的基音频率反而较图 9.12 的低。图 9.13 模型钟比较容易激发出频率较高的分音。

---

① 林瑞：《对曾侯乙墓编钟的结构探讨》，《江汉考古》1981 年第 1 期，第 31-41 页。

② 陈通、郑大瑞：《古编钟的声学特性》，《声学学报》1980 年 8 月第 3 期，第 161-171 页。

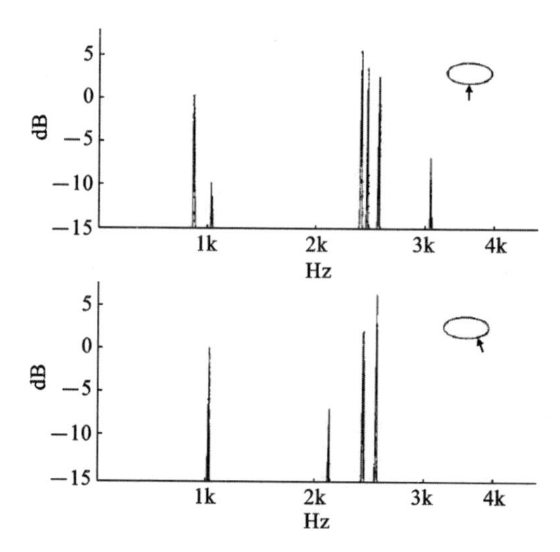

图 9.12　模型钟的短时声频谱,箭头表示敲钟的位置(1)

(上为正鼓音,下为侧鼓音)

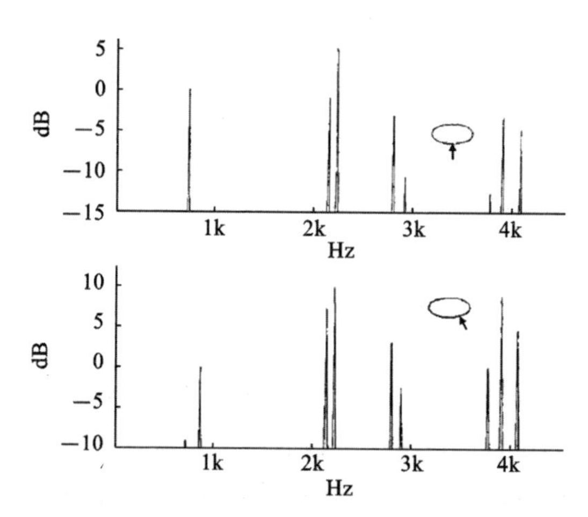

图 9.13　模型钟的短时声频谱,箭头表示敲钟的位置(2)

(上为正鼓音,下为侧鼓音)

从实验得到的结果来看,对于图 9.13 所示模型钟,敲钟的不同位置虽然可以使两个基音分开,但往往其他分音的频谱相差不大,而所激发的分音频谱有较为明显的差别。模型编钟的短时声频谱,如图 9.14 所示。

编钟上存在两组振动方式。这样,编钟就可成为能"一钟双音",即一个钟能够发出两个基音频率声的双音乐器。从出土的编钟来看,编钟

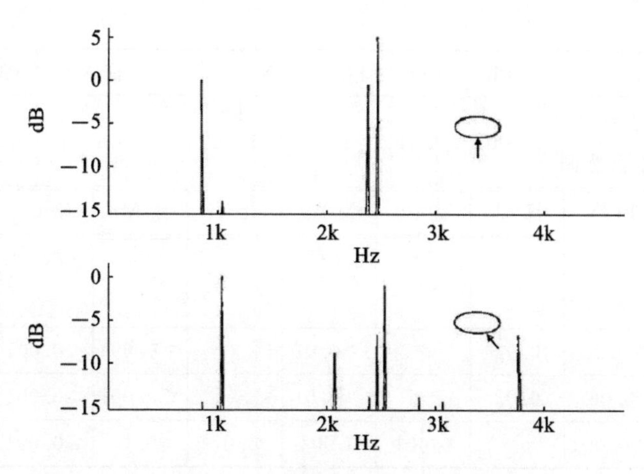

图 9.14 模型钟的短时声频谱，箭头表示敲钟的位置(3)

(上为正鼓音，下为侧鼓音)

两基音频率是经过调整的，而且调整的方法很合乎科学原理，这说明两千多年前工师的智慧是惊人的。古之工师的调音方法是磨编钟内表面的下边缘附近。为了调整两个基音频率而又使在调整时互相间的影响最小，磨边的位置是在节线上，而古人也正是这样做的。因为一组节线的位置就是周向节线数相同的另一组振动方式振动最大的地方，所以，在这一基音振动的节线上磨边时对该基音频率影响最小而对另一基音频率影响最大。

2. 双音钟金属化学成分铅(Pb)的含量设计

编钟的金属材料成分是影响编钟声学特性的主要因素之一。对曾侯乙编钟的理化检验表明，编钟的材料是锡青铜，并加有少量的铅(Pb)。

这些铅(Pb)是原生矿带入，还是古之编钟的设计者有意加入？最初成为编钟化学成分研究颇感兴趣的话题。对铜绿山古铜矿坑出土的孔雀石上的共生自然铜、铅含量的光谱分析表明，铅(Pb)＜0.001%，如表9.4所示。

表 9.4 编钟成分的光谱分析 单位：%

项目	铅 Pb	锌 Zn	铜 Cu	钠 Na	铝 Al	镁 Mg	硼 B	铁 Fe
曾侯乙甬钟	0.5	＜0.01	＞10	＜0.1	0.1-1	0.1	＜0.01	＜0.1
李氏梁 1 号钮钟	0.5	0.03	＞10	＜0.1	0.03	0.01-0.1	＜0.01	0.5
李氏梁 2 号钮钟	0.5	≤0.01	＞10	＜0.1	0.1-1	0.1	＜0.01	1.2

续表

项目	铅 Pb	锌 Zn	铜 Cu	钠 Na	铝 Al	镁 Mg	硼 B	铁 Fe
铜绿山古铜矿坑出土的共生自然铜	<0.001	≤0.01	>10	≤0.1	0.1～1	0.1～1	0.015	0.8

砷 As	Bi 铬	锑 Sb	锡 Sn	银 Ag	钛 Ti	锰 Mn	铬 Cr	镍 Ni
0.4	0.015	0.3	10	0.01～0.1	0.005	0.05	<0.001	0.1
0.3	0.2	0.02	>1	≥0.01	/	≤0.001	<0.001	0.01
0.15	0.06	0.02	>1	≥0.01	/	≤0.001	<0.001	0.012
<0.03	<0.001	/	0.001	0.002	0.07	0.1	≤0.001	<0.001

注：镓(Ga)、钼(Mo)、钴(Co)、钒(V)及铍(Be)含量都小于0.001%，未列出。

金属元素含量在小于十万分之一，其作用在理论上是可以忽略不计的。编钟的铅含量，有的高达2.88%，远远大于铜绿山古铜矿坑出土的孔雀石上的共生自然铜中铅含量(<0.001%)，其他元素，亦可认为是作为杂质由原料带入。

曾侯乙编钟铅(Pb)的含量在0.6%～2.88%之间[①]，说明铅(Pb)的含量是人为加入的。化学成分对编钟声学特性影响的研究及其实验结果表明，铅(Pb)对钟的基音频率影响很小，当锡量大致不变时，不同含铅量的试钟其钟声频谱曲线基本一致，出现三个共振峰。在基音第三分音和第五分音处，随铅量变化，各分音声级变化也不大，当铅(Pb)的含量达2.88%时，第一分音(基音)的声级有减弱的倾向，这表明铅对试钟的音色影响很小，当铅含量过高，音色可能有变差的趋势。铅对编钟声学性能的影响，[②]如图9.15所示。

作为演奏乐器的编钟，一钟双音，钟声的衰减特性很重要，要求达到“戛然而止”的效果，钟声衰减太慢，在演奏时势必互相干扰，影响演奏效果。不同含铅量时钟声衰减有显著的作用，不含铅的试钟，钟声衰减缓慢，加铅的试钟，钟声衰减快，按现代金属学理论分析，铅(Pb)以独立相分布晶内，割断了α基体，对声音的传递起了阻尼的作用。

---

① 叶学贤、贾云福、周孙录、吴厚品：《化学成分、组织、热处理对编钟声学特性的影响》，《江汉考古》1981年第1期，第26-36页。

② 吴厚品、周孙录、叶学贤：《用现代熔模铸造工艺复制曾侯乙编钟》，《江汉考古》1981年1期，第41-46页。

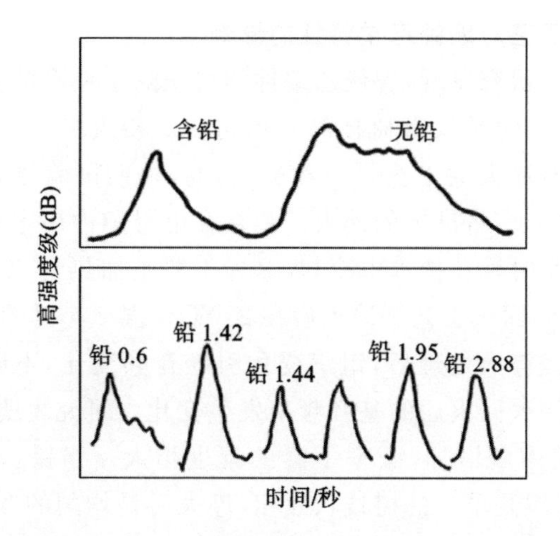

图 9.15 模拟实验铅元素对编钟声学性能的影响

毫无疑问，增加编钟化学成分中的一定含量的铅(Pb)，是古代编钟设计者为了使钟声衰减加快而有意加入的。增加编钟化学成分铅(Pb)含量，并控制在 1.42%～2.88%的范围，这一技术措施需要以长期的科学研究乃至大量的冶金生产实践为代价，并以成熟的音乐理论作支撑才能完成。研究表明，随含铅量增加，编钟衰减有加快的趋势，其含量在 1.42%～2.8%的范围内，差别不大。曾侯乙编钟的设计者将铅(Pb)含量确定在 1.2%～2.8%之间是适宜的，既能保证钟声衰减较快以适应演奏的要求，又不导致音色变坏。

“天和”与“人和”思想与方法不仅是楚文化的最高原则，也是楚国古代技术及其设计思想的最高原则。无论是《周礼・考工记》中的“巧者和之”“注则利准，利准则久，和则安”，还是《老子・第二章》：“故有无相生，难易相成，长短相较，高下相倾，音声相和，前后相随。”，《庄子・天下》：“同焉者和，得焉者失。”《庄子集解》宣云：“同物则和，自得则失。”“乐以道和。”[①]乃至《天工开物》中“生熟相和，炼成则钢”的记载，都反映了中国古代技术所追求的“天和”与“人和”的目标。“以礼为行，以乐为和”，《礼记・礼器》亦云“礼交动乎上，乐交动乎下，和之至也”。[②] 曾侯乙编钟制作所表现的礼乐精神，正是表达“和”思想的最为成功的典范。

---

① 《庄子・天下》，见(清)王先谦：《庄子集解》，中华书局 1954 年 12 月第 1 版，第 216 页，第 221 页。

② (汉)郑玄注；(唐)孔颖达疏，《礼记正义》“礼器”，见(清)阮元校刻：《十三经注疏》，中华书局 1980 年 10 月第 1 版，第 1441 页。

3. 热处理工艺对编钟声学特性的影响

叶学贤等人研究发现，曾侯乙编钟的组织除了典型的铸态锡青铜组织外，还发现有的钟是没有树枝晶的均匀的 α 相组织，这与中国传统的铸钟业中保留有淬火的工艺是一致的，为此，他们试验热处理方法对编钟声学特性的影响，将试钟的淬火工艺是在电阻炉内用木炭保护加热到700°C，保温 3 小时后在盐水中冷却，退火工艺是加热到 700±10°C 保温 3 小时随炉冷却，回火工艺是淬火后在 250℃保温 2 小时随炉冷却。

青铜编钟经淬火处理后，组织变化引起音频变化，不同含锡量的试钟淬火前后及淬火回火后的基音频率发生变化。研究表明：试钟的基音频率降低，并随锡量增加，频率下降的幅度增大。当锡(Sn)含量为 5.76%时，铸态组织是单一的树枝状 α 相，淬火后是均匀的等轴状 α 相，淬火后频率稍有降低，回火后频率回升到原值。当锡(Sn)含量为 8.4%，铸态组织除 α 树枝晶外开始析出(α+δ)共析体，δ 相硬而脆，随含锡(Sn)量增加，铸态(α+δ)共析体数量增加，淬火处理后，(α+δ)共析体消失，转变成过饱和的 α，基音频率下降，锡(Sn)含量愈高，α 相中过饱和锡(Sn)量愈多，基音频率下降得愈多，当锡(Sn)含量增至 18.72%，淬火后组织是(α+β)，频率降低得更多。当锡(Sn)含量为 24.5%时，淬火后组织是以电子化合物 Cu_3Sn 为基的固熔体 γ 相，频率值降低得最多，经回火处理后 α 相中又开始析出(α+δ)，基音频率又有所回升，但比铸态频率低。特别是锡(Sn)在 12%～15%时，淬火回火是一种降低频率的方法，淬火态组织不够稳定，淬火处理后经数月后发现，有的试钟频率有回升现象，故用淬火处理来调整编钟的频率时，应该进行回火处理以保证音频稳定。各号试钟经退火处理后，与铸态组织的差别只在 α 的晶形，铸态 α 是树枝晶，退火态 α 是等轴晶，而铸态与退火后各试钟的频率基本上没有变化，因而可以认为，α 树枝晶和 α 等轴晶对频率影响不大。

各种含锡(Sn)量试钟铸态、淬火、回火后的频率变化，如表 9.5 所示。

表 9.5 各种含锡(Sn)量试钟铸态、淬火、回火后频率的变化

编号	Sn (%)	铸态频率(Hz)		淬火后频率(Hz)		回火后频率(Hz)		铸态组织	淬火后组织
		正鼓音	侧鼓音	正鼓音	侧鼓音	正鼓音	侧鼓音		
1-1	5.76	874	1064	869	1061	874	1066	α(树枝)	α(等轴)

续表

编号	Sn(%)	铸态频率(Hz)		淬火后频率(Hz)		回火后频率(Hz)		铸态组织	淬火后组织
		正鼓音	侧鼓音	正鼓音	侧鼓音	正鼓音	侧鼓音		
1-2	8.4	847	1047	844	1043	—	—	$\alpha+(\alpha+\delta)$	α
1-3	10.76	829	1019	818	999	821	1006	$\alpha+(\alpha+\delta)$	α
1-4	12.48	837	1020	817	995	821	1002	$\alpha+(\alpha+\delta)$	α
1-5	18.72	865	1074	795	986	—	—	$\alpha+(\alpha+\delta)$	$\alpha+\beta$
1-6	25.5	883	1120	714	902	877	1120	$\alpha+(\alpha+\delta)$	δ

研究表明：含铅量对热处理后的组织和音频没有影响。当锡(Sn)含量为13%～15%时，各种含铅量的试钟，淬火处理后其基音频率变化，如图9.16所示。

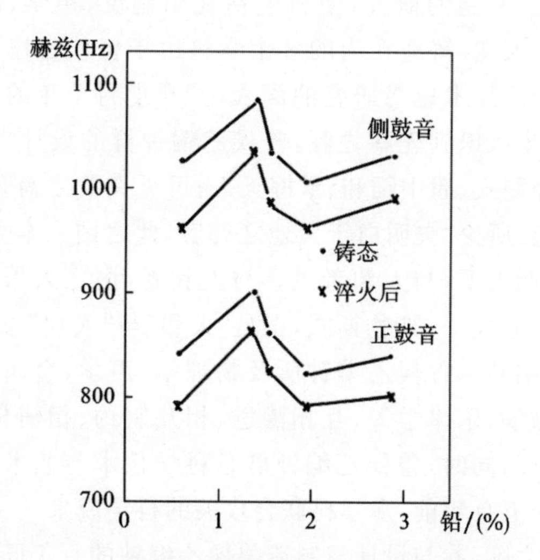

图9.16 不同铅含量试钟淬火后的基音频率变化

由图9.16可见，各个试钟淬火后基音频率都明显降低。但各种含铅量的试钟，在含锡(Sn)量变化不大的情况下，淬火后频率下降幅度的变化不大。因为铅不固熔于铜，淬火处理前后在组织中都以独立的块状或粒状存在，从而铅对编钟热处理后的声学特性基本上没有影响。

叶学贤等人对编钟冶铸工艺、合金成分、金相组织所作系统深入的探讨和研究，取得了规律性的认识，揭示了编钟设计制作、铸造生产、一钟双音的发声机理及其技术奥秘。

五、曾侯乙编钟设计思想代表楚国技术思想

1978 年重出人世的曾侯乙墓编钟及其他音乐文物，给中国乃至世界学术界带来的震惊与影响是巨大而且深远的。当时隔两千四百多年后，曾侯乙编钟重新奏响的时候，创造出伟大器物的百工匠师和今人仿佛进行了一次时隔两千四百多年的对话。“千古金石留绝响，请君侧耳听楚商。”曾侯乙编钟音律之全、音色之美，震撼四海、响彻神州，深深地触及每一个中国人的心灵；也令踵莅斯钟者获考鉴而得启示，涤荡着“中国古代没有科学”的陈词滥调。曾侯乙编钟的乐曲，八音合奏，终和且平；无论《东方红》的乐音，还是《欢乐颂》的旋律，都改变了人们对一个文明和一个时代的看法。百工尚矣！科技尚矣！

曾侯乙编钟的制作，非科学实验之积累与技术思想之指导，曷臻如是？其出土以及复制的研究，使得包括礼乐制度、声学、冶金、历史、考古、乐理、美学、天文、铸造在内的多个学科由于曾侯乙编钟而找到了结合点，促进了中国技术思想研究的深入，打开尘封千年的先秦技术思想宝库。人们逐步认识到先秦之际，曾侯乙编钟群的设计者与制造者们，道洽大同、禀经制式、履中蹈和、掌握天人；可见炎黄之裔善作多元综合，即《庄子·天道》所论“夫明白于天地之德者，此之谓大本大宗，与天地和者也。所以均调天下，与人和者也。与人和者，谓之人乐；与天和者，谓之天乐”的思维方式。[①] 斯物斯式，正是“天和”与“人和”思想在工程技术上成功应用的结晶。曾侯乙编钟所及物理学、声学、金属学、冶金学、铸造工艺学、机械学、乐律学等，互相渗透、相互制约、相辅相成，从而达到浑然一体的目标；同时，曾侯乙编钟群是科学技术与艺术整体化的杰出典范，也是两千五百年前，多学科联合攻关的科学成果。

春秋战国之际，参与设计与制造曾侯乙编钟的百工匠师是值得任何科技工作者和科学史家所尊重的。编钟的历史及其文化，足以让任何文明仰望。曾侯乙编钟，足以代表中国科学技术；曾侯乙编钟技术思想，足以代表楚国技术思想乃至中国技术思想。今天，来自二千四百多年前曾侯乙编钟悠扬的钟声与制造编钟群所表现出的永久魅力，也为当代技术设计的思想与方法提供了许多有益启示。先秦百工匠师，其锐意进取之志，创新开拓之心，其括囊百工、网罗众家、系统诸学之功，为天下器、为

---

① 《庄子·天道》，见(清)王先谦:《庄子集解》，中华书局 1954 年 12 月第 1 版，第 82 页。

天下创之志，讵不伟哉！《周易・系辞》曰："神而化之，存乎其人。"[①]曾侯乙编钟所蕴科学精神、技术思想，仍将历千万祀，与天壤而同久，共三光而永光。

—— 第三节 ——
对曾侯乙墓出土文物技术创新思想的探讨

曾侯乙墓中出土总重达十吨的青铜器件，数量之多、体形之大，有力地证明了战国早期青铜冶铸业所达到的技术能力与巨大的生产能力；其复杂的造形、繁美的纹饰，充分反映了古代工匠的高超技术水平。20 世纪 80 年代初，人们对曾侯乙青铜器盥缶所用红铜纹饰制造工艺技术的研究，也是曾侯乙墓出土文物多学科协作攻关的重要研究成果之一。

春秋战国时期，青铜器和本体一起铸出的铸纹之外，再用玉石(绿松石)、红铜、贝、金银嵌镶的纹饰，形成青铜器花纹的一大流派。由于这些器物做工细巧、色彩美丽、富于变化，往往更为名贵。但与青铜器镶嵌绿松石等玉石有本质的不同，曾侯乙墓出土青铜器盥缶所使用的生产技术——红铜花纹的形成方法，从青铜铸造工艺与红铜嵌镶工艺相结合，进一步发展到"铸镶法"。它是将两种不同的生产工艺"同之""齐之"，一次铸造浇注成形，这种生产技术不仅是楚国 "不同同之""不齐齐之"技术思想的实践，更是红铜纹饰从"镶嵌法"到"铸镶法"的技术创新。

一、青铜铸造工艺与红铜嵌镶工艺相结合的"镶嵌法"

商周以来，青铜铸造工艺与红铜嵌镶工艺相结合，产生华丽生动的花纹。这种纹饰生产工艺是铸造工艺与红铜嵌镶工艺相融合的一项创新技术，在春秋战国时期，盛行一时，并占有极重要的地位。《吕氏春秋》一书，"鼎"字凡 18 见，反映当时冶铸生产在社会的影响。其言鼎之纹饰，如《吕氏春秋・审分览第五》所载"周鼎著象，为其理之通也"，《吕氏

---

① (唐)贾公彦：《周礼正义》"序《周礼》废兴"，见(清)阮元校刻：《十三经注疏》；(汉)郑玄注，(唐)贾公彦疏，(唐)陆德明释文：《周礼正义》，中华书局 1980 年 10 月第 1 版，第 635 页。

春秋·审应览第六》所载“周鼎著倕而龁其指，先王有以见大巧之不可为也。”[①]汉班固“宝鼎诗”有“岳修贡兮川效珍。吐金景兮歊浮云。宝鼎见兮色纷缊。焕其炳兮被龙文”之句，[②]尽写青铜纹饰之美，时至今日，仍是研究古代社会历史以及美术史、工艺史、冶铸史的重要依据。

曾侯乙墓出土的镶嵌红铜盥缶、盘、大型甬钟，是战国早期这类器物的经典之作，盥缶的肩、腹部和顶盖，在黄橙色的青铜基底上镶有红铜纹饰，极尽华美珍贵之姿。毫无疑问，这种青铜纹饰所使用的红铜纹饰制造工艺技术，使当时的百工意匠能够创造出奇妙的纹饰，这些纹饰表现了春秋战国时代的工艺美术特征，体现了人们的观念，因而，曾侯乙青铜器红铜纹饰所具有的工程技术信息，具有十分重要的价值，历来为国内外学者所重视。[③] 但春秋战国之际所使用的红铜纹饰制造工艺技术，在周秦史籍中，却找不到任何具体的技术记述，唯有《庄子》一书对当时生产技术“不同同之”“不齐齐之”的思想总结。

二、红铜纹饰从“镶嵌法”到“铸镶法”的技术创新

技术创新是一个系统发展的过程，它包括对以往工艺技术的传承。中国青铜器红铜嵌镶纹饰，早自商代便已出现。“天子之六工”“典制六材”“各有所善”。[④] 及至战国，冶铸生产、商业贸易进一步繁荣，“车轨结乎千里之外”，[⑤]“百工居肆以成其事”，[⑥]青铜器之镶嵌技术，更有提高，将红铜镶嵌在青铜器表面，造成红、黄相间的艺术效果，使纹样的构思、设计更加巧妙、细致，图案内容更能反映人们的现实生活。一般认为：镶嵌红铜工艺与传统金银错工艺相似，是将红铜锤锻成薄片或长条，然后压

---

① 《吕氏春秋》之“审分览第五”、“审应览第六”，见（秦）吕不韦等编纂，高诱注：《吕氏春秋》，载《诸子集成（第六册）》，中华书局 1954 年 12 月第 1 版，第 213 页，第 226 页。

② （汉）班固：《宝鼎诗》，（清）沈德潜选：《古诗源》，中华书局 1963 年 6 月第 1 版，第 53-54 页

③ 贾云福、胡才彬：《对古代青铜器红铜嵌镶的研究》，《武汉工学院学报》1980 年第 1 期，第 27-34 页。

④ （汉）郑玄注，（唐）孔颖达疏：《礼记正义》“曲礼下第二”，见（清）阮元校刻：《十三经注疏》，中华书局 1980 年 10 月第 1 版，第 1262 页。

⑤ 《庄子·胠箧》，见（清）郭庆藩：《庄子集释》，载《诸子集成（第三册）》，中华书局 1954 年 12 月第 1 版，第 162 页。

⑥ 《论语·子张》篇，见刘宝楠著：《论语正义》，载《诸子集成（第一集）》，中华书局 1954 年 12 月第 1 版，第 403 页。

入预铸的纹槽之中,嵌镶成形。①

曾侯乙青铜盥缶红铜纹饰②,如图 9.17 所示。

图 9.17　曾侯乙青铜器红铜纹饰盥缶的透视图

1981 年,贾云福、胡才彬等人利用现代冶金铸造技术的方法与测试手段,从金属材料的显微结构出发,对红铜纹饰制造技术进行深入的研究。他们得出结论:红铜纹饰不是通常所认为的那样,先铸造成形,然后锻打嵌入,锤压成形。恰恰相反,红铜纹饰呈现许多一次铸造成形的现象。③ 从纹饰的表面状态,铸态以及微观孔洞的形状和排列、晶形的特征及模拟实验的力证,可以断定,青铜器上的红铜纹饰是事先铸成的,然后以铸造的方法,一次浇注成形。这一发现,引起了当代冶金铸造工作者和文物考古工作者的注意。

贾云福、胡才彬等人同时进行了红铜纹铸镶法的模拟实验,其红铜花纹铸镶的工艺流程图④,如图 9.18 所示。红铜花纹镶铸工艺流程图中,A 图为铸成花纹所制的石膏模,其表面的曲度和形状与盥缶外表面同;B 图是用此石膏模造型,然后在石膏模上雕刻所需纹饰并开设浇口如 C 图,D 图与 E 图为所铸花纹的图案,此花纹是曾侯乙盥缶纹饰的一

---

① 谭德睿:《中国古代铜器表面装饰技艺概览》,《文物鉴定与鉴赏》2010 年第 3 期,第 72-77 页。

② 湖北省博物馆、北京工艺美术研究所:《战国曾侯乙墓出土文物图案选》,长江文艺出版社 1984 年版,第 60 页。

③ 贾云福 胡才彬等:《曾侯乙红铜纹铸镶法的研究》,《江汉考古》1981 年第 1 期,第 57-66 页。

④ 湖北省博物馆:《曾侯乙墓(上)》,文物出版社 1989 年 7 月第 1 版,第 640-644 页。

种;F 图是获得具有纹饰盥缶的合模图,将红铜花纹置于事先造好的砂型内的确定部位,然后浇入高温青铜熔液成型。

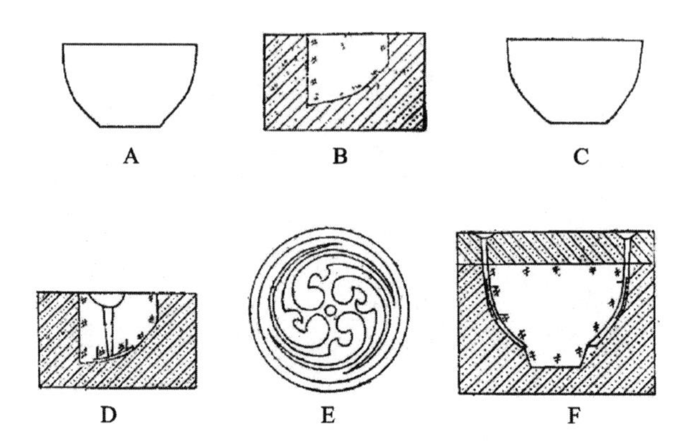

图 9.18 红铜花纹铸镶的工艺模拟实验流程图

曾侯乙铜簋盖及其红铜纹饰,[1]如图 9.19 所示。

图 9.19 曾侯乙铜簋盖及其红铜纹饰图

曾侯乙铜鑑及其红铜纹样[2],如图 9.20 所示。

---

① 湖北省博物馆、北京工艺美术研究所:《战国曾侯乙墓出土文物图案选》,长江文艺出版社 1984 年版,第 48 页。

② 湖北省博物馆、北京工艺美术研究所:《战国曾侯乙墓出土文物图案选》,长江文艺出版社 1984 年版,第 65 页。

图 9.20 曾侯乙铜鉴及其红铜纹样

贾云福、胡才彬等人的模拟实验说明，曾侯乙青铜器红铜纹饰是铸造成形的。从铸造工艺的角度来看，红铜纹饰的嵌镶工艺，首先是铸出成形的红铜纹饰，经整磨之后，嵌入铸型的外范和内芯间，砂型合箱后浇入青铜熔液，一次清理完成。这是一项新的技术组合，它的产生是青铜冶铸技术与红铜纹饰镶嵌技术相融合的结晶。[①]

就铸造生产过程而言，当器物砂型上满布红铜纹饰时，即在型腔中安放的大量已先铸出纹饰铜片，实际上等于是放了大量冷铜，给铸入成形带来很大的困难。商周时期普遍应用预热铸型，一般预热温度达200℃～300℃。由于铸型和装入的预铸纹饰的预热，可以避免铜液的骤然过冷。春秋时期青铜器壁厚减小，预热温度必相应提高，而对嵌镶红铜花纹的青铜器来说，铸型预热温度必须要更高一些，铜水过热，浇注温

① 贾云福、胡才彬：《对古代青铜器红铜嵌镶的研究》，《武汉工学院学报》1980 年第 1 期，第 27-34 页。

度当然也要高一些。这些都是该时期青铜冶铸技术更加成熟、进步的重要标志。其实，笼统地都称为“镶嵌”，不能反映“不同同之”“不齐齐之”技术思想的特质。

技术是实现目的的一种手段，它是一种装置、一种方法或一个流程。贾云福、胡才彬等人给它命名为红铜纹“铸镶法”，而这一项新技术出现，是与冶铸生产的专业化、工艺系统化是分不开的，他们认为：红铜纹“铸镶法”的最初使用，可能是受到铸造合箱铜质芯撑使用的启示，其理由如兹。

其一，在商代后期特别是西周，已逐渐使用铜质芯撑来保证铸件壁厚，固定范芯。

其二，在安装铸型及随后的搬动出窑、浇注等过程中，芯撑有可能发生位移。例如从圈足上端物底移至圈足壁厚处，从而形成不应有的“纹饰”，那些本来用于一般器物之底的芯撑更是无庸移动便可见到。

从这一点得到启发，如果冶铸匠师有意识地把这些芯撑作成一定的纹样并采用不同的铜质，它们就从单纯的芯撑成为带有装饰性的铸镶纹饰。其进一步的发展，很自然地就是脱离原来的支撑作用，演变成为一种新的工艺即红铜花纹的“铸镶法”。

“铸镶法”是中国青铜纹饰制造工艺最具特色的工程技术创新之作。在技术发展的历史进程中，创新是指把一种从来没有过的关于生产要素的“新组合”引入生产体系。同时，一切新产品和新工艺都不是突如其来、自我发育和自我生长起来的，它们都建立于新的科学原理和科学概念之上，而这些新的科学原理和科学概念则源自最纯粹的科学领域的研究。[1]

曾侯乙青铜器红铜纹饰“铸镶法”工艺技术，历经“镶嵌”工艺，进而“铸镶”新工艺、新技术的形成，正是技术创新过程中，所涉及的创新构思、工程设计与生产制造一系列活动。在创新过程中，这些活动相互联系，有时要循环交叉或并行操作。“百工之事，重在六职。”《周礼注疏·考工记》云：“工，能也。言能作器物者也。”百工“饬化八材”“工事之式”者，皆有“巧作器物之法”。“时文思索，允臻其极，嘉量既成，以观四国，

---

① （美）范内瓦·布什（Vannevar Bush 1890-1974 年），（英）拉什·D. 霍尔特（Rush D. Holt）著，崔传刚译：《科学：无尽的前沿》（*Science：the endless frontier*），中信出版社 2021 年 5 月第 1 版，第 70-71 页。

永启厥后，兹器维则。”[①]这些都为春秋战国之际，新技术的产生提供了物质条件，红铜花纹的“铸镶法”使纹样的构思、设计更加巧妙、细致，图案内容往往反映了人们精神生活的追求。“铸镶”技术创新过程伴随着技术演化，先秦科学技术基础性研究——“金之六齐”[②]“检测六法”[③]“车有六等之数”[④]等，不断完善，使青铜器红铜纹饰新产品、新工艺如鲜花着锦，烈火烹油，大放异彩，足见楚人“不同同之”“不齐齐之”技术思想的光辉。

---

① 引文俱见(汉)郑玄注，(唐)贾公彦疏：《周礼注疏》，见(清)阮元校刻：《十三经注疏》，中华书局 1980 年 10 月第 1 版。据《康熙字典》：“工，《说文》：巧饰也，象人有规矩也。《广韵》：巧也。《玉篇》：善其事也。《诗・小雅》：工祝致告。《传》：善其事曰工。《疏》：工者巧于所能”。清代段玉裁《说文解字注》，宋代徐铉、徐锴注释，徐锴曰：“为巧必遵规矩、法度，然后为工。否则，目巧也。”《周礼》“工”字，出现 49 次，计有“女工”(天官冢宰第一)、“百工”(冬官考工记第六)、“国工”(冬官考工记第六)、“良工”(冬官考工记第六)、“贱工”(冬官考工记第六)、“上工”(冬官考工记第六)、“下工”(冬官考工记第六)等。

② 金之六齐，《周礼・考工记》“筑氏”云：“金有六齐：六分其金而锡居一，谓之钟鼎之齐；五分其金而锡居一，谓之斧斤之齐；四分其金而锡居一，谓之戈戟之齐；参分其金而锡居一，谓之大刃之齐；五分其金而锡居二，谓之削杀矢之齐；金锡半，谓之鉴燧之齐。”有关注疏，见(清)孙诒让撰，王文锦、陈玉霞点校：《周礼正义》卷七十八“筑氏”。中华书局 1987 年 12 月第 1 版，第 3239-3241 页。

③ 检测六法，《周礼・考工记》“轮人”云：“是故规之以眂其圆也，萬之以眂其匡也。县之以眂其幅之直也，水之以眂其平沈之均也，量其薮以黍，以眂其同也，权之以眂其轻重之侔也。故可规、可萬、可水、可县、可量、可权也，谓之国工。”有关注疏，见(清)孙诒让撰，王文锦，陈玉霞点校：《周礼正义》卷七十五“轮人”，中华书局 1987 年 12 月第 1 版，第 3176-3178 页。又《周礼・考工记》“舆人”云：“圆者中规，方者中矩，立者中县，衡者中水，直者如生焉，继者如附焉。”有关注疏，见(清)孙诒让撰，王文锦、陈玉霞点校：《周礼正义》卷七十六“舆人”，中华书局 1987 年 12 月第 1 版，第 3201-3202 页。

④ 车有六等之数，《周礼・考工记》云：“车有六等之数：车轸四尺，谓之一等；戈柲六尺有六寸，即建而迤，崇于轸四尺，谓之二等；人长八尺，崇于戈四尺，谓之三等；殳长寻有四尺，崇于人四尺，谓之四等；车戟常，崇于殳四尺，谓之五等；酋矛常有四尺，崇于戟四尺，谓之六等。车谓之六等之数；凡察车之道，必自载于地者始也，是故察车自轮始。”有关注疏，见(清)孙诒让撰，王文锦、陈玉霞点校：《周礼正义》卷七十四“总叙”，中华书局 1987 年 12 月第 1 版，第 3129-3134 页。

第四节 楚国技术思想"魂兮归来"

技术是一门古老而富有生命力的科学学科，它的理论、思想与方法，是人类社会共同享有的巨大财富。人类生活，是一个改变自然、创造文化的过程。科学就是无尽的前沿，技术就是欲新而无穷；人类文明进步不能离开技术，技术的发展离不开技术思想。技术思想是工艺设计、产品设计与施工的先导，是科技文化的基础，是对技术的反思与自觉。作为中国技术思想的重要组成部分，楚国技术思想，是创造楚国科学技术历史的重要能源，它为楚国八百年的科技发展提供了世界观和方法论的指导，成为楚人科技创新的力量源泉。

楚文化的发现和研究，从远古到近古，琳琳琅琅，不胜枚举。其中，有些是意义重大、影响深远的发现；楚国技术思想的研究与收获，当居其一。今天，探索楚国技术思想及历史、技术与文化的关系，就是要去追寻中国科学技术乃至中国技术思想一度失落的灵魂，客观正确地评价几千年以来中国技术思想对科技进步所作的贡献，鉴古开今，为中国科学与技术的复兴而奋斗。[①]

同时，对楚国技术思想史与科技文化的研究，有助于人们回答科学技术发展的规律、艺术对科学技术的影响等重大问题。总其要者，楚国科学技术所取得的举世瞩目的科学成就，特别是古楚科技工作者所具有的文化素质和人文精神，道家老子"有无相生""有无相资"；墨子"事无辞也，物也违也，故能为天下器"；庄子"技进乎道""道通为一""人工巧夺天工""不齐齐之"的技术思想，足以"悬诸日月而不刊"。楚国技术思想，不仅为近代中国迅速赶上世界科学技术前进的步伐打下了思想基础，也为科学技术的未来乃至其发展做出了楷模。[②]

"青山依旧在，几度夕阳红。"历史上，曾经产生过曾侯乙编钟的荆楚大地，自古以来，就有招魂之俗；且亡魂、生魂俱招。今天，研究楚国科学技术史所作的一切，就是为楚国科学技术"招魂"；就是为中国文化"招

---

① 张正明：《古希腊文化与楚文化比较研究论纲》，《江汉论坛》1990 年第 4 期，第 71-76 页。

② 张正明：《地中海与"海中地"》，《江汉论坛》1988 年第 3 期，第 42-46 页、第 23 页。

魂”，就是为中国科学技术“招魂”，楚国技术思想的研究，其志在溯流探源，意在察古知今，以谕方来，会当引商刻羽，杂以流徵，并馨香顶礼，衷心祝愿中国科学技术思想“魂兮归来”，再创辉煌。[①]

主要参考文献

[1] 湖北省博物馆. 曾侯乙墓(上)[M]. 北京：文物出版社，1989.

[2] 曾侯乙编钟复制研究组. 曾侯乙编钟复制研究中的科学技术工作[J]. 江汉考古，1981(S1)：5-10.

[3] 曾侯乙编钟研究复制组. 曾侯乙编钟的结构和声学特性的研究，自然科学年鉴(1984)，上海：上海翻译出版公司，1987.

[4] 孙诒让. 周礼正义[M]. 王文锦，陈玉霞，点校. 北京：中华书局，1987.

[5] 湖北省博物馆，美国圣迭各加州大学，湖北省对外文化交流协会. 曾侯乙编钟研究[M]. 武汉：湖北人民出版社，1992.

[6] 王先谦. 庄子集解[M]. 北京：中华书局，1954.

[7] 王弼.《老子注》[M]//诸子集成：第三册. 北京：中华书局，1954.

[8] 陆景贤. 金属学[M]. 北京：机械工业出版社，1990.

[9] 陈通，郑大瑞. 古编钟的声学特性[J]. 声学学报，1980(3)：161-171.

[10] 叶学贤，贾云福，周孙录，等. 化学成分、组织、热处理对编钟声学特性的影响[J]. 江汉考古，1981(S1)：26-36.

[11] 吴厚品，周孙录，叶学贤. 用现代熔模铸造工艺复制曾侯乙编钟[J]. 江汉考古，1981(S1)：41-46.

[12] 汤炳正. 楚辞今注[M]. 上海：上海古籍出版社，1996.

[13] 张正明. 楚文化的发现和研究[J]. 文物，1989(12)：57-62，56.

[14] 张正明. 古希腊文化与楚文化比较研究论纲[J]. 江汉论坛，1990(4)：71-76.

[15] 张正明. 地中海与“海中地”——就早期文明中心答客问[J]. 江汉论坛，1988(3)：42-46，23.

[16] 刘克明. 中国技术思想研究，古代机械设计与方法[M]. 成都：巴蜀书社，2004.

---

① 刘克明：《中国技术思想研究：古代机械设计与方法》，“儒道释博士论文丛书”，巴蜀书社 2004 年 11 月第 1 版，第 370 页。

图书在版编目(CIP)数据

楚国技术思想研究/刘克明著. —武汉：华中科技大学出版社，2023.2
(华中人文学术研究文库)
ISBN 978-7-5680-8979-1

Ⅰ. ①楚… Ⅱ. ①刘… Ⅲ. ①科学技术-思想史-研究-中国-楚国(？-前 223)
Ⅳ. ①N092

中国版本图书馆 CIP 数据核字(2022)第 254143 号

楚国技术思想研究 刘克明 著
Chuguo Jishu Sixiang Yanjiu

策划编辑：钱 坤 周晓方 杨 玲
责任编辑：肖唐华
装帧设计：原色设计
责任校对：张汇娟
责任监印：周治超
出版发行：华中科技大学出版社(中国·武汉) 电话：(027)81321913
武汉市东湖新技术开发区华工科技园 邮编：430223
录 排：华中科技大学惠友文印中心
印 刷：湖北恒泰印务有限公司
开 本：710mm×1000mm 1/16
印 张：31 插页：2
字 数：518 千字
版 次：2023 年 2 月第 1 版第 1 次印刷
定 价：198.00 元